甘肃气候

GANSU CLIMATE

主　编：鲍文中
副主编：张　强　陶健红　马鹏里

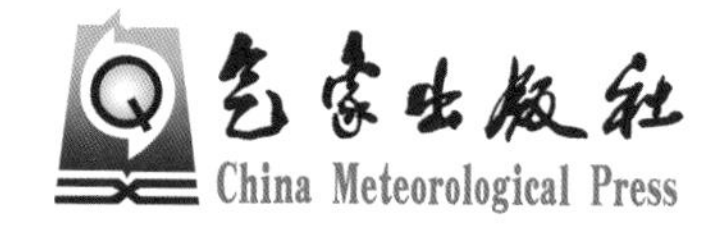

内 容 简 介

本书系统介绍了甘肃气候要素长序列(1961—2015年)的基本特征及变化特点，详尽阐述了气象灾害、气候资源、气候区划、气候变化与影响、应用气候等方面最新的研究成果。本书共分九章。第1章自然环境，第2章影响甘肃省气候的主要因子，第3章气候要素特征，第4章气象灾害，第5章气候资源，第6章甘肃省气候区划，第7章气候变化与影响，第8章应用气候，第9章甘肃省14个市州气候特征。是一本资料翔实，内容丰富，理论性、针对性和实用性强的专著，具有较高的学术价值和实践指导作用。

本书可供气象、地理、环境、生态、农林牧业、水文、经济、建筑、旅游等相关专业从事科研和业务的专业技术人员以及政府部门的决策管理者参考，也可供相关学科的大专院校师生参考。

图书在版编目(CIP)数据

甘肃气候 / 鲍文中主编. — 北京 ：气象出版社，2018.12

ISBN 978-7-5029-6902-8

Ⅰ.①甘… Ⅱ.①鲍… Ⅲ.①气候资料-甘肃 Ⅳ.①P468.242

中国版本图书馆CIP数据核字(2019)第000121号

审图号：甘S(2018)023号

出版发行：气象出版社

地　　址：北京市海淀区中关村南大街46号　　**邮政编码**：100081

电　　话：010-68407112(总编室)　010-68408042(发行部)

网　　址：http://www.qxcbs.com　　**E-mail**：qxcbs@cma.gov.cn

责任编辑：陈　红　王　迪　　**终　　审**：吴晓鹏

责任校对：王丽梅　　**责任技编**：赵相宁

封面设计：博雅思企划

印　　刷：北京地大彩印有限公司

开　　本：787 mm×1092 mm　1/16　　**印　　张**：27.5

字　　数：700千字

版　　次：2018年12月第1版　　**印　　次**：2018年12月第1次印刷

定　　价：180.00元

《甘肃气候》编委会

主　编： 鲍文中

副主编： 张　强　陶健红　马鹏里

成　员： 方　锋　王有恒　李晓霞　朱　飙　万　信　林　纾
刘德祥　邓振镛　林婧婧　黄　涛　韩兰英　王　兴
郭俊琴　赵红岩　贾建英　韩　涛　刘卫平　刘丽伟
梁　芸　王小巍　卢国阳　申恩青　张旭东　王大为
蒋友严　成青燕　张平兰　陈少勇　蒲金涌　董安祥
吴喜峰　赵庆云　白虎志　杨金虎　梁东升　杨苏华
王玉洁　冯建英　陈佩璇　李丹华　王　鑫　王　帆

编写单位： 西北区域气候中心

序

气候是人类生活和生产活动的重要自然环境条件。气候资源作为自然资源的重要组成部分，是一切生物及人类赖以生存和发展的基本条件。在落后的技术和生产条件下，人类只能适应气候，本能地躲避气象灾害和利用气候资源，随着科学技术快速进步，人类逐步洞悉气候特征及其变化规律，生产规模和经济总量日益扩大，人类社会的关系和气候越来越密切。了解气候概况、特征及气候演变规律，能够科学合理得开发和利用气候资源，减轻气候灾害的影响，避免人类活动对大气环境造成的不良后果，还有助于重大工程的建设和管理，有利于政府长远发展规划和工农业布局的设计。当前，气候学的最新研究成果不断推出，特别是气候变化应对措施、气候风险与避灾、气候资源高效应用等最新技术的应用与实践，正日益受到政府、公众及企业投资等各方面的重视，关心气候，探究气候变化趋势与资源精细化分布，防御和减轻气象灾害与适应和减缓气候变化等问题，已经成为国际社会极其关心的重大热点课题。

甘肃位于我国内陆的核心地带，受西风带、东亚季风和高原气候影响，是典型的气候变化敏感区和生态环境脆弱区，造就了波澜壮阔和瑰丽神奇的自然风光。甘肃拥有干旱、半干旱、半湿润和湿润多种气候类型，从东南向西北可划分为 8 个气候区：北亚热带半湿润区、暖温带湿润区、中温带半湿润区、中温带半干旱区、中温带干旱区、暖温带干旱区、高寒湿润区、高寒半湿润和半干旱区。同时，甘肃省拥有储量巨大的太阳能和风能资源，河西走廊地域辽阔、地势平坦，是我国少有的风光两种能源都极具开发潜力的区域，清洁资源的合理开发利用将为甘肃经济建设和社会发展做出重大贡献。

当今全球自然环境正发生着显著变化，观测表明，过去 50 年气温上升速度比过去 100 年快了一倍多，甘肃省升温速度远高于全国和全球同期，导致极端天气气候事件和气象灾害趋多趋强，干旱、暴雨、冰雹、低温、霜冻等气象灾害频发。气候变化及其影响已引起了社会各界普遍关注。2017 年 10 月，习近平总书记在党的十九大报告中指出“气候变化关乎全人类的共同命运”，要求把推进绿色低碳发展作为我国生态文明建设的重要内容，加快转变经济发展方式、调整经济结构，积极采取强有力的政策行动，控制温室气体排放，增强适应气候变化能力。

为了使社会公众更好地了解甘肃气候背景、成因、分布等状况，以及气候资源、灾害与未来趋势等情况，增强全社会应对气候变化、防灾减灾和风险管理能力，推进生态文明建设，甘肃省气象局应用最新数据资料和科研成果，组织编著了《甘肃气候》一书。该书系统阐述了影响甘肃气候形成的主要因子、过去与未来气候变化的长期演变以及农林气候区划状况，详细分析了甘肃省气象要素的时空分布、主要气象灾害特征与气候资源应用。

本书是一本资料翔实、内容丰富、理论性、针对性和实用性强的专著，具有较高的学术价值和实践指导作用，可供气象、地理、环境、生态、农林牧业、水文、经济、建筑、旅游等领域从事科研和业务的专业技术人员参考；同时也可为经济社会可持续发展、丝绸之路经济带建设、生态保护红线等提供决策依据，值得政府及有关部门领导、专家与相关人员参考和阅读。

最后，谨向为编撰、出版、和印刷此书付出辛勤劳动的专家、科技工作者表示衷心的感谢。

中国科学院院士

秦大河

2018 年 10 月

前　言

甘肃省地处黄土高原、青藏高原和蒙古高原交汇地带，地形复杂，气候类型多样，自西向东分布有干旱区、半干旱区、半湿润区和湿润区。境内干燥多风，光照充足，太阳能和风能可开发潜力巨大。同时，甘肃旅游资源丰富，既有大漠戈壁、丹霞地貌、雪山林场、高原冰川等绮丽的自然景观，又有敦煌莫高窟、天水伏羲庙、平凉崆峒山等著名历史人文景观，也是“一带一路”连接欧亚大陆桥的黄金地带。

气候作为人类生产生存和发展进步的重要自然条件之一，近百年来发生了显著变化，受气候变化和环境脆弱的双重影响，甘肃省气象灾害损失呈现加重趋势，干旱、极端降水、冰雹和霜冻对工农业的影响和危害程度不断增加；在全球变暖背景下，甘肃生态环境建设和社会经济生产对气候的依赖日趋显著。而进入新世纪以来，现代气候学从科学理论和技术方法上都有了重大发展；人类应对和适应气候变化的意识和措施也有了长足进步。为了趋利避害，提高全社会气象防灾减灾能力，更好利用气候资源为甘肃省经济社会发挥作用，亟需一部能够全面反映最新甘肃气候特征、气候资源、气象灾害与气候变化等信息的参考书。为此，甘肃省气象局组织编写《甘肃气候》，由西北区域气候中心承担编著工作。

《甘肃气候》以全省 80 个气象站 1961—2015 年地面观测、卫星遥感和水文等资料为基础，利用数理统计、数值模拟及地理信息技术等方法，借鉴最新研究成果进行编著，并经有关专家严格论证后修订而成。重点突出了以下特点：①采纳吸收了最新技术方法和研究成果，各类资料均向历史和未来进行了扩展，确保本书数据结论客观准确；②系统全面地描述了甘肃气候成因、气候特征、气候灾害、气候资源与应用、气候变化与应对等状况；③针对经济社会发展需求，分析了特色农业、旅游气候、清洁能源和人体健康等各专业领域与气候的关系；④为向各级政府提供详尽具体的参考，专门论述了各市州气候特征，提供了精细到县和流域的农林牧业气候区划。全书具有较强的科学性、权威性和科普性，可作为气象科研、业务人员和高校师生的工具书，也可作为政府部门和社会公众的科普读物，能够为国家“一带一路”建设、生态文明、环境保护、人与自然和谐共生等科学决策提供依据和参考。

《甘肃气候》由鲍文中任主编，张强、陶健红、马鹏里任副主编，拟定大纲和每章的要点，确定本书分为 9 章。全书由马鹏里统稿，鲍文中最终审定。第 1 章自然环境（刘德祥），概述地形地貌、植被、水文、土壤等概况；第 2 章影响甘肃气候的主要因子（马鹏里），分析研究大气环流、地理环境、海温等对甘肃气候的影响机理；第 3 章气候要素特征（王有恒），分析气温、降水等气象要素的时空分布和变化特征；第 4 章气象灾害（方锋），阐述气象灾害和极端天气气候事件的时空分布和变化特征，以及对国民经济和人民生命财产的影响和防御对策；第 5 章气候资源

(朱飙),介绍太阳能、热量、降水和风能资源的时空分布特征和利用状况;第 6 章甘肃气候区划(万信),阐述甘肃省综合、农业、林业、牧业等不同类型的气候区划;第 7 章气候变化与影响(王有恒),阐述不同时期甘肃省气候变化事实与影响,以及应对气候变化的策略;第 8 章应用气候(李晓霞),阐述特色农业、建筑、人体健康、旅游与气候,以及重大建设项目气候论证;第 9 章甘肃省各市州气候特征(林纾),阐述全省 14 个市州气候特征。

本书的出版幸蒙中国科学院秦大河院士的大力支持和关心,为本书撰写了序。在编撰过程中宋连春(国家气候中心)、李维京(国家气候中心)、王式功(成都信息工程大学)、李栋梁(南京信息工程大学)、王澄海(兰州大学)、王鹏祥(河南省气象局)、杨兴国(宁夏回族自治区气象局)等专家提出了许多宝贵意见。在此一并表示衷心感谢!由于付梓仓促,虽经再三刊校,书中错漏在所难免,敬请广大读者不吝指正。

甘肃省气象局党组书记、局长

鲍文中

2018 年 9 月

目　　录

甘肃气候

第 1 章　自然环境

甘肃省位于中国大陆地理中心和黄河上游，介于 32°11′～42°57′N，92°13′～108°46′E 之间，东西长 1655 km，南北宽 530 km。东邻陕西省、南接四川省，西连青海省和新疆维吾尔自治区，北靠内蒙古自治区、宁夏回族自治区，并与蒙古人民共和国接壤。总土地面积 $42.59\times 10^4\ km^2$，居全国第 7 位。位居西北五省（区）中部，是中华民族古文化的发祥地和西北交通中枢，既为古代“丝绸之路”必经之地，又是当今“一带一路”的黄金地段（甘肃丝绸之路经济带）（图 1.1）。

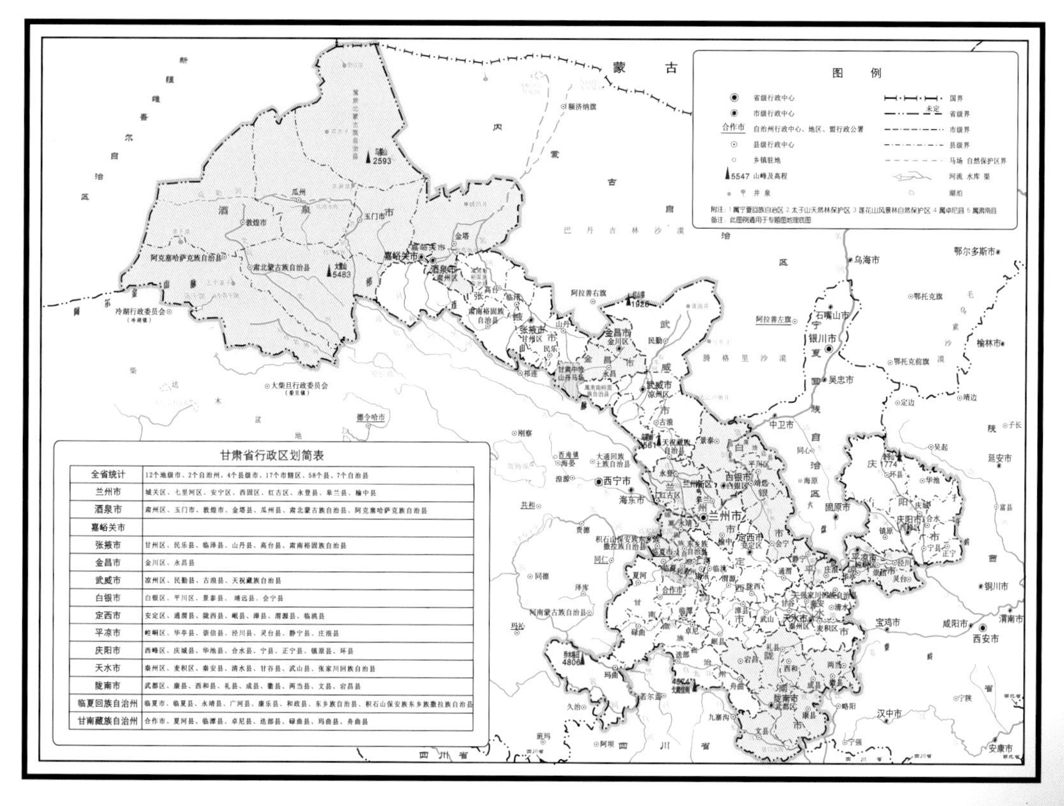

全省统计	12个地级市、2个自治州，4个县级市、17个市辖区、58个县、7个自治县
兰州市	城关区、七里河区、安宁区、西固区、红古区、永登县、皋兰县、榆中县
酒泉市	肃州区、玉门市、敦煌市、金塔县、瓜州县、肃北蒙古族自治县、阿克塞哈萨克族自治县
嘉峪关市	
张掖市	甘州区、民乐县、临泽县、山丹县、高台县、肃南裕固族自治县
金昌市	金川区、永昌县
武威市	凉州区、民勤县、古浪县、天祝藏族自治县
白银市	白银区、平川区、景泰县、靖远县、会宁县
定西市	安定区、通渭县、陇西县、岷县、漳县、渭源县、临洮县
平凉市	崆峒区、华亭县、崇信县、泾川县、灵台县、静宁县、庄浪县
庆阳市	西峰区、庆城县、华池县、合水县、宁县、正宁县、镇原县、环县
天水市	秦州区、麦积区、秦安县、清水县、甘谷县、武山县、张家川回族自治县
陇南市	武都区、康县、西和县、礼县、成县、徽县、两当县、文县、宕昌县
临夏回族自治州	临夏市、临夏县、永靖县、广河县、康乐县、和政县、东乡族自治县、积石山保安族东乡族撒拉族自治县
甘南藏族自治州	合作市、夏河县、临潭县、卓尼县、迭部县、碌曲县、玛曲县、舟曲县

图 1.1　甘肃省行政区划

甘肃省地处黄土高原、青藏高原和蒙古高原的交汇地带，境内山脉纵横交错，地形十分复杂。同时又处在中国自然区划三大自然区的交汇处，自然景观地域差异显著。

甘肃省横跨黄河、长江和内陆河三大流域。位于亚洲中部与东亚之间内外流域分界线，以祁连山东段穿过甘肃省境内，分水岭东部的河流都属于太平洋流域，西部的河流均属于内陆河流域。中国地理上和气候上最重要的秦岭至淮河的南北分界线也在甘肃省境内通过。中国大陆地理中心位于甘肃省兰州市西南部的黄土高原丘陵区，此中心体现了甘肃省所处的区位优势。甘肃省是全国唯一包含三大高原、三大自然区、两大内外流域、南北分界线和四大气候类型的省份，其独特的地理位置形成了多种复杂的气候类型和自然景观(《甘肃大辞典》,2000)。

甘肃省辖12个地级市、2个自治州(共计14个地级行政区划单位)，17个市辖区、5个县级市、57个县、7个自治县(共计86个县级行政区划单位)。

习惯上将黄河以西的地域称为河西、以东的地域称为河东。另外，还将甘肃省所辖区域按照地理位置，划分成五个自然地理区：河西(包括酒泉、嘉峪关、张掖、金昌和武威5个地级市)、陇中(包括兰州、白银、定西3个地级市和临夏回族自治州)、陇东(包括庆阳、平凉2个地级市)、陇南(包括天水、陇南2个地级市)、甘南(甘南藏族自治州)。

1.1 气候特征

甘肃省境内地形复杂，山脉纵横交错，海拔相差悬殊，高山、盆地、平川、湿地、沙漠和戈壁等兼而有之。独特的地理位置和地形地貌，形成了复杂多样的气候类型。具有气候温凉干燥，太阳辐射强、光照充足，气温日较差大，降水少、变化率大，气象灾害种类多、发生频率高、范围广等大陆性气候特征，从东南向西北可划分为陇南南部河谷北亚热带半湿润区、陇南北部暖温带湿润区、陇中南部冷温带半湿润区、陇中北部冷温带半干旱区、河西走廊冷温带干旱区、河西西部暖温带干旱区、祁连山高寒半干旱半湿润区和甘南高寒湿润区。

1.1.1 太阳辐射强、光照充足、光能资源丰富

全省年太阳总辐射变化范围在4630～6380 MJ/m^2，自西北向东南逐渐递减。河西和甘南高原年太阳总辐射分别是5500～6380 MJ/m^2 和5260～5490 MJ/m^2，是全省年太阳总辐射最多的地方；陇中为5000～5834 MJ/m^2，陇东为4980～5284 MJ/m^2，陇南为4640～5150 MJ/m^2，是全省年太阳总辐射量最小的地方。

全省年日照时数在1560～3330 h，分布趋势与太阳总辐射大体一致，自西北向东南逐渐递减。河西大部地区年日照时数2600～3300 h，是甘肃省日照最多地区；陇中北部为2500～2900 h，是甘肃省日照时数次多地区；陇中南部、陇东、甘南高原和陇南北部大致在2100～2500 h；陇南南部年日照时数1500～2100 h，是全省日照最少地区。

太阳辐射强、光照充足、光能资源丰富，是甘肃省得天独厚的气候资源优势。全省年太阳总辐射达700万亿 kW，利用太阳能光伏发电的开发潜力大，如果利用太阳能丰富区面积1%估算，发电量可达3000亿 kW・h，相当于3座三峡水电站发电量；发展塑料大棚、日光温室，有着广泛前景；提高太阳能利用率，对提高农作物产量和产品品质也有很大潜力，只要解决水的问题，作物产量和品质将会大幅度提高。

1.1.2 气候温凉、昼夜温差大、热量资源分布差异大

全省年平均气温8.1 ℃，比全国低1.3 ℃。分布趋势自东南向西北，由盆地、河谷向高原、高山逐渐递减。河西走廊和陇中北部年平均气温为4～10 ℃，祁连山、河西走廊北山和甘南高

原为 0～7 ℃，陇东南为 7～15 ℃。年平均气温乌鞘岭最低为 0.3 ℃，文县最高为 15.1 ℃；气温年较差最大 34 ℃，昼夜温差最大 16 ℃。日平均气温≥0 ℃和≥10 ℃的积温全省分别在 1400～5540 ℃·d 和 380～4739 ℃·d。大陆性气候特征明显，在山区和高原，气候有明显的垂直层带性分布。

1.1.3　气候干燥、降水少变率大、地域差异显著

全省平均年降水量 398.5 mm，少于全国平均(632 mm)，是全国降水最少省份之一，全省大约有 70% 的面积年降水量<500 mm。分布趋势大致是从东南向西北递减，从景泰经定西、武山、礼县、武都到文县有一个由北向南的相对少雨带。河西走廊西部年降水量在 50 mm 左右、中东部 100～200 mm，陇中北部 180～300 mm，陇中南部 300～590 mm，陇东南和甘南高原 400～750 mm。

降水各季分配不均，夏半年(4—9 月)集中了年降水量的 80%～90%。在春末初夏(5 月下旬至 6 月中旬)和盛夏(7 月中旬至 8 月中旬)有两个相对少雨时段，也是两个重要的干旱时段。

年际波动大，如兰州最多年降水量(546.7 mm，1978 年)是最少年(168.3 mm，2006 年)的 3.2 倍。地域差异显著，康县最多年降水量达 1162.2 mm(1961 年)，而敦煌最少年降水量仅 6.4 mm(1956 年)。

1.1.4　各地风速差别大、河西风能资源丰富

甘肃省境内地形地貌复杂，受地形影响，各地风速差别显著。全省年平均风速的变化范围在 0.7～5.0 m/s。高山地区年平均风速最大，例如乌鞘岭为 5.0 m/s、华家岭 4.8 m/s、马鬃山 4.5 m/s。河谷、盆地年平均风速最小，例如两当仅为 0.7 m/s、成县 0.8 m/s、兰州 0.9 m/s。祁连山区年平均风速一般为 3～5 m/s，是风速最大的地区；河西走廊由于受南北两山的狭管效应作用风速也比较大，年平均风速 2～4 m/s；陇中山脊区在 3 m/s 以上，河谷地带在 3 m/s 以下；陇东塬区约在 2 m/s 左右，河谷地带一般 1.5 m/s 左右；陇南大多数地方山高谷深，风速较小，一般为 1.5 m/s 左右；甘南高原海拔较高，一般在 2 m/s 左右。

甘肃省风能总储量居全国第三位，风功率密度大于 300 kW 的技术可开发量 2.37 亿 kW，可开发面积 6 万 km^2。

1.1.5　光、温、水匹配合理，有效利用率低

全省热量分布具有温带季风气候共有特征，水热同季，冬季较冷，夏季温热。光温水匹配基本合理，在作物生长季内有利于农业气候资源的综合开发利用。在旱作区，由于作物生长季内水分供应不足，影响了气候资源的综合和整体性发挥，加之农业技术水平和耕作方式落后，资源的有效利用率比较低。因此，要采取综合的、有效的农业技术措施和管理手段，提高气候资源的有效利用率。

1.1.6　气象灾害种类多、发生频率高

甘肃省气象灾害种类多、发生频率高、危害重。主要气象灾害有干旱、暴雨洪涝、冰雹、大风、沙尘暴、干热风、连阴雨和霜冻等。从空间分布上看，河西大风、沙尘暴多发，东南部暴雨洪涝、山洪地质灾害多发，中东部冰雹、干旱和山洪滑坡泥石流频繁发生。近 50 年来，年平均降

水日数和暴雨日数均呈增多趋势，冰雹、沙尘、大风日数均呈显著减少趋势，干旱、寒潮、连阴雨、干热风次数略有减少，高温、局地强降水事件频次增多。气象灾害造成的经济损失占自然灾害的比重达88.5%，高出全国平均状况17.5%，气象灾害损失占甘肃省GDP的3%～5%，占比大约是全国的3倍。

(1)干旱频率高、范围广、影响大

甘肃省素有“三年一小旱，十年一大旱”之说，干旱对河东地区影响最大，几乎每年都会出现季节性干旱，春旱和春末夏初旱发生频次最高，对农业生产和人民生活造成了严重影响。

(2)局地强降水事件增多、地质灾害多发

甘肃省暴雨主要出现在河东，平均每年有20站次出现暴雨，最多年达60站次。近10年与20世纪60年代相比，全省极端强降水事件增加了45%。2000—2013年强降水引起的山洪、滑坡、泥石流等灾害造成死亡人数为2041人，略少于同期全国台风死亡人数3570人。

(3)冰雹频繁、局地危害严重

甘肃省冰雹主要发生在中东部地区及部分山区，在作物生长季节均可发生。受冰雹危害最严重的是河东各地，平均每年1～3 d，平均每年成灾200万亩[①]，造成严重的直接经济损失。

(4)霜冻低温冻害范围广泛、晚霜冻危害大

霜冻是春、秋两季最易发生的气象灾害，每年平均受灾面积140万亩。全省初霜冻最早出现在8月下旬，最晚在12月上旬。终霜冻最早出现在2月中旬，最晚在6月中旬。无霜冻期自东南向西北、自低海拔向高海拔地区缩短，大部分地区为100～200 d。

(5)大风沙尘暴春季频发、河西灾害严重

甘肃省年平均大风日数7.6 d，最多年日数17.8 d(1973年)。全省平均每年受大风危害农田达9.56万hm^2。沙尘暴全省年平均日数1.3 d，最多年日数6.1 d(1972年)，河西走廊为1～15 d，其中民勤平均沙尘暴日数15.1 d，是全国沙尘暴最多地区之一。沙尘暴给国民经济建设和人民生命财产安全造成了严重损失和极大危害。

1.2 地形地貌

甘肃省地处黄土高原、青藏高原和蒙古高原的交汇地带和西秦岭山地边缘，山脉纵横交错，海拔高低相差悬殊，地形地貌复杂多样，类型齐全。境内有平原、高原、台地、丘陵、山地，谷地、沙漠、戈壁，湿地、沼泽、永久性积雪和冰川等多种地貌(李栋梁，2000b)，其中山地和高原是甘肃省的主要地貌形态，占全省总面积70%以上。平原主要分布在河西走廊和沿河谷地带；台地和黄土塬地主要分布在六盘山与子午岭之间。丘陵沟壑区主要分布在河西的马鬃山地和合黎山、龙首山部分地方，天水和陇南两市山间盆地和北秦岭北麓地带，六盘山以东的庆阳市北部、定西市和临夏州的黄土分布区(图1.2)。

由图1.2看出，全省地势自西南向东北倾斜，除陇南部分河谷地和疏勒河下游谷地地势较低外，大部地方海拔在1000 m以上，地形呈狭长状，地貌形态复杂。西部的河西走廊地势平坦，绿洲、沙漠、戈壁相间。北部为走廊北山、内蒙古高原，接巴丹吉林沙漠、腾格里沙漠南缘。

① 1亩≈666.67 m^2，下同。

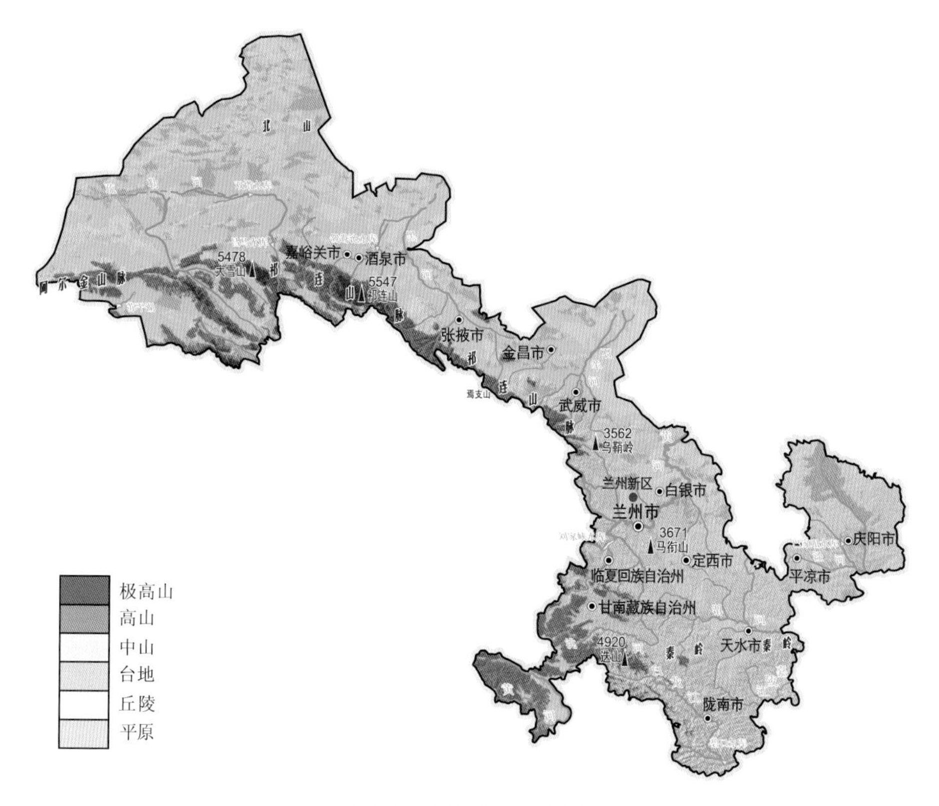

图 1.2 甘肃省地势地貌

西南部是青藏高原的东北边缘和祁连山脉，地势高耸，有永久性积雪和现代冰川分布。中东部是黄土高原，形成了独特的黄土地貌。东南部是西秦岭北麓地带，山脉纵横交错，重峦叠嶂，山高谷深。根据地貌特征和地势高低，将全省大致分为各具特色的六大地形区。

1.2.1 北山中山区

北山中山区位于河西走廊平原以北，西端嵌入罗布泊洼地，东端延伸至弱水西岸，北抵中蒙边境，南接疏勒河下游谷底。全区由一系列干燥剥蚀中低山及山间谷地组成，系断续的中山。山势东西高，中间低，主要包括星星峡高地、马鬃山、合黎山和龙首山等，海拔为1500～2500 m，位于龙首山西北端的东大山，海拔 3616 m，是该区最高点，黑河谷底是该区最低点。山地岩石与山麓砾石裸露，形成典型的戈壁景观，植被相当贫乏（李栋梁，2000b）。

1.2.2 河西走廊平川区

河西走廊平川区位于北山以南，北屏马鬃山、龙首山和合黎山，南依祁连山，东起乌鞘岭，西迄甘新边界，长约 900 km，宽 50～120 km，为一狭长地带，海拔 1000～3200 m，地势自东向西、由南向北倾斜。河西走廊历来是我国内地通往新疆、中亚和印度等地区的交通要道，是古丝绸之路的重要组成部分。

河西走廊内部山地隆起，永昌与山丹间的大黄山（海拔 3978 m）、嘉峪关与玉门两市之间的黑山（海拔 2799 m）把河西走廊分隔成 3 段（或 3 个盆地），即武威—永昌平原（石羊河流域)、张掖—酒泉平原(黑河流域)、玉门—敦煌平原(疏勒河流域),每个平原对应一条较大内陆河,平原与内陆河结合,形成了成片绿洲(李栋梁,2000b)。

河西走廊内部分布一些山地、零星沙漠,一般是沙岗、沙垅、沙丘、丛草沙丘和新月形沙丘等,是我国主要戈壁分布区之一,以堆积型戈壁为主,戈壁面积有着明显的愈西愈广的趋势。

1.2.3 祁连山高山区

祁连山是青藏高原东北部边缘山系,西部与当金山口和阿尔金山相连,东至景泰—永登—红古—积石山县并与黄土高原接壤。祁连山系大致呈西北—东南走向,由一系列平行山岭和山间盆地组成,平均海拔 4000～4500 m,许多山峰超过 5000 m(李栋梁,2000b)。祁连山西段疏勒南山主峰团结峰(宰吾结勒)海拔 5808 m,是整个山系最高峰。也是甘肃省最高峰,雪线以上终年积雪,形成若干个重要的现代冰川。祁连山中段疏勒南山平均海拔超过 5000 m,是祁连山系中最高山脉;祁连山东段冷龙岭平均海拔 4500 m,最高峰达 5254 m,乌鞘岭是冷龙岭在安远盆地以南分出的一条东西走向的支脉,最高峰海拔 4070 m,是甘肃省内陆河和外流河分水岭。

祁连山地现代冰川数量多、面积广,山岳冰川地貌类型齐全,许多山峰终年积雪发育着现代冰川,是内陆河的源泉、河西走廊的天然“高山水库”。祁连山地还有许多山间盆地和谷地,具有高山、积雪、冰川、山谷、盆地等复杂的地形地貌。

1.2.4 黄土高原丘陵区

黄土高原丘陵区位于甘肃陇中和陇东,东部和北部分别以甘陕和甘宁边界为界限,西起乌鞘岭,南至太子山—西秦岭北麓。该区地势呈阶梯状结构,西部主要向北倾斜,海拔在 1500～2200 m;东部向东南倾斜,海拔在 1200～1500 m。地表十分破碎,深沟密布,陇东和六盘山东部还保存有董志塬、早胜塬、灵台塬、白草塬等 26 个大小不同独立的黄土塬,其中董志塬最大,为 2309 hm^2。其余地方多为梁、峁、沟壑地貌。

黄土高原耸立着许多山地,主要有景泰昌岭山(海拔 2954 m)、靖远大峁槐山(海拔 3017 m)、会宁屈吴山(海拔 2858 m)、临洮马衔山(海拔 3671 m),以及六盘山(海拔 2500 m 以上),把黄土高原分成东西两部分。

甘肃黄土高原峡谷密布,黄河干流在甘肃境内共有 11 个重要峡谷,其中以黑山峡最长,八盘峡最短,落差巨大,是黄河上著名的水能富集带。

黄土高原上有 16 个较大的河谷盆地,即大河家盆地、什川盆地、靖远盆地、刘家峡库区,大川盆地、达川盆地、兰州盆地、水川—青城盆地、坝滩盆地、五佛寺盆地、临洮盆地、永登盆地、临夏盆地、榆中金崖盆地、定西盆地、会宁盆地等。

1.2.5 甘南高原区

甘南高原是青藏高原的组成部分,西邻青海省、南接四川省、东接陇南山地,北连陇中黄土高原。全区以山地和高原为主要地貌类型,海拔较高,地表呈波状起伏,山地与高原相间分布,海拔为 3000～4000 m。大力加山—太子山—白石山,是甘南高原与黄土高原的界山,平均海拔约 4000 m,最高峰达 4636 m。桑多卡—腊利大山—斜藏大山,海拔一般 3000～4000 m,最高峰桑多卡海拔 4208 m,山脉西段和中段是大夏河与洮河分水岭,山脉以南是碌曲高原,北部是合作盆地。岷山北支亦称迭山，位于洮河上游谷地以南和白龙江上游谷地以北，中西段是黄河、长江两大流域分水岭，平均海拔超过 4000 m，最高峰 4920 m；岷山南支位于该区东南部甘川边界上，西段是黄河、长江分水岭，东段属长江流域嘉陵江与岷江分水岭，在甘肃境内平均海拔近 4000 m，主山脉有多处被白龙江支流切断。位于甘南高原西南的阿尼玛卿山（积石山），甘肃境内最高峰海拔 4837 m，东、南、北三面被黄河河曲包围。

甘南高原分布有盆地、湖泊、湿地、沼泽和滩地，其中玛曲高原沼泽化现象普遍。与东面紧邻的四川若尔盖高原同为我国主要沼泽区，甘南高原还有许多大片平坦的滩地，如堪木日多滩、乔科滩、俄后滩、尕海滩、晒银滩、桑科滩和甘加滩等，为水草丰茂的天然牧场。

1.2.6 陇南中低山区

陇南中低山区由秦岭山系和岷山山系各一部分组成，地势西高东低，海拔从东部 800 m 上升到西部 3500 m，迭山最高峰海拔 4920 m；甘肃省海拔最低点位于甘川交界的白龙江谷地，海拔仅 550 m 左右。该区位于渭河以南，临潭、迭部一线以东地区，东南部与陕西省和四川省接壤，西邻甘南高原、北接黄土高原，山地、谷地、川坝和山间盆地较多，徽成盆地是西秦岭山地中最大的山间盆地，海拔 1000～1500 m，低山、缓丘、宽谷相间分布成为其主要地貌特征。境内山高谷深，峰锐坡陡，河流多有险滩急流，山岭、河谷、川坝、盆地相间，在峡谷峭壁中瀑布与急流遗址多见。西秦岭大部分位于甘肃省境内，是甘肃境内黄河流域和长江流域的分水岭。在地域上徽成盆地把陇南山地分为南北两支：北支为北秦岭山地，山势较为低缓，相对高度在 500～1000 m，少数山峰在 3500 m 以上，如露骨山（海拔 3941 m）；南支为南秦岭山地，山势比较高峻、相对高差较大，而介于洮河、白龙江之间迭山及甘川交界一带的岷山，海拔在 4000 m 以上，最高达 4920 m。

北秦岭主脉西段为洮河和渭河分水岭，呈西北—东南走向，包括太子山、莲花山东延白石山（海拔 3888 m）、露骨山（海拔 3941 m）、太白山（海拔 3495 m）等一系列高峰。南秦岭位于徽成盆地以南至白龙江谷地以北，是一个结构极其复杂的山地。作为西汉水与白龙江分水岭的五个嘴（海拔 3552 m）、岷峨山（海拔 2963 m）等山脉呈西北—东南走向斜贯陇南全境。

1.3 植被

甘肃省南北跨度大，地貌复杂多样，植物种类丰富、类型齐全。自然植被水平分布自东南向西北呈现出森林—草原—荒漠的齐全植被类型，在祁连山区和甘南高原等高海拔地区均发育了完好的山地和高原垂直植被带。

甘肃省林地面积 1042.65 万 hm^2、森林面积 507.45 万 hm^2，森林覆盖率 11.28%，是少林省份之一。草地 1575.29 万 hm^2，占全省面积 34.66%，是全国重点牧业省份之一（《甘肃省第七次森林资源清查情况公布》，2014）。自然植被水平分布自西北向东南呈现出荒漠到森林的自然景观，大致可分为 6 个自然植被水平分布带及祁连山区和甘南高原两个垂直植被带。

1.3.1 自然植被水平分布带

1.3.1.1 荒漠带

荒漠带位于河西走廊，以乌鞘岭、毛毛山一带为界，包括河西走廊及其南部祁连山—阿尔金山和北部的马鬃山、合黎山和龙首山。该分布带中戈壁和沙漠广大，植被非常稀疏，生态结构简单，种类较少，具有典型荒漠植被特征。植被主要由超旱生灌丛、半灌木砾质荒漠和超旱生灌木沙质荒漠组成。沙漠区植被是以多种白刺和柽柳为主组成的群落。湖盆的地下水位较高区，主要以芨芨草为主的盐生草甸，是荒漠地带较好的草场之一。在疏勒河中下游和北大河中游有少量胡杨、沙枣等天然林沿河分布。低洼和水分条件较好地段，有草甸、沼泽和盐生植物生长。

1.3.1.2 荒漠草原带

荒漠草原带分布在景泰县一条山以南地域，主要以几种针茅为建群种组成的荒漠草原群落。种类有短花针茅、盐爪爪、珍珠猪毛草、沙生针茅、灌木亚菊、驴驴蒿等。在老虎山和昌岭山北坡海拔 2600 m 以上为青海云杉，局部地方有油松。

1.3.1.3 草原带

草原带主要分布在兰州、靖远、环县一线以南及陇东北部。由于农业开垦历史悠久，该区自然植被残留在黄土坡地和石质山地的局部地带。榆中县境内兴隆山、马衔山海拔在 1800～2200 m 为灌木带，2200～2400 m 为桦杨阔叶林带，2400～3000 m 是云杉针叶林带，3000～3500 m 是亚高山灌木林带。哈思山、屈吴山海拔 2200 m 以下是灌丛，2200～2600 m 是由油松、白桦和山杨组成的混交林，2600 m 以上为云杉、桦、杨组成混交林。牧草主要有长芒针茅、克氏针茅、扁穗冰草等。陇中西北部分布着荒漠草原，主要植被是以几种针茅为群种组成的荒漠草原群落。陇东南部为森林草原带，是暖温带落叶林与冷温带草原过渡地带。温湿梁峁的阴坡和石质山地分布着森林，是原始森林破坏后形成的次生林。温暖干旱的梁峁阳坡、半阳坡和梁峁顶部分布着草原。

1.3.1.4 森林草原带

森林草原带主要分布在临夏、康乐、渭源、秦安、平凉、华池一线以南，是暖温带落叶林与冷温带草原过渡地带。在湿润的梁峁阴坡和石质山地间分布着森林，是原始森林破坏后形成的次生林；在温暖干旱的梁峁阳坡、半阳坡和梁峁顶部分布着草原。在六盘山东侧太统山和崆峒山海拔 2200 m、子午岭海拔 1700 m 处均有次生林分布。

1.3.1.5 落叶阔叶林带

落叶阔叶林带分布在武都、康县北部、渭河谷地以南，临潭、迭部一线以东地区。它是我国华北落叶阔叶林带向西伸入甘肃省的一部分，植被以落叶阔叶林和针阔混交林为主，山坡地带有次生灌丛。海拔 1800 m 以下以锐齿栎为主，混生华山松、油松、山杨、白桦等。800～2200 m 以辽东栎为主，2200 m 以上有小面积青杆林，亚高山和高山地带为蒿草、杂类草甸及山柳灌丛草甸。丘陵地为疏林灌丛、半旱生灌丛。低山地是阔叶杂木林、针阔混交林及旱生灌丛杂草。

1.3.1.6 常绿阔叶落叶混交林带

常绿阔叶落叶混交林带分布在陇南南部白龙江流域的武都、文县、康县一带，植物区系丰富多彩,有许多特有科属。自然植被在深山沟里保存较完整,是常绿阔叶林和落叶阔叶混交林带。海拔1200 m以下山坡以亚热带树种为主,海拔1200～2000 m以松栎林类型为主,海拔2000 m以上山地为灌丛草甸和杂草草甸。

1.3.2 自然植被垂直分布带

1.3.2.1 祁连山地植被带

祁连山地植被垂直分布以疏勒河为界分为东西两段,景观明显不同。西祁连山属半灌木荒漠草原区,山地草原和山地荒漠甚为发育,海拔2400～2600 m是山地荒漠带、海拔2600～2900 m为山地半荒漠带、海拔2900～3600 m为山地草原带、海拔3600～4000 m为亚高山灌丛草原带、海拔4000～4500 m为高山寒漠带、海拔4500 m以上为冰川和永久积雪带。东祁连山植被属于寒温性针叶林草原区,垂直分布带明显,海拔1500～1800 m为荒漠带,是平地荒漠向山地延伸部分;海拔1800～2300 m是山地荒漠草原带;海拔2300～2600 m是山地草原,并自东至西山地草原更加发育;海拔2600～3400 m是山地森林草原带,阴坡生长纯林或云杉与油松、山杨、桦树混交林,阳坡残存不多的祁连圆柏块林,绝大部分为草甸草原或草原;海拔3400～3600 m为亚高山草甸带;海拔3600～3900 m为高山草甸带;海拔3900～4200 m为高山寒漠带,植被稀疏;海拔4200 m以上为冰川和永久性积雪。山间谷地和盆地生长草甸和草原植被。

1.3.2.2 甘南高原植被带

甘南高原包括甘南州大部,是青藏高原东部边缘的一部分,具有典型的高原景观。该地带植被随地貌和海拔高度不同而各异,东部高山峡谷区是夏绿阔叶林带,伸展到海拔2600 m以多种栎类为主,伴生有华山松、油松、椴、鹅耳枥、榆等;海拔2600～3600 m是针叶林带,下部以青杆、冷杉为主,上部以冷杉、云杉和紫果云杉为主,是山地森林的主体;海拔3600～3800 m,是高山针叶疏林带,主要有冷杉;海拔3800～4200 m是高山灌丛,平缓坡地或阳坡以草甸为主。甘南高原西部山区阴坡,多为高山草甸和高山草原化草甸,或为山地草甸化草原,是甘南高原的主要放牧草场。

1.4 水文

甘肃省地面水系复杂多样,境内河流分为内陆河、黄河、长江三大流域,共12个水系,还有冰川、湖泊和湿地。

1.4.1 河流水系

1.4.1.1 内陆河流域

内陆河流域处于甘肃省西北部的河西,流域面积24.14万 km^2,占全省总面积的60%,其中苏干湖水系属于柴达木内陆河;疏勒河、黑河、石羊河三水系属河西内陆河。

(1)苏干湖水系

苏干湖水系以大哈勒腾河为干流,源于党河南山的奥果吐乌兰,向西流经苏干湖盆地,汇入苏干湖。流域面积 2.11 万 km^2，年径流量 2.95 亿 m^3，上游高山区的现代冰川融水量占径流量的 36%。

(2)疏勒河水系

疏勒河是河西走廊内流水系的第二大河，全长 540 km，流域面积 20 197 km^2，发源于祁连山脉西段托来南山与疏勒南山之间，西北流经肃北蒙古族自治县的高山草地，贯穿大雪山到托来南山间峡谷，过昌马盆地。出昌马峡以前为上游，水丰流急，昌马堡站年径流量 7.81×10^8 m^3。出昌马峡至走廊平地为中游，向北分流于大坝冲积扇面，有十道沟河之名。至扇缘接纳诸泉水河后分为东、西两支流，东支汇部分泉水河又分南、北两支，名南石河和北石河，向东流入花海盆地的终端湖；西支为主流，又称布隆吉河，至瓜州县双塔堡水库以下为下游，由于灌溉、蒸发、下渗而水量骤减。昌马冲积扇以西主要支流有榆林河及党河，以东主要支流有石油河及白杨河，均源出祁连山西段。出山口，年径流量 18.30 亿 m^3。

(3)黑河水系

黑河是甘肃省最大的内陆河，发源于青海省境内走廊南山南麓和托来山北麓的山间，流至青海省祁连县纳八宝河进入甘肃省境内，至莺落峡出山流入河西走廊，经张掖、临泽、高台，再穿过正义峡，经鼎新向北进入内蒙古自治区，称弱水(亦称额济纳河)最后入居延海。黑河从发源地到居延海全长 821 km，流域面积 14.291 万 km^2，其中青海省 1.041 万 km^2，甘肃省 6.181 万 km^2，内蒙古自治区约 7.071 万 km^2。黑河流域有 35 条小支流，形成东、中、西 3 个独立的子水系，其中西部子水系包括讨赖河、洪水河等，归宿于金塔盆地，面积 2.11 万 km^2；中部子水系包括马营河、丰乐河等，归宿于高台盐池—明花盆地，面积 0.61 万 km^2；东部子水系即黑河干流水系，包括黑河干流、梨园河及 20 多条沿山小支流，面积 11.61 万 km^2。在山区形成地表径流总量为 37.55 亿 m^3，其中东部子水系出山径流量 24.75 亿 m^3，包括干流莺落峡出山多年平均径流量 15.8 亿 m^3，梨园河出山多年平均径流量 2.37 亿 m^3，其他沿山年平均径流量 6.58 亿 m^3。

(4)石羊河水系

石羊河是河西走廊内流水系的第三大河，水系源出祁连山东段，河系以雨水补给为主，兼有冰雪融水成分。上游祁连山区降水丰富，有 64.8 km^2 冰川和残留林木，是河流的水源补给地，前山皇城滩是优良牧场。中游流经走廊平地，形成武威和永昌诸绿洲，灌溉农业发达。下游是民勤绿洲，终端湖如白亭海及青土湖等。石羊河流域自东向西由大靖河、古浪河、黄羊河、杂木河、金塔河、西营河、东大河、西大河 8 条河流及多条小沟小河组成，河流补给来源为山区大气降水和高山冰雪融水，产流面积 1.11 万 m^2，多年平均径流量 15.60 亿 m^3。

1.4.1.2 黄河流域

黄河流域包括陇中、甘南高原、陇东及天水市，省内流域面积 14.45 万 km^2，支流众多，水利条件优越，水能资源丰富，主要有 6 大水系。

(1)黄河干流水系

黄河 3 次流经甘肃省，前两次流经玛曲称玛曲段，汇入白河、黑河、沙柯曲等支流；第三次流经地以兰州为中心称兰州段(积石峡至黑山峡)，汇入洮河、湟水两个水系及银川河、大夏河、庄浪河、宛水河和祖厉河等支流。黄河干流水系流域面积为 5.67 万 km^2，在甘肃省境内年平均径流量 135 亿 m^3，占全省年均径流量的 45%，共有 11 个重要峡谷。

(2)洮河水系

洮河发源于甘南高原西倾山北麓的勒尔当,向东流经碌曲、卓尼、岷县,北折经临洮至刘家峡汇入黄河,是甘肃省内黄河的第一大支流,其主要支流有周科河、科才河、热乌克赫、博拉河、三岔河、广通河、车巴沟、卡车沟、大峪沟、送藏河、羊沙河、冶木河和漫坝河等。省内流域面积 2.55 万 km^2,年平均径流量 53 亿 m^3。

(3)湟水水系

湟水发源于青海大通山南麓,流至享堂进入甘肃境内,有支流大通河汇入,再流经红古至达川汇入黄河干流,总流域面积 3.29 万 km^2,年平均径流量 45.1 亿 m^3。

(4)渭河水系

渭河发源于渭源县太白山,向东流经陇西、武山、甘谷、天水等县(市)至天水市北道区牛背里村入陕西境内。主要支流有秦祁河、榜沙河、散渡河、葫芦河、精河、牛头河、通关河等,其中葫芦河最长,发源于宁夏西吉县月亮山。渭河在甘肃省境内流域面积 2.56 万 km^2,年平均径流量 22.6 亿 m^3。

(5)泾河水系

泾河发源于宁夏泾源县六盘山东麓,流经平凉、泾川、宁县进入陕西省。主要支流有内纳河、洪河、交口河、浦河、马莲河等,其中马莲河流域面积最大,发源于陕西定边县白于山。省内流域面积 3.12 万 km^2,年平均径流量 9.16 亿 m^3。

(6)北洛河水系

甘肃省华池县子午岭以东的葫芦河属北洛河水系。该葫芦河发源于华池县老爷岭,横穿合水县北部,过太白镇流入陕西省境内。省内流域面积 2330 km^2,年平均径流量 0.585 亿 m^3。

1.4.1.3 长江流域

甘肃省境内长江流域位于陇南市南部,流域面积 3.84 万 km^2,主要有两大水系,水源充足,冬季不封冻,河道坡度大,多峡谷,有丰富水能资源。

(1)嘉陵江水系

嘉陵江源于陕西省境内秦岭主山脊南麓,经凤县至两当县东部进入甘肃省境内,穿过两当县、徽县至白水江进入陕西略阳县。甘肃省内流域面积 3.84 万 km^2。主要支流有红崖河、庙河、永宁河、平洛河、长丰河(青泥河)、西汉水、红河、燕子河(铜线河)、洮水河、西和河、清水江、白水江、中路河、让水河、洛唐河、洪坝河、岷江和多儿河等。其中发源于甘南高原西倾山郎木寺附近的白龙江,省内流域面积 2.74 万 km^2,年径流量约 87 亿 m^3,虽然划为嘉陵江的一级支流,就其甘肃省境内的河长、流域面积和水量均超过嘉陵江干流。

(2)汉江水系

汉江水系仅有两当县的八庙河。八庙河源于太阳山,流经两当县广金乡后就进入陕西勉县。省内河长不足 20 km,流域面积仅为 170 km^2。

1.4.2 湖泊

湖泊是地质地貌条件与气候条件综合作用的产物。甘肃省湖泊显著特点是数量少、面积小,主要有大苏干湖、小苏干湖、干海子等 14 个,除苏干湖面积较大外其余面积比较小。

(1)苏干湖

苏干湖包括大苏干湖和小苏干湖，位于甘肃省阿克塞哈萨克族自治县境南面，阿尔金山、党河南山与赛什腾山之间的花海子—苏干湖盆地的色勒屯(海子)草原西北端。大苏干湖和小苏干湖距县城约 80 km 和 55 km。大苏干湖属非泄水的咸水湖，海拔 2795～2808 m，水域面积 100.89 km^2，平均水深 2.84 m，蓄水 17 亿 m^3。小苏干湖位于大苏干湖的东北方向，面积 8.5 km^2。小苏干湖与大苏干湖相距约 20 km，是一个具有出口的淡水湖，海拔 2807～2808 m，水域面积 11.85 km^2，平均水深 0.1～0.6 m，最深 2 m，蓄水 0.247 亿 m^3。小苏干湖水通过齐力克河流向大苏干湖。苏干湖自然保护区气候属内陆高寒半干旱气候，主要保护对象为鸟类及生态环境。保护区内已知鸟类有 61 种，其中候鸟 44 种。候鸟中夏候鸟 28 种，遗鸥、猎隼、白尾鹞为国家重点保护鸟类；冬候鸟 3 种，白尾海雕、玉带海雕为保护重点；旅鸟 13 种，大天鹅、鹤、草原雕、灰背隼为保护重点；留鸟 17 种，鸢、胡兀鹫、兀鹫、秃鹫、红隼为保护重点。兽类有 16 种，属国家二级保护的有藏原羚、黄羊和鹅喉羚。

(2)干海子

位于甘肃省玉门市区西北 70 km 处，面积 4.33 km^2，是一个天然积水湖泊，属咸水湖。干海子海拔 1204 m，湖周多灌木，水域四周及中心小泥岛上长满芦苇，水生生物丰富，适于鸟类栖息、繁衍。水域周围有 20 km^2 的固定沙丘和风蚀土墩，主要保护对象为候鸟及其生态环境。区内有兽类 10 余种，鸟类 32 种，属国家一、二级保护动物有黄羊、鹅喉羚及苍鹰、草原雕、大天鹅、小天鹅、红隼等。

(3)鸳鸯湖

位于金塔县城西南 10 km，总面积 50 km^2，其中水域面积 20.24 km^2，陆地面积 29.76 km^2。库区内群山耸峙，层峦叠翠，林茂草深，碧波万顷，已成为一新型的休闲度假地，2005 年批准为国家 AAA 级旅游景区。

(4)鸭鸣湖

位于民勤县红崖山水库风景区内，水面 30 km^2，烟波缥缈，碧波万顷。渔舟快艇穿梭其间，游鱼簇簇，野鸭戏水，水鸟飞翔，黑鹤长鸣，构成一幅“大漠环绿水，青山映碧波”的优美画面。

(5)常爷池

位于甘南高原东北边缘临潭县的冶力关北部，相传以明代大将军常玉春率军西征曾在此饮马而得名，是临潭县自然风景区之一。湖面海拔高度 2700 m，面积约 1.2 km^2，水深在 10 m 以上，湖水由石门河补给，流入冶木河。

(6)尕海

位于碌曲县境内，西倾山东北方向的尕海盆地，湖形大体呈椭圆状，湖面海拔高度为 3740 m，面积约 10 km^2，平均水深 1～2 m，周围有若干小湖和大片沼泽地。湖水由郭尔莽梁及西倾山北坡的琼木旦曲、翁尼曲、多木旦曲等河流补给，通过周科河流至碌曲县以西汇入洮河。

(7)达力加翠湖

位于夏河县甘加乡境内的达力加山中。达力加山中有 5 个形状各异的高山平湖，藏语称之为“措洛瑞、措尔更措、达力加雍措和措江”，其中措洛瑞湖是由两个小湖构成，措尔更措面积最大，措江也称五名湖。达力加翠湖为五山池中主湖，系火山口堰积型湖，湖水面积 140 km^2。湖面由火成砾岩围成，呈椭圆形，似锅底状。湖无明显进水口，从东、北、南 3 个方向有 3 股泉水潜泻而出，分别流向临夏、循化、清水地区。哗哗水声，远处可闻，此湖以高、深、险、神所著称，人迹罕至。

(8)达尔宗湖

位于夏河县王格尔塘乡达宗村珂米雅日山西南麓，距县城17 km，被人们称为藏区的“碧玉曼遮湖”。湖面海拔3000 m，南北长约300 m，东西宽窄不一，最宽处近百米，湖面积约0.267 km^2，呈不规则葫芦藤形。湖区三面环山，山上森林密布，林中百鸟群集，湖中鱼类繁生。

(9)骨麻海

为一高山堰塞湖，位于迭部县桑坝乡境内海拔3000 m的迭山主峰之下。该湖四面环山，地势险峻，道路崎岖，湖面呈椭圆形，湖水绿清，湖岸绿树成荫，鸟语花香，为各种动物栖息、繁衍的理想之地。

(10)天池

位于文县县城以北约100 km处的天魏山上。由于远古时期的地壳活动，致使地壳断裂，洋汤河河道被堵截而形成。湖面海拔高度大约2400 m，呈葫芦状，方圆20 km，水深80余米，由9道大弯103曲汇成，周围俱是连绵的崇山峻岭。这里冬无严寒，夏无酷暑，雨量充沛，气候宜人，珍贵树林遍布天池四周的山岭上，盛产山珍野味，名贵草药。

1.4.3 冰川

冰川是陆地上大气固态降水的积累变化，能运动的冰的自然堆积体。地球上陆地面积的十分之一被冰川覆盖，五分之四的淡水储存在冰川上。冰川是固体水库，具有调节多年径流的良好作用。甘肃境内祁连山发育的冰川，是河西地区工农业生产和人民生活的重要保证，每年供给径流12%的优质淡水，成为河西走廊灌溉农业稳定可靠的水源。

1.4.3.1 冰川基本概况

(1)冰川数量

甘肃省冰川全部分布于河西祁连山和阿尔金山，共有冰川2217条，面积1596.04 km^2，冰储量78.688 km^3，折合水总储量669亿 m^3，其中祁连山有冰川1967条，冰川面积1273.58 km^2；阿尔金山有冰川250条，冰川面积322.46 km^2。平均每条冰川面积为0.72 km^2，面积大于10 km^2的冰川共有16条，一条10 km^2的冰川储水量约8亿 m^3，相当于一个大型水库。冰川厚度平均50 m，最大厚度在老虎沟12号冰川，平均厚度120 m。

(2)各县冰川

甘肃省冰川主要分布在阿克塞哈萨克族自治县、肃北蒙古族自治县、肃南裕固族自治县、民乐县、凉州区、天祝藏族自治县境内。阿克塞哈萨克族自治县境内有冰川278条，冰川面积349.54 km^2，冰储量19.8484 km^3。肃北蒙古族自治县冰川914条，冰川面积812.07 km^2，冰储量44.2277 km^3。肃南裕固族自治县冰川965条，冰川面积416.95 km^2，冰储量14.2026 km^3。民乐县冰川23条，冰川面积6.9 km^2，冰储量0.1555 km^3。凉州区冰川22条，冰川面积6.73 km^2，冰储量0.1544 km^3。天祝藏族自治县境内冰川15条，冰川面积3.86 km^2，冰储量0.0989 km^3。

(3)各流域冰川

疏勒河流域冰川条数、面积和冰储量都最多、最大，分别为 639 条、589.64 km^2 和 33.3456 km^3。石羊河流域冰川条数、面积和冰储量都最少、最小，分别为 141 条、64.82 km^2 和 2.1434 km^3。哈勒腾河冰川条数、面积和冰储量分别为 250 条、322.46 km^2 和 18.5816 km^3。党河冰川条数、面积和冰储量分别是 336 条、259.74 km^2 和 12.3904 km^3。北大河冰川条数、面积和冰储量分别是 591 条、278.54 km^2 和 10.1231 km^3。黑河流域冰川条数、面积和冰储量分别是 260 条、80.84 km^2 和 2.1034 km^3。

(4)各山脉冰川

各山脉冰川以疏勒南山冰川面积最大，陶勒山冰川面积最小。阿尔金山东段冰川面积 42.01 km^2，最大冰川面积 4.081 km^2。土尔根坂冰川面积 274.66 km^2，最大冰川面积 57.07 km^2。察汗鄂博图岭冰川面积 15.86 km^2，最大冰川面积 4.5 km^2。党河南山冰川面积 160.08 km^2，最大冰川面积 7.17 km^2。疏勒南山冰川面积 471.41 km^2，最大冰川面积 19.05 km^2。大雪山冰川面积 159.46 km^2，最大冰川面积 21.91 km^2。陶勒南山冰川面积 90.02 km^2，最大冰川面积 3.46 km^2。陶勒山冰川面积 10.05 km^2，最大冰川面积 3.53 km^2。走廊南山冰川面积 307.67 km^2，最大冰川面积 7.02 km^2。冷龙岭冰川面积 64.82 km^2，最大冰川面积 3.16 km^2。

1.4.3.2 冰川分布基本特征

祁连山区山势东低西高、降水量东多西少、气温东高西低的状况，决定了冰川的发育、分布和基本特征。

冰川数量按河流划分，石羊河冰川最少，只有冰川 141 条，冰川面积 64.82 km^2；疏勒河冰川最多，冰川 639 条，冰川面积 589.64 km^2。按山脉划分，冷龙岭冰川面积小，只有 64.82 km^2；疏勒南山冰川面积最大，为 471.41 km^2。走廊南山冰川虽然数量不少，仍然具有东少西多的趋势。

冰川规模东部小西部大。东部石羊河流域冷龙岭一带，平均冰川面积只有 0.46 km^2，最大冰川只有 3.16 km^2，西部疏勒南山、大雪山等，平均冰川面积增大到 0.70～1.29 km^2，最大冰川面积为 21.9 km^2 和 57.07 km^2。东部石羊河一带没有 10 km^2 以上的冰川，而西部疏勒河一带 10 km^2 以上冰川可以占到本流域的 4.5%～25.9%。

冰川分布高度东低西高。冰川分布高度一般采用雪线和最低冰舌末端海拔高度表示。东部石羊河流域冰川雪线高度为 4400 m，最低冰舌末端海拔高度为 4040 m，向西逐渐升高，至哈勒腾河流域雪线升高到 4900 m，最低冰舌末端为 4540 m。

1.4.4 湿地

国际上公认的湿地定义出自《湿地公约》，即湿地是指天然或人工、长久或暂时性的沼泽地、泥炭地以及静止或流动的淡水、半咸水及咸水体，包括低潮时水深不超过 6 m 的水域。湿地被认为是自然界最富生物多样性的生态系统和人类最重要的生存环境之一，与森林、海洋并称为地球三大生态系统。甘肃省位于长江、黄河上游，地处西部内陆干旱地区，高蒸发、少降雨导致生态环境十分脆弱，有限的湿地资源更显得弥足珍贵。

1.4.4.1 湿地面积

甘肃省湿地斑块总数为 4015 个，湿地总面积 169.39 万 hm^2，包含了河流湿地、湖泊湿地、沼泽湿地、人工湿地 4 大类中 16 个湿地型。自然湿地面积为 164.24 万 hm^2，占湿地总面积

96.96%;人工湿地(库塘湿地)5.15万 hm²,占湿地总面积3.04%。全省湿地率为3.98%,受到有效保护的湿地占湿地总面积51.56%(《甘肃省第二次湿地资源调查》,2014)。全省共设立湿地自然保护区11处,其中国家级3处,省级7处,县级1处。有国际重要湿地1处,即尕海湿地,位于尕海—则岔国家级自然保护区内,2011年被评为国际重要湿地。国家重要湿地4处,即大苏干湖湿地、小苏干湖湿地、尕海湿地和首曲湿地。

河流湿地面积为38.17万 hm²,分布在长江、黄河和河西内陆河等水系的众多支流,集水面积大,为多种生物提供了生存环境(刘艳红 等,2003);湖泊湿地面积为1.59万 hm²,分布在阿克塞、敦煌、碌曲、文县等县市;沼泽湿地面积为124.48万 hm²,主要分布于甘南高原的碌曲、玛曲、夏河及河西走廊和祁连山;人工湿地(库塘湿地)主要分布于镇原、通渭、河西、黄河各段,以及陇南文县、河西张掖、临泽及陇中永靖、靖远等地分布的少量稻田。

甘肃省湿地分布比较广,全省14个市(州)都有湿地,其中酒泉市湿地面积最多,总面积达67.73万 hm²;嘉峪关市湿地面积最少,总面积仅0.53万 hm²。其他市州依次为:张掖市湿地面积25.13万 hm²,武威市10.42万 hm²,金昌市2.56万 hm²,白银市1.46万 hm²,兰州市0.99万 hm²,定西市1.93万 hm²,临夏回族自治州2.42万 hm²,甘南藏族自治州48.89万 hm²,庆阳市2.01万 hm²,平凉市1.25万 hm²,天水市1.14万 hm²,陇南市2.94万 hm²。

1.4.4.2 湿地野生动植物

甘肃省湿地分布的动物有6门24纲488种,其中:鱼类110种,两栖类31种,爬行类2种,鸟类109种,哺乳类16种。湿地分布高等植物有1270种(包括10亚种和77变种),其中:苔藓植物22科25属31种,蕨类植物16科19属24种1亚种1变种,裸子植物5科7属11种,被子植物139科489属1117种9亚种76变种。主要植被型有9种,分别为寒温性针叶林湿地植被型、落叶阔叶林湿地植被型、落叶阔叶灌丛湿地植被型、盐生灌丛湿地植被型、莎草型湿地植被型、禾草型湿地植被型、杂类草湿地植被型、浮水植物型、挺水植物型、沉水植物型(《甘肃省第二次湿地资源调查》,2014)。

1.5 土壤

1.5.1 土壤类型

甘肃省土壤大致可分为6个区,37个土类,99个亚类,177个土属,286个土种。6个土壤区分别是:河西漠土和灌漠土区,祁连山栗钙土和黑钙土区,陇中麻土和黄白绵土区,陇东黄绵土和黑垆土区,甘南草甸土和草甸草原土区,陇南黄棕壤、棕壤和褐土区。37个土类是:黄棕壤、棕壤、暗棕壤、褐土、灰褐土、黑土、黑钙土、栗钙土、黑垆土、棕钙土、灰钙土、灰漠土、灰棕漠土、棕漠土、黄绵土、红粘土、新积土、龟裂土、风沙土、石质土、粗骨土、草甸土、山地草甸土、林灌草甸土、潮土、沼泽土、泥炭土、盐土、水稻土、灌淤土、灌漠土、高山草甸土、亚高山草甸土、高山草原土、亚高山草原土、高山漠土和高山寒漠土。

1.5.2 土壤分布

甘肃省地势高低差异大,气候类型多样,地质构造和成土母质复杂,决定了土壤类型多样,并具有明显的分布规律。

(1)土壤水平分布

从西北向东南由温带漠境的灰漠土、灰棕漠土和棕漠土,经温带的黑垆土、栗钙土、灰钙土和棕钙土,再经暖温带的棕壤、褐土,过渡到亚热带的黄棕壤。依次可将土壤分区为:温带暖温带荒漠土壤区,温带草原土壤区,高寒山地土壤区,暖温带森林土壤区和亚热带森林土壤区。

(2)土壤垂直分布

不同地区具有不同垂直带谱。祁连山西段北坡带谱为棕钙土—灰褐土(或黑钙土)—亚高山草甸土—高山草甸土—高山寒漠土(高山漠土);祁连山东段北坡带谱为灰钙土—栗钙土—灰褐土(或黑钙土)—亚高山草甸土—高山草甸土—高山寒漠土。黄土高原的六盘山带谱为黑垆土—灰褐土—亚高山草甸土。甘南高原东部带谱为褐土—棕壤土—亚高山草甸土—高山草甸土。太子山和大力加山带谱为栗钙土—黑钙土—灰褐土—亚高山草甸土—高山草甸土—高山寒漠土。兴隆山和马衔山带谱为灰钙土—黑钙土—灰褐土—亚高山草甸土—高山草甸土。陇南山地文县横丹以南,带谱为黄棕壤—棕壤—暗棕壤;武都、康县北部到渭河谷地带谱为褐土—棕壤—亚高山草甸土—高山草甸土。

(3)土壤地域分布

在水平地带性和垂直地带性的基础上,有一系列土壤中域或微域分布。甘肃省土壤的中域分布呈枝形、扇形和盆形 3 种。枝形土壤组合主要在陇东黄土高原和陇西丘陵区,这里由于沟谷的发育,水系呈树枝状伸展,其土壤组合由相应的地带性土壤和非地带性土壤组成,一般在塬面和丘顶是黑垆土,边坡为黄绵土,沟底或河流两旁为潮土。扇形土壤组合多见于祁连山和北山山前洪积扇,扇形地自山麓向走廊中心低山地伸展,上部为灰棕漠土或棕漠土,扇缘地下水位高,出现草甸盐地、盐土或沼泽草甸盐土。由于灌溉农业的发展,草甸盐土经耕种熟化成为绿洲潮土和灌耕土。盆形土壤组合在甘南高原和河西走廊尤为多见,土壤类型由盆地中心向四周扩展,如甘南尕海盆地中心地带为泥炭沼泽土,四周依次为草甸沼泽土、潜育化草甸土、草甸土、山地草原化草甸土。

第2章　影响甘肃省气候的主要因子

气候系统是由大气圈、水圈、冰冻圈、岩石圈（陆地表面）和生物圈5个圈层及其之间相互作用组成的高度复杂的系统。气候系统随时间演变的过程受到自身内部的动力、热力影响，也受到外部强迫如火山爆发、太阳活动变化的影响，还受到人为强迫如不断变化的大气成分和土地利用变化的影响。在气候系统各圈层的相互作用中，最重要的是海—气相互作用、陆—气相互作用、冰—气相互作用以及生—气相互作用等。

大气圈是气候系统中最不稳定、变化最快的部分，其中包括大气成分和大气环流的变化。气候系统中其他圈层变化产生的影响和结果都会反映在大气圈中，使大气圈成为气候系统的中心。水圈以其硕大的体量成为气候系统中一个巨大的能量贮存库，海—气之间的相互作用是影响气候变化的重要因素，陆地表面是气候系统中容易变化的部分。青藏高原大地形的热力动力作用，土地利用覆盖的变化如植被、裸地、土壤及城市化等都是影响局地气候的重要因子。

2.1　大气环流

大气环流表达了大气运动的基本状态，是气候及其变化的基本条件之一，亚洲大气环流变化直接影响了甘肃气候变化。特别在年代际和年际尺度上，大气环流变化剧烈。认识大气环流变化是了解气候异常和气候变化形成机制的重要一步。

2.1.1　各季环流平均状况

2.1.1.1　冬季环流

（1）冬季北半球500 hPa环流

图2.1为冬季北半球500 hPa高度场多年平均图。由图可知：无论冬夏，极区都是一个低压区，一般称为极地涡旋，简称极涡。在描述对流层中层的环流特征时，一般比较注意副热带高压与极涡。影响中国的冷空气最终大都可追溯到北冰洋及附近地区，这里冬季极夜期间强烈辐射冷却形成了大规模极地寒冷的空气团，它在地面图上是很浅薄的冷高压，由于海陆热力的差异，这个浅薄的高压与西伯利亚的冷高压共同构成了一个大的系统，故人们常把极涡作为大规模极地冷空气的象征。这个极涡的中心不在北极。冬季，极涡向低纬度扩张，北半球的极涡有两个中心，其中较强的一个位于格陵兰西边的巴芬岛湾上空，较弱的一个位于东部西伯利亚的北冰洋沿岸。极涡在冬季最强，夏季大为减弱。

冬季北半球对流层中部环流主要特点是盛行着以极地为中心沿纬圈的西风环流，西风带

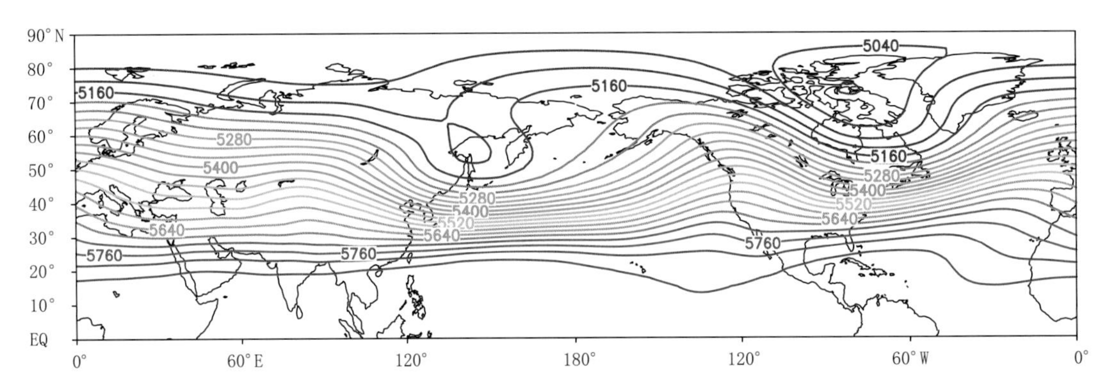

图 2.1 冬季北半球 500 hPa 平均高度场(单位:gpm)

上有行星尺度的平均槽脊。其中有 3 个明显的槽:一是在亚洲大陆东岸 147°E 左右,由鄂霍次克海向较低纬度的日本及中国东海倾斜,称为东亚大槽;二是位于北美大陆东岸 80°W 左右,自北美洲大湖区向较低纬度的西南方倾斜,称为北美大槽;三是欧洲浅槽,在 10°～60°E,位于乌拉尔山以西的欧洲上空,是 3 槽中最弱的 1 个。在 3 个槽之间有 3 个平均脊,分别位于阿拉斯加(美国)、西欧沿岸(大西洋东岸)和乌拉尔山以东至贝加尔湖之间,其中太平洋和大西洋东部的平均脊较强。总体上,脊的强度比槽要弱得多。低纬度的平均槽脊与中高纬度并不完全一样,除北美和东亚大槽向南伸到较低纬度外,在地中海、孟加拉湾和东太平洋都有较明显的槽。

东亚大槽是东亚大气环流的主要特征。它是对流层中上部定常的西风大槽。系海陆分布及青藏高原大地形对大气运动产生热力和动力影响的综合结果。东亚对流层中上层盛行西风气流。甘肃省处于新疆脊前和东亚大槽后部的西北气流控制下,形成下沉气流,造成甘肃省冬季干旱少雨雪。

高原冬季对其四周的自由大气来说是个冷源,因而加强了南侧向北的温度梯度,使得南支急流强而稳定。南支急流在孟加拉湾出现地形槽,槽前的暖湿平流对于甘肃的降水过程影响很大,是甘肃冬半年主要水汽输送通道。从孟加拉湾低槽的涡源中,东移的南支急流中的小波动,称之为南支槽(印缅槽),也是造成甘肃冬季雨雪天气的主要系统。

(2)冬季北半球海平面气压场

北半球平均海平面气压场形势表现为沿纬圈方向的不均匀性,而呈现一个个闭合的高、低压系统,称为大气活动中心。大气活动中心的形成与下垫面有很大关系。北半球海陆交错,大气冷热源受下垫面影响有巨大的季节变化,所以大气活动中心也随季节有很大改变。当活动中心长年存在,但是有强弱变化的称为半永久性大气活动中心,而有季节变化的则称为季节性大气活动中心。

从图 2.2 看出,冬季,北半球主要活动中心是 2 个低压和 4 个高压。一个是强大的阿留申低压,位于东亚大槽前部流线散开区下面;另一个是较弱的冰岛低压,位于北美大槽前部流线散开区的下面。4 个高压有强大的西伯利亚高压、较弱的北美高压、太平洋高压和大西洋高压。前两个为冷高压,分别位于大槽后部流线汇合区的下方,这说明在对流层中层以下大气活动中心的位置主要受海陆的热力差异影响,在对流层中层以上主要槽脊位置是受大地形动力作用的影响。后两个为副热带高压。西伯利亚高压强度达 1036 hPa,北美高压则弱得多,仅

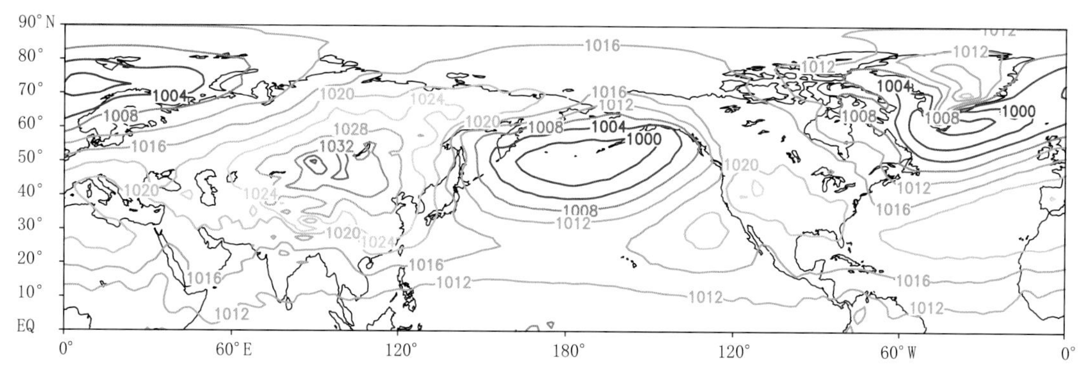

图 2.2　冬季北半球平均海平面气压场(单位:hPa)

就东亚而言,冬季地面只有两个大的系统,它们是西伯利亚高压(又称蒙古高压)和阿留申低压。

冬季西伯利亚冷高压几乎控制着整个中国,甘肃省位于西伯利亚冷高压中心的南部,有 3 股向南爆发的冷空气侵入甘肃省。第一股是从西伯利亚西部经我国新疆、河西走廊侵入;第二股是由贝加尔湖经蒙古侵入;第三股从西伯利亚东部经我国东北向西南倒灌。这些冷空气活动常造成大风降温天气。在西伯利亚冷高压控制时期,地面多偏北风,气压高、气温低、降水稀少,多晴冷天气。只有当上游天气区高空有西风槽吸引冷空气南下时,伴随地面冷锋过境才往往引起剧烈降温,并伴有雨雪天气发生。

总之,在新疆脊前和东亚大槽后部的西北辐散气流影响下,地面受蒙古冷高压控制,甘肃冬季气候寒冷干燥。当冷空气与孟加拉湾低槽前的暖湿平流在甘肃省上空交汇时,造成少量的降雪天气。

2.1.1.2　春季环流

(1)春季北半球 500 hPa 环流

从图 2.3 看出,甘肃省春季环流有以下主要特点:极涡呈椭圆形绕北极分布,极涡主体位于 80°N 以北,中心位于西半球北美北部的埃尔斯米尔岛附近。

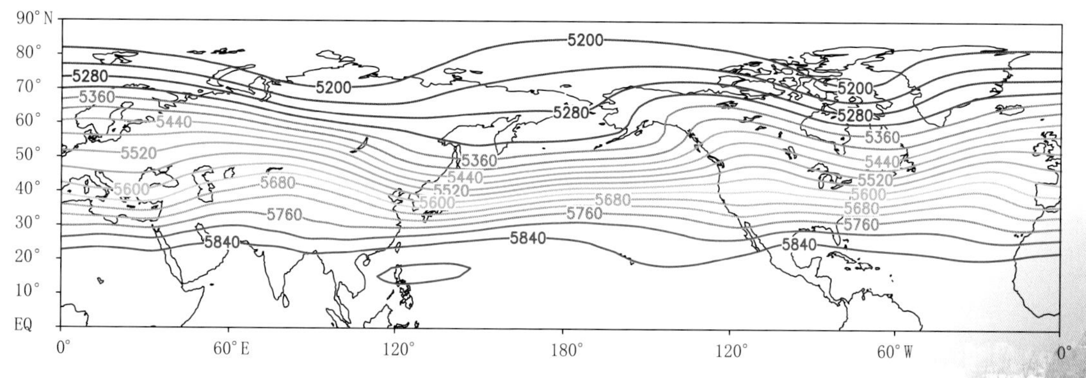

图 2.3　春季北半球 500 hPa 平均高度场(单位:gpm)

常年中高纬度环流呈 3 波型分布,长波槽分别位于西欧沿岸的欧洲大槽(15°E 附近)、亚洲东海岸的东亚大槽(145°E 附近)、北美东海岸的北美大槽(65°W 附近)。亚洲中高纬为一脊一槽形势，脊区位于乌拉尔山至巴尔喀什湖附近地区，较弱；东亚大槽位于日本海。

春季尤其是4月，是由冬到夏的过渡季节，每年环流形势兼有冬夏特点，影响甘肃的东亚大槽逐渐东移，强度减弱，变得宽平。中纬度环流经向度减小。西风带上槽脊的空间尺度和强度都在减小，多移动性系统。另外，热带系统也开始活跃，副热带高压北移。冬季寒潮、春季大风与夏季暴雨冰雹在甘肃省均可能出现。温度是气候要素中最敏感的因子，春季极涡北退，气温上升快，空中水汽含量少，春季甘肃省降水虽有增加，但是降水总量仍然较少，气候比较干燥，全省多春旱。

(2)春季北半球海平面气压场

春季西伯利亚高压减弱，冰岛低压与阿留申低压也减弱。西太副高增强，北大西洋的亚速尔高压(大西洋高压)也很快增强，北美高压已迅速向极地收缩。在东亚经常表现为4个大气活动中心(西伯利亚高压、阿留申低压、太平洋高压和印度低压)并存。由冬向夏的转变表现为低纬两个夏季大气活动中心的建立和发展以及高纬两个冬季大气活动中心的减弱和消失(图2.4)。因此，就系统的变化而言，由冬向夏的转变开始于低纬，然后向高纬推进。

春季，控制甘肃省的西伯利亚高压向西北退缩，中心气压降到1020 hPa。地面上冬季风势力减弱，盛行锋面气旋活动和弱的冷高压过程。气温回升，蒸发旺盛，土壤表层更为干燥，风沙天气较多，同时暖空气活跃，使得甘肃省降水开始增多。

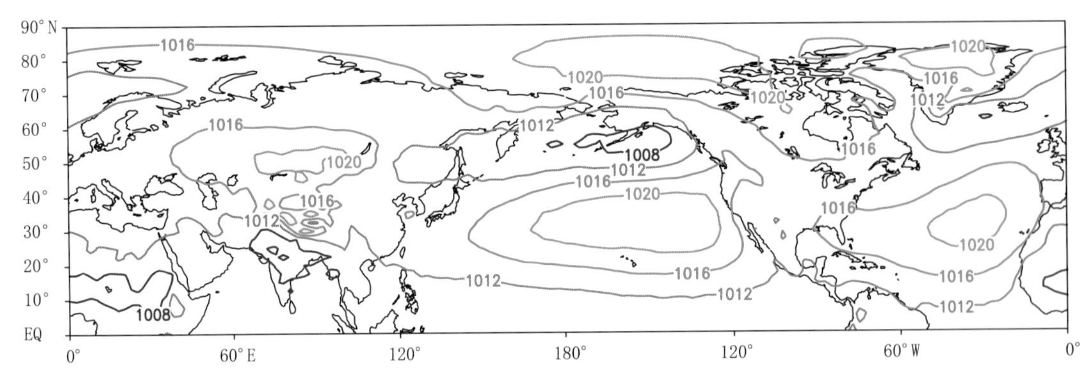

图2.4　春季北半球平均海平面气压场(单位：hPa)

2.1.1.3　夏季环流

(1)夏季北半球500 hPa环流

夏季北半球对流层中部的环流与冬季相比有显著的不同(图2.5)。极涡向极地收缩。西风带明显北移，等高线变稀，中高纬度的西风带上由3个槽转变为4个槽，其强度比冬季显著减弱。比较可见，北美大槽的位置由冬至夏没有明显变化，而东亚大槽却向东移动了20个经度，移到堪察加半岛以东地区，结果使这两个大槽之间的距离缩短，引起季节性的长波调整。另一个槽在欧洲西海岸，巴尔喀什湖附近地区则新出现了1个浅槽，从而构成了夏季4槽4脊的形势。

西太副高对中、高纬度地区和低纬度地区之间的水汽、热量、能量的输送和平衡起着重要的作用。甘肃省夏季处于副高的北侧或西北侧，副高是大气环流影响甘肃省夏季的一个重要系统。夏半年副高西进北上时，其西部偏南气流可以从海面上带来充沛水汽，在副高的西北侧边缘形成暖湿气流输送带，当西风带有低槽或低涡移经锋区上空时，在系统性上升运动和不稳定能量释放所造成的上升运动的共同作用下，使充沛的水汽凝结而在甘肃省东部产生大范围的强降水。主要雨区经常处于副高脊线以北 3～5 个纬度的距离处。7 月副热带高压比冬季显著增强，平均约增强 80 gpm。副高脊线向北推移到 25°～30°N 附近，西伸脊点到达 120°E 附近。在连续南下的弱冷锋以及源于青藏高原的低涡、切变线东移影响下，夏季是甘肃省降水最多的季节。

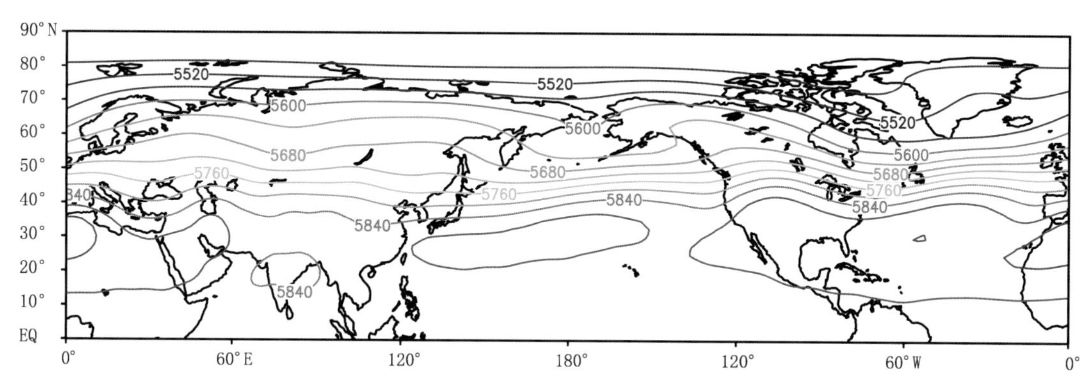

图 2.5　夏季北半球 500 hPa 平均高度场(单位:gpm)

西太平洋副热带高压和台风的相互配置，决定着台风的移动路径。年降水量与台风活动的联系，就全国而言，以高原东南侧和高原东北侧最为密切。高原东北侧 8 月和 10 月月降水量与台风活动正相关联系比较明显。台风可以与相邻的西太副高之间产生相互作用。这种相互作用可以引起副高短时间尺度的变化，变化了的副高又可以影响到甘肃省干湿的形成，这是一种间接作用(罗哲贤，2005)。

从冬到夏，随着东亚大槽的逐渐减弱与东移，甘肃上空西北气流也逐渐减弱，降水随之增多。但是到了 6 月上、中旬，西北气流反而比 5 月中、下旬加强了，这是形成甘肃初夏少雨的一个直接原因。之所以偏北气流在 6 月上、中旬会加强，这是由高空副高脊线位置的演变特征所决定的。从 4 月至 5 月中旬，东亚地区副热带高压脊线向北推进的速度在大陆东部和西部基本一致。但是，由于青藏高原的热力作用和热低压的发展，从 5 月下旬开始，青藏高原的高压迅速北移，同时大陆东部的高压北移缓慢，形成“西高东低”形势。这样，甘肃初夏处于西北气流控制之下，出现少雨干旱天气。7 月，大陆东部的副热带高压明显北上，大陆西部副热带高压位置准定常，甘肃上空偏北气流再次减弱，进入盛夏多雨段(钱林清，1991)。但是，当副高明显西伸，与青藏高压合并，副热带高压长时间控制甘肃河东地区时，由于副高内部盛行下沉气流，天气晴好，往往会造成该地区伏旱。

(2)夏季北半球海平面气压场

夏季北极无闭合气压系统。夏季与冬季最突出的差别是冬季大陆上的两个冷高压到了夏季变成了两个热低压：亚洲大陆为强大的低压区，因为低压中心经常在印度西北部，称为印度低压(亚洲低压)。北美高压变成北美低压。两大洋上的副热带高压，即太平洋高压和大西洋高压大大加强，几乎完全占据了北太平洋与北大西洋。阿留申低压已完全消失，冰岛低压显著填塞。东亚夏季受印度低压和太平洋高压支配。北半球亚洲与北美洲大陆夏季为低压，冬季为高压，随季节变化，称为季节性大气活动中心(图 2.6)。

从图 2.6 看出，夏季，控制甘肃的西伯利亚高压已全然消失，虽然冷空气的活动已大大减少，但并不绝迹。夏季大面积降水就是暖湿空气经过冷空气激发作用而形成的。若是较强冷

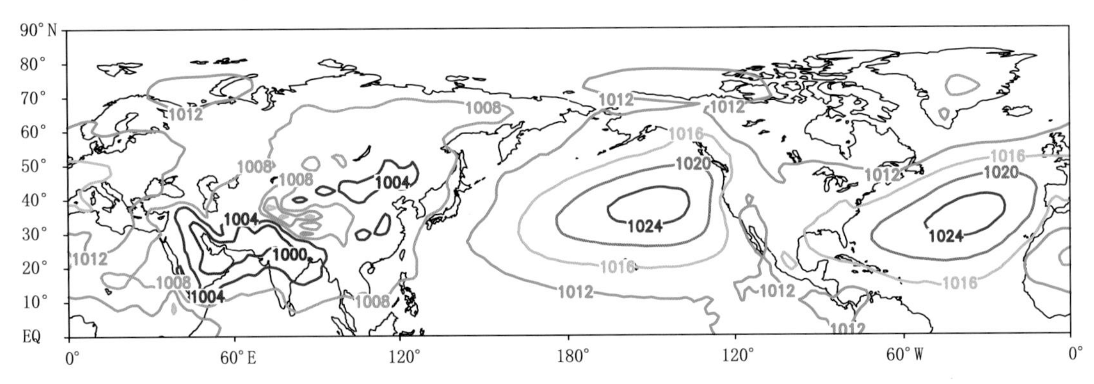

图 2.6 夏季北半球平均海平面气压场(单位:hPa)

空气侵入后,迫使暖空气剧烈上升,就会出现暴雨天气。

甘肃省位于印度低压的北部。北半球冬夏环流变化最大的地方在东亚。冬夏气压变差最大的地区在亚洲大陆,中心在蒙古人民共和国,气压差达 35 hPa。甘肃省位于此变差中心的南边,差值达 30 hPa 以上。印度低压具有暖湿不稳定特性,气流辐合上升,向甘肃东部输送暖湿气流,此时若有冷空气南下,常可形成大范围的降水天气。

2.1.1.4 秋季环流

(1)秋季北半球 500 hPa 环流

从图 2.7 看到,北半球极涡是单极型分布,5200 gpm 闭合圈呈完整圆形覆盖极区,主体位于北极圈内。中心强度为 5180 gpm。但是,有的年份高纬度地区的极涡也呈现偶极型。秋季亚洲区极涡平均面积指数为 18.2,平均强度指数为 4356.3。

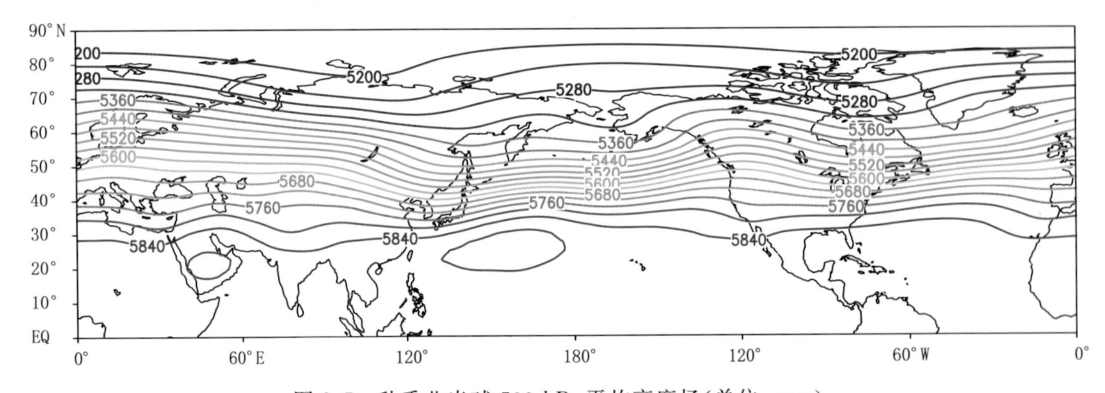

图 2.7 秋季北半球 500 hPa 平均高度场(单位:gpm)

北半球中高纬长波为典型的 4 波型,4 个长波槽分别位于乌拉尔山东部、东亚沿海岸、北太平洋中部、以及北美东海岸,欧洲西部和贝加尔湖以西地区为两个很弱的长波脊区。西太副高呈块状分布,主体大部分在 140°E 以东的西太平洋、南海北部等地维持和活动。秋季副高平均脊线位置为 24°N,西伸脊点为 118°E。南支槽大约位于 90°E 附近略偏西,表征孟加拉湾南支低槽的 5840 gpm 等值线位于 25°N。

9—10 月是大气环流从夏到冬的转变时期,秋季环流形势的月际变化是很突然的。9 月初,东亚沿岸平均槽在东经 130°E 附近开始建立,开始增强西移。副高势力减弱并开始自盛夏最北位置南撤，9月和10月退到20°N以南。10月中旬以后，大气环流的又一次突变，高空西风带向南扩展，副热带急流从高原北部迅速南退到高原南部。南支西风急流突然南退到30°N附近，北半球西风带由夏季的4槽脊型逐步向冬季的3槽脊型演变，北半球冬季大气环流开始建立。秋季，冬季风开始侵入甘肃。随着西风急流强度的每一次增强，一般总伴随着一次冷高压活动，构成盛行的秋季降温天气过程。

(2)秋季北半球海平面气压场

秋季是由夏向冬过渡季节。西伯利亚高压、冰岛低压、阿留申低压与北美高压迅速建立。印度低压减弱南移，西太副高减弱东移，大西洋高压也很快减弱。东亚4个大气活动中心(西伯利亚高压、阿留申低压、太平洋高压和印度低压)并存。由夏向冬转变表现为高纬两个冬季大气活动中心的建立和发展以及低纬两个夏季大气活动中心的减弱和消失(图2.8)。因此就系统的变化而言，与春季相反，由夏向冬的转变开始于高纬，然后向低纬推进。

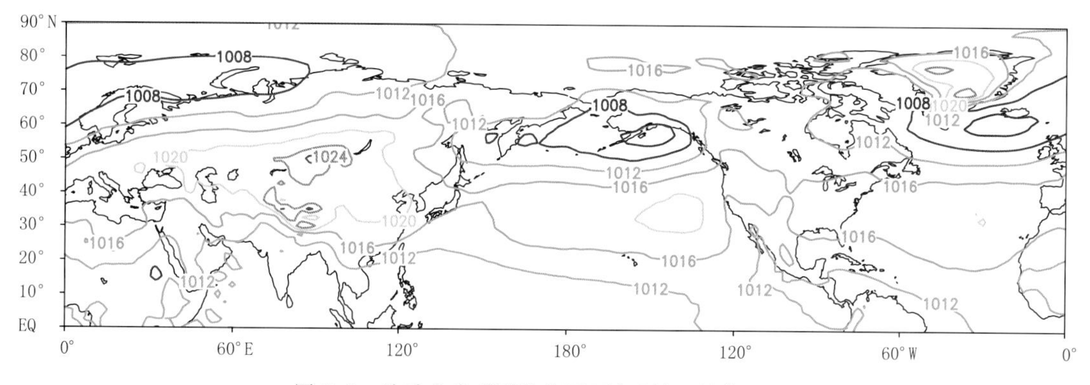

图2.8 秋季北半球平均海平面气压场(单位:hPa)

9月，地面上北方冷空气势力加强，西伯利亚冷高压又活动在蒙古人民共和国一带，开始向南移动，不断影响甘肃省，地面热低压渐渐消失。各地区冷空气活动增多。热带天气系统，除台风外，基本上很少能影响到我国大陆。秋季是夏冬过渡季节，干燥而寒冷的冬季风与温暖而潮湿的夏季风互相交替，由于暖湿的海洋性气团的南退受到青藏高原、秦岭等山地的阻挡作用，而变性的极地大陆气团侵入很快，这就造成甘肃河东地区初秋的锋面降水很多，雨季比华北地区要长，形成华西秋雨。直到冬季来临时秋雨才会结束，这是不同于其他地区的气候特点。

10月是由夏向冬过渡的月份。在东亚经常表现为4个大气活动中心(西伯利亚高压、阿留申低压、太平洋高压和印度低压)并存。由夏向冬的转变则表现为较高纬两个冬季活动中心的建立和发展以及低纬两个夏季活动中心的减弱和消亡(图2.8)。10月情况与4月类似，但值得注意的是北半球10月接近1月，更像冬季。即10月的西伯利亚高压，阿留申低压与冰岛低压均较4月强，3个大洋上的高压都比4月强，所以10月的环流较接近冬季。

冬季和夏季大气环流型式是基本的、稳定的，占全年相当长的时间。因此，在大气环流的年变化中，基本上是冬季环流和夏季环流两种形式的交替，而春季和秋季为过渡季节。两次显著的变化分别发生在北半球的6月和10月，相当于夏季和冬季的来临。这两次显著的变化具有突变的性质，是全球性的，以亚洲地区最为明显。

2.1.2 典型少雨年和典型多雨年环流异常特征

2.1.2.1 春季典型少雨年和典型多雨年环流异常状况

春季是过渡季节，冬夏环流特征兼而有之，其环流的年际、季节及月际变化，都是异常剧烈的，即环流具有突变性。因此，研究春季干旱多雨年环流异常重要(李栋梁 等，2000b)。

选取1962年、1979年、1995年、2000年、2001年共5年为甘肃省春季典型少雨年，选取1964年、1967年、1983年、1998年、2002年共5年为甘肃省春季典型多雨年。制作了甘肃省春季典型少雨年和典型多雨年的欧亚500 hPa平均高度距平场图，气候场为1981—2010年平均。

(1)春季典型少雨年环流异常状况

从图2.9看出，春季典型少雨年极涡偏浅，500 hPa极地为正值区，仅欧洲北部是弱的小片负值区。亚洲中纬度为一脊一槽型，长波脊位于乌拉尔山，北支锋区强，长波槽位于东亚沿海，位置偏西，欧亚高度场距平自西向东依次呈“－＋－”波列分布，东亚地区自北向南依次呈“＋－”波列分布。春季典型少雨年从乌拉尔山到中亚为正距平区，最大正值为32 gpm；新疆脊强而稳定，东亚大槽深，最低为－32 gpm。春季典型少雨年的环流形势类似于冬季。全省在西北气流控制之中，气流辐散下沉，干旱少雨。

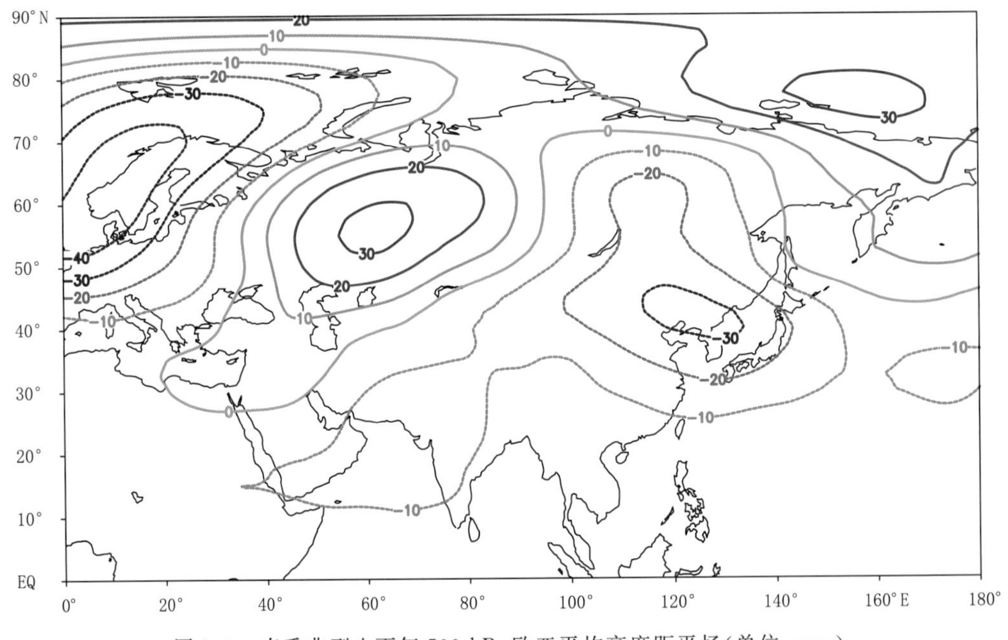

图2.9 春季典型少雨年500 hPa欧亚平均高度距平场(单位：gpm)

(2)春季典型多雨年环流异常状况

从图2.10看出，春季典型多雨年，极涡偏深，极地为负距平区，乌拉尔山长波脊弱，东亚大槽浅，亚洲中高纬度100°E以西高度场为负距平，最低值为－21 gpm，100°E以东为正距平，最高值为42 gpm，欧亚高度场距平自西向东依次呈“＋－＋”波列分布，东亚地区自北向南依次呈“－＋－”波列分布，青藏高原及其东部地区依次呈“－＋”波列分布，新疆脊弱，东亚大槽浅，这是春季典型多雨年环流差别的最重要特征。计算近50年春季(4月)北半球500 hPa高度场与甘肃东部春季(4月)雨量的相关系数，发现最强相关区位于东亚大槽附近。

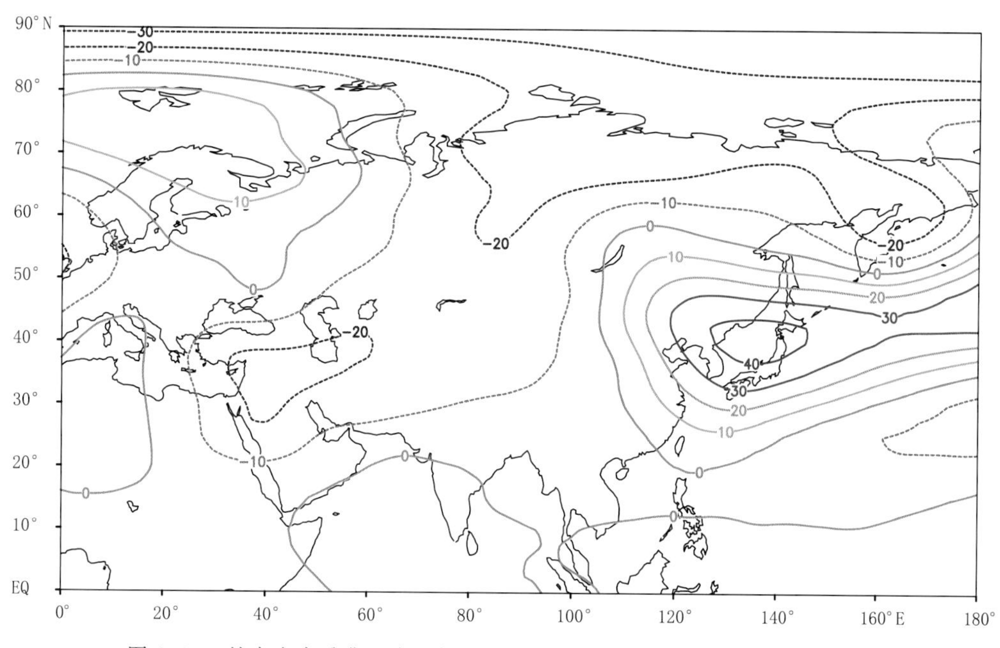

图 2.10　甘肃省春季典型多雨年 500 hPa 欧亚平均高度距平场(单位:gpm)

印缅槽强弱是西南暖湿气流多寡的反映。它是甘肃省春季降雨的重要水汽输送通道。印缅槽指数指 15°～25°N,80°～100°E 区域内各格点高度值减去 5800 gpm 的累计值。经过计算,甘肃省春季典型少雨年印缅槽平均指数为 33.4 gpm,春季典型多雨年印缅槽平均指数为 31.2 gpm,印缅槽偏深,环流经向度强,西南暖湿气流活跃,从孟加拉湾沿南支急流到达甘肃河东地区。

当春季冷空气沿西路或西北路径侵入甘肃省,印缅槽偏深时,从孟加拉湾输送暖湿气流,冷暖空气在甘肃省汇聚,导致全省多雨。

(3)环流特征量

为了深入研究甘肃省春季典型少雨年和典型多雨年与同期环流的相关性,利用国家气候中心提供的环流特征量(以下同),对 5 个春季典型少雨年和典型多雨年进行了普查,分别统计了春季典型少雨年和典型多雨年的平均值,选取差异大并且物理意义明确的特征量,得到表 2.1。

表 2.1 的计算方法是根据北极涛动(AO)指数由 David Thompson 和 Jone Michael Wallace 在 2001 年提出。这个指数是关于 20°N 以北海平面气压的非季节性变化的主导状况。它的特点是北极和 37°～45°N 的指数大致呈相反的态势。北极通常受低气压系统支配,当 AO 处于正位相时,系统的气压差较正常强,限制极区冷空气向南扩展;当 AO 处于负位相时,系统的气压差较正常弱,冷空气较易向南侵袭。冬季甘肃省主要受西伯利亚冷高压控制,气候干冷。进入春季,暖空气势力开始北进。典型少雨年,AO 指数距平值为－2.67,处于负位相,冷空气向南侵袭,压制了暖空气北进,使得冷暖空气难以在甘肃省交汇,形成少雨干旱。与其相反,典型多雨年,AO 指数距平值为 5.83,处于正位相,冷空气向南活动弱,暖空气容易北进,冷暖空气得以在甘肃省交汇,形成多雨。

表 2.1　甘肃省春季典型少雨年和典型多雨年环流与海温特征量的差异

项目	干旱年	多雨年
北极涛动指数距平	－2.67	5.83
东亚大槽位置指数距平	－6.98	4.49
东亚大槽强度指数距平	－18.57	41.27
印度洋暖池面积指数距平	－0.95	0.20
印度洋暖池强度指数距平	－2.85	1.63
黑潮区海温指数	－0.03	0.35

东亚大槽是北半球中高纬度对流层西风带形成的低压槽，属于行星尺度天气系统，是东亚重要的天气系统之一，系海陆分布及青藏高原大地形对大气运动产生热力和动力影响的综合结果。冬季东亚大槽位于大陆东岸，槽线一般稳定在 120°～130°E；冬季东亚大槽稳定而强盛，夏季槽线离开大陆移到海上。由于东亚大槽的气压槽和温度槽相对应，温度槽往往落后于高度槽。所以，东亚大槽槽前盛行暖平流，槽后盛行冷平流。槽线位置能表示大范围冷暖气团的交界及其交汇地区，反映到地面即是锋面的存在。随着槽的发展加深(减弱)，冷暖空气交汇强烈(减弱)。甘肃省春季典型少雨年东亚大槽位于 137.8°E，偏西 7 个经度，强度指数距平偏强，为－18.57。由于大槽位置偏西与强度偏强，导致全省高空盛行西北气流，空气干燥，因而降水量较少。春季典型多雨年东亚大槽位于 150.6°E，偏东 4.5 个经度，强度指数距平偏弱，为 41.27。由于大槽位置偏东与强度偏弱，对甘肃省影响小，易形成“西低东高”环流形势，造成多雨。

印度洋作为亚澳季风区下垫面的重要组成部分，其热力状况的改变通过海气相互作用影响亚澳季风及全球气候。位于印度洋偏东部分存在持续高温暖水，人们称之为印度洋暖池。暖池作为重要热源，它的变化不仅在热带海气相互作用中很重要，而且影响亚洲的气候变化，它通过影响水汽输送来影响我国降水。春季典型少雨年印度洋暖池面积指数为 21.34，面积指数距平为－0.95。强度指数为 24.24，强度指数距平为－2.85；春季典型多雨年印度洋暖池面积指数为 22.49，面积指数距平为 0.20。强度指数为 24.24，强度指数距平为 1.63。因此，春季印度洋暖池面积与强度指数同甘肃降水量呈正相关。印度洋海温偏高，一方面，有利于西北太平洋地区对流层低层异常反气旋式环流的发展和东南水汽输送的加强，另一方面，印度洋海温的偏高有利于印度洋地区对流的活跃和西南水汽输送的加强。综合春季典型少雨年和典型多雨年成因分析，得到甘肃省春季干湿成因示意图(图 2.11)。

2.1.2.2　夏季典型少雨年和典型多雨年环流异常状况

甘肃省位于东亚季风的西部边缘，受东亚夏季风影响。与此同时，还受到高原季风和南亚夏季风影响。另外，甘肃省位于青藏高原、蒙古高原和黄土高原交汇处，地形坡度大，且十分复杂，从而造成降水变率大，旱涝频繁。众所周知，一个区域的旱涝与同期的大气环流有着直接联系，环流异常是引起甘肃省夏季旱涝发生的直接原因。

选取 1965 年、1974 年、1982 年、1991 年、1997 年共 5 年为甘肃省夏季典型少雨年。选取 1979 年、1984 年、1992 年、2003 年、2013 年共 5 年为甘肃省夏季典型多雨年。制作了欧亚 500 hPa甘肃省夏季典型少雨年和典型多雨年平均距平场图，气候场为 1981—2010 年平均。

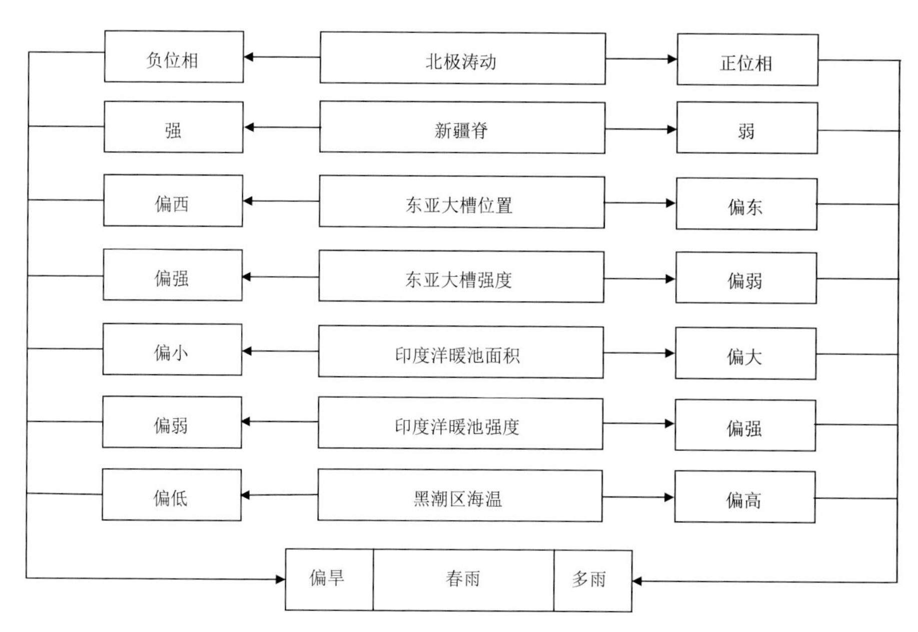

图 2.11　甘肃省春季典型少雨年和典型多雨年成因示意图

(1)夏季典型少雨年环流异常

从图 2.12 看到,甘肃省夏季典型少雨年欧亚中高纬及日本以东太平洋为大片负距平区,极区大部为正距平,异常中心位于东西伯利亚海附近。中低纬西太平洋大部为弱负距平,西太副高强度偏弱、脊线偏南、脊点偏东,东亚大槽稳定深厚,西北地区东部处于高空西北气流控制下,以晴天少雨为主。

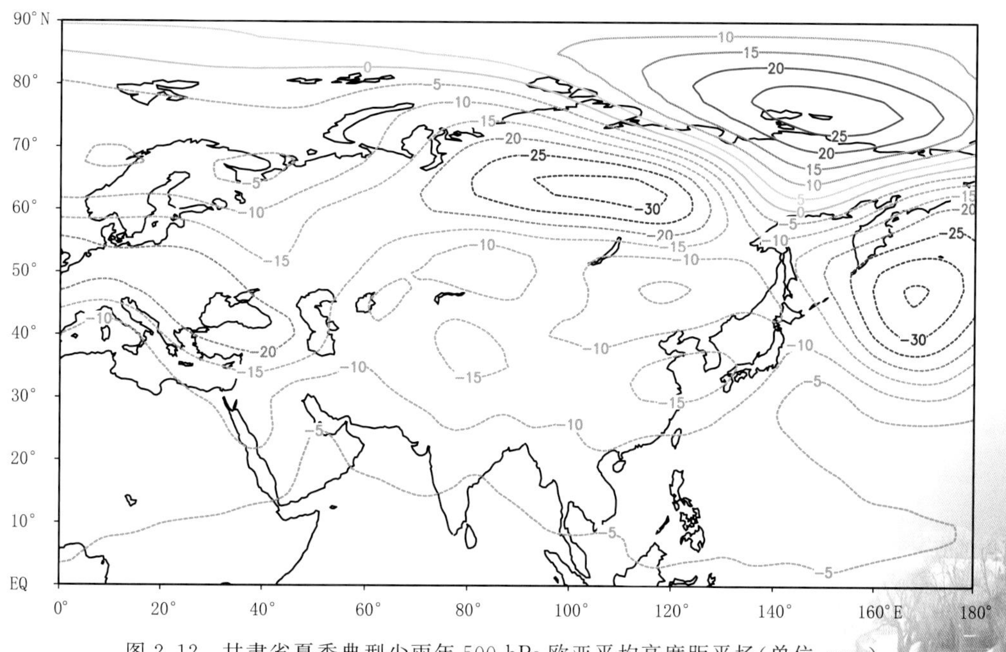

图 2.12　甘肃省夏季典型少雨年 500 hPa 欧亚平均高度距平场(单位:gpm)

值得提出的是,中高纬度 500 hPa 高度场,当经向环流发展强盛时易形成阻塞形势。特别是在贝加尔湖或鄂霍次克海出现阻塞高压时,它是影响甘肃省夏季旱涝的主要环流系统之一。它常常导致中纬度西风分支经向度加大,副热带锋区南压,副热带高压位置偏南,东亚高度场距平从高纬到低纬呈“+-+”分布。阻塞形势,特别是贝加尔湖阻塞高压,维持时间长,容易造成甘肃省长时间干旱,例如 1986 年 7 月,鄂霍次克海及贝加尔湖高压偏强,贝加尔湖阻塞高压偏强程度居近 46 年中第三位。许多地方降水偏少 5 成以上,河东大部干土层厚达 16 cm 以上,严重影响作物生长(李栋梁 等,2000b)。

(2)夏季典型多雨年环流异常状况

从图 2.13 看到,夏季典型多雨年亚洲中高纬度为一脊一槽型,乌拉尔山以东的长波脊偏强,东亚中高纬度盛行稳定的纬向环流。西太副高偏北、偏强、西伸脊点偏西。盛夏副热带高压强大呈带状,588 线北界位置到达 30°N 以北,脊线到达 25°N 以北。同时,印度低压比较深厚且北抬,低压南侧的西南气流与副热带高压南的东南气流共同将海洋上水汽输送到甘肃省。在涝年沿 30°~50°N,90°~100°E,大部为负高度距平。当青藏高原为低槽区,副高强大且西伸时,形成“西低东高”形势,甘肃出现强降水。

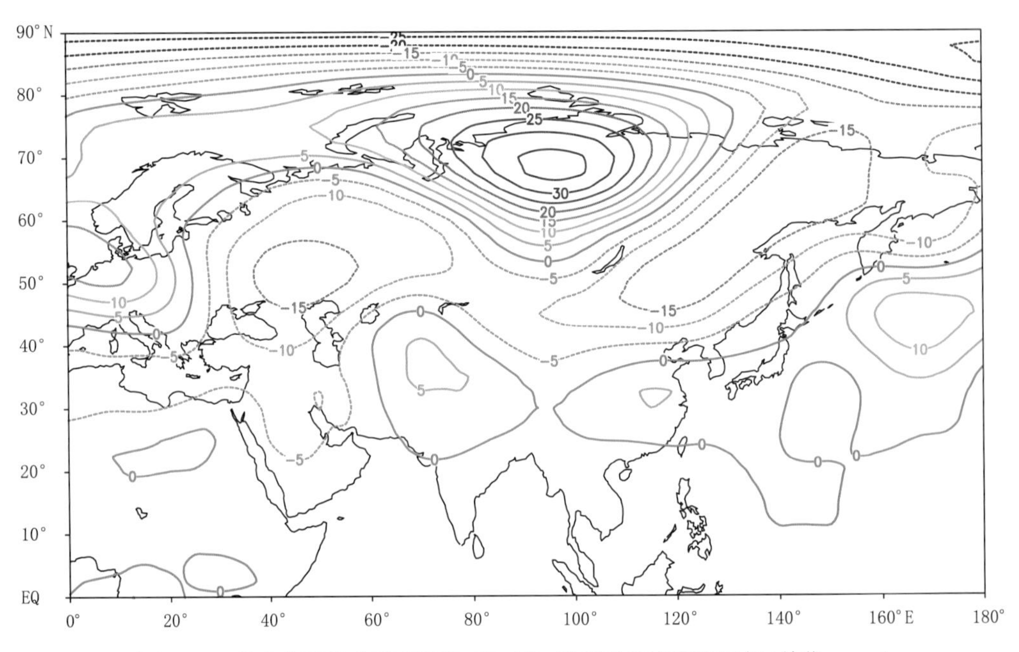

图 2.13 甘肃省夏季典型多雨年 500 hPa 欧亚平均高度距平场(单位:gpm)

(3)环流特征量

从表 2.2 看出,甘肃省夏季典型少雨年亚洲纬向环流指数距平为正,数值为 0.24;夏涝年距平为负,数值为-0.52。夏季暖空气控制甘肃大陆,中纬度亚洲纬向环流指数距平为正,说明西风纬向环流强,冷空气活动弱,全省容易干旱。中纬度亚洲纬向环流指数距平为负,说明经向环流强,冷空气容易南下与暖空气交汇形成强降水。

表 2.2　甘肃省夏季典型少雨和典型多雨年环流与海温特征量的差异

项目	旱年	涝年
亚洲纬向环流指数距平	0.24	－0.52
副高面积指数距平	－2.63	0.06
副高强度指数距平	－60.13	1.65
副高西伸脊点指数距平	10.28	－13.20
南方涛动指数	－1.00	0.35
Niño3 区海表温度距平指数	0.74	－0.20
亲潮区海温指数距平	－0.52	0.34
西风漂流区海温指数距平	－0.21	0.06
黑潮区海温指数距平	－0.10	0.12

西太副高(以下简称副高)是一个在太平洋上空的半永久性高压环流系统,多呈东西扁长形状。副高对甘肃省气候的影响十分重要,副高是向大陆输送水汽的重要系统。副高的位置、强度和活动,不仅对西南气流的水汽输送有关,而且还影响着它南侧的东南季风从太平洋向大陆输送来的水汽。同时,西太平洋副高的北侧是沿副高北上的暖湿空气与中纬度南下的冷空气相交绥的地带,锋面、气旋活动频繁,往往形成大范围的阴雨天气。甘肃省夏季典型少雨年副高面积指数为 3.79,距平为－2.63,副高面积偏小;强度指数为 75.52,距平为－60.13,副高强度偏弱;副高西伸脊点位于 129.78°E,位置偏东 10.28 个经度。

甘肃省夏季典型多雨年副高面积指数为 6.48,距平为 0.06,副高面积正常偏大;强度指数为 134,距平为 1.65,副高强度偏强;副高西伸脊点位于 106.3°E,位置偏西 13.2 个经度。综上所述,甘肃省夏季典型少雨年副高面积偏小、强度偏弱、西伸脊点位置偏东;夏季典型多雨年副高面积正常偏大、强度偏强;西伸脊点位置偏西。

南方涛动指数(SOI)是很强的、超过气候噪音的年际尺度气候变化的信息,它同全球大气环流和许多地区的气候异常有某种程度的联系。南方涛动主要指发生在东南太平洋与印度洋及印尼地区之间的反相气压振动。即东南太平洋气压偏高时印度洋及印尼地区气压偏低,反之亦然。当出现低 SOI 时,赤道东太平洋海面水温伴随出现异常增暖。由于低 SOI 与高 EL Niño(厄尔尼诺)相互联系,故称为厄尔尼诺—南方涛动事件(ENSO)。甘肃省夏季典型少雨年 SOI 为－1.00,夏季典型多雨年南方涛动指数为 0.35,两者呈正相关。

ENSO 是年际尺度气候变化的强信号。通过统计分析发现,Niño3 区海表温度与夏季降水呈反相关。在甘肃省夏季典型少雨年 Niño3 区海表温度距平指数为 0.74,典型多雨年 Niño3 区海表温度距平指数为－0.20。

另外,3 个洋流区海温与夏季降水均呈正相关。夏季典型少雨年亲潮区海温指数为－0.52,典型多雨年亲潮区海温指数为 0.34。夏季典型少雨年西风漂流区海温指数为－0.21,典型多雨年西风漂流区海温指数为 0.06。夏季典型少雨年黑潮区海温指数为－0.10,夏季典型多雨年黑潮区海温指数为 0.12。

综合对夏季典型少雨年和典型多雨年成因分析,得到甘肃省夏季典型少雨年和典型多雨年成因示意图(图 2.14)。

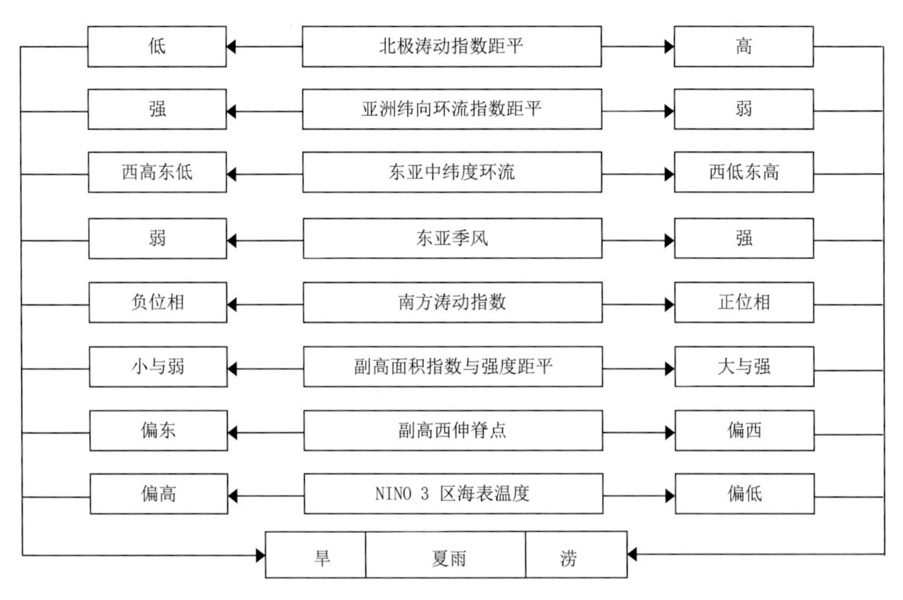

图 2.14 甘肃省夏季典型少雨年和典型多雨年成因示意图

2.1.2.3 秋季典型少雨年和典型多雨年环流异常状况

选取1972年、1987年、1993年、1997年、1998年共5年为甘肃省秋季典型少雨年。选取1961年、1975年、2003年、2011年、2014年共5年为甘肃省秋季典型多雨年。制作了欧亚500 hPa甘肃省秋季典型少雨年和典型多雨年的平均距平场图,气候场为1981—2010年平均。

(1)秋季典型少雨年环流异常状况

一般而言,进入秋季以后大气环流出现调整,副热带系统逐渐减弱,西风带系统明显增强。秋季频繁南下的冷空气沿着青藏高原东部南下,与停滞在该地区的暖空气相遇使锋面活动加剧而产生较长时间的阴雨。如果冷暖空气长时期不能在甘肃省交汇,就会出现秋旱。

从图2.15看出,秋季典型少雨年极涡偏浅,北极区基本为正值区。在欧亚中高纬度,贝加尔湖为大片负距平区。亚洲中高纬度高度场为一脊一槽型,乌拉尔山到巴尔喀什湖为长波脊,东亚大槽建立早,冷空气活动早。秋季典型少雨年青藏高原位势高度场高,影响甘肃省的环流形势为“西高东低”型,高空盛行西北气流,干旱少雨。

白肇烨等(1988)指出,对西北地区来说,一般西太副高偏北多雨,偏南少雨,两者一般呈正相关,秋季最好。西太副高是副热带地区影响甘肃省秋雨的一个相当重要的天气系统,秋季典型少雨年副热带高压位置偏东,脊线在24°N以南。本书计算了1960—2014年秋季副热带高压脊线位置与秋季降水量的相关系数为0.32,接近0.01的信度水平。

秋季典型少雨年印缅槽浅,印缅为大片正距平区。本书计算了1960—2014年9—10月印缅槽强度指数与同期季降水量的相关系数,9月为−0.30,通过0.05的信度检验;10月为−0.45,通过0.01的信度检验。

(2)秋季典型多雨年环流异常状况

从图2.16看出,秋季典型多雨年极涡偏深,欧亚中高纬度高度场经向环流强,冷空气活动强。乌拉尔山东部至贝加尔湖为大片负距平区,两边为大片正距平区,呈“+−+”波列,环流形势场利于冷空气阶段性活跃,从地面风场上(图略)可以看出:在贝加尔湖地区有一异常的反

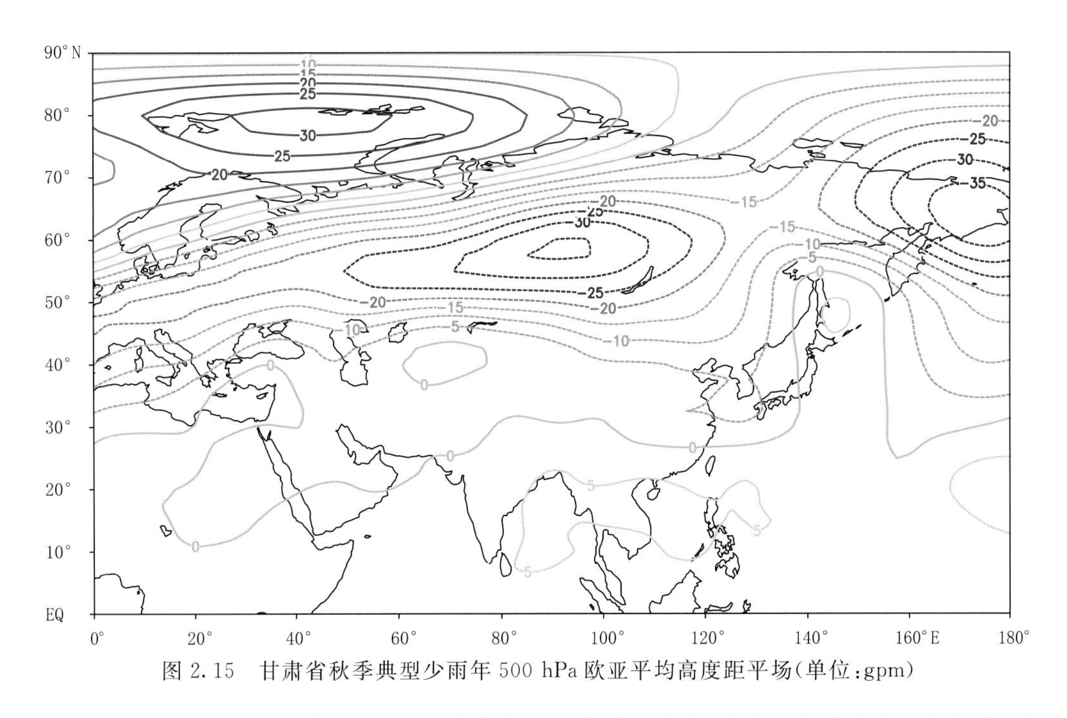

图 2.15　甘肃省秋季典型少雨年 500 hPa 欧亚平均高度距平场(单位:gpm)

气旋性环流,地面冷高压的存在有助于其南侧回流的冷空气影响我国北方大部,造成冷暖气流在陇东、关中和陕南上空交汇,形成异常的水汽辐合区。秋季典型多雨年青藏高原位势高度场低,西太副高偏北偏西,影响甘肃省的环流形势为“西低东高”型,高空盛行西南气流,有利于水汽输送,甘肃省全省多雨。

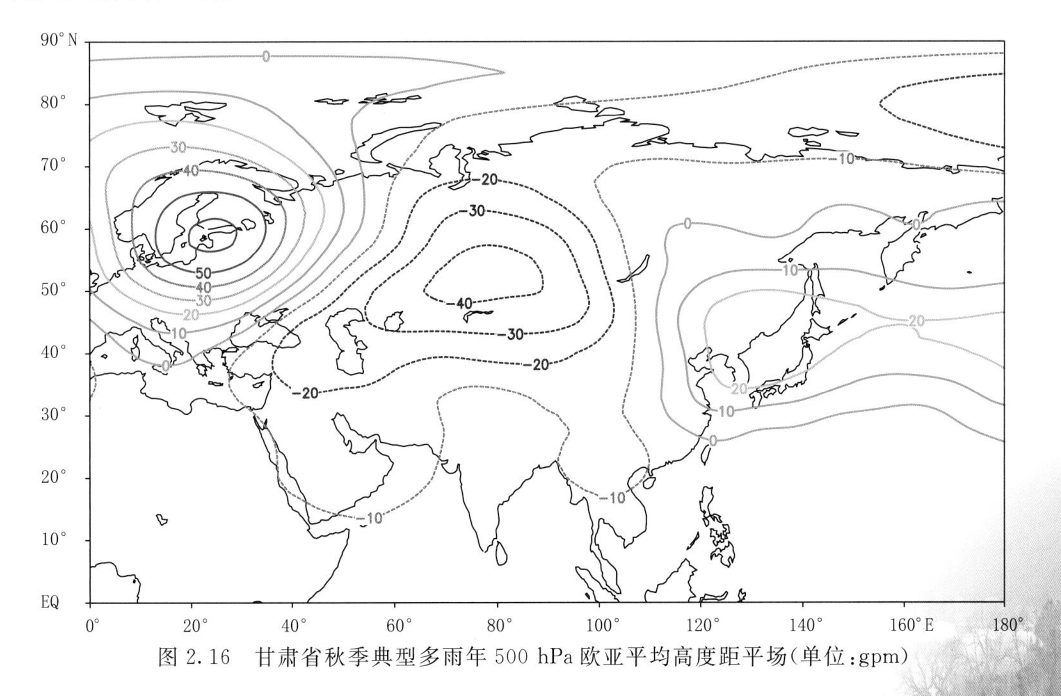

图 2.16　甘肃省秋季典型多雨年 500 hPa 欧亚平均高度距平场(单位:gpm)

西太副高西侧或西北侧的西南气流将南海和印度洋上的暖湿空气源源不断地输送到华西地区,使这一带地区具备了比较丰沛的水汽条件。同时随着冷空气不断从高原北侧东移或从我国东部地区向西部地区倒灌，冷暖空气在我国西部地区频频交汇，使锋面活动加剧而产生较长时间的阴雨。平均讲，降雨量一般秋季多于春季，仅次于夏季，在水文上则表现为显著的秋汛。当冷空气势力较强时，冷暖空气交汇比较激烈，降雨强度也会随之加大，同样也可造成严重的洪涝灾害。例如，1981 年 8 月 13 日至 9 月 13 日甘、青、川交界处出现了长达 1 个月的阴雨天气，造成黄河上游特大洪水，一度威胁刘家峡水库大坝的安全，洪水流量集中在 9 月，9 月 15 日到达兰州的自然洪峰流量为 6700 m^3/s，到达刘家峡的自然洪峰流量为 6070 m^3/s，为 50 年一遇的洪峰。其环流场的主要特征是一个罕见的、强大的青藏高原低槽伸向印度，同时副高较强，在甘肃省上空一直维持强劲的西南气流。

印缅槽亦称“孟加拉湾低槽”或“南支槽”。出现在 700～500 hPa 天气图上，位于孟加拉湾附近槽前的西南气流携带着丰富的印度洋水汽输送，常使中国华西地区的大气具有暖湿不稳定特性，此时若有冷空气南下或低层气流辐合上升，常可形成大范围的阴雨天气。印缅槽与西太副高均是华西秋雨的主要影响系统。印缅槽强度与秋季降水呈反相关。秋季典型多雨年印缅槽深，印缅为大片负距平区，有利于来自孟加拉湾地区的水汽向我国西北输送。有利于甘肃省多秋雨。

(3)环流特征量

从表 2.3 可知，与春季类似，甘肃省秋季典型少雨年北极涛动指数为－2.08，偏弱；典型多雨年北极涛动指数为 3.41，偏强。与夏季类似，甘肃省秋季典型少雨年副高西伸脊点位置为 113.72°E，脊点位置距平为－3.92°E，相对偏东；典型多雨年副高西伸脊点位置为 98.41°E，脊点位置距平为－19.23°E，相对偏西。3 个洋流区海温与秋季降水均呈正相关。秋季典型少雨年亲潮区海温指数为－0.4852，典型多雨年亲潮区海温指数为 0.5152。秋季典型少雨年西风漂流区海温指数为－0.52，典型多雨年西风漂流区海温指数为 0.38。秋季典型少雨年黑潮区海温指数为－0.10，典型多雨年黑潮区海温指数为 0.12。

表 2.3 甘肃省秋季典型少雨年和典型多雨年环流与海温特征量的差异

项目	干旱年	多雨年
北极涛动指数	－2.08	3.41
青藏高原高度场指数距平	2.03	－30.88
印缅槽强度指数距平	10.15	－16.36
南方涛动指数	－0.748	0.596
副高西伸脊点指数距平	－3.92	－19.23
NINO3.4 区海表温度距平指数	0.82	－0.48
亲潮区海温指数距平	－0.49	0.52
西风漂流区海温指数距平	－0.52	0.38
黑潮区海温指数距平	－0.10	0.12

另外，秋季典型少雨年 Niño3.4 区海表温度距平指数为 0.82，典型多雨年 Niño3.4 区海表温度距平指数为－0.48。ENSO 对我国西北地区秋季降水有显著影响，厄尔尼诺年我国西北地区秋季降水易偏少，而拉尼娜年易偏多。例如，秋季初期开始发展的拉尼娜事件可能是 2011 年华西秋雨显著的重要外强迫之一。在拉尼娜发生年的秋季，经孟加拉湾的西南气流强盛，并且西太平洋副高西侧的偏南气流偏强，这两支气流有利于来自海洋的水汽不断向北输

送；同时，巴尔喀什湖至贝加尔湖上空维持异常低槽区，引导冷空气频繁南下影响甘肃省东部。冷暖气流易在西北东部至黄淮一带汇合从而形成较大范围的降水集中区(柳艳菊 等，2012)。

青藏高原高度指数表征了对流层中层青藏高原位势高度场的高低，甘肃省秋季典型少雨年，青藏高原高度指数距平为 2.03，偏高；甘肃省秋季典型多雨年，青藏高原高度指数距平为 −30.88，偏低。青藏高原高度指数距平与秋季降水呈反相关。青藏高原位势高度场偏高，说明高原槽和南支槽都偏弱，这也是全省大部地区降水偏少的原因之一。

综合对秋季典型少雨年和典型多雨年成因分析，得到甘肃省秋季典型少雨年和典型多雨年成因示意图(图 2.17)。

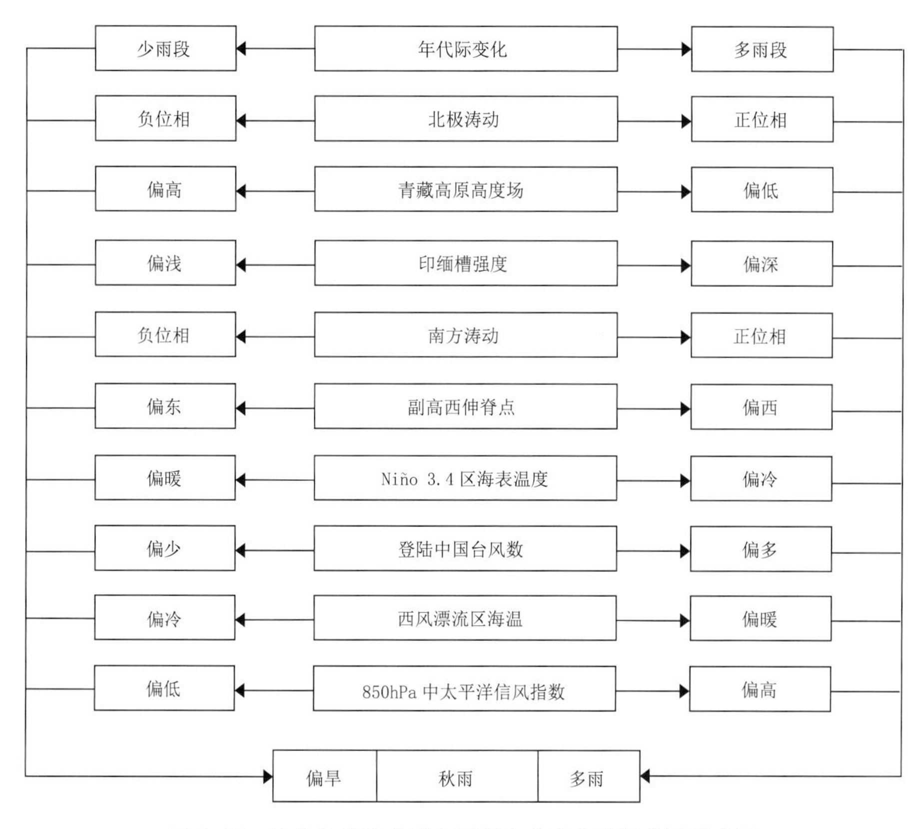

图 2.17　甘肃省秋季典型少雨年和典型多雨年成因示意图

甘肃省秋季典型少雨年，印缅槽强度指数 128.74，指数距平为 10.15，偏浅；秋季典型多雨年，印缅槽强度指数 102.23，指数距平为 −16.36，偏深。印缅槽强度与秋季降水呈反相关。即当印缅槽深，有利于甘肃省多秋雨；反之，则秋雨不明显。印缅槽强度弱，说明在印度半岛东部的季风低压环流不明显，不利于暖湿气流向东输送，全省大部地区降水偏少，出现秋旱。

2.1.3　东亚夏季风

由于大陆和海洋在一年之中增热和冷却程度不同，在大陆和海洋之间大范围的风向随季节有规律改变的风，称为季风。季风是由海陆分布、大气环流、大陆地形等因素造成的，以一年为周期的大范围对流现象。亚洲地区是世界上最著名的季风区，其季风特征主要表现为存在随季节变换的冬季风和夏季风，并且它们的转换具有暴发性的突变过程，中间的过渡期短。一般来说，11 月至翌年 3 月为冬季风时期，6—9 月为夏季风时期。季风属行星尺度的环流系统，在夏季由海洋吹向大陆，在冬季由大陆吹向海洋。

中国是世界上著名的季风区之一，夏季由一个巨大的低压系统控制着亚洲，其中心在印度北部。盛行偏南暖湿气流，25°N 以北以东南风为主，25°N 以南以西南风为主。夏季风的北界与夏季极锋的平均位置相合。季风由来已久，世界上第一篇关于季风的文献，即见于《史记》等古籍的帝舜《南风歌》，它对东亚夏季风的性状及其对社会民生的影响记载和刻画得极为简明和深刻。帝舜时代约为公元前 23 至 22 世纪。《南风歌》的内容是：南风之熏兮，可以解吾民之愠兮；南风之时兮，可以阜吾民之财兮。直译成现代文是：夏季风依“时”(季节)从“南”吹来，温“熏”多雨，使农业收成丰“阜”，“民”“财”充足，免受饥寒。只 26 个字，东亚夏季风的性状和对社会民生的影响已概括无遗(曾庆存，2005)。本节重点分析东亚夏季风及其对甘肃省降水的影响。

2.1.3.1 年代际变化

东亚夏季风指数采用孙秀荣等人(2000)定义的东亚海陆温差指数。东亚夏季风有清楚的年代际变化(图 2.18)，1960—1978 年是夏季风的持续强盛期，1979—2005 年是持续偏弱期，2006—2017 年转为较强期。从甘肃省年降水年际变化曲线看出(图 2.19)，1960—1985 年与 2003—2017 年是甘肃省多雨期，大致与夏季风的持续强盛期相对应，1986—2002 年是甘肃省少雨期，也大致与夏季风的持续偏弱期相对应。特别是 20 世纪 90 年代是新中国成立以来甘肃省最干旱的 10 年，旱灾频发，这正是夏季风强度最弱的时期。夏季风偏弱是造成甘肃省易旱的重要环流背景。

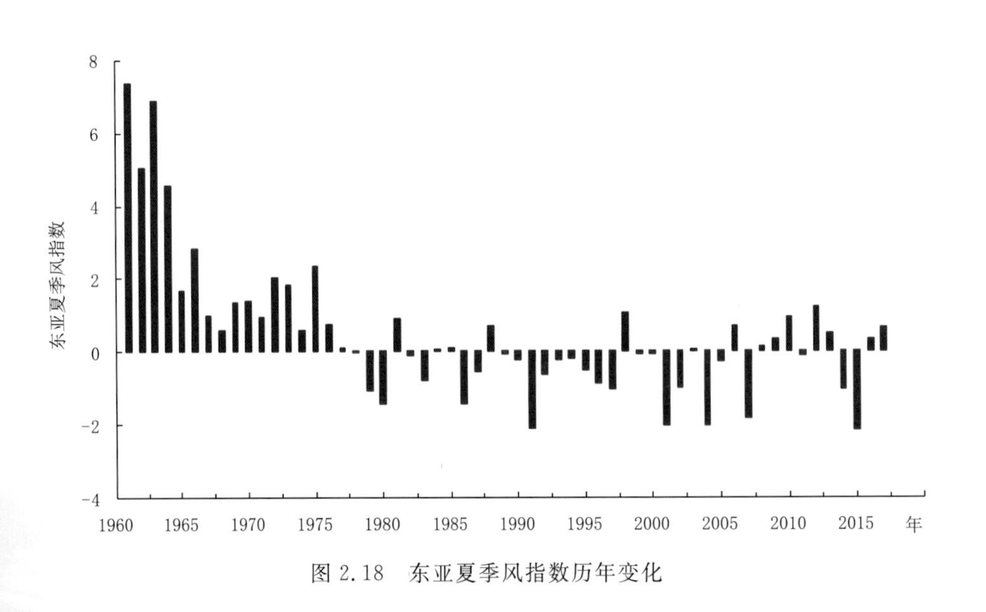

图 2.18 东亚夏季风指数历年变化

2.1.3.2 东亚夏季风指数与夏季降水量的关系

通过计算夏季风指数与甘肃省各站夏季降水量的相关系数，结果表明，东亚夏季风与渭水流域的旱涝呈正相关，相关系数可通过 0.05 的信度检验。表明东亚夏季风对甘肃省降水的影响主要位于 104°E 以东的地区，这一点与我国夏季风区的西边界在甘肃省河西走廊中段的研

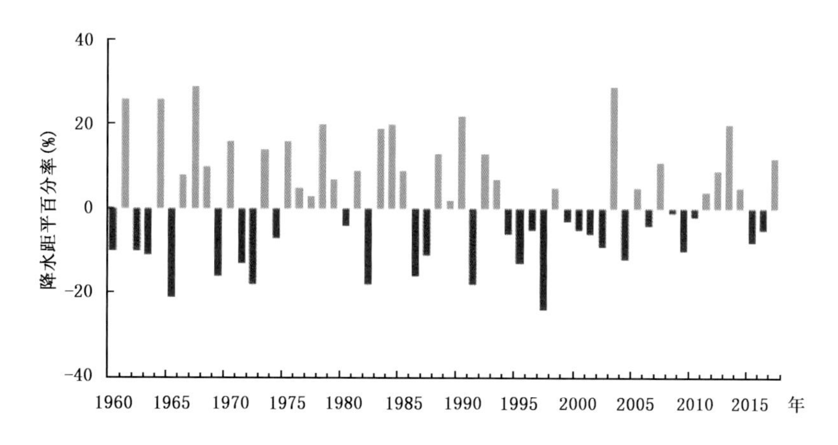

图 2.19　甘肃省年降水距平百分率历年变化

究结果基本一致。表明当东亚夏季风弱时易造成甘肃大部干旱，干旱中心位于甘肃东南部的武都。河西走廊西部距西太平洋遥远，主要受西风带气流影响，东亚夏季风指数与其夏季降水量的相关不明显，负相关也达不到 0.10 的信度水平。

2.1.3.3　夏季风强、弱年 500 hPa 高度场、风场特征

强夏季风年，巴尔喀什湖—蒙古高原—我国东北地区一带中高纬度地区(35°～55°N，75°～140°E)高度场都整体减弱，新疆脊减弱变平，500 hPa 高度场呈西低东高的多雨型分布，夏季风西北影响区处于槽前脊后的辐合上升区。在 35°～45°N，75°～100°E 范围的中高纬地区，500 hPa 高空风场以纬向气流为主(图 2.20a)，青藏高原上空多短波槽活动，与此同时西太副高脊线位于 28°N 附近，副热带高压南侧的东南风和其西侧的西南风携带大量的暖湿气流输送到夏季风西北影响区。高度场、流场的分布有利于夏季风西北影响区的汛期降水。

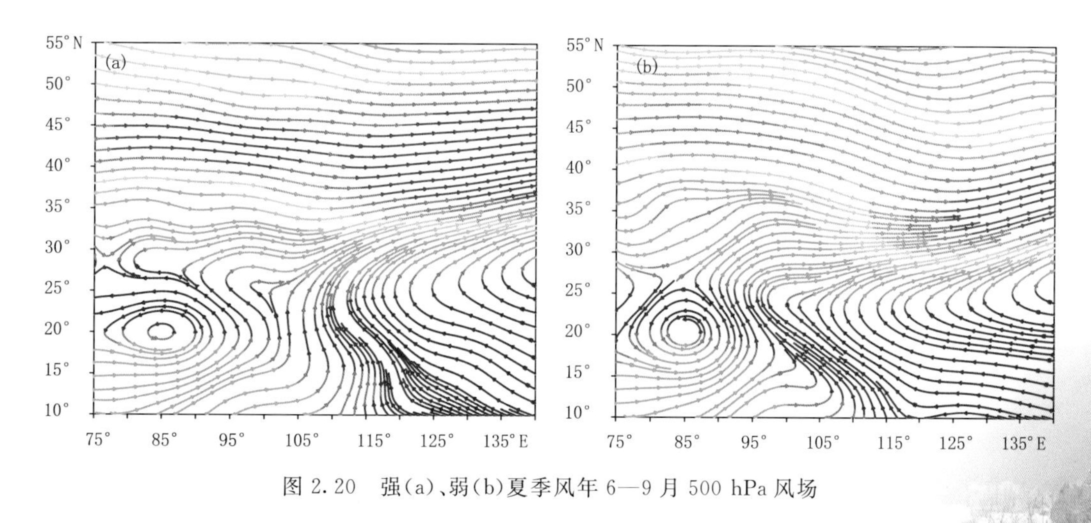

图 2.20　强(a)、弱(b)夏季风年 6—9 月 500 hPa 风场

弱夏季风年，西北区 500 hPa 高度场(图略)呈西高东低的干旱环流分布，即伊朗高压脊加强并不断向北发展，促使里海高压脊生成，同时以蒙古高原为中心的高度场的明显升高导致新疆天山—蒙古高原一带弱高压脊的生成，夏季风西北影响区处于槽后脊前的辐散下沉区。与

强夏季风年相比，在 35°～45°N，75°～100°E 范围的中高纬地区，500 hPa 高空风场的经向度加大（图 2.20b），夏季风西北影响区上空基本被西北气流控制，西太副高脊线位于 25°N 附近，位置相对强夏季风年偏南，不利于副热带高压南侧和西侧的暖湿气流向夏季风西北影响区输送。高度场、流场的分布不利于夏季风西北影响区汛期降水（王宝鉴 等，2004）。

2.1.4 台风

台风，指形成于热带或副热带广阔海面上的热带气旋。世界气象组织定义：在北太平洋西部（赤道以北，国际日期线以西，100°E 以东）地区，中心附近风速持续在 12～13 级（即 32.7～41.4 m/s）的热带气旋为台风。每年的夏秋季节，我国毗邻的西北太平洋上会生成不少台风，有的消散于海上，有的则登上陆地，带来狂风暴雨，是自然灾害的一种。长期以来，人们认为台风是影响我国东南部夏季天气的重要天气系统，在我国东北、西北地区，台风似乎没有什么影响能力。这种状况正在发生改变。20 世纪 90 年代以来，关于台风对我国西部和北部天气的影响，受到日益增多的重视。

罗哲贤（2009）指出，联系台风活动与西北干湿之间的一个可能纽带是西太平洋副热带高压。台风不可能一直移到西北区产生台风暴雨。但是，台风可以与相邻的西太平洋副热带高压之间产生相互作用。这种相互作用可以引起副高短时间尺度的变化。变化了的副高又可以影响到西北降水的形成。这是一种间接作用。

一般用某年编号登陆台风数来衡量该年台风活动的多少。1960—2014 年期间，按登陆台风数由多到少排列，其中 1971 年、1967 年、1961 年、1974 年、1989 年依次为前 5 名，为台风活动特多年；1998 年、1997 年、1982 年、2014 年、2000 年依次为后 5 名，是台风活动特少年。5 个台风活动特少年平均降水量距平百分率为－9%，明显偏少。1997 年仅有 4 个登陆台风，是次少年，甘肃省年降水量距平百分率为－24%，是近 55 年来年降水量最少的一年。5 个台风活动特多年平均降水量距平百分率为 10%，1967 年有 11 个登陆台风，是次多年，全省年降水量距平百分率为 47%，是近 55 年来年降水量最多的一年。因此，登陆台风数与全省年降水量呈正相关。值得注意的是，登陆台风特多特少年，有的年份全省年降水量也会出现特多特少。台风特多、特少年年降水量距平差值最大的区域并不在我国东南沿海省份，而是在我国西部的青藏高原东侧，即台风特多、特少年之间年降水量的差异在高原东侧比较明显。

计算近 55 年来登陆台风数与降水量的月季相关系数，以 8 月相关最好。为此，又计算了近 55 年来 8 月登陆台风数与全省 80 个站降水量的相关系数。从表 2.4 可以看出，台风主要影响河西中部以及陇东中北部地区，负相关大值区位于河西中部，正相关大值区位于陇中北部与甘南高原。中部永登县（52885）和榆中县（52983）的相关系数分别为 0.332 和 0.297，通过 0.05 水平的显著性检验。甘南高原的碌曲县（56071）、临潭县（56081）也均达到 0.05 的显著性水平。

计算 6—9 月的相关结果显示，台风活动与中部干旱区降水量的相关区随夏季风的进退而进退。因而可以认为这种相关不仅具有统计学意义，而且具有天气学意义。在一定的条件下，台风活动有能力引起西太副高短时间尺度演变特征的改变，也能够加强暖湿气流向西北输送。

表2.4 1960—2014年8月登陆台风数与甘肃省各站降水量的相关分析

站名	相关系数	站名	相关系数	站名	相关系数	站名	相关系数
马鬃山	0.128	皋兰	0.181	静宁	0.243*	漳县	0.196
敦煌	0.057	永登	0.332**	通渭	0.182	陇西	0.230*
瓜州	−0.097	兰州	0.232*	崆峒	0.208	岷县	0.075
玉门镇	−0.175	靖远	0.178	庄浪	0.092	舟曲	0.163
鼎新	−0.196	白银	0.163	西峰	0.144	宕昌	0.208
金塔	−0.205	夏河	0.215	灵台	0.000	武都	0.171
肃北	−0.130	永靖	0.179	镇原	0.086	文县	0.131
肃州	−0.224	东乡	0.233	泾川	0.066	甘谷	0.240*
高台	−0.200	广河	0.193	华亭	0.161	秦安	0.150
临泽	−0.164	榆中	0.297**	崇信	0.049	武山	0.147
肃南	−0.196	临夏	0.224	华池	−0.041	秦州	0.218
甘州	−0.225*	和政	0.189	合水	0.115	礼县	0.202
民乐	−0.083	临洮	0.235*	正宁	−0.086	西和	0.143
山丹	−0.101	康乐	0.203	宁县	0.035	清水	0.182
永昌	−0.103	会宁	0.180	碌曲	0.282**	张家川	0.170
凉州	−0.127	安定	0.228*	玛曲	0.187	麦积	0.183
民勤	0.057	华家岭	0.184	合作	0.267**	成县	0.152
古浪	0.052	渭源	0.160	临潭	0.280**	康县	0.044
乌鞘岭	0.128	环县	0.207	卓尼	0.190	徽县	0.128
景泰	0.108	庆城	0.064	迭部	0.192	两当	0.053

注：*，**分别表示通过0.1和0.05的显著性检验。

台风活动的多少对西北地区降水产生的直接影响尽管不大，但是台风与其相邻的西太平洋副热带高压之间很有可能存在直接的相互作用。这种相互作用如果使西太平洋副热带高压西伸脊点向西推进，强度增加。那么，与之伴随的东南季风就会深入到内陆更远的地区，进而影响到甘肃省东部，某些区域就容易多雨。这是台风活动对甘肃省降水的一种可能的间接影响。

2.2 青藏高原

青藏高原在中国境内部分西起帕米尔高原，东至横断山脉，横跨31个经度，东西长约2945 km；南自喜马拉雅山脉南缘，北迄昆仑山与祁连山北侧，纵贯约13个纬度，南北宽达1532 km；范围为26°00′12″～39°46′50″N，73°18′52″～104°46′59″E，面积为257.24万 km^2（张镱锂 等，2002），约占我国陆地面积的1/4，亚洲面积的1/6，平均海拔在4000 m以上，伸入大气对流层的中部，是全球面积最大、海拔最高、地形最为复杂的高原，号称"世界屋脊"或"南极、北极之外的第三极"。作为地球上一块隆起的高地，其位于大气对流层中部、以感热、潜热和辐射加热的形式成为一个高高耸入大气的热源。一方面，高原下边界的物理性质，如近地层大气、地面植被、高原积雪以及土壤温度、湿度的变化，此外，近地层大气层结稳定度都直接影响着地—气系统间的感热和潜热交换，从而引起地—气系统三维热力结构的变化；另一方面，青藏高原的位置在冬季位于西风急流的纬带上，夏季处于东西风带的交界处，对东亚大气环流、气候变化以及灾害性天气的形成和发展都有重要影响，并且在不同的季节起着不同的作用，因此，青藏高原对甘肃省干旱气候的影响受到高度重视，具有明显地域特色。

2.2.1 青藏高原动力作用

2.2.1.1 青藏高原动力作用对大气环流的影响

青藏高原动力作用主要是指由于高原地形机械阻挡和摩擦引起大气动力过程的变化。主要表现在高原对气流的爬坡、绕流和屏障作用。西风气流遇到高原，一部分爬过高原，在高原的迎风坡形成上升运动，在背风坡形成下沉运动；另一部分产生南北两支分流，在高原南侧发生气旋式弯曲，形成南支槽，在高原北侧有反气旋式高压生成。冬季高原的动力作用在爬坡绕流上都很重要，夏季由于西风气流较弱，爬坡作用不明显，高原的动力作用主要体现在对西风气流的分流上。印度西南季风等偏南气流受青藏高原阻挡，经过云南、四川北上，遇秦岭阻挡，长途跋涉进入甘肃省上空时，水汽已大大减少，很难到达河西走廊西部。

叶笃正等(1979a)和徐国昌等(1983)，根据高原北侧存在平均下沉运动和次级闭合经圈环流的事实，首先指出青藏高原的动力作用对干旱背景形成的作用。在高原及邻近地区多年夏季平均的垂直运动场上，夏半年(4—9 月)高原上盛行较强的上升运动，而绕高原西、北和东北侧分布着下沉运动带，带中的 3 个下沉中心大体与中亚、西北和华北 3 片干旱及半干旱区对应，这启示高原与这 3 片干旱区间的联系(吴统文 等，1996；钱正安 等，2001)。事实上，西北干旱区对流层中、高层的下沉运动不仅出现在夏季，也出现在其他季节；中亚干旱区中心几乎全年在对流层整层盛行更强的下沉运动。无疑，高原北侧和西侧这种长时间维持的深厚下沉运动，造成了甘肃省干旱气候背景。

青藏高原及周围地区夏季平均的垂直环流示意图上(图 2.21)，有从高原北部 N_1、N_2 及 N_3 处上升，然后在南疆、河西或河东地区下沉的次级闭合西北干旱经圈环流圈，其下沉气流属高原热力上升气流的补偿性下沉气流(钱正安 等，2001)。

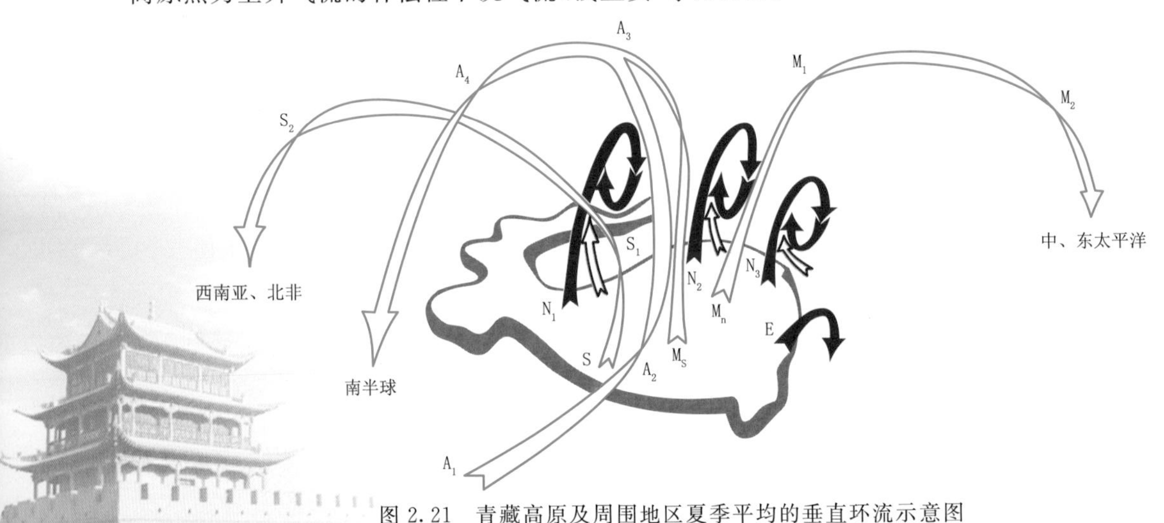

图 2.21 青藏高原及周围地区夏季平均的垂直环流示意图

2.2.1.2　青藏高原周围下沉气流与干旱的联系

叶笃正等(1979)研究，揭示了在高原南北侧存在次级垂直环流圈的观测现象，为西北干旱研究提供了一条新途径。

从图 2.22 可见，下沉运动中心位于南疆东部到柴达木盆地西部，300 hPa 中心强度达 0.02×10^{-4} hPa/s。高原主体部分为上升运动，长轴成东西走向，300 hPa 中心强度达 -0.08×10^{-4} hPa/s。四川盆地到黄河下游为上升运动。垂直速度场的分布与 7 月平均降水量分布(图 2.23)对应比较好。例如，南疆东部到柴达木盆地西部的强下沉运动与少雨中心相配合，四川到黄河下游的上升运动带与多雨带相配合，在青藏高原东北侧自北向南伸向宁夏和甘肃中部的干舌在垂直速度场上也有所反映。

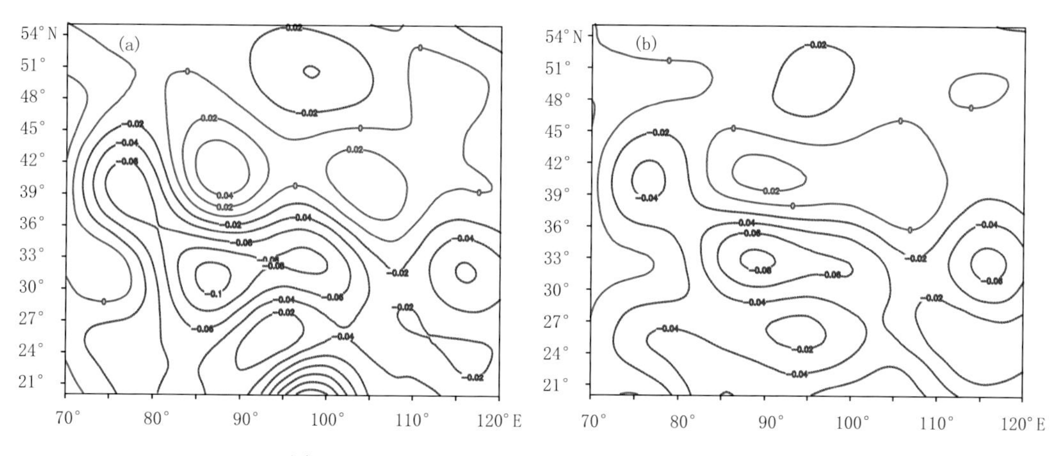

图 2.22　7 月平均垂直速度场(单位：10^{-4} hPa/s)

(a)500 hPa，(b)300 hPa

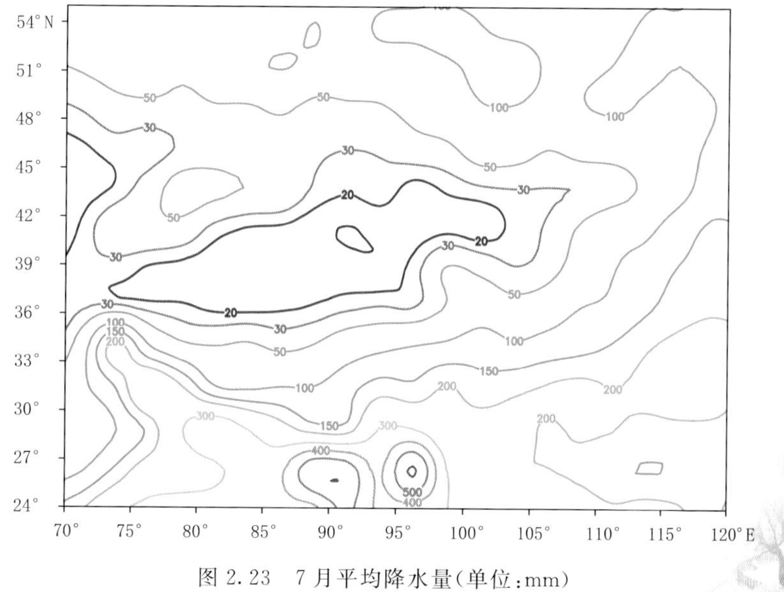

图 2.23　7 月平均降水量(单位：mm)

4 月、10 月垂直速度分布与 7 月类似，但高原北部下沉运动区域更加扩大，高原主体上的上升运动区显著缩小。

1 月青藏高原附近盛行下沉运动，主要下沉运动中心位于高原东北侧。可以看出，青藏高原北侧和北部柴达木盆地一带，一年四季均盛行下沉运动。在典型干旱年(1985)，沿北坡下滑气流更强，从而造成甘肃干旱少雨。

2.2.1.3　夏季干湿年环流和高原动力影响差异对比分析

干、湿年对比分析表明，在干年夏季高原北侧对流层中，高层有比常年更强的经圈环流圈，下沉运动也更强。高原地形的动力作用除了造成高原西、北侧的平均下沉带外，还阻隔了南来的水汽，强迫西风气流分支绕流，形成高原北侧全年盛行的反气旋性辐散带，既进一步加强了高原北侧的下沉运动，也使气柱中本来就稀少的水汽易辐散掉，难在当地降雨。

高原动力影响的年际变化直接影响了干、湿年。甘肃省夏季干、湿年的盛行环流形势是：若高原及其北侧地区对流层高层多东(西)部型南亚高压，中层多高原低涡或槽，图 2.21 中 A_1～A_4 代表从南亚低层(A_1 等处)和高原中、南部(M_n 等处)上升，在高层明显向西南扭曲的南亚季风经圈环流；S_1、S_2 代表由高原南部上升向西的纬圈环流；M_n、M_1、M_2 代表从高原中、北部(M_n 处)上升向东的纬圈环流。在低层也有从高原东缘(E 处)上升，旋即在高原东侧下沉的气流(高压或脊)，即盛行“上高下低”(“上高下高”)的气压场，则西北地区易为湿(干)年(吴统文等，1996；张琼 等，1997)。

2.2.2　青藏高原热力作用

青藏高原作为地球上隆起的一块高地，其地表位于大气对流层的中部，它以感热、潜热和辐射加热形式成为一个高耸入对流层中部大气的热源。研究表明，7 月沿 30°N 高原及其周边地区上空为较强的温度正距平，高原上空对流层中上层 300 hPa 正距平中心达 7 ℃，而同纬度其他地区对流层几乎皆为温度负距平。如此显著的温度距平使得夏季高原上空如同一个“热岛”，持续的加热直接作用于对流层中部，必然会对高原上空及其周边地区大气环流与天气气候造成巨大影响(周秀骥 等，2009)。

2.2.2.1　青藏高原加热对大气环流影响

从冬到夏青藏高原大气热源作用逐渐加强，其直接结果造成了当地强烈的上升气流，在对流层上层形成庞大的南亚高压，而在高原及其邻近地区的低层为低压系统。图 2.24a 给出了 1958—2001 年 ECWMF 再分析资料的夏季纬向垂直环流气候平均沿 15°～50°N 的东西向剖面。可以看到：在纬向上，青藏高原上升气流的一支在对流层里向东流到东太平洋下沉，其中一部分与北美较弱的上升气流汇合后继续向东流并在大西洋东部下沉；而高原上升气流的另一支进入平流层低层并向西流到欧洲上空下沉。这样就在北半球对流层中形成了一个庞大的顺时针垂直环流(即北半球中纬度纬向环流)，它的两个中心分别在东太平洋和大西洋对流层低层。同时在对流层上层—平流层低层形成一个逆时针垂直环流，其中心在高原上空。

在经向上，一个大尺度的逆时针垂直环流出现在青藏高原与南印度洋中纬度之间，其中心在南半球热带的低层，这里称为青藏高原—南印度洋经向环流，其深厚的上升运动仍然位于青藏高原及附近地区，下沉运动主要在南半球中、低纬度(图 2.24b、c)。

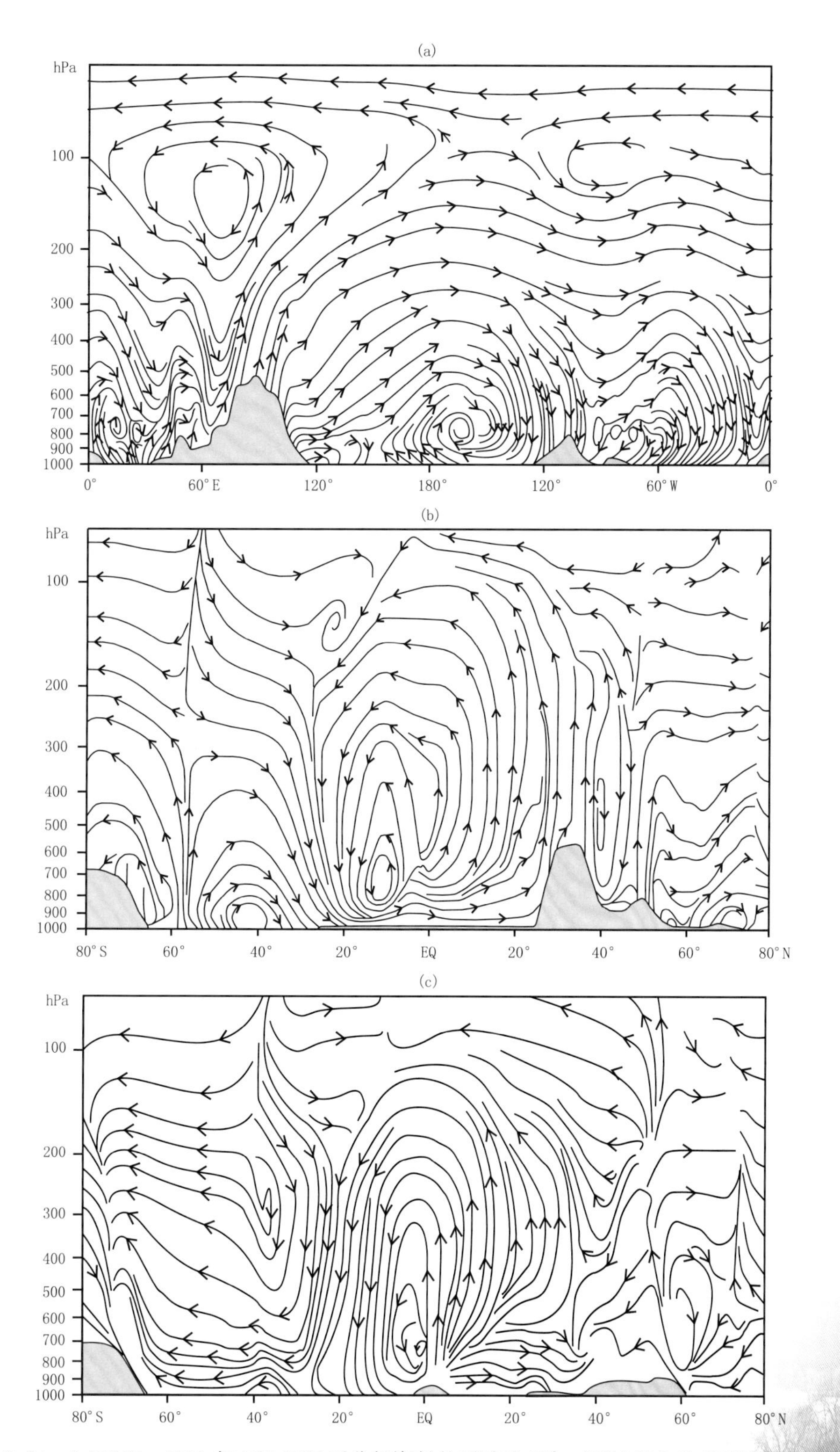

图2.24 (a)1958—2001年ECMWF再分析资料的夏季沿15°～50°N纬向垂直环流气候平均
(b)与(a)一致，但是针对沿90°E的经向垂直环流气候平均
(c)与(a)一致，但是针对沿115°E的经向垂直环流气候平均

为了维持上述纬向和经向垂直环流,受青藏高原抬升加热影响的上升运动区空气质量变化会导致下沉运动区的空气质量异常,从而引起北半球中纬度大气环流和气候的异常。此外,在图 2.24a 中,青藏高原上空对流层—平流层之间的垂直运动比其他经度的强,说明该地区是对流层与平流层大气交换的一个重要通道。

2.2.2.2 青藏高原加热场对干旱形成的作用

夏季相对于周围的自由大气,青藏高原是对流层中部的一个大热源,罗哲贤(2005)的实验结果表明:该热源与周围大气组成一个热机,高原中部为上升系统,它的南北两侧各有一个下沉区,此外,从北边向高原辐合的气流不是来自低空,而是产生于高原的高度附近。从这支向高原辐合的气流中分出一支,在高层北坡下沉。

叶笃正等(1979a)计算结果表明:在高原主体,7 月平均为一强大的上升气柱,在 300 hPa 以上从这个上升柱向南北两侧辐散,在两侧的狭窄区域下沉形成两个南北环流圈(图 2.25)。

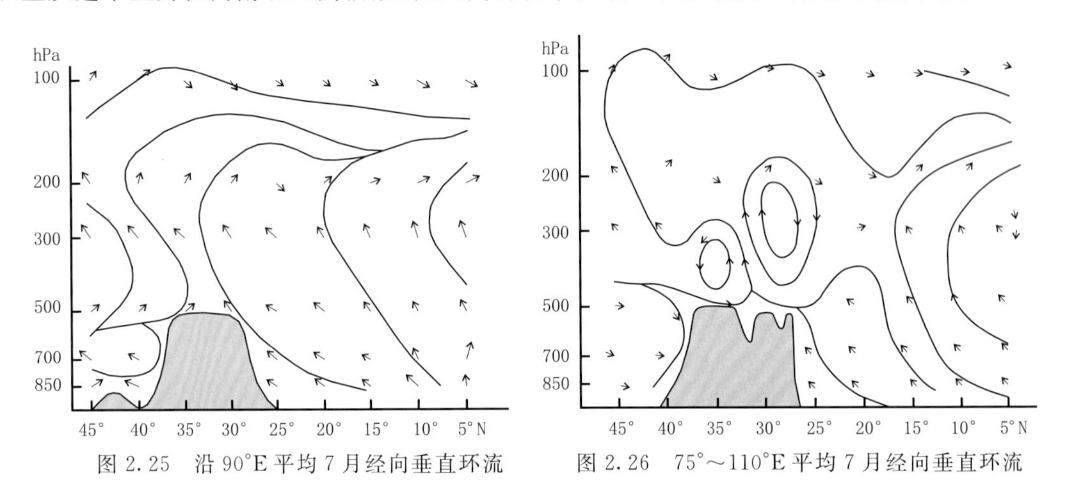

图 2.25 沿 90°E 平均 7 月经向垂直环流　　图 2.26 75°～110°E 平均 7 月经向垂直环流

这两个小环流圈是因为相对于四周大气,高原是个加热区而产生的。在高原南侧环流圈的下沉支的下面,有深厚的西南季风向高原爬坡上升。再向南进入了季风环流圈的大规模上升区,这个上升区一直延续到 5°N 以南。从 75°～110°E 的平均经向环流图 2.26 看,这个季风环流的下沉气流将落在南半球的热带地区。

高原北侧的情况和南侧是不对称的,这里向高原辐合的气流发生在 500 hPa 左右比较浅薄的一层。这支向高原辐合的偏北气流与从南面向高原辐合的偏南气流,相遇于 30°～35°N 之间,这正是高原上夏季辐合切变线的平均纬度。这股从北面向高原辐合的气流在 500 hPa 左右分出一股沿高原北坡下滑,这一下滑气流不仅出现于 90°E 的剖面,沿 80°～90°E 的经向剖面都有这样的下滑风。

在沿 35°N 的纬向垂直环流图(图 2.27)上,从高原流出的气流,越到高空向东输送的越远,而在高原以东的大陆上升的气流向东传送较近,也就是说,从高原主体上升的气流对西太平洋副高的加压作用影响不大,而主要是下沉到中东太平洋副高区内。从这点看,青藏高原与中东太平洋尤其是东太平洋有着密切的遥相关。从西边下沉到西太平洋副高的空气,只是来自青藏高原以东的大陆上升气流。这些从沿 30°N 的纬向垂直环流也看得很清楚。在这巨大的东、西环流之内还有波长较短的波动,它的波谷正好位于高原东侧。可以推断,这个波动是高原动力和热力的共同作用引起的。

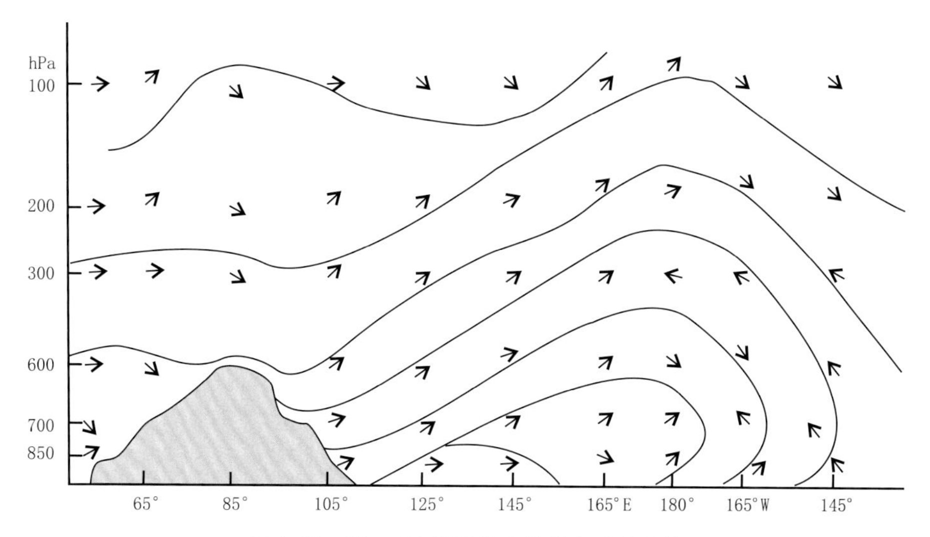

图 2.27　沿 35°N 的平均 7 月纬向垂直环流

从高原北坡经向环流圈的下沉气流，沿北坡的下滑气流，以及纬向垂直环流较短波长的波谷，对于西北地区东部干旱气候的形成，都有着重要影响。白彬人等(2016)研究表明，青藏高原地面加热场强度距平指数(B—H)与传统高原季风指数(TPMI)之间存在较好的同时相关关系，B—H与动态高原季风指数(DPMI)之间存在较好的超前 1～3 个月的相关关系，这种关系在干季(11 月至次年 5 月)尤为明显。两种高原季风指数与同期甘肃省中部夏季降水有显著的负相关。李栋梁等(2001)指出：当冬季青藏高原地面加热场强度偏强时，全国大范围降水异常偏少，主要少雨区分布在两湖地区，西北东部降水可能偏多；当夏季青藏高原地面加热场强度偏强时，长江中下游地区多雨，青藏高原、西北和华北以干旱为主；春秋季的影响与冬季相似。陈少勇等(2011)在 700 hPa 上定义了高原季风指数(PMI)，通过分析 6—8 月 PMI 与降水量的关系，6—8 月相关中心在高原上从南向北移动，6 月在云南中北部—川西—高原中部，8 月在青海高原北部。各月的正相关区主要在高原上，负相关区主要在北疆和陕、甘、宁、蒙区。表明高原夏季风越强，高原降水越多，北疆和陕、甘、宁、蒙区降水越少。造成这种分布的原因是：新疆处于高原季风北部的偏北风和西风带偏西风的辐散区；陕、甘、宁、蒙处于高原季风东北部的东南风和东亚季风的西南风的辐散区中，高原季风越强，辐散效应越强，下沉气流不利于降水。

2.3　地理环境

地理环境是决定气候的重要因子，它直接影响着太阳辐射的分布和大气环流的特征，进一步支配着气象要素场的分布，甘肃省的地理环境具有明显的过渡性，使之形成了不同于我国其他地区的复杂气候特征。

2.3.1　地理位置

甘肃省的地理位置具有如下特点：它占据我国大陆部分的地理中心，是我国唯一兼有三大自然区的省份，即东部季风区、西北干旱区和青藏高原区。河东季风区温度的纬度地带性差异显著，降水相对较多，变率大，易受干旱威胁。河西走廊干旱区，荒漠面积辽阔，降水量稀少，风沙多。祁连山区与甘南高原，地势高、气候严寒；地处亚洲大陆内外流域分水岭两侧；远离海洋。独特的地理位置决定了甘肃省气候具有鲜明的地方特色，气候类型多样。

2.3.1.1 纬度跨度大

地理位置一般是指地理经纬度与海陆的分布。而地理纬度的高低，决定着一个地方太阳高度角的大小和昼夜的长短，这也就决定了该地得到太阳辐射热量的多少。而太阳辐射热量多少对于气候的形成起着重要作用。甘肃省所处的纬度使得太阳高度角在一年之中的变化很大。例如，兰州处在34°03′N，冬至最大太阳高度角为27.5°，夏至最大太阳高度角为77.4°，春分和秋分在51°左右，可照时间从冬至的9小时39分至夏至的14小时34分，可照时间变化大。这是决定兰州气候冬季寒冷干燥，夏季炎热多雨的一个基本原因。甘肃最北端为肃北蒙古族自治县北部的中蒙国界184号界标，最南端为文县范坝乡西南15 km处的甘川省界，南北相距10个纬度以上，约1655 km。因此，甘肃省气候的纬度地带性明显，南北温差大。最南端的文县年平均气温为15.1 ℃，最北端的马鬃山年平均气温仅有4.8 ℃，相差多达10 ℃以上。平均北推1个纬度，年平均气温下降1 ℃。

2.3.1.2 远离海洋、大陆性气候明显

甘肃省位于我国大陆的中部，距离海洋遥远。据量测，省域最东端距黄海和东海海岸分别为800 km和960 km，最南端距北部湾海岸大于1200 km，西北端距黄海和东海远至2100～2700 km，距印度洋、北冰洋和大西洋则分别达2700 km、3600 km和7300 km(伍光和 等，1998)。由于远离海洋，加之青藏高原的阻挡，海洋水汽难以到达。同时，省域平面形态呈西北—东南方向延伸的狭长带或哑铃状，东西相距1520 km，南北相距1655 km。因此，气候干燥，旱灾频发。降水差异大，年降水量最多为750.8 mm(康县)，最少为39.9 mm(敦煌)，最多站是最少站的19倍；年际波动大，如兰州最多年降水量(546.7 mm)是最少年(168.3 mm)的3.2倍；降水量各季分配不均，夏半年(4—9月)集中了年降水量的80%～90%。

纬度相同的地方，气候也有很大的差异。甘肃省最西端为敦煌市玉门关以西144 km的甘新省界，最东端为合水县太白乡北4 km的甘陕省界，两者经度差16°以上，相距约1520 km，时差达1小时8分。愈向大陆内部，温度年较差愈大，降水量也愈少，大陆性气候特征愈明显。例如，最西端敦煌市与最东端合水县相比较，气温年较差大6.6 ℃，年降水量少500 mm以上。因此，夏天海洋和陆地吸收了相同的热量，陆地升高的温度比海洋高得多，冬天海水比热容比陆地大，散出相同的热量降低的温度低，所以陆地降低的温度比海洋低得多。从而全省年平均气温变化大，乌鞘岭最低为0.3 ℃，文县最高15.1 ℃。气温年、日较差大。如合作市多年最高气温日较差为35.4 ℃(1977年3月7日)。另外，在山区和高原气候有明显的垂直层带性分布。综上所述，甘肃省大陆性气候特征明显，独特的地理位置是形成多种气候类型和自然景观的重要原因。

2.3.2 地形

甘肃省地处黄土高原、青藏高原和蒙古高原的交汇地带，境内山脉纵横交错，地形十分复杂。独特的地理位置和地形地貌，形成了复杂多样的气候类型。

2.3.2.1　地形与气温

地形对气温的影响主要是海拔高度和山坡方向。根据对流层气温的变化规律，在同一纬度地带，地势越高耸，气温越低；在同一高度，山脉阳坡的气温高于阴坡。

甘肃省境内70%地方是山地，海拔高度对气温的影响远大于纬度的影响。海拔高度每升高100 m，河西年平均气温下降0.62 ℃、陇中下降0.48 ℃、陇东下降0.27 ℃、甘南高原下降0.56 ℃。在山区气温等温线走向大致与山脉走向一致，与地形等高线基本平行。在同一纬度海拔高的山区气温低，海拔低的河川、盆地气温高。如河西走廊的气温比南北两山高，如乌鞘岭海拔3045.1 m，年平均气温仅0.3 ℃；景泰海拔1630.5 m，年平均气温9.0 ℃，两地纬度相近，但年平均气温相差8.7 ℃。

2.3.2.2　地形与降水

地形对降水的影响是，既能促进降水形成，又能影响降水分布。地形促进降水形成的主要机制是：山脉对气流的机械阻障，强迫抬升，加强对流，促进凝云致雨；阻挡气团和低值系统的移动，使之缓行或停滞，延长降水时间，增大降水强度；当气流进入山谷时，由于喇叭口效应，引起气流辐合上升，促进对流发展形成云雨；山区地形复杂，各部分受热不均匀，容易产生局部热力对流，促进对流的发展。地形对降水分布的影响十分复杂，主要表现是，山地降水量随海拔增高而增多，但有一个最大降水量高度，超过此高度，山地降水不再随高度递增；迎风坡多雨，背风坡少雨；山地多夜雨，因为夜间，地面辐射冷却，密度大的冷空气沿山坡下沉到谷底或盆地，汇聚后被迫抬升，如果盆地中原来空气比较潮湿，则抬升到一定高度后即能成云并致雨，因而在山区的谷底或盆地地形性的夜雨较多。

甘肃省境内山脉纵横，地形对降水的影响尤为明显。河西的地形是两山夹平原，走廊平原北屏马鬃山、龙首山和合黎诸山，南依祁连山。境内独特的地形使降水量空间差异尤其明显，走廊平原区降水量明显少于南部祁连山。如敦煌年降水量39.9 mm、相邻的肃北152.5 mm；肃南年降水量267.0 mm、相邻的甘州132.6 mm；乌鞘岭年降水量407.1 mm、相邻的凉州171 mm。走廊平原区降水量比南部祁连山少的原因主要是，走廊地带常年盛行干燥西北风，水汽含量少；加之处在青藏高原外围的一支补偿下沉气流区域中，因而走廊平原区降水少。祁连山处在西北气流迎风面，空气在此堆积，并受地形的机械动力强迫抬升，成云致雨，降水量增多。另外，祁连山降水量自东向西减少，如东段的乌鞘岭平均年降水量407.1 mm、中段的肃南267.1 mm、西段的肃北152.5 mm。不同的坡向降水量是不同的，如东段和中段南坡的互助（青海省）502.5 mm、祁连（青海省）415.1 mm；而北坡的古浪352.3 mm，肃南267.0 mm。东段和中段南坡的西边有青藏高原屏障，东边河谷较宽，气流多从兰州一带沿湟水和大通河向西倒灌，受地形抬升，成云致雨，雨雪落在祁连山脉东段和中段的南坡，因而雨量大于北坡。西段北坡的肃北年降水量152.5 mm，南坡的冷湖（青海省）15.4 mm，西段北坡降水量多于南坡。其原因主要是由于冷空气活动造成的，降水时高空盛行偏西气流，随着冷锋南下，祁连山西段北坡对冷锋造成阻滞和抬升作用，使水汽大量凝结，雨雪落在北坡，因而北坡雨量大于南坡。

河东地区地形更加复杂，西边有青藏高原、南边有自西向东走向的秦岭、东边有自北向南走向的六盘山和子午岭，三面高原和高大山脉环绕。降水量因受地形影响而空间分布也比较奇特。自景泰，经白银、安定、陇西、武山、礼县、武都到文县一带，是一个由北向南的相对少雨带，年降水量450 mm左右。少雨带西边等雨量线走向大致与青藏高原的东北边缘一致；东边等雨量线大致与六盘山走向一致。该少雨带也是青藏高原外围相对少雨带的组成部分。该少雨带在夏半年处在青藏高原外围的一支补偿下沉气流区域中，低层流场出现辐散，加强了空气的下沉运动；而冬半年维持稳定的东亚大槽后部盛行下沉气流，该区正处在此下沉气流区域中；其次该区位于六盘山的西边，六盘山阻滞暖湿的西南暖湿气流西进，并在该山的西侧形成一个背风的雨影地区，空气比较干燥。在青藏高原、六盘山脉和局地山岭的共同影响下形成了该相对少雨带。另外，在相对少雨带的东西两侧各有一个相对多雨区，西边以郎木寺为中心、东边以康县为中心，两地年降水量都在 800 mm 左右。在夏半年来自孟加拉湾的西南暖湿气流，带来较充沛的水汽，分别经四川盆地到达甘南高原南部，经汉中盆地进入陇南的徽成盆地，在地形作用下形成了以郎木寺和康县为中心的两个多雨区。

2.3.2.3　地形与风

风主要受地形、海拔高度和下垫面物理属性不同引起的热力作用等影响。地形开阔、平坦、下垫面粗糙度小的地方，风速相对较大；反之亦然。风速还受山脉坡向的影响，在山脉的迎风坡风速加大；背风坡风速削弱。风向受地形（如山脉、河谷、河道）走向等影响，主导风向常与山谷、河道的走向平行。

甘肃省境内地形复杂，受地形影响各地风向风速差别很大。在同一区域海拔高的地方风速大，海拔低的地方风速小，如乌鞘岭、华家岭等高山的风速比平川和盆地的风速要大得多。在峡谷地带虽然海拔不高，但空气因狭管效应，风速也比较大。空气在流经河西走廊时，受南北两山的峡谷效应，风向、风速都发生较大变化，不但风速明显增大，风向也发生变化，该地区常年盛行西北风，成为我国大风日数最多的地区之一，如瓜州自古有“风库”之称。而风向各地差异更大，一般与峡谷、平川和河流的走向一致。

2.4　土地植被

植被在陆地表面的能量交换、生物地球化学循环和水文循环过程中扮演着重要的生态角色。植被覆盖度是植物群落覆盖地表状况的一个综合量化指标。植被的分布与变化主要受气候、纬度、地形与土壤等因素的影响；不同的植被覆盖度也对局地气候的形成产生重要作用。本节重点分析植被覆盖度与气候的关系，其具有十分重要的意义。

2.4.1　植被覆盖

陆面过程是影响气候变化的基本物理生化过程，植被覆盖及其变化通过改变反照率、粗糙度及土壤湿度等地表属性对气候产生极其重要的影响，是陆面过程的核心问题。植被的地区分布主要受制于地理环境与气候条件。而在气候条件中，热量和水分条件是对林草生长最为重要的气候要素。同时，植被的分布与变化又对气候有反馈作用。

2.4.1.1　植被覆盖度与气候变化相互作用

(1)改变地面反照率

反照率是对某表面而言总的反射辐射通量与入射辐射通量之比。在一般应用中是指一个宽带，它是反映地表对太阳短波辐射反射特性的物理参量。植被覆盖的地面对太阳辐射的反照率为0%～25%，无植被覆盖的裸露地表反照率通常比较高，浅色的干沙土反照率为35%～45%。大范围无植被覆盖时，由于反照率高，地面接受的太阳辐射减少。为维持热量平衡，需要绝热加热(或非线性热量平流)用于补偿。这就在一定程度上有利于下沉气流的生成，积云对流及对流降水受到抑制。众所周知，由于高原北侧的侧向摩擦作用，在高原东北侧附近还有一个气候上的兰州高压，相应于这个高压也有一支下沉气流。这些下沉气流与该区域干旱气候的形成是密切相关的。更由于植被稀少，下垫面反照率大，可能使大地形作用产生的下沉气流得到加强，使干旱化加重。反之，若下垫面反射率小，可能使干旱化缓和。

(2)改变地面粗糙系数

粗糙系数是影响地气湍流输送的关键参数，它通过改变地表热通量及风速而影响水汽通量辐合。裸露地表与植被覆盖地表的粗糙系数相差很大，直接影响到阻滞系数的取值及热量和水分向上输送。阻滞系数的空间分布不同，对气旋反气旋的发展可以有明显影响。地表粗糙系数的变化造成区域降水的变化，这种可能性是存在的。有一种观点认为，植被退化后的地表粗糙系数减小比反照率增大对气候的影响更大。

(3)改变土壤湿度

把蒸发分为两个阶段：第一阶段，土壤湿润，即土壤湿度大于临界值；第二阶段，土壤干燥，即土壤湿度小于临界值。蒸发量随土壤湿度降低而迅速减少，两者接近于线性关系。森林的一个重要作用是保持水土，涵养水分。在森林覆盖地带，土壤湿度较大，地面蒸发随之加大(这里不考虑植物蒸散)。在裸露地表，因水土流失，土壤湿度较小，远小于临界值，地面蒸发随之显著减小。对全球而言，应满足水汽积分守恒性质．即全球总蒸发量与总降水量长期平均应接近平衡。若大范围陆面蒸发量因植被覆盖度加大而加大，相应的总降水量理应增多，这种总降水量的增多就可能引起区域降水的相应变化(罗哲贤，1985)。植被变化导致的土壤湿度变化通过改变地表热容量和向大气输送的感热、潜热等，从而影响气候的变化。

植被变化导致的气候变化绝不是单一因子作用的结果，植被变化将导致所有的地表参数发生变化，这些因子通过改变复杂的能量和水汽收支，最终影响气候变化。

甘肃省植被特点：一是森林资源贫乏；二是森林分布不均，集中分布在陇南南部和山区。由于数千年农业耕垦，河东大部森林植被已不复存在，代之而起的是次生灌丛草甸植被。河西走廊的面积大约占全省的一半，除少数“绿州”外，大多为荒漠戈壁和沙漠化覆盖，嘉峪关以西植被更为稀疏，因此，甘肃地面反照率大。与此同时，土壤湿度小；地面粗糙系数小，直接影响着地表能量平衡，造成净辐射减小，相应感热通量和潜热通量减少，进而造成大气辐合上升减弱，云和降水减少，气候干旱。植被覆盖少是甘肃省气候干旱的另一个原因。

总之，植被与气候变化相互作用，既有正反馈，又有负反馈(郑益群 等，2002)。

2.4.1.2 植被覆盖对大气环流影响

甘肃中东部降水的强度及分布与夏季风脉动密切相关，研究表明，植被类型及覆盖面积影响着我国夏季风的强弱。植被退化导致蒸发减少，改变了当地表面能量收支，可以减弱亚洲季风环流，从而导致降水减少，这也许是20世纪90年代多次发生异常干旱的原因之一。而大范围的扩大植被面积后东亚夏季风增强，有利于大量暖湿空气从海洋向内陆干旱半干旱区输送，使这些地区降水增多，土壤湿度增大，明显地改善区域生态环境，这对于我国这样一个典型季风气候的国家来说尤需重点关注(李巧萍，2004)。

中国西北地区干旱化是可持续发展的主要限制因素，受到人们的高度重视。范广洲等

(2003)专门针对我国西北地区绿化对区域气候影响，开展了数值模拟，将西北地区植被由原来沙漠、戈壁换成草地、落叶阔叶林及灌木混生地。结果表明：绿化后，年平均温度升高，海平面气压下降，年平均降水量也普遍增多。在冬季，绿化后通过地表热源的增强，促使西北及其附近地区环流场产生变化，蒙古冷高压强度减小，东亚、南亚冬季风减弱，降水普遍增加；在夏季，西北地区增值约为冬季的2倍以上；在春季，绿化后普遍升温，海平面气压普遍降低。

符淙斌等(2001)利用一个区域环境系统集成模式(RIEMS)，模拟了恢复东亚地区自然植被对区域气候和环境可能影响的程度。其结果表明，恢复自然植被将使东亚地区夏季季风增强，从而有更多的水汽输送到中国大部分地区，使大气中水汽含量明显增加，降水量增多，土壤变湿，从而明显地改变区域生态环境。南部季风低压加深，南风即夏季风增强，北部有反气旋差值环流发展且位置偏东，有利于大量暖湿空气从海洋向内陆干旱半干旱区输送，从而改善那里的气候和环境状况。

2.4.2 土地荒漠化

甘肃是全国荒漠化面积较大、分布较广、危害最为严重的省份之一。土地荒漠化导致较高的地表反照率、较小的土壤水分含量及较低的地表粗糙度，从而改变了地表能量平衡，使之成为一个辐射热汇，大气冷却造成下沉气流，并加强与维持，加剧了干旱，使降水减少，植被和土壤进一步恶化，加速了荒漠化进程，导致沙漠边缘的扩展，形成一系列的恶性正反馈过程。研究发现，植被退化不仅对荒漠化地区的气候造成了很大的影响，改变了地表温度，减少了降水、蒸发和土壤湿度，其影响还可扩展到其外围地区。

土地荒漠化首先引起了土地覆被的变化，而土地覆被的变化引起反射率的变化造成了地区地面对太阳辐射吸收的变化。由于地面是大气的主要加热源，地面热状况的变化必将导致大气原来热量分布平衡及气压分布的破坏。土地荒漠化对蒸发作用甚至对成云致雨都有影响，土地荒漠化引起地表热容量减少，造成大陆性气候增强，即白天温度升高，夜晚温度降低，日较差变大。

陈星等(2006)通过数值模拟指出，随着陆面从森林变为草地，或者从草地变为耕地，地表的温度在不断地升高。这是因为这一区域植被退化和土地变干而造成的感热的增加。据统计，夏季地表温度升高的区域主要是那些植被退化很严重的区域。

由于气候对土地植被退化响应的复杂性，目前对土地植被退化的气候响应问题的认识还存在一些不确定性，但有一点是可以肯定的，那就是下垫面状况的改变确实会对区域及全球气候产生重大影响。

2.5 海温

地球上海洋表面积约占地球总面积70.8%，海水质量大约为大气的250倍，其比热比空气大4～5倍，因此，它的热容量比空气大1200倍。海水的比热又是陆地的1倍左右，又由于海水活动层深，所以海水与陆地相比，也有较大的热惯性。从气候形成因子的空间尺度条件来衡量，显然海洋是足够作为影响气候变化的重要因素。

海温异常不但空间尺度大，时间尺度也很大，一般可持续几个月，有时能达到2～3年。例如，1956 年初到 1959 年秋北太平洋大范围海面温度持续正距平，长达 3 年多；又如，1964—1966 年北太平洋大范围海表温度持续负距平，也长达 3 年之久。

海洋中有许多洋流，它们具有一定的长度、宽度、深度及速度与温度。洋流根据其温度状况可分为暖洋流与冷洋流（或称寒流）。北大西洋著名的洋流是墨西哥湾暖流。北太平洋上主要的洋流有黑潮，它是北赤道海流到台湾省东岸北上的一支暖洋流，在洋流中，黑潮是供给大气能量最多的一支洋流。北太平洋西北部另一支洋流为亲潮洋流，它是一支寒流，来自白令海，顺着千岛群岛和日本列岛的大洋边缘南行直抵 38°N，其冬季比夏季的流速大很多，这支冷洋流对太平洋西北沿岸地区的气候有显著影响。洋流是海洋与大气相互作用最活跃的地区（王绍武 等，1987）。

赤道东太平洋上发生的 El Niño 事件是气候变化与预测的重要因素。El Niño 对中国气温分布有明显影响，是造成凉夏暖冬异常气候的重要条件。而在 La Niña 年则相反，容易出现热夏冷冬的温度分布。产生这种作用的主要原因是在 El Niño 发生年的冬季，东亚极锋锋区比常年偏北，冷空气随之偏北偏弱，而南方暖气团势力偏强，我国往往出现暖冬。20 世纪 80 年代以后，El Niño 事件发生的频率和强度呈增加趋势。由于 El Niño 事件发生的频率和强度的增加，导致中国雨带偏南，北方干旱，西北、华北和东北大部分地区的冬季气温升高显著，南方地区气温下降。近几十年来，冷事件的发生频率明显下降，而暖事件的发生更为频繁，正是由于暖事件的频繁发生，导致全球和中国气温上升。这也有力地证明了海温异常是中国气候变暖的一个主要自然因子，而由于海温异常导致的 El Niño 事件是中国近年来气候变暖的主要原因（《气候变化国家评估报告》编写委员会，2007）。

根据北太平洋地区海温空间分布特征，本节着重分析了黑潮区、亲潮区和西风漂流区的海温距平与甘肃旱涝的同期相关及其成因。

2.5.1　黑潮区海温

黑潮暖流是位于北太平洋副热带总环流系统中的西部边界流，是世界海洋上第二大暖流，因其水色深蓝，远看似黑色，因而得名。起源于吕宋岛以东洋面。主干流沿台湾以东，经台湾和与那国岛之间的水道进入东海，顺东海大陆坡向东北流去。黑潮主干流的平均宽度不足 100 海里①，其中主流宽度约 20 海里。黑潮的流量可达 $4\times10^7\sim5\times10^7$ m^3/s。由于黑潮将太平洋高温、高盐度海水带到近海广大海区，从而对这些海区的海洋、气象、水文产生巨大影响，乃至中国西北区东部干湿状况都与之有关。

黑潮区海温指数的计算方法如下：在 35°N、140°～150°E 及 25°～30°N、125°～150°E 区域内，海表温度距平的区域平均值，为黑潮区海温指数。

与前面类似，计算 5 个春季典型少雨年与 5 个典型多雨年的黑潮区海温指数的平均值。典型少雨年为－0.03，是负距平，典型多雨年为 0.35，是正距平（表 2.1），因此，黑潮区海温与甘肃省春季降水量呈正相关。但是，随着样本数的增加，黑潮区海温之间的差异减小，它们之间降水的差异也变得不明显了。其他季节类似。

计算 5 个夏季典型少雨年与 5 个典型多雨年的黑潮区海温指数的平均值。典型干年为－0.10，是负距平，典型湿年为 0.12，是正距平（表 2.2），因此，黑潮区海温与甘肃省夏季降水

① 1 海里＝1.85 km，下同。

量也呈正相关。

计算5个秋季典型少雨年与5个典型多雨年的黑潮区海温指数的平均值。典型干年为－0.10，是负距平，典型湿年为0.12，是正距平（表2.3），因此，黑潮区海温与甘肃省秋季降水量还是呈正相关。

根据上述分析可知，黑潮区海温与甘肃省春、夏、秋季降水量均呈正相关。

计算了近55年黑潮区海温与降水量的月季相关系数，以10月相关最好，相关系数为0.36，超过了0.01信度水平。从表2.5可知，高相关区位于河西中西部、河东除白银市和庆阳市北部外的大部分地区。酒泉市、临夏州、甘南州、陇南市的大部分站通过0.01水平的显著性检验。

表2.5 1960—2014年10月黑潮区海温与甘肃省各站降水量的相关分析

站名	相关系数	站名	相关系数	站名	相关系数	站名	相关系数
马鬃山	0.210	皋兰	0.253	静宁	0.260	漳县**	0.402
敦煌	0.388**	永登	0.345**	通渭	0.278*	陇西	0.222
瓜州	0.494**	兰州	0.195	崆峒	0.189	岷县	0.270*
玉门镇	0.253	靖远	0.137	庄浪	0.329*	舟曲**	0.451
鼎新	0.159	白银	0.241	西峰	0.228	宕昌	0.342*
金塔	0.292*	夏河	0.265	灵台	0.287*	武都	0.250
肃北	0.382**	永靖	0.283*	镇原	0.186	文县**	0.386
肃州	0.303*	东乡	0.487**	泾川	0.282*	甘谷	0.227
高台	0.274*	广河	0.463**	华亭	0.307*	秦安	0.252
临泽	0.228	榆中	0.215	崇信	0.246	武山	0.290*
肃南	0.189	临夏	0.396**	华池	0.124	秦州	0.328*
甘州	0.187	和政	0.424**	合水	0.302*	礼县**	0.380
民乐	0.309*	临洮	0.227	正宁	0.215	西和	0.292*
山丹	0.121	康乐	0.382**	宁县	0.244	清水	0.327*
永昌	0.113	会宁	0.151	碌曲	0.405**	张家川	0.267*
凉州	0.071	安定	0.184	玛曲	0.391**	麦积	0.304*
民勤	0.078	华家岭	0.220	合作	0.281*	成县**	0.476
古浪	0.144	渭源	0.263	临潭	0.398	康县	0.333*
乌鞘岭	0.399**	环县	0.148	卓尼	0.397**	徽县**	0.348
景泰	0.136	庆城	0.182	迭部	0.360**	两当**	0.460

注：*，**分别表示通过0.05和0.01的显著性检验。

对于月季尺度的短期气候成因而言，统计表明黑潮区海表温度异常在月际变化上具有很好的持续性，尤其是5—12月的自相关系数很高，海表温度（SST）异常是一个重要的外强迫信号，西北太平洋及我国近海SST对东亚局地环流的影响可能更加直接。当黑潮区SST偏暖（冷）时，欧洲高压脊和东亚阻高发展，亚洲西部为低槽区，从中国华北区域至北太平洋位势高度场偏高（低）。东亚大槽偏弱（强），有利于西北区上空“西低东高”（“西高东低”）形势的形成。与此同时，低层风场则出现东南（西北）风，从而使甘肃省多雨（干旱）。亲潮区与西风漂流区海温异常的环流形势与上述情况相同。

2.5.2 亲潮区海温

亲潮发源于白令海峡，沿堪察加半岛海岸和千岛群岛南下，故名千岛寒流或堪察加寒流。亲潮水温低，含氧量高，营养盐多，近似绿色。白令海中的横向海流一部分与西岸的阿纳德尔海流汇合，沿西伯利亚东部海岸流向西南，在堪察加半岛东部形成强大的寒流，经科曼多尔海峡进入太平洋，即为亲潮的源头。它经千山群岛向南，把大量的北冰洋冷海水送到太平洋，最后，流幅变宽并分成数支，在 40°N 以北，与黑潮（日本暖流）北上分支汇合，加入向东流向的北太平洋流，并与阿拉斯加暖流共同组成逆时针方向流动的副极地环流。另有一部分则下沉到黑潮水以下，继续向南形成潜流，可达 10°N。

亲潮区海温指数的计算方法如下：在 40°～45°N、165°～175°E 区域内，海表温度距平的区域平均值，为亲潮区海温指数。

与前述类似，选取 5 个甘肃省夏季典型少雨年和 5 个典型多雨年，计算 5 个典型少雨年和 5 个典型多雨年的亲潮区海温指数的平均值。典型少雨年为－0.52，是负距平，典型多雨年为 0.34，是正距平（表 2.2），因此，亲潮区海温与甘肃省夏季降水量呈正相关。

与前述类似，选取 5 年为甘肃省秋季典型少雨年和 5 个典型多雨年，计算 5 个典型少雨年与 5 个典型多雨年的亲潮区海温指数的平均值。典型少雨年为－0.49，是负距平，典型多雨年为 0.52，是正距平（表 2.3），因此，亲潮区海温与甘肃省秋季降水量也呈正相关。

亲潮区海温与甘肃省夏、秋季降水量均呈正相关。

2.5.3 西风漂流区海温

由于地球地转偏向力的影响，北半球的南风最后都偏转成为西风。在 40°～60°N 之间盛行西风的地带叫做西风带。在盛行西风带内的海域出现的洋流，被称为西风漂流。在北半球的西风带内，即 40°～60°N 之间的地带，既有太平洋和大西洋水域，也有北美洲和亚欧大陆。因此，北半球的西风漂流不能形成全球性的环流圈。在北半球，西风漂流是日本暖流和墨西哥湾暖流的延续，分别称为“北太平洋暖流”和“北大西洋暖流”。

西风漂流区海温指数的计算方法如下：在 35°～45°N、160°E～160°W 区域内，海表温度距平的区域平均值，为西风漂流区海温指数。

与前述类似，选取 5 个甘肃省夏季典型少雨年和 5 个典型多雨年，并计算 5 个夏季典型少雨年与 5 个夏季典型多雨年的西风漂流区海温指数的平均值。典型少雨年为－0.21，是负距平，典型多雨年为 0.06，是正距平（表 2.2），因此，西风漂流区海温与甘肃省夏季降水量呈正相关。

与前述类似，选取 5 个甘肃省秋季典型少雨年和 5 个典型多雨年，计算 5 个秋季典型少雨年和 5 个典型多雨年的西风漂流区海温指数的平均值。典型少雨年为－0.52，是负距平，典型多雨年为 0.38，是正距平（表 2.3），因此，西风漂流区海温与甘肃省秋季降水量也呈正相关。

西风漂流区海温与甘肃省夏、秋季降水量均呈正相关。

第3章　气候要素特征

3.1　气温

气温是最重要的气象要素之一，它可以表示一地总的冷、暖程度并表征其热量资源。气温地域差异直接影响着植被和各种农作物的分布，气温与农业生产关系密切，是农作物生长、发育和产量形成所必需的气候因子之一。一个地区农、林、牧业的生产布局，作物种类分布、品种选择、种植制度的形成及各种农事活动，都很大程度上决定于当地热量的多寡与变化状况。除了农、林、牧业之外，其他经济建设、商贸活动、人们日常生活都无不与气温密切相关（李栋梁等，2000b）。

3.1.1　平均气温

气温的地理分布与变化特征，是受地理纬度、太阳辐射和地形特点综合影响的结果。甘肃省地域广阔、山脉起伏、地形复杂，气温空间分布差异较大。全省年平均气温变化范围在0.3（天祝县乌鞘岭）～15.1 ℃（文县），分布趋势自东南向西北，由盆地、河谷向高原、高山逐渐递减（图3.1）。河西走廊地形平坦，年平均气温为5.4～9.9 ℃。祁连山区地形复杂，气温垂直变化较大，气温等值线大致与地形等高线平行，海拔3000 m以下地方年平均气温为0.3～7.2 ℃；海拔3000 m以上地方年平均气温在0 ℃以下。陇中地处黄土高原西缘，气候凉爽，温度宜人，年平均气温为4.0～10.4 ℃。陇东地处黄土高原，冬无严寒，夏无酷热，气候温和，年平均气温为7.8～10.3 ℃。陇南纬度偏南，高山、河川、盆地相间，气候温暖、山川秀丽，年平均气温为9.1～15.1 ℃。甘南高原是青藏高原东部边缘，山地起伏，气候严寒，年平均气温为1.8～13.4 ℃。

3.1.2　四季气温分布

各季气温分布趋势与年平均气温大致相似，冬季气温最低，夏季气温最高，春季气温高于秋季（图3.2、表3.1）。

冬季（12月至翌年2月，下同），全省处在蒙古冷高压控制之下，气候严寒，各地为全年最冷季节，全省气温变化范围在−10.2～5.4 ℃。河西走廊一般为−10.2～−6.0 ℃，祁连山区在−8.0 ℃以下，是全省气温最低、最寒冷地区。陇中为−6.7～−2.5 ℃，陇东为−4.5～−1.8 ℃，陇南北部为−3.5～0.0 ℃，陇南南部为−0.8～5.4 ℃，是全省冬季最温暖的地方，甘南高原一般为−7.7～−2.2 ℃，是全省冬季第二冷的地区。

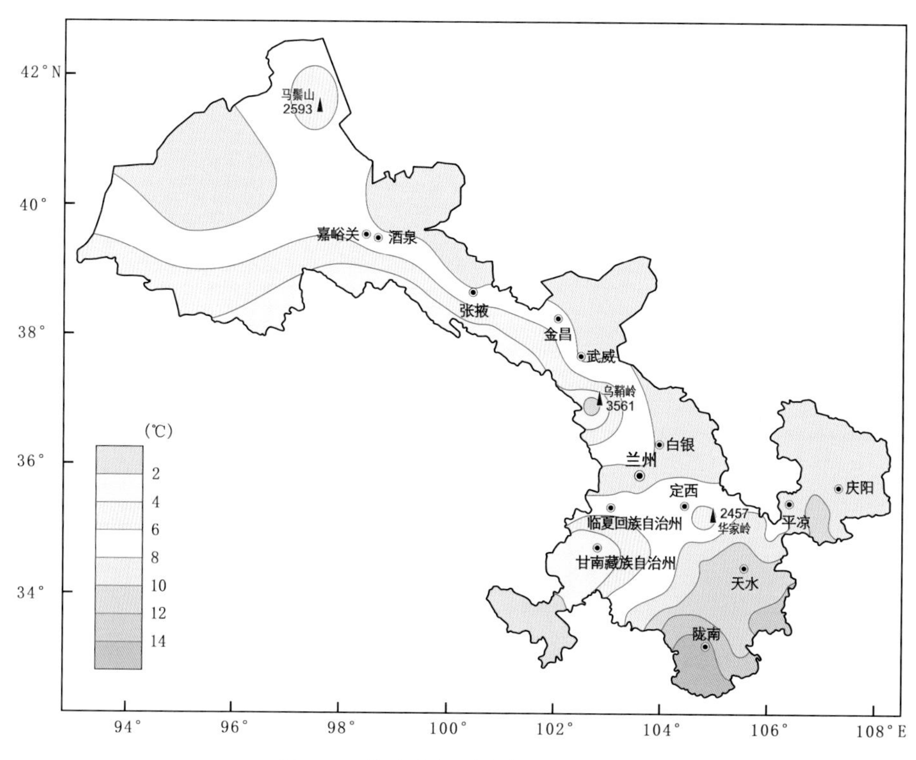

图3.1　甘肃省年平均气温空间分布

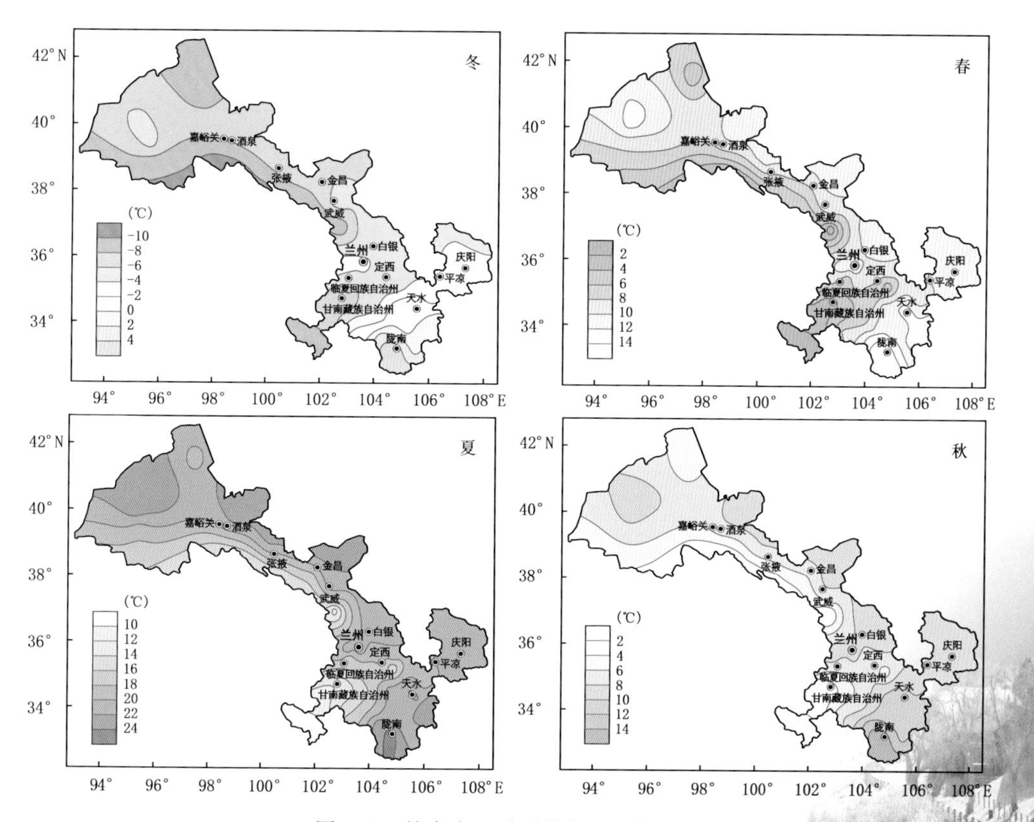

图3.2　甘肃省四季平均气温空间分布

表 3.1 甘肃省各地代表站各季、年平均气温(单位:℃)

站名	冬季	春季	夏季	秋季	全年
马鬃山	−10.2	5.5	19.4	4.2	4.7
敦煌	−5.6	12.3	24.0	9.0	9.9
肃北	−5.2	8.0	18.9	7.3	7.2
酒泉	−6.9	9.5	21.2	7.4	7.8
张掖	−6.9	9.7	21.1	7.2	7.8
肃南	−8.0	4.9	15.8	4.3	4.2
民勤	−6.0	10.5	22.4	8.4	8.8
武威	−5.3	10.1	21.0	8.2	8.5
乌鞘岭	−10.1	0.1	10.7	0.6	0.3
兰州	−2.5	12.0	22.0	10.1	10.4
白银	−4.3	10.3	20.9	8.7	8.9
安定	−4.9	8.3	18.2	7.4	7.2
岷县	−4.5	6.7	15.5	6.6	6.1
临夏	−4.5	8.6	17.7	7.3	7.3
玛曲	−7.5	2.3	10.5	2.1	1.8
合作	−7.7	3.4	12.3	3.3	2.8
天水	0.0	12.5	22.1	11.2	11.4
环县	−4.0	10.7	21.4	8.9	9.2
西峰	−2.7	10.1	20.3	9.1	9.2
正宁	−2.5	10.0	20.1	9.2	9.2
崆峒	−2.6	10.4	20.3	9.0	9.3
康县	1.0	11.5	20.4	11.2	11.0
武都	4.9	15.6	24.2	15.0	14.9
文县	5.4	15.7	24.1	15.3	15.1

注:酒泉站代表肃州区,张掖站代表甘州区,武威站代表凉州区,下同。

春季(3—5月,下同),是由冬季向夏季过渡季节。太阳辐射变化大,冷、暖气团交绥频繁,天气阴晴不定、时冷时暖,日气温升高、降温幅度大。全省气温变化范围在0.1～15.7 ℃。河西走廊一般为5.5～12.3 ℃,祁连山区0.1～6.6 ℃,陇中4.2～12.0 ℃,陇东为8.7～11.4 ℃左右,陇南为10.1～15.7 ℃。

夏季(6—8月,下同),是一年中最热的季节。气温日变化幅度较大,昼热夜凉,全省气温变化范围在10.5～24.2 ℃。河西走廊在17.2～24.0 ℃,祁连山区10.7～17.3 ℃,陇中14.1～22.0 ℃,陇东18.8～21.9 ℃,陇南18.3～24.2 ℃,甘南高原为10.5～16.0 ℃。

秋季(9—11月,下同),是夏季向冬季过渡的季节。太阳辐射日渐减弱,地面散热较快,冷空气势力迅速加强,各地降温较快。全省气温变化范围在0.6～15.3 ℃。河西走廊一般为4.2～9.0 ℃,祁连山区0.6～5.8 ℃,陇中为4.3～10.1 ℃,陇东7.8～10.1 ℃,陇南9.1～15.3 ℃,甘南高原2.1～7.5 ℃。

3.1.3 各月气温分布

从甘肃省各地各月平均气温表上可以看出，甘肃省最冷月出现在1月，各地平均气温在－11.8(马鬃山)～4.2 ℃(文县)(表3.2)。河西、陇中和甘南大部分地区低于－5.0 ℃；陇东在－4.0 ℃左右；陇南西南部在0 ℃以上，其余大部分地方为－3.2～0 ℃。

最热月出现在7月，各地平均气温在11.4(玛曲)～25.2 ℃(敦煌、武都)。祁连山区、陇中南部和甘南高原大部分地区在20.0 ℃以下；陇中北部和陇东在22.0 ℃左右；河西地区、陇南大部分地区高于22.0 ℃。

表3.2 甘肃省各地代表站各月平均气温(单位:℃)

站名	1月	2月	3月	4月	5月	6月	7月	8月	9月	10月	11月	12月
马鬃山	−11.8	−8.5	−2.3	5.7	13.0	18.5	20.8	18.8	12.6	4.2	−4.1	−10.2
敦煌	−7.9	−2.6	5.0	12.9	19.1	23.4	25.2	23.3	17.3	8.9	0.8	−6.4
肃北	−6.7	−3.9	1.7	8.3	13.9	18.0	19.8	18.9	14.3	7.1	0.4	−4.9
酒泉	−8.9	−4.4	2.1	10.1	16.2	20.6	22.3	20.6	14.9	7.6	−0.3	−7.3
张掖	−9.1	−4.4	2.6	10.4	16.2	20.3	22.3	20.7	15.0	7.3	−0.6	−7.3
肃南	−9.4	−6.8	−1.6	5.3	10.9	15.0	16.8	15.5	11.1	4.3	−2.5	−7.8
民勤	−8.1	−3.8	3.1	11.0	17.3	21.7	23.7	21.9	16.3	8.6	0.4	−6.2
武威	−7.2	−3.2	3.3	10.9	16.2	20.1	22.2	20.7	15.4	8.5	0.8	−5.4
乌鞘岭	−11.3	−9.7	−5.5	0.4	5.5	9.6	11.8	10.6	6.4	0.6	−5.1	−9.4
兰州	−4.5	0.1	6.1	12.6	17.4	21.1	23.1	21.7	16.9	10.3	3.0	−3.2
白银	−6.2	−2.0	3.9	10.8	16.1	20.1	22.0	20.5	15.6	9.0	1.5	−4.8
安定	−6.9	−2.9	2.5	8.7	13.6	17.1	19.3	18.3	13.7	7.5	0.9	−5.0
岷县	−6.0	−2.7	2.0	7.0	11.2	14.3	16.5	15.8	12.0	6.9	0.9	−4.7
临夏	−6.3	−2.5	3.1	9.2	13.6	16.6	18.6	17.8	13.4	7.5	1.1	−4.6
玛曲	−8.8	−6.1	−1.8	2.5	6.1	9.3	11.4	10.7	7.4	2.4	−3.6	−7.6
合作	−9.3	−6.0	−1.3	3.7	7.8	11.1	13.3	12.5	8.9	3.6	−2.6	−7.8
天水	−1.5	1.9	6.9	13.0	17.5	21.1	23.2	22.0	17.2	11.3	5.1	−0.4
环县	−5.9	−2.0	4.1	11.2	16.7	20.8	22.7	20.7	15.7	9.1	1.8	−4.2
西峰	−4.2	−1.2	3.9	10.6	15.7	19.6	21.4	19.8	15.2	9.3	2.9	−2.6
正宁	−4.1	−1.1	3.9	10.6	15.6	19.5	21.2	19.7	15.2	9.4	3.0	−2.4
崆峒	−4.2	−0.9	4.4	10.9	15.8	19.6	21.5	19.9	15.2	9.0	2.7	−2.7
康县	−0.2	2.2	6.4	11.9	16.1	19.3	21.4	20.6	16.3	11.3	6.0	1.0
武都	3.7	6.5	10.7	16.0	20.2	23.1	25.2	24.3	19.9	15.1	10.0	4.6
文县	4.2	6.8	10.9	16.1	20.2	23.0	25.1	24.2	20.1	15.3	10.5	5.3

注：本表数据以参考数据为准。

3.1.4 气温时间变化

3.1.4.1 气温平均绝对变率

气温平均绝对变率(或称平均差),是表示观测值频率分布离散特征的量。其公式为:

$$V_a = \frac{1}{n}\sum_{i=1}^{n} |x_i - \bar{x}| \tag{3.1}$$

式中,x_i 为逐年(月)平均气温;$\bar{x}$ 为年(月)平均气温的多年平均值;n 为年(月)数;V_a 值越大,表示年际变化越不稳定。

从表 3.3 看出,年平均气温绝对变率基本上也是随纬度增高而增大。全省在 0.39～0.83 ℃,比各月平均绝对变率小得多,更进一步刻画出年平均气温的年际变化比各月稳定。应该指出,在河西走廊西端、陇中中部和陇东出现 0.6 ℃以上的相对高值区,这从另一个角度说明该地区年平均气温的稳定性较差。

表 3.3 甘肃省各地代表站月、年平均气温绝对变率(单位:℃)

站名	1月	2月	3月	4月	5月	6月	7月	8月	9月	10月	11月	12月	全年
马鬃山	1.46	1.71	1.17	1.31	0.89	0.76	0.98	0.77	0.84	1.24	1.71	1.58	0.54
敦煌	1.29	1.62	1.11	1.18	0.85	0.97	0.86	0.62	0.76	0.95	1.22	1.32	0.58
肃北	1.33	1.67	1.15	1.32	0.80	0.92	1.00	0.72	0.93	1.02	1.31	1.38	0.61
酒泉	1.64	1.62	1.08	1.27	0.77	0.83	0.74	0.56	0.64	1.04	1.47	1.53	0.52
张掖	1.33	1.66	1.12	1.22	0.84	1.02	0.97	0.74	0.79	1.01	1.13	1.40	0.62
肃南	1.17	1.53	1.12	1.31	0.82	0.83	0.78	0.59	0.65	0.89	1.2	1.12	0.44
民勤	1.35	1.78	1.14	1.31	0.83	0.86	0.79	0.69	0.72	1.07	1.21	1.49	0.58
武威	1.48	1.77	1.29	1.31	0.90	1.20	0.95	0.67	0.81	1.24	1.37	1.46	0.83
乌鞘岭	1.18	1.55	1.11	1.34	0.74	0.75	0.78	0.59	0.73	0.90	1.19	1.06	0.53
兰州	1.06	1.48	1.19	1.25	0.90	0.91	0.97	0.89	0.80	0.81	0.89	1.03	0.65
白银	1.67	2.31	2.48	2.12	1.49	1.14	0.95	1.36	1.68	1.92	1.98	1.22	0.71
安定	1.30	1.55	1.26	1.21	0.92	0.97	0.93	0.69	0.81	0.93	0.96	1.11	0.67
岷县	0.88	1.37	0.93	1.03	0.75	0.59	0.83	0.67	0.74	0.71	0.77	0.88	0.45
临夏	1.05	1.33	1.09	1.17	0.76	0.76	0.83	0.56	0.59	0.66	0.74	0.96	0.51
玛曲	1.27	1.74	0.80	1.03	0.71	0.55	0.73	0.77	1.07	0.68	0.67	1.03	0.59
合作	1.16	1.43	0.90	1.01	0.64	0.52	0.75	0.65	0.89	0.67	0.77	0.81	0.48
天水	0.88	1.44	1.27	1.13	1.08	0.89	0.90	0.79	0.75	0.95	0.91	0.84	0.59
环县	1.04	1.57	1.23	1.11	0.97	0.88	0.72	0.83	0.87	1.01	1.01	1.11	0.55
西峰	1.19	1.71	1.57	1.33	1.25	1.17	0.73	0.79	0.86	1.08	1.42	1.25	0.75
正宁	1.14	1.65	1.48	1.29	1.19	1.08	0.77	0.73	0.95	1.01	1.25	1.21	0.68
崆峒	1.01	1.55	1.37	1.11	1.06	0.95	0.70	0.67	0.72	0.94	1.12	1.06	0.62
康县	0.80	1.23	1.15	0.93	0.84	0.70	0.65	0.53	0.63	0.81	0.85	0.77	0.39
武都	0.81	1.34	1.21	1.08	1.00	0.89	1.04	0.91	0.85	1.02	0.82	0.76	0.53
文县	0.76	1.31	1.19	1.03	0.84	0.93	0.92	0.79	0.76	0.88	0.79	0.69	0.52

一年中冬季平均绝对变率最大，且 2 月出现最大值。全省变化范围在 1.07～2.31 ℃，分布趋势由东南向西北增大。这表明，各月气温以 2 月年际变化最不稳定，河西气温的不稳定性大于河东。夏季平均绝对变率最小，最小值各地出现的月份不尽相同，地区分布趋势规律也较差。春季(4 月)大于秋季(10 月)，分布趋势由东南向西北增大，表明春季气温年际变化的稳定性小于秋季，河东气温年际变化的稳定性大于河西。

3.1.4.2　气温年较差

气象学中一般用气温年较差来表示一个地方冬冷夏热的程度。气温年较差就是最热月和最冷月平均气温之差。

从表 3.4 可看出，气温年较差分布主要与纬度、地形、地势及天气系统活动有关。气温年较差随纬度增加由东南向西北加大，全省气温年较差的变化范围在 20.8～34.6 ℃。河西走廊气温年较差一般在 30.0 ℃左右，安敦盆地 34.0 ℃左右，是甘肃省气温年较差最大地区，仅次于我国气温年较差最大的东北和新疆。这是由于该地区夏季晴天多，太阳辐射强，加之戈壁沙漠广布，增温快，冬季又是西伯利亚南下冷空气的必经之地，降温幅度较大，导致气温年较差大。陇中和陇东为 22.8～29.4 ℃。陇南、甘南高原和祁连山区在 20.8～25.7 ℃，是甘肃省年较差最小地区，比我国气温年较差最小的长江下游还要小。陇南年较差小，是纬度偏南之故，而祁连山区和甘南高原海拔较高，受高空自由大气的影响，夏季气温增高不多，冬季气温降低也少，因而气温年较差随着地势的升高而减小。在一些山谷盆地，因热空气不易外流，冷空气容易堆积，年较差也很大，如安敦盆地年较差达 34.0 ℃，就是由于纬度偏北和盆地地形综合作用的结果。

表 3.4　甘肃省各地代表站平均气温年较差(单位：℃)

站名	年较差	地名	年较差
马鬃山	33.1	岷县	22.8
敦煌	33.5	临夏	25.1
肃北	27.0	玛曲	20.8
酒泉	31.8	合作	23.0
张掖	31.7	天水	24.9
肃南	26.5	环县	28.9
民勤	32.1	西峰	25.9
武威	29.7	正宁	25.5
乌鞘岭	23.5	崆峒	25.9
兰州	27.8	康县	21.8
白银	28.5	武都	21.9
安定	26.5	文县	21.0

3.1.4.3　气温年变化

全省各地气温年变化均为单峰型。冬季太阳辐射最少，加之冬季风势力强盛，各地冬季气温最低，最冷月均出现在 1 月，这反映了甘肃省冬季大陆性季风气候的特征。夏季太阳辐射最强，各地夏季气温也最高，最热月出现在 7 月。从各地气温年变化曲线看(图 3.3)，月平均气温在春季的上升和秋季的下降同样很快，曲线陡而对称。但春温高于秋温，其差值由西北向东南递减，如西北部的敦煌4月平均气温比10月高4.0℃，陇中的兰州、东南部的文县4月平均气温比10月分别高2.3℃和0.8℃。

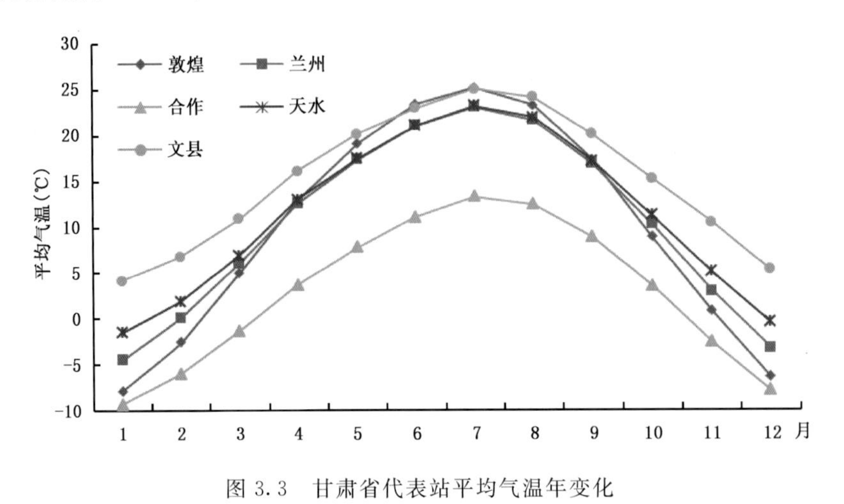

图3.3 甘肃省代表站平均气温年变化

3.1.4.4 年平均气温日较差

气温日较差为一日内最高气温与最低气温之差，表明了昼夜气温的变化程度。年平均气温日较差全省变化范围在7.8～15.9℃，变化趋势自东南向西北增大(表3.5)。河西地区空气干燥，太阳辐射强度大，昼间升温快。夜间，地面热量大量向空气中散失，较干燥的空气不容易储存热量，所以气温迅速下降，故昼夜温差大。年平均气温日较差为11.5～15.9℃，是全省平均气温日较差最大的地区。这里由于气温日较差大，白天气温高，作物同化作用加快，夜间气温低，作物呼吸作用进行缓慢，十分有利于作物体内营养物质的积累。使得粮食产量高，品质好，瓜果硕肥香甜，含糖量高，棉花絮丝长。河东地区一般为7.8～15.3℃，其中陇南南部为

表3.5 甘肃省各地代表站平均气温日较差(单位:℃)

站名	日较差	地名	日较差
马鬃山	15.1	岷县	12.8
敦煌	15.9	临夏	12.8
肃北	11.5	玛曲	13.2
酒泉	13.8	合作	14.5
张掖	15.3	天水	10.5
肃南	13.2	环县	12.9
民勤	14.3	西峰	9.1
武威	13.8	正宁	9.3
乌鞘岭	10.1	崆峒	11.5
兰州	11.9	康县	9.5
白银	12.2	武都	9.2
安定	12.5	文县	9.2

9.2～10.6 ℃，这里空气湿度比较大，气候比较潮湿，增温缓慢，降温不快，导致该地区平均气温日较差为全省最小地区。其次，全省年平均气温日较差除了由东南向西北增大外，在同一纬度盆地河谷大于高原高山，晴天大于阴天，阳坡大于阴坡。

3.1.4.5 气温日变化

根据2014年1月、4月、7月和10月资料分析不同季节气温日变化特征表明：甘肃省6个代表站气温日变化受纬度、海拔高度等因素影响，平均气温最高(低)值出现时间存在一定差异，最高值出现在14—17时，最低值出现在04时或06—09时(图3.4)。

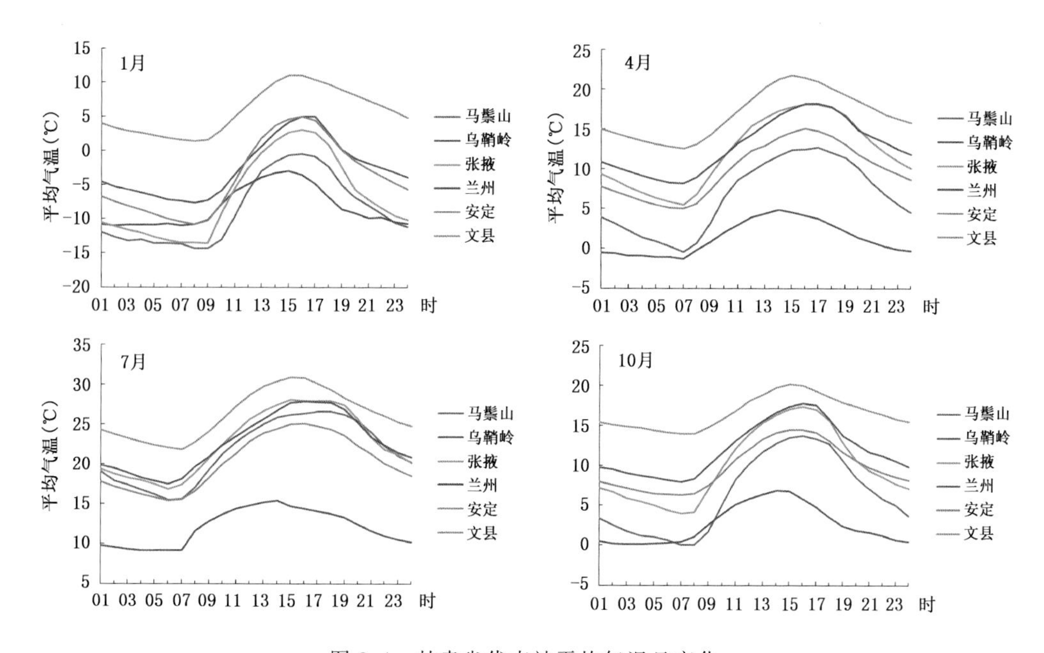

图3.4 甘肃省代表站平均气温日变化

冬季1月，最低值乌鞘岭出现在07时，张掖出现在09时，其余各站都出现在08时；最高值乌鞘岭和文县出现在15时，其余各站均出现在16时。春季4月，最低值6个代表站均出现在07时；最高值乌鞘岭出现在14时，文县出现在15时，张掖和安定出现在16时，马鬃山和兰州出现在17时。夏季7月，最低值乌鞘岭和文县出现在07时，其余各站出现在06时；最高值乌鞘岭出现在14时，张掖和文县出现在15时，兰州和安定出现在16时，马鬃山出现在18时。秋季10月，最低值乌鞘岭出现在04时，其余各站出现在07时；最高值乌鞘岭出现在14时，文县出现在15时，其余各站出现在16时。

3.1.5 气温极值

3.1.5.1 最高气温

(1)年平均最高气温

甘肃省年平均最高气温在6.1(天祝县乌鞘岭)～20.2 ℃(文县)，由东南向西北递减，并随海拔高度升高而降低。河西走廊为12.9～18.3 ℃，陇中和陇东为11.1～17.7 ℃，陇南为14.8～20.2 ℃，祁连山区和甘南高原为6.1～13.6 ℃和9.2～18.8 ℃(图3.5)。

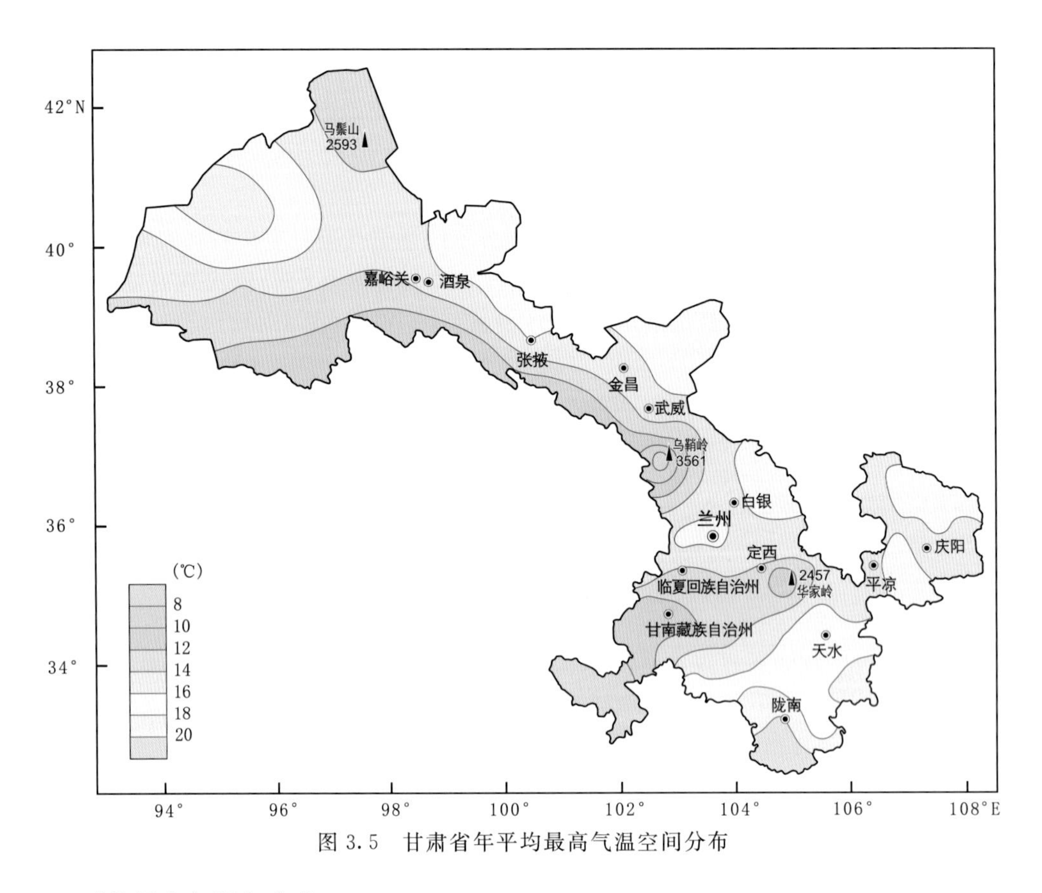

图 3.5 甘肃省年平均最高气温空间分布

(2)平均最高气温年变化

从图 3.6 看出,平均最高气温 1 月份最低,7 月最高。1 月全省平均最高气温为－4.9～8.7 ℃,河西地区－3.3～0.3 ℃,陇中和陇东－1.3～3.4 ℃,陇南 2.6～8.7 ℃,甘南 0.4～6.7 ℃。7 月全省在 16.7～33.2 ℃,祁连山区和甘南高原 16.7～25.1 ℃,河西走廊、陇中、陇南和陇东 22.1～33.2 ℃。全省各地平均最高气温年变化与平均气温变化趋势一致,均为单峰型(表 3.6)。

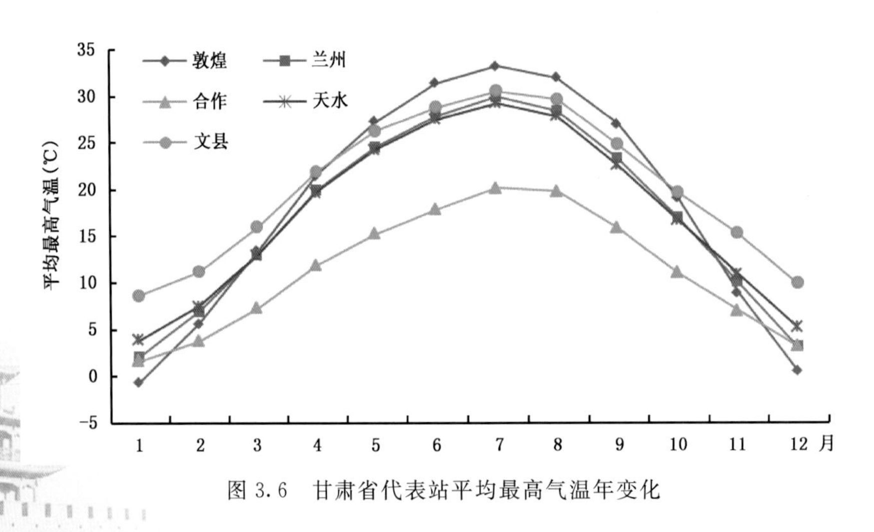

图 3.6 甘肃省代表站平均最高气温年变化

表 3.6　甘肃省各地代表站各月、年平均最高气温(单位:℃)

站名	1月	2月	3月	4月	5月	6月	7月	8月	9月	10月	11月	12月	全年
马鬃山	−3.3	0.1	6.2	14.0	20.7	25.7	27.9	26.2	20.7	12.7	4.1	−2.1	12.7
敦煌	−0.6	5.6	13.4	21.5	27.3	31.4	33.2	32.0	27.0	19.1	8.9	0.5	18.3
肃北	−0.1	2.4	7.9	14.7	20.3	24.2	25.9	25.3	20.6	13.6	6.8	1.6	13.6
酒泉	−1.6	2.9	9.5	17.7	23.4	27.4	29.3	28.1	22.8	15.5	6.9	−0.3	15.1
张掖	0.2	4.3	10.7	18.3	23.8	27.9	30.0	28.5	23.5	16.5	8.4	1.7	16.1
肃南	−1.0	1.3	5.9	12.4	17.6	21.2	23.1	22.1	18.0	11.8	5.4	0.8	11.6
民勤	−0.4	3.8	10.7	18.7	24.6	28.9	30.8	29.2	23.7	16.6	8.2	1.2	16.3
武威	0.3	4.1	10.3	18.2	23.2	27.1	29.3	27.8	22.6	16.2	8.6	1.9	15.8
乌鞘岭	−4.9	−3.2	0.5	6.3	11.0	14.6	16.7	15.8	11.6	6.2	1.1	−3.1	6.1
兰州	2.1	6.9	13.0	19.9	24.5	27.9	29.9	28.4	23.3	17.0	10.0	3.1	17.2
白银	0.6	4.8	10.6	17.7	22.8	26.4	28.5	27.1	21.9	15.5	8.5	2.1	15.5
安定	1.1	4.1	9.4	16.1	20.6	23.8	25.9	24.7	19.8	13.8	8.4	3.1	14.2
岷县	2.9	5.1	9.3	14.5	18.2	20.8	23.1	22.6	18.2	13.2	8.8	4.4	13.4
临夏	1.7	4.9	10.2	16.7	20.7	23.5	25.8	24.8	19.9	14.4	8.7	3.2	14.5
玛曲	0.4	2.5	6.0	9.8	12.7	15.0	17.2	17.0	13.8	9.3	4.8	1.5	9.2
合作	1.7	3.8	7.3	11.9	15.3	17.9	20.2	19.8	15.9	11.1	7.0	3.2	11.3
天水	3.9	7.5	13.0	19.7	24.3	27.5	29.3	27.9	22.6	16.8	10.9	5.2	17.4
环县	1.7	5.3	11.3	18.8	24.0	27.9	29.3	27.0	22.1	15.9	9.4	3.3	16.3
西峰	0.5	3.6	9.2	16.4	21.3	25.2	26.5	24.6	19.8	13.9	7.9	2.2	14.3
正宁	0.9	3.9	9.3	16.5	21.2	24.9	26.1	24.5	19.9	14.3	8.1	2.5	14.3
崆峒	2.4	5.3	11.0	18.0	22.6	26.1	27.5	25.7	20.9	15.1	9.5	3.8	15.7
康县	4.8	6.9	11.7	18.0	22.5	25.3	27.1	26.1	21.1	16.0	11.3	6.3	16.4
武都	8.3	11.2	15.9	21.9	26.3	28.9	30.8	29.9	24.8	19.6	14.9	9.4	20.2
文县	8.7	11.2	16.0	21.9	26.3	28.8	30.6	29.7	24.8	19.7	15.3	9.9	20.2

3.1.5.2　最低气温

(1)年平均最低气温

甘肃省年平均最低气温在−4.1(天祝县乌鞘岭)～11.1 ℃(文县),由东南向西北递减,并随海拔高度升高而降低。河西走廊为−0.9～2.4 ℃,陇中和陇东为 0.4～5.2 ℃,陇南为 4.7～11.1 ℃,祁连山区和甘南高原为−4.1～0.8 ℃和−3.5～9.3 ℃(图 3.7)。

(2)平均最低气温年变化

从图 3.8 看出,平均最低气温 1 月份最低,7 月最高。1 月全省平均最低气温在−18.5～0.4 ℃,河西和甘南大部分地区−18.5～−10.6 ℃,陇中和陇东−15.0～−7.8 ℃,陇南−9.1～0.4 ℃。7 月全省为 6.3～20.8 ℃,祁连山区和甘南高原为 6.3～10.9 ℃,河西和陇中为 10.5～17.4 ℃,陇东和陇南为 14.5～20.8 ℃。全省各地平均最低气温年变化与平均气温变化趋势一致,均为单峰型(表 3.7)。

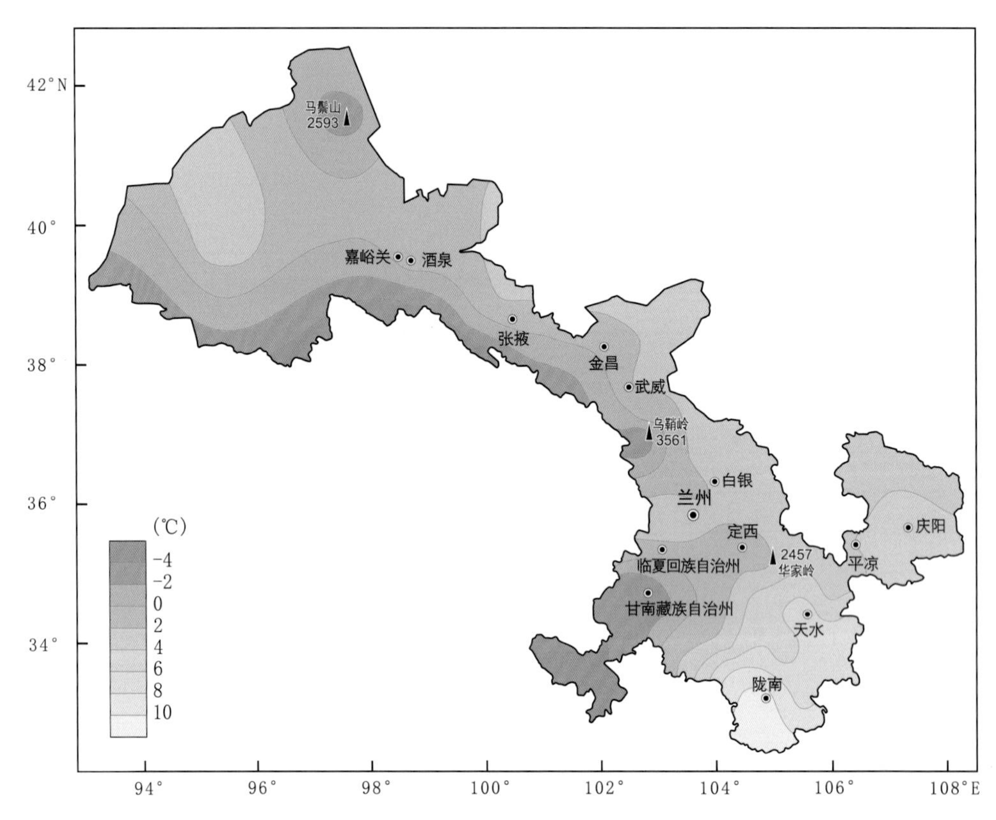

图 3.7 甘肃省年平均最低气温空间分布

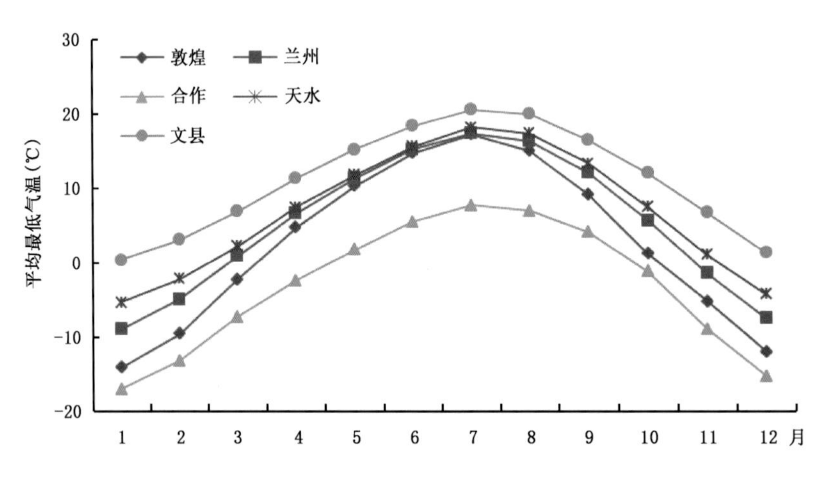

图 3.8 甘肃省代表站平均最低气温年变化

表 3.7　甘肃省各地代表站各月、年平均最低气温(单位:℃)

站名	1月	2月	3月	4月	5月	6月	7月	8月	9月	10月	11月	12月	全年
马鬃山	−18.5	−15.6	−9.6	−2.0	5.1	10.9	13.7	11.7	5.4	−2.8	−10.4	−16.2	−2.4
敦煌	−14.1	−9.6	−2.3	4.7	10.3	14.7	17.2	15.0	9.1	1.2	−5.2	−12.0	2.4
肃北	−11.7	−8.9	−3.3	2.8	8.1	12.4	14.3	13.5	9.3	2.5	−4.0	−9.8	2.1
酒泉	−14.8	−10.6	−3.9	3.2	8.8	13.3	15.2	13.4	8.3	1.5	−5.7	−12.7	1.3
张掖	−15.9	−11.4	−4.2	2.8	8.3	12.6	15.1	13.7	8.4	0.7	−6.5	−13.4	0.9
肃南	−15.7	−13.1	−7.4	−0.6	4.7	9.2	11.4	10.0	5.7	−1.2	−8.3	−13.9	−1.6
民勤	−14.5	−10.5	−3.8	3.5	9.6	14.2	16.6	15.2	9.8	2.0	−5.6	−12.1	2.0
武威	−13.3	−9.3	−2.9	3.7	8.6	12.4	14.9	14.0	9.3	2.3	−5.0	−10.9	2.0
乌鞘岭	−16.1	−14.4	−9.8	−4.0	0.8	5.1	7.5	6.5	2.7	−3.2	−9.6	−14.3	−4.1
兰州	−9.0	−4.9	0.9	6.6	11.3	15.2	17.4	16.3	12.1	5.7	−1.5	−7.5	5.2
白银	−11.2	−7.3	−1.6	4.5	9.6	13.8	16.0	14.8	10.4	3.8	−3.7	−9.7	3.3
安定	−12.9	−8.3	−2.7	2.6	7.3	11.0	13.6	13.0	8.9	2.7	−4.4	−10.7	1.7
岷县	−12.3	−8.2	−3.2	1.2	5.2	8.7	11.0	10.5	7.5	2.5	−4.2	−10.6	0.7
临夏	−12.0	−7.9	−2.2	3.0	7.3	10.4	12.6	12.3	8.7	2.8	−3.8	−10.0	1.8
玛曲	−16.3	−13.1	−7.8	−3.2	0.6	4.5	6.3	5.4	2.8	−2.4	−9.7	−14.9	−4.0
合作	−17.0	−13.2	−7.3	−2.4	1.8	5.5	7.7	7.0	4.1	−1.2	−8.9	−15.2	−3.3
天水	−5.4	−2.2	2.2	7.4	11.8	15.6	18.2	17.4	13.3	7.5	1.0	−4.3	6.9
环县	−11.9	−7.8	−1.8	4.4	9.9	14.2	17.1	15.8	10.8	4.0	−3.8	−9.9	3.4
西峰	−7.9	−4.8	−0.1	5.9	10.8	14.8	17.2	16.0	11.6	5.7	−0.8	−6.2	5.2
正宁	−7.8	−4.7	−0.2	5.6	10.5	14.5	17.0	15.9	11.5	5.5	−0.9	−6.1	5.1
崆峒	−8.9	−5.5	−0.6	4.9	9.5	13.4	16.2	15.3	10.8	4.5	−2.0	−7.2	4.2
康县	−3.9	−1.3	2.2	6.9	10.9	14.4	17.0	16.6	13.0	8.3	2.2	−2.8	7.0
武都	0.0	3.0	6.8	11.5	15.4	18.6	20.8	20.2	16.5	11.8	6.3	0.8	11.0
文县	0.4	3.1	6.9	11.3	15.2	18.4	20.6	20.0	16.5	12.1	6.8	1.3	11.1

3.1.5.3　极端最高气温

(1)年极端最高气温

甘肃省除祁连山区和甘南高原等地外，1951—2015 年期间极端最高气温普遍在 35 ℃以上，＞40 ℃以上区域主要为沙漠戈壁、盆地地区。

甘肃地势地貌差异很大，极端最高气温差异也十分显著(图 3.9)。安敦盆地、凉州区、民勤县、永靖县和泾川县受局地地形和纬度影响，极端最高气温高达 40 ℃。敦煌曾观测到 43.6 ℃(1952 年 7 月 16 日)，是甘肃 1951—2015 年出现过的气温最高值，为全省最高气温之冠。安敦盆地位于疏勒河下游，地势较低，绿洲周围沙漠戈壁广布。夏季降水稀少，蒸发却很大，气候非常干燥。加之晴天多，太阳辐射强烈，加剧了地表和空气增温，使得极端最高气温达 40 ℃以上。河西走廊的大部分地方、陇中、陇东、陇南一般为 35～39 ℃，祁连山区和甘南高原一般在 30 ℃以下，是极端最高气温最低的地方。

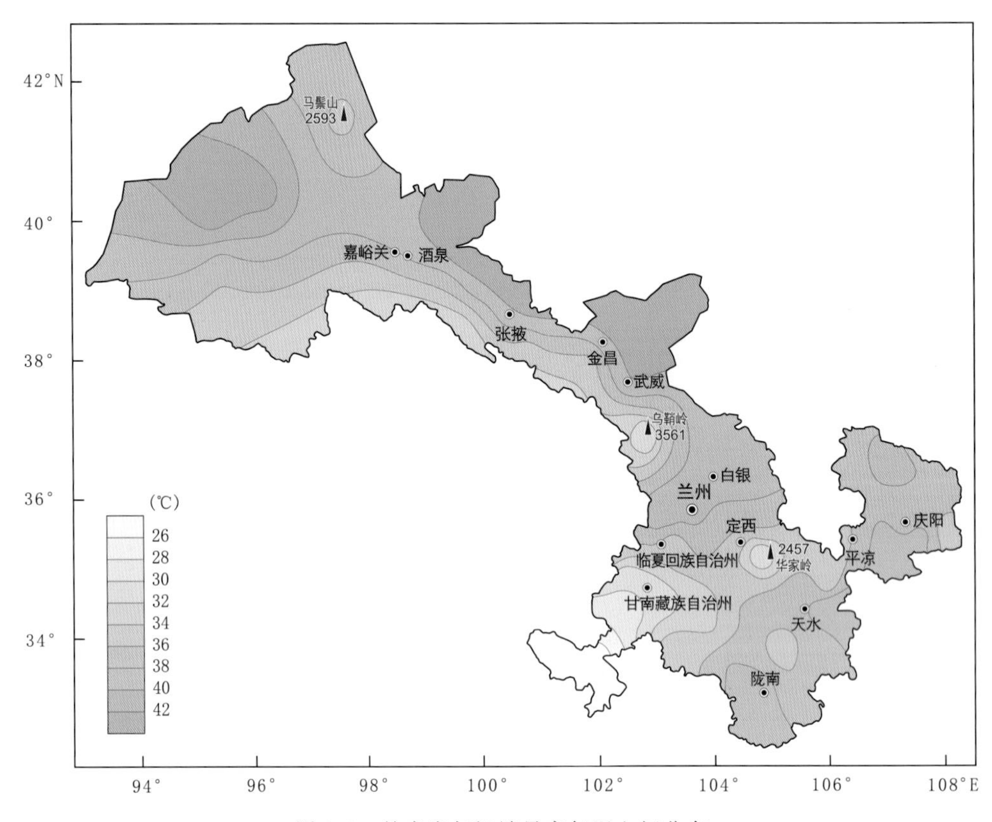

图 3.9 甘肃省年极端最高气温空间分布

(2)极端最高气温年变化

甘肃省全年极端最高气温均出现于夏季各月(图 3.10、表 3.8)。最冷月 1 月极端最高气温,全省在 9.9～22.0 ℃,最热月 7 月极端最高气温为 25.1～43.6 ℃,春季(4 月)和秋季(10 月)极端最高气温分别为 22.0～36.5 ℃和 20.3～34.6 ℃。

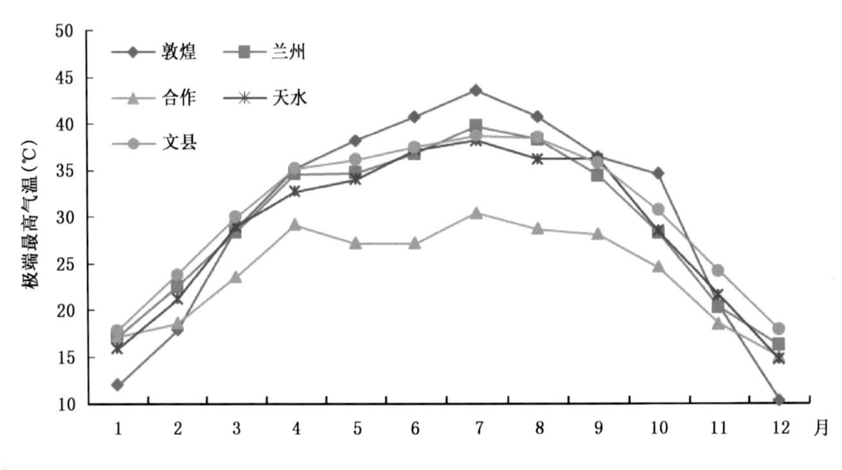

图 3.10 甘肃省代表站极端最高气温年变化

表3.8　甘肃省各地代表站各月、年极端最高气温(单位:℃)(1951—2015年)

站名	1月	2月	3月	4月	5月	6月	7月	8月	9月	10月	11月	12月	全年
马鬃山	14.1	14.4	21.2	28.1	32.0	34.6	35.4	34.7	31.7	26.2	19.5	12.3	35.4
敦煌	12.0	17.9	28.8	35.1	38.2	40.8	43.6	40.8	36.4	34.6	20.4	10.3	43.6
肃北	14.1	17.1	21.9	29.6	32.5	33.7	36.4	36.7	31.4	27.2	19.2	15.6	36.7
酒泉	15.8	15.8	25.2	31.5	34.4	36.1	38.4	37.5	33.0	29.0	19.4	17.3	38.4
张掖	18.4	24.2	27.2	33.1	35.9	38.1	39.8	39.3	34.5	30.3	24.0	19.6	39.8
肃南	15.5	20.3	21.6	28.3	29.3	31.5	33.4	32.4	30.0	24.7	20.1	16.5	33.4
民勤	18.9	22.9	28.0	33.5	35.3	37.1	41.7	39.5	35.4	28.9	22.0	17.3	41.7
武威	17.4	22.3	28.3	32.8	34.2	37.0	40.8	37.3	34.9	29.0	22.8	17.9	40.8
乌鞘岭	9.9	13.9	18.7	22.0	22.1	26.7	28.1	26.2	23.0	21.3	15.4	9.9	28.1
兰州	17.1	22.5	28.4	34.6	34.7	36.8	39.8	38.3	34.4	28.3	20.3	16.2	39.8
白银	18.8	26.3	31.4	32.8	34.2	37.0	39.1	35.7	32.7	26.5	19.4	16.0	39.1
安定	18.6	20.3	26.7	29.6	31.2	34.3	35.1	34.2	31.0	26.1	20.9	15.6	35.1
岷县	18.3	21.8	27.1	30.0	29.3	31.5	33.3	30.8	29.9	26.2	20.2	15.3	33.3
临夏	15.6	19.4	27.7	31.1	30.6	33.6	36.4	36.2	30.6	26.4	20.3	15.4	36.4
玛曲	14.5	15.4	18.4	23.6	23.0	24.2	25.1	24.7	23.5	21.5	15.0	13.6	25.1
合作	17.1	18.6	23.6	29.2	27.2	27.2	30.4	28.7	28.1	24.6	18.5	15.0	30.4
天水	15.9	21.2	29.0	32.7	34.0	37.2	38.2	36.2	36.2	28.5	21.6	14.7	38.2
环县	15.8	18.8	28.0	35.1	35.1	37.1	38.6	37.7	34.8	28.1	22.4	15.8	38.6
西峰	16.2	19.5	26.7	31.6	31.9	35.9	36.4	35.7	33.6	26.5	20.1	16.4	36.4
正宁	17.0	19.8	26.2	32.5	31.9	35.1	33.4	34.0	32.8	26.1	21.0	14.4	35.1
崆峒	20.8	23.4	28.2	32.6	33.4	35.9	36.0	35.0	33.8	27.8	22.8	17.9	36.0
康县	16.0	19.1	27.0	30.8	32.6	35.0	34.9	35.5	32.5	26.7	20.5	17.0	35.5
武都	18.0	22.7	31.5	34.9	37.4	39.9	38.9	38.8	37.0	30.5	25.2	17.3	39.9
文县	17.8	23.8	30.0	35.2	36.1	37.5	38.7	38.5	35.8	30.7	24.2	17.9	38.7

3.1.5.4　极端最低气温

(1)年极端最低气温

全省各地极端最低气温差异很大,最北端马鬃山2002年12月25日曾出现过−37.1 ℃,是甘肃省1951—2015年出现过的气温最低值,与最南端的文县最低值为−7.4 ℃(1975年12月14日),相差29.7 ℃。极端最低气温自西北向东南逐渐升高,陇中和陇东为−32.2～−20.1 ℃,陇南北部为−25.5～−15.0 ℃,甘南东南部、陇南南部为−10.2～−7.4 ℃,甘南高原西部为−29.6～−23.3 ℃(图3.11)。

(2)极端最低气温年变化

全年极端最低气温出现在冬季各月(图3.12、表3.9)。最冷月1月全省极端最低气温为−35.4～−6.2 ℃,最热月7月全省极端最低气温为−3.3～14.9 ℃,春季(4月)和秋季(10月)分别为−22.1～−0.5 ℃和−24.6～0.9 ℃。

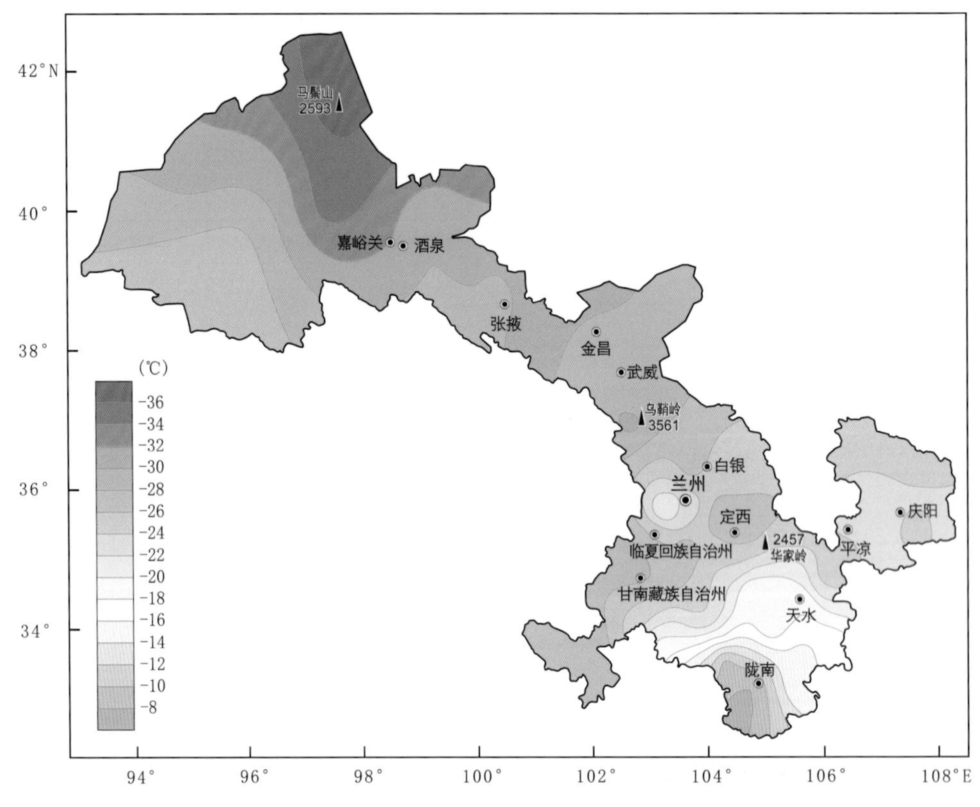

图 3.11　甘肃省年极端最低气温空间分布

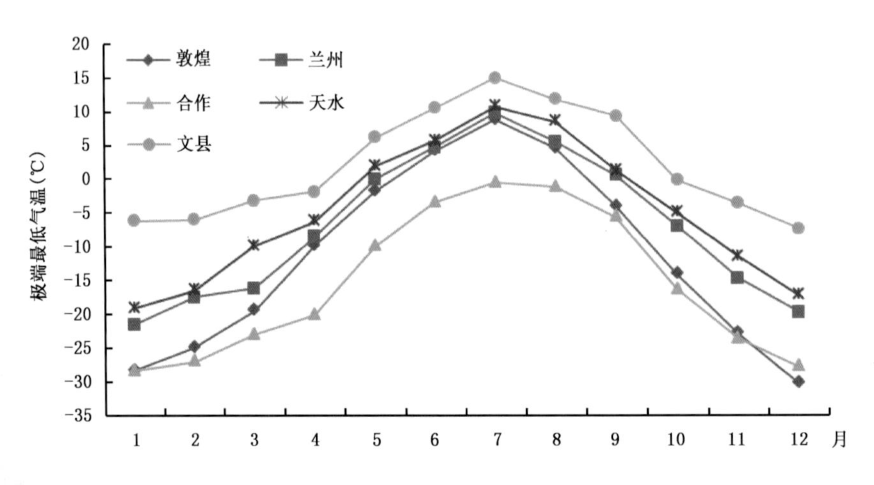

图 3.12　甘肃省代表站极端最低气温年变化

表3.9 甘肃省各地代表站各月、年极端最低气温(单位:℃)(1951—2015年)

站名	1月	2月	3月	4月	5月	6月	7月	8月	9月	10月	11月	12月	全年
马鬃山	−35.4	−31.6	−25.8	−19.2	−9.0	−1.0	4.1	1.5	−11.1	−19.1	−29.1	−37.1	−37.1
敦煌	−28.5	−25.1	−19.6	−10.0	−1.9	4.0	8.6	4.4	−4.2	−14.3	−23.0	−30.5	−30.5
肃北	−25.1	−25.1	−23.8	−14.6	−5.7	0.4	0.8	3.4	−3.6	−12.0	−20.1	−25.5	−25.5
酒泉	−28.6	−31.6	−25.7	−10.6	−3.4	2.4	7.7	4.4	−3.7	−16.9	−24.2	−29.8	−31.6
张掖	−28.7	−27.5	−21.2	−10.5	−4.5	1.3	5.8	4.4	−3.2	−12.7	−26.3	−28.2	−28.7
肃南	−28.6	−27.6	−21.1	−14.9	−8.7	−0.8	2.8	1.5	−6.1	−14.7	−23.6	−28.3	−28.6
民勤	−29.4	−29.5	−21.9	−13.7	−5.9	3.0	7.8	4.4	−5.4	−12.9	−23.8	−27.3	−29.5
武威	−28.6	−29.5	−19.3	−11.4	−3.0	2.5	7.2	4.0	−1.9	−14.4	−24.7	−32.0	−32.0
乌鞘岭	−30.0	−30.6	−25.1	−22.1	−13.7	−4.5	−0.3	−2.3	−7.8	−24.6	−24.9	−30.4	−30.6
兰州	−21.7	−17.6	−16.3	−8.6	−0.1	4.6	9.7	5.4	0.4	−7.1	−14.9	−19.9	−21.7
白银	−26.0	−21.0	−13.7	−11.0	−2.5	2.5	7.1	2.8	−3.8	−13.2	−18.8	−22.1	−26.0
安定	−26.6	−27.1	−20.0	−13.2	−2.8	0.1	4.3	2.6	−3.7	−10.8	−20.4	−29.7	−29.7
岷县	−26.3	−25.1	−17.4	−13.5	−4.1	−1.2	1.8	2.1	−2.3	−10.1	−18.1	−24.7	−26.3
临夏	−27.0	−21.6	−16.0	−11.4	−2.1	0.2	4.9	3.7	−0.3	−10.5	−18.9	−27.8	−27.8
玛曲	−29.6	−27.3	−20.9	−16.4	−9.4	−5.4	−3.3	−4.9	−7.2	−12.9	−22.4	−26.8	−29.6
合作	−28.5	−27.1	−23.1	−20.2	−10.0	−3.5	−0.6	−1.3	−5.7	−16.5	−23.8	−27.9	−28.5
天水	−19.2	−16.6	−10.0	−6.4	1.8	5.5	10.6	8.4	1.2	−5.1	−11.6	−17.4	−19.2
环县	−24.9	−23.0	−16.5	−10.2	−1.5	3.1	10.2	6.2	−2.5	−9.3	−17.1	−25.1	−25.1
西峰	−22.4	−20.1	−15.9	−10.0	−0.6	4.3	9.6	6.2	−0.8	−7.3	−16.8	−22.6	−22.6
正宁	−22.8	−21.7	−13.0	−11.7	−2.5	3.3	9.2	4.2	−0.5	−7.7	−22.6	−22.4	−22.8
崆峒	−22.5	−19.1	−15.2	−8.8	−1.5	4.3	8.7	5.5	−0.7	−7.9	−16.6	−24.3	−24.3
康县	−14.6	−12.0	−8.8	−6.0	0.6	5.8	10.3	8.7	3.5	−4.0	−9.4	−16.7	−16.7
武都	−7.5	−7.8	−3.6	−2.1	5.1	10.1	14.7	12.3	8.4	0.9	−4.8	−8.6	−8.6
文县	−6.2	−6.0	−3.2	−1.9	6.1	10.5	14.9	11.8	9.3	−0.2	−3.6	−7.4	−7.4

3.1.5.5 日最高、最低气温各种界值日数

日最高气温≥35 ℃的平均日数,河西走廊西部的安敦盆地为15 d左右,其余地方为1～9 d,陇中中北部、陇东和陇南北部1 d左右,陇南南部2～7 d,甘南高原、祁连山区和安定未出现过(表3.10、图3.13)。

表3.10 甘肃各地代表站日最高(低)气温各种界值日数(单位:d)

站名	≥35 ℃	≥32 ℃	≤0 ℃	≤−10 ℃	≤−20 ℃
马鬃山	0.2	4.6	199.2	114.4	25.3
敦煌	17.9	58.3	157.2	65.1	2.9
肃北	0.1	1.6	155.1	50.5	1.1
酒泉	1.0	11.9	162.0	72.3	6.0
张掖	3.8	19.8	169.4	78.7	5.9
肃南	0.0	0.2	191.3	97.3	5.5

续表

站名	≥35 ℃	≥32 ℃	≤0 ℃	≤−10 ℃	≤−20 ℃
民勤	5.7	27.0	159.9	70.5	4.4
武威	2.0	14.1	157.8	59.2	2.2
乌鞘岭	0.0	0.0	220.4	111.7	10.7
兰州	2.6	19.8	123.6	20.2	0.0
白银	0.8	9.5	143.6	42.3	0.2
安定	0.0	0.9	156.4	54.6	2.1
岷县	0.0	0.1	161.9	52.6	0.6
临夏	0.2	1.2	152.9	48.5	0.5
玛曲	0.0	0.0	224.1	100.1	10.1
合作	0.0	0.0	207.1	99.5	11.0
天水	1.6	15.9	102.5	3.6	0.0
环县	1.6	16.2	144.5	49.4	1.1
西峰	0.1	1.8	125.1	14.9	0.1
正宁	0.0	1.1	125.9	15.5	0.1
崆峒	0.2	5.1	134.9	20.7	0.0
康县	0.1	2.7	87.0	1.6	0.0
武都	6.9	32.9	35.8	0.0	0.0
文县	6.3	31.7	30.1	0.0	0.0

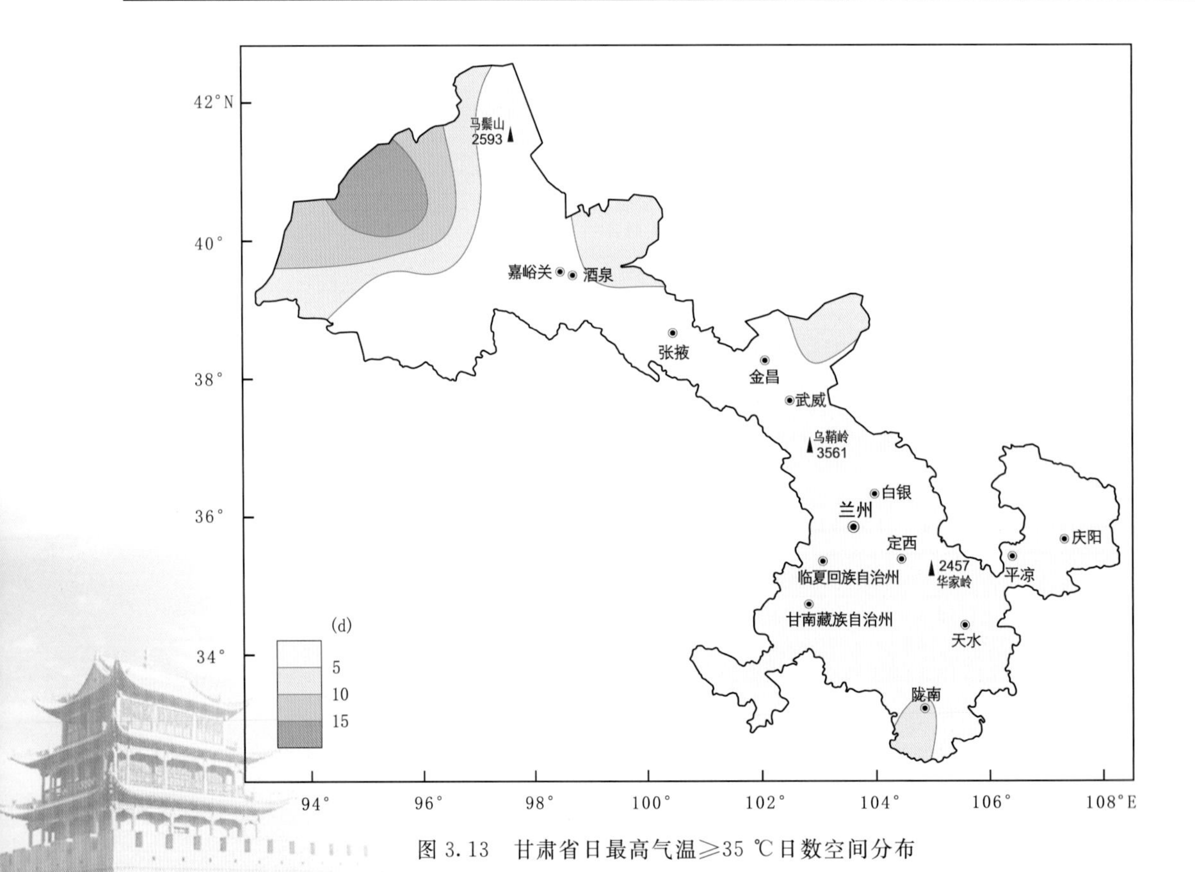

图 3.13　甘肃省日最高气温≥35 ℃日数空间分布

日最高气温≥32 ℃的平均日数(图 3.14),河西走廊西部的安敦盆地为 30～58 d,其余地区 8～27 d;陇中黄河沿岸 8～17 d,其余地方 2～8 d;陇东中北部 8～21 d,中南部 2～8 d;陇南北部 4～12 d,南部 15～32 d;甘南高原、祁连山区为 1 d 左右,部分地方未出现过。

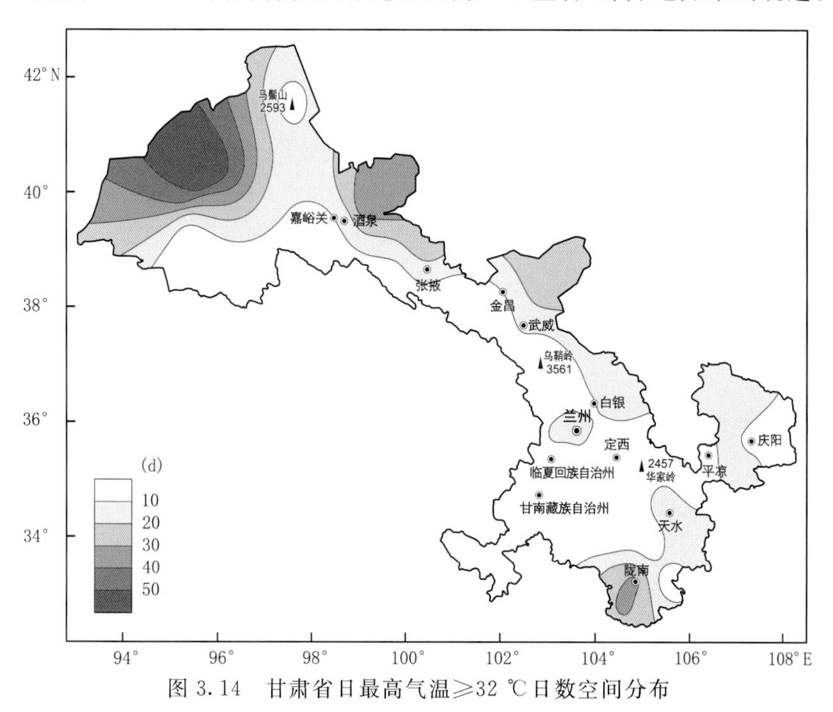

图 3.14 甘肃省日最高气温≥32 ℃日数空间分布

日最低气温≤0 ℃的平均日数(图 3.15),河西走廊一般为 150～190 d,马鬃山、祁连山区和甘南高原 200～230 d,陇中和陇东 120～170 d,陇南北部 80～120 d,陇南南部 30～36 d。

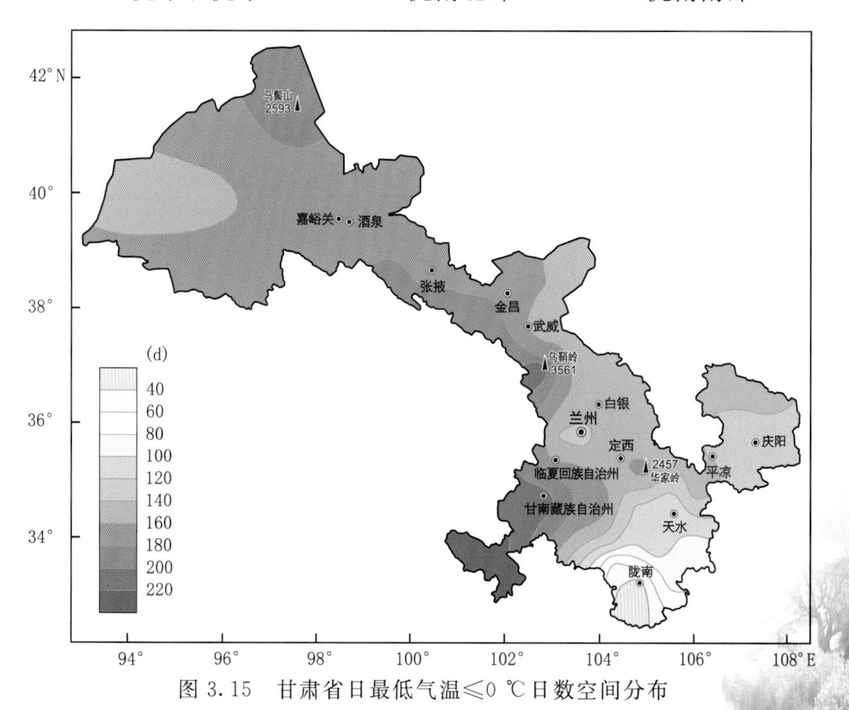

图 3.15 甘肃省日最低气温≤0 ℃日数空间分布

日最低气温≤−10 ℃的平均日数(图 3.16),河西走廊为 59～88 d,祁连山和马鬃山区及甘南高原 90～114 d,陇中为 20～74 d,陇东 20～50 d,陇南北部 1～30 d,陇南南部在 10 d 以下。

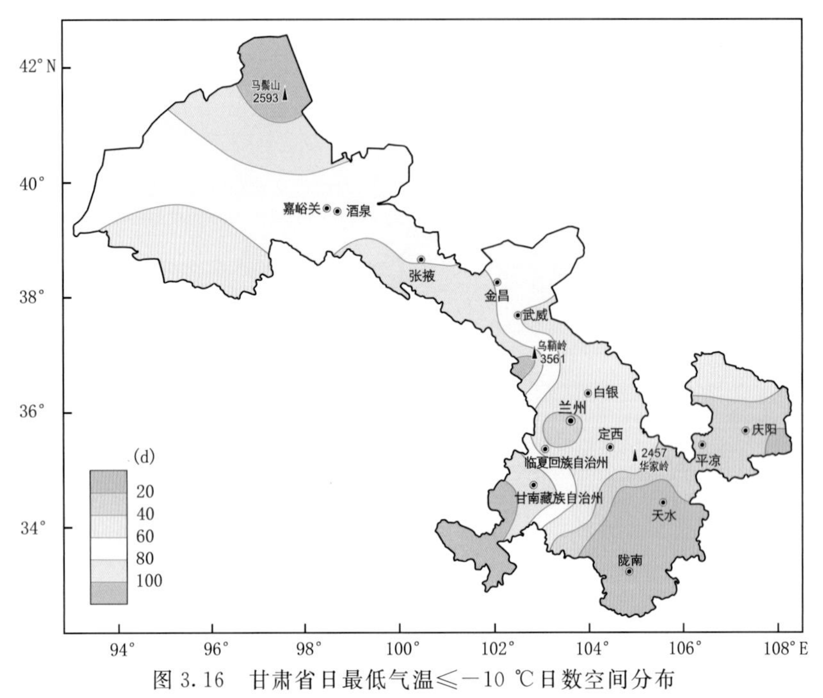

图 3.16 甘肃省日最低气温≤−10 ℃日数空间分布

日最低气温≤−20 ℃的平均日数(图 3.17),马鬃山、祁连山和甘南高原一般为 8～25 d,河西走廊 2～7 d,陇中和陇东为 1 d 左右,陇南极少出现。

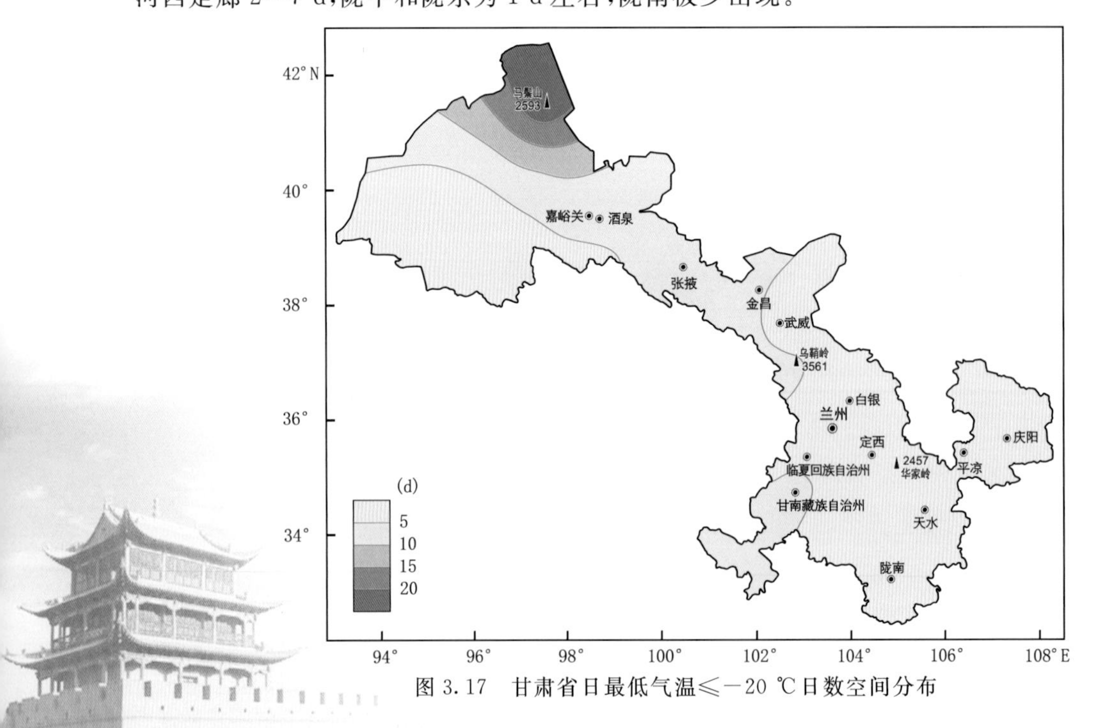

图 3.17 甘肃省日最低气温≤−20 ℃日数空间分布

3.1.6　气候四季划分

3.1.6.1　四季划分指标

根据中华人民共和国气象行业标准(QX/T 152—2012)《气候季节划分》,当常年5日滑动平均气温连续5天≥10 ℃,则以其所对应的常年气温序列中,第一个≥10 ℃的日期作为春季起始日,同理,≥22 ℃为夏季,<22 ℃为秋季,<10 ℃为冬季。我们用上述指标,划分了甘肃省各地的四季。

3.1.6.2　四季起讫日期及长度

甘肃省各地气候上的四季差别很大(表3.11),有明显四季的地方只限于各水系的河谷附近和海拔较低的地方。如河西走廊的三大内陆河水系附近;陇中黄河干流附近;陇东泾河、陇南北部渭河、陇南南部白龙江和西汉水谷地及河川地区等。祁连山区、华家岭和甘南高原,由于海拔较高,只有春季和冬季,而无夏季和秋季,其余地方夏季很短。四季来临的迟早,各地颇不一致,最早与最晚往往相差3个月左右。即使有明显四季的地方,四季长度分配也极不均匀,大都冬季长,夏季短,春季长于秋季。

表3.11　甘肃省各地代表站四季起止日期和日数(单位:d)

站名	冬季	日数	春季	日数	夏季	日数	秋季	日数
马鬃山	9.28	217	5.3	81	——	——	7.23	67
敦煌	10.11	174	4.3	59	6.1	88	8.28	44
肃北	10.9	199	4.26	88	——	——	7.23	78
酒泉	10.9	188	4.15	87	7.11	29	8.9	61
张掖	10.7	190	4.15	87	7.11	30	8.10	58
肃南	9.24	234	5.16	68	——	——	7.23	63
民勤	10.11	186	4.15	67	6.21	52	8.12	60
武威	10.11	186	4.15	90	7.14	25	8.8	64
乌鞘岭	8.23	302	6.21	33	——	——	7.24	30
兰州	10.19	166	4.3	81	6.23	50	8.12	68
白银	10.13	184	4.15	90	7.14	25	8.8	66
安定	10.3	196	4.17	94	——	——	7.20	75
岷县	10.1	211	4.30	97	——	——	8.5	57
临夏	10.2	196	4.16	99	——	——	7.24	70
玛曲	8.20	306	6.22	43	——	——	8.4	47
合作	9.8	268	6.3	51	——	——	7.24	46
天水	10.24	156	3.29	85	6.22	54	8.15	70
环县	10.13	184	4.15	69	6.23	47	8.9	65
西峰	10.13	184	4.15	94	——	——	7.18	87
正宁	10.13	184	4.15	95	——	——	7.19	86
崆峒	10.13	184	4.15	93	7.17	39	7.25	80
康县	10.26	161	4.5	103	7.17	37	7.23	95
武都	11.16	114	3.10	85	6.3	93	9.4	73
文县	11.17	113	3.10	83	6.1	97	9.6	72

(1)冬季

由于冬季风来得早，冬季来临时间较早，时间也特别长，全省冬季长为113～306 d。祁连山区海拔3000 m以上地方一年之中全为冬季；海拔3000 m以下地方冬季开始于8月下旬和9月下旬，结束于5月中旬或6月中旬，长为230～300 d。甘南高原大部分地方地理位置相对偏南，但由于海拔较高，冬季开始时间早，结束晚，一般开始于8月下旬和9月上旬，结束于5月中下旬、6月上旬和下旬，长度235～306 d，是仅次于祁连山区冬季最长的地区。陇南纬度偏南，冬季来临晚，结束早，是冬季最短的地区，一般开始于10月中下旬和11月上旬，结束于3月中下旬和4月上中旬，长为113～192 d。河西走廊、陇中和陇东一般开始于9月下旬或10月上中旬，结束的时间大多在4月中下旬。

(2)春季

全省春季长为33～112 d。陇南纬度偏南、海拔较低，春来最早，开始于3月中下旬和4月上中旬，结束于6月中下旬和7月上中旬，春季长达81～111 d。高原、高山春季来临最晚，甘南高原和祁连山区，开始于5月下旬和6月上旬或下旬，结束于7月下旬和8月上旬，春季长为33～80 d。华家岭、岷县、玉门镇、永昌等海拔较高的山区，开始于4月下旬或5月上、中旬，结束于7月中、下旬和8月上旬，长为60～97 d。其余各地一般开始于4月中、下旬，结束的时间在6月下旬或7月中、下旬，春季长为55～99 d。

(3)夏季

夏无酷热是甘肃省气候特点之一。全省夏季长为22～97 d。河西西部安敦盆地和陇南夏季开始于6月上旬和下旬或7月上、中旬，结束于8月中、下旬，夏季长为26～97 d，是全省夏季最长的地方。甘南高原、祁连山区和一些海拔较高山区全年无夏季。其余地区开始于6月下旬或7月中、下旬，结束于7月下旬或8月上、中旬，夏季比较短暂，一般为22～52 d。

(4)秋季

由于秋季降温快，秋季较早降临。秋季来临的时间东部晚，西北部早，大部地区秋季长为30～95 d。河西走廊、祁连山区和甘南高原海拔较高地方秋季来得最早，一般开始于7月下旬或8月上、中旬，结束于9月下旬和10月上、中旬，秋季长为30～78 d。陇南开始于7月下旬、8月上、中旬和9月上旬，结束于10月中、下旬或11月上、中旬，长为66～95 d。该地区是秋季来得最晚、结束也最迟、时间最长的地区，也是四季最分明的地区。省内其余地方秋季开始于7月中、下旬和8月上、中旬，结束于10月上、中旬，长为57～87 d。

3.1.7 地形对气温影响

甘肃省位于青藏高原、内蒙古高原和黄土高原的交汇处。所辖甘南高原和祁连山、阿尔金山地在青藏高原东北侧形成了一个弧形条带；陇东的六盘山由北向南延伸，将黄土高原分为东、西两部分，即陇西黄土高原和陇东黄土高原；秦岭山脉又由西向东横卧陇南地区中部，将其分为南、北两部分。由于这些复杂的地形，气温的地理分布受其影响十分明显，气温受山体的影响比受纬度影响还要明显。

3.1.7.1 山脉对气温影响

河西地区南边的祁连山和北边的马鬃山(或北山)，使得气温分布由祁连山自南向北和由马鬃山自北向南递增，气温等温线走向大致与山脉走向一致，与地形等高线基本一致。东部的六盘山使得气温等值线走向大致成经向走向。甘肃省的东南部气温等值线走向大致与秦岭山脉一致，为纬向走向。甘南高原至陇中的华家岭，等温线呈西南—东北向。由于复杂的地形影响，使得各地的气温分布十分复杂，差异性也十分明显。

3.1.7.2 海拔高度对气温影响

由于甘肃省境内海拔较高的山体较多，其走向各异，气候差异性显著，气温随海拔高度的变化十分明显。

从表3.12看出，气温与海拔高度之间，存在着密切线性负相关关系，河西的相关系数在0.99以上。海拔高度每升高100 m，年平均气温河西下降0.62 ℃，陇中下降0.48 ℃，陇东下降0.27 ℃，甘南高原下降0.62 ℃。气温随海拔高度垂直分布，以夏季7月最大，海拔高度每升高100 m，各地月平均气温下降0.48～0.74 ℃。冬季1月最小，海拔每升高100 m，各地月平均气温下降0.05～0.58 ℃。春季4月大于秋季10月，4月海拔每升高100 m，各地月平均气温下降0.31～0.75 ℃；10月各地月平均气温下降0.19～0. 61 ℃。

表3.12 甘肃省各地代表站气温随海拔高度的变化(单位：℃)

站名	海拔高度(m)	1月	4月	7月	10月	全年
乌鞘岭	3045.1	−11.3	0.4	11.8	0.6	0.3
景泰	1630.5	−6.1	11.0	22.3	9.2	9.0
差值	1414.6	−5.2	−10.6	−10.5	−8.6	−8.7
减温率(%)		0.37	0.75	0.74	0.61	0.62
华家岭	2450.6	−8.1	4.5	15.1	4.2	3.9
通渭	1768.2	−6.7	8.6	19.4	7.5	7.2
差值	682.4	−1.4	−4.1	−4.3	−3.3	−3.3
减温率(%)		0.21	0.60	0.63	0.48	0.48
郎木寺	3362.7	−9.4	2.0	10.8	1.7	1.2
舟曲	1400.0	2.0	14.4	23.8	13.7	13.4
差值	1962.7	−11.4	−12.4	−13	−12	−12.2
减温率(%)		0.58	0.63	0.66	0.61	0.62
正宁	1442.1	−4.1	10.6	21.2	9.4	9.2
泾川	1028.8	−3.9	11.9	23.2	10.2	10.3
差值	413.0	−0.2	−1.3	−2	−0.8	−1.1
减温率(%)		0.05	0.31	0.48	0.19	0.27

3.2 降水

甘肃省大部分地区为半干旱和干旱气候，年降水量不多而雨季集中，降水年变率大、地域差异显著，这对于国民经济尤其是工农业生产有很大影响，降水少是农、牧业发展的限制因子(李栋梁 等，2000b)。

3.2.1 降水量

3.2.1.1 降水量空间分布

(1)年降水量空间分布

全省年降水量空间分布,大致是从东南向西北递减,东南多,西北少,中部有个相对少雨带(图3.18)。全省平均年降水量为39.8～750.8 mm。如甘肃省东南部的康县,平均年降水量为750.8 mm,西北部的敦煌,平均年降水量仅39.8 mm,两地相差711.0 mm。

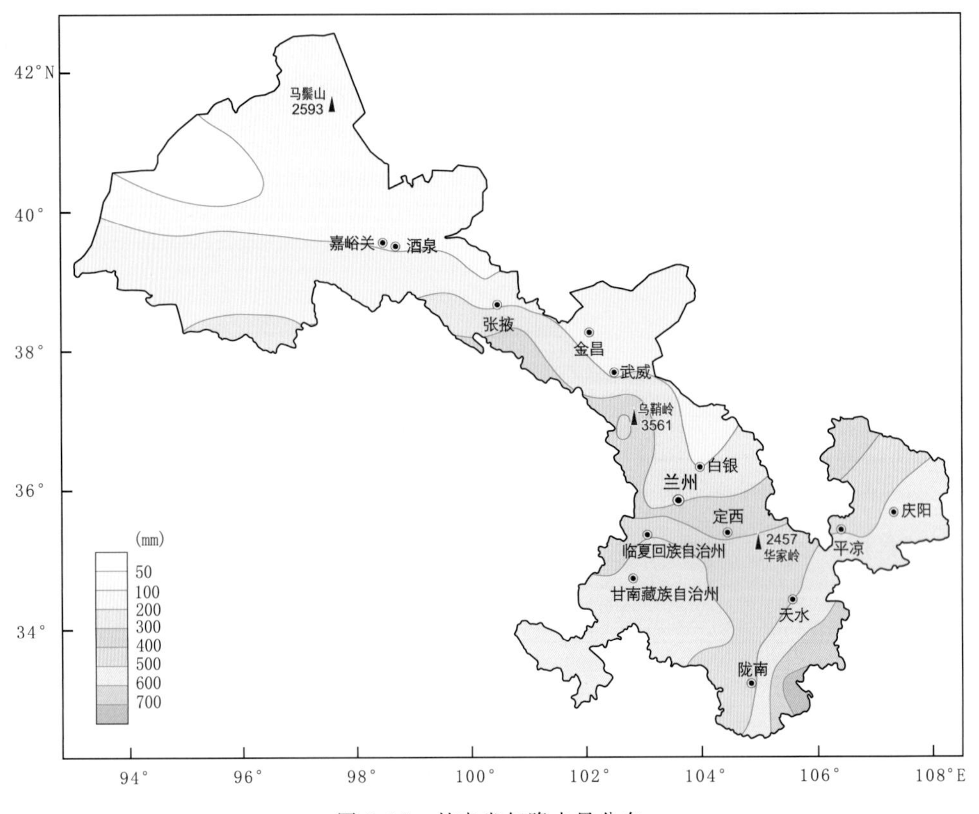

图3.18 甘肃省年降水量分布

河西地区年降水量大都在200 mm以下,并以东南的200 mm左右向西北的40 mm左右减少。降水量等值线分布大致与祁连山脉走向平行。该区是全省降水量最少地区,也是全国最干旱地区之一。但是在河西分布着石羊河、黑河、疏勒河三大内陆河水系,这些河流大部分源出于祁连山,由于不仅有冰川融水补给,而且有降水补给,两者之间起着调节补偿作用,因而使该地区的河流在丰水年并不很丰,枯水年并不很枯,水量稳定,蕴藏着丰富的水能资源。综上所述,河西走廊降水量是全省最少地区,但由于祁连山冰川融水补给,内陆河径流量稳定,因此对发展农业很有利。

陇中地区年降水量为179.5～592.8 mm,等值线一致向南弯曲,自景泰经安定到陇西为一由北向南的相对少雨带,此少雨带与青藏高原边缘的走向一致,它是整个青藏高原外围相对少雨带的组成部分,降水量为179.5～300.0 mm。在少雨带的西南面有个相对多雨区,降水量为300.0～592.8 mm(和政)。

陇南地区和甘南高原，平均年降水量在 420.6～750.8 mm，是甘肃省降水量最多地区。该区也有一个由北向南的相对少雨带，平均年降水量大都在 450 mm 左右，这个少雨带北侧与陇中地区的相对少雨带相连接，即由陇西，经武山、礼县、武都到文县。

陇东地区平均年降水量大都在 409.5～609.8 mm，并从东南向西北减少，其中镇原至华池一线的南部为 470.4～609.8 mm，该区也是甘肃省降水量比较多的地区，西北部少于 500 mm。

(2)各季降水量空间分布

从甘肃省四季降水量空间分布(图 3.19)和甘肃省各地各季(年)降水量(表 3.13)分析看出：冬季，甘肃省地面受蒙古冷高压影响，高空为北支西风急流控制，故雨雪极为稀少，气候干燥，降水量为 2.2～26.4 mm。河西走廊 5 mm 左右；祁连山区 6.1～12.5 mm；陇中在 2.2～16.1 mm，东乡最多达 16.1 mm，黄河谷地最少，仅 3.0 mm 左右；陇东在 8.6～20.4 mm；陇南大多为 12.2～26.4 mm，白龙江谷地 5.0 mm 左右；甘南高原 5.7～12.7 mm。

春季，是大气环流转换季节，蒙古高压势力减弱退缩，甘肃省位于其东南部，高空仍在北支西风急流控制之下，但偏南暖湿气流在西风槽前可达甘肃东部。降水比冬季增多，降水量在 9.4～164.2 mm。河西走廊西部大都在 9.4～20.7 mm，中部和东部 30 mm 左右；祁连山区 70 mm 左右；陇中地区，兰州以北在 33.0～56.6 mm，兰州以南为 61.1～134.8 mm；陇东在 76.7～114.1 mm；陇南为 87.7～164.2 mm；甘南高原 99.6～133.7 mm。其中自景泰经安定、礼县、武都直到文县，为一个由北向南伸展的相对少雨带(干舌)。

夏季，蒙古高压已退至西伯利亚北部，亚洲大陆为热低压控制，甘肃位于其东北部，盛行偏南及偏东风。高空北支西风急流在向北撤退过程中，高空西风势力较弱，副热带高压已向北推进，副高西侧的偏南暖湿气流与西北侵入的冷空气相遇，导致了降水量的显著增多，成为降水量最多的季节。全省降水量在 22.5～356.3 mm。河西走廊的西北部在 50.0 mm 以下，中部和东部在 60.4～126.0 mm；祁连山区为 165.1～239.7 mm；陇中地区，兰州以北 130.0 mm 左右，兰州以南大都为 198.6～304.5 mm；陇东为 219.3～319.8 mm；陇南为 211.0～356.3 mm，其中康县最多，达 356.3 mm；甘南高原为 206.6～333.6 mm。其中自景泰经安定、礼县、武都直到文县的由北向南的相对少雨带(干舌)比春季更为明显，其降水量在 103.7～248.5 mm。夏季虽然是一年中的多雨季节，尤其是 7 月、8 月达到最盛，但由于副热带高压的影响，在甘肃省陇东和陇中地区 7 月下旬至 8 月中旬容易形成干旱，即通常所说的伏旱。

秋季，大陆低压减弱南撤，北方蒙古高压再度迅速南下，高空北支西风急流重新控制甘肃，副热带高压渐向南退，但行动较慢，加上冷空气活跃，降水仍然较多，降水量在 4.8～203.9 mm。河西走廊西部在 4.8～16.4 mm，中部和东部 17.3～44.5 mm；祁连山区为 45.6～85.6 mm；陇中地区，兰州以北为 40.0～81.6 mm，兰州以南 96.1～138.4 mm；其中临夏、和政为一相对多雨区，为 130.0 mm 左右；陇东为 92.1～159.3 mm；陇南为 102.3～203.9 mm，其中徽县、康县一带为 200 mm 左右；甘南高原 105.5～142.0 mm。自景泰经礼县到文县的相对少雨带仍明显存在，其降水量在 40.0～124.9 mm。这一时期，甘肃省的偏南地区处于副热带高压的边缘地带，北方冷空气已明显增强，不时南下的冷空气与北上的暖湿气流交汇，往往有阴雨连绵的现象，尤其是 9 月连阴雨天气更多。

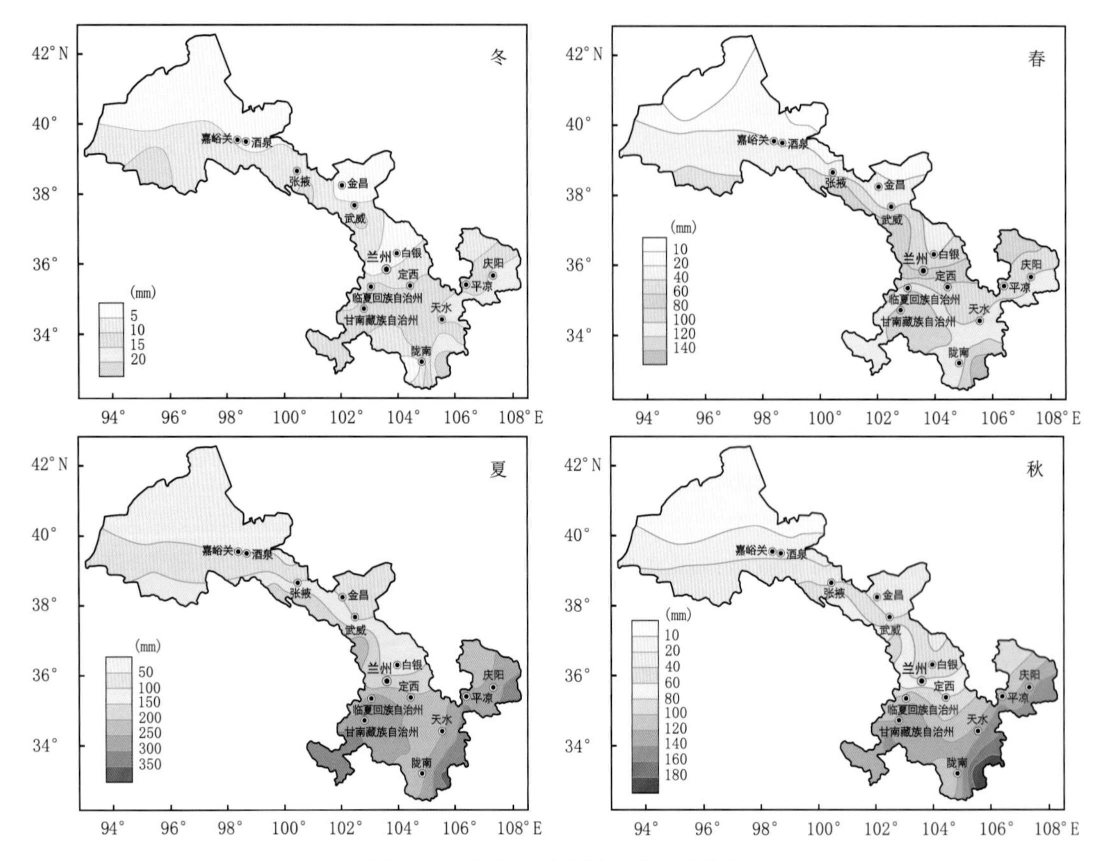

图 3.19 甘肃省四季降水量空间分布

表 3.13 甘肃省各地代表站各季、年降水量(单位:mm)

站名	冬季	春季	夏季	秋季	全年
马鬃山	2.4	10.7	41.5	9.2	63.8
敦煌	2.4	10.1	22.5	4.8	39.8
肃北	10.2	35.2	89.8	17.3	152.5
酒泉	4.3	17.8	49.9	16.4	88.4
张掖	5.2	23.5	76.7	27.2	132.6
肃南	6.1	50.3	165.1	45.6	267.1
民勤	2.6	20.7	64.6	25.3	113.2
武威	5.4	33.5	93.8	38.4	171.1
乌鞘岭	9.1	73.0	239.7	85.6	407.4
兰州	5.4	61.1	163.6	63.5	293.6
白银	2.8	33.6	113.7	41.7	191.8
安定	8.9	83.5	205.6	79.0	377.0
岷县	9.1	131.2	288.8	127.2	556.3
临夏	10.9	111.8	266.5	112.1	501.3

续表

站名	冬季	春季	夏季	秋季	全年
玛曲	12.6	110.4	333.6	136.8	593.4
合作	12.0	121.6	280.2	118.8	532.6
天水	15.4	107.5	244.7	133.1	500.7
环县	8.6	76.7	232.1	92.1	409.5
西峰	16.7	101.4	278.0	131.5	527.6
正宁	19.9	110.8	319.8	159.3	609.8
崆峒	12.1	86.4	269.0	113.1	480.6
康县	26.4	164.2	356.3	203.9	750.8
武都	5.4	105.1	232.6	117.6	460.7
文县	4.5	108.2	225.4	102.3	440.4

3.2.1.2 降水量变化

(1)年降水相对变率

除了干旱沙漠地区,每个地区都有适宜当地年降水量和干湿程度的作物。如果一个地区年降水量不够稳定,就会给农业生产带来灾害。气候上一般用降水变率来衡量一地降水量的年际变化稳定程度,降水变率越大,表明降水量的年际变化越不稳定,旱涝出现的频率就越大。我们这里取的是气象上通常使用的降水相对变率(V_n),即各年(月)降水量距平百分率(取绝对值)的平均,计算公式为:

$$V_n = \frac{\sum_{i=1}^{n} |x_i - \bar{x}|}{n \cdot \bar{x}} \% \tag{3.2}$$

式中,x_i 为逐年(月)降水量;$\bar{x}$ 为年(月)降水量的多年平均值;n 为年数。

甘肃省年降水量相对变率分布趋势,大致是从东南向西北增大(图 3.20)。以河西走廊为最大,在 20%~40%,比内蒙古西部和新疆(30%~ 50%)略小,祁连山区、陇中、陇东和陇南为 15%~25%,比华北平原(25%~30%)小,并且比沿海的天津还要小些,甘南高原为 15%左右,接近于广州(18%)、上海(12%)等地。

甘肃省虽然各地年降水量相对变率不太大,但各月相对变率却不小(图 3.21、表 3.14)。在一年中相对变率最大的月份都出现在冬半年,最大值超过或接近 100%;相对变率最小的月份出现在夏半年,最小值大多都在 40%左右。夏半年(4—9 月)是农作物生长成熟季节,各月降水量的稳定程度,对农业生产非常重要。因此,将夏半年各地逐月降水量相对变率分布情况概述如下。

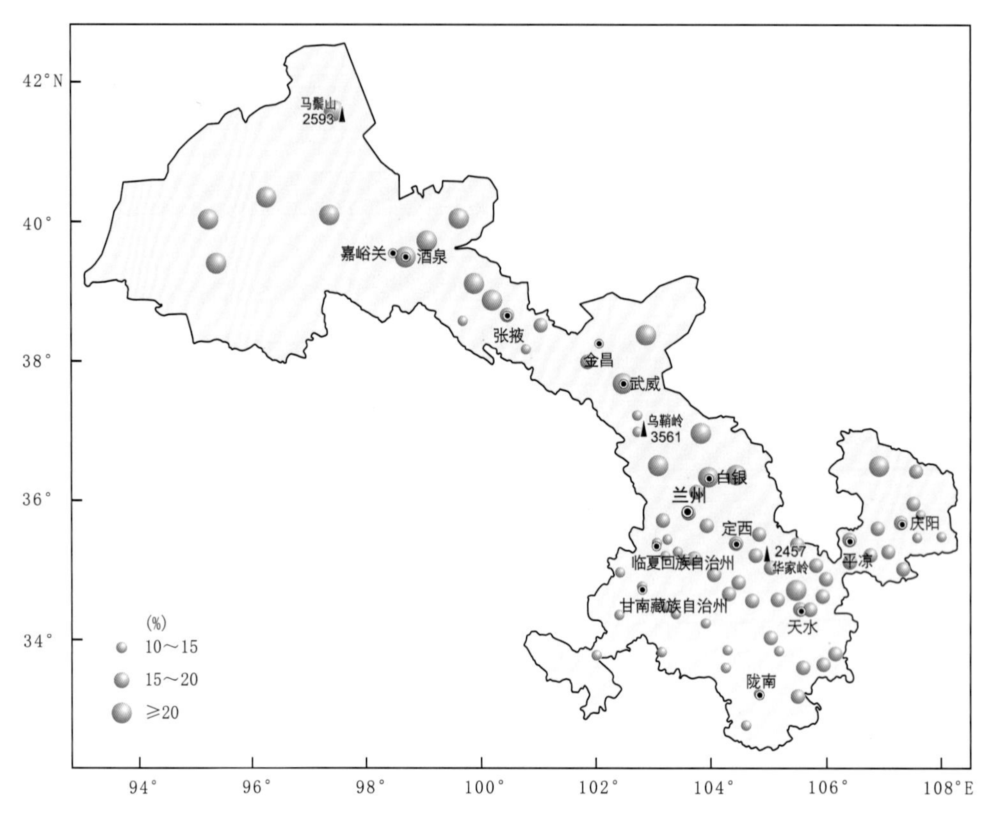

图 3.20　甘肃省年降水量相对变率空间分布

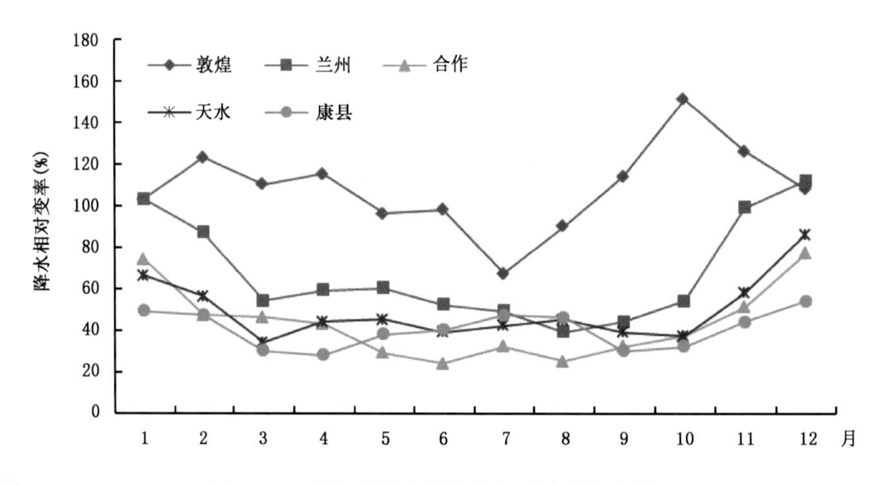

图 3.21　甘肃省代表站降水相对变率年变化

表3.14 甘肃省各地代表站降水各月、年相对变率(单位:%)

站名	1月	2月	3月	4月	5月	6月	7月	8月	9月	10月	11月	12月	全年
马鬃山	106	100	107	118	95	72	71	70	99	105	96	112	37
敦煌	103	123	110	115	96	98	67	90	114	151	126	108	34
肃北	67	73	74	85	80	69	50	68	104	91	108	77	24
酒泉	92	108	88	94	72	67	61	62	100	110	96	97	26
张掖	85	95	86	75	71	55	48	42	69	85	94	73	20
肃南	53	67	63	59	46	35	33	34	54	55	74	68	14
民勤	125	116	107	79	70	73	61	46	54	72	123	122	20
武威	91	86	67	55	55	66	55	46	52	59	84	88	19
乌鞘岭	65	43	47	41	37	34	29	28	28	37	56	58	11
兰州	103	87	54	59	60	52	49	39	44	54	99	112	16
白银	82	118	81	79	67	47	56	40	45	64	97	193	21
安定	71	72	46	44	59	36	32	29	39	38	71	95	11
岷县	72	66	30	39	32	25	28	33	35	30	59	97	14
临夏	78	66	51	47	45	40	41	26	35	44	67	73	12
玛曲	67	54	33	34	25	22	29	37	29	38	58	75	10
合作	74	47	46	43	29	24	32	25	32	37	51	77	9
天水	66	56	34	44	45	39	42	45	39	37	58	86	22
环县	82	75	66	64	64	45	41	42	53	50	90	101	23
西峰	76	60	50	62	56	43	37	46	45	48	69	94	17
正宁	71	57	43	54	56	35	27	41	39	47	61	79	14
崆峒	63	61	52	52	62	51	41	38	50	47	77	90	20
康县	49	47	30	28	38	40	47	46	30	32	44	54	16
武都	82	70	40	33	27	41	41	36	28	37	69	114	16
文县	76	80	33	31	35	36	37	33	29	39	62	95	13

4月,河西降水相对变率,一般为32%~94%,其中安敦盆地为100%~121%,是该月降水相对变率最大的地方;陇中39%~79%,其中白银和皋兰一带最大;陇东为43%~67%;陇南和甘南高原为28%~55%。

5月,河西降水相对变率在37%~96%,其中酒泉以西地区为72%~96%;陇中为32%~67%;陇东46%~64%;陇南27%~50%;甘南高原25%~36%。

6月,河西降水相对变率在34%~98%;陇中25%~60%;陇东35%~51%;陇南32%~41%;甘南高原为22%~36%。

7月,河西降水相对变率比6月减少得多,在29%~71%,其中安敦盆地67%~71%;陇中和陇东为27%~55%;陇南为31%~47%;甘南高原为28%~35%。

8月,河西降水相对变率在28%~90%,其中酒泉以西地区在62%~90%,比7月增大较多;陇中、陇东、陇南在23%~50%,比7月普遍增大,这也是陇东和陇南容易发生伏旱的重要原因;甘南高原为25%~37%。

9月，河西降水相对变率猛增到44%～114%，陇中、陇东和陇南在28%～53%；甘南高原在26%～37%。

综上所述，甘肃省河西年、月降水相对变率都为全省最大的地区，这里降水稀少，因此降水变率大。如敦煌降水最多年(1979年)为105.5 mm，降水最少年(1956年)为6.4 mm，最多年和最少年相差16.5倍。陇中4—9月各月降水相对变率在以景泰—白银—兰州—天水—崆峒—环县所形成的舌状区内最大，仅次于河西，是中国西部三大干舌之一，这是该地区容易出现旱灾的主要原因。全省5月降水相对变率比6月大，春末干旱出现的频率也比较大；8月全省大部分地方降水相对变率比7月大，伏旱出现的频率大，这是一个值得重视的气候特征。

(2)降水量年变化

甘肃省平均降水量年变化呈单峰型分布，11月至翌年2月降水较少，在10 mm以下(图3.22、表3.15)。3—5月蒙古高压势力减弱退缩，偏南暖湿气流在西风槽前达甘肃东部，降水逐渐增多，降水量在10～45 mm。6—8月亚洲大陆为热低压控制，甘肃位于其东北部，盛行偏南及偏东风。高空北支西风急流在向北撤退过程中，高空西风势力较弱，西太平洋副热带高压已推进，高压西侧偏南暖湿气流与西北侵入的冷空气相遇，导致了降水量显著增加，雨量增至50 mm以上，至7月份平均降水量达到最多(77.6 mm)。9—10月大陆低压减弱南撤，北方蒙古高压再度迅速南下，高空北支西风急流重新控制甘肃，西太平洋副热带高压渐向南退，但行动较慢，加上冷空气活跃，降水仍然较多，降水量在30～58 mm。

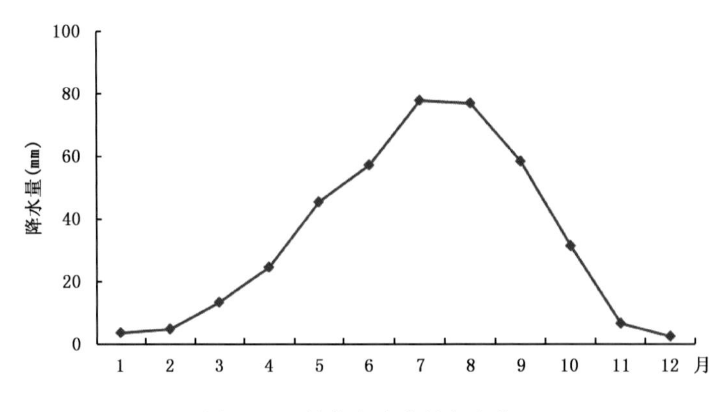

图3.22 甘肃省降水量年变化

表3.15 甘肃省各地代表站各月平均降水量(单位:mm)

站名	1月	2月	3月	4月	5月	6月	7月	8月	9月	10月	11月	12月
马鬃山	0.6	0.9	2.4	3.2	5.1	12.9	15.2	13.4	5.4	2.0	1.8	0.9
敦煌	0.8	0.5	2.3	3.0	4.8	6.6	10.7	5.2	2.8	0.8	1.2	1.1
肃北	3.1	3.0	8.1	8.4	18.7	30.1	35.2	24.5	10.3	3.2	3.8	4.1
酒泉	1.5	1.3	6.1	3.3	8.4	14.0	18.8	17.1	10.9	3.5	2.0	1.5
张掖	2.1	1.4	4.1	5.3	14.1	20.8	28.7	27.2	19.6	5.8	1.8	1.7
肃南	2.0	2.2	7.0	12.0	31.3	45.3	63.2	56.6	33.0	9.9	2.7	1.9
民勤	1.1	1.1	2.5	5.2	13.0	17.5	22.2	24.9	17.5	6.9	0.9	0.4
武威	1.6	2.3	7.2	8.3	18.0	28.2	30.2	35.4	24.9	10.8	2.7	1.5

续表

站名	1月	2月	3月	4月	5月	6月	7月	8月	9月	10月	11月	12月
乌鞘岭	2.5	4.9	12.6	17.9	42.5	64.6	85.9	89.2	60.5	21.4	3.7	1.7
兰州	1.7	2.8	7.8	15.4	37.9	45.4	53.6	64.6	40.5	21.5	1.5	0.9
白银	1.5	0.9	3.5	8.5	21.6	31.3	41.8	40.6	27.1	13.4	1.2	0.4
安定	3.2	4.1	11.2	24.7	47.6	52.2	68.6	84.8	45.4	29.9	3.7	1.6
岷县	3.1	4.4	16.7	40.9	73.6	85.5	100.9	102.4	75.3	46.1	5.8	1.6
临夏	3.6	5.3	17.0	32.5	62.3	71.1	94.1	101.3	70.6	37.6	3.9	2.0
玛曲	4.4	6.4	13.7	26.5	70.2	106.1	125.2	102.3	88.0	42.8	6.0	1.8
合作	3.9	6.3	19.2	31.3	71.1	83.8	108.8	87.6	72.3	40.9	5.6	1.8
天水	4.9	6.8	18.8	34.0	54.7	71.6	86.4	86.7	76.4	46.2	10.5	3.7
环县	2.6	4.0	11.4	22.8	42.5	57.9	83.6	90.6	55.6	28.6	7.9	2.0
西峰	5.1	7.9	19.4	31.7	50.3	66.3	111.4	100.3	78.8	40.6	12.1	3.7
正宁	6.4	8.7	20.3	37.5	53.0	74.0	122.4	123.4	90.3	52.2	16.8	4.8
崆峒	3.8	6.0	14.4	27.0	45.0	66.1	105.7	97.2	68.5	36.9	7.7	2.3
康县	8.2	11.9	27.8	49.6	86.8	88.3	142.6	125.4	127.2	59.2	17.5	6.3
武都	1.9	2.8	13.0	31.8	60.3	67.9	79.9	84.8	75.4	35.7	6.5	0.7
文县	1.2	2.4	12.0	32.9	63.3	67.6	79.2	78.6	61.2	33.8	7.3	0.9

甘肃省各地降水最多月，河西中西部、陇东、陇南和甘南一般出现在7月，个别地方出现在8月；河西武威以东地区和陇中出现在8月。夏季甘肃省上空盛行偏南及偏东气流，地面为低气压控制，气候暖湿，降水较多，因此，降水最多月出现在夏季(图3.23)。

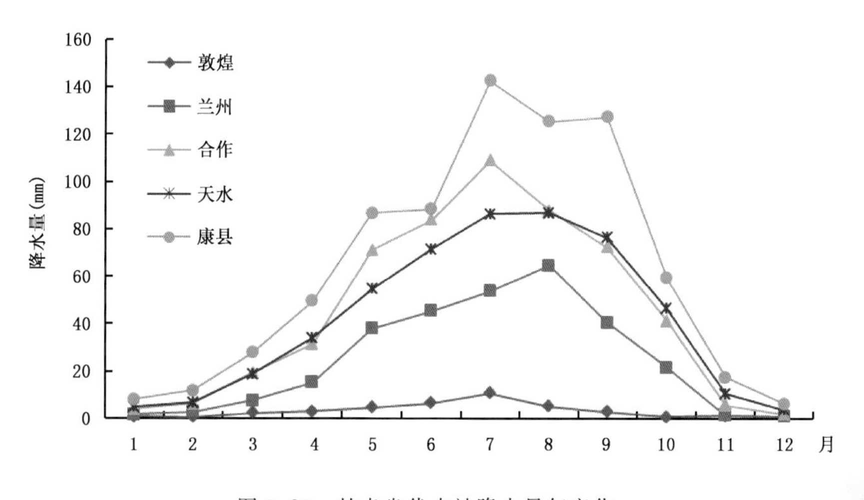

图3.23 甘肃省代表站降水量年变化

降水最少月，全省绝大多数地方出现在12月，个别地方出现在1月。冬季，甘肃省高空盛行西北气流，地面为强大的蒙古高压控制，气候干冷，降水稀少，因此，降水最少月出现在冬季。

降水最多旬和最少旬，旬降水量的年变化反映了雨水季节分配不均匀的特征。降水最多旬河西大多出现在 7 月上旬，少数地方出现在 7 月下旬；陇中绝大多数地方出现在 8 月下旬，个别地方在 7 月下旬或 8 月中旬；陇东、陇南和甘南大部分地方出现在 9 月上旬，这是著名的华西秋雨所致，少数地方出现在 7 月下旬。降水最少旬，河西主要出现在 12 月各旬和 1 月中旬，12 月中旬出现最少降水的概率最大；陇中大部分地方出现在 1 月上旬，个别地方出现在 12 月上旬；陇东和陇南北部 1 月中旬为降水最少旬，陇南中南部和甘南高原降水最少旬出现在 12 月上旬和下旬。

甘肃省绝大多数地方 5—10 月的降水量占年降水量的 80%以上，在年平均日变化中权重较大，不同季节降雨量日变化也比较相似，因为影响降水日变化的主要因子是昼夜更替，即下垫面昼热夜冷，这在冬季也是一样的。因此，5—10 月降水量日变化有一定的代表性。

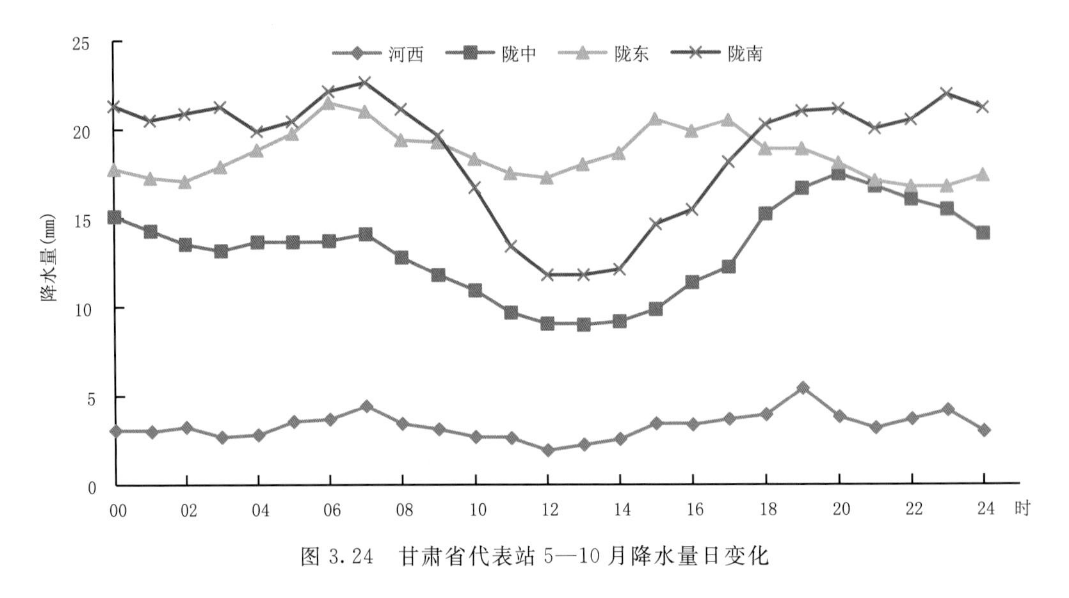

图 3.24　甘肃省代表站 5—10 月降水量日变化

分析各地 5—10 月降水量日变化(图 3.24)，河西选酒泉、张掖、武威 3 站平均降水量，陇中是靖远、兰州、临夏、安定、会宁、临洮 6 站平均降水量，陇东是环县、西峰、正宁、崆峒、灵台、静宁 6 站平均降水量，陇南是天水、岷县、康县、武都、合作 5 站平均降水量。甘肃省各地 5—10 月降水量日变化大体可分为双峰型和单峰型。河西和陇东降水量日变化为双峰型，但雨峰和雨谷出现的时间不一致。第一雨峰分别出现在 07 时和 06 时；第二雨峰分别出现在傍晚 19 时和 15 时，17 时。第一雨谷，河西和陇东都出现在 12 时，第二雨谷，河西出现在 03 时，陇东出现在 23 时。陇中和陇南雨量日变化呈单峰型，陇南雨谷多出现在 12 时，陇中出现在 13 时，雨峰分别出现在 20 时和 07 时。从各地区降水量日变化曲线看，陇中、陇南从 18 时至 08 时是降水相对较多时段，这一时段的降水量占日降水量的 67%～70%，以夜雨为主，09—17 时是降水相对较少时段。陇东降水相对较多时段有两段，分别出现在 14—18 时和 04—09 时。降水相对较少时段也有两段，分别出现在 19 时至 03 时和 10—13 时，18 时至 08 时的雨量占日雨量的 61%，也有夜间降雨偏多的现象。海拔较高的山顶夜雨较少，如乌鞘岭(海拔高度为 3045 m)夜降水量仅占日雨量的 49%。

降水频数(以下简称雨频)是指在 1 h 内降雨的频率(有降雨即为 1 次，降满整整 1 h 也是 1 次)。

甘肃省各地5—10月降水频率日变化幅度没有降水量日变化幅度大(图3.25)。河西降水频率日变化曲线仍为双峰型特征,谷峰之间的变化幅度比较缓慢,两个降水频率峰值分别出现在17时和夜间3时,三个降水频率谷值分别出现在09时,12时和14时。陇中降水频率日变化曲线基本呈V型,表现出夜间降水频率较高、白天降水频率较低的趋势。降水频率最高值一般出现在午夜前后,雨频最低值一般在中午前后。陇东降水频率日变化曲线基本为一条倾斜的直线,降水频率昼夜间差别不大。陇南降水频率日变化曲线为单峰型,降水频率谷出现在中午(12时),降水频率峰出现在02时,表现出了夜间降水频率明显多于昼间的现象。

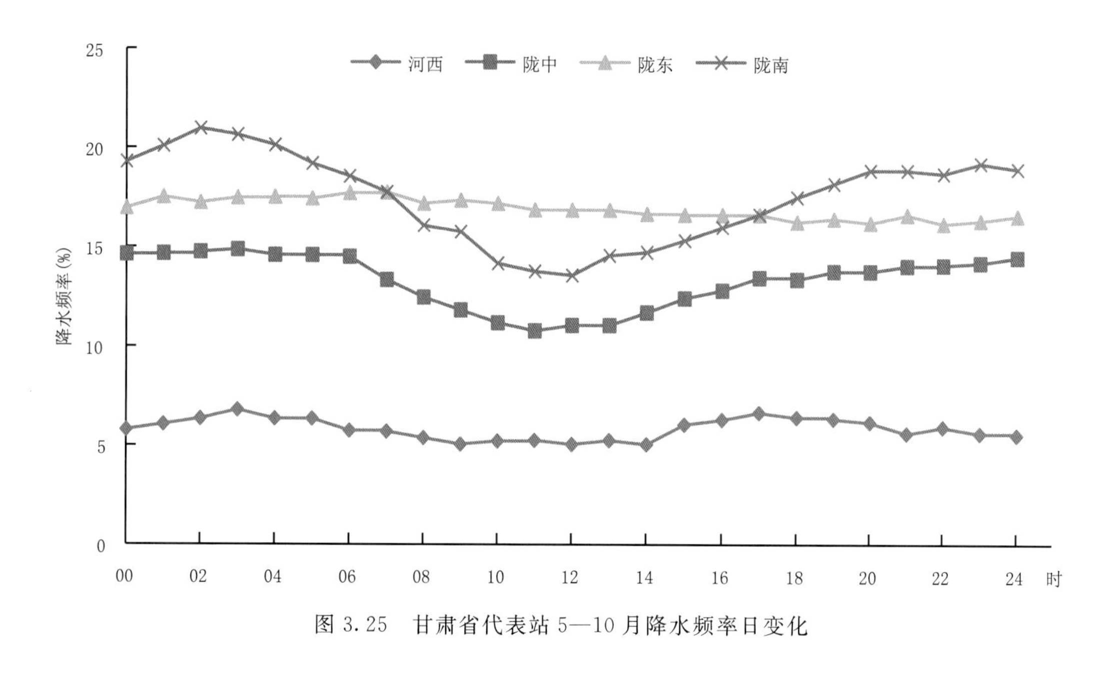

图3.25 甘肃省代表站5—10月降水频率日变化

3.2.1.3 地形对降水影响

(1)山脉对降水影响

甘肃境内地形复杂,境内东南部重峦叠嶂,山高谷深。中、东部大都为黄土覆盖,形成独特的黄土高原地形。河西走廊一带,地势坦荡,绿洲与沙漠、戈壁相间分布。西南部为祁连山地,地势高耸,有现代冰川分布,为青藏高原的东北边缘。由于地形复杂,在山体的不同坡向造成降水分布差异十分明显。

在山地迎风坡,气流被迫抬升,促使一部分水汽凝结,形成多雨区。当气流翻越山脊到达背风坡时,空气中水汽含量大减,更因空气下沉增温,变得干燥,形成少雨区或雨影区。因此,与盛行风向垂直的高大山脉两侧的年降水量往往相差悬殊。如相邻的武都和康县,直线距离60 km左右,因康县位居东南气流迎风面的山地东侧,年平均降水量为750.8 mm,武都则位于背风面的山地西侧的白龙江河谷中,年平均降水量为460.7 mm,两地相差300 mm左右。又如六盘山地,其走向与东南暖湿气流的方向大致垂直,六盘山东侧是东南气流的迎风面,如位于东侧的崆峒,年平均降水量为480.5 mm,六盘山西侧是东南气流的背风面,如位于其西侧的静宁,年降水量为414.1 mm。在同一海拔高度,六盘山东、西两侧年降水量相差60~70 mm。这种由于地形作用引起的降水分布差异,在祁连山地也很明显。祁连山东段和中段南麓是西南气流的迎风面，如东段南麓的互助（青海省）年平均降水量为 502.5 mm；中段南麓的祁连（青海省）年平均降水量为 415.1 mm。东段和中段的北麓是西南气流的背风面，如东段北麓的古浪年平均降水量为 352.3 mm；中段北麓的肃南年平均降水量为 267.0 mm。祁连山地西段北麓是西北气流的迎风面，如北麓的肃北年平均降水量为 152.4 mm，南麓的冷湖（青海省）为 15.4 mm，两地相差 130 mm 左右。由此可见，山脉对降水分布的影响是十分明显的。

（2）海拔高度对降水影响

在山区由于气流沿坡被迫抬升，因而山地降水量的分布，一般都是自山麓向山顶逐渐增加。到一定高度时，降水量达到最大值，再往上降水量又逐渐减少，这个高度叫做降水极大高度。

甘肃省大部分山区年降水量随海拔高度升高而递增。气候湿润地区，降水量垂直递增率大；气候干燥的地区，降水垂直递增率小。

张存杰等（2002）、李岩瑛（2010）等指出祁连山区年降水量与海拔关系十分密切，祁连山东段降水更大，海拔在 1300～2800 m 降水量呈递增状态，垂直递增率为 34.8 mm/100 m，在海拔 2800 m 左右出现降水高峰，海拔在 2800 m 以上降水呈递减状态，垂直递减率为 78.7 mm/100 m；祁连山中段海拔在 1400～2500 降水量呈递增状态，垂直递增率为 32.5 mm/100 m，在海拔 2500 m 以上呈递减状态，垂直递减率为 22.2 mm/100 m；祁连山西段随着海拔升高降水量呈递增状态，垂直递增率为 11.7 mm/100 m（表 3.16、图 3.26）。

表 3.16 甘肃省各地代表站年降水量与海拔高度（单位：mm）

	站名	海拔高度（m）	1月	4月	7月	10月	全年
祁连山西段	金塔	1270.2	1.4	3.2	16.0	2.5	65.7
	酒泉	1477.2	1.5	3.3	18.8	3.5	88.4
	冰沟	2015.0	2.7	13.0	39.0	4.3	176.7
	托勒	3360.3	1.4	8.4	85.5	7.8	309.6
祁连山中段	张掖	1482.7	2.1	5.3	28.7	5.8	132.6
	梨园堡	1626.0	1.6	6.2	36.6	7.0	153.0
	瓦房城	2488.0	3.2	33.0	103.6	24.8	459.0
	祁连山	3022.5	2.6	21.8	80.4	17.8	340.5
祁连山东段	民勤	1367.0	1.1	5.2	22.2	6.9	113.2
	古浪	2072.4	3.2	25.6	60	24.2	352.3
	黄娘娘台	2790.0	5.0	51.9	99.0	45.5	607.8
	乌鞘岭	3045.1	2.5	17.9	85.9	21.4	407.1
陇中	通渭	1765.0	3.2	22.8	75.1	31.7	390.6
	华家岭	2450.6	4.9	28.5	88.8	35.2	451.1
陇东	静宁	1650.0	3.6	25.1	76.9	33.9	414.1
	六盘山	2840.3	8.0	30.8	126.7	43.7	617.5
	崆峒	1346.6	3.8	27.0	105.7	36.9	480.5
陇南	镡坝	830.0	6.0	49.4	136.6	54.5	686.2
	咀台	1221.2	9.3	57.4	152.6	61.4	803.2
	咀台杨河坝	1600.0	14.0	62.9	254.9	76.9	1006.3

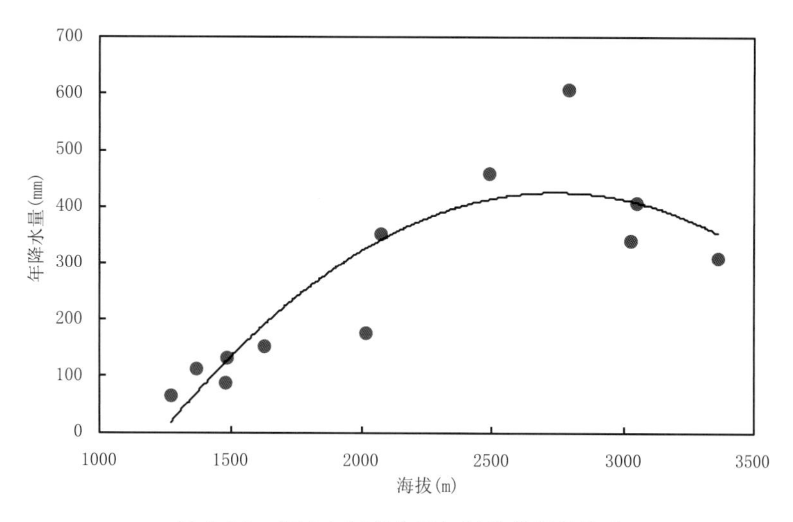

图 3.26 祁连山年降水量与海拔高度的关系

陇南康县境内万家大梁北麓山区，年降水量随海拔高度升高而递增，垂直递增率为 41.6 mm/100 m。陇东六盘山区，年降水量垂直分布特征明显，六盘山东麓是东南气流的迎风面，年降水量垂直递增率为 9.2 mm/100 m，六盘山西麓是东南气流的背风面，年降水量垂直递增率为 17.1 mm/100 m。陇中地区从山间盆地至山顶的降水量大致都随海拔高度升高而递增。通渭至华家岭年降水垂直递增率为 8.8 mm/100 m(表 3.16)。

3.2.2 降水日数

3.2.2.1 降水日数空间分布

(1)年降水日数空间分布

甘肃省年降水日数(日降水量≥0.1 mm 的天数)分布趋势与年降水量大致相同，由东南向西北减少(图 3.27)。河西走廊年降水日数在 20～90 d，是全省降水日数最少区域，特别是安敦盆地年降水日数不到 25 d，是全国降水日数最少的地区之一。

祁连山地年降水日数在 40～140 d，从东向西逐渐减少，如祁连山地东段的乌鞘岭为 138 d，中段的肃南为 88 d，西段的肃北为 45 d。陇中年降水日数在 60～130 d，由南向北递减。陇东年降水日数为 90～110 d，由东南向西北递减。陇南和甘南年降水日数分别为 100～150 d 和 120～150 d，其中从天水到文县为年降水日数较少的区域，与干舌控制区的相对少雨带位置相吻合。在此区域东西两侧分别有两个降水日数较多的区域，西边以玛曲为中心，年降水日数为 151 d，东边以康县为中心，年降水日数为 150 d。

综上所述，甘肃省年平均降水日数的分布和年降水量的分布趋势大体上是一致的。全省有 3 个降水日数较多的区域，一个在甘南高原西南部玛曲一带，另一个在陇南东南部康县一带，第三个在祁连山地乌鞘岭一带。这和年降水量大值区域一致。全省降水日数最少区域在安敦盆地，这也和年少雨中心相一致。

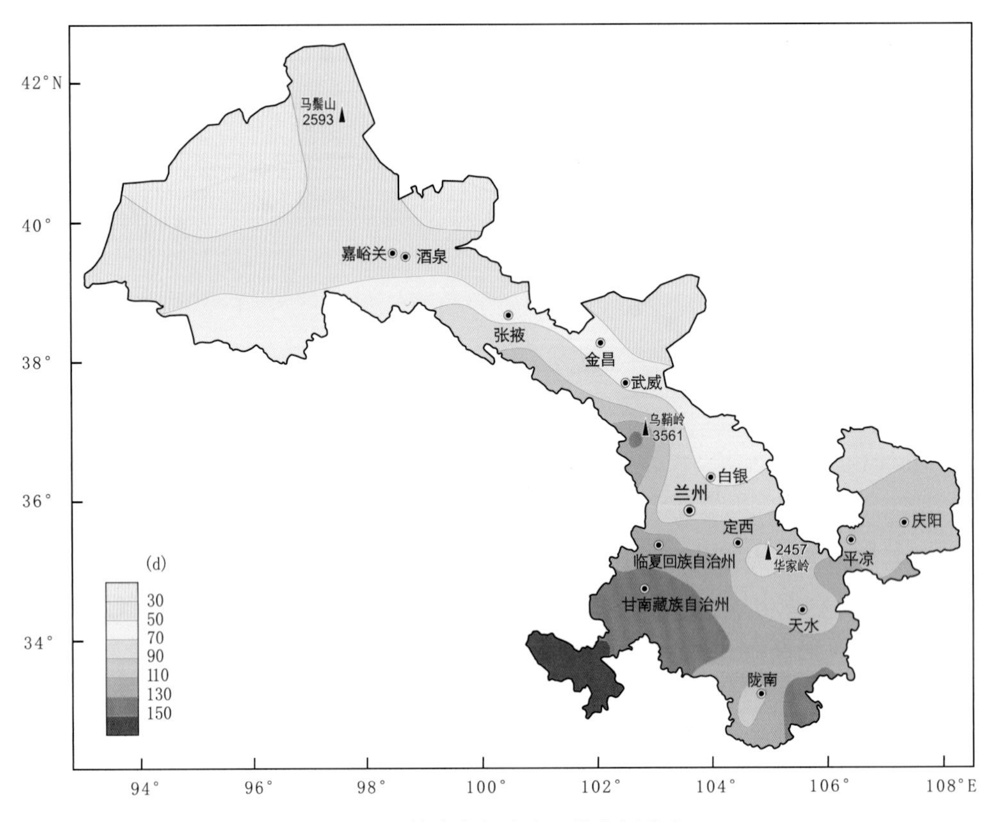

图 3.27 甘肃省年降水日数空间分布

(2)各季降水日数分布

各季降水日数分布趋势大体上和年平均降水量分布趋势一致,从东南向西北递减(表3.17、图3.28)。

表 3.17 甘肃省各地代表站各季、年降水日数(单位:d)

站名	冬季	春季	夏季	秋季	全年
马鬃山	4.8	6.9	16.2	5.9	33.8
敦煌	4.1	4.7	9.7	3.2	21.7
肃北	9.8	10.7	19.0	7.0	46.5
酒泉	5.7	8.9	18.3	6.5	39.4
张掖	7.6	11.8	23.7	10.8	53.9
肃南	11.1	22.6	41.2	18.1	93.0
民勤	3.3	8.1	18.9	9.4	39.7
武威	7.0	14.3	25.6	14.1	61.0
乌鞘岭	17.8	39.0	50.1	33.7	140.6
兰州	5.6	17.3	29.3	18.0	70.2

续表

站名	冬季	春季	夏季	秋季	全年
白银	4.5	14.1	28.6	16.2	63.4
安定	9.5	23.6	35.5	23.5	92.1
岷县	11.0	36.9	46.6	32.2	126.7
临夏	12.2	29.0	41.4	28.3	110.9
玛曲	13.0	39.9	57.9	36.2	147.0
合作	13.1	38.4	53.6	32.6	137.7
天水	13.4	25.3	33.1	27.4	99.2
环县	8.1	19.1	30.9	19.8	77.9
西峰	13.2	23.4	34.4	25.4	96.4
正宁	13.9	25.0	37.0	26.9	102.8
崆峒	11.8	23.5	35.5	25.5	96.3
康县	25.2	36.7	42.3	39.3	143.5
武都	5.8	29.7	36.3	28.4	100.2
文县	6.6	32.0	38.7	28.3	105.6

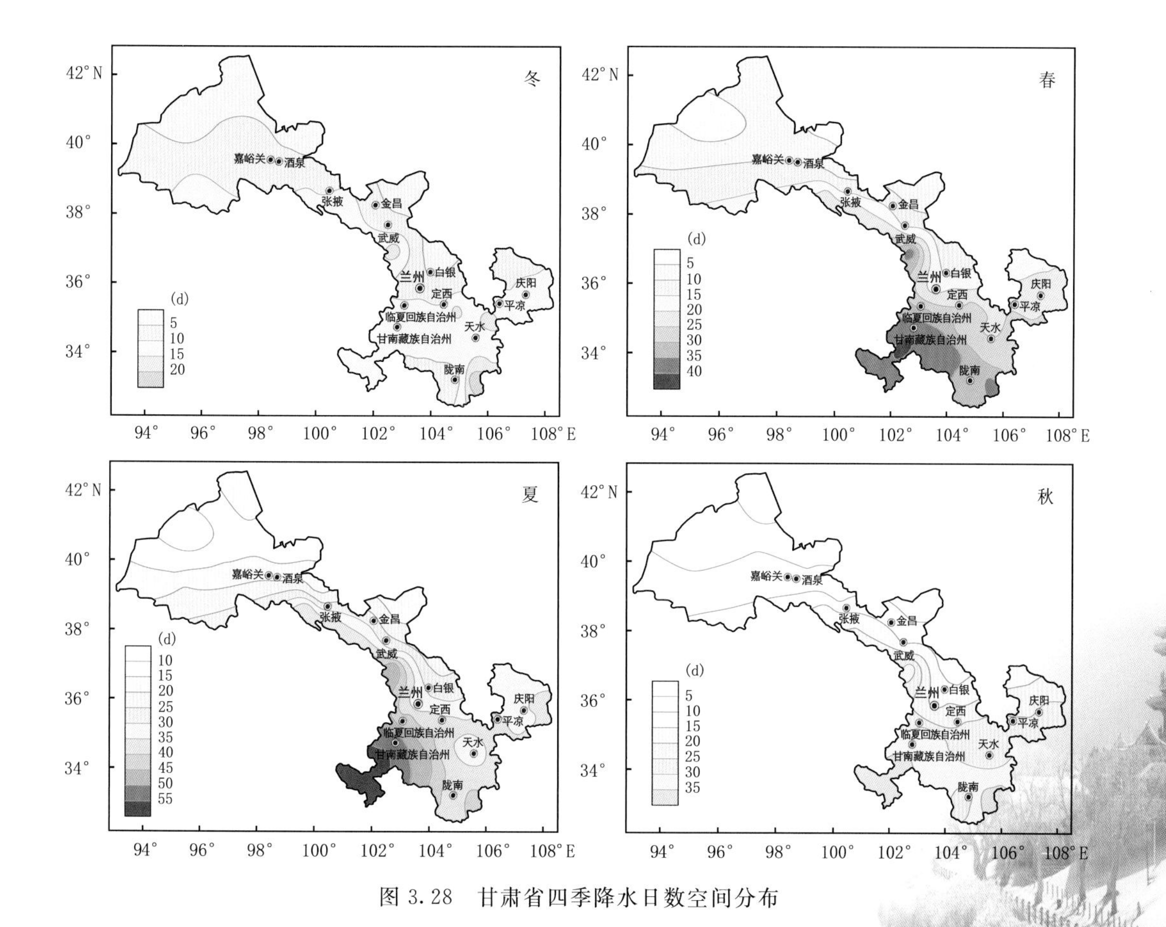

图3.28　甘肃省四季降水日数空间分布

冬季，降水日数河西走廊在 5 d 左右；祁连山地在 10～18 d，由东段向西段逐渐减少；陇中在 4～20 d，其中景泰最少，不到 4 d，华家岭最多达 17 d 以上；陇东在 8～15 d，由东南向西北减少；陇南和甘南在 6～25 d，其中武都最少，只有 5.8 d。

春季，河西走廊西部安敦盆地不到 5 d，其余地方在 5～12 d，祁连山地在 10～40 d；陇中在 10～40 d；陇东在 19～26 d；陇南和甘南为 25～40 d。

夏季，河西走廊除敦煌在 10 d 左右外，其余各地在 10～30 d；祁连山地在 20～50 d，从东向西减少；陇中在 25～50 d；陇东在 35 d；陇南在 30～45 d；甘南为 50～60 d。

秋季，河西走廊的酒泉以西地区在 10 d 左右，其余地方为 10～15 d；祁连山地 10～35 d；陇中在 15～35 d；陇东在 20～30 d；陇南在 25～40 d；甘南在 35 d 左右。

3.2.2.2 最长连续降水日数和无降水日数

(1)最长连续降水日数

甘肃省最长连续降水日数地区分布与降水日数的分布特征基本相似，东南部长于西北部，盆地短于山区(图 3.29)。河西一般为 6～14 d；陇中和陇东 8～20 d；陇南和甘南 11～23 d。总雨量河西为 20～60 mm，陇中和陇东为 20～120 mm；陇南和甘南为 28～172 mm。

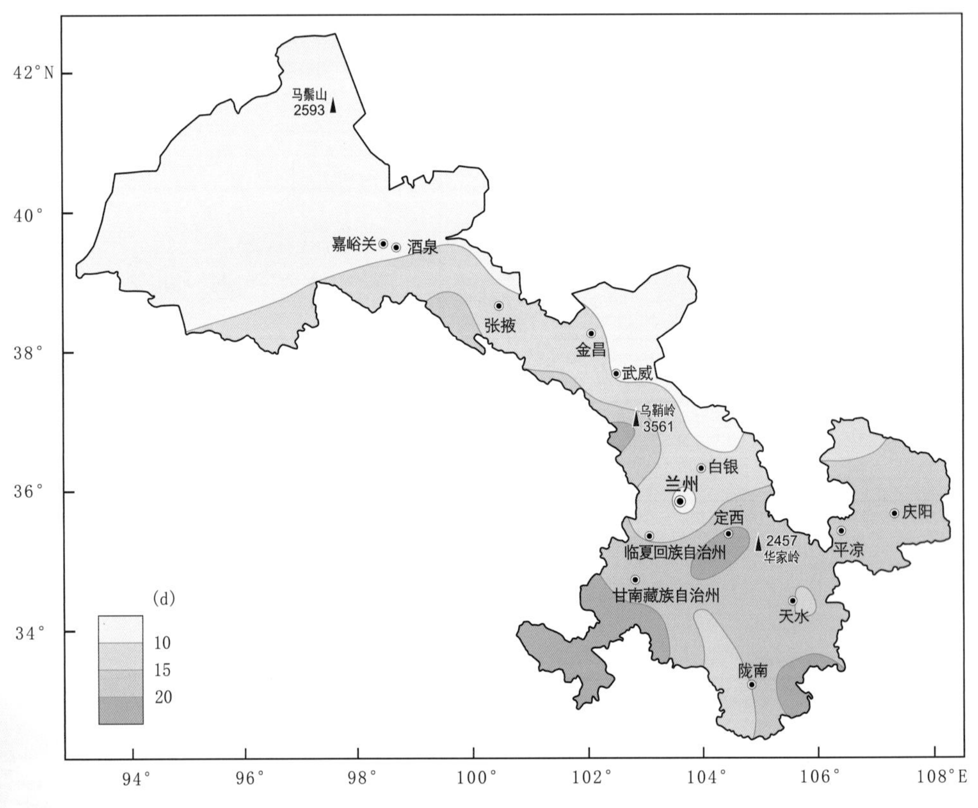

图 3.29 甘肃省年最长连续降水日数空间分布

最长连续降水日数出现的时间，河西一般出现在 7—8 月，个别地方出现在 9—10 月；河东由于常发生秋季连阴雨天气，故多出现在 8 月下旬至 9 月上中旬(表 3.18)。

表3.18 甘肃各地代表站最长连续降水日数

站名	出现时段	最长连续降水日数(d)	降水量(mm)
马鬃山	1977.6.20—6.26	7	19.4
敦煌	1971.7.7—7.12	6	59.9
肃北	2002.9.3—9.10	8	48.5
酒泉	1952.7.23—7.29	9	33.4
张掖	1995.8.30—9.8	10	27.3
肃南	1964.6.27—7.14	18	56.8
民勤	1953.8.11—8.18	8	42.6
武威	1988.9.26—10.4	9	22.3
乌鞘岭	1983.8.12—9.1	21	101.1
兰州	1955.8.4—8.11	8	67.7
白银	1977.9.8—9.20	13	21.7
安定	1967.8.25—9.13	21	112.0
岷县	1962.9.30—10.13	14	55.8
临夏	1985.9.6—9.18	13	62.2
玛曲	1968.8.22—9.12	22	171.8
合作	1986.6.24—7.9	16	74.9
天水	2007.9.27—10.12	16	92.2
环县	1975.8.31—9.13	14	52.0
西峰	2007.9.26—10.13	18	119.0
正宁	1963.9.10—9.23	14	139.6
崆峒	2007.9.26—10.12	17	90.0
康县	1968.8.21—9.12	23	215.3
武都	1957.4.23—5.7	15	28.0
文县	1976.8.20—8.31	12	82.8

(2)最长连续无降水日数

甘肃最长连续无降水日数的分布与最长连续降水日数分布特征基本相反,东南部短于西北部(表3.19、图3.30)。河西最长连续无降水日数一般在70~232 d,陇中和陇东为60~164 d,陇南和甘南为43~98 d。

表3.19 甘肃省各地代表站最长连续无降水日数(单位:d)

站名	出现时段	最长连续无降水日数(d)
马鬃山	2013.10.7—2014.4.14	190
敦煌	2013.9.8—2014.5.7	232
肃北	1996.8.25—1996.11.14	82
酒泉	2006.9.25—2007.3.1	158
张掖	2013.11.24—2014.4.14	142
肃南	1964.10.3—1964.12.15	74

续表

站名	出现时段	最长连续无降水日数
民勤	1998.10.13—1999.4.24	194
武威	1964.10.27—1965.2.3	100
乌鞘岭	1964.12.4—1965.1.30	58
兰州	1998.10.13—1999.3.25	164
白银	1987.10.16—1988.2.15	123
安定	1998.10.13—1999.1.12	92
岷县	2009.11.20—2010.3.1	102
临夏	1998.10.30—1999.1.31	94
玛曲	1971.11.9—1972.2.2	86
合作	1962.12.30—1963.3.10	71
天水	1975.12.11—1976.2.16	68
环县	1998.10.13—1999.3.17	156
西峰	1998.10.28—1999.3.13	137
正宁	1962.11.27—1963.2.17	83
崆峒	1998.10.28—1999.1.12	77
康县	1988.11.3—1988.12.15	43
武都	1980.11.23—1981.2.28	98
文县	1986.11.24—1987.2.17	86

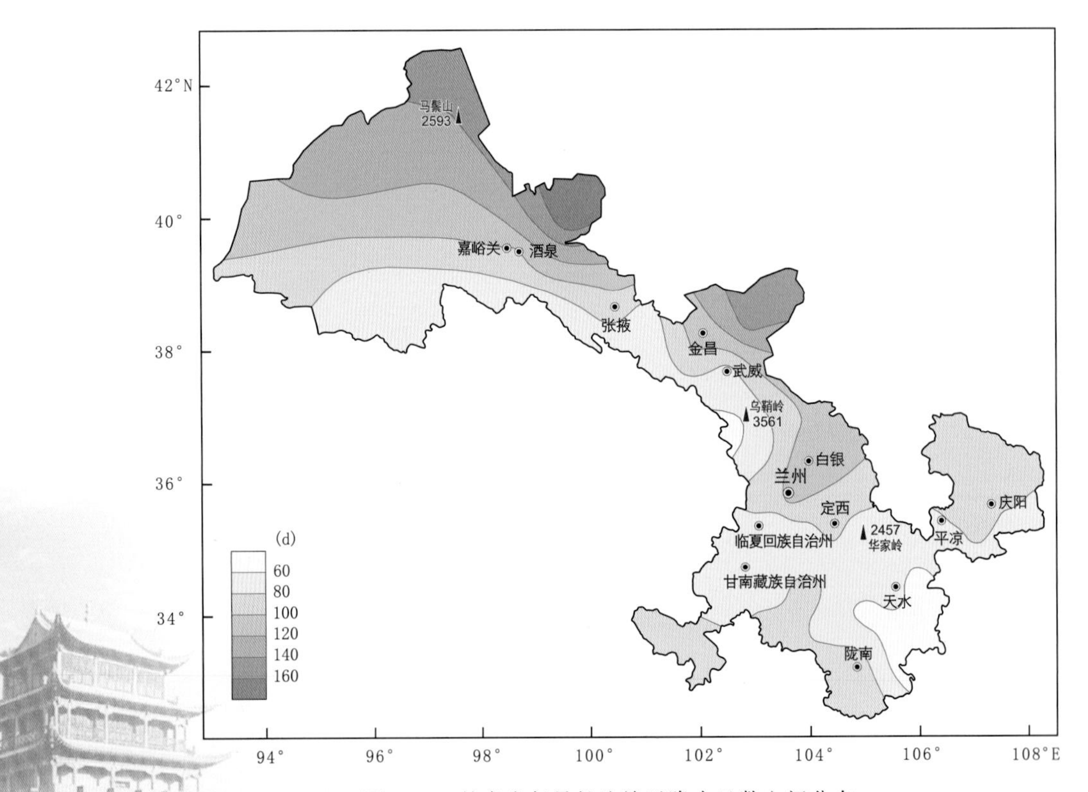

图 3.30 甘肃省年最长连续无降水日数空间分布

甘肃省位于东亚季风气候边缘地区，冬、春季节降水稀少，容易出现长时间的连旱天气，因而大多数地方最长连续无降水日数开始于11—12月，结束于翌年2—3月。河西最长连续无降水日数开始时间迟早不一致。如敦煌开始于9月上旬，结束于翌年5月上旬；酒泉开始于9月下旬，结束于翌年3月上旬；张掖开始于11月下旬，结束于翌年4月中旬；武威则开始于10月下旬，结束于翌年2月上旬。

3.2.2.3 降水日数年变化

全省平均降水日数1月平均为3.9 d，之后缓慢增多，至7月达到峰值，为11.9 d；8—9月略有减少，为11.5 d；之后不断持续减少，至12月最少，仅为2.6 d(图3.31、表3.20)。

降水日数最多月河西和陇中出现在7月，陇东和陇南和甘南大多数地方出现在7月，少数地方出现在8月，基本上和降水最多月出现的时间一致。降水日数最少月全省基本上都出现在12月，这也和降水最少月出现的时间一致。全省各地最多月降水日数是最少月降水日数的5～16倍。

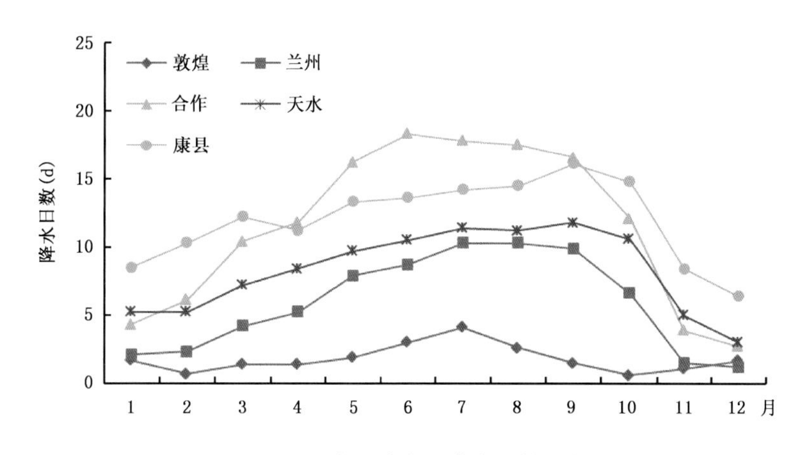

图3.31 甘肃省代表站降水日数年变化

表3.20 甘肃省各地代表站各月降水日数(单位:d)

站名	1月	2月	3月	4月	5月	6月	7月	8月	9月	10月	11月	12月
马鬃山	1.6	1.7	2.3	2.0	2.6	5.0	6.3	4.9	2.6	1.4	1.9	1.5
敦煌	1.7	0.7	1.4	1.4	1.9	3.0	4.1	2.6	1.5	0.6	1.1	1.7
肃北	3.5	2.6	3.6	2.9	4.2	6.4	7.2	5.4	2.8	1.7	2.5	3.7
酒泉	2.2	1.5	2.9	2.4	3.6	5.0	7.4	5.9	3.4	1.6	1.5	2.0
张掖	3.2	1.8	3.4	3.4	5.0	7.0	8.9	7.8	6.0	2.8	2.0	2.6
肃南	4.0	3.8	6.5	6.5	9.6	11.7	15.2	14.3	9.3	5.6	3.2	3.3
民勤	1.2	1.2	1.8	2.2	4.1	5.3	6.7	6.9	5.4	3.1	0.9	0.9
武威	2.5	2.5	4.1	3.9	6.3	7.0	8.6	10.0	7.5	4.7	1.9	2.0
乌鞘岭	5.2	8.3	13.0	11.8	14.2	15.0	17.0	18.1	16.1	12.4	5.2	4.3
兰州	2.1	2.3	4.2	5.2	7.9	8.7	10.3	10.3	9.9	6.6	1.5	1.2
白银	2.1	1.6	2.8	4.1	7.2	8.2	10.2	10.2	9.3	5.5	1.4	0.8
安定	3.8	3.9	6.3	7.3	10.0	10.8	12.1	12.6	11.3	8.8	3.4	1.8

续表

站名	1月	2月	3月	4月	5月	6月	7月	8月	9月	10月	11月	12月
岷县	4.0	5.3	8.9	12.4	15.6	16.5	15.1	15.0	15.2	12.8	4.2	1.7
临夏	4.1	5.4	8.5	8.4	12.1	13.6	14.5	13.3	14.2	10.5	3.6	2.7
玛曲	4.4	6.0	10.2	12.2	17.5	20.4	19.8	17.7	18.7	13.6	3.9	2.6
合作	4.3	6.1	10.4	11.8	16.2	18.3	17.8	17.5	16.6	12.1	3.9	2.7
天水	5.2	5.2	7.2	8.4	9.7	10.5	11.4	11.2	11.8	10.6	5.0	3.0
环县	2.7	3.5	5.0	6.3	7.8	8.5	10.7	11.7	10.1	6.8	2.9	1.9
西峰	4.7	5.5	7.1	7.2	9.1	10.2	11.8	12.4	11.8	8.9	4.7	3.0
正宁	4.8	5.3	7.5	8.0	9.5	11.2	13.3	12.5	11.9	9.4	5.6	3.8
崆峒	4.1	5.4	6.6	7.3	9.6	10.2	11.8	13.5	12.1	9.1	4.3	2.3
康县	8.5	10.3	12.2	11.2	13.3	13.6	14.2	14.5	16.1	14.8	8.4	6.4
武都	1.9	2.9	7.2	9.6	12.9	12.6	11.3	12.4	13.1	11.4	3.9	1.0
文县	2.3	3.1	7.0	11.5	13.5	13.4	12.5	12.8	12.9	11.6	3.8	1.2

3.2.3 降水强度

降水强度指单位时间内降水量的多少，是反映降水量利用价值的重要参数。某地方的降水总量可能不少，但是如果很大一部分降水降在极短促时间之内，这种急促暴雨就不可能为地面土壤和农作物所吸收利用，反而足以破坏土壤，毁灭农作物，甚至可以使沟渠泛滥、河堤淤塞造成灾害。特别强大的降水，可以冲毁建筑物和桥梁，破坏交通设施。所以降水强度的大小，是农业生产、土木建筑、水利工程等经济建设部门所必须参考的气候参数。

3.2.3.1 降水强度空间分布

(1)年降水强度

年平均降水强度(年降水量除以年降水日数)分布是由东南向西北减小，降水强度均不大，比同纬度的华北平原小得多(表 3.21、图 3.32)。河西降水稀少，强度也最小，在 1.9～3.8 mm/雨日，其中河西西部不足 2 mm/雨日；陇中、陇南和甘南 3～5 mm/雨日；陇东 4～6 mm/雨日，是甘肃省年平均降水强度最大的地区，也是水土流失最为严重地区之一。

表 3.21 甘肃省各地代表站各季、年降水强度(单位:mm/雨日)

站名	冬季	春季	夏季	秋季	全年
马鬃山	0.5	1.6	2.6	1.6	1.6
敦煌	0.6	2.1	2.3	1.5	1.9
肃北	1.0	3.3	4.7	2.5	3.4
酒泉	0.8	2.0	2.7	2.5	2.2
张掖	0.7	2.0	3.2	2.5	2.5
肃南	0.5	2.2	4.0	2.5	3.0
民勤	0.8	2.6	3.4	2.7	2.8
武威	0.8	2.3	3.7	2.7	2.7

续表

站名	冬季	春季	夏季	秋季	全年
乌鞘岭	0.5	1.9	4.8	2.5	2.9
兰州	1.0	3.5	5.6	3.5	3.9
白银	0.6	2.4	4.0	2.6	2.9
安定	0.9	3.5	5.8	3.4	3.7
岷县	0.8	3.6	6.2	4.0	4.2
临夏	0.9	3.9	6.4	4.0	4.4
玛曲	1.0	2.8	5.8	3.8	3.9
合作	0.9	3.2	5.2	3.6	3.8
天水	1.1	4.2	7.4	4.9	4.7
环县	1.1	4.0	7.5	4.7	4.7
西峰	1.3	4.3	8.1	5.2	5.1
正宁	1.4	4.4	8.6	5.9	5.6
崆峒	1.0	3.7	7.6	4.4	4.8
康县	1.0	4.5	8.4	5.2	5.0
武都	0.9	3.5	6.4	4.1	4.4
文县	0.7	3.4	5.8	3.6	4.1

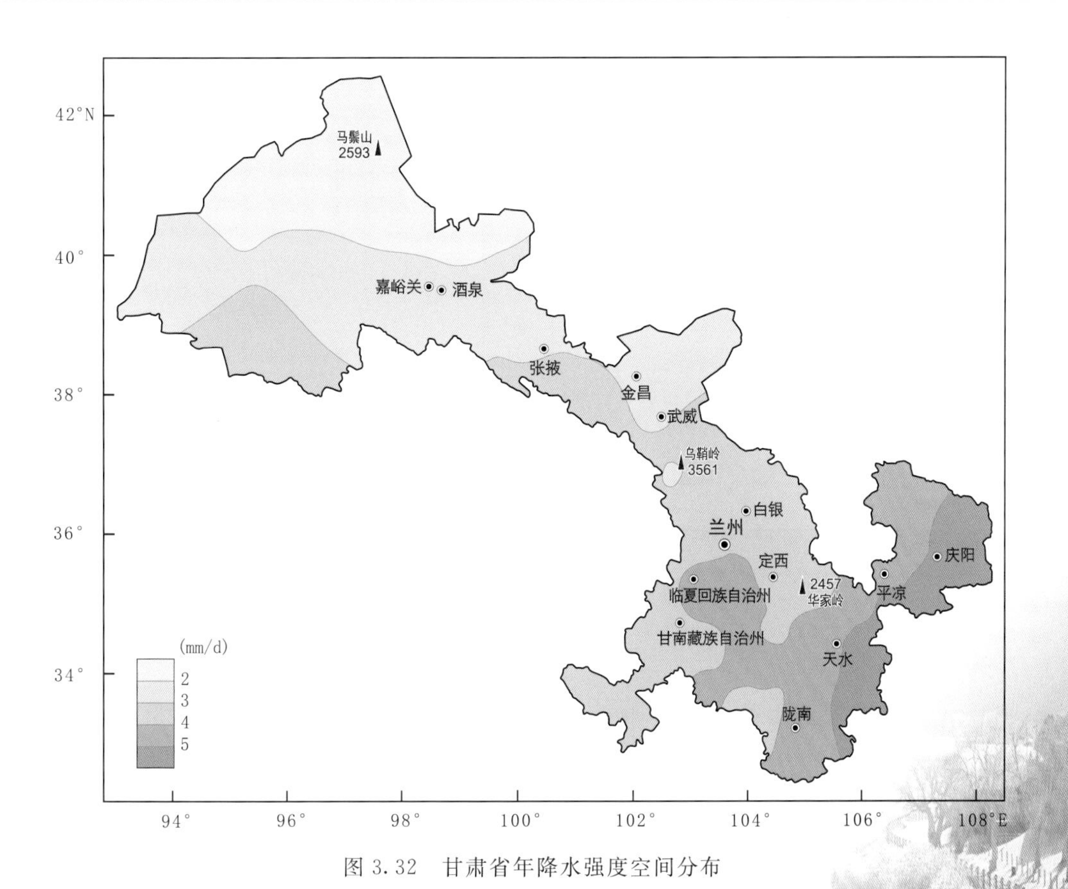

图 3.32　甘肃省年降水强度空间分布

(2)各季降水强度

各季降水强度分布趋势自东南向西北递减,冬季甘肃省各地降水强度最小,夏季最大(图3.33)。

冬季,河西地区、陇中和甘南 0.5～1.1 mm/雨日;陇东和陇南 0.7～1.5 mm/雨日。

春季,河西地区 1.6～3.6 mm/雨日;陇中和甘南 2.6～4.3 mm/雨日;陇东和陇南 3.4～4.6 mm/雨日。

夏季,河西大部在 2 mm/雨日左右;陇中和甘南 4.1～7.0 mm/雨日;陇东和陇南 5.8～9.3 mm/雨日。

秋季,河西大部在 2.5 mm/雨日左右;陇中和甘南 2.6～4.5 mm/雨日;陇东和陇南 3.6～5.9 mm/雨日。

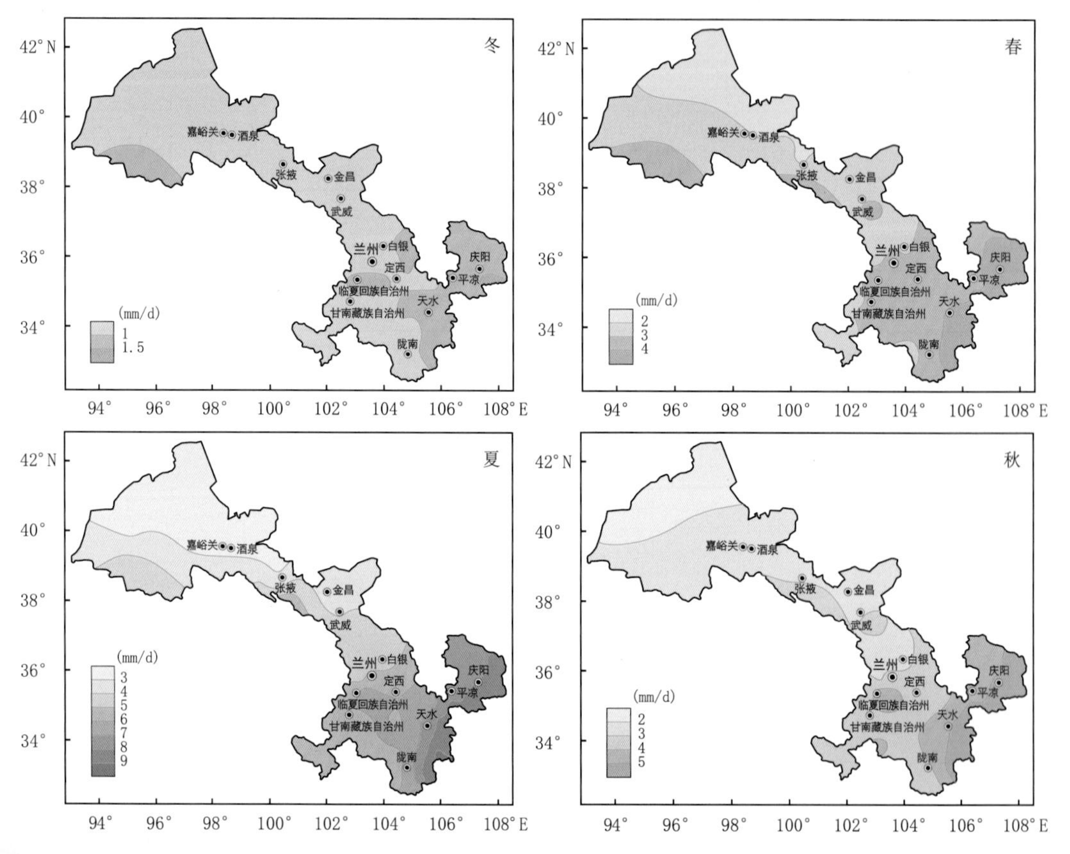

图 3.33 甘肃省四季降水强度空间分布

3.2.3.2 各级降水强度

按照一般规定,日降水量 0.1～9.9 mm 为小雨,10.0～24.9 mm 为中雨,25.0～49.9 mm 为大雨,50.0～99.9 mm 为暴雨,≥100.0 mm 为大暴雨。各级降水频率＝各级降水日数/总降水日数×100%。

(1)小雨

小雨日数一般由东南向西北减少,其出现频率一般由东南向西北增大(表 3.22)。河西小雨日数一般为 20～63 d,出现频率在 95%左右。陇中和陇东小雨日数为 58～114 d,出现频率为 80%～92%。陇南和甘南小雨日数为 84%～135 d,出现频率在 82%～91%。甘肃省大多数地方气候干燥,降水多以小雨为主。

表 3.22 甘肃各地代表站各级降水强度

站名	小雨(0.1～9.9 mm)		中雨(10.0～24.9 mm)		大雨(25.0～49.9 mm)		暴雨(50.0～99.9 mm)		大暴雨(≥100 mm)	
	日数(d)	频率(%)	日数(d)	频率(%)	日数(d)	频率(%)	日数(d)	频率(%)	日数(d)	频率(%)
马鬃山	37.2	95.9	1.5	3.9	0.1	0.3	0.0	0.0	0.0	0.0
敦煌	20.5	96.7	0.7	3.3	0.0	0.0	0.0	0.0	0.0	0.0
肃北	41.0	91.3	3.1	6.9	0.8	1.8	0.0	0.0	0.0	0.0
酒泉	39.7	96.8	1.2	2.9	0.1	0.2	0.0	0.0	0.0	0.0
张掖	50.6	95.1	2.4	4.5	0.2	0.4	0.0	0.0	0.0	0.0
肃南	81.9	92.6	6.2	7.0	0.3	0.3	0.0	0.0	0.0	0.0
民勤	37.6	94.0	1.9	4.8	0.5	1.3	0.0	0.0	0.0	0.0
武威	59.5	94.4	3.2	5.1	0.3	0.5	0.0	0.0	0.0	0.0
乌鞘岭	128.6	92.9	8.7	6.3	1.1	0.8	0.0	0.0	0.0	0.0
兰州	65.2	87.6	8.0	10.8	1.1	1.5	0.1	0.1	0.0	0.0
白银	61.2	92.3	4.6	6.9	0.5	0.8	0.0	0.0	0.0	0.0
安定	90.0	88.7	9.9	9.8	1.5	1.5	0.1	0.1	0.0	0.0
岷县	114.8	86.6	15.6	11.8	1.9	1.4	0.2	0.2	0.0	0.0
临夏	97.8	86.3	13.2	11.7	2	1.8	0.3	0.3	0.0	0.0
玛曲	135.5	89.5	14.2	9.4	1.6	1.1	0.1	0.1	0.0	0.0
合作	126.3	89.7	12.9	9.2	1.6	1.1	0.0	0.0	0.0	0.0
天水	91.2	86.0	12	11.3	2.6	2.5	0.3	0.3	0.0	0.0
环县	74.5	85.6	9.9	11.4	2.2	2.5	0.4	0.5	0.0	0.0
西峰	86.6	83.8	12.7	12.3	3.4	3.3	0.6	0.6	0.1	0.1
正宁	89.8	82.2	14.9	13.6	3.6	3.3	0.9	0.8	0.0	0.0
崆峒	84.5	85.0	11.4	11.5	3.0	3.0	0.5	0.5	0.1	0.1
康县	127.5	85.5	16.2	10.9	4.2	2.8	1.3	0.9	0.2	0.1
武都	91.1	86.9	11.7	11.2	1.8	1.7	0.2	0.2	0.0	0.0
文县	95.1	87.6	11.6	10.7	1.6	1.5	0.2	0.2	0.0	0.0

(2)中雨

中雨日数也是自东南向西北减少,出现频率是河西最小,陇东最大,陇中和甘南次大(表3.22)。河西中雨日数一般 1～5 d,其中敦煌、安西、酒泉等地平均不到 1 d,出现频率为 2%～7%。陇中和陇东中雨日数为 4～16 d,出现频率为 6%～14%。陇南和甘南中雨日数为 10～16 d,出现频率为 8%～13%。甘肃省中雨出现的频率虽然比较小,如能降在作物生长关键性季节,也基本能满足作物对水分需求。

(3)大雨和暴雨

河西大雨日数平均不到 1 d,其中酒泉以西地区很少出现,出现频率在 1%左右。河东大雨日数 1～4 d,出现频率在 1%～4%。

河西暴雨几乎从未发生过，河东平均不到 1 天，出现频率在 0.5%左右。大暴雨主要出现在陇东和陇南，其频率都不超过 0.1%（表 3.22）。

大雨和暴雨除能满足作物需水，在旱季缓解和解除干旱现象及有利于水库蓄水外，可带来较严重的水土流失，有些山区引起山洪暴发，造成水毁灾害。

3.2.3.3 最大降水量

(1)日最大降水量

甘肃省各地日最大降水量，河西西部达到了大雨级别，河西东部和河东达到了暴雨及其以上级别。各地日最大降水量差异很大，且分布不均（表 3.23）。河西、陇中北部和甘南地区日最大降水量多在 30～100 mm；陇中南部、陇东和陇南多在 80～190 mm。日最大降水量最大是庆城，为 190.2 mm（出现在 1966 年 7 月 26 日），日最大降水量最小是敦煌，为 30.8 mm（出现在 2002 年 6 月 7 日）。从出现时间看，日最大降水量在 5—9 月均可出现，其中多数站点集中在 7 月（占总站数 40%）和 8 月（占总站数 35%）。

表 3.23 甘肃省各地代表站日最大降水量(1951—2015 年)

站名	日最大降水量(mm)	出现时间
马鬃山	42.5	1984.6.22
敦煌	30.8	2002.6.7
肃北	93.8	2002.6.5
酒泉	44.2	1983.8.4
张掖	46.7	1954.8.16
肃南	46.7	2015.7.4
民勤	48.0	1994.6.14
武威	62.7	1985.6.3
乌鞘岭	46.2	2012.6.30
兰州	96.8	1978.8.7
白银	82.2	1959.7.13
安定	67.2	1960.8.1
岷县	66.0	1967.9.1
临夏	82.1	1970.8.18
玛曲	93.5	2009.7.21
合作	83.7	1996.7.6
天水	88.1	1970.8.29
环县	108.7	2012.7.21
西峰	115.9	2006.7.2
正宁	103.4	2013.7.22
崆峒	166.9	1996.7.27
康县	162.0	2009.7.17
武都	76.5	1984.8.3
文县	73.0	1987.5.30
庆城	190.2	1966.7.26

(2)不同历时年最大降水量

甘肃省各时段最大降水量空间分布如下(图 3.34)。

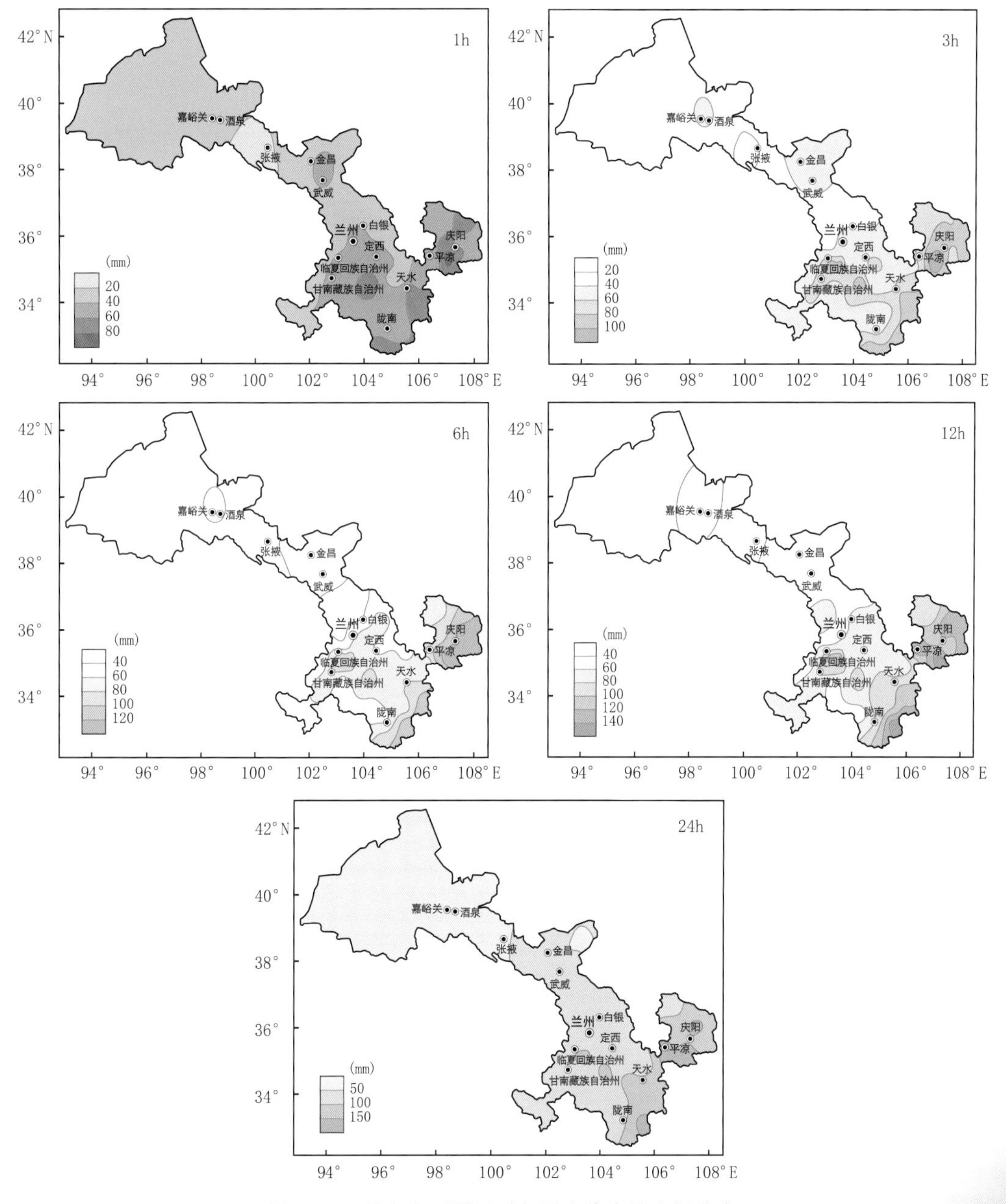

图 3.34　甘肃省不同历时年最大降水量空间分布

1 h 最大降水量，河西、陇中大部、陇南北部及甘南州在 50 mm 以下，陇中南部、陇东和陇南东南部在 50～80 mm。

3 h 最大降水量，河西和陇中北部在 15～50 mm，河东在 50～110 mm。

6 h 最大降水量，河西和陇中北部在 20～50 mm，陇中南部、陇南大部和甘南高原在 50～100 mm，陇东大部和陇南东南部在 100～148 mm。

12 h 最大降水量，河西中西部在 50 mm 以下，河西东部、陇中、陇南大部、甘南高原在 50～100 mm，陇东和陇南东南部在 100～157 mm。

24 h 最大降水量，河西西部在 50 mm 以下，河西东部、陇中和甘南高原在 50～100 mm，陇东和陇南大部在 100～197 mm，其中平凉市东部最大在 150 mm 以上。

3.2.4 透雨、多(少)雨期

3.2.4.1 透雨标准

透雨在河西地区是日(20 时至翌日 20 时)降水量≥5.0 mm。河东地区是日降水量≥10.0 mm 或 2 天降水量≥15.0 mm；若是 2 天雨量达到透雨标准，将第一场透雨的第一天作为透雨初日。最后一场透雨的第二天作为透雨终日。根据生产需要，又将透雨分为中雨(河西日雨量 5.0～14.9 mm、河东 10.0～24.9 mm)、大雨(河西日雨量 15.0～29.9 mm、河东 20.0～49.9 mm)、暴雨(河西日雨量≥30.0 mm、河东≥50.0 mm)3 个等级。

3.2.4.2 透雨起止日期

透雨初日自东南向西北逐渐推迟，南北相差 60 d 左右。河西气候干燥，降水少且变率大，透雨初日最不稳定，平均在 5 月下旬至 6 月上旬，最早在 4 月上旬，最晚在 9 月下旬。陇中和陇东是半干旱和半湿润气候，透雨初日平均在 4 月下旬至 5 月上旬，最早在 4 月上旬，最晚在 8 月下旬。陇南和甘南气候比较湿润，降水量多且变率小，透雨初日也较稳定，平均在 4 月下旬至 5 月上旬，最早在 3 月上旬，最晚在 7 月上旬(表 3.24)。

透雨终日自西北向东南逐渐推迟，南北相差 80 d 左右。河西透雨结束最早，终日平均在 8 月中旬至 9 月中旬，最早在 4 月上旬，最晚在 12 月上旬。陇中透雨终日平均在 9 月下旬至 10 月上旬，最早在 6 月上旬，最晚在 11 月中旬。陇东透雨终日平均在 9 月中旬至 10 月中旬，最早在 8 月中旬，最晚在 12 月上旬。陇南透雨终日在 10 月上、中旬，最早在 8 月中旬，最晚在 11 月下旬。甘南高原透雨终日平均在 9 月下旬至 10 月上旬，最早在 8 月下旬，最晚在 11 月中旬(表 3.24)。

表 3.24 甘肃省各地代表站透雨初、终日期

站名	初日			终日		
	平均	最早	最晚	平均	最早	最晚
马鬃山	6.21	4.8	9.3	8.12	6.9	9.29
敦煌	6.1	4.9	9.2	7.8	4.9	9.26
肃北	5.28	5.3	7.15	8.29	7.3	10.30
酒泉	6.1	4.6	8.30	8.20	4.6	10.27
张掖	5.29	4.16	7.28	9.19	6.28	12.8
肃南	5.17	4.2	6.17	9.27	8.8	10.26
民勤	5.26	4.7	8.29	9.17	7.26	11.2
武威	5.15	4.7	9.23	9.27	7.3	11.16
乌鞘岭	5.17	5.1	4.14	10.2	8.27	10.30
兰州	5.14	4.9	8.2	9.23	7.22	11.5

续表

站名	初日			终日		
	平均	最早	最晚	平均	最早	最晚
白银	6.18	4.12	8.26	9.2	6.4	11.7
安定	5.7	4.10	6.29	10.4	8.23	11.14
岷县	4.22	3.21	5.19	10.4	8.16	11.7
临夏	5.1	4.1	7.11	10.6	8.27	11.13
玛曲	5.15	4.11	6.16	9.30	9.4	11.7
合作	5.7	4.3	6.11	10.3	8.23	11.3
天水	4.23	4.1	6.23	10.18	9.8	11.20
环县	5.11	4.10	6.29	10.4	8.23	11.14
西峰	4.24	4.4	5.29	10.18	8.26	12.7
正宁	4.20	4.1	6.6	10.21	9.2	11.30
崆峒	4.30	4.5	6.23	9.19	8.17	10.20
康县	4.14	4.1	5.28	10.18	9.27	11.30
武都	4.16	3.3	7.2	10.4	9.2	11.30
文县	5.2	3.24	7.2	10.5	8.29	11.18

3.2.4.3 透雨次数

年透雨次数与年降水日数的分布趋势基本相同，自东南向西北逐渐减少。东南部的成县年透雨次数平均19.3次，西北部敦煌平均为1.9次，两地相差10倍。河西是透雨最少地区，年透雨次数平均2～9次，陇中4～17次；陇东13～17次；陇南和甘南13～20次，是透雨最多地区。甘肃省透雨以中雨形式出现的频率最高，全省中雨次数占年透雨次数的75%～94%；以大雨和暴雨形式出现频率较小，全省分别为2%～15%和2%左右。透雨次数夏季最多，占年透雨次数50%～81%；秋季和春季分别占年透雨次数5%～30%和9%～21%；冬季达到透雨标准极少。

年透雨量占年降水量百分率(表3.25)，河西为47%～67%，陇中36%～59%，陇东60%左右，陇南53%～66%，甘南46%～49%。可见，甘肃省各地年降水量有33%～64%达不到透雨标准。对农业生产来说，用年降水量反映某一地区的水分条件，与实际并不十分相符。甘肃省大部分地区气候干燥，日照强烈，达不到透雨标准的降水，在干土层较厚的情况下，难以下渗至作物根部，绝大部分被蒸发，对作物生长无实际意义。因此，用透雨次数表征降水对长业影响更有实际意义。各季透雨量占年雨量百分率，夏季最大为28%～43%，秋季和春季分别为2%～16%和5%～12%。

表3.25 甘肃省各地代表站透雨次数和年透雨量占年雨量的百分比(%)

站名	春季			夏季			秋季			年	
	平均(次)	最多(次)	百分比(%)	平均(次)	最多(次)	百分比(%)	平均(次)	最多(次)	百分比(%)	平均(次)	百分比(%)
马鬃山	0.5	3	5	3.4	7	39	0.3	2	3	4.2	47
敦煌	0.3	2	7	1.5	6	38	0.1	1	2	1.9	47
酒泉	0.8	4	11	3.0	9	35	0.6	4	6	4.4	52
张掖	1.2	5	9	5.2	11	40	1.5	4	10	7.8	59

续表

站名	春季			夏季			秋季			年	
	平均（次）	最多（次）	百分比（%）	平均（次）	最多（次）	百分比（%）	平均（次）	最多（次）	百分比（%）	平均（次）	百分比（%）
民勤	0.6	4	7	4.4	9	42	1.4	5	11	6.6	60
武威	1.4	5	7	5.1	11	36	2.5	7	15	9.0	58
兰州	1.6	3	3	5.7	8	28	2.1	3	5	9.5	36
白银	0.6	6	8	3.2	12	33	0.7	7	10	4.4	52
安定	2.4	6	9	7.1	15	33	2.9	9	11	12.4	53
岷县	4.0	11	11	10.5	21	32	4.2	10	11	18.7	54
临夏	2.9	10	10	8.8	14	36	4.0	9	13	15.7	59
玛曲	1.9	4	5	11.3	16	32	4.4	10	12	17.6	49
合作	3.0	9	8	9.7	16	31	3.7	7	10	16.3	49
天水	3.4	7	10	8.2	14	34	5.0	9	17	16.6	61
环县	2.0	8	8	8.0	15	42	3.4	8	15	13.4	65
西峰	3.3	9	10	8.8	19	37	4.9	13	16	17.0	64
崆峒	2.5	6	8	8.8	15	39	2.9	9	11	14.2	58
武都	2.9	6	10	7.9	16	33	3.7	8	13	14.5	56
文县	2.3	5	9	8.3	14	34	2.8	8	10	13.4	53

3.2.4.4　多雨期和少雨期

（1）多雨期和少雨期标准

多雨期（湿季）和少雨期（干季）是降水年变化的两个方面，是重要的气候特点。其标准用旬降水相对系数确定，其计算式为

$$V_c = \frac{R_i}{\overline{R}} \tag{3.3}$$

式中，V_c 为旬降水相对系数；R_i 为累（历）年平均某旬降水量；$\bar{R}$ 为累年平均旬降水量。将 $V_c \geqslant 1$ 的时期作为多雨期；$V_c < 1$ 的时期作为少雨期。

（2）多雨期

多雨期开始最早的地方是河西西部（表 3.26），一般在 4 月中、下旬进入湿季，这与新疆多雨期（4 月中旬前后）开始日期基本相同。陇南、陇东、陇中、甘南高原多雨期一般开始于 4 月下旬和 5 月上、中旬，这是我国东部地区多雨期迅速向北扩展的结果。河西中、东部多雨期来得较迟，一般在 5 月中、下旬进入多雨期，这是逐渐东扩的新疆多雨区和我国东南部地区多雨区在该地区合并的结果。综上所述，甘肃省多雨期开始的时间比华中（3 月上旬）迟，但比华北、东北（5 月下旬）开始得早。

多雨期结束时间比较有规律，由西北向东南逐渐收缩。河西西部是甘肃省多雨期结束最早的地方，于 8 月下旬结束，与新疆南疆多雨期结束（8 月下旬）的时间基本一致。河西中、东部 9 月下旬结束，比新疆北疆多雨期结束时间（9 月中旬）迟一个旬。陇中、陇东、陇南和甘南高原 10 月上旬结束，这与我国多雨期结束最迟的青藏高原东部和东北侧（10 月上、中旬）基本相同。

多雨期降水相对变率：河西西部降水稀少且很不稳定，是甘肃省降水最不稳定的地方，降水相对变率为0.44～0.59，河西中、东部降水比较稳定，降水相对变率为0.20～0.28。陇中、陇东和陇南北部降水相对变率为0.22～0.32。陇南南部和甘南高原降水量比较多，降水比较稳定，降水相对变率为0.16～0.22，是全省降水变率最小的地区。

表3.26 甘肃省各地代表站多雨期起讫旬

站名	开始期	结束期	站名	开始期	结束期
马鬃山	5月下旬	9月上旬	岷县	4月下旬	10月上旬
敦煌	4月下旬	8月下旬	临夏	5月上旬	10月上旬
肃北	4月上旬	9月上旬	玛曲	5月上旬	10月上旬
酒泉	4月中旬	9月下旬	合作	4月下旬	10月上旬
张掖	5月上旬	9月下旬	天水	4月下旬	10月上旬
肃南	5月中旬	9月下旬	环县	5月中旬	10月上旬
民勤	5月中旬	10月上旬	西峰	4月下旬	10月上旬
武威	5月中旬	10月上旬	正宁	4月下旬	10月上旬
乌鞘岭	5月下旬	9月下旬	崆峒	5月上旬	10月上旬
兰州	5月上旬	10月上旬	康县	4月下旬	10月上旬
白银	5月上旬	10月上旬	武都	4月下旬	10月上旬
安定	4月下旬	10月上旬	文县	4月下旬	10月上旬

(3)少雨期

多雨期结束和开始意味着少雨期的开始和结束。甘肃省少雨期开始时间比较有规律，基本上由西北向东南推进。河西少雨期来得较早，10月上旬开始，翌年4月下旬或5月上旬结束，河东少雨期开始于10月中旬，结束于翌年5月上旬。

全省少雨期特别明显，降水非常稀少，少雨期降水量仅占年降水量的11%～27%。持续时间，河西约6个月，河东5个多月。甘肃省少雨期出现的时段与全国基本一致。

少雨期降水量少而不稳，降水相对变率最大。河西少雨期各月降水相对变率大多数地方为0.80～2.20，河东为0.40～1.53。这是全省容易发生春旱的原因之一。

3.2.5 降雪和积雪

3.2.5.1 降雪

(1)降雪初、终期

河西、陇中降雪初日平均在10月中旬至11月中旬，最早在9月上旬，最晚在11月中旬。甘南高原平均在8月下旬至9月中旬。陇东和陇南平均在10月下旬至11月下旬，最早在10月下旬，最晚在12月下旬(表3.27)。

河西、陇中降雪终日平均在4月上旬至5月中旬，最早在4月上旬，最晚在6月中旬。甘南高原平均在5月下旬至6月上旬。陇东和陇南北部在3月下旬至4月中旬，陇南南部在2月中、下旬(表3.27)。

表 3.27 甘肃省各地降雪初、终期及降雪持续期

站名	初日	终日	日数(d)
马鬃山	10.17	4.30	197
敦煌	11.17	4.5	141
肃北	10.21	5.10	203
酒泉	11.12	4.17	158
张掖	11.2	4.18	169
肃南	10.5	5.13	222
民勤	10.25	4.9	168
武威	11.1	4.17	169
乌鞘岭	9.4	6.9	280
兰州	11.7	4.8	154
白银	11.1	4.20	172
安定	10.19	4.23	188
岷县	10.17	5.3	200
临夏	10.27	4.21	178
玛曲	8.24	6.9	291
合作	9.11	5.29	262
天水	11.19	3.23	126
环县	11.6	4.7	154
西峰	11.2	4.13	164
正宁	10.30	4.13	167
崆峒	11.6	4.11	158
康县	11.22	3.19	119
武都	11.28	2.27	92
文县	12.22	2.11	52

(2)降雪期

甘肃省各地降雪期在 52～291 d,以文县最短,玛曲最长。祁连山地和甘南高原降雪期在 200～290 d,河西和陇中在 140～200 d,陇东和陇南北部 120～170 d,陇南南部在 120 d 以下。

(3)降雪日数

甘肃省年降雪日数为 7.2～106.8 d,以文县最少,乌鞘岭最多(图 3.35)。祁连山地和甘南高原年降雪日数在 60～106 d,陇中南部和陇东为 20～60 d,河西大部、陇中北部和陇南为 10～50 d。

(4)降雪日数变化

全省各地降雪日数除合作是双峰型,其余为 V 字型。从各地降雪日数年变化曲线看(图 3.36),全省降雪主要集中在 1—5 月和 10—12 月,全省除祁连山区和甘南高原外,其余地方 6—9 月几乎无降雪。而各地降雪日数出现时段不同,河西大部 3 月和 12 月最多,陇中 2—3 月最多,陇东和陇南 1—2 月最多,甘南 3—4 月最多。

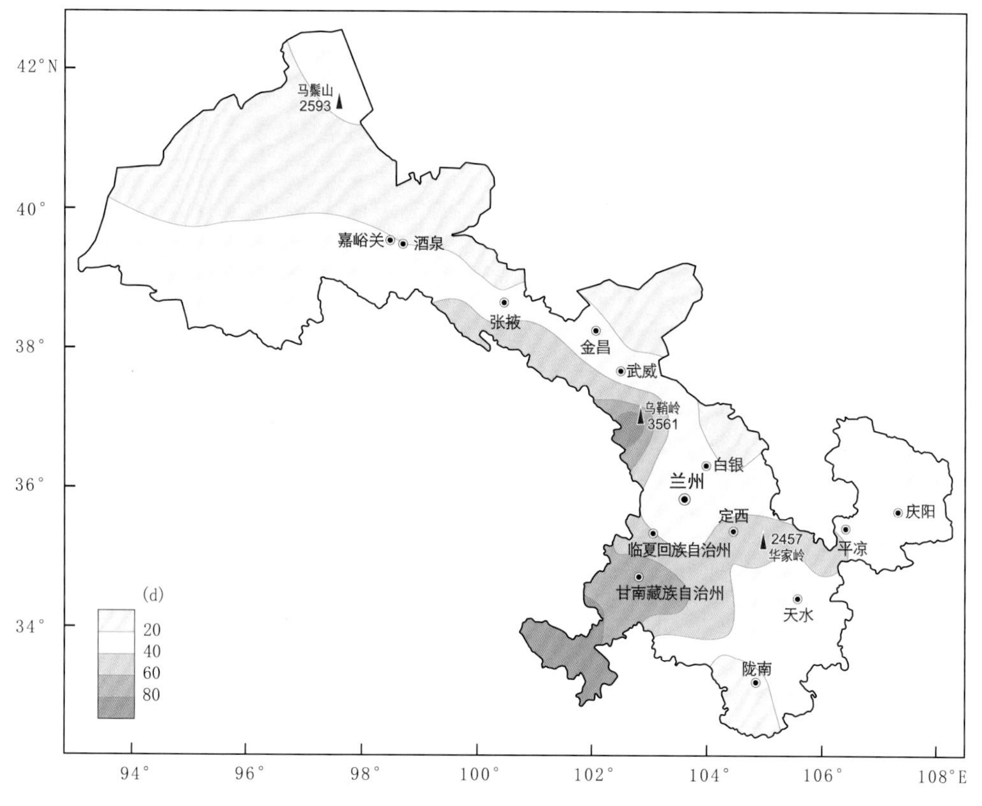

图 3.35 甘肃省年降雪日数空间分布

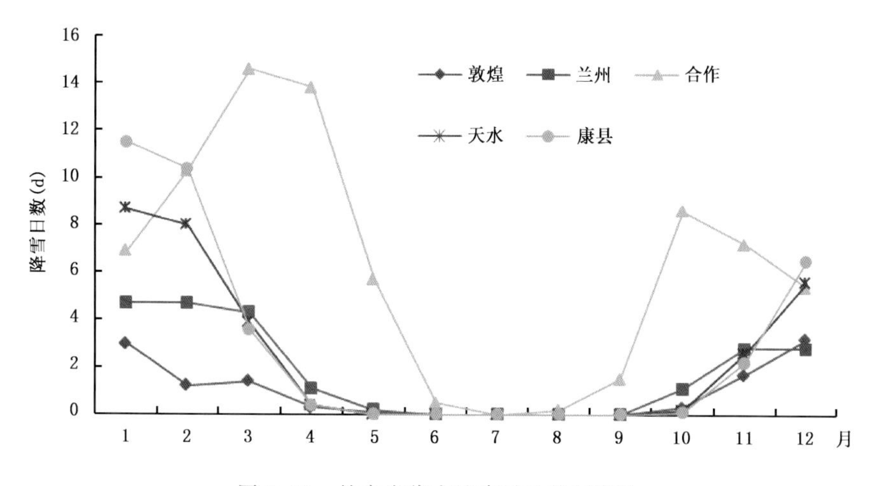

图 3.36 甘肃省代表站降雪日数年变化

3.2.5.2 积雪

(1)积雪初、终期

河西、陇中积雪初日平均在10月中旬至11月下旬,最早在9月中旬,最晚在11月下旬。甘南高原平均在10月上、中旬。陇东和陇南平均在11月中旬至12月上旬,最早在11月中旬,最晚在12月下旬(表3.28)。

河西、陇中积雪终日平均在3月中旬至5月上旬，最早在3月上旬，最晚在5月下旬。甘南高原平均在5月中下旬。陇东和陇南北部在3月上旬至3月下旬，陇南南部在2月上、中旬（表3.28）。

表3.28 甘肃省各地代表站积雪初、终期及日数

站名	初日	终日	日数(d)
马鬃山	11.7	4.7	153
敦煌	11.25	3.1	98
肃北	11.5	4.21	169
酒泉	11.10	3.27	139
张掖	11.17	3.25	130
肃南	10.16	5.2	200
民勤	11.27	3.12	107
武威	11.7	3.22	137
乌鞘岭	9.19	5.31	256
兰州	11.23	3.20	119
白银	11.17	3.22	127
安定	11.1	4.13	165
岷县	10.26	4.26	184
临夏	11.9	4.3	147
玛曲	10.3	5.22	233
合作	10.11	5.13	216
天水	11.22	3.10	110
环县	11.13	3.15	124
西峰	11.13	3.25	134
正宁	11.15	3.27	134
崆峒	11.20	3.17	119
康县	12.6	3.10	96
武都	12.21	2.17	59
文县	12.22	2.1	42

（2）积雪期

甘肃省各地积雪期在42～256 d，以文县最短，乌鞘岭最长。祁连山地和甘南高原积雪期在200～256 d，河西和陇中在100～180 d，陇东和陇南北部为110～130 d，陇南南部在100 d以下。

（3）积雪日数

甘肃省年积雪日数为1～102 d，文县最少，仅为1.2 d，乌鞘岭最多（图3.37）。祁连山地年积雪日数30～102 d，从东向西逐渐减少，如祁连山地东段乌鞘岭为102 d，中段肃南为47 d，西段肃北为32 d。陇中南部和甘南高原年积雪日数在20～60 d，河西大部、陇中北部和陇东为20～40 d，陇南为1～40 d，由西南向东北递减。

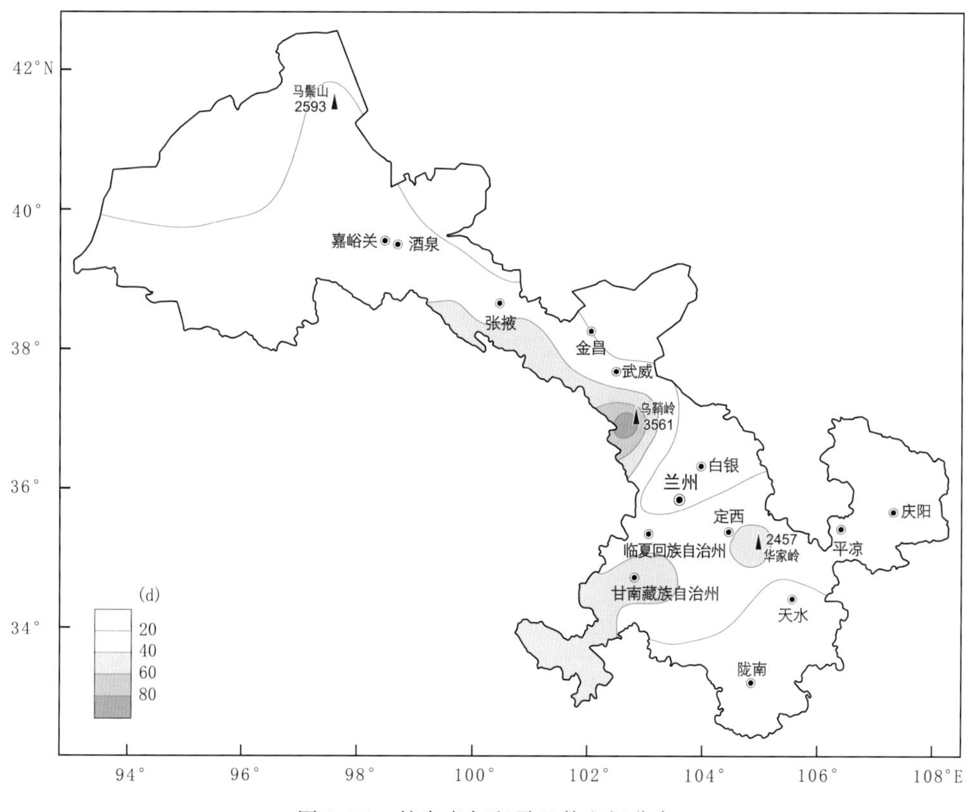

图 3.37 甘肃省年积雪日数空间分布

(4)积雪日数变化

甘肃省各地积雪日数年变化与降雪日数年变化一致(图 3.38)。全省积雪主要集中在 1—5 月和 10—12 月,全省除祁连山区和甘南高原外,其余地方 6—9 月几乎无积雪。而各地积雪日数出现时段不同,河西大部 1 月和 12 月最多,陇中、陇东和陇南 1—2 月最多,甘南 2—3 月最多。

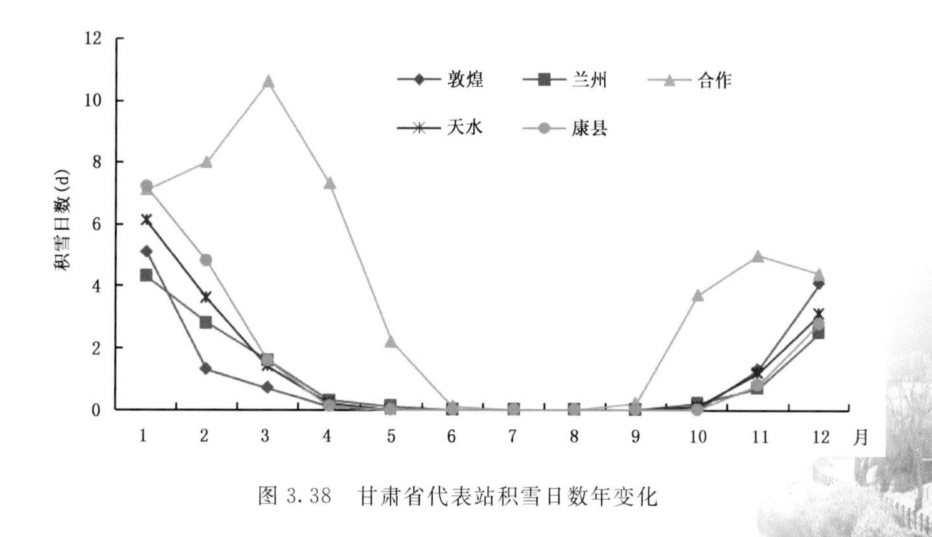

图 3.38 甘肃省代表站积雪日数年变化

3.2.6 雨凇和雾凇

3.2.6.1 雨凇

甘肃省华家岭山区和乌鞘岭山区发生雨凇的日数最多。其中华家岭山区雨凇日数区域最大，地理范围涵盖定西市中北部、白银市中南部、平凉市大范围以及庆阳市东南部。华家岭站的雨凇日数最大，达到 24 d(图 3.39、表 3.29)。甘肃省其他地区很少发生雨凇天气现象。

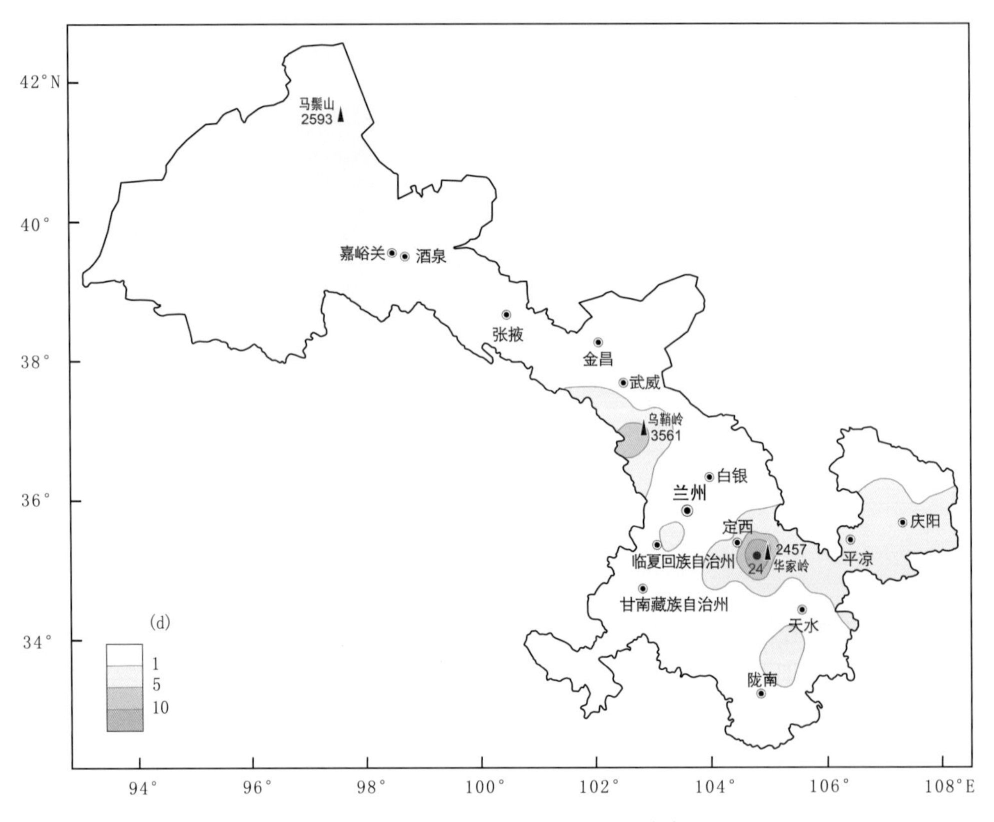

图 3.39 甘肃省年雨凇日数空间分布

表 3.29 甘肃省各地代表站雨凇日数(单位:d)

站名	雨凇日数	站名	雨凇日数
马鬃山	0.2	岷县	0.1
敦煌	0.0	临夏	0.2
肃北	0.1	玛曲	0.0
酒泉	0.1	合作	0.0
张掖	0.0	秦城	0.3
肃南	0.0	环县	0.6
民勤	0.0	西峰	6.3
武威	0.0	正宁	2.3

续表

站名	雨凇日数	站名	雨凇日数
乌鞘岭	8.9	崆峒	2.0
兰州	0.0	康县	0.8
白银	0.1	武都	0.0
安定	1.5	文县	0.0

3.2.6.2　雾凇

甘肃省陇东、陇中、河西东部和西部都有雾凇出现(图3.40、表3.30)。以华家岭最多(75 d),乌鞘岭次之(32.5 d)。酒泉、张掖西部、平凉中部、庆阳东南部和甘南南部地区为1.7～10.3 d;其余地区很少出现。

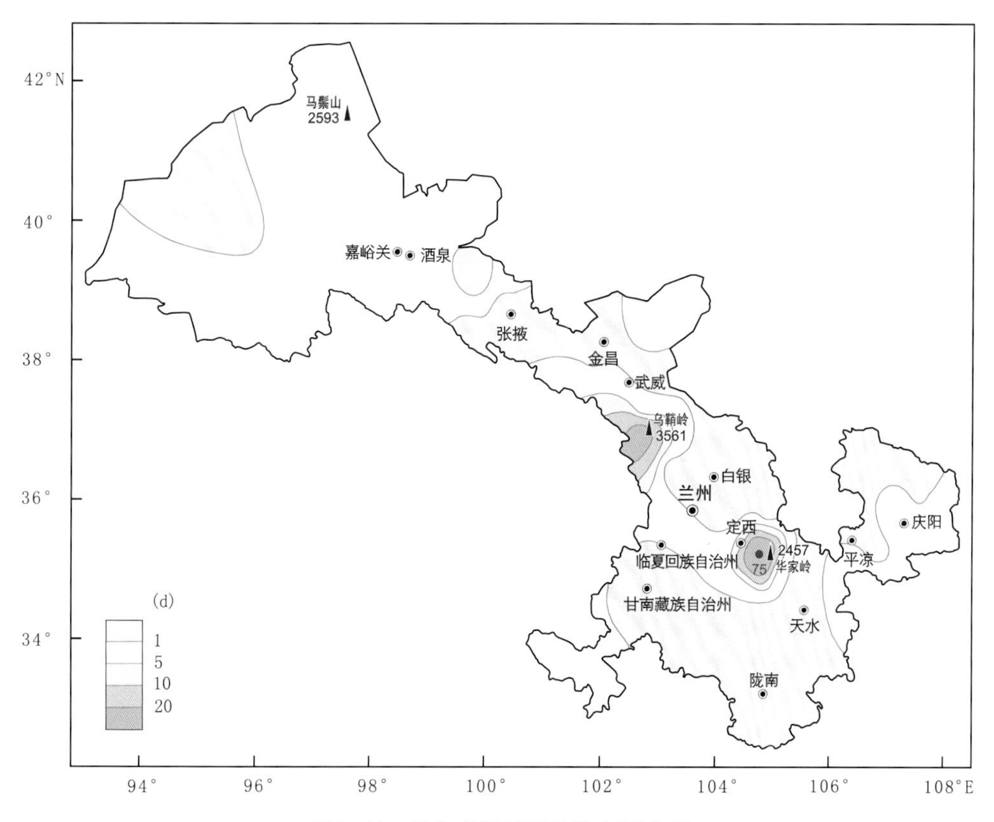

图3.40　甘肃省年雾凇日数空间分布

表3.30　甘肃省各地代表站雾凇日数(单位:d)

站名	雾凇日数	站名	雾凇日数
马鬃山	1.7	岷县	0.1
敦煌	0.5	临夏	0.0
肃北	0.1	玛曲	2.7
酒泉	0.8	合作	0.4

续表

站名	雾凇日数	站名	雾凇日数
张掖	0.3	天水	0.0
肃南	0.1	环县	0.2
民勤	2.5	西峰	7.3
武威	0.7	正宁	4.4
乌鞘岭	32.7	崆峒	0.2
兰州	0.0	康县	0.0
白银	0.2	武都	0.0
安定	3.1	文县	0.0

3.2.6.3 电线积冰

根据甘肃省 7 个长期覆冰观测站(酒泉、民勤、西峰、榆中、岷县、乌鞘岭、华家岭)资料和宁夏 1 个长期覆冰观测站(六盘山站)逐日覆冰资料,标准冰厚达到 20～30 mm,主要分布在六盘山区、华家岭、乌鞘岭以及白银平川区,这些地方大多处在河东地区;15～20 mm 厚度的积冰的地理分布在 20～30 mm 标准厚度的积冰周边,但范围有所扩大,同时在祁连山区以及北山山地也有分布。介于10～15 mm 范围占据了陇中和陇南大部分区域。5～10 mm 厚度的积冰的地理分布在全省出现较少,在 10～15 mm 的边缘地带。在河西走廊大部分地区和祁连山的高山无人区很少出现覆冰灾害。

不同海拔高度覆冰产生时间各异,一般低于 2000 m 区域覆冰主要出现时段为秋末春初和冬季 11 月至翌年 3 月,而海拔高于 2500 m 高山站成冰时间则主要发生在秋季 9—11 月和春季 3—5 月。虽然时间不同,但气温容易达到 0 ℃左右,在水汽充沛的条件下,加上稳定的气层,尤其在山区微地形区域空气湿度容易达到成冰的水汽条件,更容易发生导线覆冰。因此,在甘肃省复杂地形条件下,覆冰产生需要根据当地的微地形、气温、湿度以及稳定度条件而定,在海拔不同地区重点关心的覆冰时间也应该有所差异。

3.3 日照

太阳光照是地球上一切物理过程的能量来源,是生物生长发育的基本条件。如果没有云量和地形的影响,太阳光可能照射的时数,取决于纬度高低,并随季节变化而有所不同。实际上某地日照长短,不仅决定于地理纬度,在很大程度上还决定于云量、阴雨天数。日照百分率,即实际日照时间与可能日照时间(全天无云时应有日照时数)之比,它表明了气候条件(主要是云、雨、雾、尘、沙等)减少了多少日照时间。

3.3.1 日照时数

3.3.1.1 日照时数空间分布

(1)年日照时数

甘肃省地处内陆,远离海洋,绝大多数地区空气干燥,云量较少,晴天多,日照充足。年日照时数分布和云量分布相反,东南少而西北多,由东南向西北逐渐增加,变化范围在1600～3400 h(图3.41)。全省平均2442 h,成县1563 h,是最小中心;马鬃山3329 h,是最大中心,两地相差1倍。

河西大部地区年日照时数2600～3400 h,是最多地区,与新疆的南疆东部,内蒙古西部、柴达木盆地等成为我国日照最多地区;河西东部武威市南部、陇中北部的兰州和白银两市年日照时数2600～3000 h,是日照时数次高值区,与新疆的北疆西部接近。陇中南部、甘南高原、陇东和陇南北部年日照时数大致在2000～2600 h。陇南南部年日照时数1400～2000 h,是日照最少地区,与全国日照最少的四川盆地北部边缘接近。

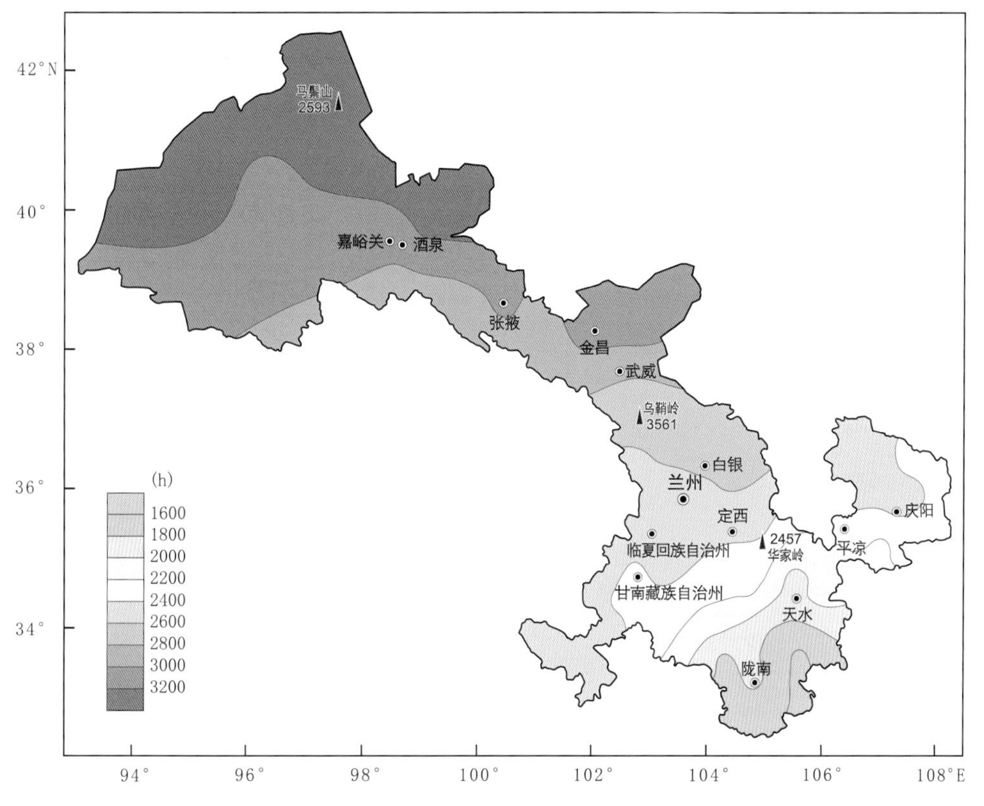

图3.41　甘肃省年日照时数空间分布

(2)各季日照时数

日照时数各季分配,夏季最多,秋季最少,春季大于冬季(图3.42、表3.31)。

冬季,全省平均555 h,成县331 h,是最小中心;永昌705 h,是最大中心。河西和甘南高原600～650 h,是冬季最多地区;陇中和陇东450～600 h,陇南300～400 h,是冬季最少地区。

春季,全省平均656 h,文县434 h,是最小中心;马鬃山895 h,是最大中心。河西700～900 h,是春季最多地区;陇中、甘南高原和陇东600～750 h,陇南400～550 h,是春季最少地区。

夏季,全省平均962 h,文县485 h,是最小中心;敦煌962 h,是最大中心。河西和陇中北部650～1000 h,是夏季最多地区;陇中南部、甘南高原、陇东和陇南北部550～650 h,陇南450～550 h,是夏季最少地区(图3.42)。

秋季,全省平均 550 h,成县 296 h,是最小中心;敦煌 812 h,是最大中心。河西 600～750 h,是秋季最多地区;陇中、甘南高原和陇东 550～650 h,陇南 450～550 h,是秋季最少地区。

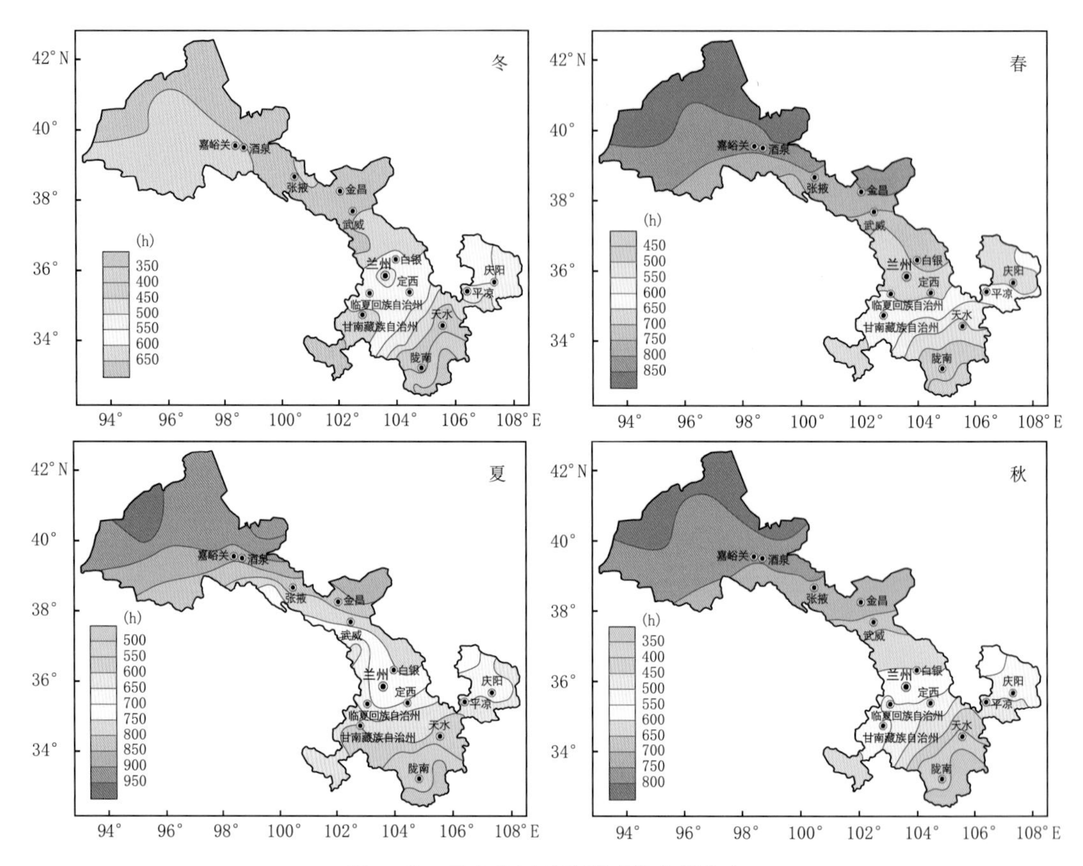

图 3.42 甘肃省四季日照时数空间分布

表 3.31 甘肃省各地代表站各季、年日照时数(单位:h)

站名	春季	夏季	秋季	冬季	全年
马鬃山	895.4	938.7	807.2	687.2	3328.5
敦煌	868.5	962.1	812.4	651.6	3294.6
肃北	836.4	882.0	779.9	640.5	3138.9
酒泉	803.4	852.0	751.3	639.6	3046.3
张掖	803.0	861.6	757.3	654.6	3076.3
肃南	722.9	704.1	700.3	659.8	2787.2
民勤	827.7	876.7	741.6	688.5	3134.5
武威	744.8	771.8	679.1	665.7	2861.4
乌鞘岭	685.4	623.4	621.8	676.9	2607.5
兰州	667.9	709.8	527.8	466.6	2372.3
白银	717.9	744.4	587.8	585.7	2635.8
安定	660.9	679.2	531.1	566.5	2437.7

续表

站名	春季	夏季	秋季	冬季	全年
岷县	559.1	585.0	486.3	553.3	2183.7
临夏	640.8	675.6	527.8	547.2	2391.2
玛曲	675.6	631.4	608.3	669.5	2584.8
合作	613.4	602.8	560.4	608.5	2385.0
天水	536.2	557.2	371.7	411.0	1876.2
环县	685.1	699.7	560.4	581.8	2526.9
庆城	696.3	711.4	533.0	575.7	2516.5
正宁	652.1	645.5	521.7	553.0	2372.3
崆峒	639.5	654.7	513.0	543.4	2350.7
康县	441.8	493.5	309.7	337.9	1583.0
武都	496.1	541.9	402.3	432.3	1872.5
文县	434.2	484.8	330.7	346.7	1596.5

3.3.1.2 日照时数年变化

甘肃省各地日照时数年变化大致分为单峰型和双峰型。单峰型年变化有两种型，一种如马鬃山、瓜州和玉门镇，在 2 月以后日照时数逐渐增多，峰值出现在 5 月，之后逐渐减少，谷值出现在 12 月，主要分布在河西西部和中部地区；另一种如崆峒、正宁和环县，峰值出现在 5 月，之后减少，谷值出现在 9 月，之后增多，谷值出现在 2 月和 9 月，主要分布在陇东各地。双峰型年变化有两种型，一种如肃北、白银和兰州，在 2 月以后日照时数逐渐增多，两个峰值出现在夏季的 5 月或 7、8 月，谷值出现在冬季的 2 月或 12 月，主要分布在河西东部和陇中地区；另一种如玛曲、岷县和秦州，峰值出现在夏季，但冬季出现增多，部分地方 12 月日照时数大于夏季峰值，主要分布在甘南和陇南地区(图 3.43、表 3.32)。

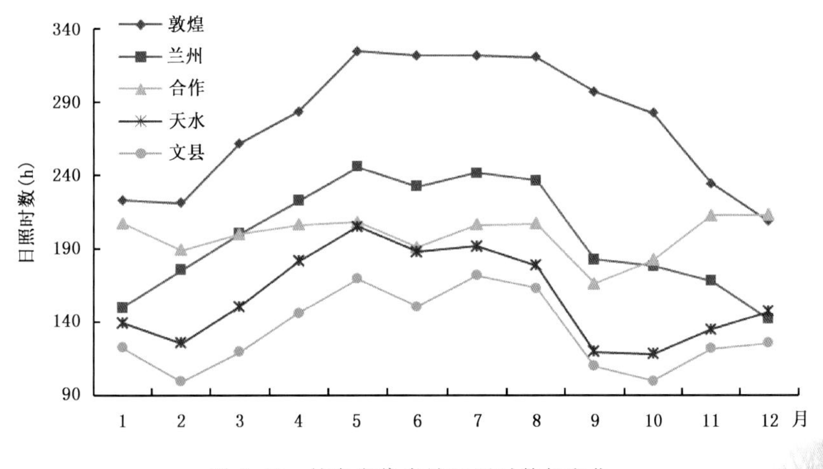

图 3.43 甘肃省代表站日照时数年变化

表 3.32　甘肃省各地各月日照时数(单位:h)

站名	1月	2月	3月	4月	5月	6月	7月	8月	9月	10月	11月	12月
马鬃山	233	234	275	293	328	316	312	311	293	281	234	220
敦煌	223	221	261	283	324	321	321	320	297	282	234	208
肃北	219	214	254	277	305	300	286	296	282	271	228	208
酒泉	216	217	244	263	297	291	281	280	262	261	228	207
张掖	220	215	246	261	296	292	288	282	258	261	239	219
肃南	224	214	230	239	254	237	230	237	222	243	236	223
民勤	234	223	255	270	303	295	296	286	248	251	243	232
武威	224	218	235	244	266	261	261	250	214	232	234	223
乌鞘岭	230	214	227	227	231	211	211	201	175	210	237	233
兰州	150	175	200	222	246	232	242	236	182	178	168	142
白银	194	198	218	241	258	248	254	242	196	192	200	195
安定	189	174	197	222	242	230	232	217	169	171	191	203
岷县	190	165	171	185	204	188	199	198	147	152	187	198
临夏	182	178	191	216	234	225	229	222	164	172	192	188
玛曲	229	205	222	228	225	192	216	224	176	196	236	236
合作	207	189	200	206	208	191	206	207	166	182	212	213
天水	139	125	150	181	205	188	191	178	119	118	135	147
环县	201	180	205	229	252	245	238	217	179	184	198	201
庆城	197	175	205	234	258	250	242	219	171	174	188	204
正宁	192	169	192	220	240	227	219	199	163	174	185	193
崆峒	188	164	188	214	238	228	223	204	160	167	186	191
康县	118	94	114	148	181	163	172	158	100	94	117	126
武都	148	125	141	168	187	169	189	184	129	124	150	159
文县	122	99	119	146	169	150	172	163	110	100	122	125

3.3.2　日照百分率

3.3.2.1　日照百分率空间分布

(1)年日照百分率

甘肃省平均年日照百分率为55%,成县为35%,是全省最小中心;马鬃山为76%,是最大中心。变化范围在35%~80%。河西60%~75%,气候干燥、云量较少,是全省最多地区;陇中、陇东和甘南高原45%~60%,陇南35%~40%,气候比较湿润,云量相对较多,是全省最少地区(图3.44)。

(2)各季日照百分率

日照百分率各季分配,冬季最大,夏季最小,秋季略大于春季(图3.45、表3.33)。

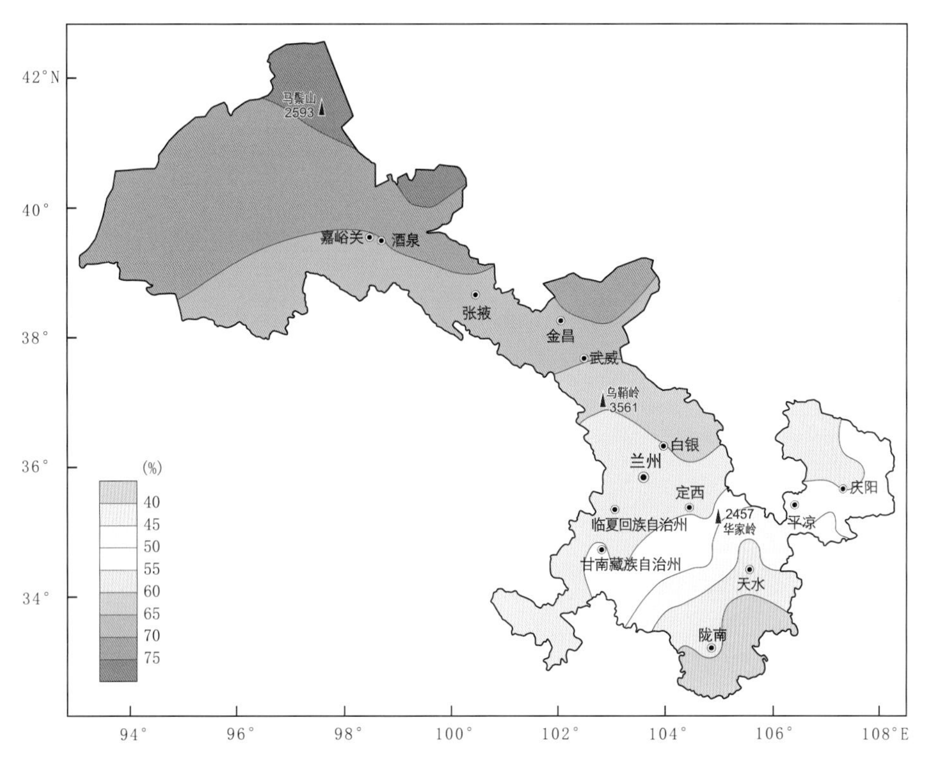

图 3.44　甘肃省年日照百分率空间分布

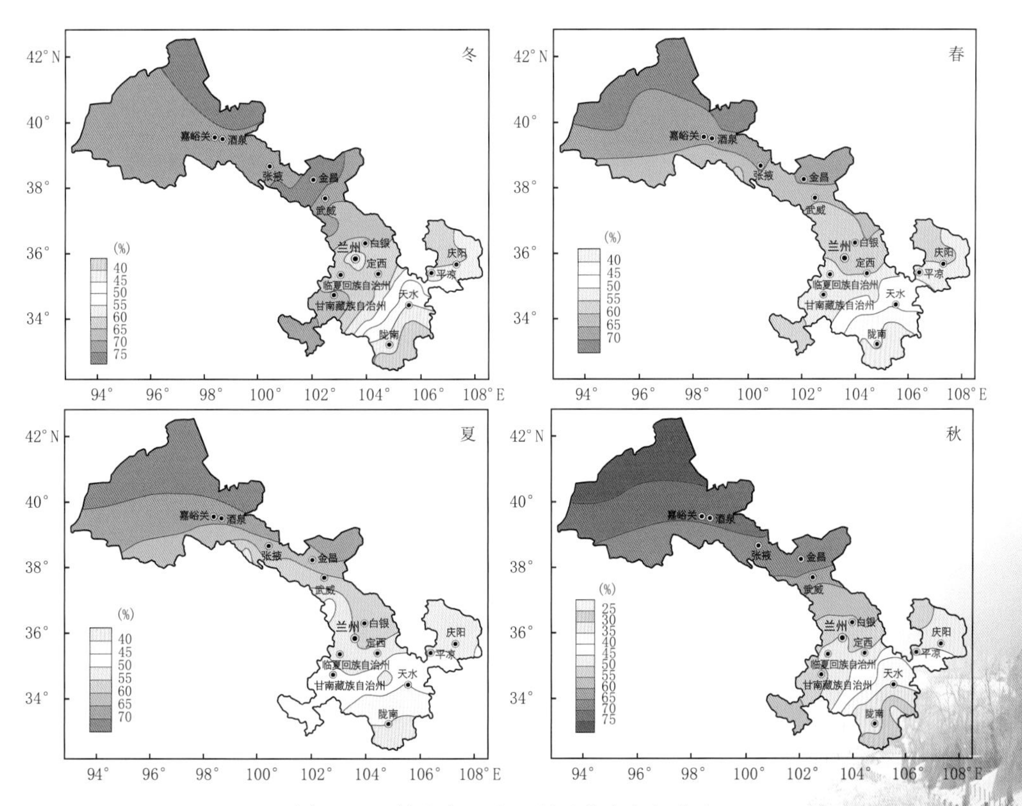

图 3.45　甘肃省四季日照百分率空间分布

冬季，全省日照百分率平均为60%，成县为35%，是最小中心；马鬃山为78%，是最大中心。河西范围在65%～80%，是冬季最大地区；陇中、甘南高原、陇东和陇南北部范围在45%～60%，陇南南部范围在35%～40%，是冬季最小地区。

春季，全省日照百分率平均为54%，文县为36%，是最小中心；马鬃山为72%，是最大中心。河西范围在60%～75%，是春季最大地区；陇中、甘南高原、陇东范围在50%～60%，陇南范围在35%～45%，是春季最小地区。

夏季，全省日照百分率平均为53%，成县为38%，是最小中心；敦煌为73%，是最大中心。河西范围在55%～75%，是夏季最大地区；陇中、甘南高原、陇东和陇南北部范围在45%～55%，陇南南部范围在35%～40%，是夏季最小地区。

秋季，全省日照百分率平均为55%，成县为29%，是最小中心；马鬃山为82%，是最大中心。河西范围在60%～90%，是秋季最大地区；陇中、甘南高原、陇东和陇南北部范围在40%～60%，陇南南部范围在25%～35%，是秋季最小地区。

表3.33 甘肃省各地各季、年日照百分率(单位:%)

站名	春季	夏季	秋季	冬季	全年
马鬃山	72	71	82	78	76
敦煌	71	73	81	72	74
肃北	68	67	78	71	71
酒泉	66	65	75	72	69
张掖	66	66	76	72	70
肃南	59	54	70	73	64
民勤	68	67	74	76	71
武威	61	59	68	73	66
乌鞘岭	57	48	63	74	60
兰州	55	55	52	51	53
白银	59	58	58	64	60
安定	55	53	53	61	56
岷县	47	46	48	59	50
临夏	53	53	53	59	54
玛曲	56	50	61	72	60
合作	51	47	56	66	55
天水	44	43	37	44	42
环县	57	54	56	63	58
庆城	58	55	53	62	57
正宁	54	50	52	60	54
崆峒	53	51	51	59	53
康县	37	39	31	36	36
武都	42	43	40	46	43
文县	36	38	33	37	36

3.3.2.2　日照百分率年变化

全省各地日照百分率全年都比较大，年变化曲线振幅比较小（图 3.46）。

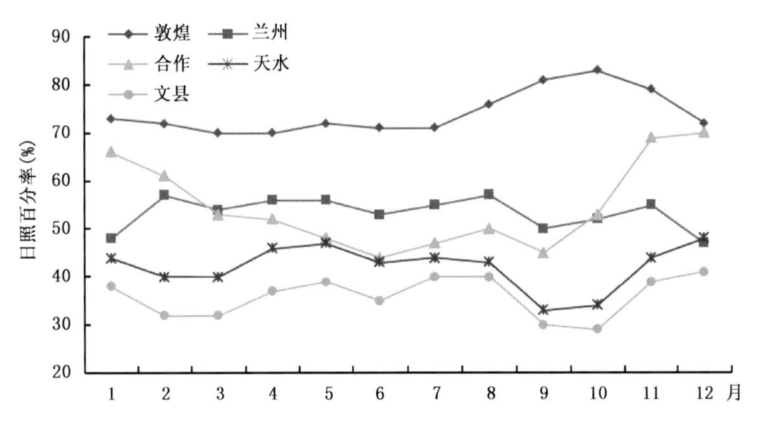

图 3.46　甘肃代表站日照百分率年变化

全省各地日照百分率年变化大都呈单峰型，河西各地 1—7 月日照百分率逐渐减小，谷值出现在 7 月；8—11 月逐渐增大，峰值出现在 11 月，此后又减小。河东各地 1—9 月日照百分率波浪式逐渐减小，谷值出现在 9 月；10—12 月逐渐增大，峰值出现在 12 月，此后又减小（表 3.34）。

表 3.34　甘肃省各地代表站各月日照百分率(单位:%)

站名	1月	2月	3月	4月	5月	6月	7月	8月	9月	10月	11月	12月
马鬃山	79	77	73	72	72	70	69	74	80	84	81	78
敦煌	73	72	70	70	72	71	71	76	81	83	79	72
肃北	72	70	68	69	68	67	64	71	77	80	77	72
酒泉	72	71	65	66	67	65	62	67	71	77	77	72
张掖	72	70	66	65	66	66	64	68	70	77	80	75
肃南	73	70	61	60	57	53	52	57	60	71	79	76
民勤	77	73	68	68	68	67	66	69	67	74	81	79
武威	73	71	63	61	60	59	59	60	58	68	78	76
乌鞘岭	74	69	61	57	52	48	48	49	48	61	79	79
兰州	48	57	54	56	56	53	55	57	50	52	55	47
白银	62	64	58	61	59	57	57	59	53	56	66	65
安定	60	56	53	56	56	53	53	53	46	50	63	67
岷县	60	53	46	47	47	44	45	48	40	44	61	65
临夏	58	57	51	55	54	52	52	54	45	50	63	62
玛曲	72	66	59	58	52	44	50	55	48	57	77	77
合作	66	61	53	52	48	44	47	50	45	53	69	70
天水	44	40	40	46	47	43	44	43	33	34	44	48
环县	65	58	55	58	58	56	54	52	49	53	65	67
庆城	63	57	55	59	59	57	55	53	47	50	62	66
正宁	61	54	51	56	55	52	50	48	44	51	61	64

续表

站名	1月	2月	3月	4月	5月	6月	7月	8月	9月	10月	11月	12月
崆峒	60	53	50	54	55	52	51	49	44	48	61	63
康县	37	30	30	38	42	38	39	39	27	27	38	41
武都	47	40	38	43	44	40	43	45	35	36	48	52
文县	38	32	32	37	39	35	40	40	30	29	39	41

3.3.3 地理因子对日照影响

地理因子中对日照影响较大的主要有地形坡向、海拔高度两个因子(李栋梁 等,2000b)。

3.3.3.1 地形坡向对日照影响

一般来说,在同一条山脉,迎风坡多云雨,日照较少;背风坡多晴天,日照较多。

从表3.35看出,祁连山中段南坡托勒(青海省),比祁连山中段北坡的肃南,年日照时数和年日照百分率分别高出154.2 h和3%。冬季两地接近,春季托勒比肃南日照时数和年日照百分率分别高出29.1 h和6%,夏季分别高出18.2 h和6%,秋季分别高出29.7 h和8%。这是由于托勒位于盛行气流的背风面,气候干燥,晴天多,因而日照多,日照百分率相应也高;肃南位于盛行气流的迎风坡,由于地形对气流的抬升作用,云雨较多,日照时数少,日照百分率低。

表3.35 祁连山南、北坡年日照时数和年日照百分率的差异

项目	1月		4月		7月		10月		全年	
	时数(h)	百分率(%)	时数(h)	百分率(%)	时数(h)	百分率(%)	时数(h)	百分率(%)	时数(h)	百分率(%)
托勒(南坡)	217.7	74	268.5	66	248.6	58	272.8	79	2941.4	67
肃南(北坡)	223.6	73	239.4	60	230.4	52	243.1	71	2787.2	64
南北差值	−5.9	1	29.1	6	18.2	6	29.7	8	154.2	3

3.3.3.2 海拔高度对日照影响

河西地区(马鬃山、敦煌、肃北、肃州、肃南、甘州、民勤、乌鞘岭)海拔高度1130~3050 m,年日照时数随海拔增高而递减,两者大体呈线性反相关(图3.47)。这是由于祁连山北坡是盛行气流的迎风坡,海拔高度增高成云致雨机会较多所致。海拔1800 m以下,年日照时数在2900~3300 h;1800~2300 m处,年日照时数为2700~3200 h;海拔2300 m以上山区,年日照时数不超过2700 h。

甘南高原(碌曲、玛曲、合作、临潭、卓尼、迭部、舟曲)和定西市南部(夏河、临洮、安定、华家岭、渭源、漳县、陇西、岷县),年日照时数在1600~3500 m范围内随海拔高度增加而增加,两者大致呈线性正相关(图3.48)。海拔高度平均每升高100m,年日照时数大约增加38 h。

陇东六盘山区年日照时数也是随海拔升高而增加。如六盘山(宁夏)海拔2804.3 m处,年日照时数为2444.9 h,比东麓的崆峒(1346.6 m,2350.7 h)高94.2 h,比西麓的静宁(1658.1 m,2214.5 h)高230.4 h。

陇中干旱和半干旱地区、陇南和陇东大部分地区,大多数测站之间的相对高差不大,陇东

海拔一般为200～300 m,陇中和陇南海拔一般为200～500 m,加上地形地貌多为黄土梁峁沟壑和山坝相间,下垫面差异较大,因此,这些地区年日照时数与海拔高度之间关系不明显。

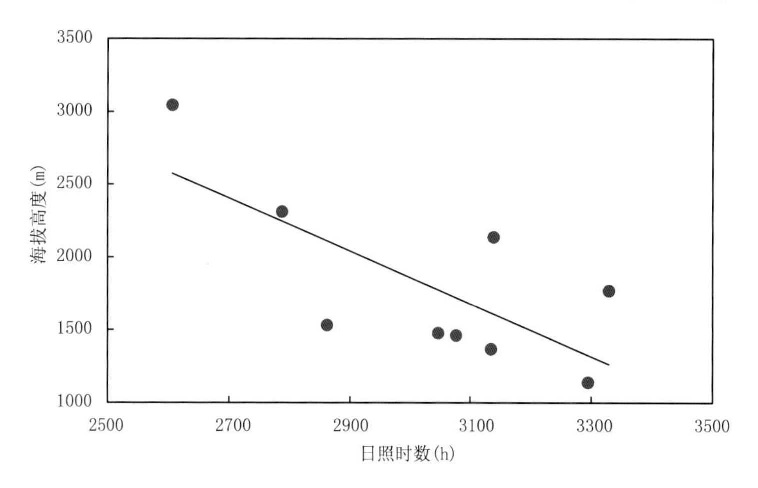

图3.47 河西地区年日照时数与海拔高度的关系

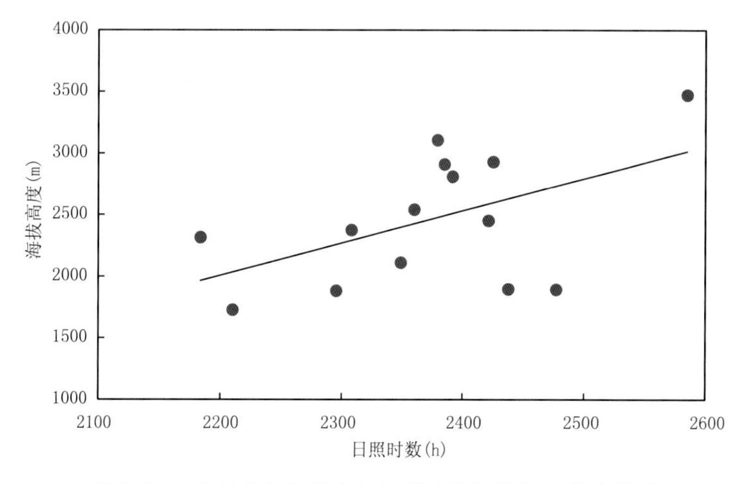

图3.48 甘南州和定西市年日照时数与海拔高度的关系

3.4 风

甘肃省地形复杂多样,地面风向和风速不仅受气压场分布的支配,而且受地形影响十分明显,因此,风速和风向的时空分布较为复杂。

3.4.1 风速

3.4.1.1 风速空间分布

(1)年平均风速空间分布

甘肃省位居我国大陆中部,地形地貌以高原山地为主,而气象站多建于山谷盆地之中。因此测得的年平均风速在全国是比较小的,年平均风速变化范围在0.7～5.0 m/s。年平均风速最大地方在高山台站，例如乌鞘岭为 5.0 m/s，马鬃山为 4.5 m/s。河谷盆地年平均风速最小，例如两当仅为 0.7 m/s，成县为 0.8 m/s，兰州为 0.9 m/s。祁连山区年平均风速一般为 3.0～5.0 m/s。河西走廊由于狭管地形作用，又为寒潮通道和风口，年平均风速较大，一般为 2.0～4.0 m/s；陇中地区除华家岭外，其余地区在 3.0 m/s 以下；陇东的河谷地带一般为 1.5 m/s 左右，塬区约在 2.0 m/s 左右；陇南大多数地方山高谷深，台站多位于谷地，风速较小。甘南高原海拔较高，一般在 2.0 m/s 左右(图 3.49)。

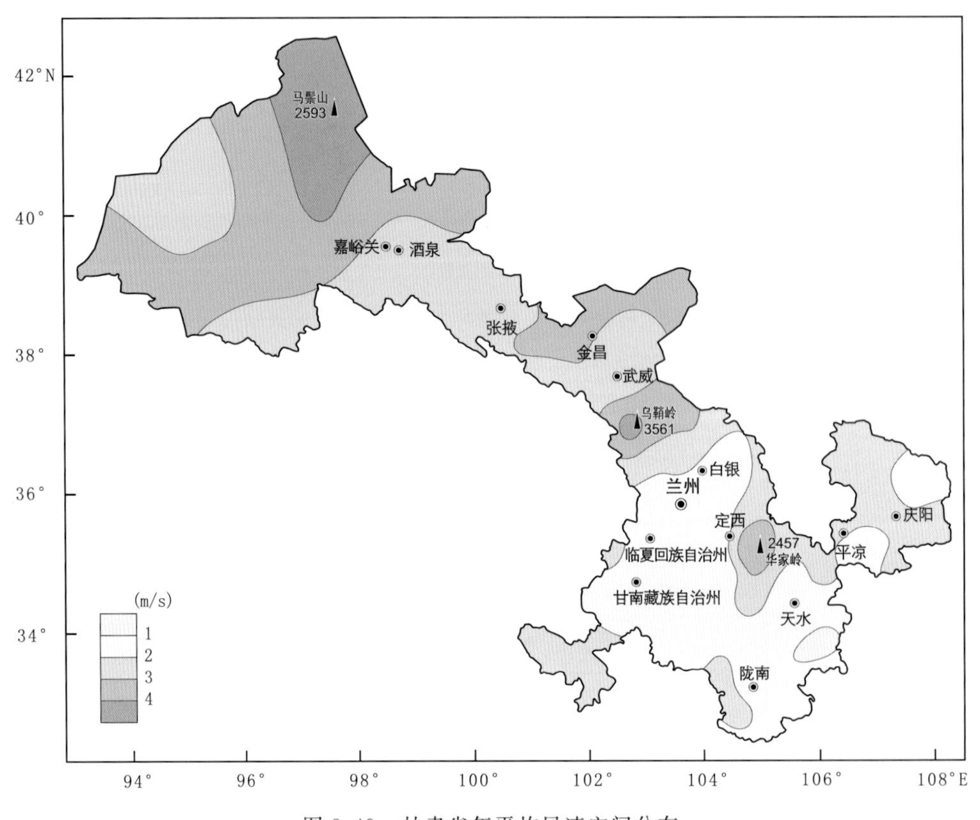

图 3.49　甘肃省年平均风速空间分布

(2)各季平均风速空间分布

各季风速的空间分布与年平均风速的分布特征基本一致。省内风速最大时期均出现在春季，风速最小时期出现在夏季或冬季(图 3.50、表 3.36)。

冬季，平均风速在 0.5～4.8 m/s。河西走廊西北部、乌鞘岭等一些高山风速最大，平均风速一般在 4.0 m/s 以上，黄河等河谷以及徽成盆地风速为全省冬季最小，平均风速一般在 1.0 m/s左右。冬季风速河西比河东大，主要原因是河西走廊地势平坦，又是西北气流通道，加之南、北两山对气流的狭管效应，加大了风速。

春季，平均风速在 0.9～5.7 m/s，是一年中风速最大季节。马鬃山、乌鞘岭、华家岭等高山地区春季平均风速在 4.8 m/s 以上，比各季平均风速明显加大。黄河河谷、天水、陇南大多数地方、甘南高原北部到陇中西部一带在 2.0 m/s 以下，为全省风速最小地区。春季风速大的原因是，春季太阳高度角增大，地面迅速增温，高空动量下传增多。另外，春季是大气环流由冬季向夏季转换的季节，气旋活动比冬季增多，大风频繁，因此增大了平均风速。

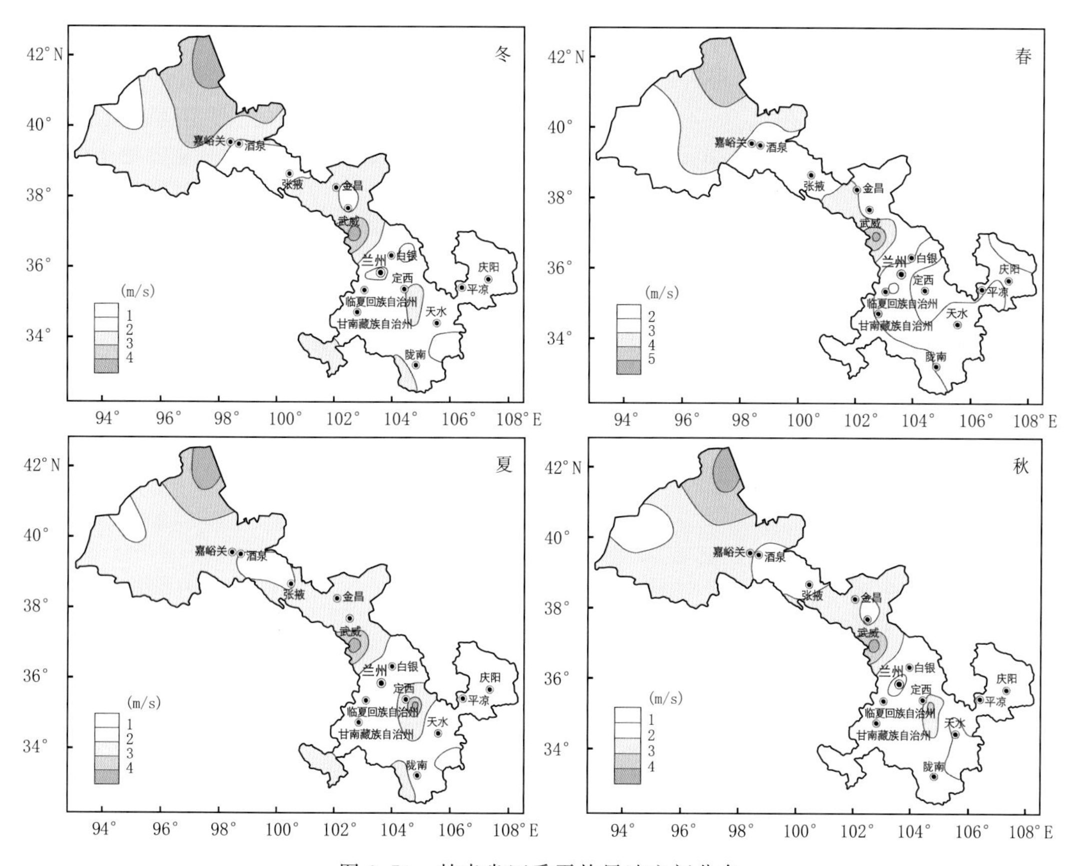

图 3.50 甘肃省四季平均风速空间分布

表 3.36 甘肃省各地代表站各季、年平均风速(单位:m/s)

站名	春	夏	秋	冬	年	站名	春	夏	秋	冬	年
马鬃山	4.8	4.3	4.3	4.3	4.5	安定	2.2	2.1	1.7	1.6	1.9
敦煌	2.3	1.7	1.5	1.8	1.9	岷县	1.9	1.3	1.2	1.2	1.4
肃北	3.0	2.7	2.8	3.0	2.9	临夏	1.5	1.0	1.0	1.1	1.1
酒泉	2.6	2.0	1.9	1.9	2.1	玛曲	2.5	2.0	1.8	2.1	2.1
张掖	2.3	1.9	1.6	1.6	1.9	合作	1.8	1.5	1.2	1.1	1.4
肃南	2.3	2.3	2.0	1.6	2.0	天水	1.3	1.2	0.9	1.1	1.1
民勤	3.0	2.7	2.2	2.2	2.6	环县	2.0	1.8	1.5	1.5	1.7
武威	2.1	1.7	1.4	1.5	1.7	西峰	2.5	2.3	2.1	2.1	2.2
乌鞘岭	5.7	4.8	4.7	4.8	5.0	正宁	2.2	2.0	1.7	1.6	1.9
兰州	1.2	1.2	0.7	0.6	0.9	崆峒	2.3	1.9	1.8	2.0	2.0
白银	2.1	1.9	1.4	1.3	1.7	武都	1.8	1.7	1.2	1.2	1.5

注:年值是由月值平均而来,不是由季值平均而来,由于四舍五入的原因,可能会有0.1的差别。

夏季，风速变化范围在 0.8～5.0 m/s，各地平均风速比春季减小。河西走廊西北部和一些高山地区平均风速在 4.0～5.0 m/s，河西其余地方大多在 2.0～3.0 m/s；河东大多为 1.0～2.0 m/s。这主要因为甘肃省处于热低压东北部，气压梯度较小，因而风速也小。

秋季，风速变化范围在 0.5～4.7 m/s，也是全年风速较小的季节。河西走廊西北部、祁连山高处、华家岭等地平均风速为 4.0～5.0 m/s；黄河、渭河等河谷以及徽成盆地平均风速大多在 1.0 m/s 以下。

3.4.1.2 风速频率分布

所谓风速频率分布，就是当地各级风速在一年内出现的次数占总次数的百分比。平均风速只能反映风速的一般状况，对于风速变化大的地区则不能全面反映风速的变化规律，而风速频率分布是反映风能潜力的重要指标。因此，要全面反映风速的变化规律和准确地进行风能潜力计算，必须掌握风速的频率分布状况。

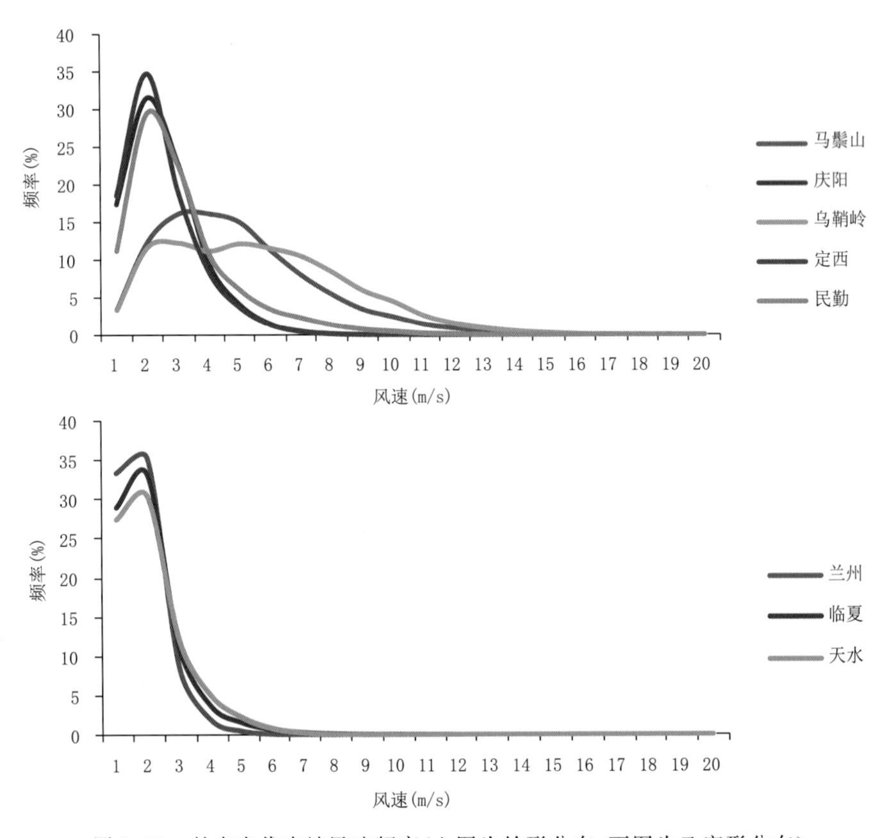

图 3.51 甘肃省代表站风速频率(上图为铃形分布，下图为乙字形分布)

甘肃省一半地区风速频率曲线呈单峰型，近似“铃”形(图 3.51)。即季度偏斜的正偏态形，曲线中部最高，是峰值区，向两侧曲线降低，但频率曲线不对称，向右拖尾，均值在众值之右。在风速小的地区，曲线陡峭，峰形高耸，而且峰值靠近零值，表明风速频率集中在低值区，可利用的风速出现时间少。在风速大的地方该曲线平缓，峰值右移，表明风频分散，大风速出现机会多，可利用风速时间增长。

甘肃省有些地区年平均风速较小，风速频率单调下降似“乙”字形(图 3.51)。在风速的零值附近频率最大，是曲线的峰值区，向右伸展曲线迅速下降。通常 10 m/s 以上的风速出现机会很少，说明这类地区静风和小风特别多。凡具有这种风速频率分布的地方，一般风速可利用价值很小。

3.4.1.3 风速变化

(1)风速年变化

全省大多数地方以春季风速最大，秋季和冬季最小，夏季次之。逐月来看，从 1 月开始各地风速逐渐增大，大多数地方风速最大值出现在 4 月。5 月开始风速逐渐减小，最小值一般出现在 7 月至 12 月不定(表 3.37、图 3.52)。

表 3.37 甘肃省各地代表站各月平均风速(单位:m/s)

站名	1月	2月	3月	4月	5月	6月	7月	8月	9月	10月	11月	12月
马鬃山	4.2	4.2	4.5	5.1	4.9	4.6	4.3	4.1	4.1	4.2	4.6	4.6
敦煌	1.8	2.0	2.3	2.5	2.2	1.8	1.8	1.6	1.5	1.4	1.6	1.7
肃北	2.9	2.7	2.7	3.1	3.1	2.8	2.6	2.6	2.6	2.7	3.1	3.3
酒泉	1.9	2.1	2.4	2.9	2.4	2.1	2.0	1.9	1.8	1.9	2.0	1.8
张掖	1.5	1.8	2.2	2.5	2.2	1.9	1.9	1.8	1.6	1.5	1.7	1.6
肃南	1.5	1.8	2.0	2.4	2.6	2.4	2.3	2.1	2.1	2.1	1.7	1.4
民勤	2.1	2.4	2.8	3.2	3.0	2.9	2.7	2.6	2.2	2.2	2.3	2.2
武威	1.4	1.6	1.9	2.3	2.0	1.8	1.7	1.6	1.4	1.4	1.4	1.4
乌鞘岭	4.6	5.2	5.7	5.8	5.6	5.1	4.7	4.7	4.8	4.7	4.7	4.7
兰州	0.6	0.8	1.1	1.3	1.3	1.3	1.2	1.1	0.8	0.7	0.6	0.5
白银	1.1	1.5	1.9	2.3	2.2	2.1	1.9	1.8	1.5	1.4	1.3	1.2
安定	1.4	1.8	2.0	2.3	2.3	2.1	2.1	2.0	1.9	1.6	1.6	1.5
岷县	1.1	1.5	1.9	1.9	1.8	1.4	1.3	1.2	1.3	1.3	1.1	0.9
临夏	1.1	1.3	1.5	1.7	1.3	1.1	0.9	0.9	0.9	0.9	1.1	1.0
玛曲	2.1	2.3	2.5	2.6	2.5	2.3	2.0	1.8	1.8	1.8	1.9	2.0
合作	0.9	1.4	1.7	1.9	1.9	1.7	1.5	1.4	1.4	1.3	1.0	0.9
天水	1.0	1.3	1.3	1.3	1.3	1.2	1.2	1.2	1.0	0.8	0.9	0.9
环县	1.4	1.7	1.9	2.1	2.0	1.9	1.9	1.7	1.5	1.4	1.5	1.4
西峰	2.0	2.2	2.4	2.6	2.5	2.3	2.3	2.2	2.1	2.0	2.1	2.1
正宁	1.6	1.7	2.1	2.3	2.2	2.1	2.0	2.0	1.8	1.7	1.7	1.6
崆峒	1.9	2.1	2.3	2.4	2.2	1.9	1.9	1.8	1.7	1.7	1.9	1.9
武都	1.1	1.5	1.7	1.9	1.8	1.7	1.7	1.6	1.3	1.1	1.1	1.1

(2)风速日变化

甘肃省各地风速具有明显日变化规律。通常 10 时以后风速开始增大，14—18 时之间达到最大，19 时以后风速减小，05—07 时风速最小。在近地层，午后下垫面最热，空气对流发展旺盛，高空大风下传动能最多，风速也最大。傍晚，地面开始逐渐冷却，气层趋于稳定，风速迅速减小。夜间，风速基本保持稳定，并一直保持到日出。随后因太阳辐射的增加而引起地面温度的升高，使得近地面气层不稳定，气压和温度在水平方向的梯度增大，风速迅速增大(图 3.53)。

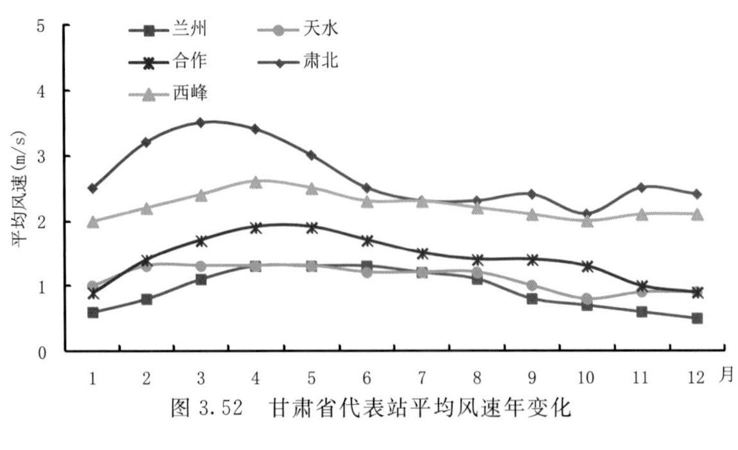

图 3.52　甘肃省代表站平均风速年变化

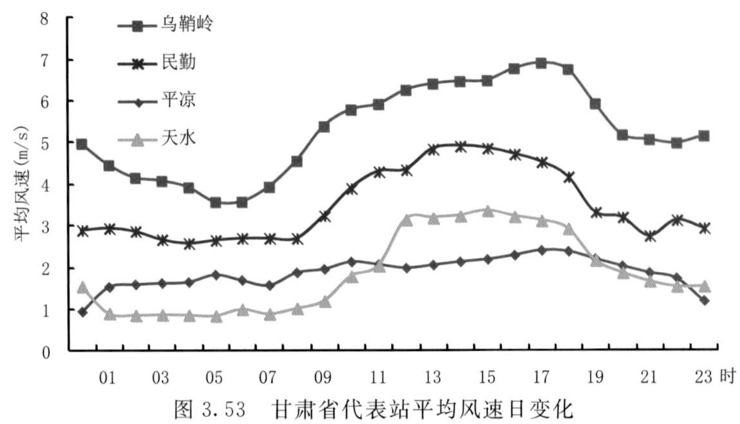

图 3.53　甘肃省代表站平均风速日变化

3.4.1.4　地理因子对风速影响

(1)海拔高度对风速影响

在近地层,风速是随高度变化的,一般符合对数型和指数型风速廓线模式。甘肃省年平均风速随海拔高度的增加而增大,显示出线性正相关。海拔高的地方风速大,海拔低的地方风速小(图 3.54)。

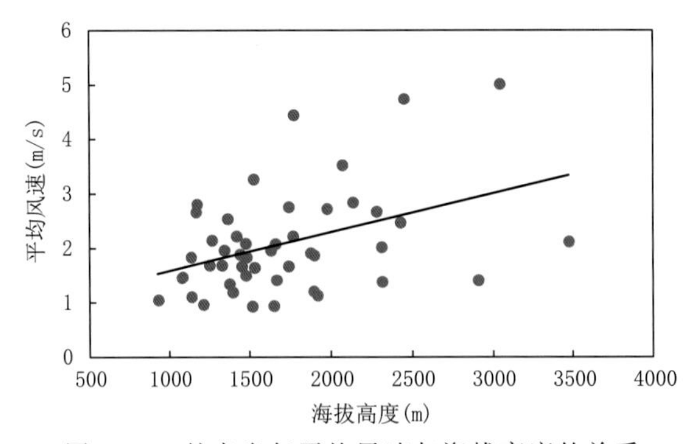

图 3.54　甘肃省年平均风速与海拔高度的关系

(2)地形对风速影响

地形对风速影响是一个复杂的问题。一般山顶、山口风速最大,梁地、坡地、与风向垂直的两侧山腰次之，沟地和山体背风坡底部最小。当风向与沟形走向近似一致时，由于狭管效应作用，沟地的风速反而比梁地、坡地大。

河西走廊为南、北两山系对峙的狭长地带，地势平坦，又是西北气流和冷空气的通道，在狭管效应的作用下使得风速加大，年平均风速比河东地区大 1.0～2.0 m/s。兰州为南、北两山环抱的盆地，海拔 1518.3 m，由于山体对气流的阻挡作用，年平均风速仅为 0.9 m/s。即使风速最大的春季也只有 1.2 m/s，冬季平均风速仅 0.6 m/s，年平均静风频率达 44.7%，而冬季静风频率高达 58.3%，致使空气污染时有发生。陇南南部的徽成盆地，北面有秦岭山脉阻挡，海拔 900 m 左右，为低海拔的盆地，年平均风速在 1 m/s 左右，静风频率也较大，是仅次于兰州盆地又一个风速最小的地区。这些不同地形的风速差异，是地形起伏的影响使得风速发生再分布造成的。

(3)坡向对风速影响

不同坡向处风速也有明显不同。风受地形、地势、山群结构、测点方位影响很大。一般规律是迎风坡风速大，背风坡风速小，在同一坡向，风速由山麓向山顶逐渐增大；山麓最小，山顶最大。例如位于乌鞘岭北面迎风坡的古浪站，其平均风速为 3.5 m/s，而位于南面背风坡的永登站，虽然海拔高度比古浪要高一些，但平均风速仅有 2.3 m/s，位于山顶的乌鞘岭气象站平均风速达到 5.0 m/s。

3.4.2　风向

3.4.2.1　年盛行风向

气流受地形影响显著。在山地与河谷，气流主要是沿着其通道流动的，因此，盛行风向多与山谷、河川走向一致。并且四季很少变化，在一些地方形成了地方性风场。如瓜州等地北边为马鬃山，南边为祁连山，并处于疏勒河下游，河道走向由东向西，由于地形作用全年各月盛行风向均为偏东风；天水、甘谷南有秦岭，北有陇山，渭河由西向东流过，盛行风向全年为偏东风(表 3.38、图 3.55)。

表 3.38　甘肃省各地代表站年各风向频率(单位:%)

站名	N	NNE	NE	ENE	E	ESE	SE	SSE	S	SSW	SW	WSW	W	WNW	NW	NNW	C
酒泉	3	3	4	6	7	5	4	2	2	3	11	9	6	5	6	5	19
张掖	4	3	2	1	2	3	7	12	9	4	3	3	4	7	11	6	19
武威	4	4	3	3	3	4	4	3	4	7	6	3	3	5	10	7	27
兰州	4	6	9	8	7	5	4	2	1	1	1	1	1	1	2	2	45
白银	9	7	7	4	4	3	4	3	4	2	3	2	3	5	5	3	32
安定	3	2	3	2	2	5	15	16	7	3	1	1	1	2	6	8	23
临夏	9	5	5	4	3	2	2	1	1	3	8	9	3	1	1	2	41
合作	7	3	3	3	4	2	2	2	4	3	2	2	2	2	5	13	41
天水	2	1	2	7	13	6	5	2	2	2	3	4	4	2	2	1	42
西峰	6	3	4	3	3	4	7	11	13	6	5	3	4	4	8	7	9
崆峒	2	1	1	2	9	14	6	2	1	1	1	1	6	18	12	5	18
武都	2	5	7	3	4	4	7	8	5	3	2	2	2	3	4	3	36

合计不为 100%原因：涉及风向数据全部来源于中国气象局 1981—2010 年整编资料，数据均为月值(整数)。可能由于在整编数据时涉及小数点四舍五入的问题，各月的风向频率合计都有可能不是正好 100%，所以由月值统计而来的年值也都有可能不是正好 100%。

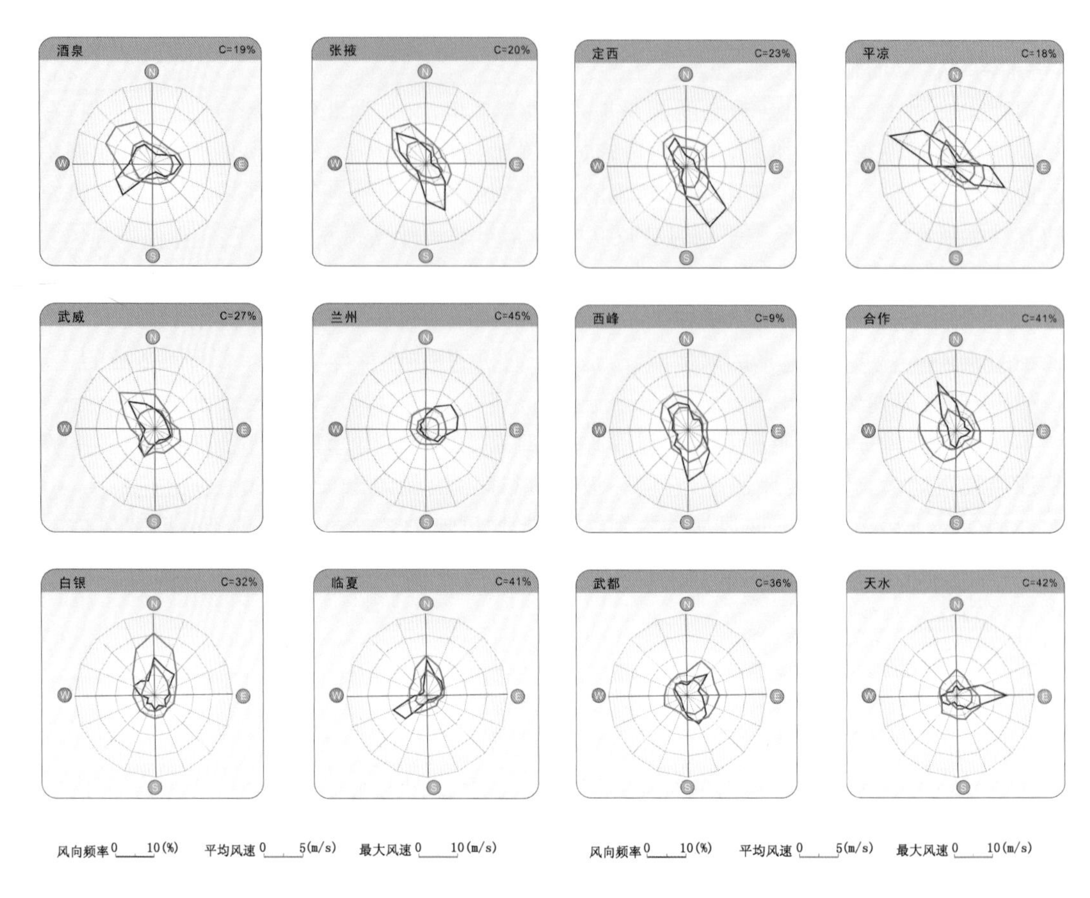

图 3.55 甘肃省代表站年风玫瑰图

3.4.2.2 各季盛行风向

(1)冬季(1 月)

冬季整个亚洲大陆受蒙古高压控制,是冷高压鼎盛时期,甘肃省位于它的西南边缘,是东亚寒潮南下的通道,因此,冬季多盛行西北风。有些气象台站冬季盛行风向是东风或东南风,这是气流沿河川通道倒灌的结果。从冬季盛行风向的地区分布而言,河西大部、甘南高原西南部大都盛行偏西风;陇中大部盛行东北风;陇东大都为西北风;天水盛行偏东风,陇南为东北风(表 3.39、图 3.56)。

表 3.39 甘肃省各地代表站冬季典型月(1 月)风向频率(单位:%)

1月	N	NNE	NE	ENE	E	ESE	SE	SSE	S	SSW	SW	WSW	W	WNW	NW	NNW	C
酒泉	2	3	3	5	6	6	3	2	2	3	14	13	5	5	4	5	19
张掖	2	2	1	1	2	2	4	12	11	5	3	4	4	9	10	5	24
武威	4	4	4	3	3	4	3	3	5	9	6	4	2	3	7	5	30
兰州	3	7	7	7	6	3	2	2	1	1	0	0	0	1	1	2	58
白银	7	4	4	2	2	2	3	2	4	2	2	1	3	8	7	4	44
临夏	7	5	5	5	4	2	1	1	1	2	8	12	4	1	1	1	41

续表

1月	N	NNE	NE	ENE	E	ESE	SE	SSE	S	SSW	SW	WSW	W	WNW	NW	NNW	C
安定	2	2	1	1	1	4	12	11	7	5	2	1	2	4	8	7	30
合作	7	4	3	2	2	2	1	1	3	2	1	1	2	2	3	9	55
天水	3	2	2	6	12	5	4	1	1	1	2	4	5	2	1	2	47
西峰	8	4	4	3	2	3	5	7	7	4	5	3	5	6	11	10	11
崆峒	2	1	1	2	6	12	6	1	1	0	1	1	8	24	14	7	17
武都	3	6	8	3	2	2	4	5	5	4	3	1	2	2	4	5	40

注:本表数据以参考数据为准。

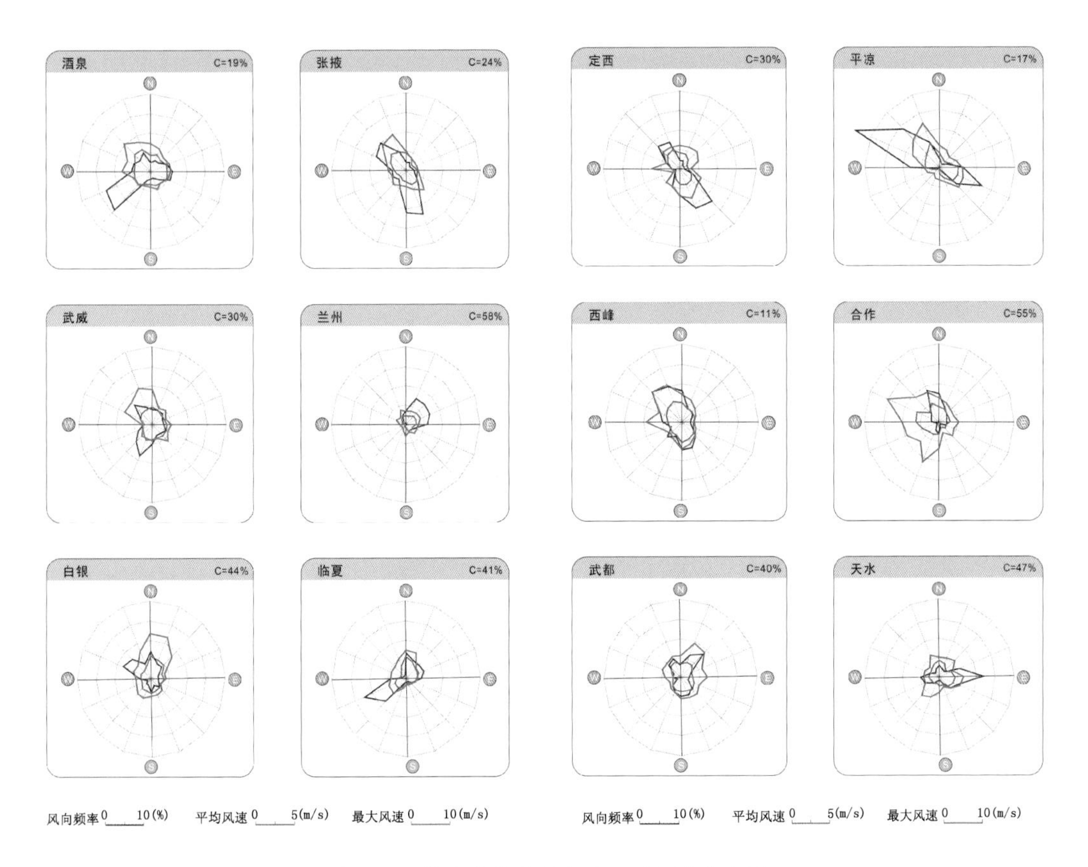

图 3.56 甘肃省代表站冬季(1 月)风玫瑰图

(2)春季(4 月)

春季是冬、夏季风转换季节。蒙古冷高压势力衰退,甘肃省位于该高压的南缘,又处于冷暖不同性质气团的辐合带位置,气旋活动频繁。河西西部盛行偏东风,河西中、东部盛行偏西风和偏东风;乌鞘岭以东的景泰、白银、兰州、临夏至夏河一带盛行东北风;其余地区大多盛行偏东风或东南风(表 3.40、图 3.57)。

表 3.40 甘肃省各地代表站春季典型月(4 月)风向频率(单位:%)

4 月	N	NNE	NE	ENE	E	ESE	SE	SSE	S	SSW	SW	WSW	W	WNW	NW	NNW	C
酒泉	5	3	4	6	7	6	3	2	1	2	8	9	7	7	9	10	12
张掖	6	5	2	2	2	3	7	12	6	4	2	3	4	7	13	11	13
武威	6	5	3	4	4	4	4	3	3	7	6	3	3	6	13	9	19
兰州	5	7	10	10	9	5	5	2	2	1	1	1	2	2	2	3	35
白银	13	10	9	5	5	3	4	3	3	2	3	2	4	5	4	4	24
安定	4	4	5	4	3	6	16	15	6	2	1	1	1	2	5	8	18
临夏	13	6	5	5	4	3	2	1	2	3	9	9	3	1	2	3	29
合作	7	4	4	3	5	4	2	3	4	4	3	3	2	3	5	14	32
天水	3	2	3	6	11	6	5	3	3	3	4	5	6	3	2	3	36
西峰	7	3	4	3	3	3	7	12	13	6	6	4	5	4	7	8	7
崆峒	2	1	1	3	9	14	6	3	2	1	1	1	6	18	13	7	14
武都	2	5	9	3	5	6	9	9	4	2	2	2	3	4	4	3	29

注:本表数据以参考数据为准。

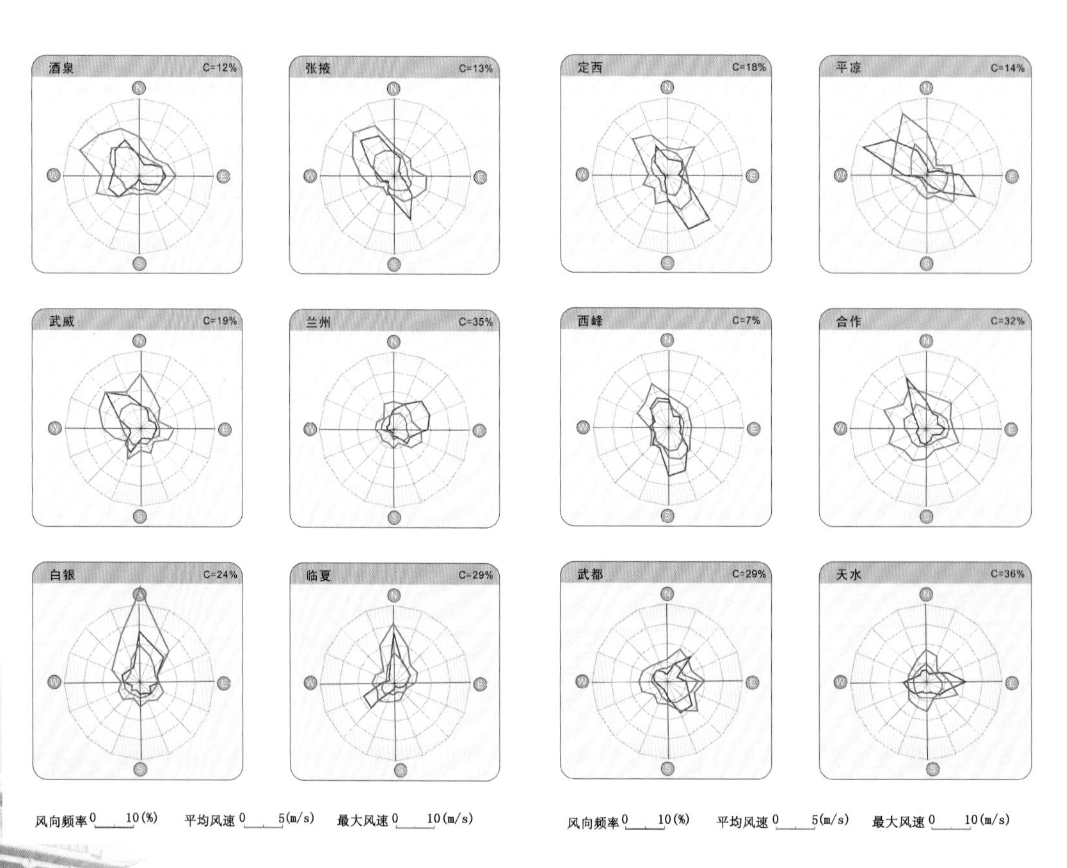

图 3.57 甘肃省代表站春季(4 月)风玫瑰图

(3)夏季(7 月)

夏季,亚洲大陆为热低压盘踞,气压场的梯度由海洋指向内陆。河西盛行风向多为偏东风;河东大多为东南风(表 3.41、图 3.58)。

表 3.41 甘肃省各地代表站夏季典型月(7 月)风向频率(单位:%)

7 月	N	NNE	NE	ENE	E	ESE	SE	SSE	S	SSW	SW	WSW	W	WNW	NW	NNW	C
酒泉	2	2	3	6	9	6	5	2	2	3	8	7	6	6	6	5	21
张掖	4	3	2	1	3	5	9	13	9	4	3	3	4	5	8	5	19
武威	4	3	3	2	3	4	5	3	4	7	6	3	3	5	11	7	27
兰州	4	6	9	9	9	6	6	2	1	1	1	2	3	2	3	2	34
白银	8	6	7	5	5	5	6	5	5	3	5	3	5	4	3	3	23
安定	2	2	2	2	2	6	16	18	9	3	2	1	1	2	6	7	19
临夏	5	3	3	2	2	2	2	1	2	4	10	10	3	1	1	3	46
合作	6	3	3	3	4	2	2	2	4	4	3	2	2	2	6	15	38
天水	1	1	2	7	14	6	6	4	4	2	3	4	4	2	1	1	38
西峰	4	2	3	4	4	5	10	13	16	7	5	3	4	3	5	5	7
崆峒	1	1	1	3	10	15	8	4	2	1	1	1	5	16	10	4	19
武都	2	4	5	3	5	6	9	9	5	2	2	2	3	4	4	2	33

注:本表数据以参考数据为准。

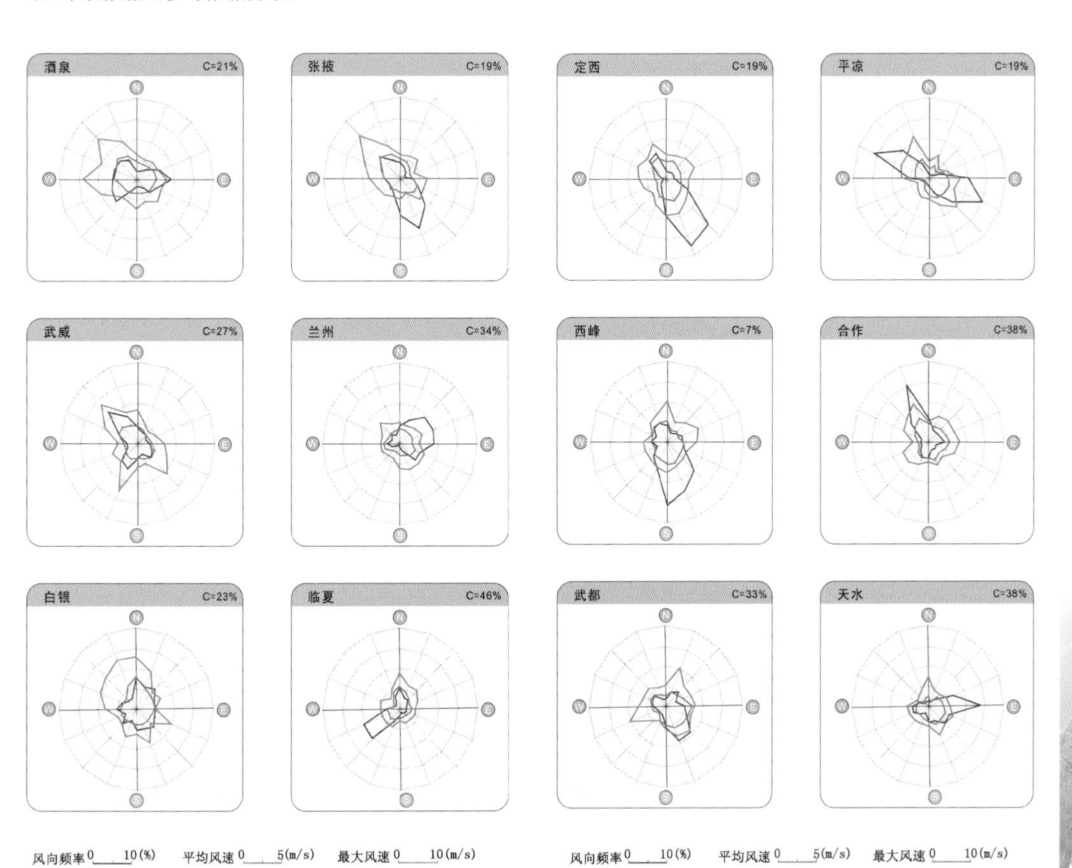

图 3.58 甘肃省代表站夏季(7 月)风玫瑰图

(4)秋季(10 月)

秋季是夏季风与冬季风的交替季节。由于冬季风来得迅速,且稳定维持,夏季风的势力大都退出大陆,河西西部盛行风向为东风或偏东风,河西中东部盛行风向较乱,走廊南部多为偏南风,走廊北部多为偏东风或偏西风;从白银到兰州、临夏、夏河至玛曲一带,盛行风向与青藏高原边缘的走向大体一致,为东北风;河东大多数地方盛行风向为东南风,其中渭河流域为东风,陇南以偏南风为主(表 3.42、图 3.59)。

表 3.42　甘肃省各地代表站秋季典型月(10 月)风向频率(单位:%)

10 月	N	NNE	NE	ENE	E	ESE	SE	SSE	S	SSW	SW	WSW	W	WNW	NW	NNW	C
酒泉	3	3	4	5	7	4	2	1	1	2	14	11	6	5	6	4	22
张掖	4	3	2	1	1	2	4	10	10	4	4	3	4	7	10	6	26
武威	4	3	3	3	3	3	3	3	3	7	6	3	3	6	8	5	34
兰州	3	5	7	7	7	4	3	2	1	1	1	1	1	1	2	2	54
白银	8	8	7	3	3	2	4	2	3	2	2	2	3	5	5	3	38
安定	2	2	2	2	2	4	12	18	9	4	1	1	2	2	5	7	27
临夏	8	5	5	4	3	2	1	1	1	2	6	7	3	1	1	2	48
合作	7	4	4	3	4	2	2	2	3	3	2	2	2	1	6	15	40
天水	2	1	2	7	12	5	4	2	1	1	2	4	3	2	1	1	50
西峰	6	2	3	3	3	4	7	10	12	5	5	3	4	4	8	7	12
崆峒	1	1	1	2	8	13	6	2	1	0	1	1	6	19	12	4	23
武都	2	4	7	3	3	3	6	7	5	3	2	2	2	3	3	2	44

注:本表数据以参考数据为准。

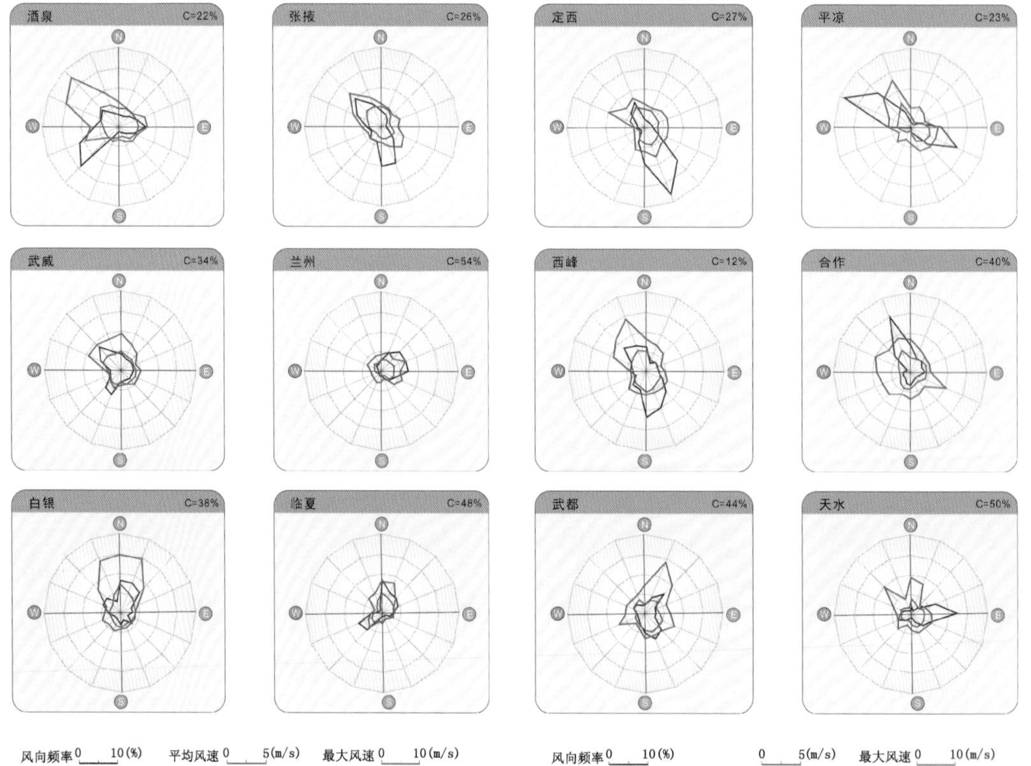

图 3.59　甘肃省代表站秋季(10 月)风玫瑰图

3.5　湿度和蒸发

湿度是一个重要的气象要素，因为只有大气中有了水汽才能成云致雨，提供水资源，产生大气中许多云天景象，才能造成暴雨洪涝、冰雹、绵绵阴雨等气象灾害。正因为有了水汽，才在低温时使人们感到阴冷，高温时感到闷热。因此，湿度是国民经济建设中必须考虑的重要环境参数，它对国民经济建设、国防建设和人们的生活都有重要影响。衡量大气中水汽含量，即湿度指标有许多种，但在实践中最常用的是水汽压和相对湿度。

3.5.1　水汽压

水汽压指空气中含有的水汽所产生的压强。

3.5.1.1　水汽压空间分布

(1)年平均水汽压分布

全省年平均水汽压分布是东南高、西北低，自东南向西北逐渐递减，由盆地向山区递减，变化范围在3.7(马鬃山)～11.8 hPa(成县)(图3.60)。陇南南部最高，在10.0 hPa以上；河西马鬃山和祁连山西段最低，不到4 hPa；河西走廊、祁连山中东段、陇中北部和甘南高原4.4～7.2 hPa；陇中南部、陇东和陇南北部7.0～10.3 hPa。年平均水汽压与同纬度的我国东部地区

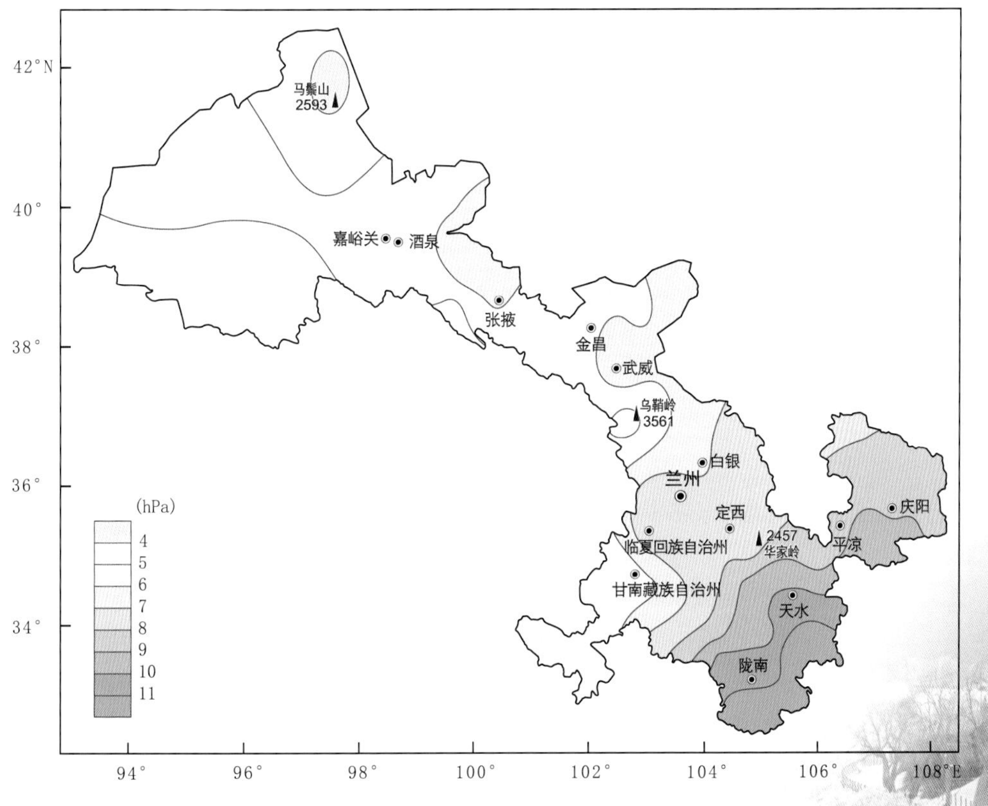

图3.60　甘肃省年平均水汽压空间分布

相比，明显偏小。其原因除了海拔高度比东部平原地区较高外，主要是甘肃省远离海洋，夏半年从海洋来的暖湿空气因沿途降水而失去大量水汽。特别是河西中西部，常年由西北气流控制；河西东部已是我国夏季风的边缘，致使该地区降水微乎其微，土壤和空气干燥，以致成了没有灌溉就没有农业的地方。正是由于降水少，空气干燥，只有极少数的水分可供蒸发，因而年平均水汽压也低。

(2)各季平均水汽压

各季平均水汽压夏季最大，冬季最小，秋季大于春季(图 3.61)。

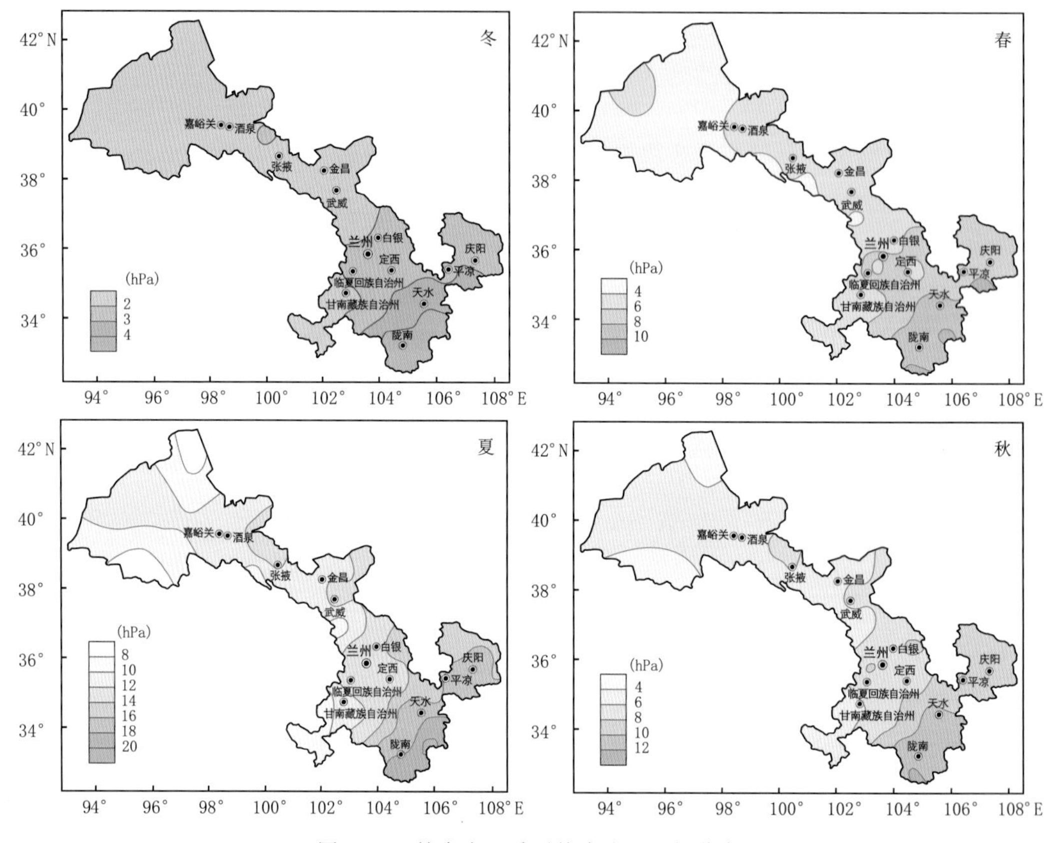

图 3.61　甘肃省四季平均水汽压空间分布

冬季全省水汽压在 1.3(乌鞘岭)～4.9 hPa(文县)。河西和甘南高原水汽压不足 2.0 hPa，是全省最小的地区；陇中和陇东为 1.9～3.3 hPa；陇南一般为 3.2～4.9 hPa，是全省最大的地区。

春季升温迅速，水汽压也显著升高，全省水汽压在 2.8(马鬃山)～10.3 hPa(成县)。河西西部 3.0 hPa 左右，是全省最小的地区；河西中东部和甘南高原为 2.8～8.9 hPa；陇中和陇东为 4.8～8.4 hPa；陇南为 7.1～10.3 hPa，是全省最大的地区。

夏季全省气温最高，也是水汽压为全年最大值的季节。全省平均水汽压在 7.2(马鬃山)～20.2 hPa(徽县)。马鬃山和祁连山区和甘南高原为 2.0～16.9 hPa，是全省最小的地区；河西走廊 11.9～13.0 hPa；陇中和陇东在 11.8～18.2 hPa；陇南为 15.1～20.2 hPa，是全省最大的地区。

秋季，西北气流加强，冷空气活动频繁，气温剧降，降水减少，水汽压也比夏季降低。全省在3.4(马鬃山)～12.2 hPa(文县)。河西走廊西段和祁连山区为3.4～6.6 hPa，是全省最小的地区；河西走廊中东段和甘南高原为3.4～10.7 hPa；陇中和陇东为6.5～10.1 hPa；陇南为8.6～12.2 hPa，是全省最大的地区。

3.5.1.2 水汽压变化

(1)水汽压年变化

水汽压随季节而变化，全省以夏季最高，最大值在7月，冬季最低，最小值在1月。各地水汽压1月后开始有规律的递增，7月以后有规律的递减，形成一条比较平滑的曲线，与全国水汽压年变化曲线形状一致，这主要是因为水汽压和气温年变化规律基本一致的缘故。1月气温各地全年最低，水汽压本身就小，7月气温全年最高，而且正值全年雨季，因而水汽压全年7月最高(图3.62)。

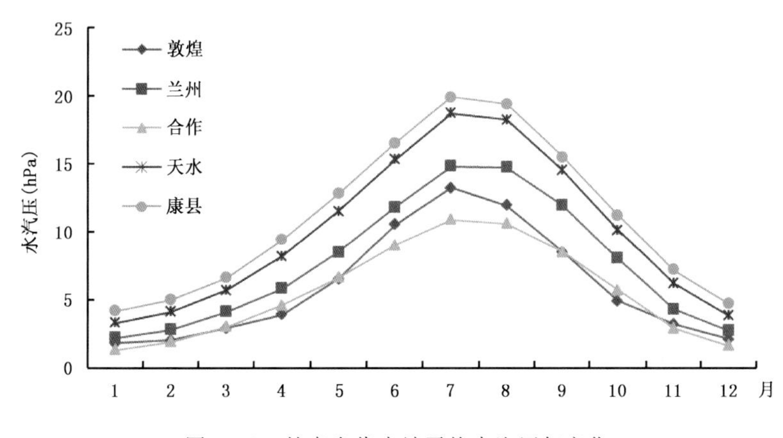

图3.62 甘肃省代表站平均水汽压年变化

(2)水汽压日变化

甘肃省仅敦煌和西峰两站自1988年有24 h水汽压观测记录。采用1988—1992年观测资料进行水汽压日变化分析，水汽压日变化比较稳定，5年平均具有较好代表性。

从图3.63中可以看出，水汽压日变化是很小的，不如气温和相对湿度那么剧烈，说明大气中水汽的绝对含量比较稳定。1月、4月和10月水汽压日变化振幅很小，其日变化曲线均为平缓的单峰型。1月水汽压最小值出现在09时，最大值出现在18时；4月和10月水汽压最小值均出现在17时，最大值分别出现在23时和21时；7月为双峰型，最小值分别在07时和17时，最大值分别出现在09时和21时前后。

3.5.1.3 地理因子对水汽压影响

(1)纬度对水汽压影响

气温随纬度增高而降低，因此，水汽压也大体随纬度增高而减小。如陇南南部的文县(32°57′N)年平均水汽压为11.6 hPa，陇中的兰州(36°03′N)年平均水汽压为7.6 hPa，西北部的马鬃山(41°48′N)年平均水汽压为3.7 hPa，文县与马鬃山两地年平均水汽压相差7.9 hPa。各季

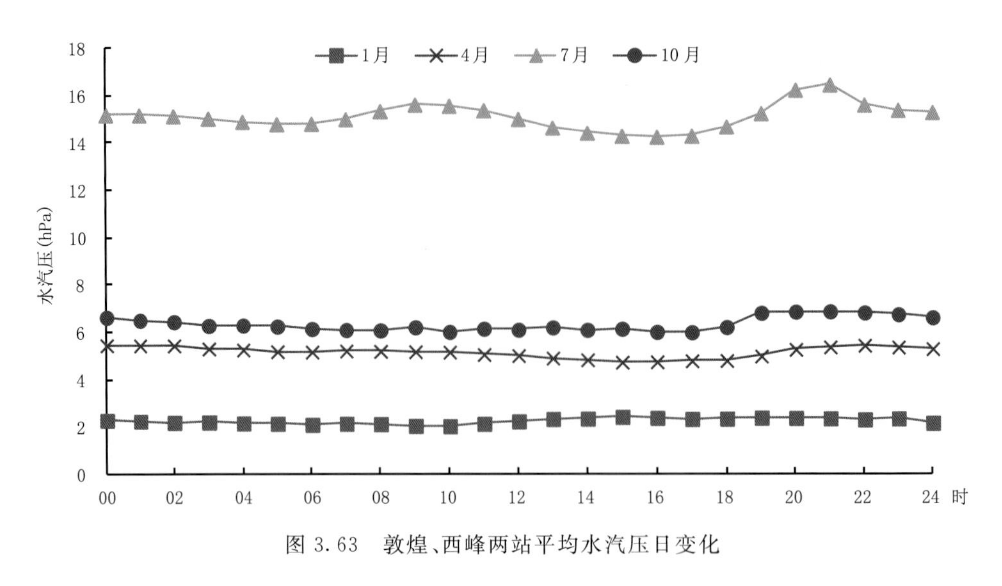

图 3.63 敦煌、西峰两站平均水汽压日变化

水汽压均规律性地从北向南增加。1 月文县与马鬃山月平均水汽压差值为 3.1 hPa，此时全省各地均为干冷的西北气流控制，因而两地月平均水汽压差值为全年最小。7 月文县与马鬃山月平均水汽压差值为 12.0 hPa，这是由于河东地区受到夏季风影响，气流来自广阔洋面，水汽丰富；西北部因夏季风鞭长莫及或邻近沙漠戈壁，因此，南、北部之间水汽压差值达到全年最大。4 月和 10 月文县与马鬃山月平均水汽压差值分别为 7.4 hPa 和 9.0 hPa，且差值 10 月大于 4 月，这是因为 10 月河西已是秋高气爽，而河东则秋雨绵绵。4 月气温回升，偏南气流加强，河东降水普遍增多，故南、北 4 月平均水汽压差值较冬季大，比秋季小。

(2)海拔高度对水汽压影响

从表 3.43 中看出，各地水汽压随海拔高度的增加而有规律性地迅速递减。年平均水汽压直减率，乌鞘岭 1.48 hPa/km、华家岭 2.2 hPa/km、六盘山 2.15 hPa/km。全年水汽压直减率以夏季最大、冬季最小、秋季大于春季。这主要是夏季高温情况下山上与山下水汽压差远比冬季低温情况下大的缘故。7 月和 1 月水汽压直减率，乌鞘岭分别为 2.97 hPa/km 和 0.35 hPa/km、华家岭分别为 4.10 hPa/km 和 0.59 hPa/km、六盘山分别为 4.35 hPa/km 和 0.47 hPa/km，差一个量级。10 月和 4 月水汽压直减率，乌鞘岭分别为 1.77 hPa/km 和 0.49 hPa/km、华家岭分别为 2.34 hPa/km 和 1.90 hPa/km、六盘山分别为 2.34 hPa/km 和 1.87 hPa/km，差一倍之多。

表 3.43 乌鞘岭等 3 对高山、山麓站平均水汽压对比(单位:hPa)

站名	1月	4月	7月	10月	全年	海拔(m)
乌鞘岭	1.0	3.2	8.7	3.6	4.1	3045.1
景泰	1.5	4.5	12.9	6.1	6.3	1630.5
华家岭	1.9	5.3	12.6	6.5	6.6	2450.6
通渭	2.3	6.6	15.4	8.1	8.1	1768.2
六盘山	1.5	4.1	11.0	5.1	5.4	2840.3
崆峒	2.2	6.9	17.5	8.6	8.8	1346.6

(3)坡向对水汽压影响

水汽压的大小除与温度、纬度和高度有关外,在山区还与坡向有关(表3.44)。我们以祁连山和六盘山为例,分析不同坡向水汽压分布情况。祁连山北坡以肃南和古浪代表;南坡以托勒和门源(两站属青海省)代表。从表中看出,祁连山北坡的水汽压比南坡大,各季南北坡的平均差值以夏季最大、冬季最小、秋季略大于春季。年平均水汽压北坡比南坡平均大出1.0 hPa,1月和4月分别大出0.4 hPa和0.7 hPa,7月和10月分别大出2.0 hPa和0.9 hPa。这主要是因为祁连山北坡为盛行风向的迎风面,加之属于阴坡,土壤湿度较大,可供蒸发的水源较充足,所以北坡水汽压大于南坡。六盘山东侧以崆峒、华亭两站代表;西侧以静宁、庄浪两站代表。从表中看出,六盘山东、西两侧的平均水汽压,除冬季(1月)东、西侧接近外(西侧比东侧平均高0.1 hPa),其余各季平均东侧比西侧高。其中7月东侧比西侧高0.9 hPa;4月和10月东侧比西侧高0.3 hPa;年平均水汽压东侧比西侧高0.5 hPa。另外,六盘山东、西两侧各季水汽压均比山顶高,这主要是海拔高度的影响。1月,六盘山西侧为冬季风迎风面,因而西侧水汽压平均比东侧略高。其余各季夏季风占主导地位,东侧为夏季风迎风面,故六盘山东侧平均水汽压高于西侧。

表3.44 祁连山和六盘山不同坡向代表站水汽压对比(单位:hPa)

			1月	4月	7月	10月	全年	海拔(m)
祁连山	北坡	肃南	1.1	3.3	10.0	3.7	4.4	2311.8
		古浪	1.3	4.3	11.6	5.2	5.5	2072.4
	南坡	托勒	0.7	2.3	7.6	2.6	3.2	3360.7
		门源	1.0	3.9	10.0	4.5	4.7	2707.6
六盘山	东侧	崆峒	2.2	6.9	17.5	8.6	8.6	1346.6
		华亭	2.3	6.9	17.4	8.5	8.7	1454.1
	山顶	六盘山	1.5	4.1	11.0	5.1	5.4	2840.3
	西侧	静宁	2.2	6.5	15.8	8.1	8.0	1658.1
		庄浪	2.5	6.8	16.4	8.4	8.4	1614.6

3.5.2 相对湿度

相对湿度是大气中实际水汽压与该温度下饱和水汽压之比,因此,它直接表示空气干燥或潮湿程度。空气中没有水汽,相对湿度为零;空气中水汽已经饱和,水分停止蒸发,这时相对湿度为100%。相对湿度与人民生活、经济建设均有密切关系。

3.5.2.1 相对湿度空间分布

(1)年平均相对湿度

年平均相对湿度分布受温度和空气中含水量共同支配。全省平均相对湿度自东南向西北减小,全省变化范围在34%(肃北)~75%(康县)(图3.64)。河西西部35%~45%,河西中东部为45%~60%,河西深居内陆,濒临沙漠、戈壁,气候干燥,相对湿度是全省最小的地区,也是全国最小的地区之一;陇中和陇东北部、甘南高原和陇南西部在50%~70%;陇中和陇东南部、陇南东南部为65%~75%,是全省相对湿度最大的地区。这里气候较湿润温暖,可供蒸发的水源较充足，因而相对湿度较大。

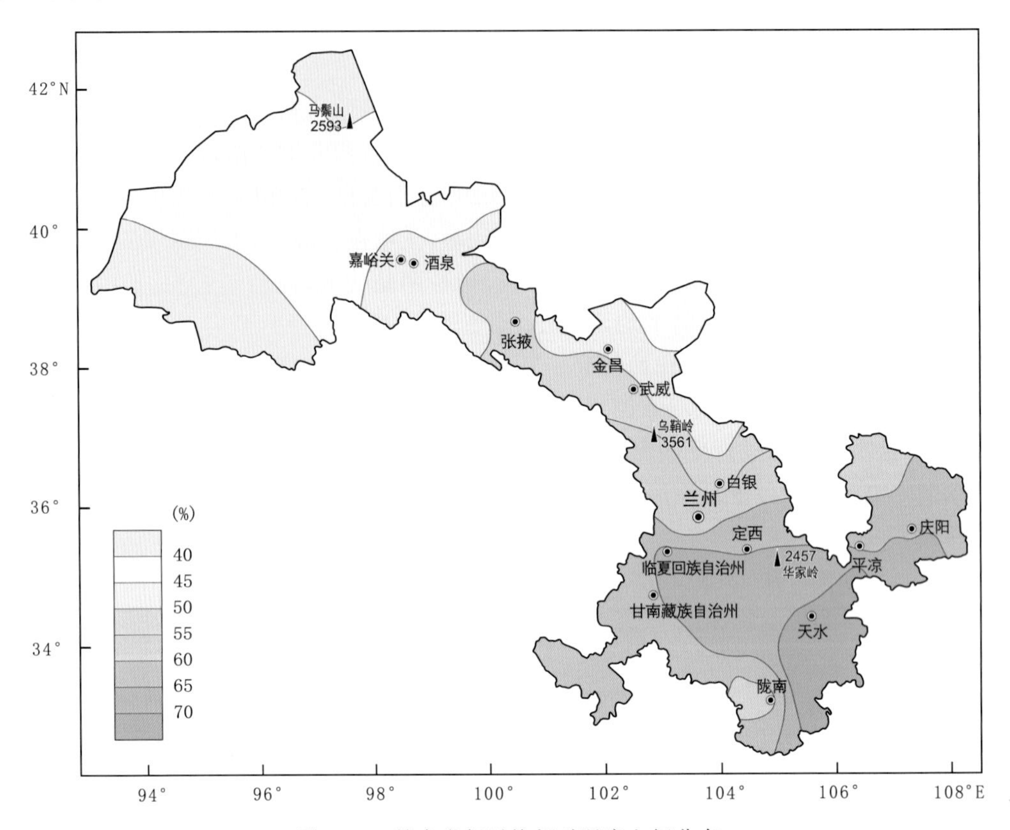

图 3.64 甘肃省年平均相对湿度空间分布

(2)各季平均相对湿度

相对湿度季节分配，秋季最大，春季最小，夏季大于冬季(图 3.65)。

冬季，全省平均相对湿度为 57%，全省变化范围在 36%(肃北)～71%(成县、康县)。此时全省降水减少，空气中含水量迅速减少，成为气候干燥季节，相对湿度成为一年中第二个较小的季节。河西西部小于 35%，是全省最小的地方；河西中东部、陇中和陇东北部、陇南西部为 35%～50%；陇中和陇东的南部、陇南大部在 55%～70%，是全省最大的地区。

春季，全省平均相对湿度为 54%，全省变化范围在 29 %(肃北)～71%(康县)，是一年中相对湿度最小的季节。河西、陇中和陇东的北部在 25%～50%，这里由于气候干燥，空气中含水量较少，气温升高使得饱和水汽压变大，使相对湿度反比冬季更小，成为全省最小的地区；陇中南部、陇东中部和陇南西南部为 50%～65%；甘南高原、陇东南部和陇南东南部在 65%～70%，这里由于气候比较湿润，空气中含水量较多，成为全省最大的地区。

夏季，全省平均相对湿度为 65%，全省变化范围在 35%(马鬃山)～79%(康县)。本季正是全省各地降水量最多的季节，空气中含水量较多，相对湿度明显比春季大。河西和陇中北部在 30%～65%，是全省最小的地区；陇中中部、陇东北部、甘南高原和陇南西南部在 55%～65%；陇中和陇东的南部、陇南大部在 70%～80%，成为全省最大的地区。

秋季，全省平均相对湿度为 67%，全省变化范围在 33%(肃北)～81%(成县)。此时正是甘肃省秋季连阴雨较多时期，大多数地方阴雨绵绵，空气中含水量最多，因而成为全省一年中相对湿度最大季节。河西、陇中和陇东的北部、甘南高原在35%～50%，是全省最小的地区；陇中和陇东的南部、陇南大部在60%～80%，仍然是全省最大的地区。

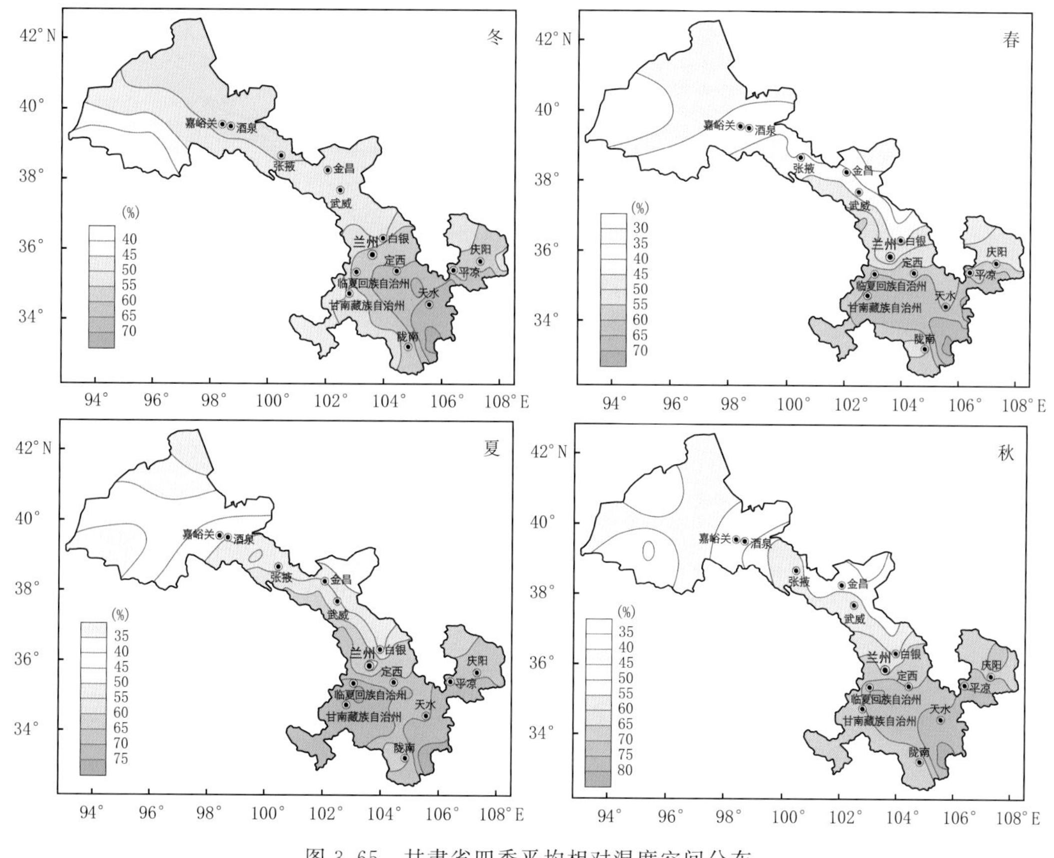

图3.65 甘肃省四季平均相对湿度空间分布

3.5.2.2 相对湿度变化

(1)相对湿度年变化

全省各地相对湿度年变化主要与气温年变化，干、湿季节更替相关。全省各地相对湿度年变化基本可分为3种类型，即春低冬高型，春低秋高型、冬低秋高型(图3.66)。

春低冬高型主要分布在张掖至民乐以西地区，相对湿度最高月出现在12月，最低月出现在4月；另外在夏季和秋季分别有一个次高月和次低月。这里由于夏季降水较少，气候炎热而干燥，因此相对湿度没有出现最高。而严寒的冬季，虽然当地水汽比夏季更少，但因低温的缘故，却出现了一年之中相对湿度的最高月。

春低秋高型主要分布在张掖至民乐以东，会宁、兰州至东乡一线以北的河西东部和陇中偏北地区，如武威、张掖。相对湿度最高月出现在9月，最低月出现在4月。这里春季升温快，对应饱和水汽压大，加之降水少，因而相对湿度最低，相比而言，秋季降水多，加之温度低，对应饱和水汽压小，相对湿度最高。

冬低秋高型主要分布在会宁、兰州至东乡一线以东的河东各地区，如安定、西峰和天水。相对湿度最高月出现在9月，最低月出现在1月。

(2)相对湿度日变化

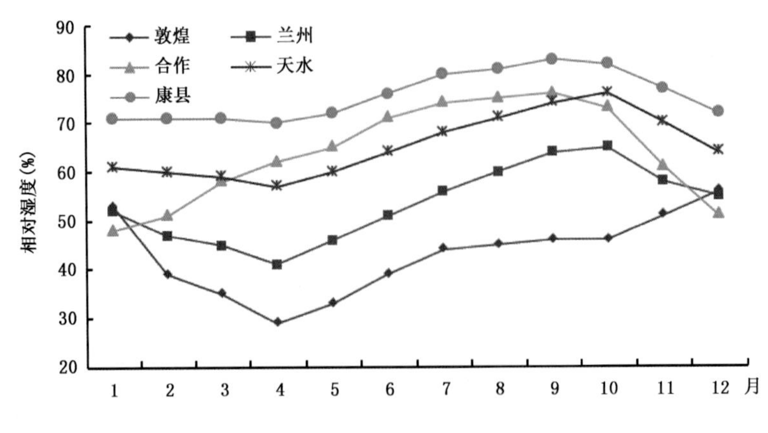

图 3.66　甘肃省代表站相对湿度年变化

相对湿度日变化主要取决于气温。气温增高时，虽然蒸发加快，水汽压增大，但饱和水汽压增大得更多，反使相对湿度减小。温度降低时则相反，相对湿度增大。因此，相对湿度日变化与温度日变化相反，其最高值基本上出现在清晨温度最低时，最低值出现在午后 14—15 时温度最高时。在平原和高原上，相对湿度一般是晚上最高、白天最低。而在坡地和山顶上，相对湿度与低洼地区的变化相反。在坡地和凸形地上，相对湿度的日变幅要比凹形地面低(张家城 等，1985)。

甘肃省相对湿度日变化一般从 18 时至翌日 07 时是逐渐增加的，10—15 时是逐渐减小的。最大值冬季出现在 09—10 时，夏季 06—07 时，春、秋季节在 07—08 时(图 3.67)。

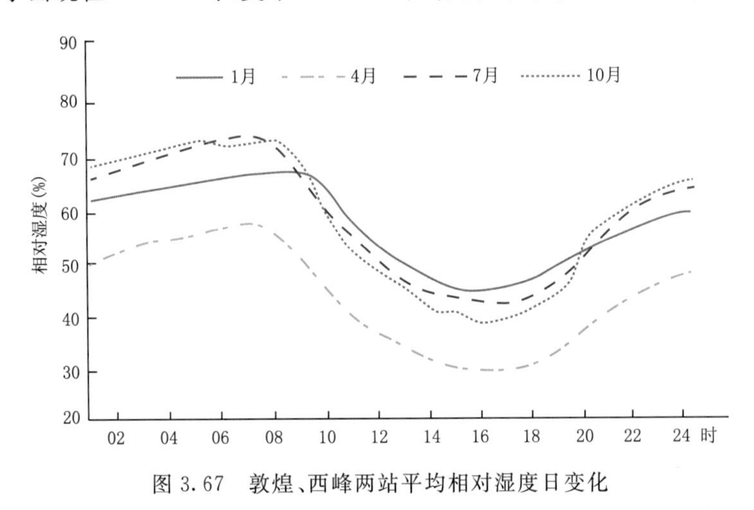

图 3.67　敦煌、西峰两站平均相对湿度日变化

3.5.2.3　地理因子对相对湿度影响

(1)纬度对相对湿度影响

甘肃省南北之间气候差异大，相对湿度大体随纬度增高而降低。年平均相对湿度，南部康县(33°20′N)为 75%，陇中兰州为 53%，北部马鬃山为 40%，康县、马鬃山两地年平均相对湿度相差 35%。各季相对湿度均规律性地自南向北递减。春、夏、秋、冬各季康县、马鬃山平均相对湿度差值分别为 39%、44%、39%和 21%，比较而言，甘肃省相对湿度南北差异夏季最大，

冬季最小。

蔡文华等(2007)研究表明,全国相对湿度随纬度变化与甘肃省很相似,一般来说,地理纬度越低,相对湿度越大。25°～30°N 的长江中下游地区、四川盆地、贵州大部、东南沿海,以及云南最南部等广大地区年平均相对湿度还在80%以上,而甘肃西部、青海西北部柴达木盆地,以及大约90°E 以西的青藏高原上,年平均相对湿度已降到40%以下,相对湿度最低地方只有30%,是我国空气最干燥的地方。

(2)海拔高度对相对湿度影响

相对湿度随海拔高度的变化比较复杂。相对湿度不一定随海拔高度增加而增加,即有高有低,这与当地的温度有关,不同的温度对应的饱和水汽压不同。如地处盆地中的敦煌年平均相对湿度和各季相对湿度都比祁连山的肃北高,相对湿度随海拔高度增加而减小;肃南和张掖、华家岭和通渭,年平均相对湿度随海拔高度增加而减小;乌鞘岭和景泰、六盘山和崆峒,年平均相对湿度随海拔高度增加而增加;春、夏两季除肃北和敦煌外,肃南和张掖、乌鞘岭和景泰、华家岭和通渭、六盘山和崆峒,相对湿度随海拔高度增加而增加。秋季,肃北和敦煌,肃南和张掖、华家岭和通渭,海拔高度高的地方相对湿度比较小,而海拔高度低的地方相对湿度比较大,相对湿度随海拔高度增加而减小;乌鞘岭和景泰、六盘山和崆峒,相对湿度随海拔高度增加而增大。冬季,肃北和敦煌、肃南和张掖、华家岭和通渭、六盘山和崆峒,相对湿度随海拔高度增加而减小;乌鞘岭和景泰相对湿度随海拔高度增加而增大(表3.45)。应当指出,春、夏季山顶湿于山麓,秋冬季则相反,这种气候规律有一定的普遍性。

表3.45 甘肃省五对高山、山麓站平均相对湿度(单位:%)

站名	春季	夏季	秋季	冬季	全年	海拔(m)
肃北	29	37	33	36	34	2158.5
敦煌	32	43	48	49	43	1139.0
肃南	43	55	50	43	48	2311.8
张掖	41	54	59	52	52	1482.7
乌鞘岭	56	65	60	49	57	3045.1
景泰	39	53	54	45	47	1630.5
华家岭	63	71	69	61	66	2450.6
通渭	63	70	74	67	68	1768.2
六盘山	61	80	73	55	68	2840.3
崆峒	56	70	71	56	63	1346.6

(3)坡向对相对湿度影响

一般情况下,山脉的迎风坡多云雨而比较潮湿,因此,相对湿度高于背风坡。从表3.46看出,祁连山南坡相对湿度比北坡高,其中年平均相对湿度南坡比北坡平均高3.0%,春、夏、秋、冬四季平均相对湿度南坡比北坡高6.0%、13.5%、9.5%和4.0%。由于祁连山为西北—东南走向,南坡两站位于祁连山中、东段,这里常年处于冷龙岭附近高压底部东南气流的迎风面,加之空气多从兰州一带沿湟水和大通河向西倒灌,降水量南坡多于北坡,因而相对湿度也较北坡大。

表 3.46　甘肃不同坡向平均相对湿度(单位:%)

山名	坡向	地名	春季	夏季	秋季	冬季	全年
祁连山	北坡	肃南	43	55	50	43	48
		古浪	47	56	55	45	51
	南坡	托勒	44	64	55	49	53
		门源	58	74	69	47	61
六盘山	东侧	崆峒	56	70	71	56	63
		华亭	65	76	78	66	71
	山顶	六盘山	61	80	73	55	68
	西侧	静宁	58	70	72	61	65
		庄浪	59	70	74	63	67

不同走向的山脉,其坡向对相对湿度影响是不同的。如六盘山为南、北走向,东、西两侧的相对湿度也有差别,其中年平均相对湿度的差值较小,东侧比西侧高 1.0%。冬季由于西侧为西北气流的迎风面,季平均相对湿度比东侧高 1.0%,其余的春、夏、秋季,季平均相对湿度东侧略高于西侧,其差值分别为 2.0%、3.0%和 1.5%,这是由于东南气流沿泾河谷地向西推进的结果。丁永全(2015)和李琼等(2016)研究结果表明,在地形起伏较大的地区,不同的坡向,直接影响相对湿度的大小,一般南坡光强,相对湿度小,北坡与南坡相反,而东、西坡介于二者之间。

3.5.3　蒸发

蒸发量资料有两大类。一类是以各种方法计算得到的,现今比较常用的 H. L. Penmen 公式,是指在当地实际气象条件下,水分充分供应短草地面上的蒸发量。因要求水分供应充足,因而称为最大可能蒸发量。第二类是实测得到的。一般气象台站都用 20 cm 直径蒸发皿测量,这种蒸发量测值一般偏大,气候越干燥,大风晴天越多的地区,偏大越多。但资料整齐易得,而且它也能进行不同地区间相对差异的比较,反映气候某些特征。因此,我们采用 20 cm 直径蒸发皿测量的资料进行具体分析。需要说明的是,蒸发皿中得到的蒸发量,反映了这一地区的蒸发能力,而不是实际蒸发量,尤其是在干旱地区,气象站测得的蒸发量与实际蒸发量有显著偏差。

3.5.3.1　蒸发量空间分布

(1)年蒸发量

甘肃省年平均蒸发量为 1620.9 mm,各地年平均蒸发量变化范围约在 1022～3275 mm,马鬃山为 3274.5 mm,是全省蒸发量最大中心,成县为 1022.0 mm,是蒸发量最少的中心。由于 20 cm 蒸发皿蒸发量对气候干燥特别敏感,因此,这种蒸发量的地区分布,主要决定于气候的干燥程度。其地区分布特点与降水量完全相反,即东南小、西北大。河西西部为 2000～3275 mm,是全省蒸发量最大的地区;河西中、东部为 1500～2500 mm;陇中、陇东、陇南西部为 1500～2000 mm;甘南高原和陇南东部的徽成盆地为 1022～1500 mm,是全省年平均蒸发量最小的地区(图 3.68)。

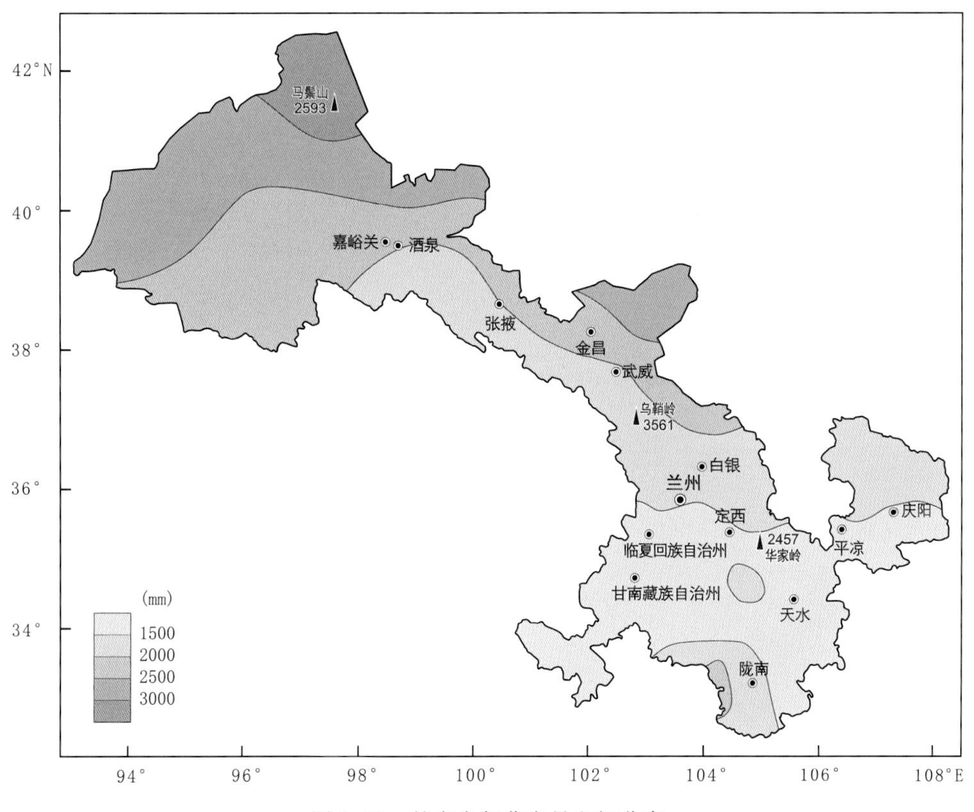

图 3.68 甘肃省年蒸发量空间分布

(2) 各季蒸发量

蒸发量各季分配,夏季最大,冬季最小,春季大于秋季(图 3.69)。

冬季是全年最冷的季节,也是全年蒸发量最少的季节。甘肃省年平均蒸发量为 147.2 mm,各地冬季平均蒸发量变化范围在 96.0(成县)~271.8 mm(舟曲)。河西在 100~200 mm,是全省冬季蒸发量最大地区;陇中、陇东、甘南高原大部和陇南在 100~272 mm;陇南南部 100~150 mm,是全省冬季蒸发量最小地区。

春季,全省各地气温迅速上升,风速增大,蒸发量也迅速增大。全省年平均蒸发量为 522.4 mm,各地春季平均蒸发量变化范围在 328.7(成县)~930.9 mm(马鬃山)。河西走廊 600~931 mm,是全省春季蒸发量最大地区;祁连山区 400~700 mm;陇中、陇东的北部、陇南的西部 400~600 mm;甘南高原、陇东南部、陇南的大部 328~500 mm,是全省春季蒸发量最小地区。

夏季,气温全年最高,蒸发量也最大。全省年平均蒸发量为 665.1 mm,各地夏季平均蒸发量变化范围在 407.9(康县)~1509.9 mm(马鬃山)。河西走廊和祁连山西段为 800~1510 mm,是全省夏季蒸发量最大地区;祁连山区中段东为 600~800 mm;陇中、甘南高原、陇东北部、陇南北部为 600~850 mm;陇东南部、陇南大部为 407~600 mm,是全省夏季蒸发量最小的地区。

秋季,气温下降,河东秋雨较多,蒸发量迅速减小,大部分地方仅为春季的二分之一。全省季平均蒸发量为 303.9 mm，各地秋季平均蒸发量变化范围在 161.8(成县)～659.6 mm(马鬃山)。河西西部和东部、甘南高原、陇南西南部为 300～660 mm，是全省蒸发量最大地区；河西中部和河东大部为 161～300 mm，是全省蒸发量最小地区。

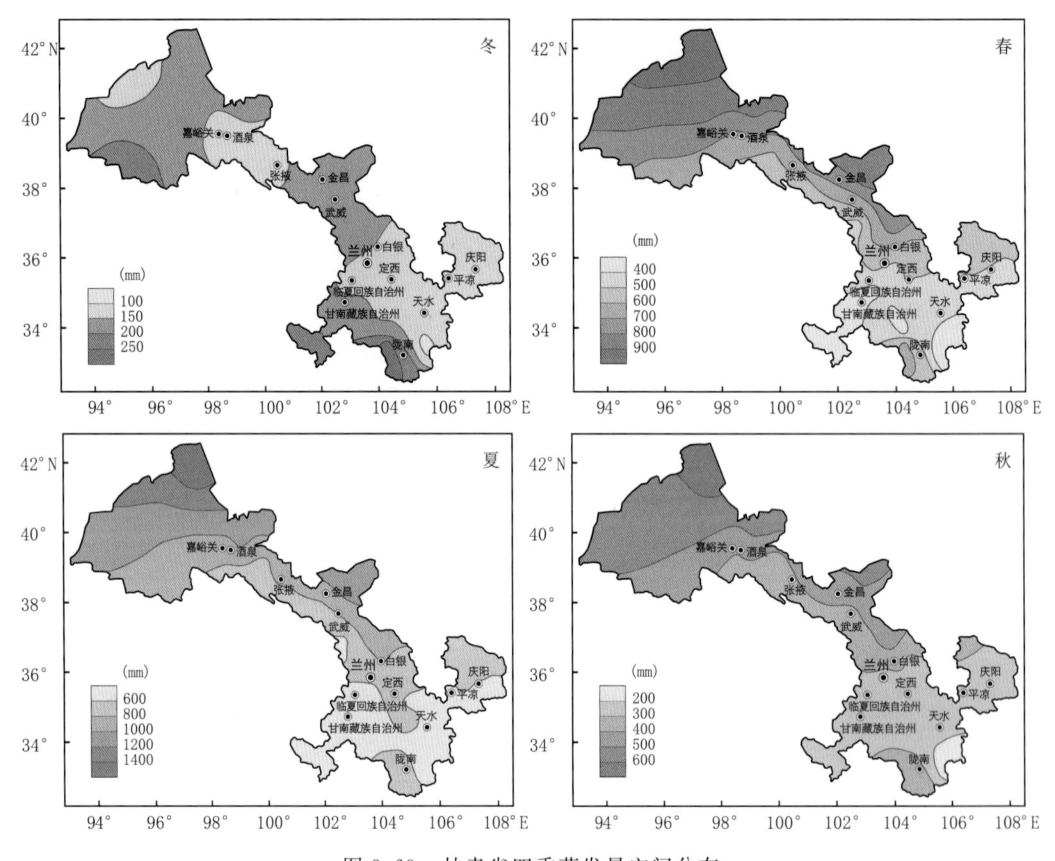

图 3.69 甘肃省四季蒸发量空间分布

3.5.3.2 蒸发量年变化

甘肃省各地蒸发量年变化都是单峰型，谷值各地出现在 1 月。1—5 月蒸发量逐渐增大，峰值各地出现在 5 月或 7 月。6 月蒸发量相对比 5 月和 7 月稍小，7—12 月逐渐减小(图 3.70)。蒸发量年变化基本上与降水量相似。

3.5.3.3 地理因子对蒸发量影响

蒸发量不仅受气温、降水量、日照时数和风速等气象要素影响，还与纬度、海拔高度和坡向等地理因子有密切相关。因此，蒸发量的多少是气温、降水量、日照时数和风速等气象要素及纬度、海拔高度和坡向等地理因子共同影响的结果。

(1)纬度对蒸发量影响

甘肃省年蒸发量高纬地区大于低纬地区。年蒸发量东南部的康县(33.33°N)1053.8 mm，陇中的兰州(36.05°N)1534.5 mm，西北部的敦煌(40.15°N)2638.9 mm。各季蒸发量自东南向西北增大，春季康县、兰州、敦煌的蒸发量分别是 337.2 mm、511.4 mm、860.1 mm；夏季康县、兰州、敦煌的蒸发量分别是 407.9 mm、669.7 mm、1118.5 mm；秋季康县、兰州、敦煌的蒸发量

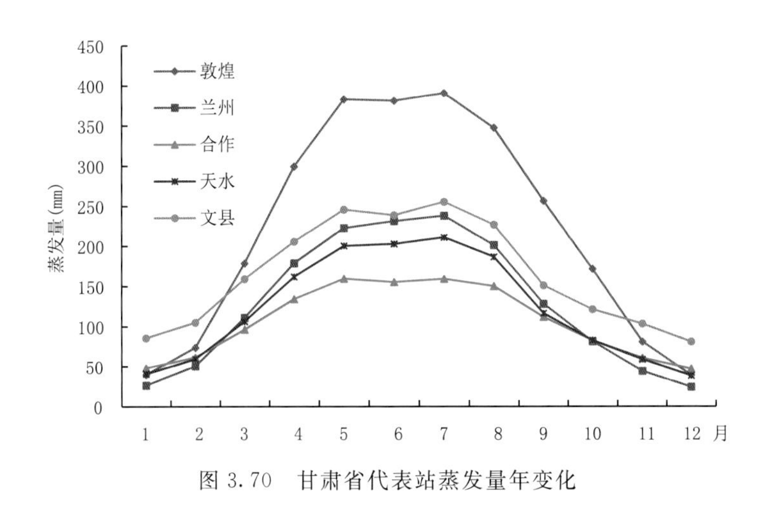

图 3.70　甘肃省代表站蒸发量年变化

分别是 183.9 mm、253.0 mm、508.0 mm；冬季康县、兰州、敦煌的蒸发量分别是 124.8 mm、100.0 mm、152.3 mm。其中，兰州冬季蒸发量比康县小，这可能主要受城市干岛效应的影响。

(2)海拔高度对蒸发量影响

蒸发量与气温、地面风速的关系密切，气温越高，风速越大，则蒸发量亦越大。气温随海拔升高而降低，风速随海拔升高增大。以年蒸发量而言，高山毫无例外小于山麓，春季、夏季也是如此。秋季 4 对台站中有 2 对高山比山麓大，有 2 对高山反比山麓小。冬季 4 对中有 3 对高山比山麓大，有 1 对高山反比山麓小。高山相对湿度比山麓小的原因，除了高山上风大以外，还因秋季和冬季中高山上日照较多，相对湿度较低有关(表 3.47)。

表 3.47　甘肃省四对高山、山麓站平均蒸发量对比(单位：mm)

站名	春季	夏季	秋季	冬季	全年	海拔(m)
肃北	735.0	1020.4	587.2	220.5	2563.1	2158.5
敦煌	860.1	1118.5	508.0	152.3	2638.8	1139.0
肃南	526.5	689.9	366.9	149.5	1732.8	2311.8
张掖	653.1	871.0	372.4	129.1	2025.6	1482.7
乌鞘岭	465.1	566.3	304.0	174.8	1510.1	3045.1
景泰	753.5	912.4	435.8	185.0	2286.7	1630.5
华家岭	419.2	492.3	231.0	138.5	1281.1	24506
通渭	449.7	564.8	229.1	111.5	1354.1	1768.2
平均	607.8	779.5	379.3	157.7	1921.2	

(3)坡向对蒸发量影响

迎风坡降水多，湿度大，日照少，气温偏低，蒸发减小。因此，背风坡蒸发量大于迎风坡。

周淑贞(1997)、张家城等(1985)研究表明，以祁连山南、北坡两侧和六盘山东、西两侧为例(表 3.48)。祁连山年平均蒸发量北坡大于南坡，平均相差 457.7 mm。各季北坡蒸发量均比南坡大，春、夏、秋、冬季，南、北两侧季蒸发量平均差值分别为 84.8 mm、178 mm、108.4 mm、69.6 mm。其中以冬季差值最小，夏季最大，秋季差值大于春季。这是由祁连山中、东段南坡是迎风坡，降水多，湿度高，故蒸发量小；祁连山中、东段北坡是背风坡，降水少，气候干燥，因而蒸发量大。

六盘山年蒸发量西侧大于东侧，其两侧平均差值为 70.9 mm。西侧冬季和春季是迎风坡，蒸发量西侧比东侧小，冬季、春季蒸发量平均差值分别为 17.7 mm 和 10.5 mm；西侧夏季和秋季是背风坡，蒸发量西侧比东侧迎风坡大，夏季和秋季蒸发量的平均差值分别为 39.5 mm 和 56.2 mm。六盘山东、西两侧以秋季差值最大，春季最小，夏季大于冬季。

表 3.48　不同坡向蒸发量对比(单位:mm)

			春季	夏季	秋季	冬季	全年
祁连山	北坡	肃南	526.5	689.9	366.9	149.5	1732.8
		古浪	563.5	730.8	377.3	199.6	1871.3
	南坡	托勒	520.5	612.3	296.7	96.9	1496.6
		门源	399.9	452.4	230.7	113.1	1192.1
六盘山	东侧	崆峒	491.4	538.4	256.4	150.8	1437.0
		华亭	434.3	497.4	219.4	123.3	1264.4
	西侧	静宁	471.3	582.0	252.2	122.6	1425.2
		庄浪	433.4	532.7	335.9	116.1	1418.0

3.6　扬沙和浮尘

3.6.1　扬沙

3.6.1.1　扬沙日数空间分布

(1)年平均扬沙日数

甘肃省年平均扬沙日数的分布，呈现河西多、河东少的格局，由西北向东南减少的趋势。全省平均年扬沙日数 6.9 d，变化范围在 0～42 d。河西大部分地方为 10～42 d，这里气候干燥，沙漠戈壁广布，大风日数多，是全省扬沙日数最多地区，也是全国扬沙日数最多的地区之一；陇中、陇东和甘南高原西南部 1～13 d；陇南和甘南高原大部 1 d 左右，该地区气候比较湿润，大风日数少，是全省扬沙日数最少的地区(图 3.71)。

(2)各季扬沙日数

扬沙日数各季分配，以春季最多，秋季最少，夏季大于冬季(图 3.72)。

冬季是一年中最寒冷的季节，气候仍然比较干燥，地面有雪覆盖，空气活动也较频繁，气温最低、大风日数增多。因此，扬沙日数比秋季多。全省平均冬季扬沙日数 1.2 d，其变化范围在 0～8 d。河西在 2～8 d，是全省冬季扬沙日数最多的地区；陇中、陇东和甘南高原西 1 d 左右；陇南只有少数地方不足 1 d，大部地方很少有扬沙，是全省冬季扬沙日数最少地区。

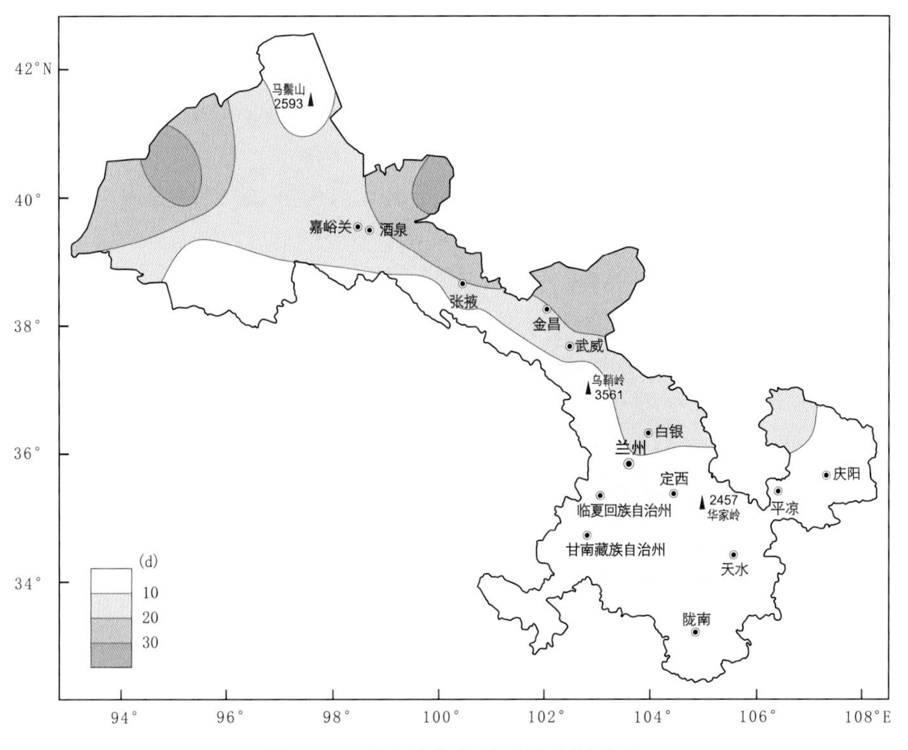

图3.71 甘肃省年扬沙日数空间分布

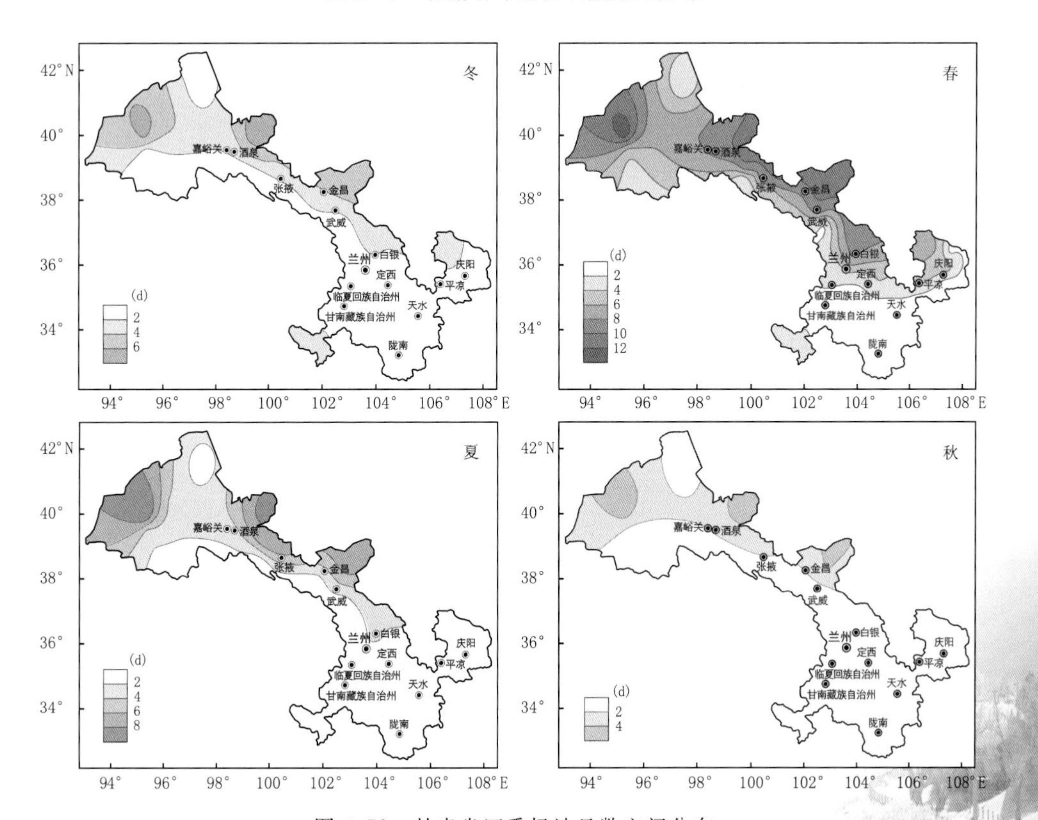

图3.72 甘肃省四季扬沙日数空间分布

春季是冬季至夏季的过渡季节，气候干燥，冷空气活动频繁，气温升高迅速，风速增大，大风日数最多，也是一年中扬沙日数最多的季节。全省平均春季扬沙日数 3.6 d，其变化范围在 0～18 d。河西大部分地方为 10～18 d，是全省春季扬沙日数最多的地区；陇中、陇东和甘南高原西南部为 1～9 d；陇南和甘南高原大部 1 d，是全省春季扬沙日数最少的地区。

夏季是一年中最热的季节。气候比较湿润，降水日数最多，空气湿度大，扬沙日数比春季明显减少。全省平均夏季扬沙日数 1.3 d，其变化范围在 0～12 d。河西大部分地方为 1～5 d，仍然是全省夏季扬沙日数最多的地区；陇中、陇东不足 1 d；陇南和甘南高原只有个别地方扬沙日数不足 1 d，大部地方很少出现扬沙，是全省夏季扬沙日数最少的地区。

秋季是夏季至冬季的过渡季节。气候仍然比较湿润，降水日数比较多，河东秋雨绵绵，空气湿度大，因而秋季扬沙日数是一年中最少的季节。全省平均秋季扬沙日数 0.7 d，其变化范围在 0～6 d。河西在 1～6 d，是全省秋季扬沙日数最多的地区；陇中、陇东不足 1 d；陇南和甘南高原只有个别地方扬沙日数不足 1 d，大部地方很少出现扬沙，是全省秋季扬沙日数最少的地区。

3.6.1.2 扬沙日数年变化

全省各地扬沙日数的年变化曲线大多数地方呈单峰型，只有少数地方是双峰型。单峰型年变化，一年内扬沙日数 1—4 月迅速增加，最高峰值出现在 4 月；5—7 月迅速减少，最低谷值出现在 8 月或 9 月。双峰型年变化，第一峰值出现在 4 月，低谷值出现在 8 月或 9 月；第二峰值出现在 11 月，低谷值出现在 1 月（图 3.73）。

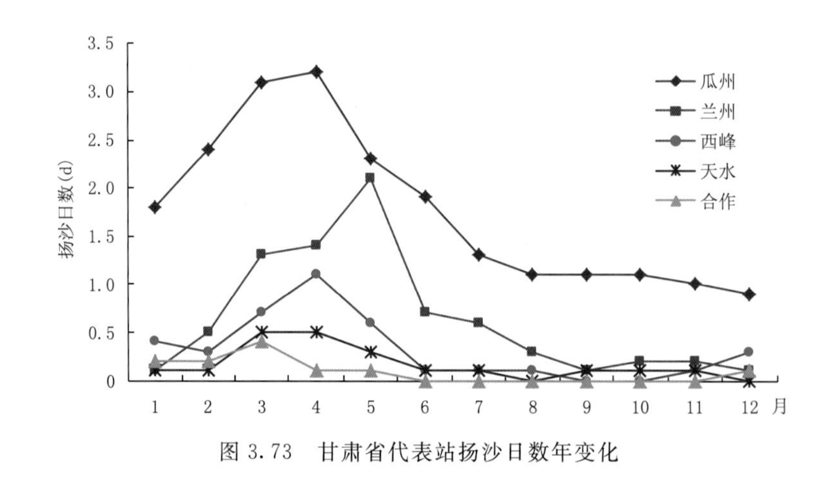

图 3.73 甘肃省代表站扬沙日数年变化

3.6.2 浮尘

浮尘是指 1 km＜能见度＜10 km，基本上无明显风的天气现象（李栋梁等，2000b）。

3.6.2.1 浮尘日数空间分布

（1）年平均浮尘日数

甘肃省年平均浮尘日数分布呈现河西多、河东少的格局，由西北向东南减少的趋势。全省平均年浮尘日数 9.9 d，变化范围在 1.0～45.5 d。河西 4～46 d，这里气候干燥，沙漠戈壁广布，大风日数多，是全省浮尘日数最多的地区；陇中 4～21 d；陇东、甘南高原和陇南 1～15 d；该

地区气候比较湿润，是全省浮尘日数最少的地区(图 3.74)。

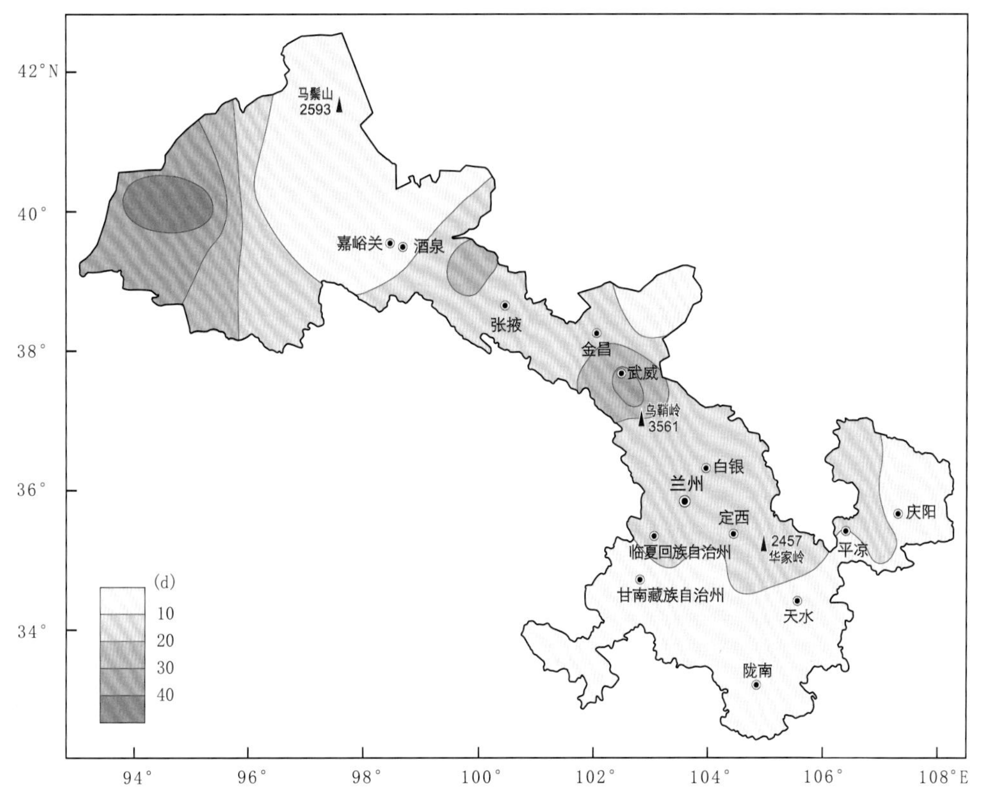

图 3.74 甘肃省年浮尘日数空间分布

(2)各季浮尘日数

浮尘日数各季分配，以春季最多，秋季最少，冬季大于夏季(图 3.75)。

冬季，全省平均年浮尘日数 1.5 d，变化范围在 0～10 d。河西和陇中 1～6 d，是全省浮尘日数最多的地区；陇东、甘南高原和陇南 1 d 左右，是全省浮尘日数最少的地区。

春季，全省平均年浮尘日数 6.2 d，变化范围在 1～17 d。河西 3～17 d，这里气候干燥，沙漠戈壁广布，是全省浮尘日数最多的地区；陇中、陇东、甘南高原 1～13 d；陇南 1～8 d；该地区气候比较湿润，是全省浮尘日数最少的地区。

夏季，全省平均年浮尘日数 6.2 d，变化范围在 0～10 d。河西和陇中 1～5 d，其中敦煌 10 d，是全省浮尘日数最多的地区；陇东、甘南高原、陇南不足 1 d，是全省浮尘日数最少的地区。

秋季，全省平均年浮尘日数 0.8 d，变化范围在 0～6 d。河西 1～6 d，是全省浮尘日数最多的地区；河东不足 1 d，是全省浮尘日数最少的地区。

3.6.2.2 浮尘日数年变化

全省各地浮尘日数的年变化曲线大多数地方呈单峰型，只有少数地方是双峰型。单峰型年变化，一年内扬沙日数 1—4 月迅速增加，最高峰值出现在 4 月；5—7 月迅速减少，最低谷值出现在 8 月或 9 月。双峰型年变化，第一峰值出现在 4 月，低谷值出现在 8 月或 9 月；第二峰值出现在 11 月，低谷值出现在 1 月(图 3.76)。

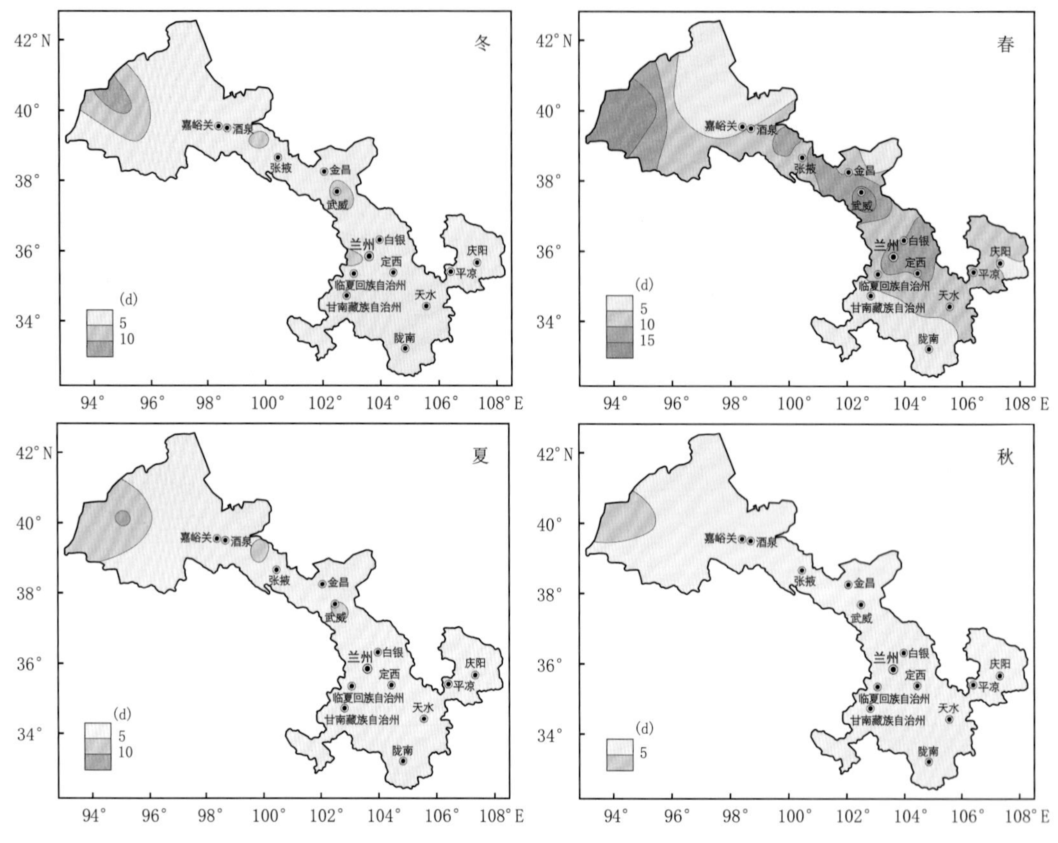

图 3.75 甘肃省四季浮尘日数空间分布

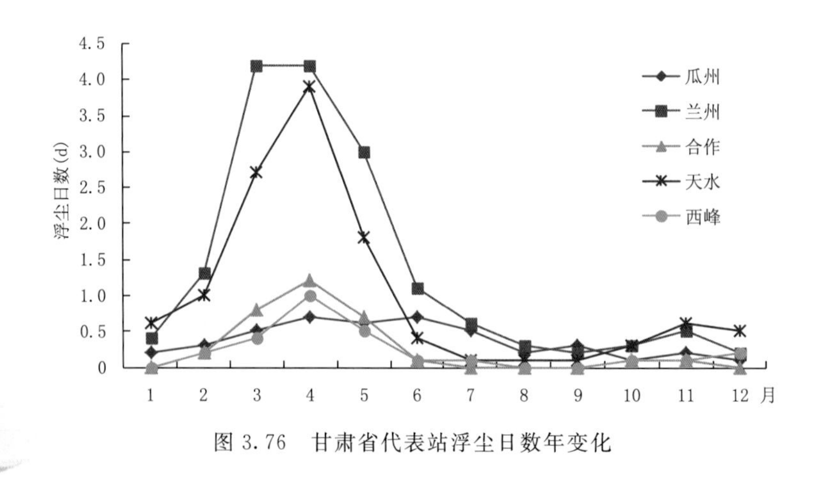

图 3.76 甘肃省代表站浮尘日数年变化

3.7 雾和霾

3.7.1 雾

雾是常见的一种天气现象，它由无数悬浮在低空微细水滴或冰晶组成，并使能见度<1 km。按照雾的形成，大致可分为两类：一类是天气系统影响的锋面雾；另一类是受下垫面性质影响而形成的平流雾、辐射雾和蒸汽雾，还有受地形影响的上坡雾等。

3.7.1.1 雾日数空间分布

(1)年雾日数

雾的局地性强，全省各地雾日数的差异也很大，分布比较复杂。沙漠、戈壁及干燥地区雾日少，高山、草原、森林及阴湿地区雾日多。

全省平均年雾日数 9.4 d，各地变化在 1～56 d(图 3.77)，空间分布呈由西北向东南逐渐增多趋势。河西大多数地方年平均雾日数不足 1 d，其中玉门镇、酒泉、民乐、武威、民勤和古浪 1～7 d，乌鞘岭多达 54 d，是全省第三个雾日最多的地方。陇中大多数地方 1～19 d，其中兰州、永靖、临夏不足 1 d；而华家岭多达 152 d、东乡 56 d，分别位居全省第一、第二。陇东 3～36 d，其中庄浪、崆峒、静宁、华池、崇信只有 3～7 d。陇南和甘南高原 1～14 d，而康县 2 d，天水、武山、文县和武都不足 1 d。

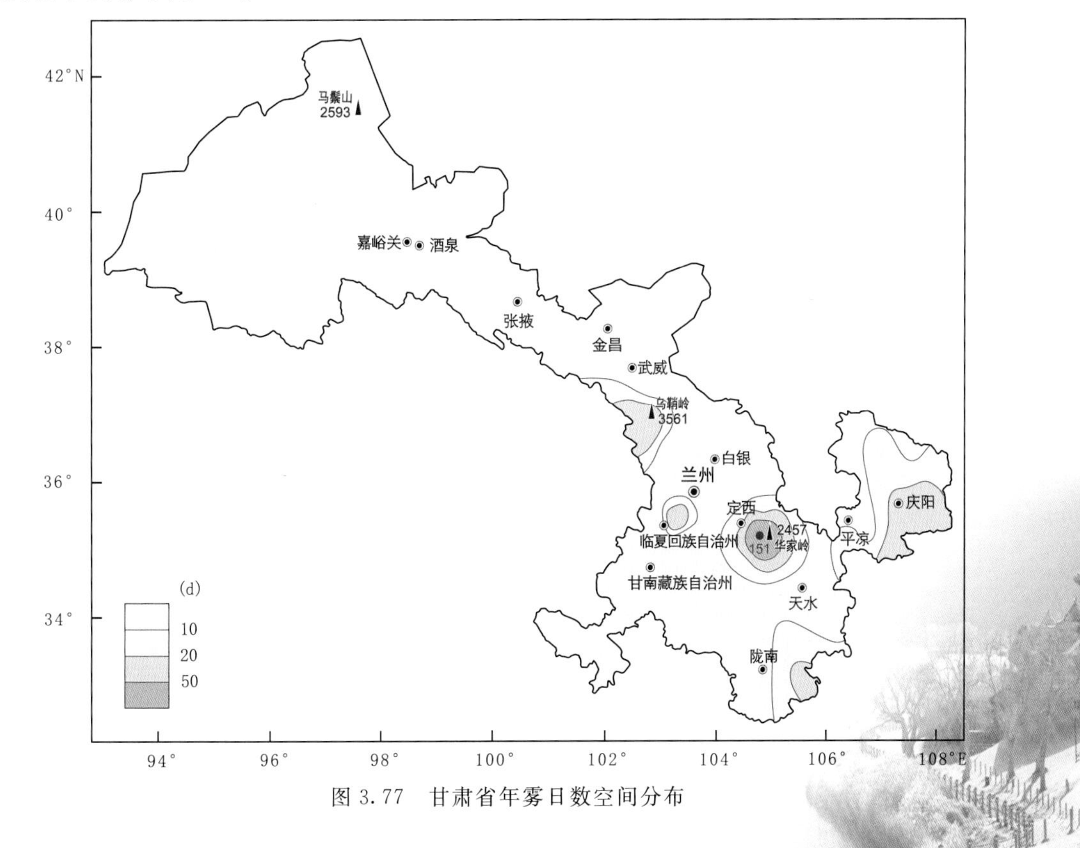

图 3.77 甘肃省年雾日数空间分布

(2)各季雾日数

雾日数秋季最多,冬季最少,夏季多于春季,空间分布呈由西北向东南逐渐增多的趋势(图3.78)。

冬季,气候干燥,是全年雾日最少的季节。全省平均秋季雾日为1.1 d,各地变化在0～5 d,河西走廊和陇中北部不足1天,河东大部为1～5 d。其中乌鞘岭为3 d、东乡6 d、华家岭多达26 d,是全省冬季雾日最多的地方。

春季,气候逐渐变暖,雨日增多,全省各地雾日逐渐增多。全省平均春季雾日为1.7 d,各地变化在0～7 d。河西走廊和陇中北部不足1 d,河东大部为1～7 d,其中乌鞘岭15 d、东乡为12 d、华家岭多达34 d,是全省春季雾日最多的地方。

夏季,降雨最多,雨日较春季明显增多。全省平均夏季雾日为2.6 d,各地变化在0～10 d,河西走廊和陇中北部不足1 d,河东大部为1～10 d。其中乌鞘岭19 d、东乡19 d、华家岭多达45 d,是全省夏季雾日最多的地方。

秋季,连阴雨天气较多,空气比较潮湿,是一年中雾日最多的季节。全省平均秋季雾日为3.9 d,各地变化在0～16 d,河西走廊和陇中北部不足1 d,河东大部为1～16 d。其中乌鞘岭为18 d、东乡为18 d、华家岭多达46 d,是全省秋季雾日最多的地方。

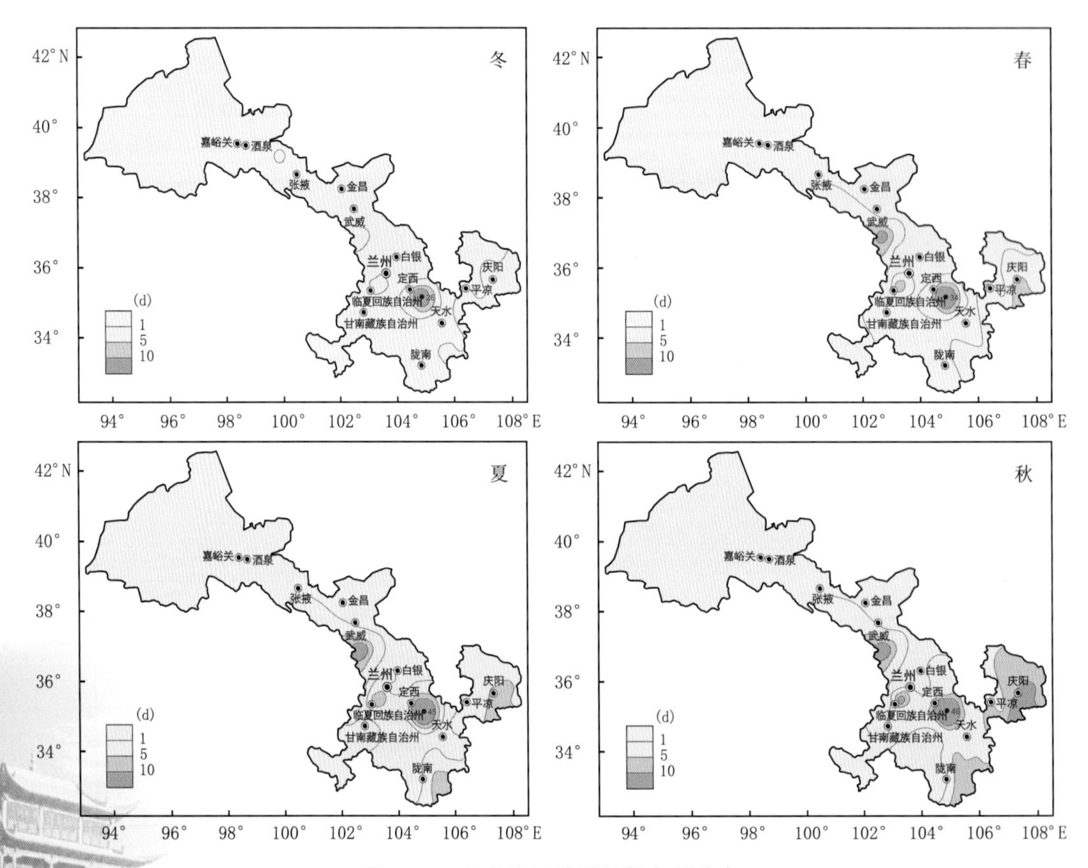

图3.78 甘肃省四季雾日数空间分布

3.7.1.2 雾年变化和日变化

(1)雾年变化

全省各地雾日数年变化基本为双峰型和单峰型两种类型(图3.79)。河西和陇东大部分地方雾日数年变化为双峰型,第一个峰值出现在2月、3月或4月,第二个峰值出现在9月或10月,两个谷值分别出现在5月或6月;12月或1月。陇中、陇南和甘南高原,雾日数的年变化大多数地方为单峰型,峰值大多数地方在9月或10月,个别地方出现在7月或8月,谷值一般出现在冬季12月或1月。

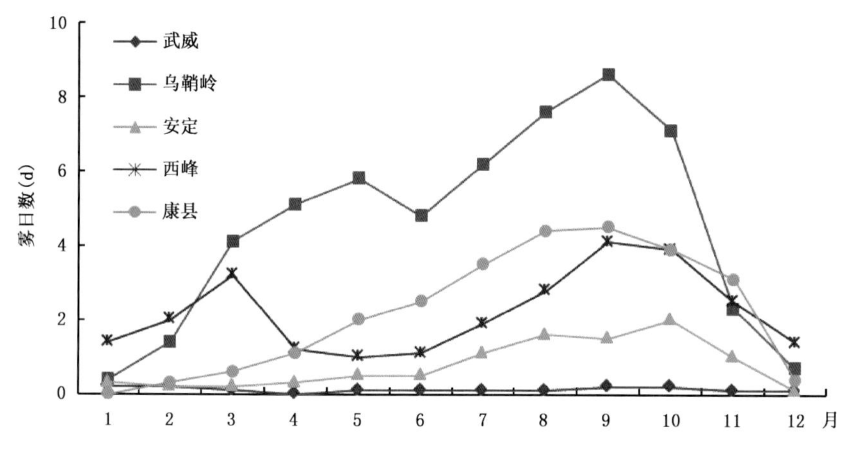

图3.79 甘肃省代表站雾日数年变化

(2)雾日变化

雾是常见的一种天气现象,具有明显日变化(图3.80)。甘肃省雾的日变化主要有两种类型,双峰型和单峰型。双峰型在一日中有两个相对多雾时段,第一相对多雾时段出现在02—10时,峰值出现在07时或08时;第二个相对多雾时段出现在19—22时,峰值出现在20时左右;11—18时、22—01时出现雾可能性很小。陇东、甘南高原和高山地区,雾日变化主要为双峰型。

单峰型在一日中占有一个相对多雾时段,出现在02—12时,峰值出现在07—09时,12—01时出现雾可能性很小。河西、陇中和陇南,雾日变化主要是单峰型。

3.7.2 霾

霾,是指大量极细微的干尘粒等均匀地浮游在空中,使水平能见度<10 km的空气普遍混浊现象,使远处光亮物微带黄、红色,使黑暗物微带蓝色。其形成有三方面因素:一是水平方向的静风现象增多;二是垂直方向有逆温;三是悬浮颗粒物增加。霾主要来源于燃煤、机动车尾气和扬尘。因此,经济发展水平较高的城市受霾的影响更大,也是霾出现的主要地区。近些年来,随着霾天气现象出现频率越来越高,导致空气质量逐渐恶化。霾中含有数百种大气化学颗粒物质,引起呼吸系统疾病、心血管系统疾病、血液系统、生殖系统等疾病,长期处于这种环境还会诱发肺癌、心肌缺血及损伤。而霾也常常引发交通事故。

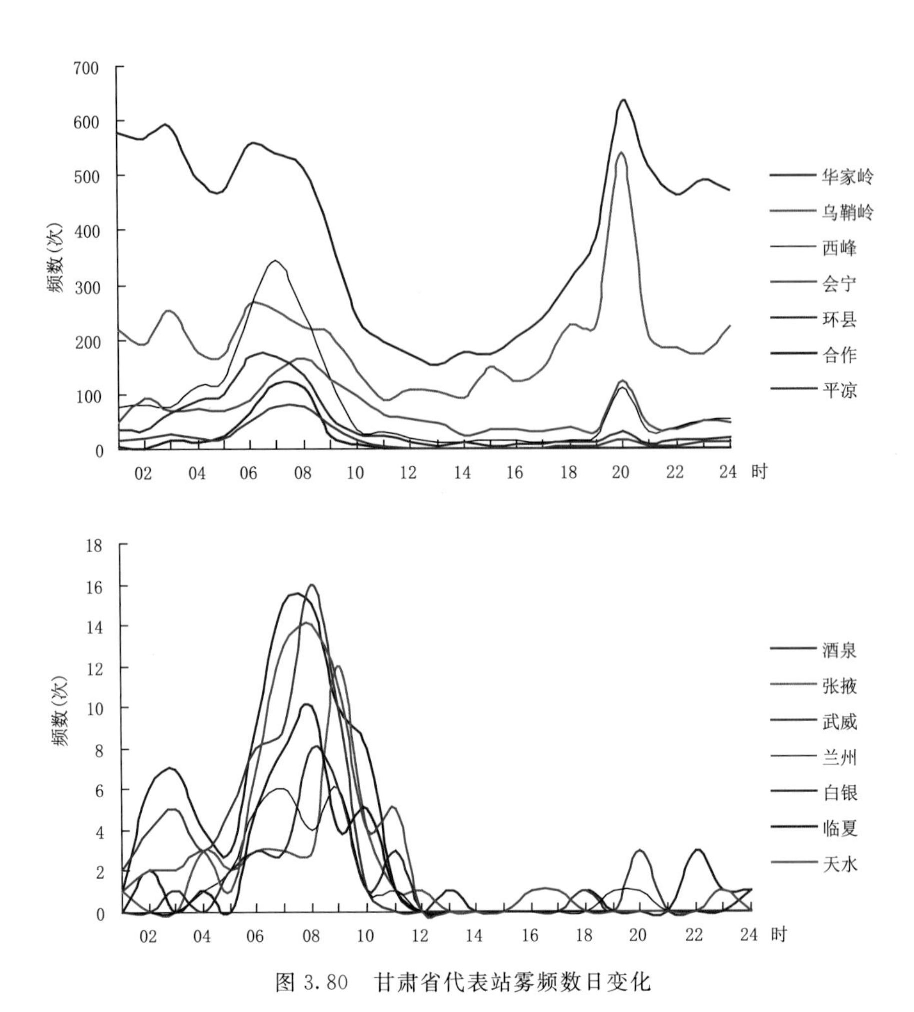

图 3.80 甘肃省代表站雾频数日变化

3.7.2.1 霾日数空间分布

全省平均年霾日数不足 1 d,各地变化在 0～13 d。甘肃省霾日数主要分布在陇中、陇东和陇南的部分地方。年平均霾日数永靖、陇西、岷县、武山、北道区和两当等地只有 1～2 d,其中榆中年平均霾日数最多,达 13 d;甘谷次之,为 5 d,省内其余各地年平均霾日数不足 1 d(图 3.81)。

3.7.2.2 霾年变化

全省各地霾日数年变化基本呈 U 型分布,各地 1—3 月和 10—12 月霾日数最多,峰值出现在 1 月和 12 月,4—9 月霾日数最少(图 3.82)。

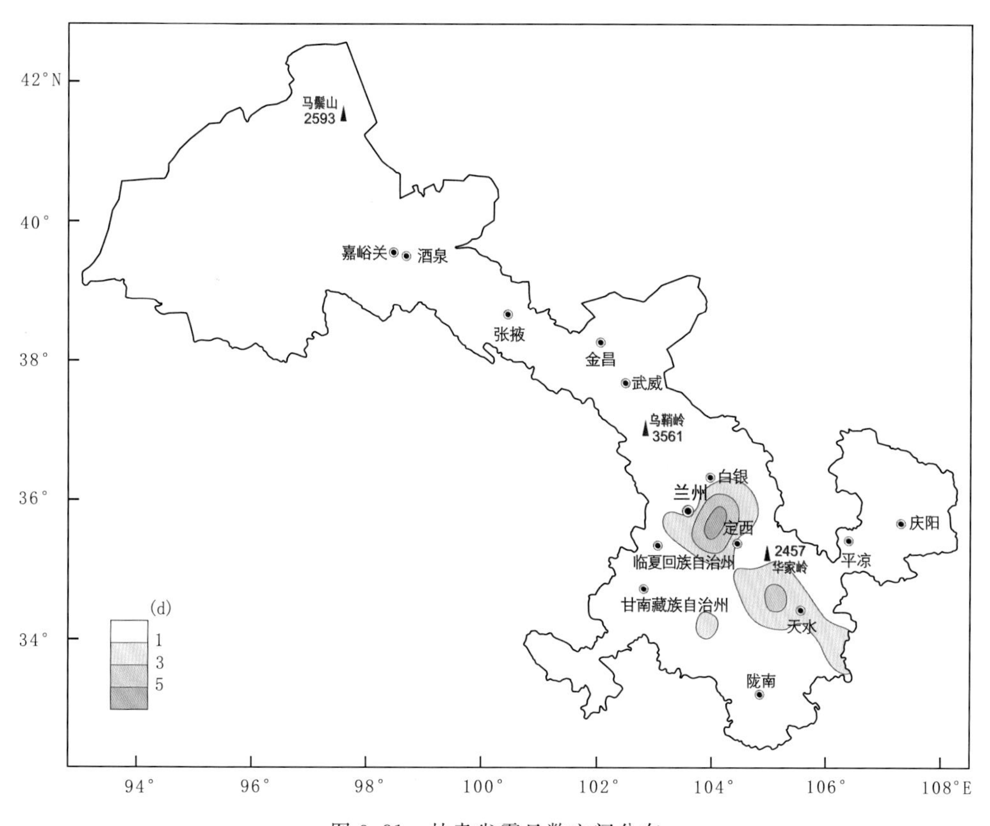

图 3.81 甘肃省霾日数空间分布

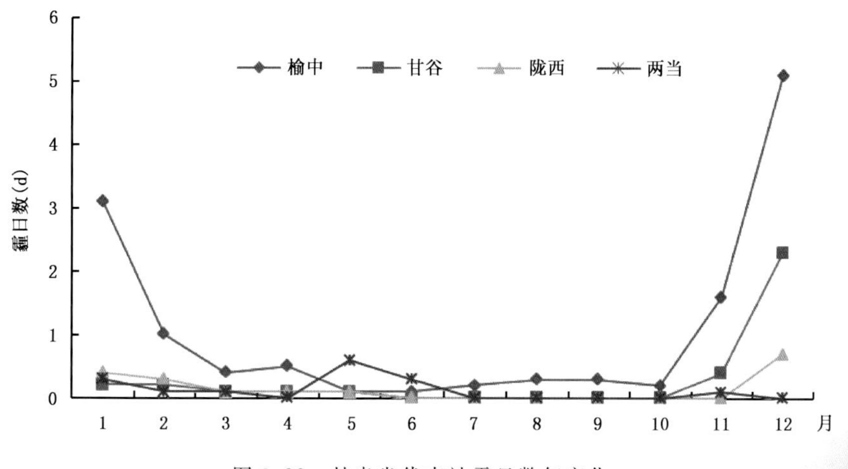

图 3.82 甘肃省代表站霾日数年变化

3.8 云量

云量，指云遮蔽天空视野的成数。云量观测包括总云量、低云量。总云量是指观测时天空被所有云遮蔽的总成数，低云量是指天空被低云族的云所遮蔽的成数，均记整数。

3.8.1 总云量

3.8.1.1 总云量空间分布

(1)年总云量

年平均总云量的空间分布与年降水量的分布大致相似，从西北向东南呈逐渐增加趋势(图3.83)。全省平均年总云量为6成。河西气候干燥，总云量最少，年平均总云量为4～5成，其中马鬃山为4成，是全省年平均总云量最少的地方；祁连山区、陇中北部、陇东为4～5成；陇中南部、甘南大部、陇南北部6～7成；陇南南部气候比较湿润，年总云量最多，在7成左右，其中康县8成，是全省年平均总云量最多的地方。甘肃省年平均总云量空间分布不仅与纬度有关，而且还与地势高、低有一定关系，海拔高的地方和高山云量比较多。

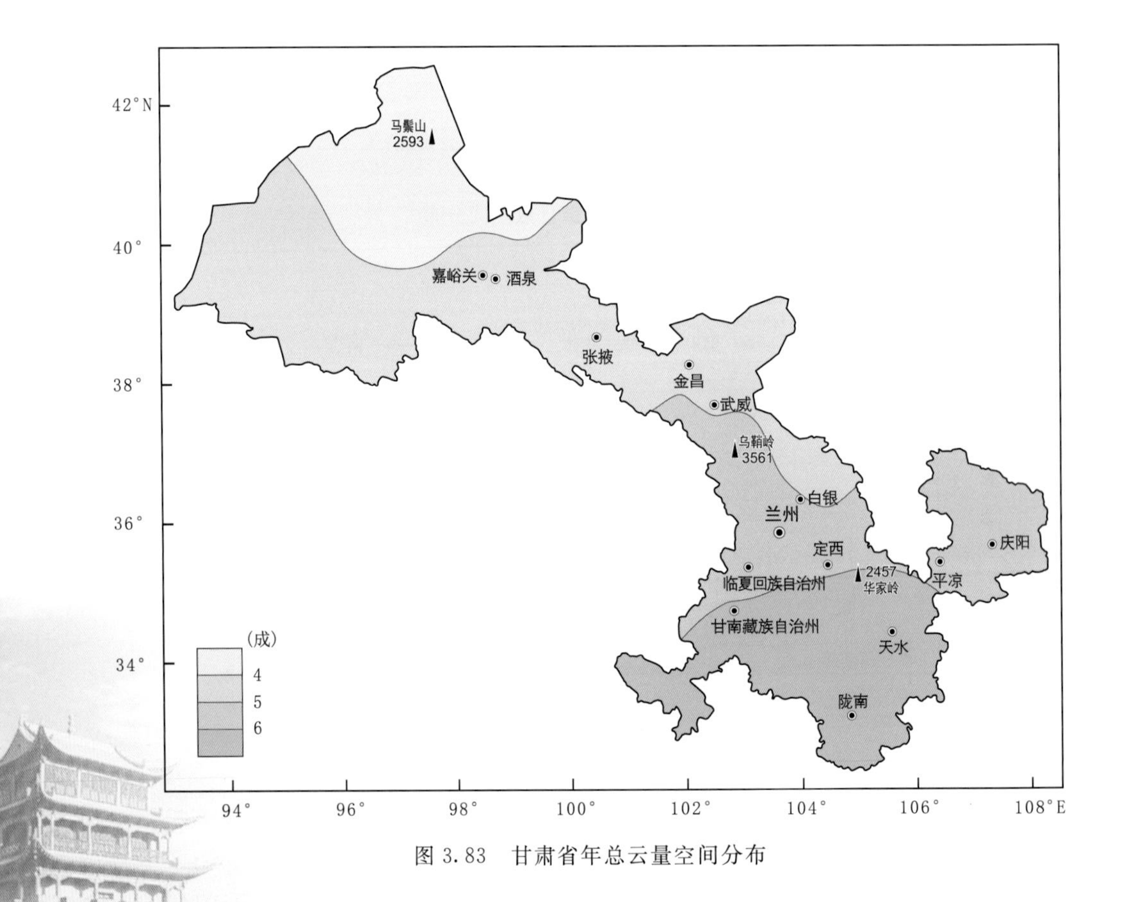

图 3.83 甘肃省年总云量空间分布

(2)各季总云量

四季总云量分配,春季多于夏季,秋季和冬季基本相同。空间分布趋势与年总云量大致相似。(图3.84)。

冬季,全省平均总云量为5成。河西走廊为4～6成,其中马鬃山为3成,是全省冬季总云量最少的地方;祁连山区、陇中、陇东为4～6成;甘南高原和陇南为5～6成,其中康县为7成,是全省冬季总云量最多的地方。

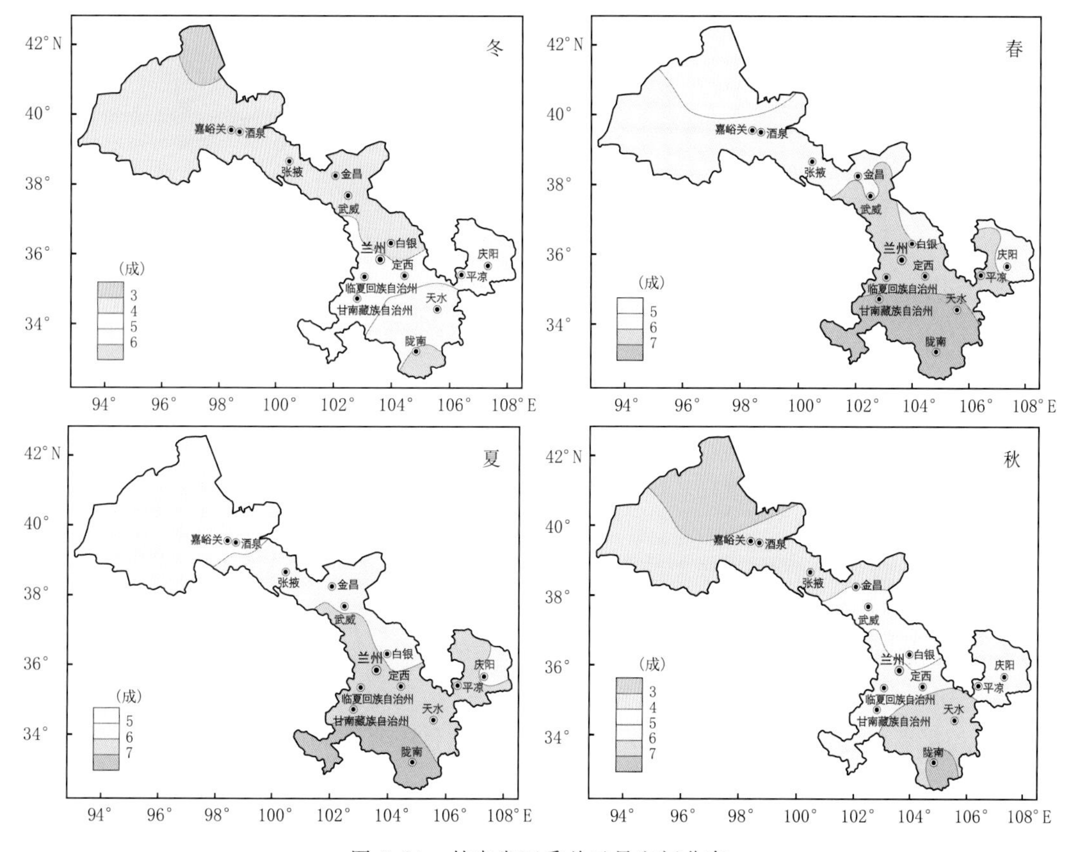

图3.84 甘肃省四季总云量空间分布

春季,是一年中总云量最多季节,春季平均总云量为7成。河西走廊为5～7成,其中马鬃山为5成,是全省春季总云量最少地方;祁连山区、陇中北部、陇东、陇南北部为6～7成;陇中南部、甘南高原大部、陇南均在7成以上,其中康县为8成,是全省春季总云量最多地方。

夏季,是一年中总云量次多季节,夏季全省平均总云量为6成。河西走廊为5～6成,其中马鬃山为5成,是全省夏季总云量最少地方;祁连山区、陇中、陇东为6～7成;甘南高原和陇南为7～8成,其中康县为8成,是全省夏季总云量最多的地方。

秋季,全省平均总云量为5成。河西走廊为3～5成,其中马鬃山为3成,是全省秋季总云量最少的地方;祁连山区、陇中、陇东为5～6成;甘南高原和陇南为6～7成,其中康县为8成,是全省秋季总云量最多的地方。

3.8.1.2 总云量变化

全省各地总云量的年变化基本呈倒U字型分布(图3.85)。1—2月和11—12月各地总云量较少,3—10月各地总云量较多,各月之间呈现出波动变化,但变化幅度不大。

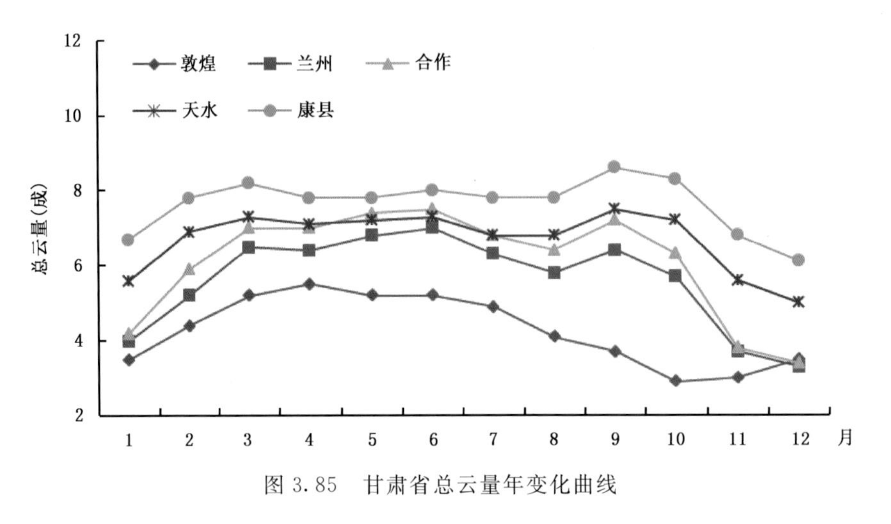

图3.85 甘肃省总云量年变化曲线

3.8.2 低云量

3.8.2.1 低云量空间分布

(1)年低云量

年平均低云量空间分布与年总云量分布大致相似,从西北向东南呈逐渐增加趋势(图3.86)甘肃省平均年低云量为2成。河西气候干燥,低云量最少,年平均低云量古浪、金昌、永昌、民乐等少数地方可达1成,大部地方不足1成,其中瓜州是甘肃省年低云量最少地方;祁连山区、陇中和陇东为1～3成;甘南高原和陇南为2～5成,其中武都为5成,是甘肃省年低云量最多地方。年平均低云量空间分布不仅与纬度有关,而且还与地势高低有一定关系,海拔高的地方云量比较多。

(2)各季低云量

低云量四季分配,夏季最多,冬季最少,春季和秋季基本相同,低云量空间分布趋势与年低云量大致相似。各季低云量的空间分布不仅与纬度有关,而且还与地势高低有一定关系,海拔高的地方云量比较多(图3.87)。

冬季,甘肃省平均低云量为2成。河西走廊除古浪、武威、金昌、永昌、民乐不足1成外,其他大多数地方无低云,是甘肃省冬季低云量最少地方;祁连山区、陇中和陇东为1～3成;甘南高原和陇南为1～4成,其中康县为4成,是全省冬季低云量最多的地方。

春季,甘肃省平均低云量为2成。河西走廊除古浪、永昌、民乐等少数地方可达1成外,大部地方不足1成,其中瓜州和敦煌是甘肃省春季低云量最少地方;祁连山区、陇中和陇东为1～3成;甘南高原和陇南为3～5成,其中武都为5成,是甘肃省春季低云量最多地方。

夏季,甘肃省平均低云量为3成。河西走廊为1～2成,其中安西是甘肃省夏季低云量最少地方;祁连山区、陇中和陇东为2～4成;甘南高原和陇南为3～5成,其中碌曲为6成,是甘肃省夏季低云量最多的地方。

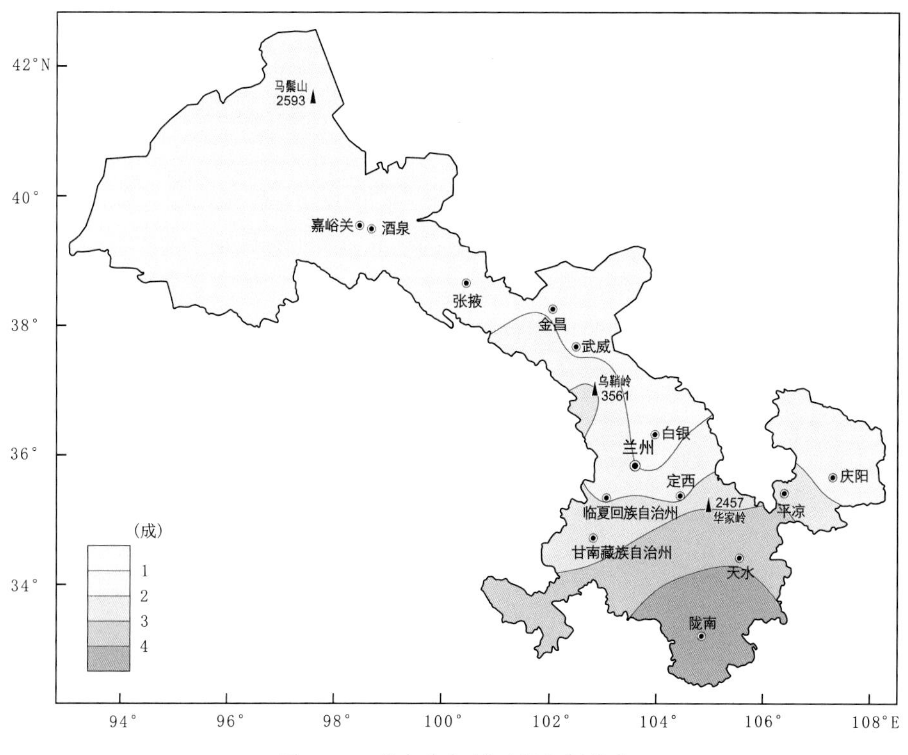

图 3.86 甘肃省年低云量空间分布

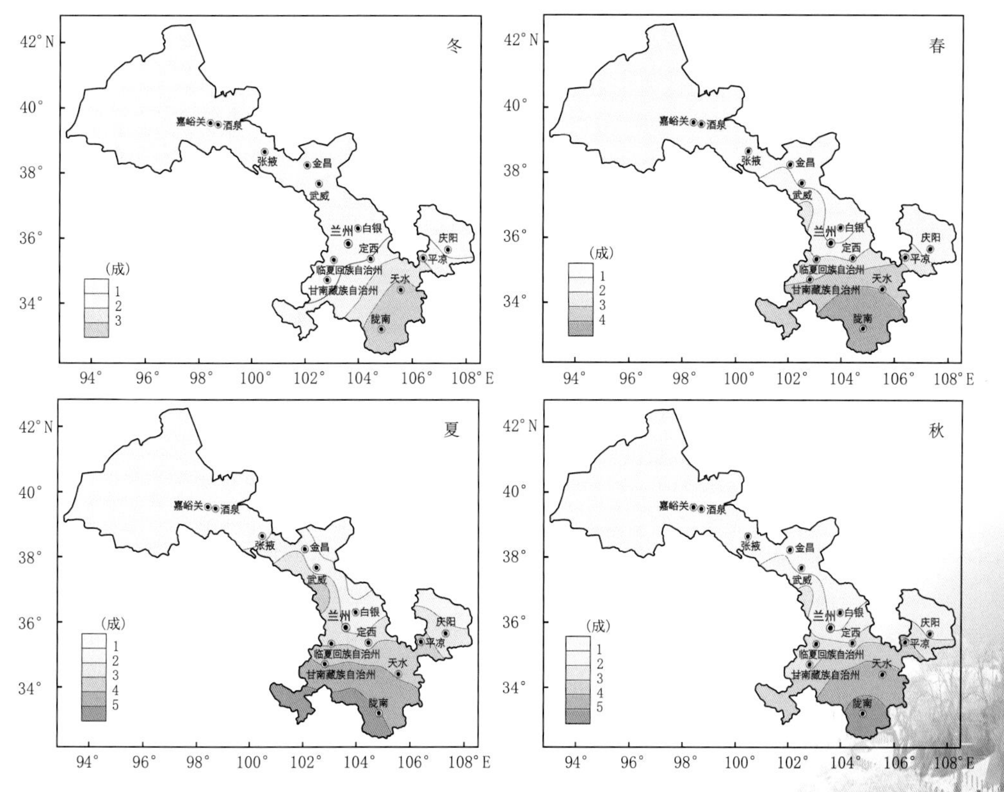

图 3.87 甘肃省四季低云量空间分布

秋季，低云量较夏季有所减少，是一年中低云量次少的季节。甘肃省平均低云量2成。河西走廊除民乐、永昌、金昌、古浪1成外，其他大多数地方不足1成，是甘肃省秋季低云量最少地方；祁连山区、陇中和陇东1～4成；甘南高原和陇南3～5成，其中武都5成，是甘肃省秋季低云量最多的地方。

3.8.2.2 低云量变化

甘肃省各地低云量与总云量一样，也有明显的变化规律(图3.88)。冬季各地低云量为全年最低值。春季河西、陇中和甘南高原低云量逐渐增加；陇东和陇南2月份增加，3—5月逐渐减少。夏季，甘肃省各地低云量迅速增加，河西、陇中北部出现峰值。初秋(9月)陇中南部、陇东、陇南和甘南高原出现峰值，仲秋(10月)开始，甘肃省各地低云量逐渐减少。

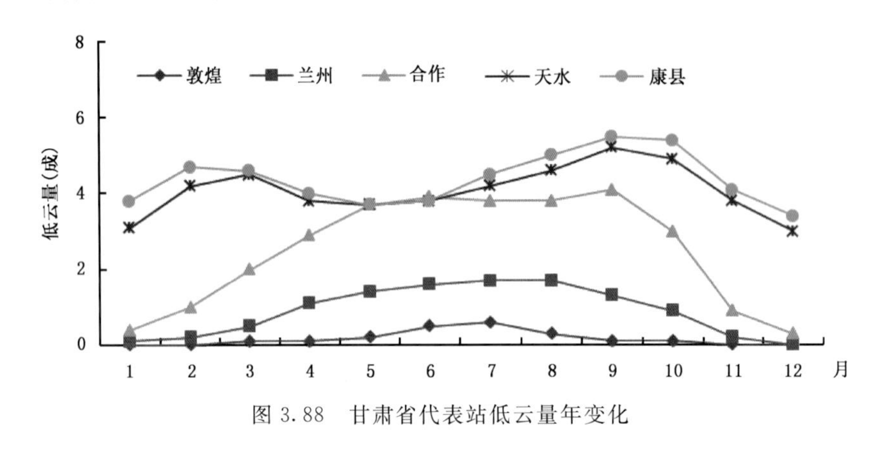

图3.88 甘肃省代表站低云量年变化

3.9 地温和冻土

3.9.1 地温

地面温度是大气与地表结合部位的温度状况，地面表层土壤温度称为地面温度，地面以下土壤中的温度称为地中温度。白天，大地接收热量后地面的温度逐渐升高。夜晚，近地面的气温渐渐降低，地表温度也随之开始下降。

3.9.1.1 地面温度空间分布

(1)年平均地面温度

全省年平均地面温度在2.2(乌鞘岭)～16.7 ℃(文县)。从数值上说，地面温度比气温高，在夏季尤为明显，这是由于太阳辐射在夏季最强的原因。地面温度分布趋势大致与气温一致(图3.89)。马鬃山区、祁连山区和甘南高原海拔较高，年平均地面温度是全省最低的地区，一般为2.2～7.6 ℃。河西走廊海拔较低，地形平坦，年平均地面温度也较高，一般为8.4～12.3 ℃。自祁连山区向北和由走廊北山向南递增，等温线分布基本与地形等高线平行，与山脉走向一致。陇中和陇东年平均地面温度一般在10.1～12.9 ℃，海拔高度对地面温度的影响也很明显，主要表现为河谷是高温区，山脉是相对低温区。如黄河和泾河河谷为11.6～12.9 ℃，华家岭为 6.8 ℃，地面温度随海拔升高而降低明显。陇南纬度相对偏南，年平均地面温度是全省最高地区，可达 11.8～16.7 ℃。

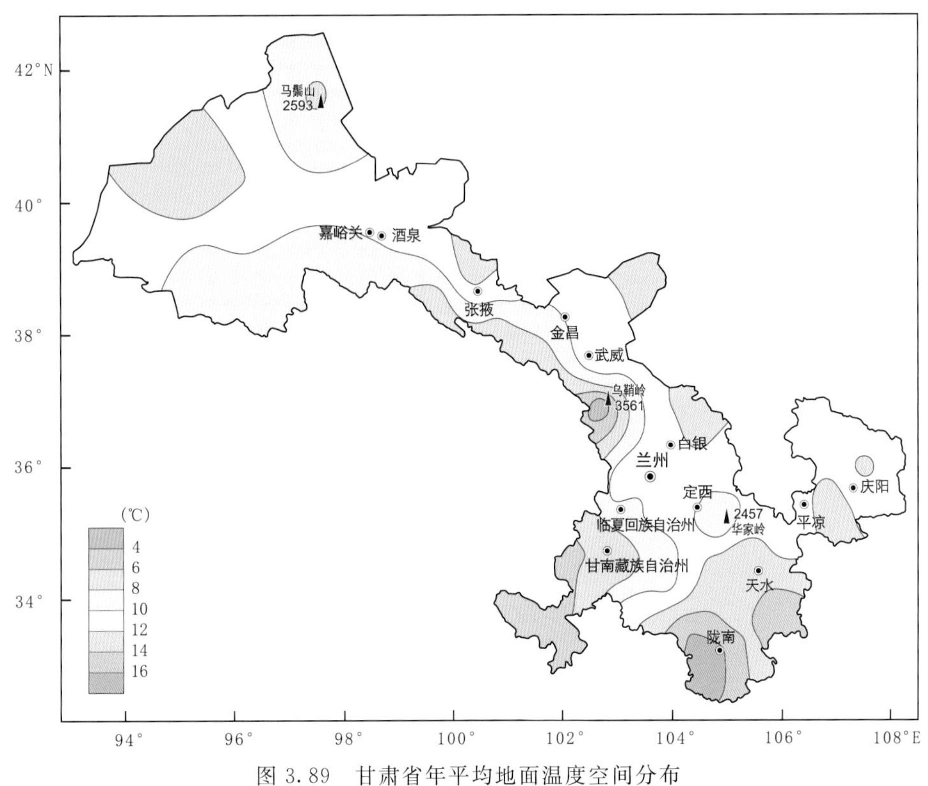

图 3.89 甘肃省年平均地面温度空间分布

(2)各季地面温度

各季地面温度以冬季最低，夏季最高，春季高于秋季(图 3.90)。

冬季，全省平均地面温度在－9.7(马鬃山)～5.8 ℃(文县)。马鬃山区和祁连山区为－9.7～－7.7 ℃，是全省冬季地面温度最低的地区。河西走廊在－7.7～－4.5 ℃，甘南高原为－6.6～－4.7 ℃。陇中和陇东分别为－5.4～－2.3 ℃和－4.0～－1.2 ℃，其中黄河河谷为－3.5 ℃左右，泾河河谷为－1.5 ℃左右，华家岭为－5.2 ℃。陇南冬季地面温度为－1.2～5.8 ℃，其中白龙江等河谷地带为 4.0～6.0 ℃，是全省冬季地面温度最高的地区。

春季，全省平均地面温度在 3.1(乌鞘岭)～18.1 ℃(武都区)。马鬃山区、祁连山区和甘南高原为 3.1～9.3 ℃。河西走廊为 10.3～16.3 ℃，其中安敦盆地为 15.0 ℃左右。陇中和陇东分别为 7.8～15.8 ℃和 12.2～15 ℃，其中黄河河谷为 15 ℃左右，华家岭为 7.8 ℃。陇南春季地面温度为全省最高，一般为 12.5～18.1 ℃，其中白龙江河谷地带为 18 ℃左右。春季地面温度 3 个高温中心分别位于陇南南部、安敦盆地和黄河河谷。

夏季，全省平均地面温度在 13.2(乌鞘岭)～31.1 ℃(敦煌市)。乌鞘岭和甘南高原为 13.2～17.7 ℃，是全省夏季地面温度最低的地区。河西走廊一般为 27.2～31.1 ℃，其中安敦盆地为 30.0～31.0 ℃，由于周围是沙漠戈壁，加之海拔较低，成为全省夏季地面温度最高的地方。陇中和陇东分别为 18.2～27.1 ℃和 23.1～26.6 ℃，其中黄河和泾河河谷为 26 ℃左右，华家岭为 18.2 ℃。陇南夏季地面温度一般为 22.4～27.1 ℃。

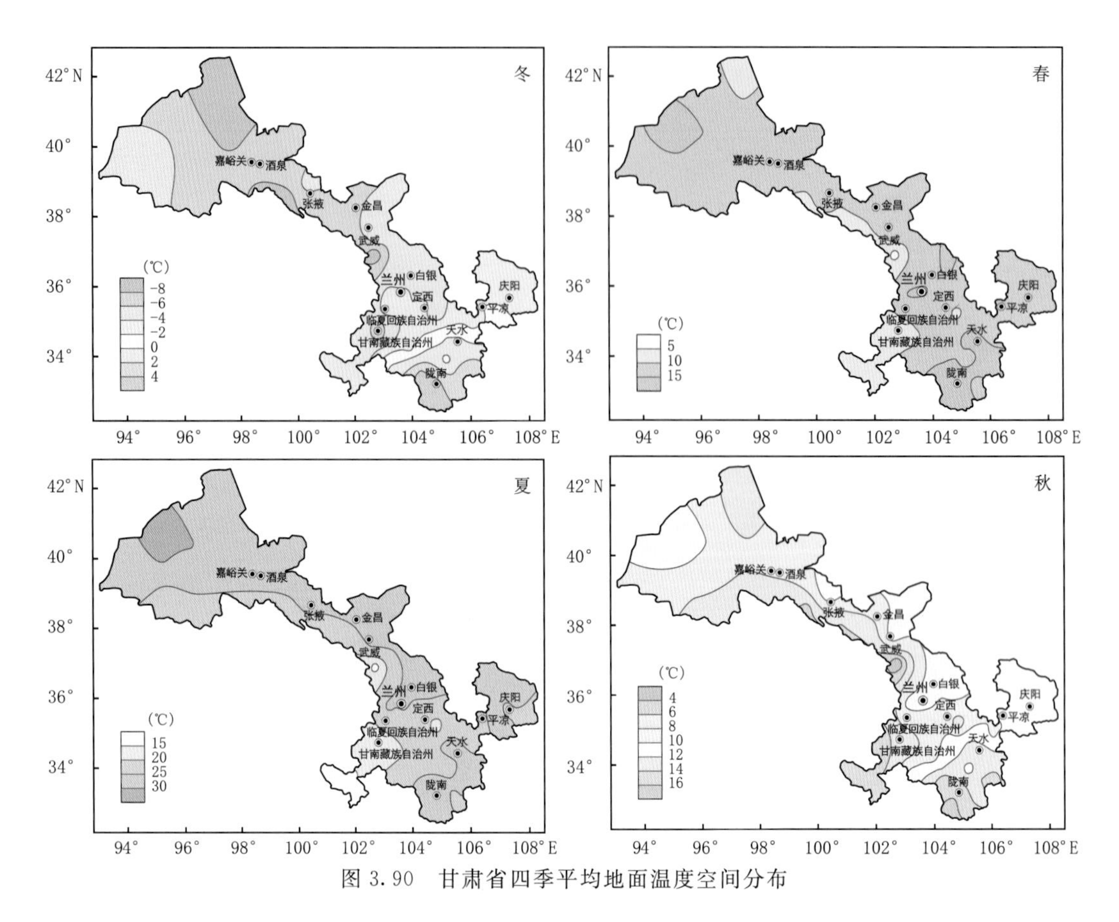

图 3.90 甘肃省四季平均地面温度空间分布

秋季，全省平均地面温度在 2.0(乌鞘岭)～16.3 ℃(文县)。马鬃山区、祁连山区和甘南高原在 2.0～6.8 ℃，是全省秋季地面温度最低的地区。河西走廊在 7.3～11.4 ℃。陇中和陇东分别为 6.3～11.2 ℃和 9.6～11.8 ℃，其中黄河和泾河等河谷为 11.0 ℃左右，华家岭为 6.3 ℃。陇南秋季地面温度为 11.1～16.3 ℃，其中白龙江等河谷地带达 15.0 ℃以上，是全省秋季地面温度最高的地区。

3.9.1.2 地面温度年变化

甘肃省各地地面温度月际变化特点基本与气温相同。最低地面温度出现在 1 月，全省地面温度在－11.7(马鬃山)～4.4 ℃(文县)。河西、甘南高原和陇中大部分地区低于－5.0 ℃，陇东在－4.0 ℃左右，陇南为－3.0～4.4 ℃。2 月份各地地面温度开始增高，7 月份达到最高。7 月全省地面温度在 14.5(乌鞘岭)～32.6 ℃(敦煌)。祁连山区、甘南高原和陇中大部分地区在 24.5 ℃以下，陇东和陇南在 24.5～28.3 ℃，河西走廊大部分地区高于 28 ℃，敦煌最高 32.6 ℃。从 8 月份各地地面温度开始下降，到 1 月份降到最低。

地面温度年内变化规律与气温基本一致，全省各地地面温度均为单峰型。夏季最高，最高值出现在 7 月；冬季最低，最低值出现在 1 月；春季地面温度高于秋季。从各地平均地面温度年变化曲线可以看出，月地面温度在春季的上升较为缓慢，而在秋季的下降却很快。敦煌地面温度的月际差异最大，可达 40.6 ℃，而乌鞘岭和文县则相对较小。全省平均地面温度年较差为 30.7 ℃(图 3.91)。

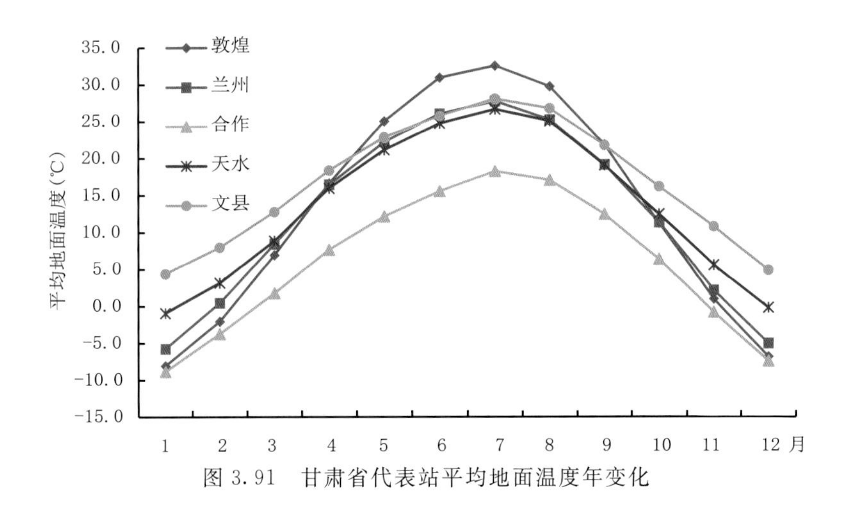

图 3.91 甘肃省代表站平均地面温度年变化

3.9.1.3 平均最高地面温度

(1)年平均最高地面温度

全省年平均最高地面温度在 22.0(乌鞘岭)～37.5 ℃(张掖)。乌鞘岭和华家岭(24.3 ℃)是海拔较高地区,也是全省平均最高地面温度最低的地区,省内其余地区平均最高地面温度都在 27 ℃以上,陇中黄河河谷地带及陇南南部为 32.9～34.9 ℃。河西走廊大部分地区在 32.1～37.5 ℃,是全省平均最高地面温度相对较高的地区。这里气候少雨干燥,多晴天,太阳辐射强烈,地面供蒸发散热的水分条件较差,因此日晒增温较快(图 3.92)。

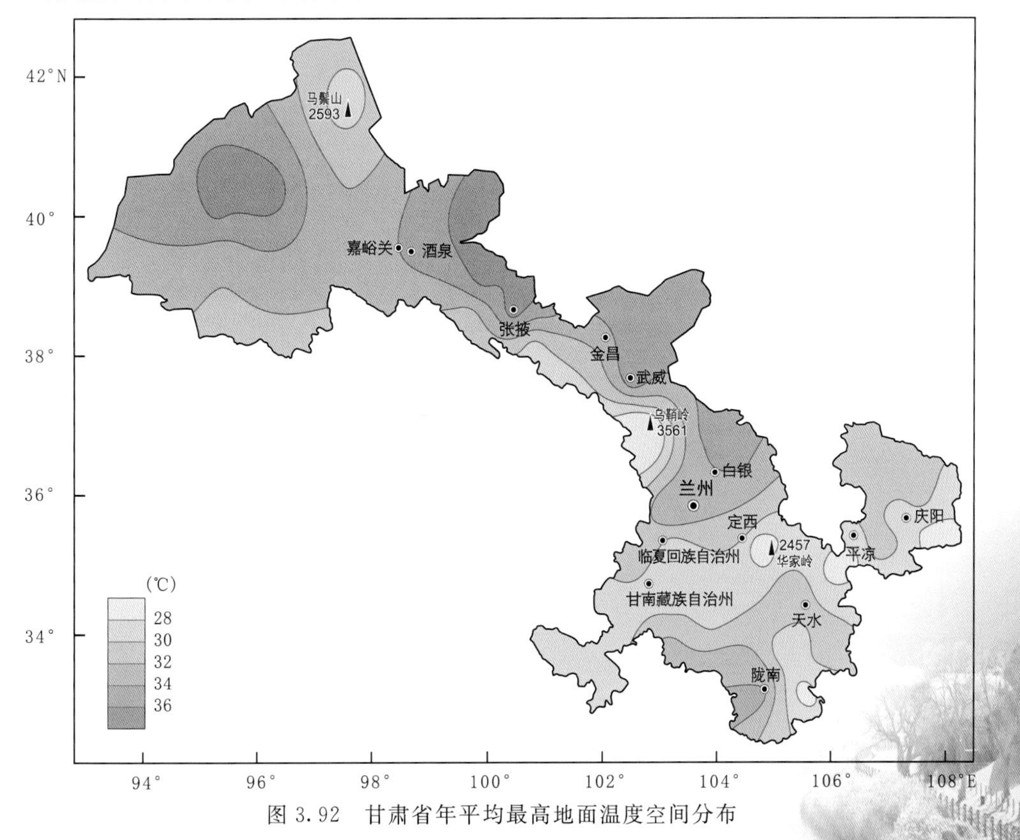

图 3.92 甘肃省年平均最高地面温度空间分布

(2)各季平均最高地面温度

各季平均最高地面温度以夏季最高,冬季最低,春季高于秋季(图 3.93)。

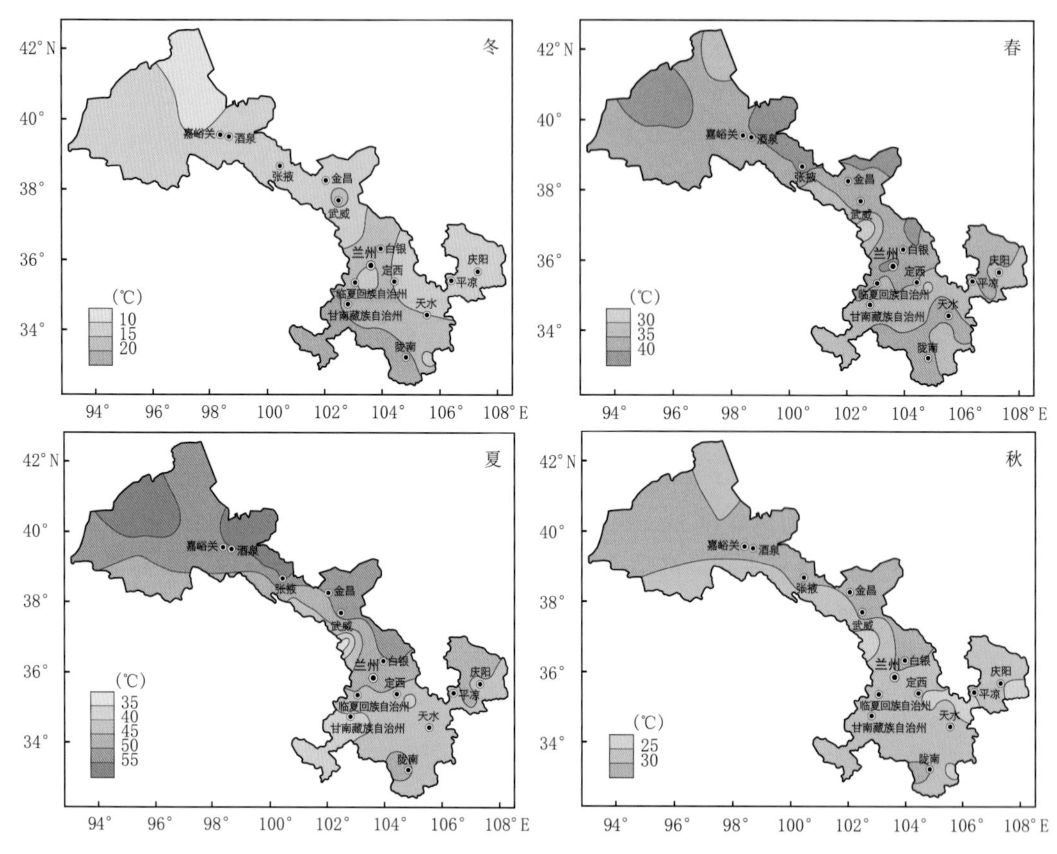

图 3.93 甘肃省四季平均最高地面温度空间分布

冬季,全省平均最高地面温度在 7.1(马鬃山)~22.1 ℃(迭部、武都),马鬃山区是全省冬季平均最高地面温度相对较低的地区。甘南高原为 18.1~22.1 ℃,是全省冬季平均最高地面温度较高的地区。祁连山区、河西走廊在 10.9~16.2 ℃。陇中和陇东分别为 10.6~18.0 ℃和 11.8~14.8 ℃。陇南为 11.6~22.1 ℃,其中白龙江河谷地带为 21.0 ℃左右。

春季,全省平均最高地面温度在 24.2(乌鞘岭)~43.1 ℃(张掖)。乌鞘岭和华家岭(27.7 ℃)是全省春季平均最高地面温度相对较低的地区,省内其余地区都在 30 ℃以上。马鬃山区、祁连山区和甘南高原为 32.3~35.9 ℃,河西走廊在 36.1~43.1 ℃。陇中为 31.2~40.6 ℃,其中黄河河谷地带为 40 ℃左右。陇东和陇南分别为 31.3~36.7 ℃和 30~38.7 ℃。

夏季,全省平均最高地面温度在 33.6(乌鞘岭)~58.7 ℃(瓜州)。乌鞘岭、华家岭(37.8 ℃)和甘南高原(36.2~40.5 ℃),是全省夏季平均最高地面温度相对较低的地区。河西走廊大部分地区在 51.2~58.7 ℃,是全省夏季平均最高地面温度较高的地区。陇中为 40.8~51.3 ℃,其中黄河河谷地带为 49 ℃左右。陇东和陇南分别为 40.7~47.7 ℃和 40.2~46.4 ℃。

秋季,全省平均最高地面温度在 19.5(乌鞘岭)~34.7 ℃(张掖、瓜州)。乌鞘岭、华家岭(21.2 ℃)是全省秋季平均最高地面温度相对较低的地区,省内其余地区都在 24 ℃以上。河西走廊大部分地区在 30.7~34.7 ℃,是全省秋季平均最高地面温度较高的地区。陇中和陇南分别为24.6～31.2 ℃和24.0～30.2 ℃，其中黄河河谷、白龙江河谷地带为30 ℃左右，陇东为24.1～27.4 ℃。

(3)平均最高地面温度年变化

全省各地平均最高地面温度年变化与平均地面温度变化趋势一致，均为单峰型。平均最高地面温度一般在12月或1月最低，7月最高，但是陇东部分地区平均最高地面温度在6月达到最高值(图3.94)。

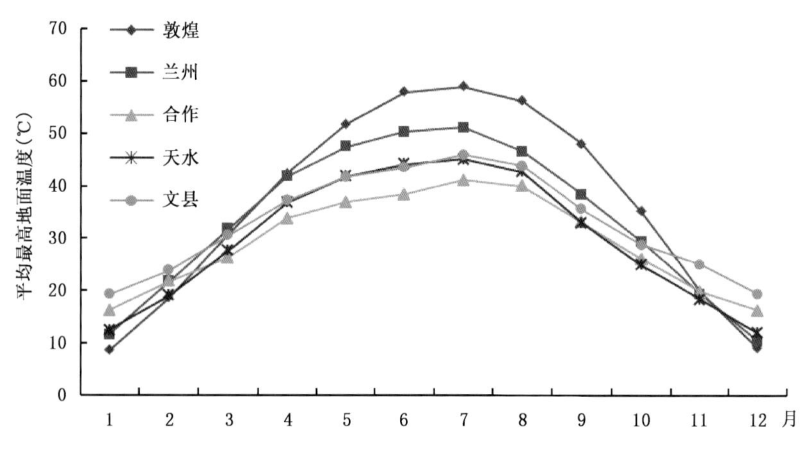

图3.94 甘肃省代表站平均最高地面温度年变化

平均最高地面温度年变化幅度比平均最高气温大得多，各地平均最高地面温度均远远大于平均最高气温。平均最高地面温度的年振幅可达20.0～50.0 ℃，远远超过了平均最高气温的年振幅。年振幅最小的地区是甘南高原，平均为22.0 ℃左右。年振幅最大的地区是河西走廊，一般在40.0～50.0 ℃。

3.9.1.4 平均最低地面温度

(1)年平均最低地面温度

全省年平均最低地面温度在－7.0(乌鞘岭)～8.7 ℃(文县)(图3.95)，分布趋势大致由东南向西北递减，并随海拔升高而降低。马鬃山区、祁连山区和甘南高原为－7.0～－3.4 ℃，由于海拔较高，是全省平均最低地面温度相对较低地区。河西走廊为－3.6～－0.1 ℃，陇中和陇东分别为－2.2～1.6 ℃和1.2～3.6 ℃，其中泾河河谷地带为3.5 ℃左右。陇南为1.9～8.7 ℃，其中陇南南部为7.0 ℃左右，是全省平均最低地面温度最高的地方，这主要是纬度偏南的原因。

(2)各季平均最低地面温度

各季平均最低地面温度以夏季最高，冬季最低，河西春季高于秋季，河东大多数地方秋季高于春季(图3.96)。

冬季，全省平均最低地面温度在－21.0(肃南)～－2.2 ℃(文县)。祁连山区为－21.0～－17.2 ℃，河西走廊和甘南高原为－18.9～－14.3 ℃。陇中为－15.8～－11.3 ℃，陇东为－12.9～－8.6 ℃。陇南为－9.2～－2.2 ℃，其中陇南南部为－6.0～－2.0 ℃，为全省冬季平均最低地面温度最高的地区。

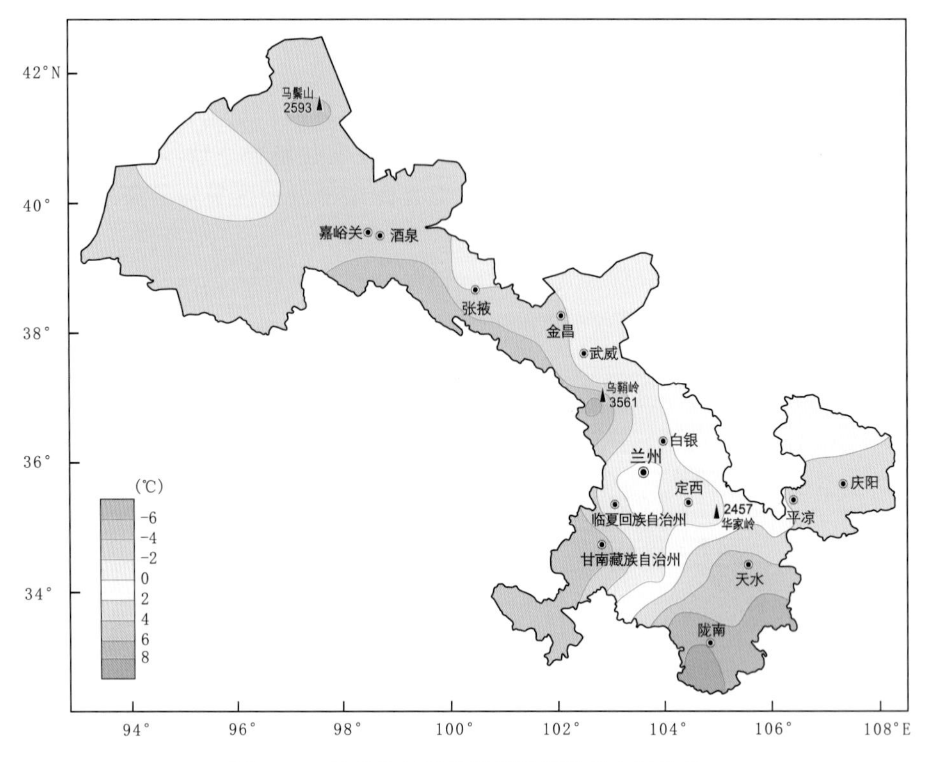

图 3.95 甘肃省年平均最低地面温度空间分布

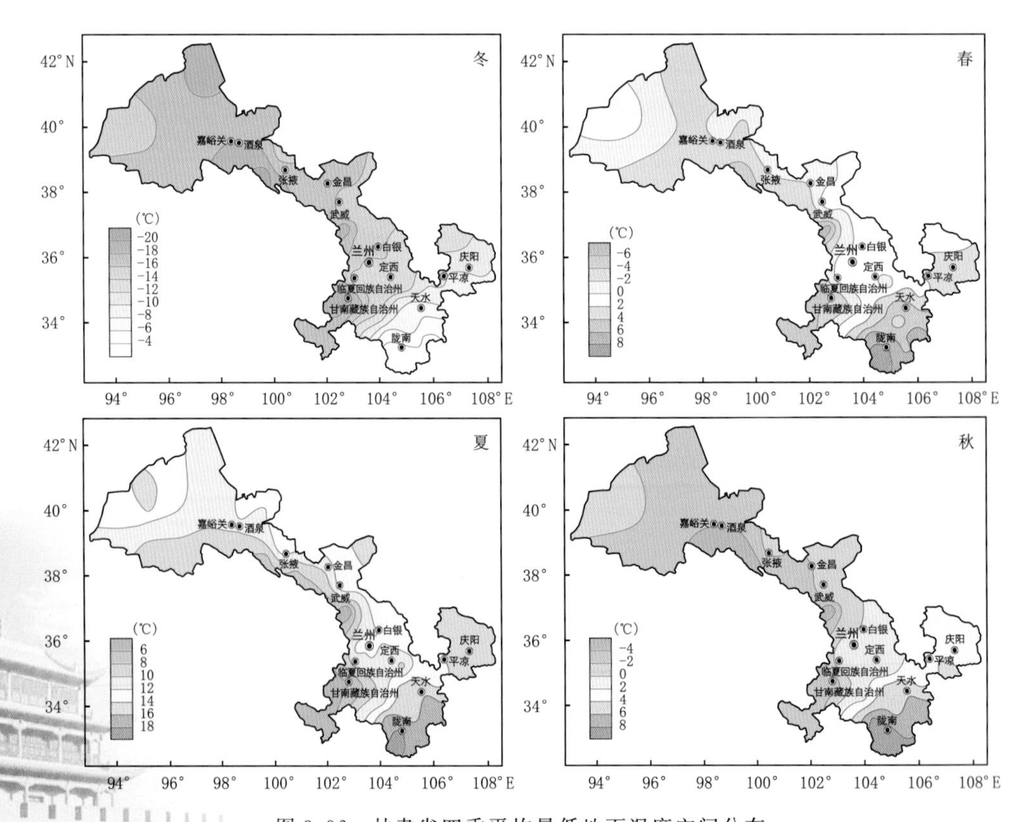

图 3.96 甘肃省四季平均最低地面温度空间分布

春季，全省平均最低地面温度在－6.7(乌鞘岭)～8.7 ℃(文县)。马鬃山区、祁连山区和甘南高原为－6.7～－3.1 ℃，是全省春季平均最低地面温度较低地区，河西走廊为－2.9～－1.4 ℃。陇中和陇东分别为－1.5～2.7 ℃和1.4～3.5 ℃，其中黄河河谷地带为2.0 ℃左右，泾河河谷地带为3.0 ℃左右。陇南为2.6～8.7 ℃，是全省春季平均最低地面温度较高的地区。

夏季，全省平均最低地面温度在3.7(乌鞘岭)～18.4 ℃(文县)。祁连山和甘南高原为3.7～8.0 ℃，为全省最低的地区，河西走廊为9.3～14.4 ℃。陇中和陇东分别为9.1～14.0 ℃和12.7～15.6 ℃，其中黄河河谷地带为13.5 ℃左右，泾河河谷地带为15.0 ℃左右。陇南一般为12.3～18.4 ℃，其中陇南南部为16.0～18.0 ℃，为全省最高的地区。

秋季，全省平均最低地面温度在－5.8(肃南)～9.9 ℃(文县)。祁连山区为－5.8～－3.5 ℃，为全省秋季平均最低地面温度最低地区，河西走廊和甘南高原为－3.8～0.2 ℃。陇中大部分地区为0～2.5 ℃，陇东为2.0～4.4 ℃。陇南为2.9～9.9 ℃，其中陇南南部为6.0～9.0 ℃，为全省秋季平均最低地面温度最高的地区。

(3)平均最低地面温度年变化

全省各地平均最低地面温度年变化与平均地面温度年变化趋势一致，均为单峰型。平均最低地面温度1月最低，7月最高。1月全省平均最低地面温度在－22.9～－3.6 ℃。河西和甘南大部分地区在－22.9～－16.5 ℃，陇中和陇东在－18.2～－10.7 ℃，陇南在－12.0～－3.6 ℃。7月全省平均最低地面温度在4.8～19.4 ℃。祁连山区和甘南高原在4.8～9.3 ℃，河西走廊和陇中在10.3～16.1 ℃，陇东和陇南在13.7～19.4 ℃(图3.97)。

平均最低地面温度年变化幅度与平均最低气温年变化幅度相差不大。各地平均最低地面温度的年振幅为22.0～34.0 ℃。年振幅最小的地区在陇南，平均为24.0 ℃左右。年振幅最大的地区是河西走廊，一般在30.0～34.0 ℃。

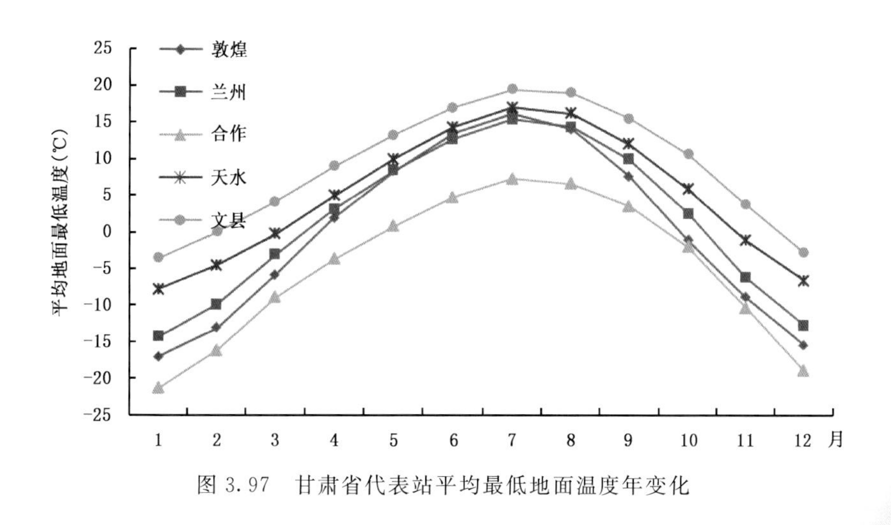

图3.97 甘肃省代表站平均最低地面温度年变化

3.9.1.5 地气温差空间分布

(1)年地气温差

地面温度高于气温时，地面向大气输送热量，地面对大气起着热源作用。地面温度低于气温时，由于地面冷却作用，使大气随之变冷，地面则起着冷源作用。全省年地面温度与年气温的差值均为正值，变化范围在1.5(武都)～4.0 ℃(临泽)，分布趋势大致由东南向西北增大。

陇东和陇南大部分地区为 1.5～3.0 ℃，陇中为 2.0～3.7 ℃，甘南为 2.5～3.5 ℃，河西大部分地区为 2.4～4.0 ℃(图 3.98)。

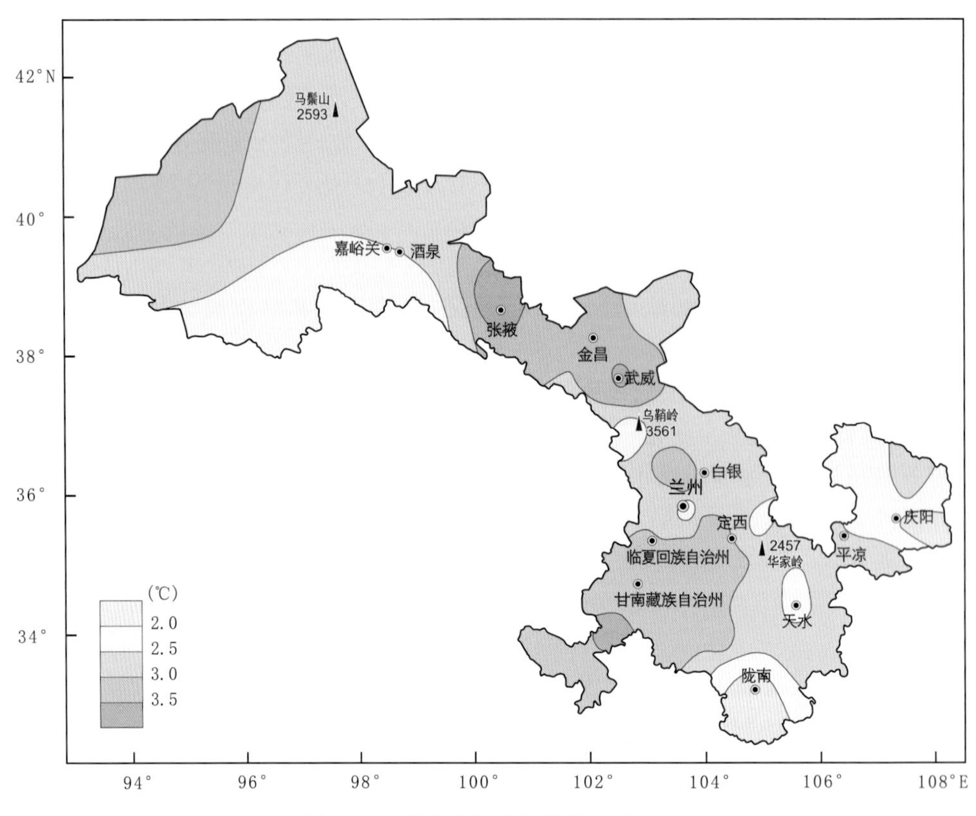

图 3.98　甘肃省年地气温差空间分布

(2)各季地气温差

各季地气温差以冬季最小，夏季最大，春季大于秋季(图 3.99)。

冬季，全省地气温差在－0.9(兰州)～2.2 ℃(宕昌)。祁连山区在－0.7～0.8 ℃，河西走廊－0.8～1.0 ℃，陇中－0.9～1.9 ℃，其中黄河河谷地带为－0.5 ℃左右。陇东－0.3～1.8 ℃，其中泾河河谷为 0.5 ℃左右。陇南 0～2.2 ℃，甘南高原为 0.9～1.9 ℃。除河西西部、陇中黄河河谷、陇东南部为负值，省内其余大部分地方为正值。

春季，全省地气温差为 2.3(文县)～5.0 ℃(张掖、临泽)，全省为正值，地面的热源作用大为加强。祁连山区在 2.9～4.3 ℃，河西走廊为 3.1～5.0 ℃，走廊中段是全省春季地气温差最大的地区。甘南高原和陇中为 3.3～4.8 ℃。陇东和陇南为 2.3～4.1 ℃，是全省春季地气温差最小的地区。

夏季，全省地气温差在 2.5(乌鞘岭)～7.6 ℃(临泽)，是全年地面热源最强的时期，其分布趋势由东南向西北增大。夏季雨量稀少、气候干燥的地区，地气差值较大，如马鬃山区、祁连山西段和河西走廊为 5.1～7.6 ℃，是全省夏季地气温差最大的地区。与此相反，夏季多云雨、气候湿润且海拔较低的地区，地气温差较小。如陇东和陇南分别为 3.6～4.7 ℃和 2.8～4.8 ℃，其中陇南南部是全省夏季地气温差最小的地区，陇中一般为 4.0～6.1 ℃。甘南高原海拔较高，地气温差也较大，为 4.1～5.2 ℃。

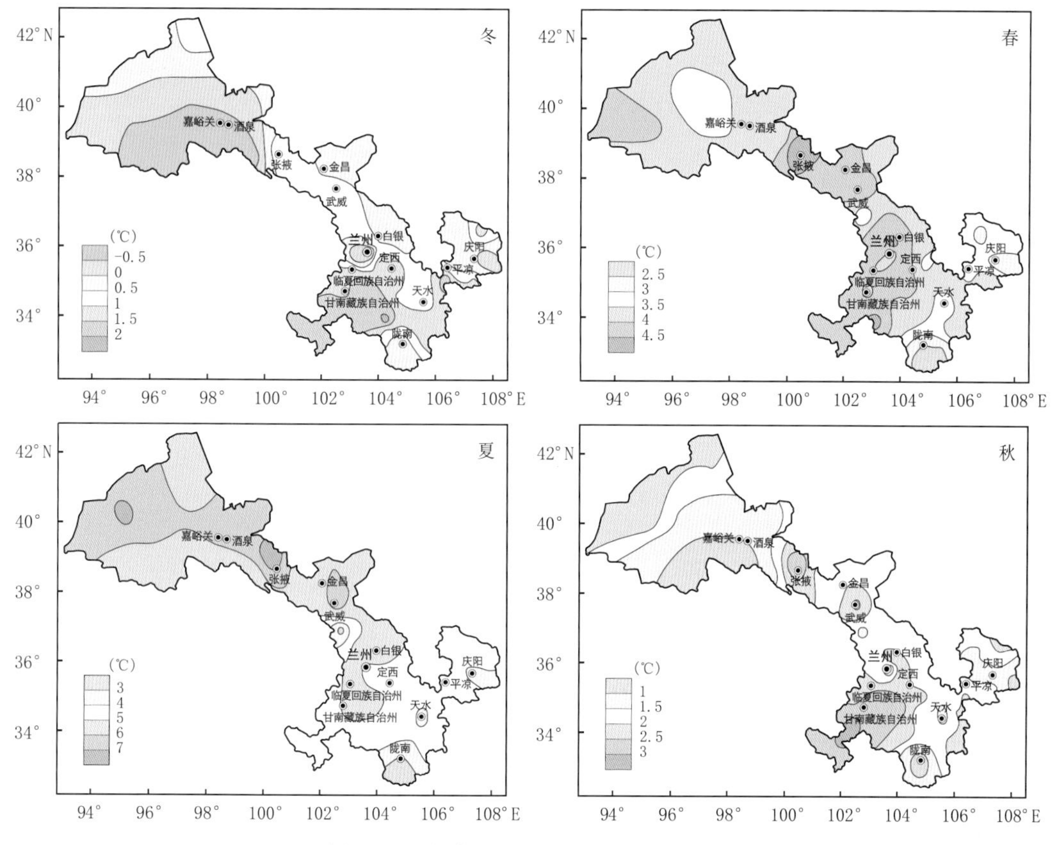

图 3.99 甘肃省四季地气温差空间分布

秋季,全省地气温差在 0.6(武都)~3.1 ℃(玛曲、碌曲),全省虽然为正值,但比春季和夏季小得多。表明地面热源作用大为减弱,各地差异不明显。祁连山区在 1.3~2.2 ℃,河西走廊 1.0~2.9 ℃,陇中 0.9~2.7 ℃,陇东 0.9~2.1 ℃,陇南 0.6~2.3 ℃,甘南高原为 2.3~3.1 ℃。

(3)地气温差年变化

全省平均地气温差年变化趋势较为平缓,曲线对称。地气温差 12 月最小,6 月最高。12 月全省地气温差在−1.8(兰州)~1.5 ℃(和政、华亭、宕昌)。河西大部分地区为−1.6~0 ℃。陇中黄河河谷地带−1.8~−0.4 ℃,其余地区在 0.1~1.5 ℃。陇东和陇南大部分地区为 0.2~1.5 ℃。甘南高原为 0~1.3 ℃。6 月全省地气温差在 2.8(乌鞘岭、文县)~8.3 ℃(临泽)。祁连山区在 2.8~6.6 ℃,河西走廊 6.2~8.3 ℃,陇中和陇东 4.2~6.6 ℃,陇南 2.8~5.1 ℃,甘南高原 4.0~5.3 ℃。

全省大部分地区地气温差年变化曲线为单峰型,甘南高原部分地方为 5 月、7 月双峰型,乌鞘岭为 4 月、10 月双峰型。全省大部分地区最大地气温差出现在 6 月,甘南高原和白龙江河谷地带出现在 7 月,乌鞘岭则在 4 月达到最大地气温差。各地地气温差的年振幅为 2.8~8.6 ℃。乌鞘岭年振幅最小,为 2.8 ℃。年振幅最大的地区在河西走廊中、西部,一般在 7.1~8.6 ℃(图 3.100)。

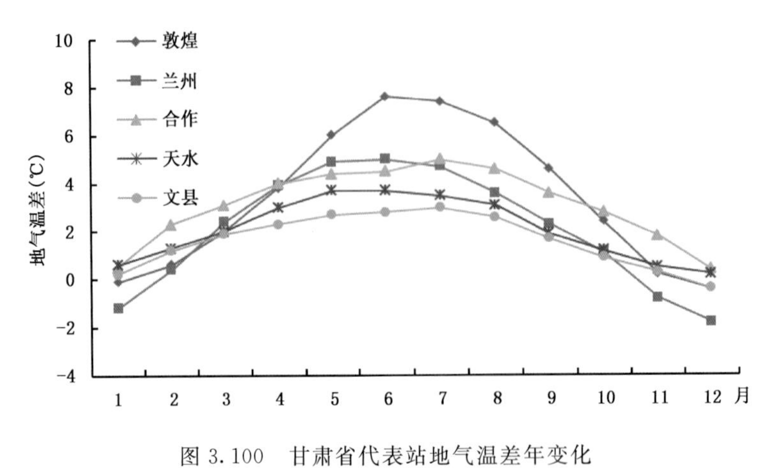

图 3.100　甘肃省代表站地气温差年变化

3.9.1.6　地中各层(10、40、80 cm)温度分布

(1)年平均地中各层温度分布

各地年平均地中温度随深度的垂直变化有所差异。河西走廊中西部地中温度随深度增加而降低，河西走廊东部地中各层温度变化不明显，祁连山区地中温度随深度增加而增高。陇中和陇东大部分地区各层地中温度随深度增加而增高，其中西峰与崆峒地中各层温度基本恒定。陇南大部分地区地中温度也随深度增加而增高。各层地温的空间分布趋势大致是由东南向西北递减，唯有敦煌地中各层温度相对较高，是全省另一个地中温度较高的地区(表 3.49)。

表 3.49　甘肃省各地代表站年平均地中各层温度(℃)

站名	10 cm	40 cm	80 cm	站名	10 cm	40 cm	80 cm
敦煌	13.4	13.3	13.3	临夏	10.3	10.2	10.2
肃北	8.6	—	—	玛曲	—	—	—
酒泉	10.6	10.8	10.7	合作	—	6.6	6.4
张掖	11.4	11.3	11.2	天水	13.0	13.0	13.2
肃南	6.0	—	—	环县	11.2	—	—
民勤	11.5	11.7	11.8	西峰	10.7	10.6	10.7
武威	12.0	12.4	12.3	正宁	10.7	—	—
兰州	12.0	12.3	12.4	崆峒	11.3	11.4	11.4
白银	10.5	—	—	康县	12.6	—	—
安定	9.7	10.2	10.2	武都	16.0	16.1	16.1
岷县	—	9.2	9.3	文县	15.9	—	—

(2)各季地中各层温度分布

各季地中各层温度具有春、夏季较冷，秋、冬季较热的气候特点。

冬季各层地中温度随深度增加而增高。冬季地中温度随深度变化与秋季相同，与春季和夏季相反(表 3.50)。最小值都在肃南，最大值都在文县。各层地温的分布趋势是由东南向西北递减。各地冻结层深度有较大差异。河西冻结层深度一般不超过 80 cm，陇中和陇东一般不超过 40 cm，陇南大部分地区没有冻结层。各地冻结层以下各层地温均为正值。

表 3.50　甘肃省各地代表站冬季地中各层温度(℃)

站名	10 cm	40 cm	80 cm	站名	10 cm	40 cm	80 cm
敦煌	−3.8	−1.4	1.4	临夏	−1.8	0.0	2.2
肃北	−4.2	—	—	玛曲	—	—	—
酒泉	−5.0	−2.0	1.0	合作	—	−1.8	0.2
张掖	−4.0	−1.9	1.1	天水	1.3	3.1	5.5
肃南	−7.2	—	—	环县	−2.5	—	—
民勤	−4.4	−1.2	1.8	西峰	−1.2	0.4	2.4
武威	−3.0	−1.0	1.4	正宁	−1.1	—	—
兰州	−2.2	0.2	3.1	崆峒	−0.7	1.6	3.7
白银	−3.4	—	—	康县	2.8	—	—
安定	−2.4	−0.4	2.1	武都	5.2	7.0	8.9
岷县	—	0.4	2.5	文县	5.7	—	—

春季，各层地中温度分布趋势表现为：各层地中温度高、低与海拔高度成反比。河西走廊各层地中温度比祁连山区高，黄河河谷、泾河河谷、白龙江河谷等地各层地中温度比周边地区高(表 3.51)。最小值都在肃南，最大值都在武都。河西中部祁连山区各层地中温度为最低，陇南南部最高。全省各地春季地中温度随深度的增加而降低，这表明热量是由地表向深层输送的。

表 3.51　甘肃省各地代表站春季地中各层温度(℃)

站名	10 cm	40 cm	80 cm	站名	10 cm	40 cm	80 cm
敦煌	14.8	12.8	10.9	临夏	11.1	9.2	7.8
肃北	9.0	—	—	玛曲	—	—	—
酒泉	11.6	9.8	8.0	合作	—	4.8	3.1
张掖	12.8	11.1	9.2	天水	14.0	12.2	11.2
肃南	6.9	—	—	环县	12.1	—	—
民勤	12.8	10.8	9.1	西峰	11.1	9.1	7.9
武威	13.5	12.7	10.8	正宁	11.0	—	—
兰州	14.2	12.6	10.9	崆峒	12.4	10.6	9.6
白银	11.8	—	—	康县	12.4	—	—
安定	10.6	9.6	8.2	武都	17.1	15.6	14.4
岷县	—	8.1	7.2	文县	16.5	—	—

夏季，各层地中温度随深度增加而降低，热量由地表向深层输送(表 3.52)。最小值在玛曲，最大值在敦煌。地中温度随海拔增高而降低，海拔较高的甘南高原夏季各层地温为全省最低。气候湿润地区各层地温较高，陇南南部各层地温是全省较高地区。纬度较高、气候干燥的地区各层地温也较高，安敦盆地各层地温是全省最高地区，这是由于干燥地表增温明显的缘故。

表 3.52 甘肃省各地代表站夏季地中各层温度(℃)

站名	10 cm	40 cm	80 cm	站名	10 cm	40 cm	80 cm
敦煌	29.2	26.9	24.3	临夏	21.3	19.4	17.4
肃北	20.6	—	—	玛曲	14.1	—	—
酒泉	25.0	22.4	19.7	合作	16.1	15.0	13.2
张掖	25.2	23.1	20.2	天水	23.8	22.1	20.1
肃南	17.9	—	—	环县	24.0	—	—
民勤	26.1	23.4	21.0	西峰	22.3	20.7	19.0
武威	25.7	24.5	22.2	正宁	22.1	—	—
兰州	24.4	22.7	20.4	崆峒	22.5	20.6	18.5
白银	22.6	—	—	康县	22.1	—	—
安定	20.9	19.7	17.6	武都	25.8	24.4	22.6
岷县	18.5	17.0	15.5	文县	25.1	—	—

秋季,各层地中温度随深度增加而增高,热量开始由深层向地表输送(表 3.53)。最小值在肃南,最大值在文县。祁连山区各层地温为全省最低,陇南南部最高,安敦盆地是另一个各层地温较高的地区。

表 3.53 甘肃省各地代表站秋季地中各层温度(℃)

站名	10 cm	40 cm	80 cm	站名	10 cm	40 cm	80 cm
敦煌	13.4	15.0	16.6	临夏	10.6	12.1	13.2
肃北	8.9	—	—	玛曲	—	—	—
酒泉	10.7	12.8	14.1	合作	—	8.5	9.3
张掖	11.4	13.0	14.3	天水	13.0	14.7	15.8
肃南	6.3	—	—	环县	11.1	—	—
民勤	11.6	13.6	15.3	西峰	10.7	12.4	13.6
武威	11.9	13.6	14.9	正宁	10.7	—	—
兰州	11.7	13.6	15.1	崆峒	11.1	12.8	13.6
白银	10.8	—	—	康县	13.2	—	—
安定	9.8	11.7	13.0	武都	16.0	17.4	18.5
岷县	—	11.1	12.1	文县	16.2	—	—

(3)地中各层(10、40、80 cm)温度年变化

地中 10 cm 温度全省各地年变化曲线为单峰型。变化趋势较为平缓,1 月最低,7 月最高。1 月全省地中 10 cm 温度在−8.9(肃南)~4.4 ℃(文县)。河西走廊为−7.7~−4.6 ℃,祁连山区为−9.8~−7.1 ℃,陇中为−6.1~−2.7 ℃,陇东为−4.0~−1.5 ℃,陇南为 1.9~4.4 ℃。7 月全省地中 10 cm 温度在 14.9(玛曲)~30.4 ℃(敦煌)。河西走廊为 20.5~30.4 ℃,祁连山区为 18.0~20.0 ℃,陇中为 18.1~26.1 ℃,陇东为 22.1~25.3 ℃,陇南为 21.6~26.8 ℃,甘南高原为 14.9~20 ℃。地中 10 cm 温度年变化振幅在 21.3~36.2 ℃,年变化振幅最小的地区是陇南南部,最大的地区在河西西部(图 3.101)。

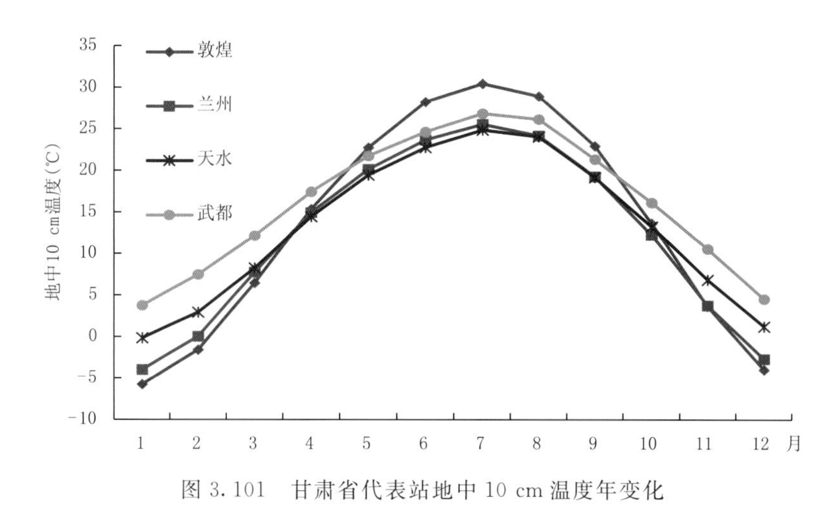

图 3.101 甘肃省代表站地中 10 cm 温度年变化

地中 40 cm 温度全省各地年变化曲线为单峰型。变化趋势较为平缓，1 月最低，7 月最高。1 月全省地中 40 cm 温度在－3.5(张掖)～5.7 ℃(武都)。河西走廊为－3.5～－2.7 ℃，陇中为－2.2～－0.3 ℃，陇东为－0.3～0.6 ℃，陇南为 1.9～5.7 ℃，甘南高原为－3.2 ℃左右。7 月全省地中 40 cm 温度在 15.7(合作)～27.9 ℃(敦煌)。河西走廊为 23.2～27.9 ℃，陇中为 17.8～23.6 ℃，陇东为 21. 5 ℃左右，陇南为 22.9～25.1 ℃，甘南高原为 15.7 ℃左右。地中 40 cm 温度年变化振幅在 18.1(岷县)～30.8 ℃(敦煌)(图 3.102)。

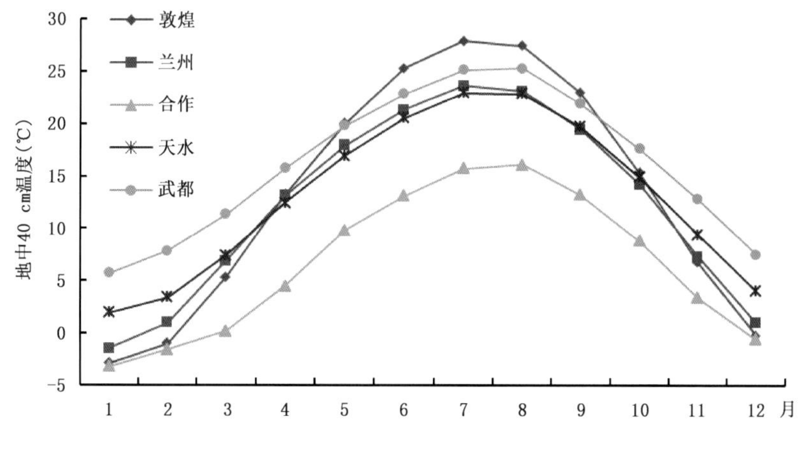

图 3.102 甘肃省代表站地中 40 cm 温度年变化

地中 80 cm 温度全省各地年变化曲线为单峰型。变化趋势较为平缓，1—2 月最低，8 月最高。2 月全省地中 80 cm 温度在－0.8(合作)～8.5 ℃(武都)。河西走廊为－0.3～－0.8 ℃，陇中为 0.8～2.4 ℃，陇东为 1.2～3 ℃，陇南为 4.8～8.5 ℃，甘南高原在－0.8 ℃左右。8 月全省地中 80 cm 温度在 14.8(合作)～25.6 ℃(敦煌)。河西走廊为 21～25.6 ℃，陇中为 17～21.5 ℃，陇东为 20 ℃左右，陇南为 21.5～24.1 ℃，甘南高原在 14.8 ℃左右。地中 80 cm 温度年变化振幅在 15.6(岷县)～25.3 ℃(敦煌)(图 3.103)。

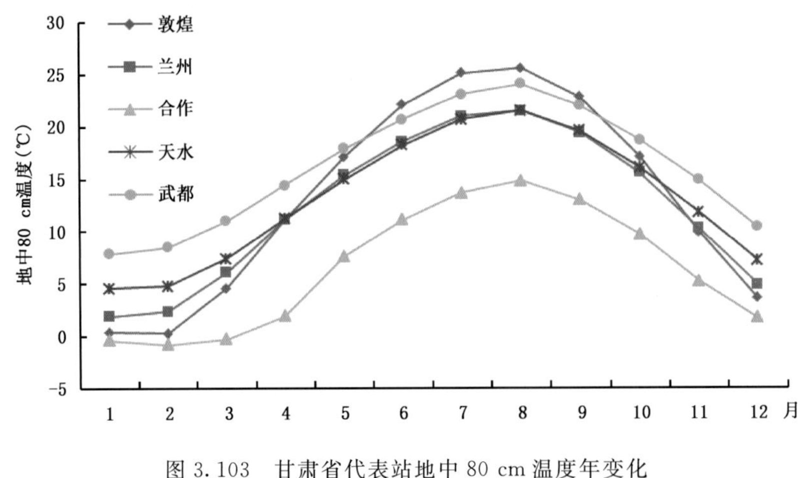

图 3.103 甘肃省代表站地中 80 cm 温度年变化

各层地中温度年变化振幅随深度的增加而减小。全省各地冬季地中温度随深度的增加而增高,表明热量由深层向地表输送。夏季地中温度随深度的增加而降低,表明热量由地表向深层输送。浅层各层(10 cm、40 cm)最大地中温度出现在 7 月,最低出现在 1 月。然而随着深度的增加,最高或最低地中温度都表现出向后推迟的现象,如 80 cm 深时,大部分地区最高地中温度出现在 8 月,最低则出现在 2 月。

3.9.2 冻土

地温长时间稳定在 0℃以下,潮湿的土壤呈冻结状态,这种现象在气象学上称为冻土。温度越低且持续时间越久,冻土层便越厚。一般可分为短时冻土(数小时/数日以至半月)、季节冻土(半月至数月)以及多年冻土(又称永久冻土)。冬季冻结,夏季全部融化的土层,称为季节冻土。冻结状态持续 3 年以上的土层为多年冻土,可分为上、下两层:上层每年夏季融化,冬季冻结,称活动层,又称冰融层;下层常年处在冻结状态,称永冻层或多年冻层。土层的冻融变化是土木工程建设中必须考虑的重要因素,处置不当将带来严重后果。

3.9.2.1 地中各层(5、10、20、40 cm)土壤冻结初、终期

冻土一般包含了土壤冻结、解冻及冻土深度几个特征。地表温度下降到 0℃以下,土壤由地表向地中相继开始冻结;地表温度上升至 0℃以上时,冻土由地表向地中开始解冻。甘肃大部分地区为季节冻土,由于各地气候差异大,土壤性质不同,土壤冻结和解冻的时间也有差异(表 3.54)。

表 3.54 甘肃省各地代表站 5、10、20、40 cm 土壤冻结初、终期

站名	5 cm		10 cm		20 cm		40 cm	
	初期	终期	初期	终期	初期	终期	初期	终期
马鬃山	11.6	3.21	11.11	3.15	11.19	3.15	11.25	3.15
敦煌	11.20	3.1	11.25	2.27	12.4	2.27	12.14	2.26
肃北	11.13	3.14	11.18	3.13	11.26	3.12	12.15	3.18
酒泉	11.13	3.11	11.20	3.10	11.28	3.9	12.12	3.4
张掖	11.18	3.4	11.23	3.4	12.1	3.2	12.11	2.25
肃南	11.4	3.23	11.9	3.22	11.19	3.21	11.27	3.17

续表

站名	5 cm		10 cm		20 cm		40 cm	
	初期	终期	初期	终期	初期	终期	初期	终期
民勤	11.16	3.5	11.21	3.5	11.30	3.2	12.13	2.22
武威	11.21	3.1	11.25	2.27	12.4	2.25	12.14	2.20
乌鞘岭	10.30	4.15	11.6	4.12	11.16	4.15	11.30	4.25
兰州	11.22	2.22	11.27	2.20	12.6	2.21	12.21	2.11
白银	11.22	3.3	11.25	2.26	12.4	2.23	—	—
安定	11.22	3.4	11.27	3.5	12.8	3.4	12.21	2.24
岷县	11.26	2.27	12.3	2.28	12.20	3.2	12.25	2.26
临夏	11.25	3.3	12.1	2.28	12.13	3.4	12.25	3.2
玛曲	11.7	3.26	11.17	3.19	12.1	3.26	12.18	4.2
合作	11.12	3.23	11.19	3.21	11.26	3.20	12.12	3.18
天水	12.10	2.10	12.20	2.2	12.26	2.1	—	—
环县	11.22	3.6	11.28	3.4	12.7	3.4	12.20	2.23
西峰	11.26	3.7	12.2	3.5	12.16	3.6	12.24	3.2
正宁	11.25	3.7	12.5	3.1	12.16	3.3	12.24	2.18
崆峒	11.28	2.23	12.6	2.22	12.20	2.20	12.28	2.1
康县	12.20	1.27	12.25	1.21	—	—	—	—
武都	12.23	1.19	12.26	1.16	—	—	—	—
文县	12.24	1.11	—	—	—	—	—	—

(1)地中5 cm土壤冻结初、终期

地中5 cm深处土壤冻结日期,河西走廊在11月中旬开始,祁连山区在11月上旬,乌鞘岭最早,在10月30日。土壤冻结日期由北向南逐渐推迟,陇中在11月中、下旬,陇东在11月下旬,陇南在11月下旬到12月下旬之间,甘南高原在11月期间。地中5 cm深处土壤解冻日期,由东南向西北推迟。河西走廊在3月上半月解冻,祁连山区在3月下旬,乌鞘岭最迟,在4月15日。陇中在2月下旬到3月上半月。陇东在2月下旬到3月上旬,陇南在1月中旬到2月下旬之间。甘南高原在2月下旬到3月下旬期间。

(2)地中10 cm土壤冻结初、终期

地中10 cm深处土壤冻结日期,河西走廊在11月中、下旬开始,祁连山区在11月上、中旬,乌鞘岭最早,在11月6日。陇中在11月中旬后期到12月上旬前期,陇东在11月下旬后期到12月上旬。陇南大部分地方在12月期间,陇南南部文县等地10 cm无持续冻土。甘南高原在11月中旬后期到12月上旬。地中10 cm深处土壤解冻日期,河西走廊在2月下旬后期到3月上半月解冻,祁连山区在3月中旬到4月中旬前期,乌鞘岭最迟,在4月12日。陇中在2月中旬前期到3月下旬前期。陇东在2月下旬到3月上旬,陇南在1月中旬到2月下旬前期。甘南高原在2月下旬到3月下旬前期。

(3)地中20 cm土壤冻结初、终期

地中20 cm深处土壤冻结日期,河西走廊在11月下旬到12月上旬开始,祁连山区在11月中下旬,乌鞘岭最早,在11月16日。陇中在11月下旬后期到12月中旬,陇东在12月上旬后期到下旬前期。陇南北部在12月中旬后期到下旬期间,陇南南部20 cm无持续冻土。甘南高原在 11 月下旬到 12 月中旬。地中 20 cm 深处的土壤解冻日期,河西走廊在 2 月下旬到 3 月中旬解冻,祁连山区在 3 月中旬到 4 月中旬,乌鞘岭最迟,在 4 月 16 日。陇中在 2 月中旬后期到 3 月中旬。陇东在 2 月中旬后期到 3 月上旬,陇南北部在 1 月下旬到 2 月下旬前期。甘南高原在 3 月各旬。

(4)地中 40 cm 土壤冻结初、终期

地中 40 cm 深处土壤冻结日期,马鬃山最早,在 11 月 25 日。河西走廊在 12 月各旬开始,祁连山区在 11 月下旬到 12 月上旬。陇中在 12 月中、下旬,陇东在 12 月下旬。陇南大部分地方 40 cm 深处无持续冻土存在。甘南高原在 11 月下旬后期到 12 月中旬。地中 40 cm 深处土壤解冻日期,河西走廊在 2 月中旬到 3 月中旬解冻,祁连山区在 3 月上旬后期到 4 月下旬,乌鞘岭最迟,在 4 月 25 日。陇中在 2 月上旬后期到 3 月各旬,陇东在 2 月各旬到 3 月上旬前期。甘南高原北部在 2 月中旬到 3 月中旬,甘南高原南部在 3 月中旬到 4 月上旬前期。

3.9.2.2 最大冻土深度空间分布

全省大部分地区有季节性土壤冻结,各地最大冻土深度有很大差异。全省最大冻土深度一般在 13(武都)～238 cm(肃南)(图 3.104)。最大冻土深度一般随着海拔增高而逐渐加深,随纬度增加而自东南向西北逐渐加深。马鬃山区和祁连山区最大冻土深度一般在 162～238 cm,河西走廊 98～150 cm,甘南高原 90～158 cm,陇中 79～126 cm,陇东为 48～110 cm,陇南 13～77 cm,其中陇南南部 13～21 cm。最大冻土深度的等值线大致与山脉走向一致,与地形等高线平行。乌鞘岭由于海拔高而出现终年不化的永冻土。

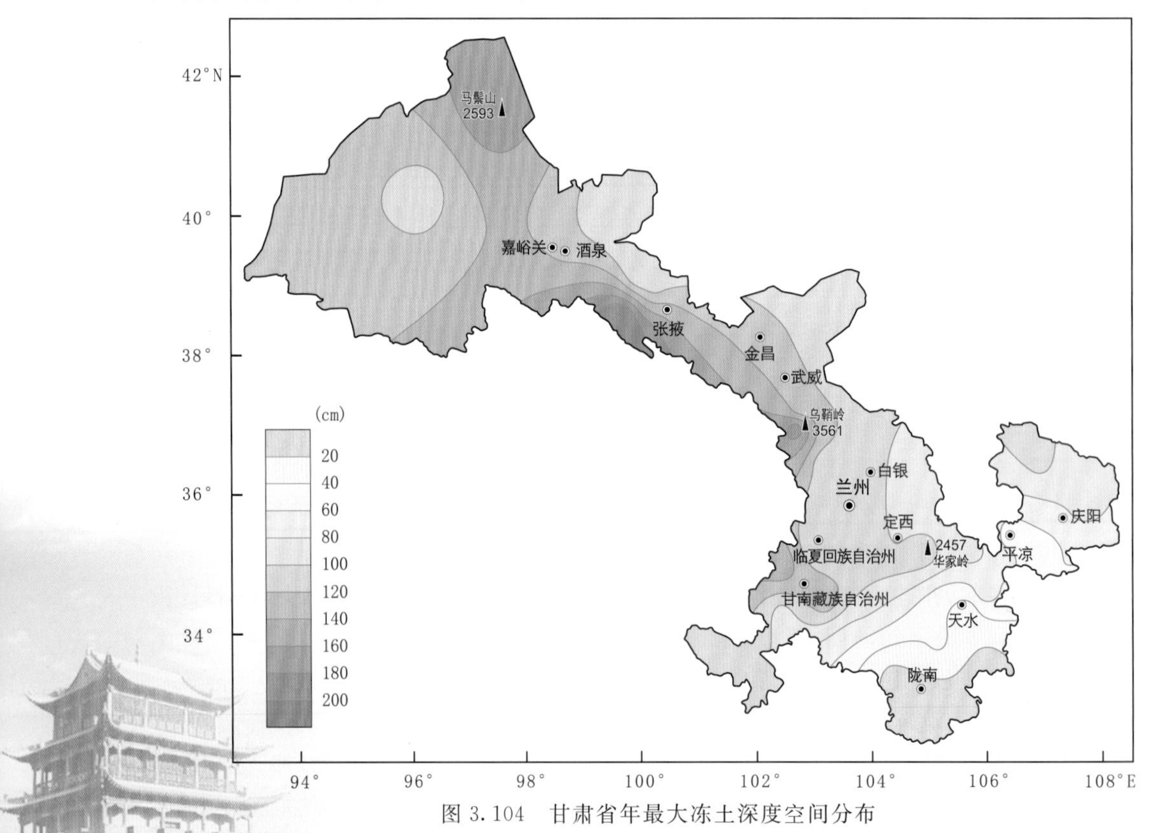

图 3.104 甘肃省年最大冻土深度空间分布

第4章 气象灾害

甘肃省气象灾害种类多，发生频率高、时空分布不均，危害重，省内主要气象灾害类型有：干旱、暴雨、冰雹、大风、沙尘暴、霜冻 高温、干热风、连阴雨等(图 4.1)。从气象灾害空间分布看，河西多大风、沙尘暴、霜冻、高温、干热风等天气，河东多干旱、暴雨、冰雹、霜冻、高温、连阴雨等天气，以及由大到暴雨天气引发的山洪、滑坡、泥石流等次生灾害。

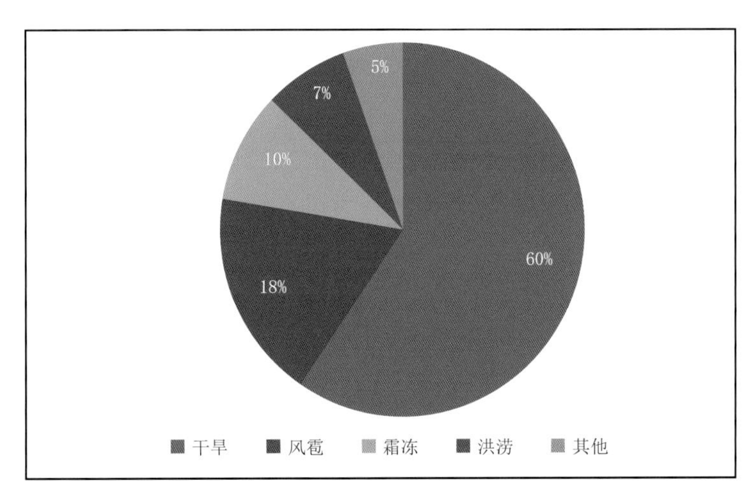

图 4.1 甘肃省主要自然灾害占比(风雹是冰雹、大风和沙尘暴的简称)

近 50 年来，受气候变暖影响，甘肃省暴雨日数呈增多趋势，冰雹、沙尘暴、大风日数均呈减少趋势，连阴雨次数略有减少，干旱、高温、局地强降水等天气频次增多。据统计，甘肃省气象灾害造成的经济损失占自然灾害的比重达 88.5%，高出全国平均状况 17.5%；气象灾害损失占甘肃省 GDP 的 3.0%～5.0%，21 世纪平均为 3.0%，大约是全国的 3 倍。

4.1 干旱

干旱主要分为 4 类：即气象干旱、农业干旱、水文干旱和社会经济干旱。本文仅讨论气象干旱和气象干旱灾害。气象干旱是指在某一时段内，由于蒸发量和降水量的收支不平衡，水分支出大于水分收入而造成的水分短缺现象。根据《干旱灾害等级标准》(SL 663-2014)，干旱灾害是指某一时段内的降水量比常年平均降水量显著偏少，导致某一地区的经济活动(尤其是农业生产)和人类生活受到较大危害的现象。干旱灾害除危害农作物生长、造成作物减产外，还对城市供水、生态环境等造成危害，严重影响工业生产及其他社会经济活动。

4.1.1 干旱指标

干旱是多学科的问题，由于研究的目的和对象不同，有各种不同定义和指标。以分析甘肃干旱规律和旱灾发生情况为主要目的，考虑到降水量明显偏少是导致干旱的主要原因，因此，采用降水距平百分率指标。降水量距平百分率是表征某时段降水量较常年值偏多或偏少的指标之一，能直观反映降水异常引起的干旱，在气象日常业务中多用于分析评估月、季、年发生的干旱事件。某一时段降水量距平百分率（P_a）的计算公式：

$$P_a = \frac{P - \bar{P}}{\bar{P}} \times 100\% \tag{4.1}$$

式中，P 为某时段降水量；$\bar{P}$ 为计算时段同期气候平均降水量(mm)。

甘肃省河西地区绝大多数是灌溉农业区，降水量多少对农业生产的影响并不十分突出，而河东地区为雨养农业区，大多数地方属于半干旱、半湿润气候类型。在降水偏少年份，干旱对农业生产的影响十分突出（姚玉璧，2007）。在分析干旱时，将全省（80 站）和河东地区（61 站）中，某一时段内干旱站数占总站数的≥25%以上，确定为一次区域性干旱（表 4.1）（林婧婧，2010，2012，2017）。

表 4.1 甘肃省降水量距平百分率干旱等级划分指标

干旱等级	干旱类型	距平百分率
1	轻旱	$-50\% < P_a \leq -20\%$
2	大旱	$-80\% < P_a \leq -50\%$
3	重旱	$P_a \leq -80\%$

4.1.2 干旱时空分布特征

甘肃省各地降水量时空分布不均，年降水量 300 mm 以下地区占全省总面积的 58%。干旱按出现时间划分，主要有春旱（3—4 月）、春末夏初旱（5—6 月）、伏旱（7—8 月）和秋旱（9—10 月）（图 4.2）。

4.1.2.1 春旱

全省春旱发生频率在 20%～70%，河西走廊为 40%～70%，平均 2a 一遇；陇中北部和陇东东北部为 40%，平均 2a 一遇；陇中南部、陇东南部、甘南高原大部和陇南北部为 30%，平均 3a 一遇；甘南高原西南部和陇南南部为 20%，平均 5a 一遇。

4.1.2.2 春末夏初旱

全省春末夏初旱发生频率在 10%～70%。河西走廊频率为 40%～70%，平均 2a 一遇，是发生频率最高地区。陇中北部和陇东北部为 40%，平均 2a 一遇，是发生频率次高发区；陇中南部、陇东南部、甘南高原大部和陇南为 20%～30%，平均 3～5a 一遇；甘南高原中部频率为 10%，平均 10a 一遇，是发生频率最小的地区。

4.1.2.3 伏旱

全省伏旱发生频率在 10%～60%，河西走廊为 30%～50%，平均 2～5 a 一遇，是发生频率最多地区。陇中北部、陇东和陇南大部为 30%～40%，平均 3 a 一遇，是发生频率次高区；陇

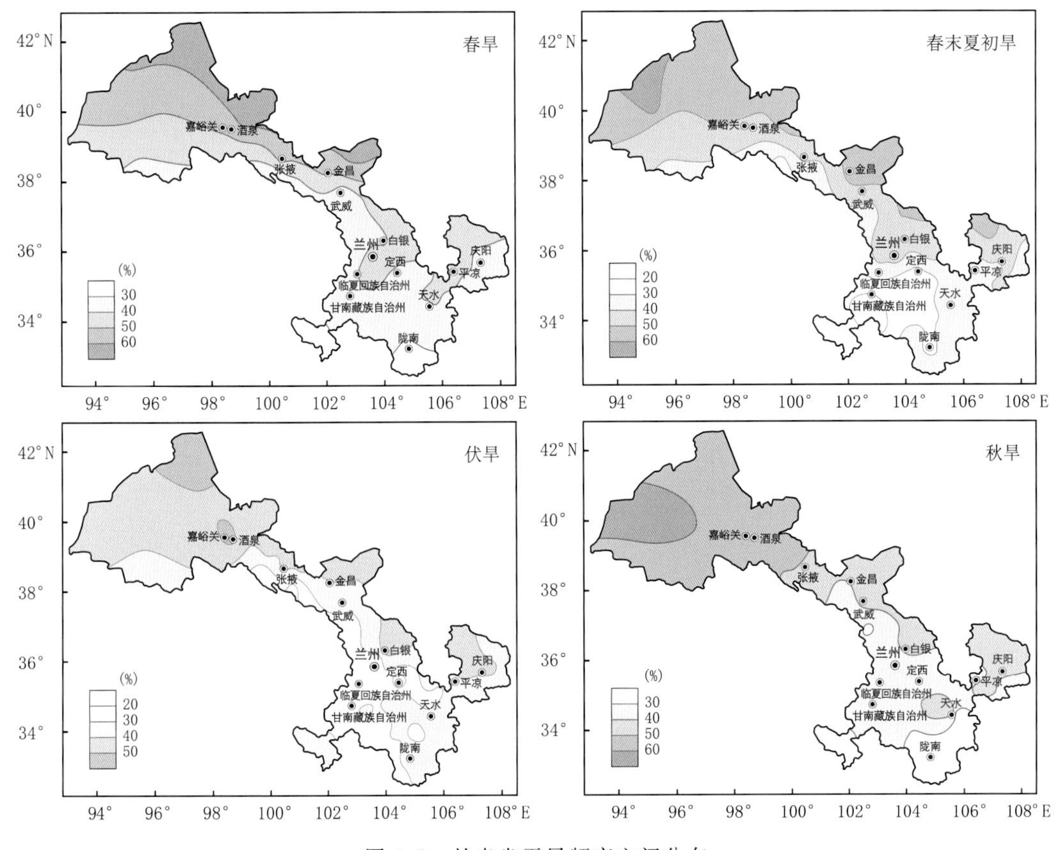

图4.2 甘肃省干旱频率空间分布

中南部和甘南高原为20%～30%,平均3～5 a一遇,是发生频率最少地区。

4.1.2.4 秋旱

全省秋旱发生频率在20%～70%,河西走廊为30%～70%,平均2～3 a一遇,是发生频率最高地区。陇中北部、陇东为30%～40%,平均2 a一遇,是发生频率次高区;陇中南部、甘南高原大部和陇南北部为30%,平均3 a一遇;甘南高原西南部和陇南南部为20%,平均5 a一遇,是发生频率最小地区。

4.1.3 干旱气候规律

甘肃省素有"三年一小旱,十年一大旱"之说。干旱对农业和生态环境的影响最大,几乎每年都会出现,只是范围大小、严重程度不同。

4.1.3.1 年代际变化

(1)春旱年代际变化

全省春旱频率为71%,20世纪60年代(简称1960s,后同)春旱频率相对比较小,为60%;1970s春旱频率增加为80%;1980s、1990s和2000s初分别为60%、70%和90%,呈明显增加趋势(表4.2,下同)。

河西旱作农业区春旱频率年代际变化与河东雨养农业区完全相反。其中河西春旱频率为76%(高于全省6%),1960s春旱频率相对比较小,为60%;1970s春旱频率增加为90%;

1980s、1990s 和 2000s 春旱频率分别为 90%、70%和 60%，呈明显减少趋势。河东春旱频率为 59%，1960s 春旱频率相对比较小，为 40%；1970s 春旱频率增加为 70%；1980s、1990s 和 2000s 春旱频率分别为 40%、60%和 90%，呈明显增加趋势。

(2)春末夏初旱年代际变化

全省春末夏初旱频率为 60%，1960s、1970s、1980s 和 1990s 春末夏初旱频率分别为 80%、70%、50%和 40%，呈明显减少趋势；2000s 以来春末夏初旱频率增加为 70%。

河西春末夏初旱频率为 67%，1960s、1970s、1980s 春末夏初旱频率分别为 80%、70%和 50%，呈明显减少趋势；而 1990s 和 2000s 其频率分别为 70%和 80%，呈增加趋势。河东春末夏初旱频率为 52%，1960s 春末夏初旱频率相对比较小，为 60%；1970s、1980s 和 1990s 春末夏初旱频率分别为 70%、30%和 30%，呈明显减少趋势；而 2000 s 增加为 70%。

(3)伏旱年代际变化

全省伏旱频率为 51%，1960s、1970s、1980s、1990s 和 2000s 伏旱频率分别为 40%、50%、50%、50%和 60%，年代际变化比较稳定，有明显增加趋势。

河西伏旱频率 63%，1960s、1970s、1980s、1990s 和 2000s 伏旱频率分别为 60%、60%、70%、50%和 80%，年代际变化比较稳定，稍有明显增加趋势。河东伏旱频率为 43%，1960s、1970s、1980s、1990s 和 2000s 伏旱频率分别为 30%、30%、40%、50%和 60%，年代际变化比较稳定，稍有明显增加趋势。

(4)秋旱年代际变化

由表 4.2 看出，全省秋旱频率为 55%，1960s、1970s、1980s、1990s 秋旱频率分别为 30%、60%、60%、80%，呈明显增加趋势；2000s 秋旱频率减少为 40%。

河西秋旱频率为 72%，1960s 秋旱频率 80%，比较高；1970s、1980s 和 1990s 其频率分别为 60%、80%和 90%，呈明显增加趋势；而 2000s 秋旱频率减少为 40%。河东秋旱频率为 44%，1960s、1970s、1980s、1990s 和 2000s 秋旱频率分别为 20%、60%、40%、80%和 30%，年代际变化呈波动趋势。

表 4.2　甘肃省 1961—2014 年不同地区各年代干旱频率(单位:%)

	春旱			春末夏初旱			伏旱			秋旱		
年代	全省	河东	河西	全省	河东	河西	全省	河东	河西	全省	河东	河西
1960s	60	40	60	80	60	80	40	30	60	30	20	80
1970s	80	70	90	70	70	70	50	30	60	60	60	60
1980s	60	40	90	50	30	50	50	40	70	60	40	80
1990s	70	60	70	40	30	70	50	50	50	80	80	90
2000s	90	90	60	70	70	80	60	60	80	40	30	40
2011—2014	60	50	100	40	50	25	60	50	50	60	25	100
1981—2010	73	63	73	53	43	67	53	50	67	60	50	70
1961—2014	71	59	76	60	52	67	51	43	63	55	44	72

注：表中干旱频率是轻旱、大旱和重旱总频率

(5)重大干旱年代际变化

全省重大春旱出现频率为 24%，1960s－2000s 呈增加趋势。春末夏初旱出现频率为

20%。1970s—1990s出现频率比较稳定，稍有增加。伏旱出现频率为5%，1960s—1980s没有出现，1990s和2000s均呈增加趋势（为10%）。秋旱出现频率为11%，虽然1960s和2000s未出现，但1970s、1980s和1990s出现频率分别为10%、20%和30%，增加趋势明显（表4.3）。

表4.3　甘肃省不同地区各年代重大干旱的频率(1961—2015年)

	春旱			春末夏初旱			伏旱			秋旱		
年代	全省	河东	河西	全省	河东	河西	全省	河东	河西	全省	河东	河西
1960s	20	10	50	40	30	50	0	0	30	0	0	50
1970s	20	10	60	10	10	40	0	0	0	10	10	40
1980s	10	0	50	20	20	20	0	0	20	20	10	70
1990s	30	20	50	20	20	40	10	10	0	30	10	70
2000s	30	30	50	20	0	30	10	10	40	0	0	30
2011—2014	40	20	100	0	0	0	20	20	20	0	0	60
1981—2010	23	17	50	20	13	30	7	7	20	17	7	57
1961—2014	24	15	56	20	15	33	5	5	18	11	5	53

4.1.3.2　干旱范围变化规律

每年3—10月农作物生长期间，全省均有可能出现干旱现象。特别是少数年份，局部地区还会出现春夏连旱、春夏秋连旱、夏秋连旱事件。下面用达到干旱标准的站数（旱站数）占全省总站数的百分比（%）表示干旱范围变化。

（1）春旱

从图4.3看出，全省春旱范围随时间变化有明显扩大趋势。其中1960—1990年大多数年份范围较小，为30%左右，有9 a在50%以上；1991—2015年大多数年份范围为50%左右，有12 a在50%以上，春旱范围明显扩大。

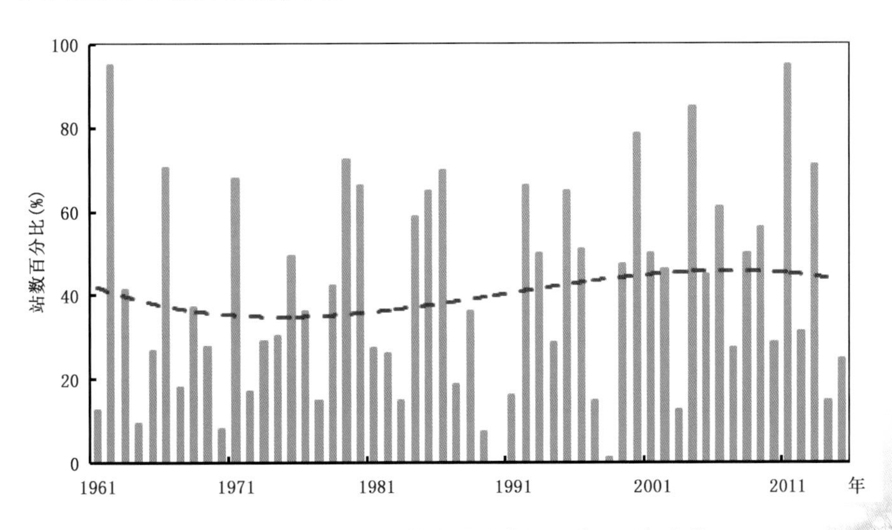

图4.3　甘肃省春旱站数占总站数的百分比历年变化

（2）春末夏初旱

从图4.4看出，全省春末夏初旱范围随时间变化有明显缩小趋势，但异常年份的范围比较大。其中1960—1981年大多数年份为40%左右，有9 a为50%以上；1982—2015年大多数年份为30%左右，有9 a为50%以上。

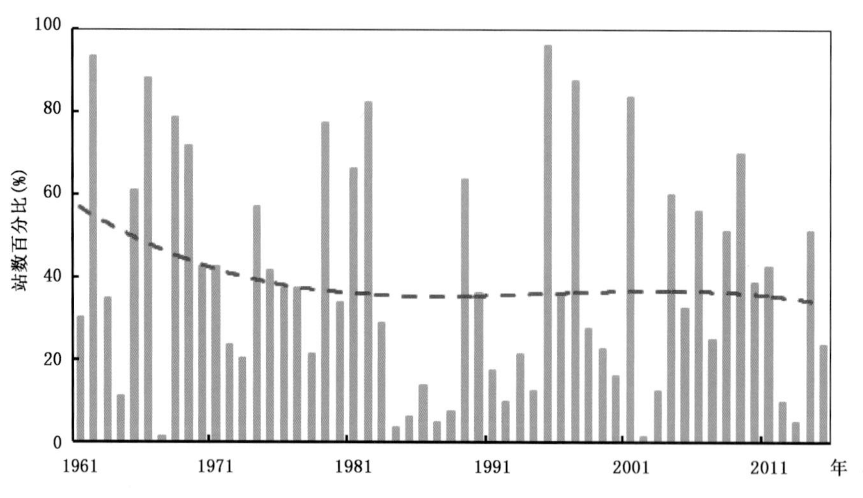

图4.4 甘肃省春末夏初旱站数占总站数的百分比历年变化

(3)伏旱

由图4.5可知，1961—1997年全省伏旱范围呈微弱缩小趋势，1998—2014年范围呈扩大趋势。1961—1978年大多数年份伏旱范围相对比较大，为30%左右，有6 a在40%以上；1979—1997年大多数年份伏旱站数占总站数的百分比为20%左右，但有3 a为60%以上；1998—2015年大多数年份伏旱范围为30%左右，但有7 a在40%以上(如2015年为84%)，该时段伏旱明显呈扩大趋势。

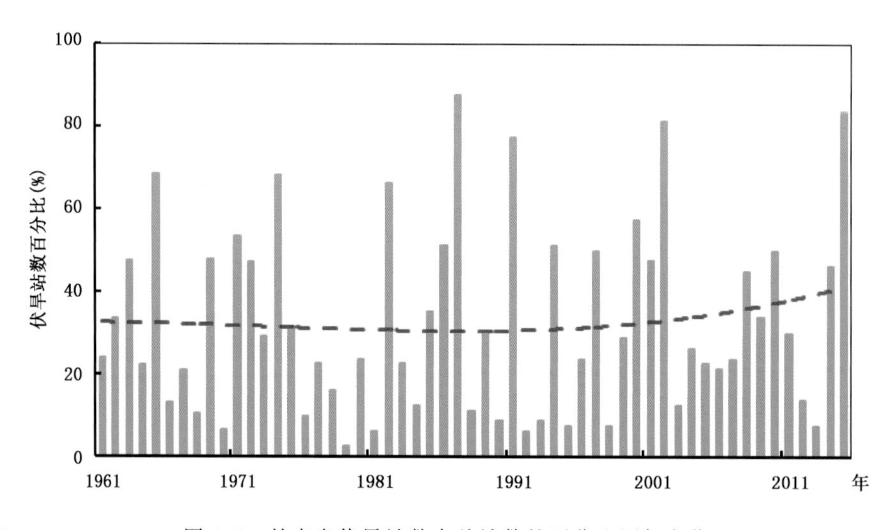

图4.5 甘肃省伏旱站数占总站数的百分比历年变化

(4)秋旱

1961—2000年全省秋旱范围呈明显扩大趋势，2001—2015年秋旱趋势变小。1961—1979年大多数年份秋旱范围比较小，为20%以下，有7 a为30%左右；1980—2000年大多数年份秋旱范围明显扩大，为30%左右，有11 a在40%以上；2001—2015年大多数年份秋旱范围明显缩小，为20%左右，有7 a在30%以上(图4.6)。

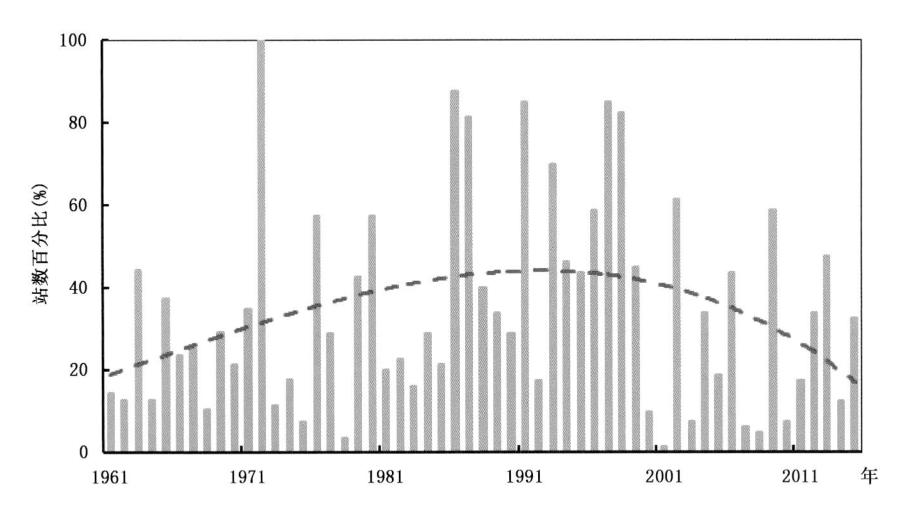

图4.6　甘肃省秋旱站数占总站数的百分比历年变化

(5)干旱时段

1981—2010年，全省多数年份均有干旱发生(无旱年仅1年)，其中有2 a仅出现一个旱段，出现2个旱段的年份占为40%，出现2个以上旱段的年份为92%。

河东无旱年仅2 a，有20%年份只出现1个旱段，40%年份出现2个旱段。河西有7%年份只出现1个旱段，2个旱段出现为13%；3个旱段出现占57%；4个旱段出现为23%。

4.1.4　干旱灾害风险区划

4.1.4.1　春末夏初旱

根据干旱灾害风险等级区划，酒泉市肃州区、张掖市甘州区、武威、兰州、临夏、定西、天水、平凉、庆阳等市、州大部分地方及陇南市局部地方是甘肃省春末夏初干旱出现高风险区。甘南州、肃南、肃北等地春末夏初干旱灾害风险相对较低(图4.7)(甘肃省气象灾害防御规划，2011)。

4.1.4.2　伏旱

全省以酒泉市西部伏旱灾害风险相对较高。祁连山中部、甘南大部、临夏南部、定西南部、天水中部、平凉大部、庆阳南部、陇南中西部伏旱灾害风险相对较低(图4.8)。

4.1.5　干旱成因

4.1.5.1　地理因子

从自然环境背景看，甘肃省地处欧亚大陆的中东部，深居内陆，距海洋遥远，海洋暖湿空气不易到达，空中水汽不足。全省地处高原，大部分地方海拔在1000 m以上，太阳辐射强，全年太阳总辐射在4800～6400 MJ/m^2，比我国东部同纬度地区高。此外，从3月开始太阳辐射量急剧增加，导致气温迅速增高，而同期降水却增加不多。由于湿度小、辐射平衡主要用于湍流热交换，地表增温迅速，加速了土壤水分蒸发，使土壤变干(李栋梁，2006a)。

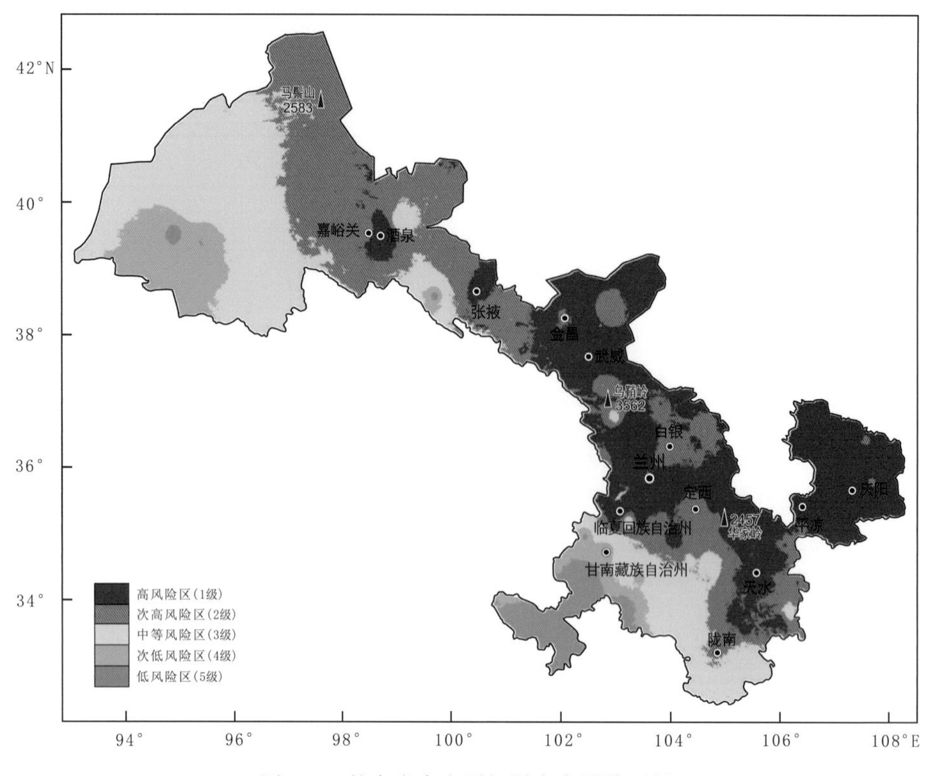

图 4.7　甘肃省春末夏初旱灾害风险区划

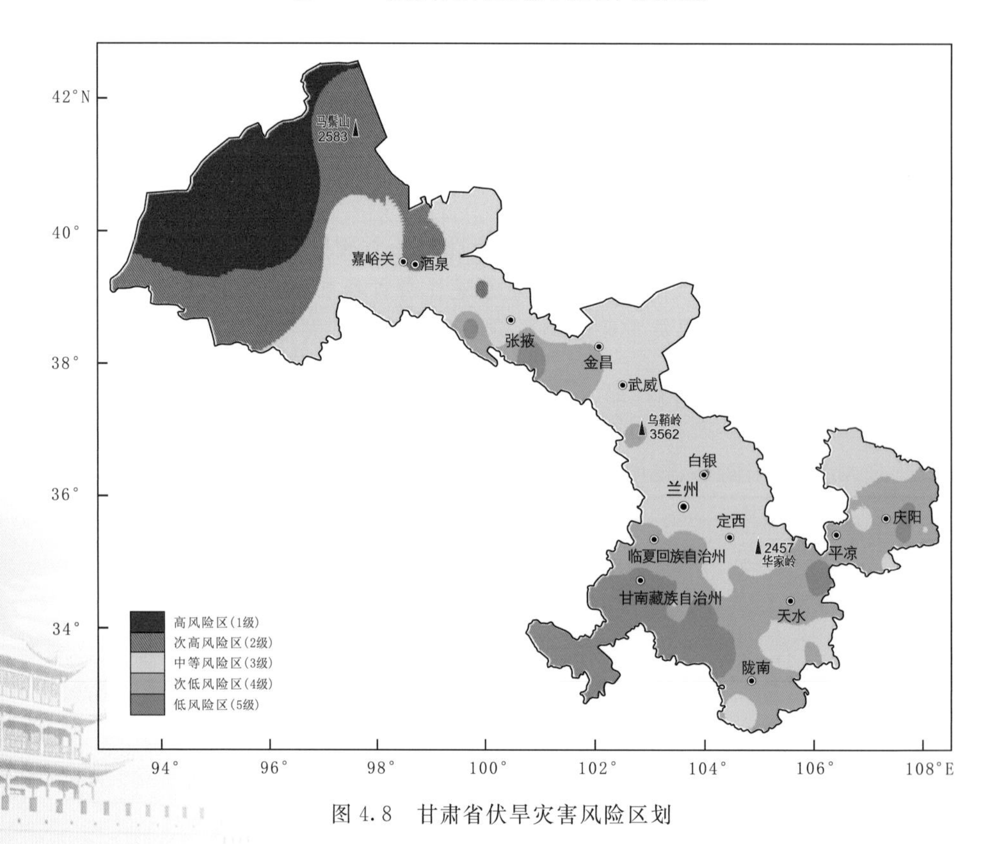

图 4.8　甘肃省伏旱灾害风险区划

4.1.5.2 大气环流

干旱灾害发生的直接原因,是大气环流异常或大气环流季节变化发生异常。从干旱发生环流特征看,造成春末初夏旱的环流形势,主要是亚洲中高纬度上空为"1槽1脊"。中纬度朝鲜半岛到渤海湾的槽偏深,中亚到新疆脊偏强,甘肃省在高压脊控制之下,缺少暖湿气流,又无冷空气影响,不利于降水,致使干旱发生。盛夏副热带高压脊线偏北(30°N)而且稳定少动,暖空气势力过强,冷空气势力弱,甘肃河东地区在副热带高压控制之下,是导致伏旱的直接原因。

研究表明:甘肃省降水的水汽,主要来自中南半岛的西南季风,但多数情况西南季风不能稳定到达甘肃中西部,而以偏西、偏北气流为主。另外,在10月至翌年6月,亚洲东海岸维持着准定常的东亚大槽,槽后的西北气流盛行下沉运动,甘肃省就在这个气流下沉区域中,构成了冬季和春季少雨的大气环流背景。除个别年份春季雨量偏多外,最常见的是春旱少雨。因此,从这个意义说,春旱是甘肃省正常的气候现象。农业生产只有充分考虑这个气候特点,才可能有备无患。

4.1.5.3 青藏高原

研究表明:青藏高原大地形的存在是甘肃干旱气候形成的机制之一。夏季,在热力作用下,青藏高原上空为上升运动,与之相联系的是在高原外围有补偿的下沉气流,正是这种下沉气流造成了青藏高原外围的少雨带(徐国昌,1983)。

甘肃省地处青藏高原的东北侧,正好位于气流下沉区,加上西风气流经高原时机械绕流的动力作用,在甘肃中部底层流场出现辐散,加强了气流的下沉运动。显而易见,青藏高原大地形在动力、热力、侧边界条件、下垫面摩擦及绕流等方面对大气运动产生影响,从而在甘肃干旱气候形成上扮演了重要角色。

4.1.5.4 植被覆盖度

在干燥地区与湿润地区,裸露地表与有植被覆盖的地表,其太阳辐射平衡各分量的分配状况和变化特征不同。植被覆盖度对干旱气候的影响是通过影响下垫面的反射率、改变地面粗糙度系统和土壤湿度而显现出来。数值实验结果表明:有植被覆盖的条件下,进入大气的水汽总量显著增加;植被覆盖引入模式后,大气大尺度上升运动增强,小尺度的对流活动在大多数的场合也增强了。

在模拟青藏高原东北侧甘肃河东地区大范围无植被覆盖的条件下,该区域出现严重干旱的态势,当大范围植被覆盖引入后,降水量将显著增加,干旱化程度会得到缓和。旱象的出现不仅取决于降水量的多少,还取决于持续无降水日数的长短。植被引入模式后,持续无降水日数平均要缩短7天。

当然,植被覆盖度的改变对区域气候影响,是一个涉及多学科的复杂问题,目前远远没有解决。虽然关于植被覆盖度影响甘肃省干旱气候的具体物理过程,以及客观的影响程度有多大,目前还不清楚,但是,比较一致的意见是,大范围植被覆盖度的变化对区域性干旱气候是有一定影响力的。

4.1.6 干旱危害

甘肃省降水少、变率大、气候干燥、水资源贫乏且分布不均,自然条件严酷,构成了"十年九旱"基本省情。历史上发生每次大旱都给农业生产造成严重危害,给人民带来深重灾难(中国气象灾害大典:甘肃卷,2005)。

4.1.6.1 1640—1641 年连续特大旱

1640—1641 年(明崇祯十三年至十四年)全省空前大旱。自春至秋滴雨未落,夏禾尽枯、秋禾未播、颗粒无收,民大饥、人相食,情景十分悲惨。兰州、榆中饿死数万,临夏城池门外,掘大坑七八处,深三四丈,每日车拉尸骨无数。天水、庆阳、平凉等地饥者大半,十室九空,城外积尸如山,有父子夫妇相食者。河西、陇南地区亦大饥,人相食。明代旱灾发展到了顶点,造成了极端严重损失和灾难,这次旱灾影响,加速了明王朝灭亡。

4.1.6.2 1928—1929 年连续特大旱

1928 年(民国十七年)全省平均雨量只有 81.4 mm,比多年平均雨量减少 70%以上,出现连续 6 季 18 个月降水负距平,农作物关键需水期 4—6 月几乎无雨。江河径流降到最枯程度,黄河水量锐减,洮河干枯,泾、渭河断流,嘉陵江及内陆河水量大幅减少。全省自产径流量降到 107 亿 m^3,比多年平均减少 192 亿 m^3,相对幅度降低 64%,出现了极其严重的灾情。受灾范围波及全省,农业遭受毁灭性破坏,夏禾枯死,秋田不能播种,绝大部分地区粮食绝收,当年灾民达到 258 万人。

1929 年(民国十八年)又出现了特大干旱,这次以黄河流域为中心的大范围长时期旱灾,受灾最重的甘肃省,县县报灾。入春后,树皮、草根食之殆尽,饥民号寒、哀鸿遍野、积尸梗道、人相食。人民十室九空,妻离子散,倾家荡产,悲惨之象目不忍睹。年底灾民人口达 457 万人,占全省总人数 83%。特重灾民 250 万人以上,死亡 230 万人,占全省总人数 41.8%。

4.1.6.3 1994—1995 年严重秋、春、夏连续大旱

1994 年,全省出现伏旱及伏秋连旱。7 月中旬以来,全省各地降水普遍偏少,河东大部分地区偏少 6 成至 1 倍。9 月降水量进一步偏少,加之 7—9 月温度普遍偏高,蒸发量大,至 8 月下旬冬麦区 0～50 cm 土壤相对湿度普遍在 50%左右。陇南、庆阳等地部分地方出现 4～7 cm 干土层。严重的伏秋连旱影响了秋作物和经济作物正常生长,部分地方玉米、高粱出现卷叶、枯萎,小秋作物生长缓慢,干旱较重地方蔬菜成片枯死,人畜饮水发生困难。庆阳市重灾乡镇已达 73.6%,县城供水紧张,受旱严重的糜子、荞麦、豆子等有 7800 hm^2,夏种作物禾苗已经枯竭。秦安县约 50%左右冬小麦因干旱无法播种,庆阳市冬小麦计划播种 19.54 万 hm^2,因干旱影响实际播了 13.8 万 hm^2,且已播种出苗好的不足万亩,晚秋作物和经济作物及蔬菜等不能正常生长和成熟。1994 年以来,尤其以天水为中心的连续 7 年干旱,对农业生产和人民生活造成了严重影响。

1995 年,全省出现少有的春旱连春末初夏旱。3—6 月全省降水普遍偏少 3～8 成,陇东及中部降水偏少 5～8 成,其降水量是有气象记录以来的最小值或次小值,陇南也属偏少年份。全省各河流来水量减少 2～9 成,河水锐减,小溪普遍断流。库塘蓄水比历年平均值减少 4900 万 m^3,蓄水严重不足。有近百座小型水库干涸。全省 2.9 万眼机井中有 1.7 万眼水位下降 1～3 m,造成 233.3 万 hm^2 水浇地失灌。全省有 300 多万人,200 多万头牲畜饮水极度困难。中部、陇东有 40 多万人需翻山越岭到 10～40 km 外拉水度日。全省受旱面积达 208.74 万 hm^2,占全省粮播面积 55.3%。其中夏粮受旱面积为 134.14 万 hm^2,占夏粮播种面积 78.2%。粮田失种 15.34 万 hm^2,其中夏粮失种 2.27 万 hm^2,大秋田失种 13.34 万 hm^2。

4.1.6.4 1999—2000年严重春、夏大旱

1999年7月下旬至2000年7月下旬，甘肃省各地降水量偏少，呈现严重春、夏季连旱，重旱区在中部、陇东和天水市。旱段长达80～110 d。本次干旱持续时间之长、范围之广、强度之大、灾情之重，超过了大旱的1995年，为有气象记录以来(近70年)所罕见。

严重的春、夏连旱，给农业生产和人民生活造成较大影响，使得雨养农业区秋作物不能按时下种和出苗，或出苗后枯萎、死亡；一些地方因冬小麦严重死苗而改种，夏粮大面积减产，部分地方近乎绝收。退耕还林受严重干旱影响，旱区的植树成活率较低。全省主要河流来水量减少，河水断流，有些地方井、泉干涸，给人畜饮水带来了严重困难，要到30 km以外的地方去运水。

4.1.6.5 2007年严重春旱连夏初旱、伏旱和秋旱

3月下旬至6月上旬，河东春旱连夏初旱持续时间和严重程度为近60年来少见，陇东旱情近60年罕见，其中陇中东北部、陇东和天水市为严重旱区，7县(区)降水量突破了1951年以来同期最少降水量的极值。全省因春旱连夏初旱共有808.44万人受灾，149.4万人饮水困难，农作物受灾面积为184.45万公顷，死亡大牲畜5693头(只)，直接经济损失8.22亿元、农业经济损失6.94亿元。7月下旬至8月上旬河西中西部伏旱显露，各旬降水量较常年偏少8成以上，庆阳市北部一带伏旱明显。8月中旬测墒显示，0～50 cm土壤相对湿度为36%～43%，全部达到中旱，10、20、40 cm深度已达重旱，土壤干土层达16 cm，伏旱加重，3万公顷大秋作物面临严重干旱威胁。11月全省大部分地方达到大旱或重旱，但由于10月降水量全省比常年偏多，冬小麦区大部地方土壤底墒较好，属于天旱地不旱，对农业的影响不明显。

4.1.7 抗旱减灾对策

干旱始终是甘肃省第一大自然灾害，如何防旱抗旱，减轻旱灾损失，需要认真总结历史经验，研究新形势下防旱抗旱的措施及对策(李栋梁，2000a；邓振镛，2009a)。

4.1.7.1 建立干旱预报服务制度、完善抗旱指挥系统

加强预测预报业务现代化建设，不断提高干旱预报预警水平，准确分析旱情发展趋势，为政府领导决策提供可靠依据，变被动抗旱为主动防旱。干旱监测和预报要及时汇报、汇报要制度化、规范化，必须建立健全旬、月、季、年报告制度，并根据需要增加必要的日报和不定时的动态报告和报表。

抗旱指挥系统工程是全国防汛指挥系统工程建设的同步工程，它包括旱情信息采集、通信、计算机网络，决策支持4个部分组成。抗旱指挥系统采用最现代科技通信手段尽快地将各地旱情收集起来，通过建立计算机数据库，及时分析旱情发展趋势，采用人机交互手段做出正确抗旱决策措施，并及时地下达到所辖各地。

4.1.7.2 大兴水利建设

水利是国民经济的基础设施。要增强抗旱能力，提高抗旱效益，最重要的一条就是大兴水利。只有大力发展水利事业，才能保证工农业生产和国民经济健康、稳定、快速发展。

加强水利骨干工程建设，这是抗旱主力军。近期完成的引大入秦工程、盐环引黄工程、东乡南阳渠引水工程等，正在建设的疏勒河流域综合开发工程和引洮工程。这些工程全部建成

后，将增加13万～20万 hm^2 水浇地。

切实搞好小型水利工程建设。主要指小机井、小塘坝等五小工程，以及雨水集流工程。这些工程投资小，见效快，便于管理，适宜于干旱山区，如1997年仅雨水集蓄工程，就灌溉农作物超过5万多 hm^2，相当于两个大型灌区。

4.1.7.3 大力发展灌溉农业

灌溉是抗旱最主要措施。有了水利工程只能说是为了灌溉农业奠定了良好基础，要达到预期抗旱增产效益，还须努力做好以下工作。

要加强水利工程管理，多蓄水。必须开展水库优化调度，在保证水库安全度汛情况下，尽量多蓄水。

大力发展节水农业，提高水利用率，有计划地扩大灌溉面积。除抓好常规节水，改大水漫灌为小畦灌溉外，还要有计划地扩大管道灌溉、喷灌、滴灌、渗灌，搞好科学灌溉，以及水资源统一管理和统一调度工作。

4.1.7.4 积极推广旱作农业抗旱技术

(1)搞好“三田”建设

大修水平梯田。改山坡地为水平梯田，造坝淤沟平地、改良砂田，可保水保土保肥。遏制水土流失，变山区为塬台地，增加高效农田，是山旱地稳产高产的一项有效措施。

(2)实施集雨节灌农业

甘肃省委、省政府倡导“121”集雨节灌工程，在半干旱半湿润地区利用田间坡面、路面等集蓄雨水，每户确保1个面积为100～200 m^2 的雨水集流场，配套修建2个蓄水窖，富集雨水50～100 m^3，在解决人畜饮水困难的同时，发展666.7 m^2(1亩地)节灌面积的庭院经济或保收田。甘肃省从1997年开始实施这一工程，效果非常明显。

(3)大力推广覆膜节灌技术

覆膜种植再配合点浇点灌，效果更加明显。目前全省大力推广全膜双垄沟播技术、农田膜下滴灌技术、垄膜沟灌技术等，有增温保墒节水的作用，增产在20％～50％，效果非常突出，深受农民朋友的欢迎。

(4)开展传统抗旱技术

传统抗旱技术主要是精耕细作，培养地力。将优耕、中耕、多施农家肥、除草、耙耱镇压、间作套种、带状种植、倒茬轮作、白地轮歇、深翻土地等措施与改良品种，调整作物种植比例有机的结合起来。

4.1.7.5 调整农业生产结构

(1)调整产业结构

全面优化农业生产结构，有步骤地发展畜牧业和各类农产品加工业，加大转化增值规模；有计划，分步骤地退耕还林、还草、还湖，恢复生态良性循环；加快农村小城镇建设进程，发展乡镇企业，降低农村农业人口比重；积极组织农村富余劳力劳务输出，增加农民经济收入，对一些不宜居住的乡镇应组织迁移，尽快脱贫致富。

(2)调整农业种植结构

逐步提高经济作物种植比例，降低粮食作物比重。尤其减少需水多的作物种植，扩大种植耐水耐肥节水作物和品种。将各类作物需水量的时间错开，避谷就峰。形成用水、需水经济发展的良性循环。

4.1.7.6 实施生态建设工程

(1)实施天然林资源保护

要坚定不移地实施天然林资源保护工程,落实国家对天然林禁伐地区、停伐企业和被关闭的小型木材加工企业的各项扶持政策。

(2)实施封山育林、退耕还林工程建设

加大封山育林、飞播造林、人工造林力度,加快荒山绿化。有计划分步骤地退耕还林、还草、种树、种草。对荒漠、戈壁、石山有计划地逐步进行治理,推进防沙治沙和防护林体系建设,控制土地荒漠化扩大趋势。尽力扩大绿色覆盖面积,从根本增强抗御水旱灾害的能力。

(3)实施人工增雨(雪)

人工增雨是充分利用有利天气形势,使用飞机或高炮进行增雨活动,可增加降雨量,对大面积抗旱较为有效(丁瑞津,2007)。2010 年以来气象部门在祁连山实施人工增雨(雪),取得了明显效果,使石羊河流域重点生态治理工程达标。

4.2 暴雨

4.2.1 暴雨日数

4.2.1.1 年暴雨日数

从图 4.9 可知,甘肃省年暴雨(≥50 mm)日数与我国东部及南方地区相比明显偏少。

全省暴雨主要出现在河东地区,年暴雨日数分布趋势大致自西北向东南逐渐增加,山区多于平地、南部和东部山区多于中部和西部山区,迎风面多于背风面。

暴雨主要出现在河东地区,共计有 48 县(区)出现暴雨。1981—2010 年各地暴雨总日数变化范围在 3～39 d。陇中、陇南北部和甘南高原少数地方为 3～19 d,暴雨较少;陇东为 12～27 d,是暴雨较多地方;陇南北部为 24～39 d,是全省暴雨最多地方(表 4.4)。

4.2.1.2 大暴雨空间分布

日降雨量≥100 mm 的大暴雨,主要分布在临夏、兰州市的永登、平凉市、庆阳市、天水市的麦积和陇南市的部分县(区),日降水量在 100～194 mm,其中崇信、西峰、康县、徽县等地出现过 2 次大暴雨。

1981—1989 年有 6 个县的局部地方出现大暴雨,为 101～131 mm;1990—1999 年有 8 个县的局部地方出现 101～167 mm 大暴雨;2000—2009 年有 11 个县的局部地方出现 101～162 mm大暴雨;2010 年有 4 个县的局部地方出现 135～184 mm 大暴雨,大暴雨范围和强度有明显扩大和增加趋势(表 4.5)。

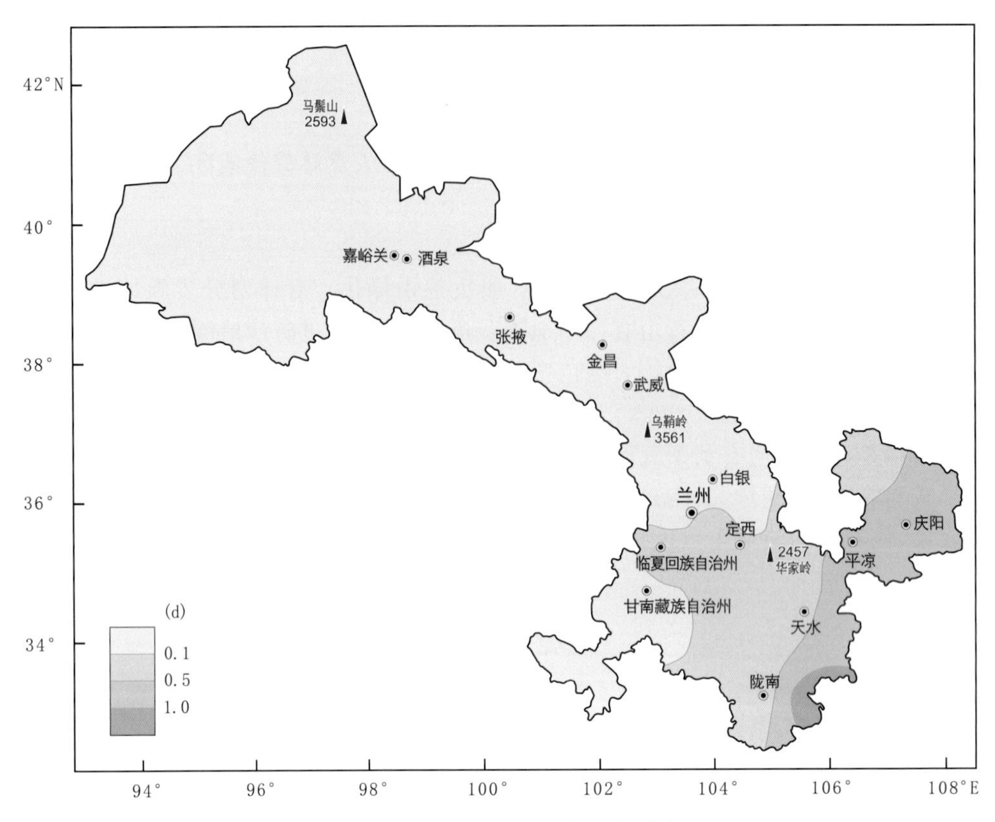

图 4.9 甘肃省年暴雨日数空间分布

表 4.4 甘肃省各地代表站年、月暴雨总日数(1981—2010 年)(单位:d)

站名	4月	5月	6月	7月	8月	9月	年	站名	4月	5月	6月	7月	8月	9月	年
永登	0	0	0	3	0	0	3	崇信	0	3	3	12	6	0	24
兰州	0	0	0	3	0	0	3	华池	0	0	0	3	9	0	12
东乡	0	0	0	3	3	0	6	合水	0	0	0	12	6	0	18
广河	0	0	0	3	0	0	3	正宁	0	0	3	12	12	0	27
榆中	0	0	3	3	0	0	6	宁县	0	0	0	6	9	0	15
临夏	0	0	0	3	6	0	9	玛曲	0	0	0	3	0	0	3
和政	0	0	0	3	6	0	9	漳县	0	0	0	3	0	0	3
康乐	0	0	0	3	3	0	6	岷县	0	0	0	3	3	0	6
会宁	0	0	0	1	3	0	4	宕昌	0	0	3	3	0	0	6
安定	0	0	0	0	3	0	3	武都	0	0	0	3	3	0	6
华家岭	0	0	0	3	3	0	6	文县	0	0	0	3	3	0	6
渭源	0	0	3	3	3	0	9	甘谷	0	0	3	3	0	0	6
环县	0	0	3	6	6	0	15	秦安	0	0	0	3	3	0	6
庆城	0	0	3	6	6	0	15	武山	0	0	0	0	3	0	3
静宁	0	0	0	3	3	0	6	天水	0	0	3	6	3	0	12
通渭	0	0	0	3	3	0	6	礼县	0	0	0	6	3	0	9

续表

站名	4月	5月	6月	7月	8月	9月	年	站名	4月	5月	6月	7月	8月	9月	年
崆峒	0	0	3	9	6	0	18	西和	0	0	3	3	3	0	9
庄浪	0	0	3	6	6	0	15	清水	0	0	0	9	6	3	18
庆阳	0	0	0	12	6	3	21	张家川	0	0	0	6	3	0	9
灵台	0	0	0	9	8	3	20	麦积	0	0	0	6	3	3	12
镇原	0	0	0	9	6	0	15	成县	0	0	3	9	9	3	24
泾川	2	2	2	11	8	3	28	康县	0	3	3	15	12	6	39
华亭	0	3	3	9	6	0	21	徽县	0	0	3	15	9	3	30
崇信	0	3	3	12	6	0	24	两当	0	0	3	9	9	3	24

注:因为数据四舍五入的原因,年值与各月值的和不同。

表 4.5　甘肃省各地代表站≥100 mm 日最大降水量(单位:mm)

站名	日最大降水量	日　期	站名	日最大降水量	日　期
镇原	105.1	1981年8月15日	徽县	105.2	2000年8月17日
两当	122.3	1981年8月21日	漳县	112.1	2003年7月22日
徽县	126.8	1983年9月6日	合水	105.4	2003年8月26日
泾川	104.7	1984年7月24日	庆城	159.2	2003年8月26日
礼县	101.3	1984年7月25日	康乐	137.7	2005年7月1日
华池	130.9	1988年8月8日	西峰	115.9	2006年7月2日
麦积	110.5	1990年8月11日	华亭	107.2	2006年8月14日
西峰	115.6	1992年8月9日	和政	109.0	2007年8月26日
宁县	100.7	1992年8月12日	成县	126.3	2008年7月21日
永登	108.0	1993年7月20日	康县	162.0	2009年7月17日
镇原	104.6	1996年7月27日	泾川	184.2	2010年7月23日
合水	101.4	1996年7月26日	华亭	163.5	2010年7月23日
崆峒	166.9	1996年7月27日	灵台	156.1	2010年7月23日
康县	147.6	1998年8月20日	崇信	134.8	2010年7月23日
崇信	107.1	2000年8月17日			

4.2.1.3　暴雨年变化

甘肃省各地暴雨总日数年变化基本上呈双峰型或单峰型,各地暴雨出现在4—9月。即5月以后迅速增多,峰值大多数地方出现在7月,少数地方出现在8月,8月以后迅速减少(图4.10)。

1981—2010年,甘肃省暴雨最早出现在2003年4月1日(庆阳市);最晚结束于2002年10月18日(天水市武山县)。日降水量最大的站是泾川县,为184.2 mm(2010年7月23日),日降水量最小的站是宁县,为100.7 mm(1992年8月12日)。

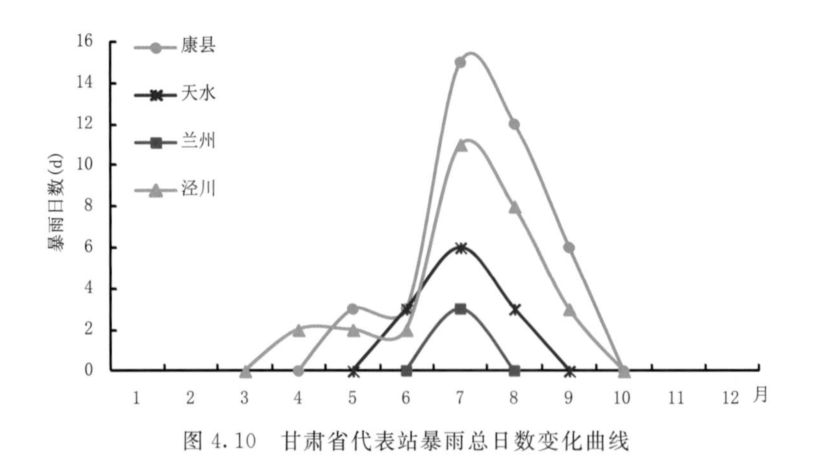

图 4.10　甘肃省代表站暴雨总日数变化曲线

4.2.2　暴雨灾害风险区划

甘肃省暴雨灾害风险大致呈从东南向西北递减的形势。高风险区域分布在陇南、天水、平凉、庆阳 4 市及甘南、临夏、定西交界地区。以兰州、白银为代表的中部地区由于经济条件相对较好,抗风险能力较强,为中等风险区。低风险区和次低风险区主要分布在甘肃省河西走廊一带(图 4.11)

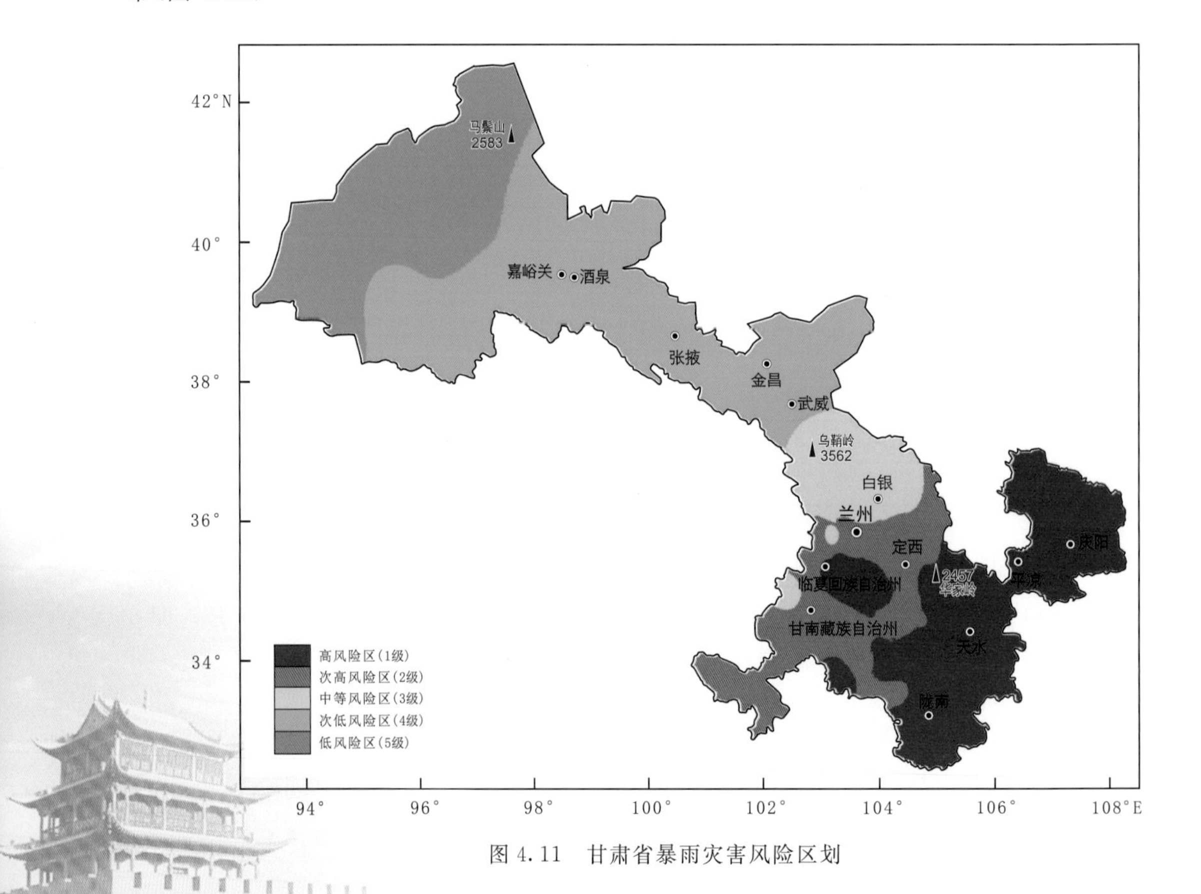

图 4.11　甘肃省暴雨灾害风险区划

4.2.3 暴雨成因

暴雨形成是不同尺度天气系统相互作用的结果。采用聚类分析法，对甘肃省2000—2010年17次区域性暴雨天气过程分析表明，出现次数最多为副高西北侧西南气流型（9次），其次为低涡型出现2次，东高西低型出现1次，其他局地突发性暴雨出现5次（刘新伟，2013）。

4.2.3.1 副高西北侧西南气流型

副高西北侧西南气流型暴雨，是甘肃省出现最多的一种暴雨类型。其主要影响系统：在500 hPa天气图上，副热带高压西脊点到达112°E，脊线达27°～30°N，西风槽或高原槽位于90°N以东；700 hPa存在明显的切变线或低涡；地面存在冷锋或辐合线。

主要环流特征：500 hPa副高西脊点为112°E，副高西北侧是一支宽广的西南气流，携带暖湿气流从高原东部一直到达西北地区东部（张廷龙，2009）。西风槽或高原低槽移到90°E以东，低槽在东移过程中，与西南暖湿气流交绥，造成西北地区东部区域性暴雨天气。700 hPa也有一支西南气流，沿副高西北侧向西北区东部输送暖湿气流。甘肃省河东地区有明显的切变线或低涡形成，暴雨产生在切变线附近。地面图上有冷锋、切变线或倒槽缓慢东移，而影响河东。此时，河东，尤其陇东南出现区域性暴雨。暴雨区多位于500 hPa副高西北侧与高原槽之间的西南气流（584～588 dagpm线之间）与700 hPa切变线附近。陈添宇等（2009）在分析2005年6月底至7月初，西北地区东部1次副高西北侧西南气流型暴雨过程后得出：这次暴雨是α和β中尺度对流云团引发的强对流性降水。区域性暴雨出现在冷锋云带与对流云团叠加区，这里降水效率高。强雨区大多位于对流云团西北或东北部与冷锋云带结合处。

4.2.3.2 低涡型

由于强烈的动力和热力作用，青藏高原是北半球同纬度地区气压系统出现的最频繁地区。造成灾害性天气的高原低值系统主要有：高原500 hPa低涡（简称高原低涡）、西南涡、高原切变线和高原低槽等。高原低涡是夏半年发生在高原主体上的一种α中尺度低压涡旋，垂直厚度一般在400 hPa以下，平均水平尺度400～500 km，多数为暖性结构（尤其是初期），生命史1～3 d。通过涡度收支等物理量计算表明（屠妮妮 等，2010），垂直输送项和水平辐合、辐散项对高原低涡发展增强都起主要作用，在低涡不同发展阶段，二者贡献各有不同；在低涡消亡阶段，水平平流项贡献增大。低涡型暴雨出现次数较少。其主要影响系统是500 hPa和700 hPa天气图上，在西北区东部有一个深厚的低涡，地面存在明显切变线。主要环流特征为：西北区东部500 hPa有一个深厚低涡，闭合线为5840 gpm，且低涡维持较长时间，风场上也是强烈辐合；对应700 hPa天气图上，在河东也是一个低涡。暴雨区出现在500 hPa低涡靠近西南风和东南风的辐合区域。

4.2.3.3 东高西低型

东高西低型暴雨出现次数较少。其主要影响系统分布特征是：500 hPa低槽位于90°E附近，脊线位于115°E附近，西北区东部位于槽前脊后的西南气流中；700 hPa在河东有一个低涡；地面对应有切变线东移。这类暴雨产生在700 hPa风场辐合区，靠近西南风和东南风的区域。与副高西北侧西南气流型暴雨不同，甘肃省中部的暴雨往往是在这种环流形势下产生。

4.2.4 暴洪危害

暴洪灾害是甘肃省主要自然灾害之一，分别为由暴雨引发的山洪、滑坡、泥石流次生灾害，冰凌洪水、融雪或雨雪混合型洪水等灾害(陈乾，1983)。70%水灾发生在7、8月，以7月下旬出现频次最高。甘肃省地处西北干旱、半干旱地区，水灾发生的频率、范围、灾害损失程度不如我国东部和南部。但是，由于地处黄土高原，地面植被差、地形陡峭、沟壑纵横、防洪基础设施薄弱，小范围暴雨洪水具有发生频率高、强度大、时间集中、灾害严重、防御难等特点。

4.2.4.1 1904年严重洪水灾害

1904年(清光绪三十年)7月，青藏高原东侧青海东部、甘肃南部、四川西北部等地区，即黄河上游、渭河上游、嘉陵江支流西汉水和白龙江、大渡河及其支流青衣江、雅砻江上游等河流，发生了一场近百年来罕见大雨，形成了严重洪水灾害。1904年黄河上游自贵德以上黄河干流洪水，以及兰州及其附近大夏河、洮河的洪水汇合，造成了严重的洪水灾害。据青铜峡硖口涨水记录，为1811年以来最大洪水。

据记载，受上游洪水影响，兰州一带洪水泛滥横流，十八家滩及什川、条城、靖远等地房屋庐舍尽被冲没，水涌没东稍门城墙者丈余，城门以砂囊壅之，近郊田园屋宇冲塌无数。登陴遥望，几为泽国，灾黎近万余，城郊洪涛浩瀚，尽没东十八家滩，南浸教场，直赴风云雷雨坛；登东城窥望，淼淼烟波，如临江湖，三日后水始渐退，灾情之重，盖兰州从来所未有也。还记有皋兰县河滩村庄二十余处概被冲没。据调查统计，兰州受淹面积达1497 hm^2，受灾人口约27900人，被毁房屋17400余间。

4.2.4.2 1964年严重暴洪灾害

1964年，全省大雨、暴雨次数多、强度大、范围广。7月15—16日，陇东地区降大雨或暴雨，平凉1 h降水51.5 mm，城郊被淹。7月21日，陇东、天水、陇南等地17个县(市)降大雨或暴雨，其中成县、康县等地在11～14 h内降水130 mm以上，引起山洪，河水暴涨。成县东河、西河出现罕见的特大流量，泥阳河决口，农田被冲，村庄被淹。

大到暴雨天气造成兰州黄河水位猛涨，流量由常年汛期的3650 m^3/s增加到5730 m^3/s，最高水位达1 516.57 m，是60年来少有。西固区马耳山一带发生山洪，冲塌了一座小山头，泥流漫溢，填阻排洪沟，造成严重损失。

4.2.4.3 1981年暴洪灾害

1981年8月，除中部地区外，全省大部分地方降水明显偏多，有7个县月降水量超过历年极大值。部分地方连降大、暴雨，造成严重洪涝灾害。宝成铁路塌方，陇海线天宝段多处被冲垮，火车停运达1月之久。部分房屋倒塌，有674户人无家可归，死亡9人、牲畜242头。部分公路、输电线路和水利设施中断。

1981年9月，黄河上游发生了一场长时间、大范围持续降雨，是有观测记录以来最大的一场降雨。8月30日至9月13日，又连续降雨15天，雨量集中在8月30日至9月5日，降雨量达100～150 mm。黄河上游出现洪水范围之广，降雨历时之长，累积雨量之大，是同期观测记录中所未有的。该年洪水发生期间，正在施工的龙羊峡水库入库(指围堰)流量，由9月5日的910 m^3/s，迅速上升到12日的5000 m^3/s，一直持续到18日。13日20时最大洪峰流量达5570 m^3/s。龙羊峡围堰到9月18日蓄水达9.75亿 m^3，洪峰和洪量均超过了龙羊峡围堰的设计防洪标准，险情严重。兰州的河滩地和沿黄10个县、30个乡、近20万人口遭受较大损失。淹没农田0.7万 hm^2，冲毁房屋4000间，1.4万户中的7.4万人被迫搬迁，冲毁河堤34 km，水利设施200多处，造成经济损失2200多万元。

4.2.4.4　1987年暴洪灾害

1987年6月10—12日，金昌市发生特大暴雨洪水灾害，暴雨历时之长，总雨量和洪水总量之大是历史罕见的。该洪水主要由石羊河水系龙首山以北积沟道暴雨所致，洪水于6月10日20时起涨，6月11日01时前后到达峰顶，洪峰流量600 m^3/s，主峰过程约16 h。据调查，石羊河6条支流洪峰流量在74～173 m^3/s，洪水总量约3490万 m^3，金川河下泄流量为101 m^3/s，洪水总量260万 m^3，盆地自产径流1200万 m^3，合计洪水总量4700万 m^3。洪水淹没耕地和村庄，群众被围困达10天之久。受灾5017户，受灾人口近3万人，死亡13人，总计直接经济损失约1亿元(当年价值)。

4.2.5　暴雨防御对策

(1)准确预测暴雨、正确利用气象情报

暴雨是在一定的天气形势下发展起来的，有一定的规律可循。要做好暴雨预测预防工作。首先，应加强暴雨天气的监测预报，报准暴雨发生时段、地点，提高预报准确率；其次，各地应根据天气预报预警，做好暴雨防灾减灾工作，最大限度减少或避免损失。

在建设铁路、公路、桥梁、排水管道及其他工程项目时，应利用气候历史资料对当地的暴雨情况进行认真分析，以便在工程项目设计时有所考虑，防患于未然。

(2)种草植树、扩大植被覆盖度

实践证明，营造森林、绿化荒山是防止水土流失，减轻暴雨灾害的有效方法之一。森林和植被能减弱暴雨的冲刷力，提高土壤的吸水渗透性和含蓄大量渗透水，还可以固定泥土，防止暴雨把土壤及表面沃土冲走，减轻暴雨危害。

(3)加强水土保持、兴修蓄水工程

平整农田，蓄积降水，使降水不流出农田；在山区兴修水平梯田、修筑鱼鳞坑，接纳雨水，减少山洪；筑堤、建坝，兴修蓄水工程，拦蓄山水，用于农、林、牧灌溉，水产养殖、发电等，变害为利；在公路、铁路、通信线路、房屋建筑等易受洪水危害的地方，修建防洪、排洪沟等疏导工程；在干季要清理河道、建筑或加固河堤，防御洪水危害。

4.3　冰雹

冰雹是指直径>5 mm的圆球形或圆锥形，一些小如绿豆、黄豆，大似栗子、鸡蛋的冰粒，是固体降水的一种。冰雹是甘肃夏季常见的气象灾害之一，也是我国冰雹最多的地区之一。冰雹降自强对流单体的特定部位，范围仅几千米至几十千米，具有明显的局地性和分散性。甘肃省地处青藏高原、植被稀少，地面裸露，加上山高谷深，地形复杂，气温差异大，局部地区容易形成强烈上升气流，因此，容易形成冰雹。

4.3.1 冰雹日数

4.3.1.1 冰雹日数分布

由图4.12和表4.6看出，各地冰雹日数的分布与海拔高度、地理环境、气候等有着密切的关系。海拔高的地区多于海拔低的地区，随着海拔高度增高而增多；高原、山区多于平川区；气候冷湿地区多于气候温暖、干燥地区。

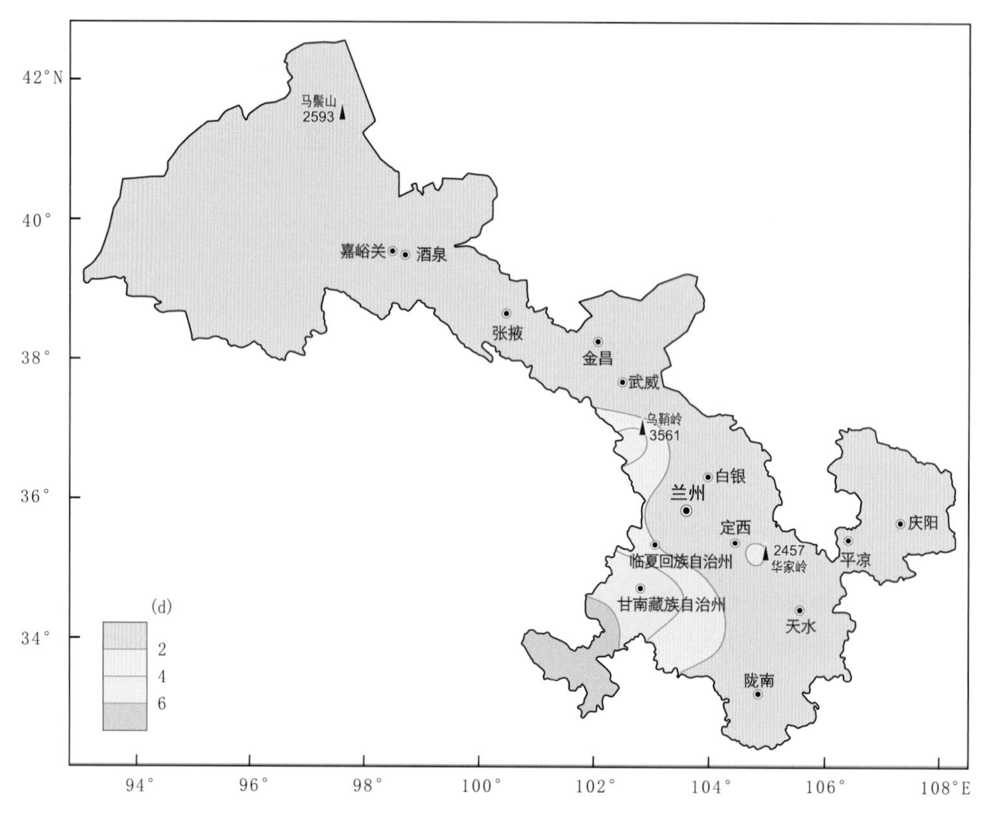

图4.12 甘肃省年冰雹日数空间分布

表4.6 甘肃省各地代表站各月、年冰雹日数(单位:d)

站名	4月	5月	6月	7月	8月	9月	10月	全年
马鬃山	0.1	0	0.1	0.1	0.1	0.1	0	0.5
敦煌	0	0	0	0.1	0	0	0	0.1
肃北	0	0.3	0.1	0.1	0.1	0	0	0.6
酒泉	0	0	0	0	0.1	0	0	0.1
张掖	0	0	0	0	0	0	0	0.1
肃南	0	0.2	0.2	0.1	0.2	0.1	0	0.8
民勤	0	0	0	0	0	0	0	0.0
武威	0	0	0	0	0.1	0	0	0.1
乌鞘岭	0	0.3	0.8	0.6	1.2	0.5	0	3.4
兰州	0	0.1	0.1	0.1	0.2	0.1	0	0.6

续表

站名	4月	5月	6月	7月	8月	9月	10月	全年
白银	0	0.1	0.1	0.2	0.1	0.2	0.1	0.9
安定	0.1	0.4	0.4	0.2	0.1	0.1	0	1.3
岷县	0.4	0.5	0.5	0.3	0.4	0.6	0.2	2.9
临夏	0.1	0.2	0.2	0.1	0.2	0.2	0	1.0
玛曲	0.1	1.4	1.3	1.1	0.9	0.8	0.4	6.0
合作	0.4	0.9	1.1	1.1	1	0.7	0.1	5.3
天水	0.1	0.1	0.2	0.1	0	0.1	0	0.6
环县	0.3	0.2	0.3	0.3	0.1	0.1	0	1.3
西峰	0.1	0.1	0.2	0.1	0.1	0.1	0	0.7
正宁	0	0.2	0.3	0.3	0.2	0.1	0	1.1
崆峒	0.2	0.3	0.2	0.1	0.2	0.2	0.1	1.3
康县	0	0.1	0.1	0	0	0	0	0.2
武都	0.1	0.2	0.1	0	0.1	0.1	0	0.6
文县	0	0.1	0.1	0	0	0	0	0.2

甘肃省冰雹日数总体呈东北—西南走向，西北少、西南多，高原和山区多，河谷、盆地和沙漠少。甘南高原和祁连山区东段是冰雹最多地区，年平均冰雹日数3～6 d，其中玛曲年平均冰雹日数最多（刘德祥，2004），为6 d，这个多雹区是西藏高原中部多冰雹区向东延伸的部分，是全国第二个多雹区。临夏州、定西市及陇东六盘山区是甘肃省第二个多冰雹地区，年平均冰雹日数1～3 d。河西走廊、陇中北部、陇东大部和陇南冰雹最少，年平均冰雹日数不到1 d。

4.3.1.2　地形对冰雹影响

（1）海拔高度对冰雹影响

冰雹空间分布受海拔高度影响十分明显，多雹区都在高原和高山。在同一纬度带上，年平均冰雹日数随海拔高度升高而增多。如景泰地处河西走廊东段平坦地带，海拔高度最低，年雹日仅为0.5 d；乌鞘岭位于祁连山东段，海拔较高，年冰雹日数比同纬度的景泰明显增多（表4.7）。

表4.7　甘肃省各地代表站同纬度年平均冰雹日数与海拔高度的关系

站名	纬度(°N)	经度(°E)	海拔高度(m)	年冰雹日数(d)
乌鞘岭	37.20	120.87	3045.1	3.4
景泰	37.18	104.05	1630.9	0.5
华家岭	35.38	105.00	2450.6	2.4
通渭	35.22	105.23	1768.2	1.0
玛曲	34.00	105.23	3471.4	6.0
迭部	34.07	103.22	2374.2	1.8
岷县	34.43	104.02	2315.0	3.0
漳县	34.85	104.45	1883.3	1.0

在地势高、地形复杂的山区，一次冷空气过后，残余的冷空气堆积在山谷，形成高压区，山脊或向阳山坡白天由于加热快，形成相对低压区，于是就引起山谷风，气流向上辐合，容易发生对流，在水汽比较充足的条件下形成冰雹，故山区常在冷锋后降雹。世界上主要多雹区均与高

大山脉的影响有关。我国的青藏高原、天山、祁连山、六盘山、贺兰山、五台山、大小兴安岭、长白山等多雹区均为海拔较高、地形复杂的山区。

(2)山脉不同坡向对冰雹影响

冰雹分布不但与海拔高度有关，还与山脉走向及不同坡向有关。多雹中心一般位于东西走向山脉的南坡，南北走向山脉的东坡。新疆的天山、甘肃与青海交界的祁连山，其南坡的冰雹日数比北坡多。而秦岭西段北坡比南坡多，东段南坡比北坡多，由于秦岭西段北坡是西北气流的迎风坡，山脉对气流的抬升作用容易造成降雹；秦岭的东段南坡是东南气流的迎风坡，因而南坡多于北坡。由北向南走向的六盘山，西坡的冰雹日数比东坡多。有些山脉受背风坡的影响，在山区生成的降雹系统随高空风向东移，故山脉的东坡降雹频数往往较西坡大。如甘肃陇东的子午岭(西坡的高庄为 0.8 d，东坡的太白为 1.9 d)(刘全根，1982)、通渭县的华家岭南段(西坡的渭阳为 2.2 d，东坡的什川为 5.9 d)和六盘山南段(西坡的清水为 0.7 d，东坡的华亭为 1.2 d)，东坡的冰雹日数均比西坡多(表 4.8)。

表 4.8　山脉不同坡向的平均冰雹日数分布(单位:d)

天山	北坡	站名	阿拉山口	精河	乌鲁木齐	七角井	伊吾
		日数	0.4	0.2	0.3	0.1	1.9
	南坡	站名	喀什	阿合奇	库车	铁干里壳	哈密
		日数	0.6	3.6	1.3	0.4	0.2
祁连山	北坡	站名	肃北	肃南	民乐	古浪	乌鞘岭
		日数	0.6	0.9	0.3	0.2	6.5
	南坡	站名	冷湖	托勒	野牛沟	祁连	门源
		日数	0.9	4.8	9.4	6.0	7.8
六盘山	东坡	站名	镇原	崆峒	崇信	泾川	华亭
		日数	0.8	1.2	0.7	0.5	1.2
	西坡	站名	静宁	庄浪	张家川	秦安	清水
		日数	1.0	1.1	1.1	0.5	0.7
秦岭	北坡	站名	武山	甘谷	天水	长安	周至
		日数	0.5	0.6	0.5	0.1	0.1
	南坡	站名	宕昌	礼县	成县	佛坪	镇安
		日数	1.8	0.7	0.2	0.9	1.0

另外，在分析西北地区地形对降雹的影响时还发现，向东南开口的喇叭口盆地和谷地，其西北方均有较高的山峰，西边窄而高，东边低而开阔。由于谷地的辐射增温，产生强烈对流，再加上夏季西风气流引导作用，特别有利于降雹系统生成，也是多雹中心，并且降大雹的频率比较大。

据研究，天祝县的毛毛山、通渭县的华家岭和六盘山等山脉的背风坡均有两条顺山脉走向的多雹带和少雹带交替出现。这与越过山脉气流激发出的背风波有关，因此，在波峰处促进对流活动，形成准定常的多雹带。祁连山系的冷龙岭、拉脊山和临夏县的太子山脉北坡自山脊至山麓降雹很少，而在其北侧约 25～30 km 处则有一条多雹带，其成因可能与近地面湿静力温度日变化的非绝热锋生有关。

4.3.2 冰雹年变化和日变化

4.3.2.1 冰雹年变化

由图 4.13 看出，全省降雹时段具有明显年变化，11 月到次年 2 月为无雹时段，3—10 月为多冰雹时段，5—9 月冰雹次数占全年 86.0%。其中 5 月、6 月和 7 月冰雹分别占全年 17.3%、24.0%和 17.2%。

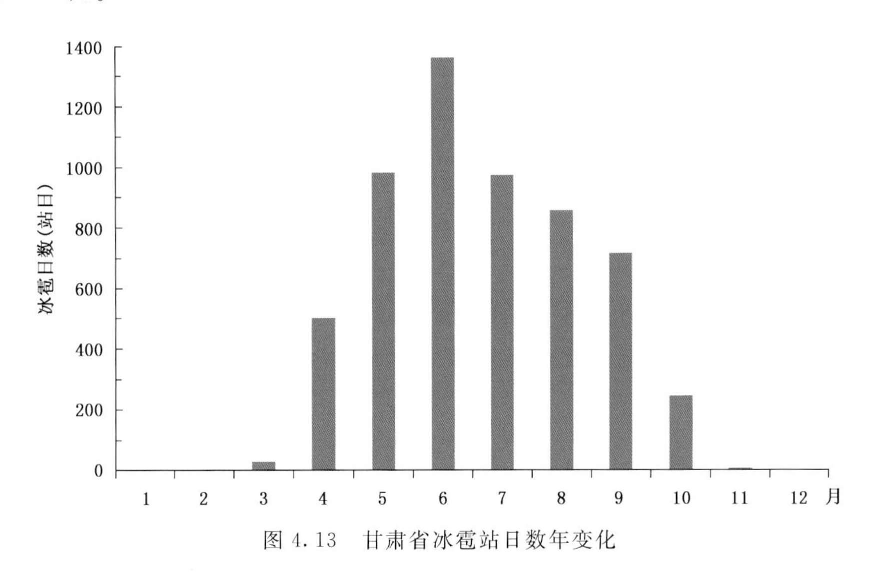

图 4.13 甘肃省冰雹站日数年变化

全省大多数地方 4 月开始降冰雹，少数地方为 3 月初。全省大多数地区 6 月中旬至 8 月中旬为主要降雹季节。9 月，河西和陇南降雹结束；10 月，陇中、陇东和甘南高原降雹结束。

全省冰雹年变化大致有 2 种类型。河西和甘南高原大多数地方为单峰型，少数地方为双峰型(图 4.14)。陇中、陇东和陇南以双峰型为主，少数地方为单峰型。双峰型地区的第一峰值出现在 4 月、5 月和 6 月，第二峰值出现在 7 月、8 月和 9 月。瓜州、玉门和金塔一带，天水和陇南两市，陇东西北部，甘南的玛曲至迭部一带，大部分地方 5 月降雹最多，少数地方为 4 月。河西和陇东大部分地方、陇中和甘南高原北部 5 月或 6 月降雹最多，其中马鬃山、白银、华池、华

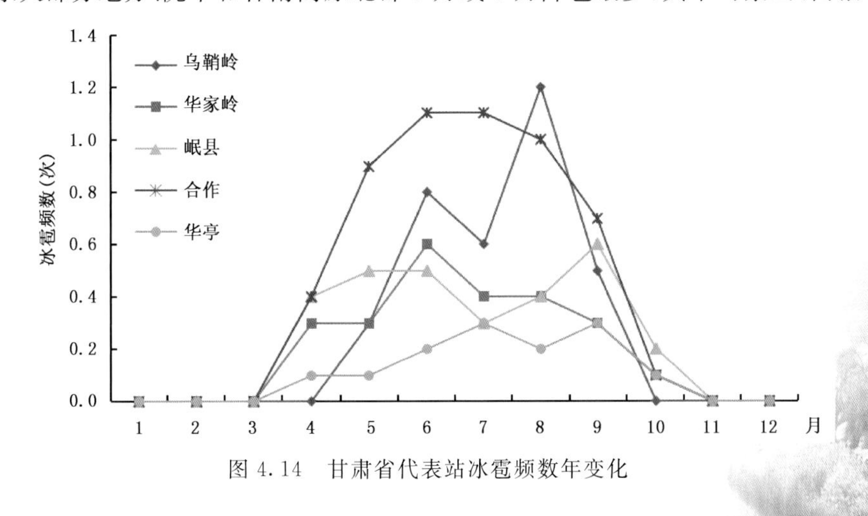

图 4.14 甘肃省代表站冰雹频数年变化

亭、碌曲等地区 7 月降雹最多;乌鞘岭、兰州、永登等地 8 月降雹最多,陇西和岷县 9 月降雹最多。

4.3.2.2 冰雹日变化

冰雹是强对流性天气,具有明显的日变化。甘肃各月一日中 12 时以后冰雹频数迅速增加,14—18 时达到高峰,20 时以后又迅速减少,00—12 时最少。其中降雹主要发生在 12—20 时,占总冰雹次数 75%~90%。尤其在午后至傍晚,因地表受热对流最旺盛,所以降雹最多,14—18 时降雹占总冰雹次数 50%~70%。夜间和早晨很少降雹,仅占总冰雹次数 3%~10%。

甘肃降雹虽多,主要出现在午后,但随海拔和地形的不同也有差异,大致可分为 3 种类型:一是午后型。降雹峰值时段在 14—16 时,12—18 时的降雹次数占全天的 60%~80%,如张掖、乌鞘岭、兰州、岷县、华家岭、崆峒、合作、郎木寺等。二是傍晚型。傍晚型降雹峰值时段在 16—20 时,如临夏和天水。其中 16—24 时,临夏和天水降雹次数分别占全天的 77%和 67%。三是午后傍晚双峰型。主要雹源是下游山脉迎风坡的台站,降雹日变化往往呈双峰型分布:第一个降雹峰在当地温度最高时出现,系地方性降雹;第二个降雹峰系受外来冰雹系统的影响,因此,距雹源较远的测站,第二个冰雹峰值出现时间较迟。如酒泉和西峰主要降雹时间与午后型接近,因此,该类是一种过渡型降雹天气。

降雹平均持续时间高山比河谷长,全省以华家岭最长,为 13.7 min,泾川最短仅 3.4 min,大多数地方降雹平均持续 5~10 min。全省一次降雹持续时间最长为 108 min,出现在 1953 年 9 月 1 日的乌鞘岭。受高空西北气流中短波槽向东南移动的冷平流影响,地面有强冷锋配合,系多个降雹单体持续在山区发展,并移动经过该地而形成长时间的降雹。

4.3.3 冰雹灾害风险区划

由图 4.15 可见,甘肃省冰雹灾害风险较高区域主要分布在甘南大部、武威南部、临夏大部、定西和平凉中西部。白银北部、天水南部、陇南东部及河西走廊大部(除祁连山山区)冰雹灾害风险相对较低。

4.3.4 冰雹源地和移动路径

甘肃省冰雹移动路径一般具有准定常性。原因在于冰雹产生源地基本固定,冰雹移动多受山形走势和大气气流的影响,地域性很强,一般西北地区冰雹移动路径大都为西北—东南走向和从西向东移动。影响全省的主要雹区源地与路径有 3 条。

第一条移动路径。发源于祁连山东段的乌鞘岭和古浪。冰雹移动路径自西北向东南横穿陇中地区,当移动到陇东南和陇南北部消失或进入陕西省。每年 6 月和 7 月冰雹最多,5 月、8 月和 9 月次之,对夏作物危害比较严重。

第二条移动路径。发源于青海东部,经甘肃省临夏州、天水市到达陇南地区的成县,而后进入陕西省,或经甘南州、陇南市武都到文县消失。

第三条移动路径。发源于内蒙古、宁夏南部和六盘山区,向东南移动,横穿陇东地区,以 8 月危害最重。

4.3.5 冰雹成因

冰雹形成于有强烈上升运动的积雨云中,常以白色不透明的霰为核心,受强烈上升气流抬升而上升下降多次,不断有雪花粒附和过冷却水滴冻结上去,形成透明与不透明的冰层相间组

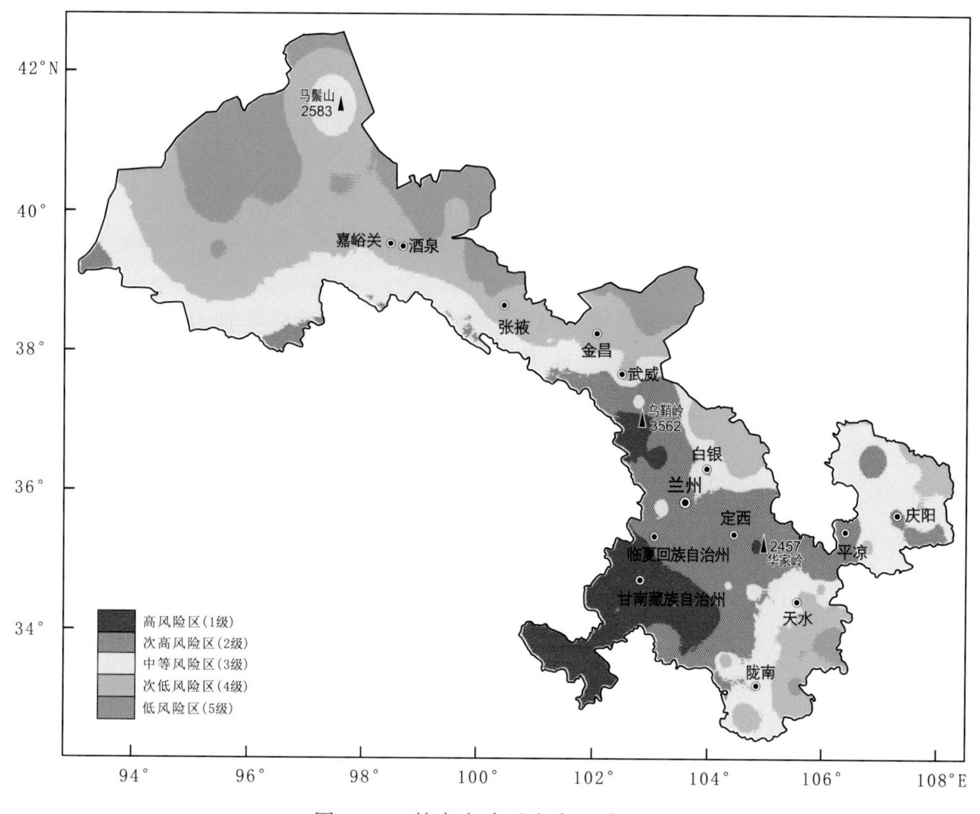

图 4.15 甘肃省冰雹灾害风险区划

成的雹粒。

冰雹降自强对流云，范围很小，仅几千米至几十千米，具有明显的局地性。形成冰雹云应具备3个条件，即：热力对流作用强烈，或冷空气侵入，暖湿空气被冷空气强迫抬升而发生强烈的上升运动；云体内空气湿度大，并有充足的水汽随上升气流向云体里不断大量输送补充水汽；云体内负温区－20～0 ℃层高度的冰水混合区，是冰雹增长的主要区域，含有大量过冷却水滴和冰晶。

4.3.5.1 冰雹环流背景

研究表明，大范围雹暴是在特定的大尺度环流背景下产生的。区域性降雹主要发生在极锋锋区和副热带锋区之间的温带气团中，多数出现在长波槽后高空西北气流冷平流中的大尺度下沉运动区内。甘肃冰雹环流背景主要分为3种类型。

（1）冷平流型

冷平流型是发生冰雹最常见的环流形式，约占总次数的44%。该类冰雹天气过程的环流形势和局地条件是自地面1 km或2 km以上直到12 km均为冷平流，最强的冷平流位于9 km高度。受新疆高压脊前南下的强冷空气及低空的弱冷平流影响，大气层结趋于不稳定，在触发系统（高空槽或切变线）启动下，配合适宜条件，便可以形成冰雹。如果遇到一次长波槽前区域性降水过程之后，易造成冷气团内部的细胞状地形积云对流，可连续数天出现区域性降雹，但均系小冰雹。

（2）不同平流型

不同平流型冰雹天气过程，一般在蒙古国中部停滞一冷低压，我国河套以东为副热带长波槽，降雹区位于高空急流中心西北侧。西北地区东部 500 hPa 为西北气流，700 hPa 为偏南气流，有高能舌沿高原东缘北伸，哈密至酒泉附近有一深厚的短波槽，地面有冷锋或切变线自河西走廊向东南移动，强雹暴在锋前或锋际飑线上形成。该类降雹系有组织的对流，回波常组织成带状或中尺度对流云团。多降大雹，中心雨量可达中到大雨，约 70％的灾害性冰雹属于此类。不同平流型冰雹过程略少于冷平流型，约占总次数的 43％。

(3)暖平流型

暖平流型冰雹天气过程的环流形势和局地条件，长波槽在蒙古国西北部至我国新疆，青藏高原上多低值系统活动。西北地区东部处于副热带高压西侧，自地面到对流层上部为深厚的偏南风，高温高湿，组织雹暴的系统一般为高原低涡或切变线，在对流不稳定区形成中尺度对流云团，产生暴雨并伴有大冰雹，雨强特大。主要出现在盛夏，本类降雹过程在甘肃很少，仅占总次数的 13％。

4.3.5.2 地形对降雹影响

研究表明，高大山脉对气流抬升作用及其产生的重力波激发对流活动，尤其容易触发不稳定能量而造成冰雹天气。复杂地形对降雹影响大致有制约、冲抬、热力和背风坡等作用。约束作用表现为使雹云沿谷道运动，在谷道分叉或合并处常出现“分云”和“云并”现象。雹云团的减弱或加强是雹灾多发生在山谷地带的一个原因，这种制约作用使冰雹影响走向往往与山脉走向一致。山脉背风坡作用，一方面使背风坡地区的几条多雹带与少雹带交替出现，如天祝县毛毛山、通渭县华家岭和六盘山等山脉的背风坡均有两条顺山脉走向的多雹带和少雹带交替出现(刘全根，1982)。另外，马蹄形、喇叭口形的山地也易形成冰雹。

4.3.6 冰雹危害

冰雹是甘肃省主要灾害性天气之一，每年在不同地区均会出现，危害程度仅次于旱灾，位居气象灾害第二。冰雹天气虽然出现范围小，时间短促，但来势猛，强度大，并常伴有狂风、骤雨，在遭受冰雹危害的同时，还要遭受严重洪涝灾害的影响。大多数的雹粒如黄豆至蚕豆般大小，少数雹粒有鸡蛋大，罕见的有碗口大。体积小的冰雹可以打伤、打落农作物的叶、花、果实；稍大一些的冰雹可以打折、打断农作物的茎秆；形如核桃、鸡蛋大的可以打伤人、畜，对农作物、经济林果及输电、通信线路的毁坏力更加严重。冰雹多发期正是农作物、经济林、果的旺盛生长和成熟时期，如遇冰雹天气轻则使其生长发育受阻，重则造成机械损伤和大量落花、落果，降低产品质量和产量乃至无收。冰雹天气还会打伤和引起牧群受惊落荒逃散，引起牧畜受凉生病等。

1980 年 6 月 13 日，岷县测站附近降雹 10 min，地面积雹达 2～3 cm，冰雹最大直径 2.8 cm。有 11 个乡不同程度受灾，死亡 3 人、伤 10 人、死亡大牲畜 7 头、羊 106 只，受灾 8 成以上的农田 501.8 hm^2，蔬菜、油料等作物也有很大损失。6 月 21—28 日，皋兰、会宁、陇西、康乐、庄浪、静宁、崆峒、环县、礼县、秦安等县先后遭受暴雨冰雹危害，农田受灾面积达 64700 hm^2。6 月 25 日 16 时，礼县出现暴雨、冰雹天气，石桥、洮坪、上坪、若城、罗坝等乡农田受灾面积 1577 hm^2，其中绝收 324.4 hm^2，死亡大牲畜 2 头、鸡 150 只。上坪乡草山村受灾最重，地面积雹 20～34 cm，28 hm^2 农作物全部被打光。6 月 26 日，环县天池等 7 个乡遭受冰雹灾害，降雹时间 30 min，雹粒最大如鸡蛋，一般如杏核，平地积雹 10～14 cm。死伤 30 人，死亡大家畜 6

头、羊293只，受灾地区夏田无收、秋田绝苗、树木枝断叶落，总受灾面积达1172.4 hm^2。

1991年6月7日，景泰、靖远、永登、白银、皋兰、会宁、通渭、漳县、静宁、张家川、崆峒、崇信、镇原、庆阳、合水等15个县(市)出现区域性冰雹天气，冰雹天气不仅来势猛、强度大，而且造成的危害和损失也重。兰州市永登县15个乡(镇)先后出现冰雹，各地降雹持续5～10 min，雹径2～3 cm。全县雹灾面积达1.183万 hm^2、成灾8886 hm^2，减产粮食1306.72万kg、油料109.7万kg，经济损失1207.8万元，为该县新中国成立以来罕见。

1996年，全省有44个县(市)、280个乡镇不同程度遭受冰雹危害，农作物受灾面积约19.778万 hm^2，成灾约14.02万 hm^2，损失粮食约6200万kg，部分地方房屋、公路、桥梁、渠道、通信和输电线路遭受严重破坏，造成人员伤亡等损失。冰雹危害最重的19个县市中，泾川、宁县、环县、正宁、镇原和庆阳市等7月中旬就降雹4～7次，与正常年相比是冰雹危害较严重的年份。

1999年，全省共有45个县(市)、438个乡(镇)不同程度遭受冰雹危害。农作物受灾总面积为21.33万 hm^2，成灾面积6.6万 hm^2，绝收面积1.05万 hm^2，减产和损失粮食共5.82万吨，倒塌房屋1851间(孔)、损坏房屋437间(孔)、死亡24人、受伤17人，死亡牲畜6258头(只)，共计造成直接经济损失2.11亿元。其中甘肃省中部、陇东地区雹灾危害较重，平凉和庆阳市大部县(市)仅7月中下旬就出现冰雹天气4～9次，个别地方冰雹最大直径达30 mm，积雹厚度达15 cm，持续时间达30 min以上，造成的损失最重。

2015年5月29—30日，定西、天水、平凉三市和甘南州的13个县(乡、镇)出现雷雨大风冰雹等强对流天气，造成正值生长期的玉米、小麦、胡麻、苹果、樱桃及豆类等农作物严重受灾，受灾面积达2万多公顷，直接经济损失5.7亿元。其中，静宁县部分乡镇出现重大冰雹灾害，持续时间长达30分钟左右，冰雹最大直径达2.8 cm，堆积厚度达5～6 cm，造成苹果受灾面积7355公顷，成灾3939公顷，绝收1052公顷。

4.3.7 冰雹防御对策

(1)提高冰雹预测、加强预警准确性

常说“雹打一条线”，由于冰雹天气出现范围小，给冰雹预报带来了一定困难。实践证明，只要根据冰雹天气发生规律和移动主要路径，利用气象雷达进行跟踪监测，提高冰雹天气预报预警，有关部门及时采取预防措施，就能有效防御或减轻冰雹带来的危害。

(2)种草种树、改善植被条件

根据当地气候条件，宜草种草、宜林造林，绿化荒山秃岭，改善气候条件。茂密的森林通过蒸腾耗热，可减弱空气温度的急剧变化和强对流，抑制冰雹产生。

(3)增种抗雹作物、提高防雹能力

在多雹地带，增种抗雹和恢复能力强的农作物，成熟作物应及时抢收。降雹季节，农民下地随身携带防雹工具，以减少人身伤亡。

(4)积极开展人工防雹

在冰雹多发地带，人工防雹已经收到明显的效果。人工防雹的方法很多，大致可归纳为两类：即药物催化法和爆炸法。

药物催化法就是把大量碘化银或干冰，用火箭或高炮打入冰雹云内过冷水滴积存区，形成大量冰晶，增加雹胚数量，“分食”过冷水，使冰雹数目增加、单一冰雹的体积减小，以便在降落过程中融化为雨，减轻或避免冰雹的危害。

爆炸法是利用火药，制成火箭或炮弹，再用炮筒打入雹云中的上升气流较强部位，借助火箭或炮弹在云中爆炸所产生的冲击波，打散冰雹云结构，减弱雹粒碰并增大作用，其效果比较好。在防雹的装备中，高炮防雹的经济效益明显。尤其是三七高炮，射程远，威力大，控制面积广，是抗雹夺粮的有力武器。

4.4 大风和沙尘暴

4.4.1 大风

大风是指风速在1日之内出现瞬时最大风速≥17 m/s的8级风(李栋梁，2000b)。某1日中有大风出现，记为1个大风日(李栋梁，2000b)。大风常常与沙尘、沙尘暴、冰雹、强降温等天气现象相伴发生。强烈大风是一种严重的灾害性天气，对国民经济和国防建设都有直接影响。

4.4.1.1 大风日数

(1)年大风日数

由图4.16看出，甘肃省年平均大风日数为1～68 d，分布呈现河西多、河东少的格局。河西五市大风日数为5～68 d，而且大部分地方为10～68 d；河东为1～43 d，以陇中和甘南高原居多，河东其他地方多年平均大风日数<5 d，陇南大风日数最少。

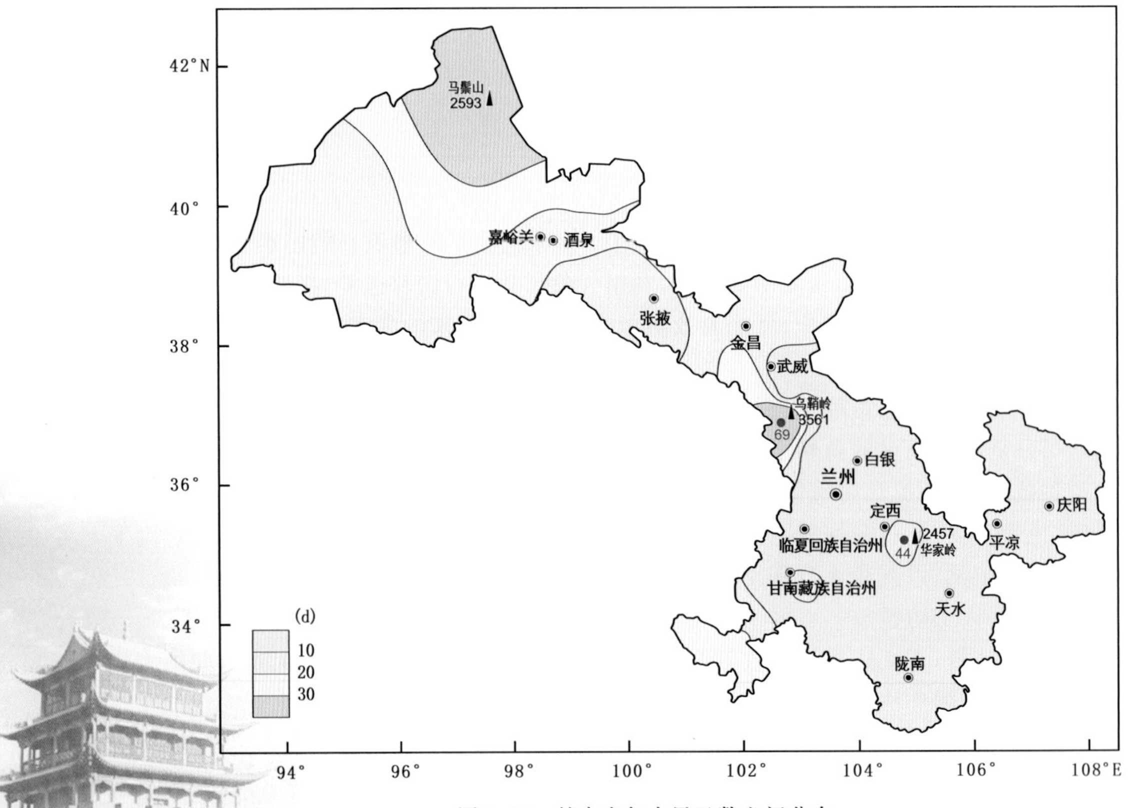

图4.16 甘肃省年大风日数空间分布

(2)各季大风日数

全省大风日数以春季最多(表4.9),其次为夏季和冬季,秋季最少。

春季大风日数最多。全省平均春季大风日数3.1 d,变化范围在0～30 d。河西在1～30 d,而且大部分地方为0～19 d,是全省春季大风日数最多地区;陇中、陇东和甘南高原西南部为1～10 d;陇南和甘南高原大部1 d左右,是全省春季大风日数最少地区。

表4.9 甘肃省各地代表站各月、年大风日数(单位:d)

站名	1月	2月	3月	4月	5月	6月	7月	8月	9月	10月	11月	12月	全年
马鬃山	1.7	1.9	3.5	6.5	6.5	5.1	4.3	4.0	2.6	2.1	3.2	3.4	44.8
敦煌	0.2	0.3	1.4	1.6	1.7	1.2	1.0	0.7	0.3	0.3	0.2	0.2	9.1
肃北	2.5	1.5	1.5	0.9	1.2	0.7	0.4	0.2	0.3	0.6	1.8	2.8	14.4
酒泉	0.1	0.3	1.3	3.0	1.9	1.6	1.2	0.7	0.3	0.6	0.5	0.4	11.9
张掖	0.1	0.2	0.7	1.3	1.5	0.8	0.7	0.6	0.5	0.2	0.2	0.1	6.9
肃南	0.1	0.2	0.4	0.3	0.3	0.3	0.5	0.4	0.1	0.1	0.1	0.2	3.0
民勤	0.7	1.0	1.9	3.3	3.2	2.0	1.1	1.0	0.5	0.7	0.9	1.1	17.4
武威	0.0	0.1	0.6	1.5	1.6	0.7	0.7	0.5	0.2	0.2	0.2	0.1	6.4
乌鞘岭	3.9	5.5	9.2	10.7	9.8	5.5	4	3.7	3.7	3.6	3.9	4.6	68.1
兰州	0.0	0.0	0.1	0.4	0.6	0.6	0.4	0.6	0.1	0.1	0.0	0.0	2.9
白银	0.3	0.9	2.8	3.7	3.5	2.2	1.5	1.8	1.2	1.0	1.0	0.3	20.2
安定	0	0	0	0.1	0.4	0.2	0.1	0.2	0.1	0	0	0	1.1
岷县	0.1	0.1	0.3	0.6	0.6	0.4	0.3	0.6	0.3	0.1	0	0.1	3.5
临夏	0	0.1	0.1	0.6	0.4	0.5	0.4	0.3	0.2	0	0	0	2.6
玛曲	2.6	3.6	4.7	2.4	2.3	1.1	0.7	0.4	0.4	0.5	0.9	1.6	21.2
合作	1.3	1.3	1.4	1.1	0.7	0.9	0.3	0.5	0.3	0.2	0.3	0.9	9.2
天水	0	0	0.1	0.2	0.2	0.2	0.1	0.1	0	0.1	0.1	0	1.2
环县	0.3	0.3	0.9	1.3	0.8	0.4	0.3	0.2	0.1	0.1	0.2	0.3	5.3
西峰	0.1	0	0.3	0.4	0.5	0.2	0.2	0.1	0.1	0	0.1	0.1	1.9
正宁	0.1	0.1	0.1	0.2	0.2	0.1	0.1	0.1	0.1	0	0	0	1.1
崆峒	0.3	0.7	1.4	2.0	1.4	0.5	0.4	0.3	0.1	0.5	0.8	0.7	9.1
康县	0	0	0	0.1	0.1	0.2	0.1	0	0	0	0	0	0.5
武都	0.1	0.1	0.4	1.2	1.4	1.2	0.9	1.1	0.5	0.2	0.2	0.1	7.4
文县	0	0	0	0.1	0.3	0.3	0.2	0.3	0	0	0	0	1.2

夏季大风日数比春季明显减少。全省平均日数1.8 d,变化范围在0～13 d。河西大多地方为1～13 d,仍然是全省夏季大风日数最多地区;河东大部分地方为0～11 d。陇中、陇东<1 d;陇南和甘南高原只有个别地方大风日数<1 d,大部地方很少出现大风,是全省夏季大风日数最少地区。

秋季大风日数是一年中最少的季节。全省平均日数为0.9 d,变化范围在0～12 d。河西在0～9 d,是全省秋季大风日数最多地区;陇中、陇东为1～3 d;陇南和甘南高原大部分地方大风日数<1 d,是全省秋季大风日数最少地区。

冬季大风日数比秋季多。全省冬季平均大风日数1.1 d,变化范围在0～14 d。河西在1～

14 d,是全省冬季大风日数最多地区;河东大部分地方为 0~6 d。陇中、陇东和甘南高原大部分为 1 d 左右;陇南大部分地方<1 d,是全省冬季大风日数最少地区。

4.4.1.2 大风日数年变化和日变化

(1)大风年变化

由图 4.17 看出,全省大多数地方大风平均日数年变化曲线呈单峰型。在不同的环流、地形等条件影响下,大风日数年变化是不同的。河西、甘南高原和陇东等地区大风日数年变化曲线呈双峰型,其余地方大风日数年变化曲线呈单峰型。由于春季冷锋和高空槽过境较多,气旋活动频繁,再加上地面增温迅速,对流比较强盛。因此,全省大部分地区一年之中以春季大风最多,第一峰值出现在 4 月和 5 月;第二峰值出现在 10—12 月;谷值一般出现在 9 月和 10 月。

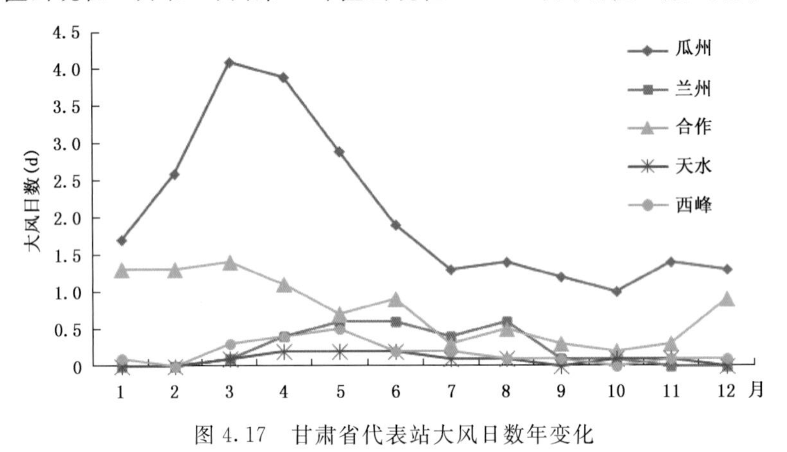

图 4.17 甘肃省代表站大风日数年变化

(2)大风日变化

甘肃省大风频数日变化呈双峰型,但河西和河东略有差异。河西地区大风日数从 00—10 时很少出现,但从 10 时开始逐渐增多,至 16 时达到峰值。随后逐渐减少,至 19 时达到第二个低谷,随后又开始逐渐增加,至 20 时达到第二个峰值;河东地区大风日数从 00 时开始减少至 08 时达到低值,08 时以后开始增加,14 18 时达到峰值;随后开始减少,至 19—20 时达到第二个低值,20—21 时达到第二个峰值,随后再逐渐减少(图 4.18)。

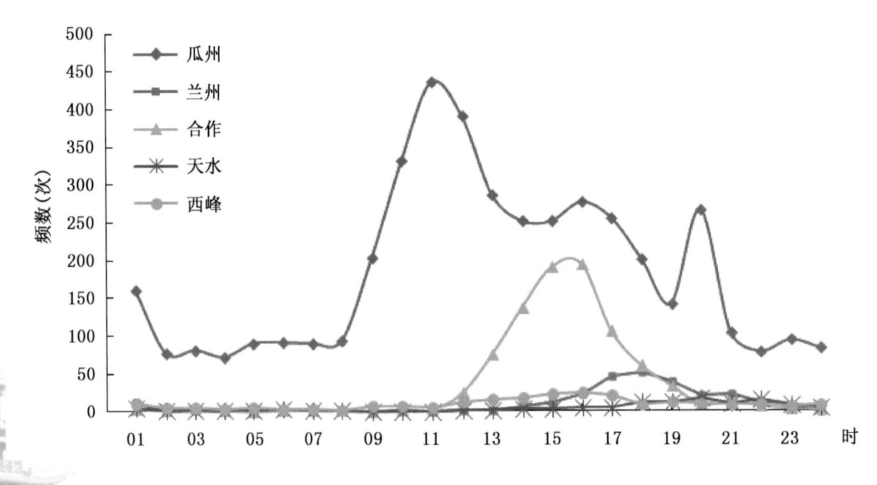

图 4.18 甘肃省代表站大风频数日变化

4.4.1.3 大风最长持续时间

(1)大风最长持续时间空间分布

从图4.19和表4.10看出,全省各地年大风最长持续时间的变化范围在16～1400 min。河西在800～1400 min,是全省大风持续时间最长地区;陇中北部、陇东北部和甘南高原600～1000 min,是全省第二个大风持续时间最长地区;陇中南部、陇东南部和陇南200～600 min,少部地方16～200 min。

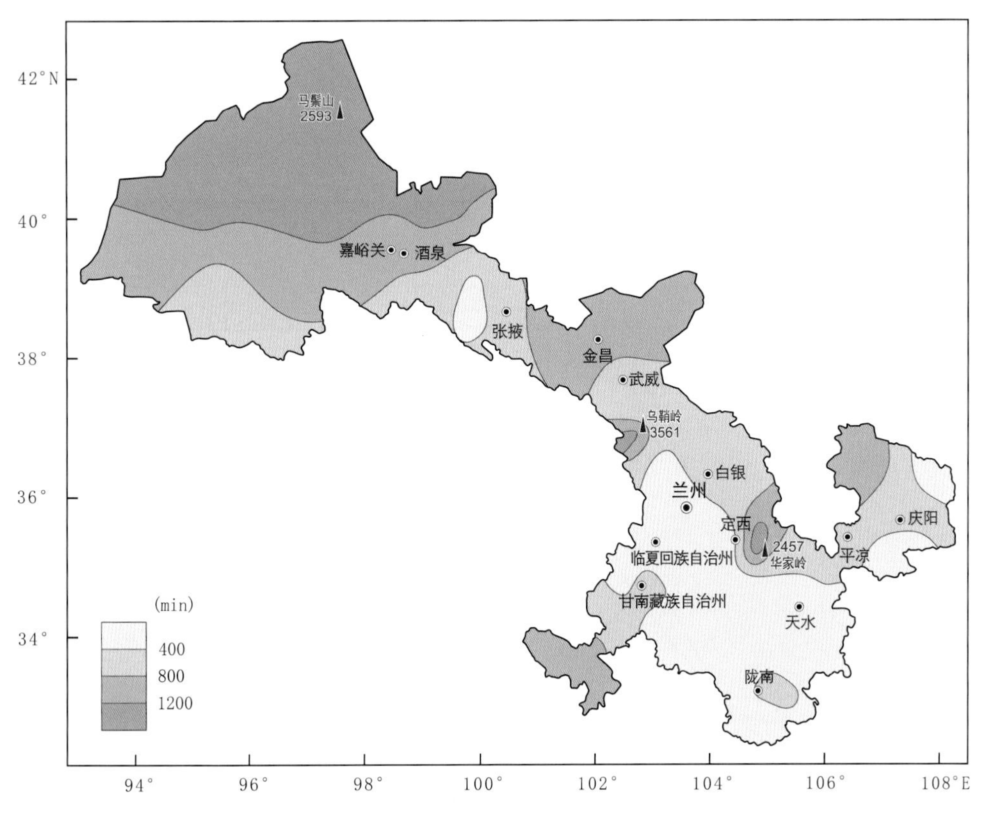

图4.19 甘肃省年大风最长持续时间空间分布

表4.10 甘肃省河西各地代表站各月、年大风最长持续时间(单位:min)

站名	1月	2月	3月	4月	5月	6月	7月	8月	9月	10月	11月	12月	全年
马鬃山	963	484	640	1302	1221	795	759	658	1166	818	762	951	1349
敦煌	95	604	526	397	1141	194	163	177	47	20	69	177	1408
瓜州	1276	667	1145	1390	1275	744	946	680	640	549	997	1265	1398
玉门镇	1015	557	1065	886	888	645	348	321	337	611	583	1000	1372
鼎新	206	201	330	979	583	288	202	139	226	513	255	701	1226
金塔	425	455	580	854	871	214	359	429	201	402	188	417	1204
肃北	596	516	293	196	183	19	110	45	168	192	440	660	660
酒泉	29	446	581	700	901	281	142	107	67	470	350	169	901

续表

站名	1月	2月	3月	4月	5月	6月	7月	8月	9月	10月	11月	12月	全年
高台	18	1	212	92	112	10	34	4	10	5	0	3	313
临泽	83	103	365	186	174	185	75	45	211	8	137	102	475
肃南	1	39	129	39	22	17	7	21	3	5	101	34	365
张掖	39	21	150	211	100	130	104	36	94	184	134	27	433
民乐	4	3	45	48	111	36	5	30	2	0	3	40	754
山丹	203	90	527	351	474	203	476	233	188	118	72	248	1012
永昌	240	375	716	691	617	229	126	274	227	482	946	589	946
民勤	533	355	467	1201	659	377	291	238	266	420	396	398	1201
武威	0	13	286	326	451	96	74	98	213	1	90	223	490
古浪	0	124	51	27	115	116	57	37	14	2	0	15	254
乌鞘岭	622	759	1345	1204	1019	1058	718	652	1012	674	1089	575	1345
最大	1276	759	1345	1390	1275	1058	946	680	1166	818	1089	1265	1413

(2)大风最长持续时间年变化

全省大风最长持续时间的年变化呈双峰型，第一峰值出现在 4 月，第二峰值出现在 12 月，第一谷值出现在 1 月或 2 月，第二谷值出现在 8 月(图 4.20)。

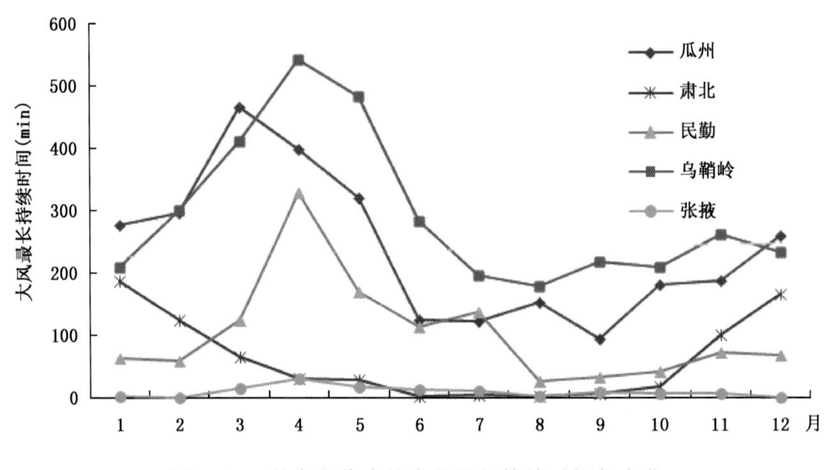

图 4.20 甘肃省代表站大风最长持续时间年变化

4.4.1.4 大风成因

(1)气压梯度力

冷锋后的大风是西北地区常见的一种西北大风天气形势，锋后有强大的冷高压，锋前为强盛的热低压，锋面前后气压梯度力作用形成大风。河西走廊大风就是气压梯度力造成的。

(2)动量下传作用

冬季、春季，特别是春季，当西北地区高空出现很强的西西北—东东南方向的锋区时，高空风速≥20 m/s，大气层很不稳定，由于强烈动量下传作用形成大风。

(3)地形效应

复杂地形狭管效应，往往会造成局地大风风速的突然加强。它主要表现在以下几个方面：冷空气翻山的爬坡风和下坡风，回流与东灌等。地形狭管效应也是河西走廊多大风的重要原因。同时地形与河谷走向，也是影响大风风向的重要因素。

4.4.2 沙尘暴

沙尘暴是沙暴和尘暴两者兼有的总称。是指强风把地面大量沙尘物质吹起并卷入空中，使空气特别混浊，水平能见度<1000 m的严重风沙天气现象。其中，沙暴系指大风把大量沙粒吹入近地层所形成的挟沙风暴；尘暴则是大风把大量尘埃及其他细颗粒卷入高空所形成的风暴。

4.4.2.1 沙尘暴日数

(1)年沙尘暴日数

甘肃省年平均沙尘暴日数0～18 d，各地空间变化由北向南逐渐减少，呈现河西多、河东少的分布特点(韩兰英，2012)。

河西沙尘暴天数为1～18 d，且大部分地方5～10 d，其中三面与沙漠为邻的民勤县，年沙尘暴日数达18 d，是全省沙尘暴日数最多的地方；河西走廊濒临沙漠戈壁，气候干燥，地表植被稀少，沙尘暴日数是全国最多的地区之一。陇中北部和陇东北部的环县为1～4 d，陇中南部和陇东大部、陇南北部平均<1 d；陇南气候比较湿润，大多数地方沙尘暴极少出现，是全省沙尘暴最少地区(图4.21)。

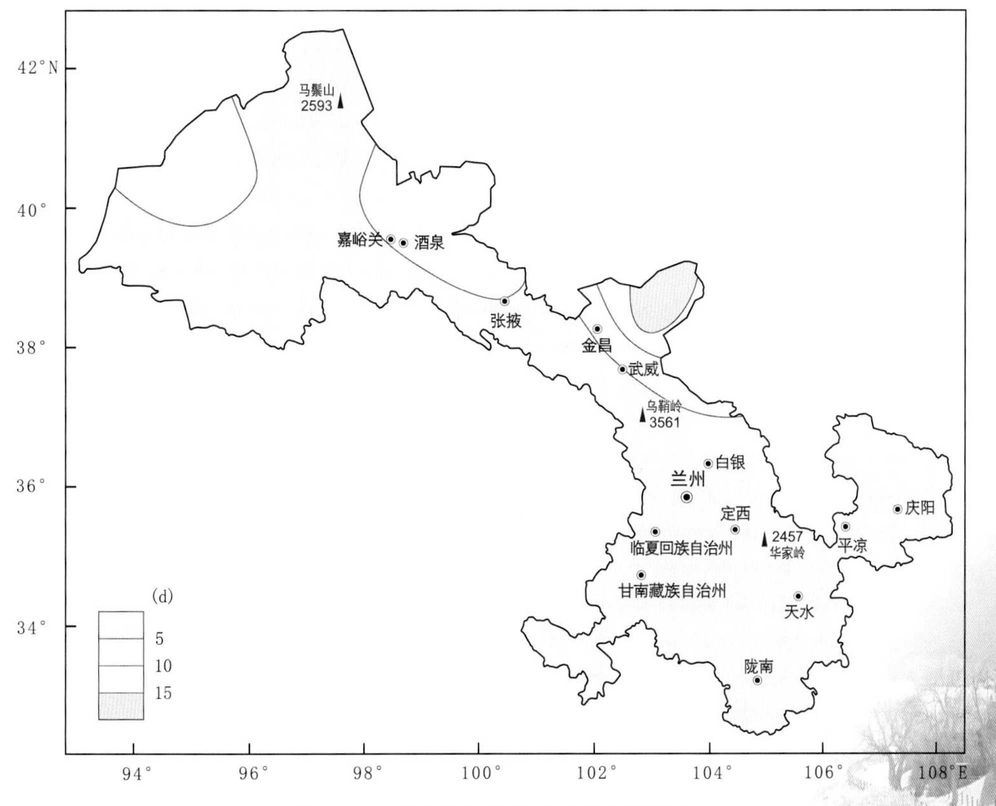

图4.21 甘肃省年沙尘暴日数空间分布

(2)各季沙尘暴日数

甘肃省沙尘暴日数以春季最多,其次为夏季和冬季,秋季最少(表 4.11)。河西与全省一致,但河东地区是春季最多,冬季多于夏季,秋季最少。

春季沙尘暴日数最多,全省平均沙尘暴日数 0.76 d,变化范围为 0～9 d。河西为 1～9 d,大部分地方为 1～4 d,是全省春季沙尘暴日数最多地区;河东大多地方为 0～4 d,陇中、陇东和甘南高原大部为 0～1 d,个别地方为 1～4 d;陇南和甘南高原大部为 1 d 左右,是全省日数最少地区。

表 4.11　甘肃省各地代表站各月、年沙尘暴日数(单位:d)

站名	1月	2月	3月	4月	5月	6月	7月	8月	9月	10月	11月	12月	全年
马鬃山	0	0	0.1	0.4	0.3	0.1	0	0	0	0	0	0.1	1.0
敦煌	0.3	0.3	1	1.4	1.3	0.8	0.7	0.4	0.3	0.2	0.1	0.1	6.9
肃北	0	0	0.1	0.3	0.4	0.2	0.1	0.1	0.1	0.1	0	0	1.4
酒泉	0	0.3	0.7	1.2	0.7	0.6	0.4	0.2	0.3	0.2	0.2	0.1	4.9
张掖	0.3	0.2	0.7	1.5	1.1	0.5	0.4	0.7	0.3	0.2	0.1	0.2	6.2
肃南	0	0	0.1	0.2	0.1	0.1	0	0	0	0	0	0	0.5
民勤	0.9	1.1	2.3	3.3	3.2	1.8	1.5	1.3	0.4	0.5	0.6	1.1	18.0
武威	0	0.1	0.7	0.6	0.5	0.1	0.2	0	0	0	0.1	0	2.3
乌鞘岭	0	0	0	0.3	0.1	0	0	0	0	0	0	0	0.4
兰州	0	0	0.2	0.3	0	0	0	0	0	0	0	0	0.5
白银	0	0	0.3	0.3	0.2	0	0	0	0	0	0.1	0	0.9
安定	0	0	0.1	0.2	0.1	0	0	0	0	0	0	0	0.4
岷县	0	0	0.1	0	0	0	0	0	0	0	0	0	0.1
临夏	0	0	0	0.3	0.1	0	0	0	0	0	0	0	0.4
玛曲	0.1	0.4	0.5	0.2	0.1	0	0	0	0	0	0	0.1	1.4
合作	0	0.1	0	0	0	0	0	0	0	0	0	0	0.1
天水	0	0	0	0	0.1	0	0	0	0	0	0	0	0.1
环县	0.1	0.1	0.2	0.6	0.2	0	0	0	0	0	0	0	1.2
西峰	0	0	0.1	0.2	0	0.1	0	0	0	0	0	0	0.4
正宁	0	0	0.1	0.1	0	0	0	0	0	0	0	0	0.2
崆峒	0	0.1	0.1	0.2	0.2	0	0	0	0	0	0	0	0.6
康县	0	0	0	0	0	0	0	0	0	0	0	0	0
武都	0	0	0	0	0	0	0	0	0	0	0	0	0
文县	0	0	0	0	0	0	0	0	0	0	0	0	0

夏季沙尘暴日数比春季明显减少,全省平均日数 0.28 d,变化范围为 0～5 d。河西大多地方为 1～3 d,是全省最多地区;河东大部分地方为 0～2 d。河东大多地方为 1 d 左右,陇中、陇东<1 d;陇南只有个别地方沙尘暴日数<1 d,大部地方很少出现沙尘暴,是全省日数最少地区。

秋季沙尘暴日数是 1 年中最少的季节。全省平均日数 0.08 d,变化范围为 0～1.5 d。河西为 0～1.5 d,是全省日数最多地区;河东个别地方为 1 d 左右,陇南、甘南高原、陇东和陇中大部分地方未出现沙尘暴,是全省日数最少地区。

冬季沙尘暴日数比秋季多。全省平均日数 0.68 d,变化范围为 0～3.1 d。河西为 1～3.1 d,民勤是全省日数最多地区;河东大部分地方<1 d,是全省日数最少地区。

4.4.2.2 沙尘暴年变化和日变化

(1)沙尘暴年变化

全省各地沙尘暴日数的年变化曲线呈单峰。一年内沙尘暴日数以春季最多,最高峰值出现在 4 月,其次是 3 月、5 月、6 月也比较多。全省沙尘暴最少的时间出现在秋季,谷值出现在 9—10 月,11 月和 12 月也是沙尘暴最少时期(图 4.22)。

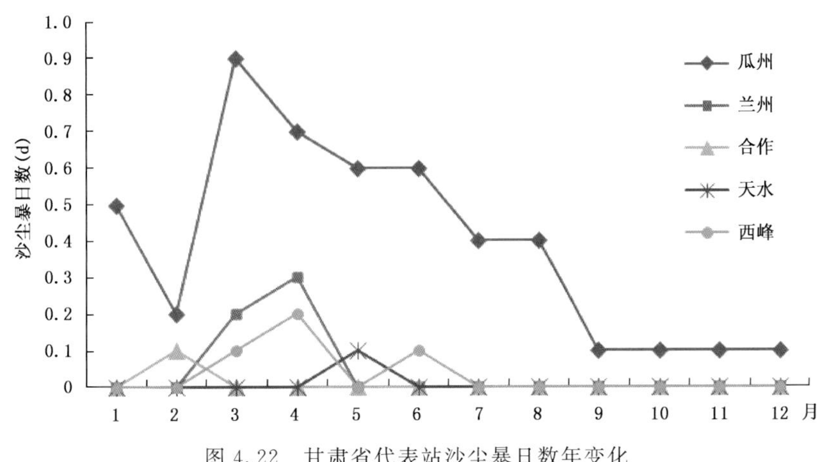

图 4.22 甘肃省代表站沙尘暴日数年变化

(2)沙尘暴日变化

甘肃省沙尘暴日变化呈单峰型,04 时左右最少,以后呈波浪式逐渐增多,14 时以后增多比较迅速,20 时左右达到峰值,此后迅速减少。沙尘暴日变化特征河西和河东基本相同,

14—21 时是沙尘暴多发生时期,峰值大都出现在 20 时,22 时至第二天 13 时是沙尘暴最少时期,谷值出现在 04 时左右(图 4.23)。

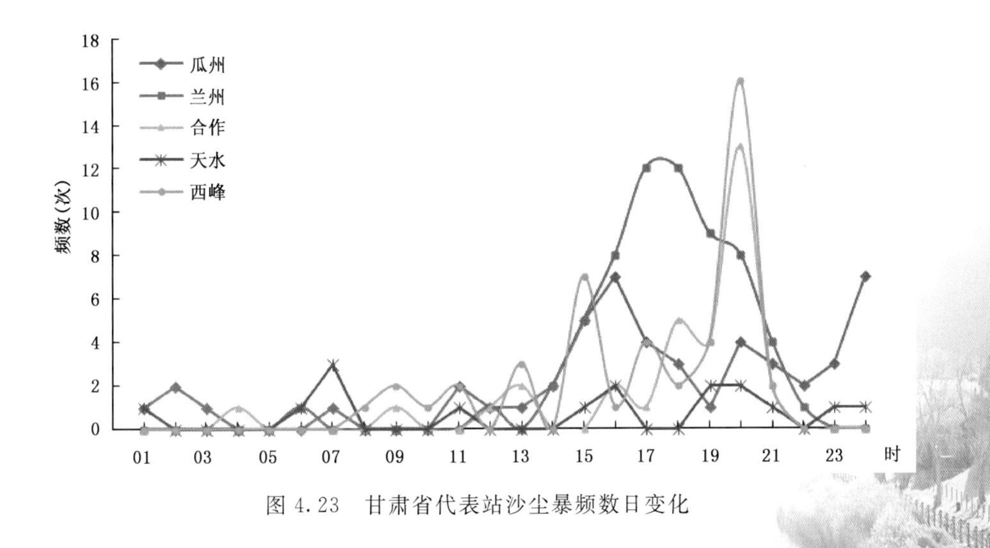

图 4.23 甘肃省代表站沙尘暴频数日变化

4.4.2.3　沙尘暴灾害风险区划

酒泉东部、嘉峪关、张掖、武威、白银和兰州为沙尘暴灾害高风险区。庆阳、平凉、天水、临夏等市州沙尘暴灾害风险中等。低风险区和次低风险区主要分布在酒泉西部、甘南、定西南部和陇南大部(图 4.24)。

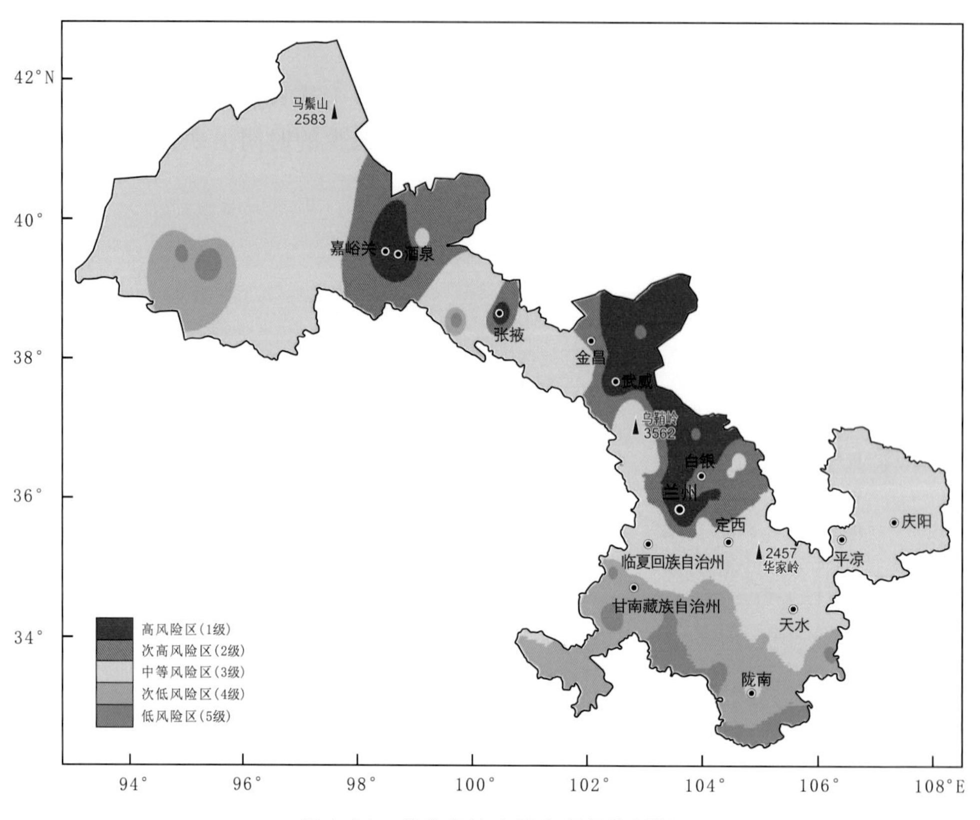

图 4.24　甘肃省沙尘暴灾害风险区划

4.4.2.4　沙尘暴沙源区与路径

沙尘暴天气的沙源区,主要分布在我国西北地区古尔班通古特沙漠、巴丹吉林沙漠、腾格里沙漠、塔克拉玛干沙漠、乌兰布和沙漠、黄河河套的毛乌素沙地周围。尤其是塔克拉玛干沙漠、巴丹吉林沙漠、腾格里沙漠是我国沙尘暴的主要沙尘源区(张广军,1996)。

根据沙尘暴天气的冷空气影响路径,我国沙尘暴天气主要有 3 条移动路径,即西北、北方和西方路径。

西北路径主要指冷高压从西北部国境进入新疆北部,在冷空气灌满北疆盆地翻越天山后,一股进入南疆盆地、一股由哈密进入甘肃省的河西走廊,然后东移影响河东地区。

西方路径指冷高压从西部国境翻越帕米尔高原,进入南疆盆地,东移分别进入敦煌和柴达木盆地,东移影响河东地区。

北方路径主要指冷高压从河西及内蒙古南下进入河西走廊东部地区,再东移影响中部及以东地区。

据统计,影响甘肃省的西北路径沙尘暴天气最多,约占总次数的 77%;西方路径次之,约占总数的15%;北方路径最少,约占总次数的7%。西北路径沙尘暴有移动迅速,强度大,影响范围广,灾害重的特点。

4.4.2.5 沙尘暴成因

据研究,真正的沙尘物质不是来自原生戈壁或原生沙漠区,而是来自植被遭到严重破坏后新生的沙漠化土地(赵首彩,2004)。20世纪90年代以来的沙尘暴增加与我国北方地区生态恶化、沙漠化土地大面积扩张有直接关系。根据林业部门统计,1996年底甘肃省沙化土地面积为42886.003 km^2,潜在沙漠化土地为759.263 km^2,到2000年底,沙区总面积为24.8万 km^2,占全省总面积的54.6%。目前,河西地区沙漠化面积达49150 km^2,而且还以0.78%的增率推进。甘肃沙尘暴天气多发、易发的主要原因有4个(中国气象灾害大典编委会,2005)。

(1)特殊地理位置和地形

甘肃省地处青藏高原东北边缘,西边有塔克拉玛干沙漠、库姆塔格沙漠和古尔班通古特沙漠,北部有腾格里沙漠和巴丹吉林沙漠。特殊的地理位置为甘肃沙尘、沙尘暴天气的频繁发生提供了丰富的沙源,距离沙漠越近,沙尘天气就越多。民勤、鼎新等地沙尘天气较多的主要原因,是距离腾格里沙漠和巴丹吉林沙漠较近。敦煌附近的沙尘天气主要受南疆沙漠的影响。河西走廊主要是戈壁、沙漠地形,地势较平坦,大风天气较多,沙尘暴天气容易发生。河东地区处在青藏高原和黄土高原的交汇地带,大多为高山地形,风力受高山阻挡逐渐减弱,容易形成扬沙和浮尘天气。

(2)春季温暖少雨天气条件和频繁东移南下冷空气

甘肃省河西大部分地区年降水量<250 mm,部分地区年降水量为100 mm以下,且变率大,集中在7—8月份。夏季降水量占全年降水量60%以上,每年春季降水量十分稀少,而蒸发量又特别大,是降水量10倍以上。干燥的气候是导致沙尘暴发生最根本的自然环境因素,在干燥气候条件下,植被不仅稀疏而且脆弱易被破坏,从而造成地表裸露,在强劲的风力作用下,地表易于粗化及形成沙丘。故干燥气候条件是沙尘暴形成的环境基础。春季,伴随着一次次冷空气东移,往往会造成河西地区沙尘暴天气和河东地区扬沙和浮尘天气。影响甘肃省沙尘暴天气的冷空气,主要来自于中心位于蒙古高原西北部、贝加尔湖西部至新西伯利亚的强冷高压。沙尘暴天气过程开始前,在河套北部上空有偏西风急流,在贝加尔湖东部到河套北部存在低压中心,冷空气经蒙古国中部吹向腾格里沙漠,容易造成河西中东部和河东出现沙尘暴天气。

(3)人为因素对地表植被覆盖度的改变

尽管沙漠化土地的形成和沙尘暴的爆发,有其恶劣的自然环境成因,但近年来沙漠化土地面积的迅速扩大和沙尘暴的频繁爆发,与人类过度的经济活动直接相关。在人为因素中,由于人口增加而引起的过度农垦、过度放牧及过度樵采是主要因素。

过度放牧:单纯追求增加牲畜头数的粗放放牧方式,使草场负载量过大,出现过度放牧,使草原植物难以休养生息,植株变得低矮覆被稀疏,加上牲畜的践踏、沙鼠的破坏,草原上呈现出零星分布的裸露地表,其表层结皮破碎,也可形成新的沙地。近年来,甘肃省由于过度放牧使草地退化面积占草地面积的87.8%。

过度农垦:在农牧交错的沙漠化地区,人口平均增长率为30.8‰。人口的增加,加大了对土地资源使用的压力,于是进一步开垦草原和加大草场的负载,使草原面积缩小,耕地面积增大。冬、春季出现大面积裸露地表,新的沙源地不断出现,面积逐年扩大,从而使沙尘暴爆发的

物质源区得到不断的加强，沙尘暴发生强度、频度增大。

过度樵采：过度樵采破坏了天然植被，造成稳定地表沙化，沙源面积扩大。过度樵采，一方面破坏了地、灌木对草原地表的覆盖作用，使地表裸露，出现新的风蚀面；另一方面，破坏了沙生草、灌木，消除了其阻挡风力、减弱风速的作用。因此，樵采破坏植被往往能直接导致流沙的出现，特别是干旱荒漠地带绿洲边缘灌丛沙堆植被的破坏，往往成为绿洲周围沙尘暴爆发的主要原因。如瓜州县20世纪80年代调查结果显示，每年因挖灌木而破坏的草场面积约6666.7 hm^2，这些灌木破坏后很难恢复；肃南、阿克塞县的牧民由于缺少煤炭，大部分靠挖灌木来维持，估计每年破坏的草场面积为1000 hm^2 左右。

(4)水资源利用不当

水资源亏缺是客观原因，但是水资源利用不当是绿洲大面积沙漠化、沙源地逐年扩大的主要原因。这一类型的新沙源地形成过程，主要是内陆河流域的水资源缺乏规划，中上游过度用水、下游水量减少，含盐度升高，不能满足下游植物生长需求，致使大量植物死亡，草场、耕地、林地沙化，沙源面积扩大，风速提高，而导致沙尘暴频发。民勤湖区水的矿化度以每年0.1 g/L的速度上升，矿化度已由原来的2～4 g/L上升到3～10 g/L，矿化度已超过农田灌溉水质标准，造成大量植物死亡。此外，盲目开采地下水资源造成地下水位持续下降，许多植被枯死，生态环境退化，也加剧了沙尘暴的形成。位于腾格里沙漠边缘的民勤绿洲，由于近年来大量抽取地下水资源，使地下水位以0.5 m/a的速度下降，导致民勤沙生植物园的盐梭梭林有30%左右出现枯死现象。

4.4.3 大风和沙尘暴危害

4.4.3.1 大风危害

(1)风力破坏

大风破坏建筑物，吹倒或拔起树木电杆，毁坏农民塑料温室大棚和农田地膜等。由于西北地区4—5月正是瓜果、蔬菜、甜菜、棉花等经济作物出苗、生长子叶或真叶期和果树开花期，此时最不耐风吹沙打。轻则叶片蒙尘，使光合作用减弱，且影响呼吸，降低作物产量；重则苗死花落。例如，1993年5月5日下午到夜间，河西走廊、宁夏回族自治区的中卫、兴仁、平罗以及内蒙古自治区的阿拉善盟发生了历史上罕见的特大黑风暴，成灾面积达110万 km^2。河西走廊数万株果木花蕊被打落，数万株防护林和用材林折断或连根拔起。大风刮倒电杆造成停水停电，影响工农业生产，仅金昌市金川公司一家就造成经济损失8300万元。

(2)刮蚀地表

大风作用于干旱地区疏松土壤时会刮去地表土，叫做风蚀。如1993年5月5日黑风平均风蚀深度达10 cm，最多达50 cm，也就是每0.1 hm^2 土地平均有60～70 m^3 的肥沃表土被风刮走。大风不仅刮走土壤中细小的黏土和有机质，而且还把带来的沙子堆积在土壤中，使土壤肥力大为降低。大风夹带沙粒还会把建筑物和作物表面磨去一层，叫做磨蚀，也是一种灾害。

4.4.3.2 沙尘暴危害

沙尘暴天气是西北地区和华北北部地区出现的强灾害性天气。可造成房屋倒塌、交通供电受阻或中断、火灾、人畜伤亡等，污染自然环境，破坏作物生长，给国民经济建设和人民生命财产安全造成严重的损失和极大的危害。

(1)生态环境恶化

出现沙尘暴天气时狂风裹着沙石、浮尘到处弥漫，凡是经过地区空气浑浊，呛鼻迷眼，呼吸道等疾病人数增加。如1993年5月5日发生在金昌市的强沙尘暴天气，监测到室外空气的TSP浓度达到1016 mg/m^3，室内为80 mg/m^3，超过国家规定的生活区内空气含尘量标准40倍。

(2)生产生活受影响

沙尘暴天气携带大量沙尘蔽日遮光，天气阴沉，造成太阳辐射减少，几小时到十几个小时恶劣的能见度，容易使人心情沉闷，工作、学习效率降低。轻者可使大量牲畜患呼吸道及肠胃疾病，严重时将导致大量“春乏”牲畜死亡、刮走农田沃土、种子和幼苗。沙尘暴还会使地表层土壤风蚀、沙漠化加剧，覆盖在植物叶面上厚厚的沙尘，影响正常的光合作用，造成作物减产。沙尘暴天气经常影响交通安全，造成飞机不能正常起飞或降落，使汽车、火车车厢玻璃破损、停运或脱轨。

(3)生命财产受损失

1993年5月5日，金昌、武威、民勤、白银等地、市发生强沙尘暴天气，受灾农田16.95万hm^2，损失树木4.28万株，造成直接经济损失达2.36亿元，死亡50人，重伤153人。2000年4月12日，永昌、金昌、威武、民勤等地、市发生强沙尘暴天气，仅金昌、武威两地市直接经济损失就达1534万元。

4.4.4 大风和沙尘暴防御对策

(1)加速防护林体系建设、稳定生态环境系统

防护林体系可明显减小风速。据科尔沁沙质草原地区观测研究，各种类型防护林(带状、群团状、片状林)分别削弱风速32.8%、13.6%和36.1%。因此，防风固沙林是生态环境建设的一个重要组成部分。应当因地制宜，进行乔、灌、草结合，并且以灌木为主来稳定生态环境系统。

(2)加强农、牧业管理，减少沙源

甘肃省存在着一定面积的垦植区域。冬、春季节地表几乎全部裸露，加上每年早春大量的农田耕植活动，使原本松散的地表变得更加疏松，而早春树木枝叶尚未萌发，对风的阻挡作用较小，在强劲风力下极易扬起大量疏松表土颗粒，形成沙尘暴。因此，必须加强春季农田管理，减少春季沙尘来源。冬、春季节严格限制滥采滥伐，以保证地表结皮的稳定性；加强耕地管理，尽量避免使农田土壤成为沙尘暴的物质来源，另一方面加强农田林网建设。农田林网可改善农田生态环境，有效地降低农田风速，降低土壤水分蒸发，还可滤除大气沙尘含量，降低沙尘暴的强度，减弱其危害程度。

由于不合理的开发利用，使大面积的草场大量退化，固沙作用日益减弱。因此，必须加强草场管理，具体应做到划管草场，固定草场使用权，加强草场管理与保护，大力推行两季或三季营地，逐步做到划区轮牧；严格控制载畜量，实行以草定畜，控制数量，提高质量；调整畜群结构，推行肉畜早期育肥屠宰，以减轻冬春草场压力。

(3)加强水资源管理

水资源对维持植物生长，固定地面沙源，减弱地面风速起着重要作用。一是对水资源利用进行全面综合规划。如黑河流域水资源利用应以流域为单元进行规划，合理分配上、下游水

量，以求得既能合理利用资源，又能保护资源，进行水资源在地区间的再分配；二是控制绿洲城市发展。由于绿洲水资源的有限性，绿洲城市不断扩大必将增加对水资源的耗费量，引起绿洲系统水资源短缺，导致绿洲系统失衡，沙尘暴骤起。三是发展水利，以水定地，合理节约用水，科学用水。根据水资源合理开发用量，确定耕地规模，避免水资源过度开发利用。根据不同的土壤、作物、气候和农业技术水平制定合理的灌溉制度，确定适宜的灌溉定额，进行科学灌溉，尽量做到水资源有效利用。

(4)加强环境治理与生态系统保护

重视土地荒漠化问题，实行依法保护与恢复林草植被，防止土地沙化进一步扩展，尽可能减少沙尘源地。加强法制建设，保护环境。

沙漠、沙漠化土地和干旱半干旱地区的生态系统极为脆弱，不但自然抗灾能力弱，而且沙助风威，还可以加大沙尘暴天气发生的几率及破坏力。因此，通过保护沙生植被，治理沙漠化土地，科学经营保护干旱半干旱地区国土资源，控制沙漠化土地扩展，维护沙漠绿洲稳定，改善生态环境，提高抗灾能力，防御和减轻风沙灾害强度，减少损失。

(5)加强科普宣传

从以往灾情事例调查中发现，强沙尘暴导致的经济损失和人、畜伤亡，有相当一部分是由于缺乏科学知识造成的，中小学生在伤亡中占多数也可说明这个问题。应通过宣传画、通俗科普读物、广播、幻灯、电视以及课本中编写认识沙尘暴和防灾减灾的基本知识，让人们掌握这些科普知识，自觉保护自己，临阵不慌，达到减轻沙尘暴灾害的目的。

4.5 雷暴

雷暴是伴有雷击和闪电的局地对流性天气。雷暴与冰雹天气密切相关，经常相伴出现。雷暴是积雨云云中、云间或云地之间产生的放电现象，表现为闪电兼有雷声，电闪雷鸣，有时只闻雷声而不见闪电。

4.5.1 雷暴日数

由图 4.25 看出，甘肃省雷暴日数分布特点是：山区、高原多，地势低的地方少。全省年平均雷暴日数为 5～67 d。甘南高原是全省雷暴最多地区，年平均雷暴日数为 30～57 d。河西走廊为 5～16 d，是全省雷暴日数最少的地方；祁连山区为 10～16 d，陇中为 12～45 d，陇东为 25 d 左右。陇南为 15～23 d，其中陇南北部为 10～19 d，陇南南部为 10～22 d。

4.5.2 雷暴年变化和日变化

4.5.2.1 雷暴年变化

甘肃省雷暴天气主要出现在 3—11 月，3—6 月雷暴逐渐增多，峰值出现在 7 月或 8 月，9—11 月雷暴逐渐减少，1 月和 12 月无雷暴(表 4.12)。雷暴日数年变化与冰雹日数年变化基本相同。大多数地方雷暴年变化呈单峰型，只有少数地方是双峰型(图 4.26)。

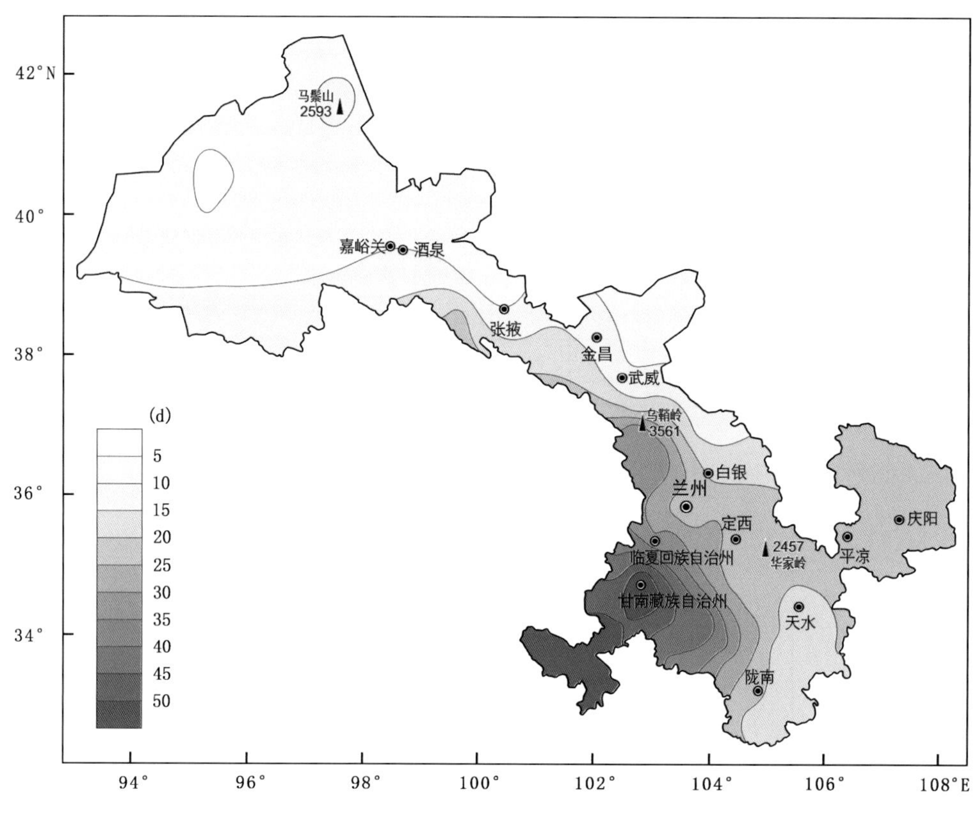

图 4.25　甘肃省年雷暴日数空间分布

表 4.12　甘肃省各地各月、年雷暴日数(单位:d)

站名	1月	2月	3月	4月	5月	6月	7月	8月	9月	10月	11月	12月	年
马鬃山	0	0	0	0.2	0.5	2.8	3.6	2.6	0.9	0	0	0	10.6
敦煌	0	0	0	0.1	0.3	1.6	1.7	0.7	0.3	0.1	0	0	4.8
肃北	0	0	0.1	0.2	1.1	2.4	2.6	1.3	0.6	0.1	0	0	8.4
酒泉	0	0	0	0.2	1.3	2.5	3.4	2.0	0.5	0.1	0	0	10.0
张掖	0	0	0	0.1	0.7	2.3	2.5	1.8	1.0	0.1	0	0	8.5
肃南	0	0	0	0.1	2.0	5.4	7.2	4.9	1.7	0.3	0	0	21.6
民勤	0	0	0	0.1	0.9	1.9	2.6	2.2	0.9	0.1	0	0	8.7
武威	0	0	0	0.2	1.0	2.3	2.6	3.1	1.1	0.1	0	0	10.4
乌鞘岭	0	0	0	0.8	2.9	7.3	8.4	8.7	4.9	0.8	0	0	33.8
兰州	0	0	0.1	1.0	2.8	4.0	4.3	3.9	2.5	0.6	0	0	19.2
白银	0	0	0	0.4	2.2	3.9	4.5	4.4	2.6	0.6	0	0	18.6
安定	0	0	0.2	1.7	3.5	4.9	5.8	5.0	2.4	0.8	0	0	24.3
岷县	0	0	1.1	3.6	8.0	8.6	8.3	7.8	4.7	2.5	0.2	0	44.8
临夏	0	0	0.2	1.2	4.8	6.3	7.1	6.9	3.7	1.1	0	0	31.3
玛曲	0	0.1	1.3	3.7	9.0	10.4	11.3	9.6	6.9	3.3	0.1	0	55.7
合作	0	0	1.0	3.1	9.1	10.8	10.9	11.4	6.9	2.9	0.3	0	56.4

续表

站名	1月	2月	3月	4月	5月	6月	7月	8月	9月	10月	11月	12月	年
天水	0	0	0.1	0.9	2.3	3.0	2.9	2.3	1.3	0.6	0	0	13.4
环县	0	0	0.1	1.5	2.9	4.8	5.8	5.0	2.3	0.6	0	0	23.0
庆阳	0	0	0.1	1.2	2.7	4.4	6.2	5.0	2.1	0.5	0	0	22.2
正宁	0	0	0.1	1.1	3.0	5.4	7.2	5.6	1.9	0.4	0	0	24.7
崆峒	0	0	0.1	1.8	3.3	4.4	5.8	5.6	2.5	0.6	0	0	24.1
康县	0	0	0.3	1.7	2.9	2.6	3.1	3.0	1.6	0.5	0	0	15.7
武都	0	0	0.2	2.1	4.4	3.7	3.7	4.3	2.2	0.8	0.1	0	21.5
文县	0	0	0.2	2.0	4.1	3.4	3.7	3.4	1.6	0.4	0.1	0	18.9

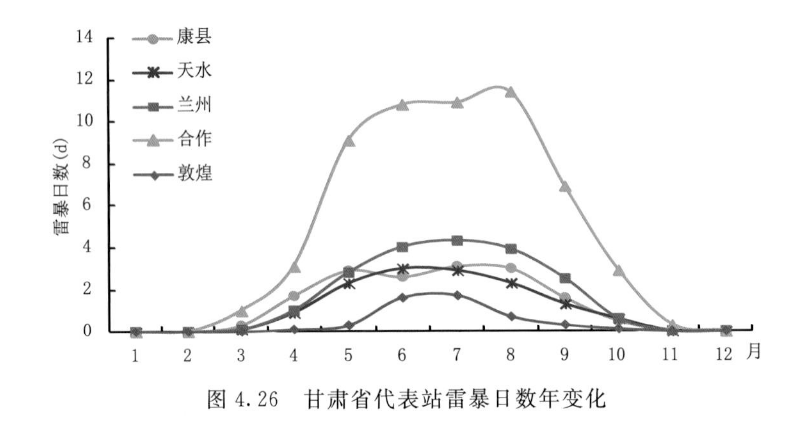

图 4.26　甘肃省代表站雷暴日数年变化

4.5.2.2　雷暴日变化

雷暴发生在强对流性天气中，具有明显的日变化。全省各地雷暴日变化大都是双峰型，其中 13—15 时雷暴频数迅速增加，16—18 时达到第一个高峰；19 时后又迅速减少，出现第一个低谷；然后又增加，20 时出现第二个高峰后再次迅速减少；00—12 时减至最少，第二个低谷出现在 10 时或 11 时(图 4.27)。雷暴日变化规律与我国东部平原地区基本相似。

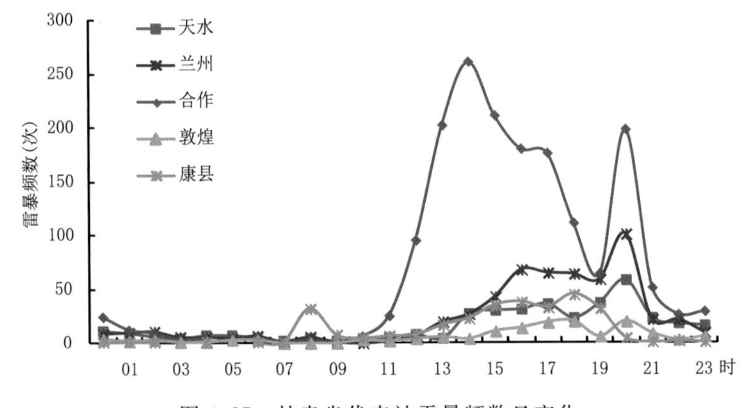

图 4.27　甘肃省代表站雷暴频数日变化

4.5.2.3 雷暴灾害风险区划

甘肃省雷暴发生高风险区主要分布在天祝、永登、榆中、通渭、崆峒、临洮、夏河、合作、临潭、卓尼、岷县等县区。低风险区和次低风险区主要分布在河西走廊西部(图 4.28)。

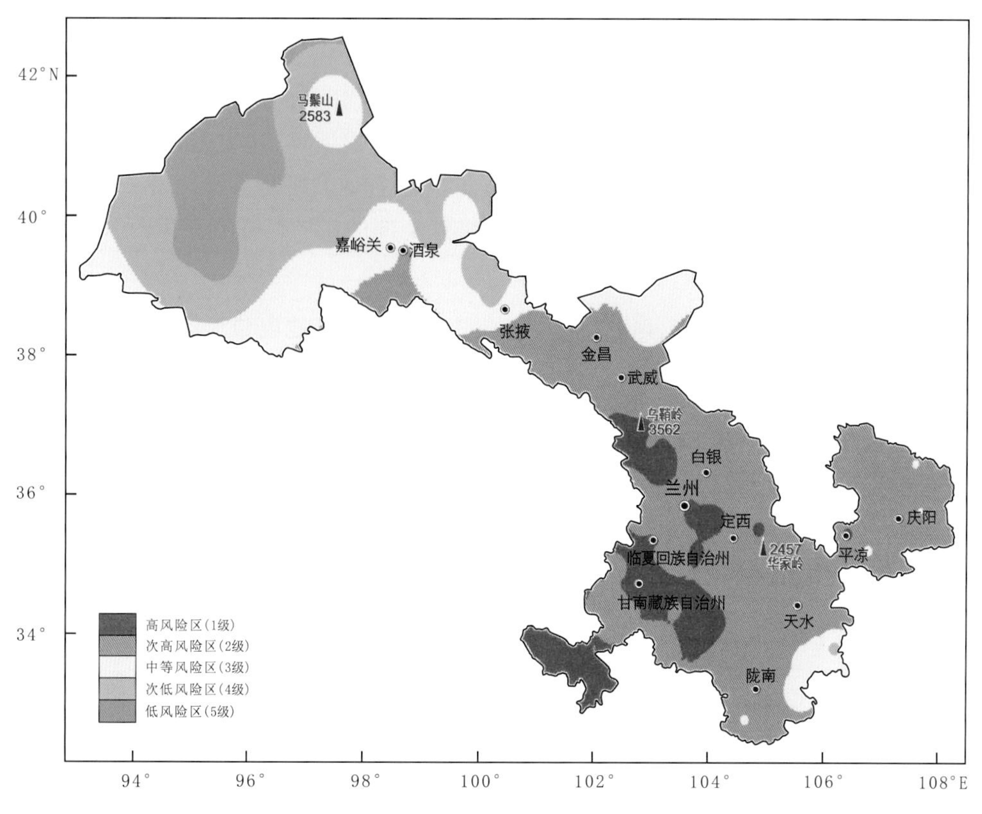

图 4.28 甘肃省雷暴灾害风险区划

4.5.3 雷暴成因

雷暴是伴有雷击和闪电的局地对流性天气，是一种大气中放电现象，产生于积雨云中。积雨云在形成过程中，某些云团带正电荷，某些云团带负电荷。它们对大地的静电感应，使地面或建筑物表面产生异性电荷，当电荷积聚到一定程度时，不同电荷云团之间，或云与大地之间的电场强度可以击穿空气，一般为 25～30 kV/cm，开始游离放电，称之为“先导放电”。云对地的先导放电是云向地面跳跃式逐渐发展的，当到达地面时(地面上的建筑物，架空输电线等)，便会产生由地面向云团的逆导主放电。在主放电阶段里，由于异性电荷的剧烈中和，会出现很大的雷电流(一般为几十千安至几百千安)，并随之发生强烈的闪电和巨响，这就形成雷电。

雷暴按成因可分为热力和锋面雷暴。热力雷暴属气团内部热力发展所致强烈对流而形成的雷暴，以夏季最为多见；锋面雷暴，它是冷暖空气相互作用的结果，发生于锋面附近，以春季的频率为最高。

雷暴空间分布主要与复杂地形有关。高原地区强烈的太阳辐射造成夏季近地层大气中巨大的温度垂直递减率，特别是午后近地面高度气层内温度垂直递减率经常是超绝热的，强大的温度垂直递减率必然伴随强对流活动，因此，在内陆高原地区海拔越高，近地面大气变得越不稳定，越容易形成雷暴等强对流天气（李国平，2002）。

4.5.4 雷暴危害

4.5.4.1 直接危害

闪电、霹雳和伴随而来的巨大雷电流直接侵入被保护物，其闪击点能熔化物体，毁坏各类设施，造成人、畜伤亡事件。传统防护方法主要是避雷针、避雷网、避雷带等，对于空中的独立目标，如卫星电视、通信、广播各种天线的直击雷防护也主要采用避雷针。由于其保护范围既小又难以确定，特别是绕击、侧击现象，常常使避雷针下部的保护目标遭受雷击而损坏。

4.5.4.2 反击损坏

由于传统防雷方式是引雷入地，这样强大的雷电流将迫使地电位升高。如某建筑物的防雷接地电阻为 1 Ω，若雷电流为 100 kA，则地电位可升高 100 kV。该电位反过来施加于被保护物，使其受击以至损坏。传统防反击损坏设备的方法是尽可能降低接地电阻。

4.5.4.3 感应损坏

由于雷电流很强且波前电流变率又很大，在雷电流的通道附近就形成一个很强的感应电磁场。有时几百米以外的雷电闪击被感应在保护目标物的电源线或信号传输线上，极易造成各类弱电子设备损坏。

4.5.4.4 袭击人体

从雷电流进入人体的路径区分，袭击人体的雷电形式分 4 种即直接雷击、接触雷击、旁侧闪击和跨步电击。雷电袭击人体部位不同，受害程度也不同。

直接雷击指雷闪直接击中受害者，这种情况受害者至少在开始时身体上通过全部雷电流，而且最大可能是雷电流从头部输入，经躯干，由脚底进入大地。直接雷击对受害者的伤害最为严重。

接触雷击指雷击其他物体，如建筑物、大树、电杆时，雷电流从该物体上流过，在物体上顺电流方向上每两点之间有较大电位差。如果人体某部分接触到被雷击的物体时，雷电流就从接触点进入人体，从另一接触点或脚底流出。比较多见的接触雷击是手或身体接触到建筑物的避雷引下线、自来水管、电器的接地线、大树树干。

旁侧闪击和接触雷击的共同点都是雷电没有直接击中受害者，而是击中受害人附近的物体，由于被雷击物体带高电位，而向它附近的人闪击放电。旁侧闪击是受害者根本没有直接接触受雷击的物体，只是在它的附近，由直接被雷击的物体的高电压击穿附近的空气触及受害人。

跨步电击指当雷电流流入大地时，由于土壤散流电阻存在，使地表面电位产生喇叭形电位分布曲线。在这喇叭形曲线上任意两点间存在电位差与电流强度。与土壤电阻率分布、跨步长度有关。同样的土壤情况下，电流强度越大，步长越大，跨步电压越高。一般牛的跨步比人大，所以，牛受害的程度比人大。当人或动物站在喇叭形电位分布的地面时，两脚间的电位差大到一定程度时，足以使人跌倒甚至死亡。如果在原野上遇到雷暴，又实在无法躲避时，蹲下来两脚缩在一点，比跨大步走会安全些。

4.5.4.5 雷暴危害实例

1993年6月23日中午，兰州市兰山索道电机房遭雷电波从电源部分侵入，烧坏继电器6个，正负直流电源器一台，迫使电机停运。同日，兰州市西北勘测设计院勘测总队100门程控电话交换机、中继板、主控板、用户板被雷电击坏，影响正常工作一周。7月，兰州化工机械厂程控电话总机房遭雷电波侵入击毁总机；皋兰县工商行计算机系统遭雷电波侵入，击毁稳压电源及计算机终端；中川机场电视机房闭路电视系统遭雷电波侵入被击毁。雷击事故屡屡发生，其主要原因是电源入户端没有采取防雷电波侵入的措施所致。

1997年4月26日，临洮县铝业股份公司变电器遭强雷直击，击坏电解铝整流变压器一台，造成直接经济损失140万元，停产损失60万元以上。7月23日，兰州市七里河区西津坪变电站遭雷击，全部设备基本报废。7月28日，宁县强雷暴造成邮电局寻呼台发射机受损，广播电视局电视发射系统中央线路被雷电击穿，致使转播工作瘫痪长达4个月。合水县邮电局程控电话交换中继板被雷电击坏，全县电话中断510分钟，造成经济损失30万元以上。陇南市西和县电解锌厂生产设备遭受雷击，造成全厂停工停产，损失几十万元。

1998年6月19日，玛曲县遭受一次较强雷击，导致全县停电数小时，2台微机调制解调器击穿烧焦，部分家电受损，直接经济损失达10万元以上。6月20日下午和8月3日下午，两次强雷暴感应雷电，造成正宁县邮电局手机信道板、县农业银行、工商银行、建设银行、人民银行机房调制解调器终端损坏，直接经济损失1.7万元以上。1998年甘肃省成县、永登、武威等县、市，因雷击造成4死3伤的人员伤亡事故。

2000年是近20年中第3个雷暴最多年份。4月1日，陇南地区康县、徽县、西和县等遭雷击，击坏4个县有线电视系统、银行计算机、电话、家用电视机和中微波发射塔，共计直接经济损失达60万元。6月18日，天水市西口乡西口电信所遭雷击，击坏电话等设备，直接经济损失约9万元；同日，武都县农行、县门街储蓄所计算机遭雷击，雷电还击中最大的加油站—东江加油城。6月27日，酒泉地区柳园镇柳园电信局遭雷击，造成通信设施全部瘫痪，10余个模块被雷电流击穿或相互粘在一起，直接经济损失10万元，间接经济损失20万元。9月20日，西峰市遭雷击，击坏庆阳电视台、庆阳有线电视台5个卫星高频头、发射机、放大器，1台松下DVPOAJ D440数字机，14频道发射机上中调器、变频盒，8部电话机，10台电视机等设备；击坏庆阳人民银行和农业银行计算机系统3个调制解调器、1台电视机，造成2个储蓄所信号中断；击坏西峰市区居民146台电视机、多部电话机和电冰箱等家用电器，以上共造成直接经济损失38万元。

4.5.5 雷暴防御对策

(1)雷暴发生时自我保护措施

遇到雷雨天气时，要远离建筑物的避雷针及其接地引下线，防止雷电反击和跨步电压伤人。远离各种天线、电线杆、高塔、烟囱、旗杆，如有条件，应进入有防雷设施的建筑物或金属壳的汽车、船只。但帆布的篷车、拖拉机、摩托车等在雷雨发生时是比较危险的，应尽快远离。尽量离开山丘、海滨、河边、池塘边，离开孤立的树木和没有防雷装置的孤立建筑物，铁围栏、铁丝网、金属晒衣绳也很危险。雷雨天气尽量不要在旷野行走，外出时应穿塑料材质等不浸水的雨衣，不要骑在牲畜上或自行车上行走；不要用金属杆的雨伞，不要把带有金属杆的工具如铁锹、锄头扛在肩上。

人在遭受雷击前，会突然有头发竖起或皮肤颤动的感觉，这时应立刻躺倒在地，或选择低洼处蹲下，双脚并拢，双臂抱膝，头部下俯，尽量降低自身位势、缩小暴露面。如果雷雨天气人呆在室内，必须关好门窗，防止球形雷窜入室内造成危害；在雷雨天把电视机室外天线与电视机脱离，而与接地线连接；尽量停止使用电器，拔掉电源插头，不要打电话和手机，不要靠近室内金属设备（如暖气片、自来水管、下水管）；不要靠近潮湿的墙壁。

（2）高层建筑物及现代化设备防雷措施

高层建筑物除安装规范、合格的防雷设施、避雷针以外，还可以直接在建筑物顶端加装消雷器，采取综合防雷技术防止雷电灾害，并对防雷设施进行定期监测。现代化设备厂房及办公区域等除了做好外部防雷措施以外，还应在内部电力、电讯系统上加装符合质量标准的避雷器，以防雷击或反击造成的设备损坏。计算机机房及计算机系统除采取完善的屏蔽与接地措施外，还应在信号电缆终端设备的输入端、总电源、机房配电柜和 UPS 电源前端装设信号电涌保护器。

4.6 霜冻

4.6.1 霜冻指标

霜冻是指在春、秋农作物生长季节里，温度骤然降到 0 ℃以下，致使作物受到危害甚至死亡。把百叶箱日最低气温≤0 ℃作为霜冻指标。

秋季日最低气温首次降到 0 ℃的日期为初霜冻日，又称早霜冻；春季或夏初日最低气温≤0 ℃的终日为终霜冻日，又称晚霜冻。终霜冻日后 1 天至下一个初霜冻日期前 1 天的时段，称为无霜冻期。

4.6.2 霜冻空间分布

4.6.2.1 霜冻初终期

（1）初霜冻期

全省初霜冻最早出现在 8 月下旬，最晚在 12 月上旬，两者相差 100 天左右。从空间分布看，初霜冻日期自东南向西北、由低海拔向高海拔逐渐提前（图 4.29）。祁连山区、马鬃山和甘南高原海拔高，气候寒冷，是全省初霜冻出现最早地区，一般在 9 月中旬，其中玛曲出现在 8 月下旬，是全省霜冻出现最早地方；河西走廊和陇中南部在 10 月上、中旬；陇东在 10 月中、下旬；陇南大部在 11 月上、中旬；陇南南部纬度和海拔高度比较低，气候温暖，一般在 12 月上、中旬，是全省初霜冻出现最晚的地方（表 4.13）。

（2）终霜冻期

全省终霜冻日期各地之间跨度较大，最早出现在 2 月 19 日，最晚在 6 月 16 日，两者相差为 117 天。空间分布自东南向西北、由低海拔向高海拔有推迟趋势（图 4.30）。祁连山、马鬃山和甘南高原海拔高，气候寒冷，是全省终霜冻结束最迟地区，一般在 5 月下旬到 6 月上旬，其中玛曲在 6 月中旬，是终霜冻结束最迟地方；河西走廊终霜冻在 4 月中、下旬；陇东、陇中在 4 月中旬；陇南大部在 3 月中旬前后；陇南南部纬度和海拔高度比较低，气候温暖，是全省终霜冻结束最早地区，一般在2月中、下旬(表4.13)。

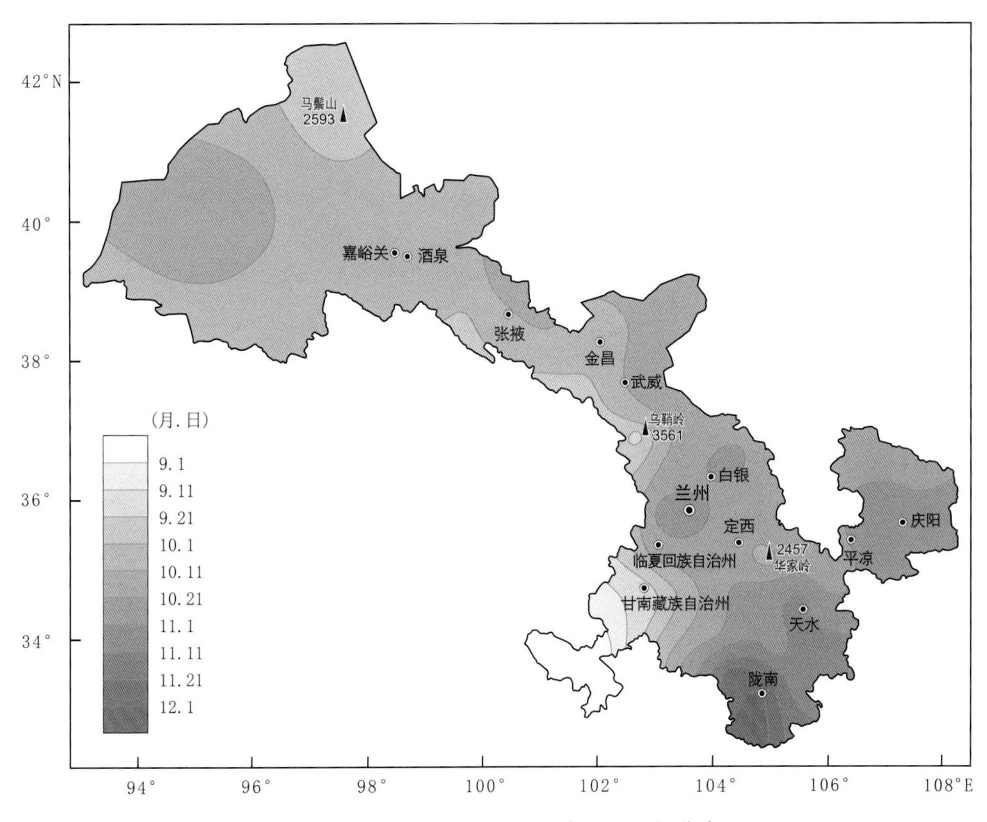

图4.29　甘肃省年早霜(初)冻初日空间分布

表4.13　甘肃省各地代表站霜冻初终期和无霜冻期

站区	初霜冻日	终霜冻日	无霜冻期(d)	地区	初霜冻日	终霜冻日	无霜冻期(d)
马鬃山	9.22	5.14	129	岷县	10.10	5.5	157
敦煌	10.10	4.14	177	临夏	10.19	4.19	182
肃北	10.13	4.27	167	玛曲	8.22	6.16	66
酒泉	10.11	4.25	168	合作	9.15	5.26	111
张掖	10.8	4.24	165	天水	11.3	3.25	221
肃南	9.28	5.9	140	环县	10.18	4.16	183
民勤	10.11	4.22	170	西峰	10.28	4.8	202
武威	10.12	4.23	170	正宁	10.26	4.13	195
乌鞘岭	9.16	6.2	104	崆峒	10.21	4.11	192
兰州	10.29	3.31	211	康县	11.5	3.25	223
白银	10.22	4.16	187	武都	12.1	2.22	287
安定	10.13	4.24	171	文县	12.1	2.19	291

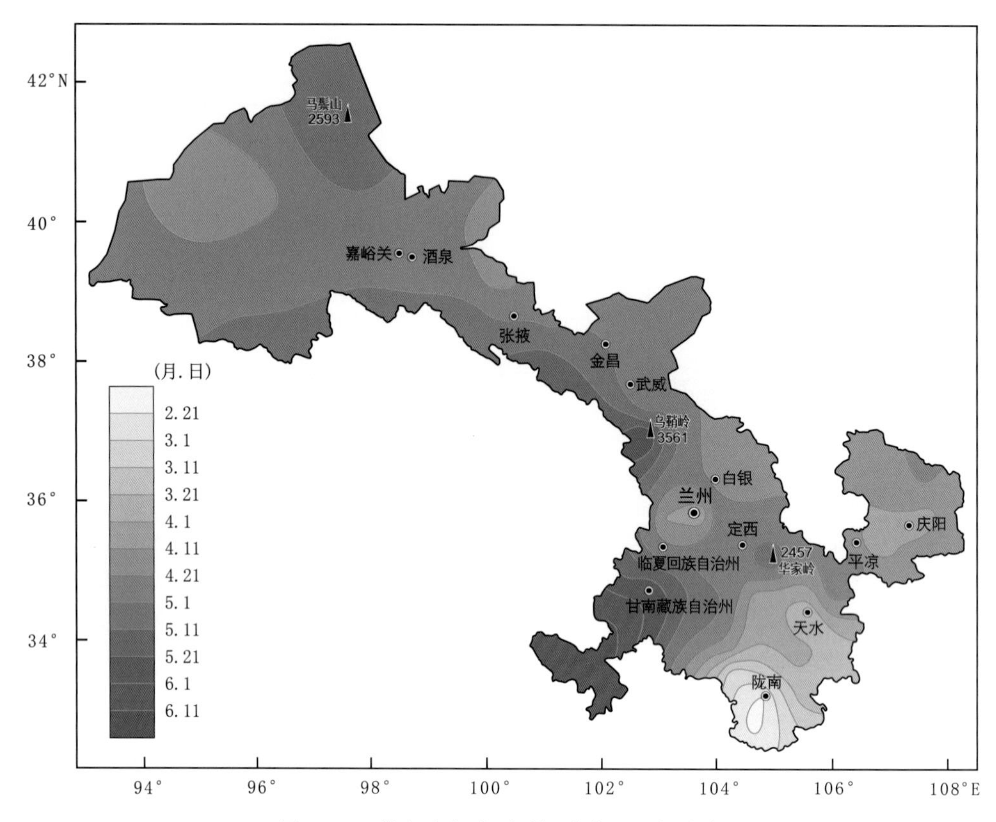

图 4.30 甘肃省年晚霜(终)冻终日空间分布

4.6.2.2 初、终霜冻频率

(1)初霜冻频率

全省各地初霜冻集中出现在9月上旬到11月上旬(表4.14)。甘南高原及马鬃山、祁连山区9月中、下旬初霜冻频率为57%～67%;河西走廊、陇中中北部10月上、中旬初霜冻频率为67%～87%;陇中南部、陇东北部10月中、下旬初霜冻频率为67%～87%;陇南北部、陇东南部10月下旬到11月上旬初霜冻频率是64%～84%;陇南南部11月下旬到12月上旬初霜冻频率为54%～73%。

表 4.14 甘肃省各地代表站初、终霜冻出现频率(单位:%)

站名	初霜冻频率									终霜冻频率								
	9月			10月			11月			3月			4月			5月		
	上旬	中旬	下旬	上旬	中旬	下旬	上旬	中旬	下旬	上旬	中旬	下旬	上旬	中旬	下旬	上旬	中旬	下旬
马鬃山	13	33	33	20	0	0	0	0	0	0	0	0	0	0	7	30	37	27
敦煌	0	3	10	23	47	17	0	0	0	0	0	0	7	20	43	27	3	0
肃北	3	3	7	23	33	27	0	3	0	0	0	7	10	17	23	27	13	7
酒泉	0	0	10	33	40	17	0	0	0	7	23	30	30	7	3	0	0	0
张掖	0	3	7	40	47	3	0	0	0	0	0	0	7	20	50	20	3	0
肃南	3	20	27	43	7	0	0	0	0	0	0	0	0	0	23	27	40	7

续表

站名	初霜冻频率									终霜冻频率								
	9月			10月			11月			3月			4月			5月		
	上旬	中旬	下旬	上旬	中旬	下旬	上旬	中旬	下旬	上旬	中旬	下旬	上旬	中旬	下旬	上旬	中旬	下旬
民勤	0	0	13	30	40	17	0	0	0	0	0	0	7	37	33	23	0	0
武威	0	7	3	33	33	20	3	0	0	0	0	0	13	23	27	27	10	0
乌鞘岭	23	37	30	3	0	0	0	0	0	0	0	0	0	0	0	0	3	43
兰州	0	0	0	3	10	47	30	10	0	7	10	40	17	20	3	0	3	0
白银	0	0	0	13	20	53	10	3	0	0	0	7	27	30	20	13	3	0
安定	0	3	3	30	33	27	3	0	0	0	0	0	7	37	27	13	17	0
岷县	0	3	7	47	27	13	3	0	0	0	0	0	0	10	23	37	23	7
临夏	0	0	0	10	47	40	3	0	0	0	0	7	20	30	20	13	10	0
玛曲	23	13	0	0	0	0	0	0	0	0	0	0	0	0	0	0	3	10
合作	20	33	23	13	0	0	0	0	0	0	0	0	0	0	3	0	30	33
天水	0	0	0	3	7	23	43	23	0	7	30	40	3	20	0	0	0	0
环县	0	0	0	20	40	33	7	0	0	0	0	0	23	50	17	10	0	0
西峰	0	0	0	3	17	43	23	13	0	0	3	23	33	27	10	3	0	0
正宁	0	0	0	7	17	50	17	10	0	0	0	10	33	33	17	3	3	0
崆峒	0	0	0	13	27	50	10	0	0	0	0	20	20	43	10	7	0	0
康县	0	0	0	0	3	27	47	20	3	13	17	43	13	13	0	0	0	0
武都	0	0	0	0	0	0	3	10	40	30	7	3	0	0	0	0	0	0
文县	0	0	0	0	0	3	3	13	27	23	3	3	0	0	0	0	0	0

(2)终霜冻频率

终霜冻结束时间主要集中在4月上旬至5月下旬。甘南高原及马鬃山、祁连山区5月中、下旬终霜冻频率为10%～43%；河西走廊、陇中中北部4月中、下旬终霜冻频率为50%～73%；陇中南部、陇东4月上、中旬终霜冻频率为50%～73%；陇南北部3月中、下旬终霜冻频率为43%～70%；陇南南部2月下旬到3月上旬终霜冻频率为40%～63%(表4.14)。

4.6.2.3　无霜冻期

无霜冻期指春季终霜日次日至秋季初霜日前一日的间隔日数。无霜冻期长、短对农、林、牧业生产有重要意义，无霜冻期越长对农、林、牧业生产越有利。无霜冻期的分布与初、终霜日的分布有密切关系。甘肃省无霜冻期呈现出自东南向西北、自低海拔向高海拔地区缩短的特点(图4.31)。

河西走廊、陇中大部无霜冻期为160～180 d，陇中中北部、陇东为180～200 d；祁连山区和甘南高原大部为90～160 d，是全省无霜冻期最短地区；陇南北部为200～220 d，陇南南部为290 d左右，是全省无霜冻期最长地方(表4.13)。

4.6.3　霜冻灾害风险区划

甘肃省霜冻灾害高和次高风险区主要分布在河西走廊中、东部和定西、临夏、平凉西部、庆阳西部、天水北部等地；低风险区和次低风险区主要分布在河西走廊西部和陇南、甘南等地(图4.32)。

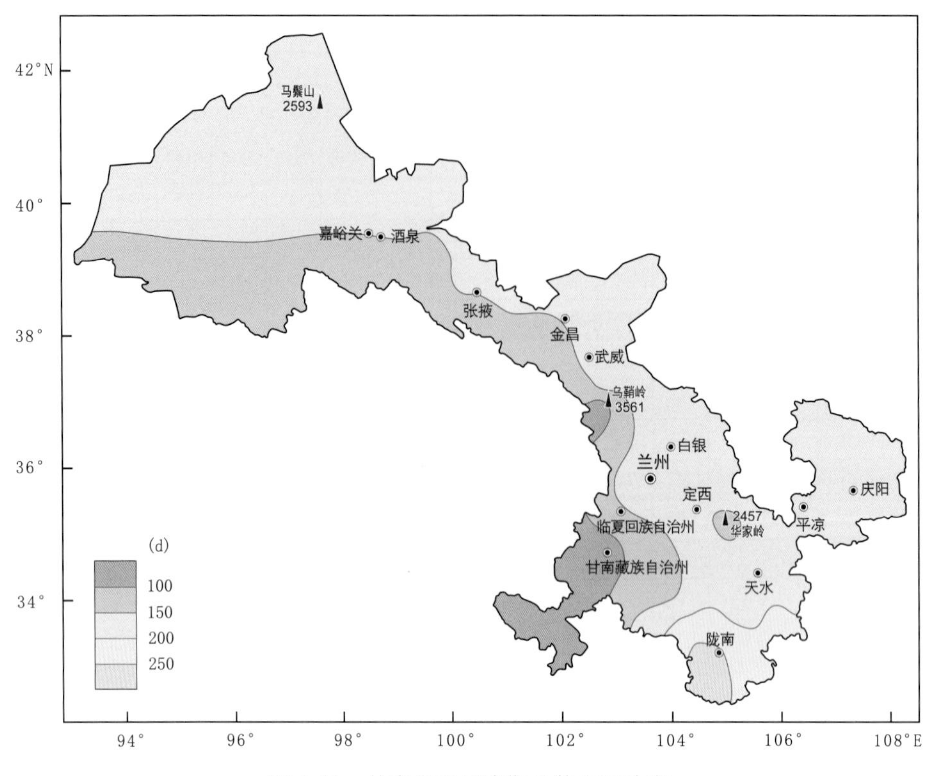

图 4.31 甘肃省无霜冻期日数空间分布

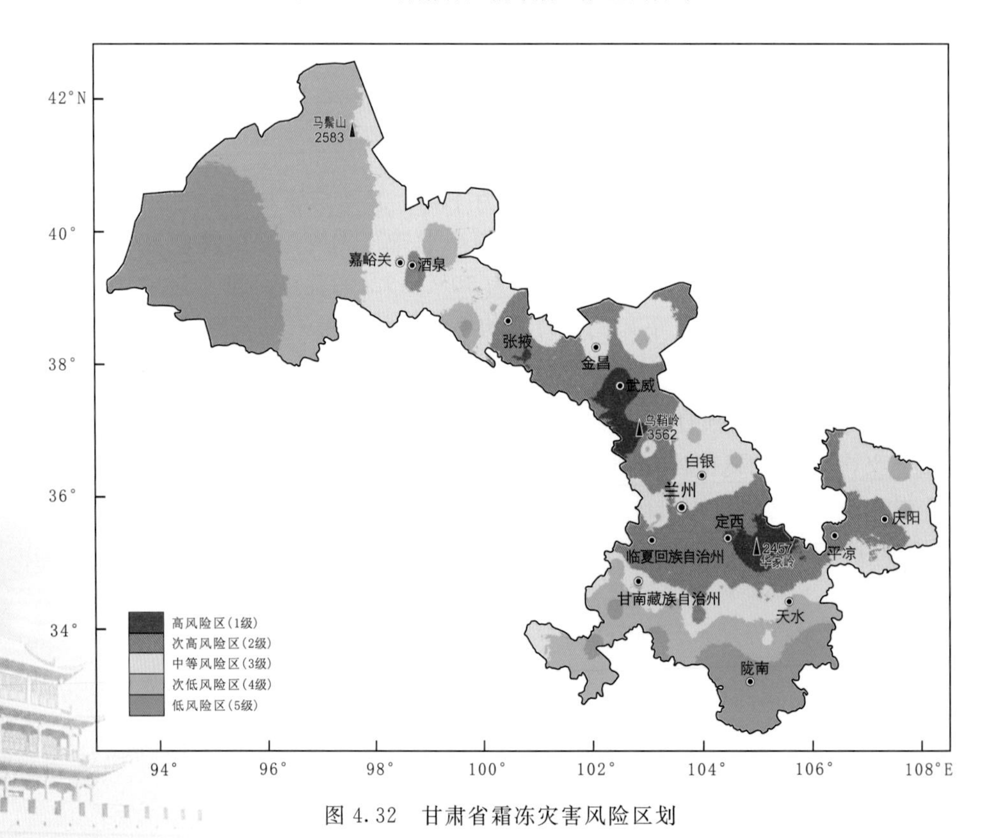

图 4.32 甘肃省霜冻灾害风险区划

4.6.4 霜冻成因

甘肃省初霜冻大部分地方出现在9—10月，终霜日多发生在4—5月。这两个时段正好是大气环流转换季节，500 hPa环流形势最不稳定，冷空气活动频繁，气温多变，容易出现区域性霜冻。秋季西风急流逐渐增强南压，中高纬度环流由4波型向3波型过渡，环流形势变动较大。春季西风急流逐渐减弱北撤，由冬季盛行的3波型向夏季盛行4波型过渡，西风带移动性槽、脊明显增多。甘肃省常处于东亚大槽后西北气流，北部常有冷空气沿高空槽后西北气流向东南移动，导致寒潮、强降温天气频繁发生，容易形成霜冻。另外，亚洲大陆冷高压与霜冻也有密切关系，在东亚大槽后西北气流引导下，常有冷高压自西伯利亚和蒙古国侵入我国，经西北地区东南下，带来较强的冷空气。当冷锋过境时，一般伴有大风、降雪、降温等天气；当冷高压控制本地区时，天气好转，到夜晚风停云散后，地面辐射降温加剧，易形成平流霜冻和辐射霜冻(李栋梁，2000b)。

4.6.5 霜冻危害

4.6.5.1 霜冻对作物危害

霜冻对农作物及经济林果造成危害，由于气温下降至0 ℃以下低温，引起植株茎叶器官组织中细胞内结冰，使细胞死亡。

全省均存在初(终)霜冻的危害。其中河西走廊、陇东和陇中受霜冻危害程度大于陇南山区。一般终霜冻危害大于初霜冻。初霜冻出现的愈早，终霜冻结束的愈迟，对农作物及经济林果的危害就愈大愈重，反之则轻。

秋季正值秋作物灌浆、乳熟和黄熟期，如果穗粒尚未进入蜡黄阶段，此时遇上霜冻天气，籽粒灌浆不能正常完成，粒重和产量受到严重影响，会造成大幅度减产或颗粒无收。一般9月出现的初霜冻比10月出现的初霜冻危害更重。

春季是果树开花或幼果期，农作物和蔬菜的幼苗期。此时遇上霜冻天气，果树、农作物和蔬菜受到严重危害，会造成大幅度减产或无收。同样5月结束的终霜冻比4月结束的终霜冻危害更重。

4.6.5.2 霜冻危害作物实例

1982年5月10—12日，正值冬小麦扬花抽穗、春小麦拔节旺长、大秋作物苗期生长的季节，全省突然出现强寒潮降温天气，各地日平均气温下降10～15 ℃，大部分地方出现降雪，临夏积雪厚度达21 cm。降雪天气结束后，全省出现了严重的终霜冻。其中永昌县作物受灾面积1.912万 hm^2，占播种面积的80%；定西市受灾面积：谷子为6700 hm^2 以上、玉米为440 hm^2、胡麻为10000 hm^2，其中谷子、玉米受害最重，全部冻死；静宁县农作物冻害成灾面积达30500 hm^2，翻耕种面积为6500 hm^2，冻死羊1141只；漳县粮食作物受灾面积为9700 hm^2，占总面积的40.8%，经济作物受灾面积3159.5 hm^2，占总面积的73.2%。

1993年春季5月7—13日，全省冻害面积达10万 hm^2 以上。其中酒泉全市近6000 hm^2 农作物受冻，其中棉花受灾面积达3500 hm^2，860 hm^2 果树严重受冻，直接经济损失600多万元。同时，古浪部分地方及永昌大部分地方的农作物受冻比较严重；陇南市武都区的8个乡遭受雪灾和霜冻害，积雪12～30 cm，受灾面积近1600 hm^2；白银、兰州、临夏等市(州)农作物也遭受冻害，兰州市有 466 hm^2 以上经济作物受灾。另外，1993 年 8 月 29 日河西民乐县沿山地区降大雪，夏粮晚熟区有 6 个乡积雪达 15 cm 左右，使 1.33 万 hm^2 即将成熟的粮、油作物被积雪压倒、茎秆折断。8 月 30 日沿山地区又出现霜冻，最低气温降至－3.0 ℃，减产粮油 1000 万 kg 以上，经济损失 1000 万元以上。

2004 年 5 月 3—5 日，甘肃省出现了自 1981 年以来受冻强度最强、受害范围最广的大范围寒潮、强霜冻灾害性天气，使正值苗期的农作物和开花育果的果树遭受了严重冻害。据统计，此次霜冻使全省 14 个市(州)62 个县(市、区)的农作物均受到不同程度的灾害，受灾面积共计 98.94 万 hm^2，占农作物播种面积的 41.6%，水果受灾面积 13.27 万 hm^2，占水果种植面积的 44%，造成的直接经济损失高达 13.37 亿元。

4.6.6 霜冻防御对策

(1)灌水法

灌水可增加近地面层空气湿度，保护地面热量，提高空气温度(可使空气升温 2 ℃左右)。由于水的热容量大，降温慢，田间温度不会很快下降。至于小面积的园林植物还可以采用喷水法，其方法是在霜冻来临前 1 h，利用喷灌设备对植物不断喷水。因水温比气温高，水在植物遇冷时会释放热量，以此来防霜冻，效果较好。

(2)遮盖法

遮盖就是利用稻草、麦秆、草木灰、杂草等覆盖植物，既可防止外面冷空气的袭击，又能减少地面热量向外散失，一般能提高气温 1～2 ℃。有些矮秆苗木植物，还可用土埋的办法，使其不致遭到冻害。该方法只能预防小面积的霜冻，其优点是防冻时间长。

(3)熏烟法

熏烟是用能够产生大量烟雾的柴草、牛粪、锯末、废机油或其他尘烟物质，在霜冻来临 0.5～1.0 h点燃。这些烟雾能够阻挡地面热量的散失，而烟雾本身也会产生一定的热量，一般能使近地面层空气温度提高 1～2 ℃。但这种方法要具备一定的天气条件，且成本较高，污染大气，不适用于普遍推广，只适用于短时霜冻的防御和在名贵林木及其苗圃上使用。

(4)施肥法

在寒潮来临前早施有机肥，特别是用半腐熟的有机肥做基肥，可改善土壤结构，增强其吸热保暖的性能。也可利用半腐熟的有机肥在继续腐熟的过程中散发出热量，提高土温。入冬后可用暖性肥料壅培林木植物，有明显的防冻效果。暖性肥料常用的有厩肥、堆肥和草木灰等。施肥法简单易行，但要根据当地的气候规律，在霜冻天气来临前 3～4 d 施用。入冬后，可用石灰水将树木、果树的树干刷白，可以减少散热，起到防冻效果。

4.7 干热风

干热风是一种高温、低湿和微风的综合作用下造成农作物植株水分大量蒸腾的灾害性天气。干热风亦称“热东风”、“火风”。

4.7.1 干热风指标

甘肃省干热风危害指标：在 6—7 月连续 2 d(或 2 d 以上)，凡同时具备以下 4 个条件，即为一次干热风天气过程。

(1)日最高气温≥30 ℃,其正距平 $\Delta TM \geq 2$ ℃,干热风过程 $\sum \Delta TM \geq 8$ ℃(过程中间可以有1天的 $\Delta TM \geq 1$ ℃);

(2)每天14时相对湿度≤30%,干热风过程14时平均相对湿度≤25%;

(3)每天3～4次定时观测中有≥1次的偏东风(从NNE—SSE,14时为静风亦可);

(4)日降水量≤0.0 mm。

4.7.2 干热风空间分布

甘肃省干热风主要危害河西走廊、陇中和陇东的北部地区。全省干热风次数自东南向西北增加,呈北部多、危害重,南部少、危害轻的形势(图4.33)。河西走廊西北部,6—7月平均为3～6次,是全省干热风次数最多、危害最严重地方;河西走廊南部、陇中和陇东的北部,平均为1～3次,干热风次数较多、危害较重;陇东南部、陇中南部和陇南,平均1次左右,是全省干热风次数最少、危害最轻地方;祁连山区、甘南高原和临夏州无干热风灾害。

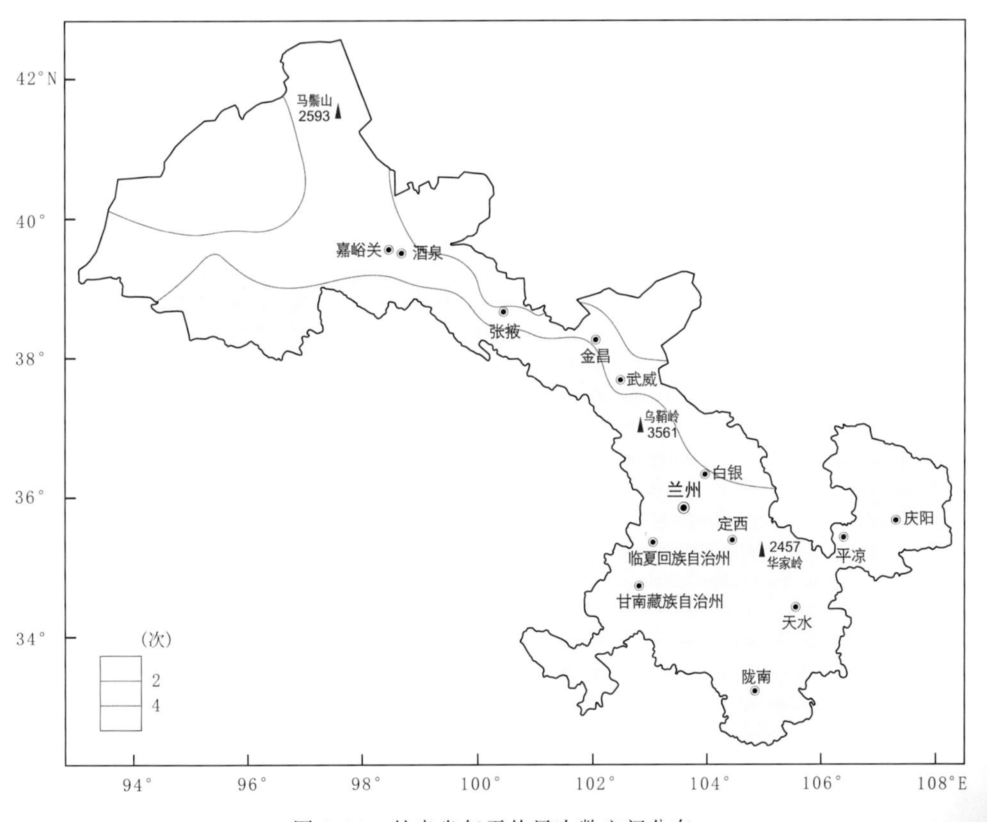

图4.33 甘肃省年干热风次数空间分布

4.7.3 干热风灾害风险区划

敦煌、酒泉东北部、张掖西北部、武威北部为干热风灾害高风险区。低风险区和次低风险区主要分布在祁连山区、甘南、定西南部和陇南部分地方(图4.34)。

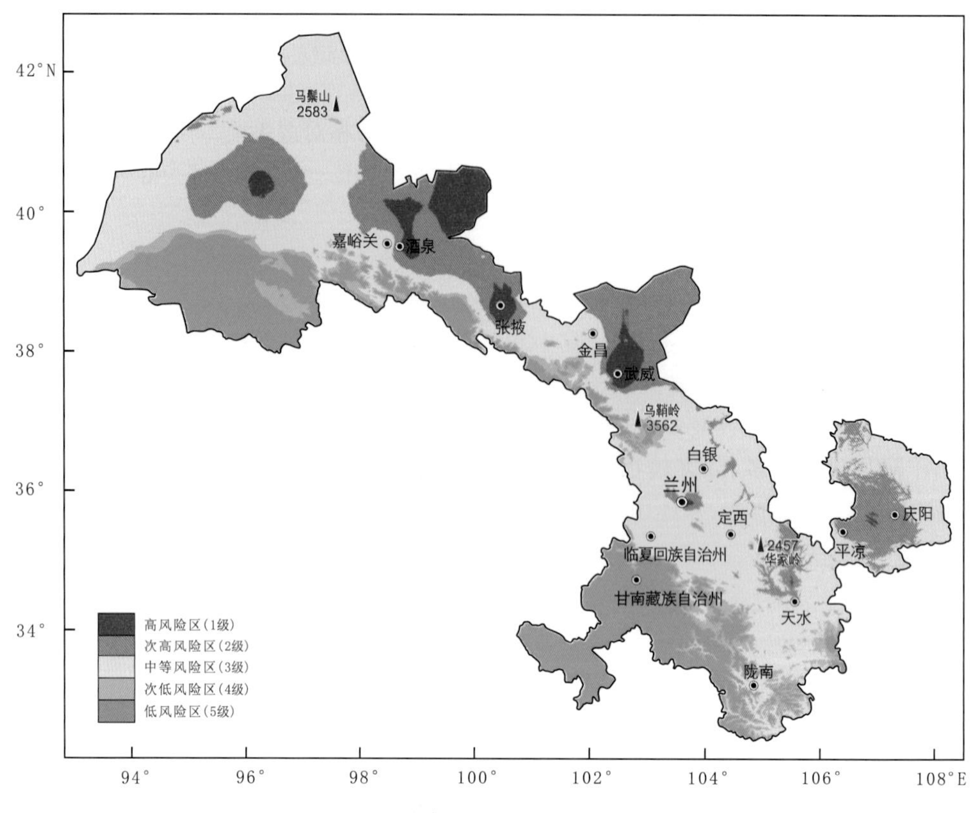

图 4.34　甘肃省干热风灾害风险区划

4.7.4　干热风成因

西北地区形成干热风的天气系统，主要是从中亚地区东移过来的高压脊，在青藏高原和西北地区得到发展和加强，其次是青藏高原原地有暖高压脊发展北挺。受高压脊影响的地区，中、低层气柱维持下沉气流，天气晴朗，且不断有暖平流输送，导致干热风天气形成。在多数情况下，往往是上述两种过程叠加造成的。有时西太平洋副热带高压西伸，也可以造成河西中东部地区的干热风天气，但为数较少。

在 700 hPa 高空图上，柴达木盆地有热低压强烈发展，蒙古国南部和我国河套地区则有一高压，河西走廊上空形成“北高南低”的吹偏东风气压场形势。地面图上，河套一带受高压控制，南疆盆地有热低压形成和发展并逐渐东移控制河西走廊，形成“西低东高”的气压场，河西走廊出现盛行偏东风的高温、低湿天气。加上河西走廊戈壁沙漠地区，森林植被稀少，晴朗天气太阳辐射强烈，地表面增温显著，在干热气流的移动过程中，山、塬的“焚风”效应使本来就干暖的空气变得更加干热，形成了干热风天气(刘德祥，2008)。

4.7.5　干热风危害

4.7.5.1　干热风对作物危害

干热风与缺水干旱不同，发生干热风时不一定土壤水分含量少，即使是当时土壤水分充足，也会造成危害。当干热风出现时，气温很高，空气湿度很小，温、湿、风(有时是微风或静风)

气象要素发生剧烈变化，致使农作物难于承受而受害。

小麦开花至乳熟期是干热风危害的多发期，这时遇到干热风天气，能引起花器官的生理干旱，造成不实小穗数增多，穗粒数减少；灌浆乳期遇到干热风天气，则使有机物质合成、转化和输送过程受到抑制或破坏，造成麦粒秕瘦，千粒重下降，产量降低（张志红，2013）。干热风强度愈大，小麦受害愈重。棉花在现蕾期或开花期如遇到干热风天气时，可使花蕾凋萎或受精不良，以致蕾铃脱落而产量降低。

4.7.5.2 干热风危害作物实例

1961年6月8—11日，武威市受偏东风干热风天气影响，小麦80%～90%植株萎蔫，大部分叶片拧成一股绳，部分叶片撕裂。6月10—15日，张掖出现干热风，最高温度达38 ℃，日蒸发量24.6 mm，日平均相对湿度下降到20%。小麦受害植株达80%，叶片卷曲，有的拧成一股绳，叶缘有小泡，叶色变白，叶尖变黄，芒干枯；玉门镇偏东风，小麦受害植株达90%，叶尖黄焦1～3 cm，叶片卷曲。张掖市7月9—13日和16—18日干热风出现时，正是小麦灌浆乳熟期，干热风过后麦粒青秕，受害严重的地方小麦千粒重下降30%～40%。

1964年7月26—28日，酒泉市各县出现了一次较强干热风，小麦一般受灾减产2成左右，严重的地方达3成以上。其中敦煌市最高温度达37 ℃，棉花、谷子减产，果树一半果实脱落。敦煌市棉花原每株有效蕾数6.1个，干热风危害后有效蕾数减至2.4个，铃数减至3.2个，损害率达51.3%，除正常自然落铃率15%～20%，实际干热风影响损失率为30%～35%。瓜州最高温度37.2 ℃，棉花叶片干枯，减产约10%。小麦落粒，减产约15%。

1972年6月27—29日，河西地区出现较大范围干热风天气。敦煌偏东风，估计损失粮食36万kg。武威静风，小麦叶片下垂稍卷曲，穗头发白，小麦籽粒增重极小，未灌水和不抗旱品种减产约5%，一般减产2%～3%。8月6—9日，敦煌最高温度达39.6 ℃，日平均温度29.7 ℃，日平均相对湿度下降到26%，偏东风平均4～5级，持续时间67 h，棉花平均每株落铃1.2个，幼铃脱落达15%，全县受灾棉田为3733 hm^2，损失棉花为22.5万kg左右，玉米、高粱、谷子等每公顷减产195 kg左右。

1991年6月21—23日，敦煌市出现干热风天气对春小麦扬花、灌浆极为不利，全市有7300 hm^2 以上受害，小麦千粒重下降；7月18—20日敦煌干热风天气，致使棉花蕾铃脱落率达13.8%。6月19—24和7月8—14日，瓜州县出现两次强干热风天气，造成小麦高温逼熟，籽粒不饱满，瓜州县西部小麦千粒重下降1～4 g；高温使玉米花粉、花丝发育受阻，授粉不良，造成秃顶、缺粒和空秆。6月20—24日，7月9—14日及17—19日，金塔县3次干热风天气，使小麦出现逼熟现象，千粒重比去年下降10 g。张掖市6月21—24日出现的中等偏强干热风天气，造成小麦减产300万kg以上。

4.7.6 干热风防御对策

（1）抓好“躲”、“抗”、“改”三个方面综合措施

所谓“躲”，就是通过改变作物种植制度和布局以及一些农业栽培措施，避免和减轻干热风的危害；“抗”就是通过全面实行科学种田，增强作物抗干热风能力；“改”主要是改变干热风天气状况，削弱其强度，减轻它对作物的危害。

（2）调整农作物种植结构

根据干热风长期预报，主动调整夏、秋田播种比例，改变作物布局和种植制度，躲避干热风

危害。要适当扩种冬小麦，适时早播春小麦，选育推广抗干热风品种，推广带状种植。干热风发生前适时适量灌水，这是河西走廊地区有效防御干热风的方法。

(3)种植防护林带

大力植树种草，实施农田林网化，可以改善农田近地面层空气的水热状况。由于森林冠层和草被对太阳强烈辐射能的吸收、反射及大量水分的蒸散作用，对太阳辐射能大量消耗，降低了近地表面层的空气温度，增加了空气中水汽含量，增大了地表面粗糙度使风速减小，从而起到防止干热风形成的作用，这是一项防御干热风行之有效的战略措施与途径。

(4)农田提前灌水

在干热风发生前1～2 d对农作物进行灌溉或进行喷灌，可使田间温度下降1～2 ℃，相对湿度提高5%～8%，起到防止干热风的形成或减轻干热风强度的作用，达到保产、增产目的。在水利条件好的地区，这是一项方便有效的防御措施。

4.8 连阴雨

4.8.1 连阴雨标准

连阴雨日数≥5 d，过程降水总量≥15 mm(允许其中1 d有微量降水或无降水，但过程开始或结束日降水量必须≥0.1 mm，日平均总云量≥8成)，同时满足以上条件者，定为一次连阴雨天气过程(魏锋，2005)。并将同一次连阴雨过程出现站数≥5站者，规定为一次区域性连阴雨。

4.8.2 连阴雨空间分布

4.8.2.1 年连阴雨次数

全省平均年连阴雨4.0次(表4.15)，敦煌为0.1次，是甘肃省最少中心；碌曲为9.6次，是全省最多中心。河西走廊西部大部小于2次，河西走廊中东部、陇中北部为1～4次，祁连山区、陇中南部、陇东、陇南北部为4～8次；甘南为8～10次，是全省最多地方(图4.35)。

表4.15 甘肃省各地代表站各月、年连阴雨次数(1981—2010年)(单位:次)

站名	1月	2月	3月	4月	5月	6月	7月	8月	9月	10月	11月	12月	全年
马鬃山	0	0	0	0	0	0.1	0.1	0	0	0	0	0	0.2
敦煌	0	0	0	0	0	0	0.1	0	0	0	0	0	0.1
肃北	0	0	0.1	0	0.2	0.3	0.3	0.1	0.1	0	0	0	1.1
酒泉	0	0	0.1	0	0	0.1	0.1	0.1	0.2	0	0	0	0.6
张掖	0	0	0	0	0	0.2	0.2	0.2	0.2	0	0	0	0.8
肃南	0	0	0	0	0.4	0.7	1.2	0.9	0.4	0	0	0	3.6
民勤	0	0	0	0	0	0	0	0.1	0.2	0	0	0	0.3
武威	0	0	0.1	0	0.2	0.2	0.1	0.3	0.3	0.1	0	0	1.3
乌鞘岭	0	0	0.1	0.1	0.8	1.0	1.5	1.5	1.4	0.3	0	0	6.7
兰州	0	0	0.1	0	0.1	0.2	0.4	0.3	0.4	0.2	0	0	1.7
白银	0	0	0	0	0.1	0.2	0.3	0.3	0.2	0.1	0	0	1.2
安定	0	0	0	0.1	0.4	0.5	0.6	0.8	0.5	0.4	0	0	3.3

续表

站名	1月	2月	3月	4月	5月	6月	7月	8月	9月	10月	11月	12月	全年
岷县	0	0	0	0.6	1.4	1.4	1.3	1.3	1.0	0.7	0	0	7.7
临夏	0	0	0.2	0.2	0.7	0.9	1.0	0.7	0.9	0.5	0	0	5.1
玛曲	0	0	0	0.2	1.5	1.8	1.9	1.7	1.5	0.9	0	0	9.5
合作	0	0	0.2	0.4	1.4	1.7	1.5	1.5	1.4	0.8	0	0	8.9
天水	0	0	0	0.1	0.5	0.4	0.7	0.7	0.7	0.5	0	0	3.6
环县	0	0	0.1	0.2	0.3	0.4	0.5	0.6	0.5	0.2	0	0	2.8
庆城	0	0	0.2	0.3	0.4	0.4	1.0	0.8	1.0	0.3	0.1	0	4.5
正宁	0	0	0.2	0.4	0.4	0.5	1.2	0.9	1.0	0.6	0.1	0	5.3
崆峒	0	0	0.1	0.2	0.4	0.5	0.8	0.9	0.7	0.6	0	0	4.2
康县	0.1	0.1	0.3	0.6	1.0	0.9	1.3	1.2	1.3	1.0	0.2	0	8.0
武都	0	0	0.1	0.3	0.7	0.7	0.7	0.8	0.8	0.6	0	0	4.7
文县	0	0	0	0.2	0.6	0.9	1.0	0.8	0.6	0.4	0	0	4.5

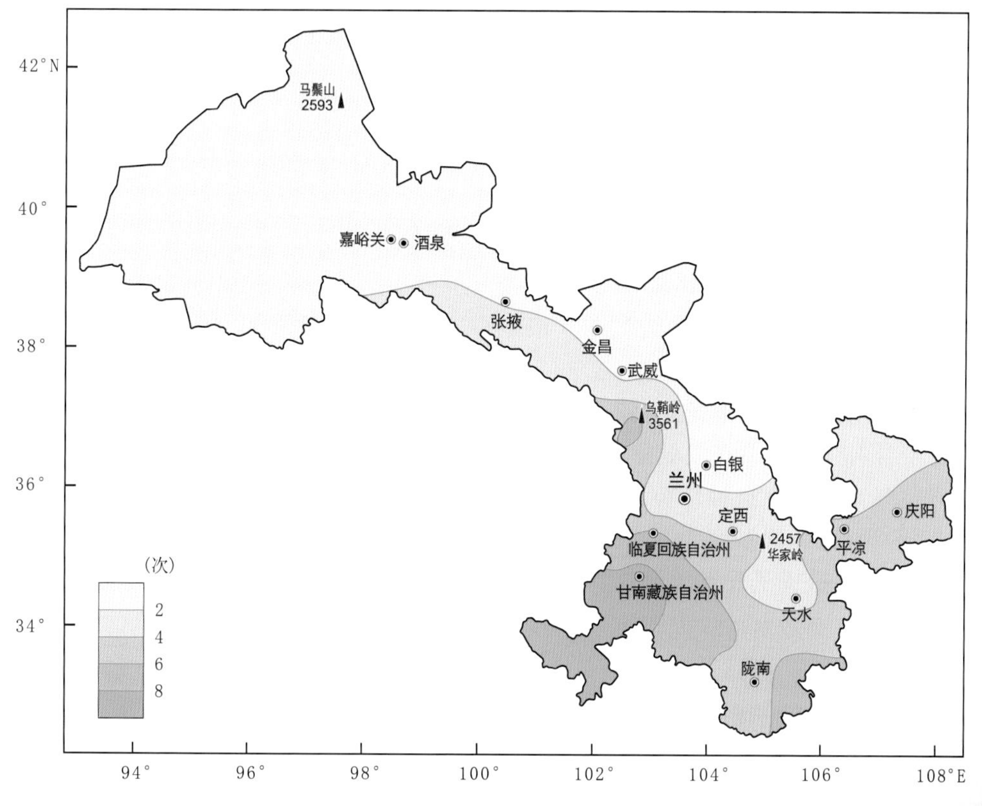

图 4.35 甘肃省年连阴雨次数空间分布

4.8.2.2 连阴雨次数年变化

甘肃连阴雨一般出现在3—11月。其中,陇南市个别地方12月或1月也会出现。河西地区连阴雨天气过程主要出现在夏季5—9月,河东大部地方出现在3—11月。

全省连阴雨年变化总趋势是3月以后迅速增加,9月以后迅速减少。全省连阴雨年变化大致有3种类型:即单峰型、双峰型和3峰型。单峰型分布在河西和甘南高原,峰值出现7月或8月。双峰型主要分布在陇东少数地方,第一个峰值出现在5月或6月,第二个峰值出现在9月,两个峰值的低谷值出现在7月或8月。三峰型分布在陇东和陇南,第一个峰值出现在5月,低谷值出现在6月;第二个峰值出现在7月,低谷值出现在8月;第三个峰值出现在9月(图4.36)。

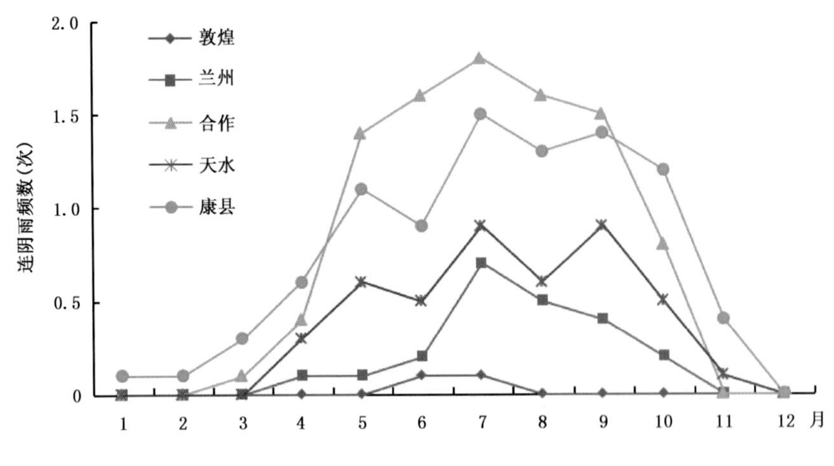

图4.36　甘肃省代表站连阴雨次数年变化

4.8.3　连阴雨成因

4.8.3.1　春季连阴雨环流特征

据统计,3—5月全省连阴雨天气500 hPa的环流特征,发现低纬度环流特征一个显著特点是:南海副热带高压位置和强度比常年偏西、偏强,南支西风中的低槽比平均位置偏西,其前部西南气流为河东持续阴雨天气提供了充足的暖湿气流。高纬度环流经向度一般较大,在乌拉尔山一带常有强大的高脊或低槽,若高脊与极地高压合并,导致脊前极地冷空气或乌拉尔山低槽中冷空气南下。在这种形势下,青藏高原南支槽和北支槽相连接,在高原东部边缘形成贯通南、北的深槽,我国东部为一个强脊,形成了东高西低的稳定形势,新疆不断有低槽沿偏西气流向东南移,造成了我省大部春季连阴雨天气过程。(李栋梁,2000b)。

4.8.3.2　夏季连阴雨环流特征

近35年,甘肃省夏季平均连阴雨次数年内分布与夏季降水量年内分布极为相似,均占全年一半以上。统计发现,连阴雨多发年环流特征也与夏季多雨年环流特征极为相似,即500 hPa位势场分布东边比西边高,这种形势的形成大多是西风带系统和副热带系统相互作用的结果。当西风带高压脊与副热带高压相互叠加或合并,导致副高西伸北抬,其西侧暖湿气流源源不断的向北输送,冷暖空气在西北地区东部上空交绥,形成大范围降水。由于这种降水形势较为稳定,降水持续时间较长,形成连阴雨的次数也较多。

4.8.3.3　秋季连阴雨环流特征

甘肃省秋季连阴雨为华西秋雨的一部分,降雨类型和天气现象比较典型,主要受副热带高压和中亚低槽影响。秋季在大气环流由夏季型向冬季型转变过程中,对流层高层西风急流南压至40°N时;青藏高原东北侧包括甘肃省河东地区在内的西北地区东部,位于急流南侧的高空辐散区，而对流层低层却保持着高温高湿的热力特征，对流上升运动活跃，形成了低层辐合、高层辐散的垂直环流机制。这时，对流层中部500 hPa欧亚环流形势相对稳定，乌拉尔山的长波脊和中亚低槽维持。偏强、偏北、偏西的副热带高压外围偏南气流为该区域输送了大量的水汽，从而形成了甘肃省河东地区在内的、西北地区东部的、持续的连阴雨天气；当西风带中纬度新疆高脊建立，副热带高压东移南退时，西北地区东部的连阴雨天气结束（方建刚，2005）。

4.8.4 连阴雨天气危害

4.8.4.1 春季连阴雨危害

春季，在甘肃正值冬小麦等越冬作物返青后幼苗生长期、拔节孕穗期、开花授粉期和灌浆、成熟期；春播作物玉米、高粱等播种出苗、幼苗生长期。连阴雨天气将影响适时播种，已播种的因土壤温度低，种子发不了芽，造成种子粉籽和霉烂；苗期可引起植株徒长，植株生长瘦弱；开花授粉期，雨水可冲散花粉或使花粉吸水过多引起花粉粒破裂，造成授粉不良和不实；引起锈病、白粉病、赤霉病等病害滋生蔓延。在甘南牧区，牧畜正值产羔和春乏期，连续几天降雪天气可导致气温低并形成积雪覆盖草场，使牧畜采食困难，身体乏弱的牲畜，此时或因饥寒交迫，或因雪深牧畜身体腹部着雪行走困难而倒毙于雪堆，还容易引起牧畜生病，甚至死亡。

4.8.4.2 夏季连阴雨危害

夏季，甘肃省正值小麦灌浆成熟期，尤其是6—7月出现连阴雨天气，影响小麦扬花、授粉、灌浆和成熟，也引起农作物贪青晚熟和穗上种子发芽；引起锈病、白粉病、赤霉病等病害滋生蔓延。小麦成熟和收割期间出现连阴雨天气，导致小麦倒伏，影响收割，使穗上籽粒发芽发霉，影响产量和质量。

4.8.4.3 秋季连阴雨危害

秋季连阴雨天气兼有利、弊两重性。利在于秋雨多可使农田土壤含蓄大量水分，以利翌年春播出苗生长，并在春雨少时段以供农作物的生长发育大量需水之用。农谚曰，“麦收隔年墒”、“春旱秋抗”就是这个道理。

秋季正值秋作物成熟及收获期，冬小麦、冬油菜、冬豆类等秋播作物的播种出苗、幼苗期，冬贮牧草的刈割晾晒储备期，梨、苹果的成熟采收期，如果遇上连阴雨天气，可造成作物开花授粉不良、灌浆不好，引起株穗贪青晚熟、生育期推迟、植株倒伏及造成收获打碾困难等。影响越冬作物的适时播种、幼苗生长瘦弱及病害的发生等。

在甘南高原牧区和祁连山高山牧区，秋季连阴雨（雪）天气对牧业是利、弊兼之。利是连阴雨带来的降水多有利于牧草的生长和牧畜的放牧采食、抓膘；弊是连阴雨（雪）天气日数过长，地面潮湿、水草凉，牧畜采食后易患腹泻，将会直接影响到牧畜上膘。同时，还容易诱发植物病害，会直接影响到冬饲牧草的刈割、晾晒和贮藏质量，进而影响到牧畜冬季保膘。

4.8.4.4 连阴雨危害实例

1976年，自5月中旬至9月中旬农作物生长关键时期，全省10个县、市或以上的连阴雨天气达10次之多。6月中旬到下旬、7月下旬至8月上旬、8月上旬至中旬、8月中旬到下旬和9月上旬到中旬，5次区域性连阴雨天气，河东地区40～50个县、市受到连阴雨天气影响。连阴雨一般持续5～12 d，对农业生产有利的一面是：在不同季节分别满足了作物需水要求，增加了土壤底墒，蓄满了水库塘坝。不利的是：黄河上游的洮河流量增大，8月下旬刘家峡水库入库流量是1969年蓄水以来的最大值，有的河流堤坝遇险。

1979年6月末至7月中旬，河东广大地区出现连阴雨，降水量50～100 mm，持续10天左右。7月下旬至8月上旬，全省有64个县市出现8 d左右连阴雨天气，一般降水量为60～80 mm，中部地区为100～160 mm。8月中旬至下旬，河东广大地区出现连阴雨天气，持续7～9 d，降水量为20～80 mm。阴雨日多，光照不足，秋作物成熟期推迟，河西推迟半月左右，河东推迟7～10 d，造成小麦不能及时收割打碾，生芽霉烂而损失严重。

1990年3月23—27日，河西地区出现罕见的长时间、大降水量的连阴雨（雪）天气。酒泉地区连阴雪的降水量多达8～23 mm，造成大面积土壤板结，对春小麦出苗不利，部分盐碱地种子发生霉烂。4月上旬气温偏低，二阴山区和高寒地区的积雪又厚，融化时间拖长，表层土壤过湿，难以如期播种的春小麦全省有3.3万hm^2以上，推迟播种期一周以上。降雪多，积雪厚，影响了交通，造成通信线路中断现象在甘肃省各地时有发生。肃北县马鬃山镇因降大雪时气温低，电线积冰16 mm，压断电杆62根，中断了通信。降雪多，积雪厚还造成大批牲畜死亡、流产，其中羊死亡2.36万只，其他牲畜死亡7905头。连阴雨（雪）天气虽有其害，但增加了土壤水分，利于冬小麦返青、春播出苗和牧草的返青生长（中国气象灾害大典：甘肃卷，2005）。

2007全年共出现区域性连阴雨14次，春季3次、夏季7次、秋季4次。其中9月26—10月15日在玉门以东72站出现了大范围连阴雨天气过程，持续时间大多数地方在11～20天，其中和政、夏河分别为23天和22天；过程降水量大多数地方在50～169 mm（康县）；范围之大、持续时间之长、过程降水量之多是1951年以来同期所罕见。

秋季连阴雨范围大、持续时间长、过程降水量多且低温寡照，严重影响秋作物产量及品质的形成，成熟期滞后，收获期相应推后，收获作物的晾晒和打碾工作也受到较重影响，对冬麦播种、出苗及大田蔬菜生长均造成很大影响，并利于条锈病等病害的发展蔓延及引发洪水、山体滑坡等地质灾害，使大部分地方不同程度受灾，其中玉门、天祝、山丹、宁县、古浪、积石山、华池、临洮、庆城等9县（区）受灾较严重。据不完全统计，2007年全省低温连阴雨造成63.11万人受灾，死亡3人，受伤2人；农作物受灾面积10.788万hm^2，成灾面积0.53万hm^2，绝收面积0.03万hm^2，损坏房屋3190间，倒塌房屋2503间，死亡大牲畜2358头，直接经济损失达4.263亿元。

4.8.5 连阴雨防御对策

（1）加强连阴雨天气监测预警

及时准确发布中期和长期的连阴雨天气预报预警，有针对性地开展连阴雨天气的农业气象服务和防御指南。

（2）调整农作物播种期和收获期

在春季连阴雨天气过程发生时，能早下种的作物可提前播种，以免遇上连阴雨天气而延误播种期。在秋季如有连阴雨天气过程发生，对已成熟作物应立即抢收、打碾晾晒，以免造成损失。在牧区冬贮饲草应提前收割晾晒、收获储藏。

（3）调整农作物品种种植结构

秋季连阴雨天气发生频率大的地区，大秋作物和复种作物均应选择生育期短的早、中熟品种，避免播种生育期长的晚熟品种，使其在连阴雨出现频率大的时段以前，能完成灌浆成熟和收获。同时秋季能早播的越冬作物，可在连阴雨天气过程前播种。

4.9 极端天气气候事件

4.9.1 极端天气气候事件标准

极端天气气候事件是一种在特定地区和时间内罕见的天气事件,具有破坏性大、突发性强和难以预测等特点。"罕见"的定义有多种,政府间气候变化专门委员会对极端天气气候事件给出明确定义:极端天气气候事件是指其发生概率小于观测记录概率密度函数第10个或第90个百分位点。通俗地讲,极端天气事件指的是50年一遇或100年一遇的小概率事件。极端天气灾害可分为冰冻、暴雪、暴雨、热浪、寒潮、大风等。

对于极端事件阈值的确定,采用排位法计算,对指标历史序列从小到大进行排位,定义序列第95百分位值为极端多事件,第5百分位值为极端少事件;具体做法:取气候标准期(如1981—2010年)内每年某一指标(如:日降水量)即年日最大值和次大值,得到一个包含60个样本的序列。对序列从小到大进行排序,第3个值为发生偏少(小)极端事件阈值,小于该值阈值的事件为极端偏少(小)事件;第57个值为偏多(大)极端事件阈值,大于该值阈值的事件为极端偏多(大)事件。

对于日最高(低)日数阈值确定,取气候标准期(如1981—2010年)内每年某一指标(日最高气温≥35 ℃日数)极值,得到一个包含30个样本的序列。对序列从小到大进行排序,第2个值为发生偏少(小)极端事件阈值,小于该值阈值的事件为极端偏少(小)事件;第28个值为偏多(大)极端事件阈值,大于该值阈值的事件为极端偏多(大)事件。如果该事件在气候标准期内有较多的缺测或没有出现,该站点就不参加计算。

4.9.2 极端气温事件

4.9.2.1 极端最高气温阈值

甘肃省极端最高气温阈值与日平均最高气温分布特征基本一致,极端最高气温阈值随海拔升高而降低,全省阈值变化范围为24.7(玛曲)~41.1 ℃(敦煌)。祁连山区中、东段和甘南高原海拔较高,阈值最低,为24.7~35.3 ℃,河西走廊、陇中为32.0~41.1 ℃,陇东和陇南为32.7~38.5 ℃(表4.16、图4.37)。

表4.16 极端气温事件阈值

站名	极端高温(℃)	极端低温(℃)	日最高气温≥32 ℃日数(d)	日最高气温≥35 ℃日数(d)	日最低气温≤−10 ℃日数(d)	日最低气温≤−20 ℃日数(d)
马鬃山	35.4	−35.4	12	1	130	37
敦煌	41.1	−26.4	73	28	79	7
肃北	36.2	−23.0	6	—	68	3
酒泉	36.6	−28.9	24	5	92	12
张掖	38.4	−28.1	34	11	95	13
肃南	32.2	−25.8	1	—	110	10

续表

站名	极端高温(℃)	极端低温(℃)	日最高气温≥32 ℃日数(d)	日最高气温≥35 ℃日数(d)	日最低气温≤-10 ℃日数(d)	日最低气温≤-20 ℃日数(d)
民勤	40.7	-26.9	40	10	87	8
武威	38.8	-25.3	26	7	80	6
乌鞘岭	26.6	-28.1	—	—	127	20
兰州	39.7	-18.0	5	—	82	2
白银	37.0	-21.2	22	4	67	—
安定	34.8	-25.6	5	—	68	5
岷县	32.0	-22.4	1	—	63	2
临夏	35.9	-22.1	7	—	60	1
玛曲	24.7	-26.9	—	—	116	19
合作	29.5	-27.1	—	—	111	19
天水	37.7	-14.2	42	8	7	—
环县	37.7	-24.9	31	6	65	3
西峰	35.4	-20.0	8	1	24	—
正宁	34.0	-20.1	7	—	24	—
崆峒	35.7	-19.0	13	1	34	6
康县	34.9	-13.9	14	—	3	—
武都	38.2	-7.0	58	23	—	—
文县	38.4	-5.8	54	17	—	—

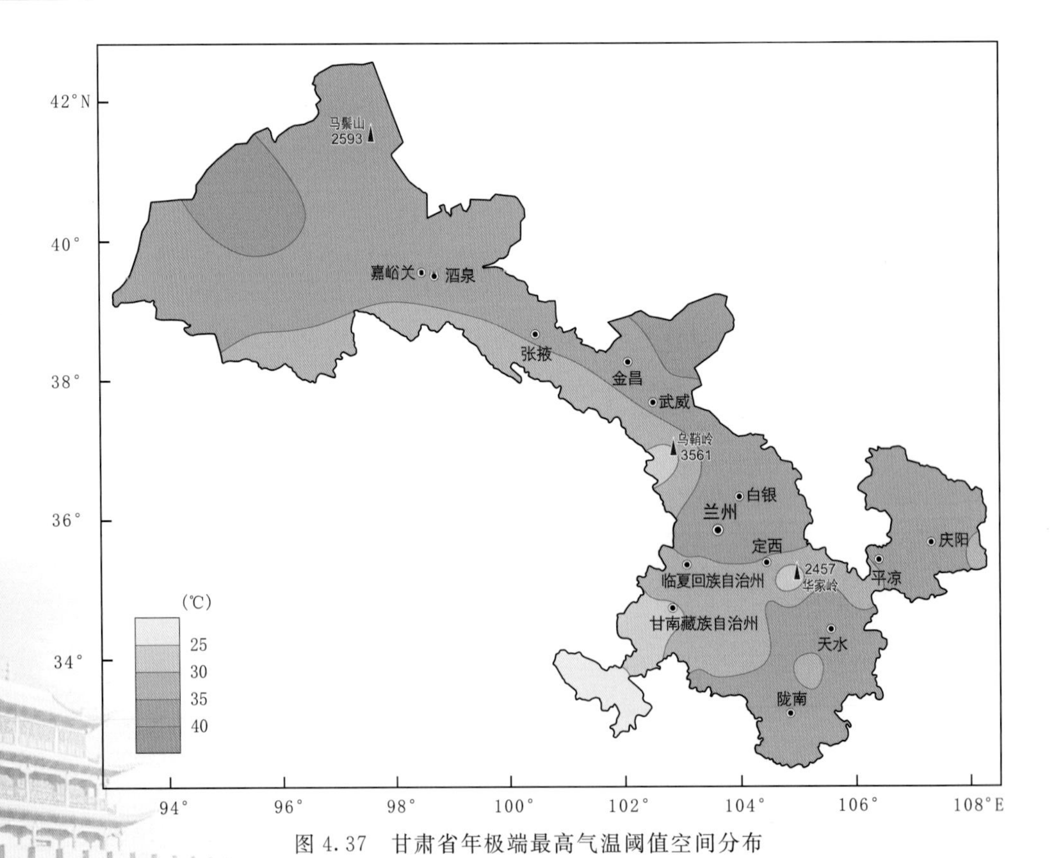

图 4.37 甘肃省年极端最高气温阈值空间分布

4.9.2.2　极端最低气温阈值

甘肃省极端最低气温阈值变化范围为－35.4(马鬃山)～－5.8 ℃(文县)。河西走廊和甘南州北部最低，为－35.4～－23.0 ℃，陇中和陇东为－27.0～－18.0 ℃，陇南和甘南州南部纬度偏南，气候温暖，极端最低气温阈值为－24.1～－5.8 ℃(图 4.38、表 4.16)。

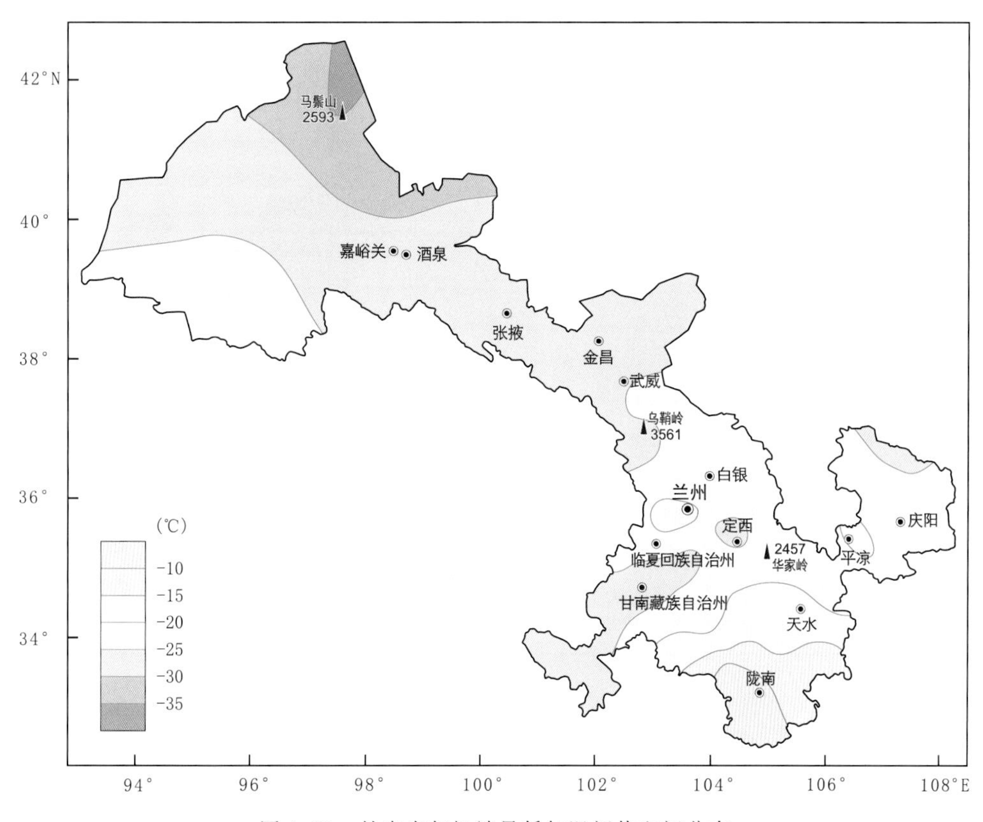

图 4.38　甘肃省年极端最低气温阈值空间分布

4.9.2.3　日最高气温≥32 ℃日数阈值

甘肃省祁连山区中东段和甘南高原北部地区未出现 32 ℃以上高温日数。日最高气温≥32 ℃日数阈值变化范围为 1～73 d。河西西北部最多为 50～73 d，河西走廊、陇东和陇南大部分地区为 10～58 d，陇中北部、甘南南部为 8～40 d，陇中南部为 1～8 d(图 4.39)。

4.9.2.4　日最高气温≥35 ℃日数阈值

甘肃省祁连山区、甘南高原和陇中定西市地区在气候校准期内，未出现 35 ℃以上高温日数，因此不予统计。日最高气温≥35 ℃日数阈值变化范围为 1～28 d。河西西北部、陇南西南部最多为 10～28 d，甘肃省其余地区为 1～9 d(图 4.40)。

4.9.2.5　日最低气温≤－10 ℃日数阈值

甘肃省陇南西南部地区在气候校准期内未出现－10 ℃以下低温日数，因此不予统计。全省日最低气温≤－10 ℃日数阈值变化范围为 3～130 d。河西马鬃山地区、祁连山区和甘南高原北部为 100～130 d；河西走廊为 80～100 d，陇中、陇东为 30～80 d；陇南为 3～40 d(图 4.41)。

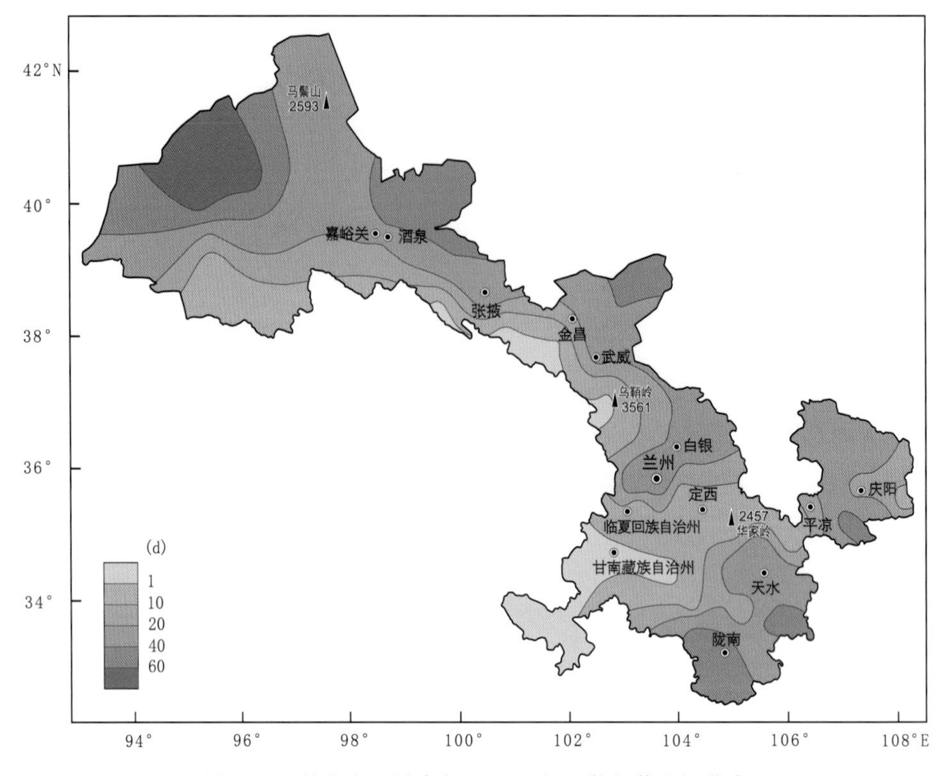

图 4.39 甘肃省日最高气温≥32 ℃日数阈值空间分布

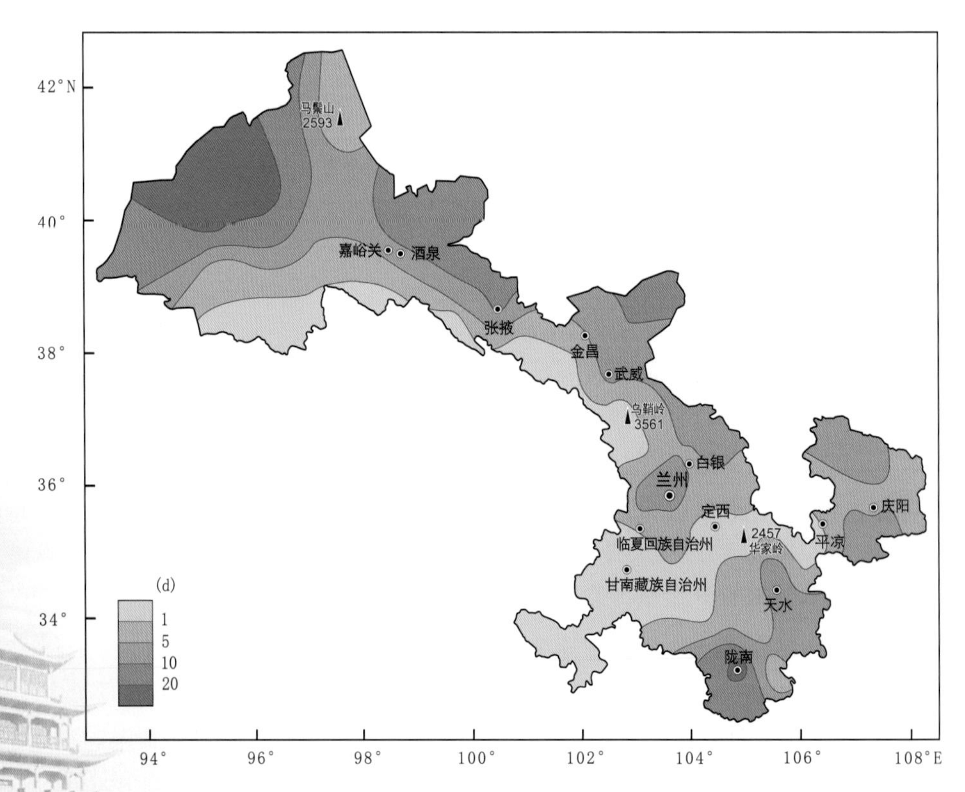

图 4.40 甘肃省日最高气温≥35 ℃日数阈值空间分布

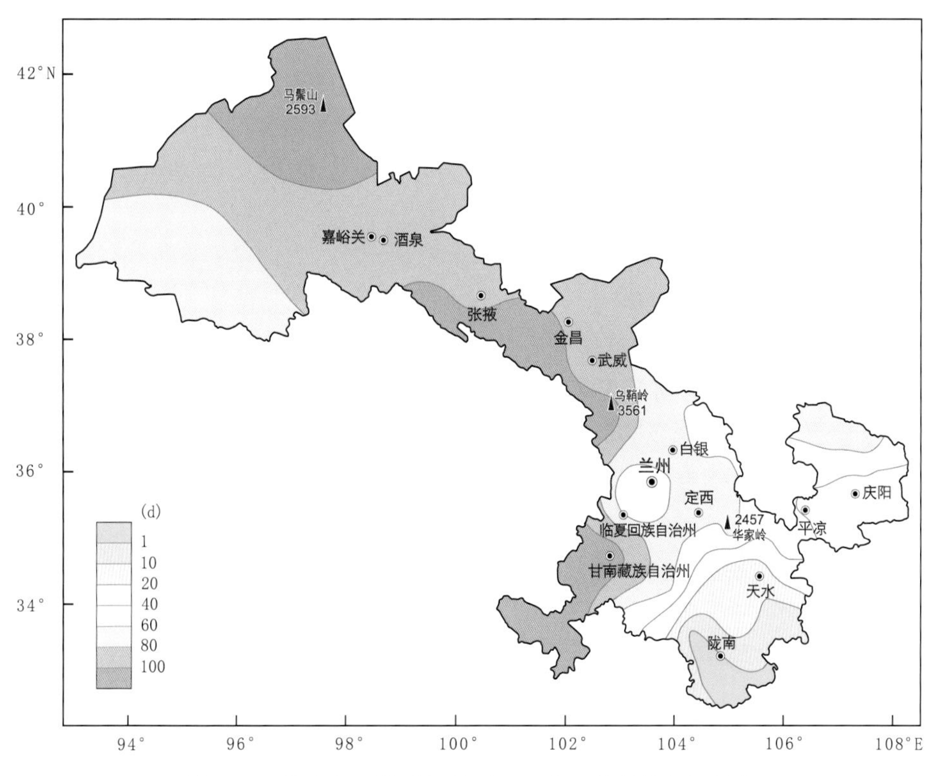

图 4.41　甘肃省日最低气温≤－10 ℃日数阈值空间分布

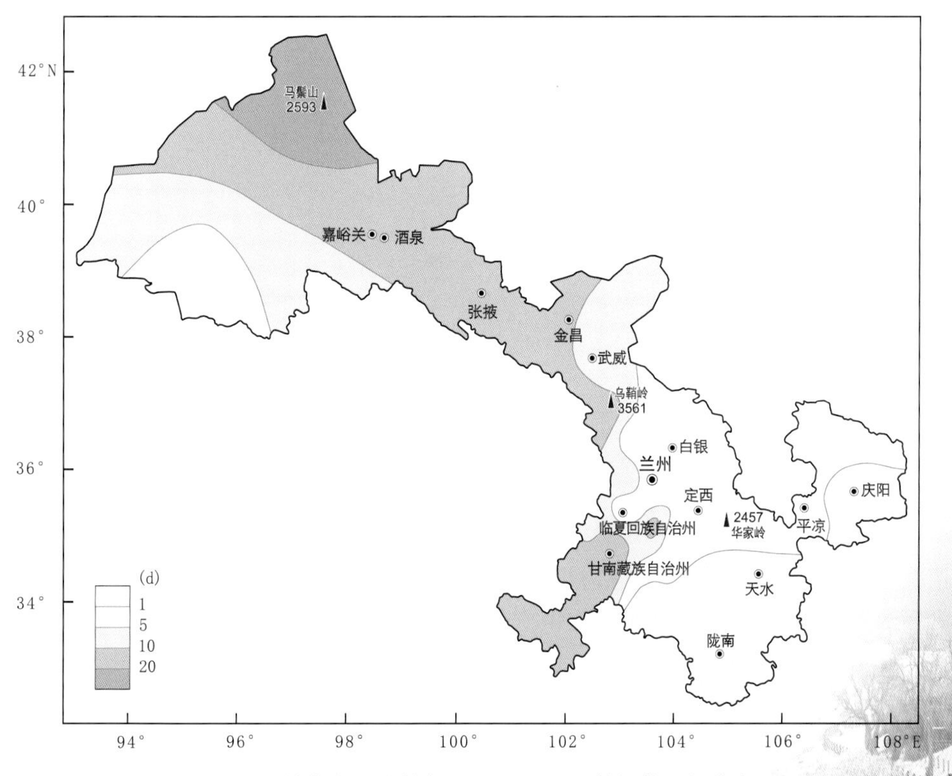

图 4.42　甘肃省日最低气温≤－20 ℃日数阈值空间分布

4.9.2.6 日最低气温≤−20 ℃日数阈值

甘肃省陇东南部、陇南和甘南南部地区在气候校准期内未出现−20 ℃以下低温日数，因此不予统计。日最低气温≤−20 ℃日数阈值变化范围为1～37 d。河西马鬃山地区和甘南高原北部为15～37 d，河西走廊、陇中临夏州为5～15 d，陇中、陇东为1～5 d(图4.42)

4.9.3 极端降水事件

4.9.3.1 日最大降水量阈值

甘肃省日最大降水量阈值空间分布从东南向西北递减。全省日最大降水量阈值为17.9(敦煌)～122.2 mm(康县)。河西走廊、陇中北部为17.9～48.5 mm，陇中南部、陇南西北部和甘南州为39.1～77.2 mm，陇东和陇南东南部为56.2～122.2 mm(图4.43、表4.17)。

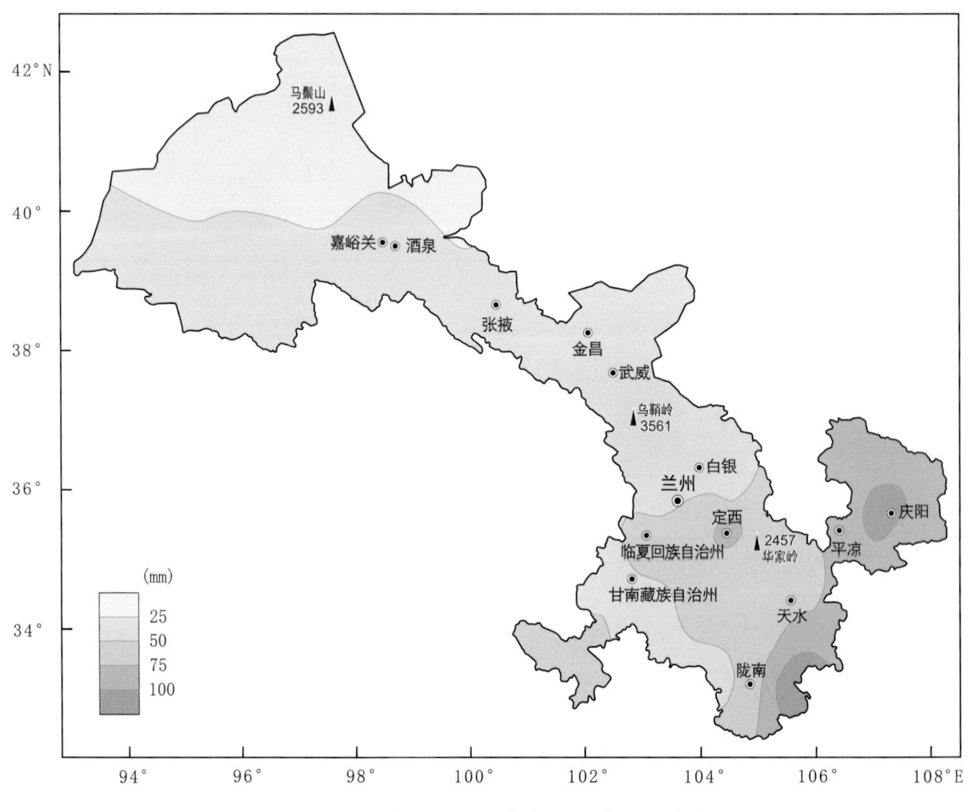

图4.43 甘肃省日最大降水量阈值空间分布

4.9.3.2 最长连续降水日数阈值

甘肃省最长连续降水日数阈值，祁连山东段、甘南高原最长，为12～17 d；河西大部地区、陇中北部处于干旱半干旱区，降水日数偏少，最长连续降水日数仅5～9 d；陇中南部、陇东和陇南为9～15 d(图4.44、表4.17)。

4.9.3.3 最长连续无降水日数阈值

甘肃省最长连续无降水日数阀值，河西大部地区、陇中北部、陇南西南部为53～111 d；祁连山区、陇南东南部为38～52 d；陇中南部、陇东和甘南州为42～67 d(图4.45、表4.17)。

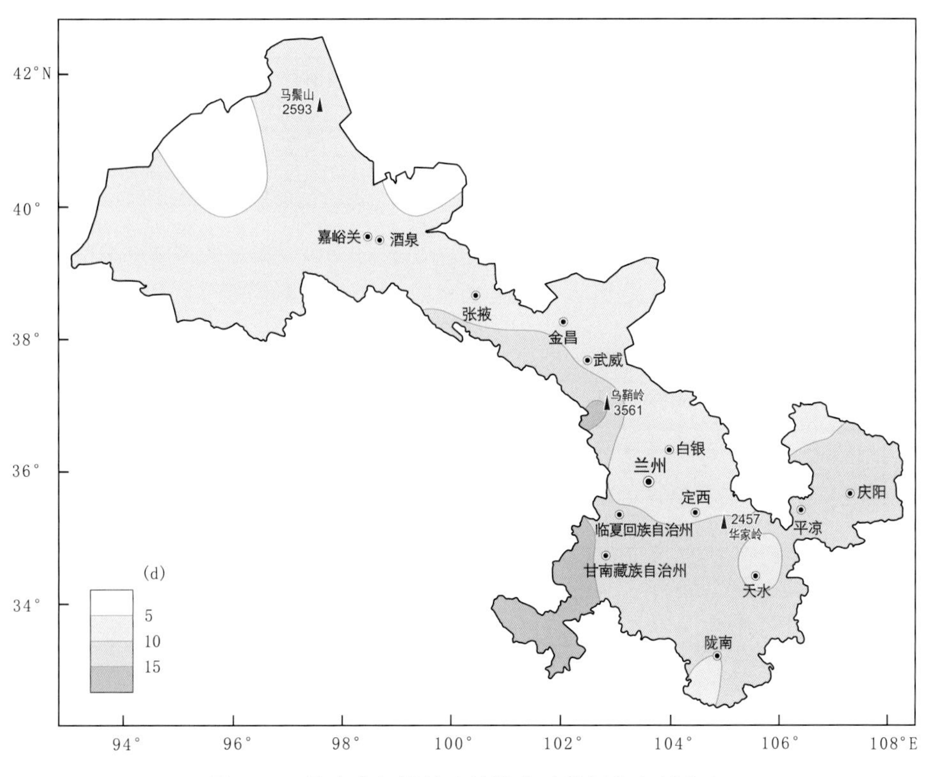

图 4.44 甘肃省年最长连续降水日数阈值空间分布

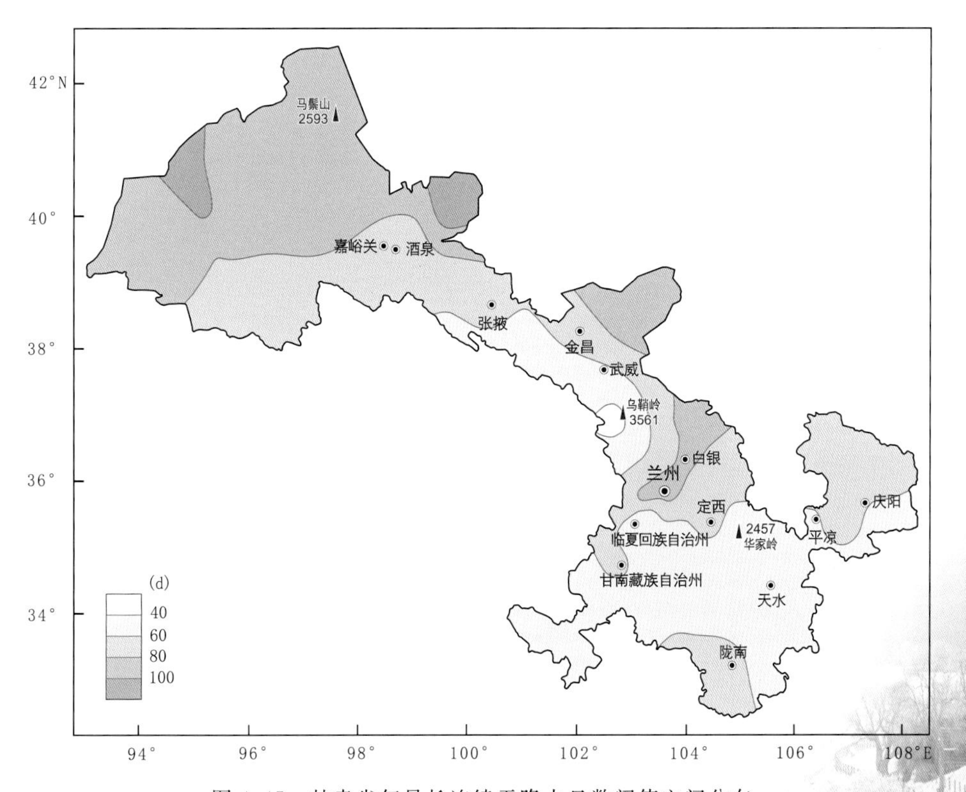

图 4.45 甘肃省年最长连续无降水日数阈值空间分布

表 4.17　甘肃省各地代表站极端降水事件阈值

站名	日最大降水量阈值(mm)	连续最长降水日数阈值(d)	最长连续无降水日数阈值(d)
马鬃山	23.5	6	91
敦煌	17.9	5	102
肃北	43.8	7	80
酒泉	33.3	6	73
张掖	28.9	7	71
肃南	29.5	10	60
民勤	33.2	8	94
武威	48.5	7	57
乌鞘岭	35.1	17	35
兰州	50.0	7	93
白银	40.6	7	82
安定	46.6	9	76
岷县	58.0	11	61
临夏	69.0	11	55
玛曲	54.8	17	51
合作	47.3	13	63
天水	75.4	9	48
环县	86.1	10	67
西峰	111.5	12	64
正宁	80.9	11	56
崆峒	76.2	13	58
康县	122.2	15	38
武都	55.9	10	78
文县	54.5	9	78

第 5 章　气候资源

气候资源是一种宝贵的自然资源，可以为人类的物质财富生产过程提供原材料和能源，可被人类直接或间接的利用，包括热量资源、光能资源、水分资源、风能资源和大气成分资源等，具有普遍性、清洁性和可再生性。气候资源也是我国的十大自然资源之一，已被广泛应用于国计民生的各个方面，在人类可持续发展中占据重要地位和作用。本章主要从太阳能资源、热量资源、降水资源、风能资源方面对甘肃省气候资源进行详细阐述。

5.1　太阳能资源

5.1.1　太阳总辐射

地球上绝大多数能量来自太阳。太阳辐射是大气一切物理过程或现象形成的基本动力，几乎是地球和大气唯一的能量来源（盛裴轩 等，2003）。到达地面的太阳辐射由两部分组成：一部分是太阳辐射通过大气直接到达地表面的平行光线，称为直接辐射；另一部分则是太阳辐射被大气中空气分子和浮游的灰尘所散射的、来自天空各个部分的光线，称为散射辐射。直接辐射和散射辐射的总和，称为总辐射（丁一汇，2013）。

5.1.1.1　太阳总辐射计算方法

太阳能资源通常用年太阳总辐射来表示，由于太阳总辐射观测站点比较稀疏，太阳总辐射资料缺乏，为获得没有太阳总辐射观测地区的总辐射值，通常采用气候学公式进行推算（翁笃鸣，1964；孙治安 等，1992；祝昌汉，1982）。本书利用甘肃 6 个太阳辐射观测站（敦煌、酒泉、民勤、兰州、榆中、西峰）多年的辐射资料，以及 80 个气象站 1981—2010 年实测日照资料（朱飙 等，2010），采用中华人民共和国国家标准（GB/T31155—2014）太阳能资源等级总辐射中相关公式进行计算。

5.1.1.2　太阳总辐射空间分布

（1）年太阳总辐射

经计算，甘肃省各地年太阳总辐射值变化范围为 4600～6400 MJ/m^2（图 5.1），分布趋势为自西北向东南逐渐递减。河西走廊地形平坦，降水稀少、空气干燥、晴天多，是全省年总辐射高值区，一般都在 5500 MJ/m^2 以上，并有两个＞6000 MJ/m^2 的高值区。一个位于河西走廊西部，另一个位于民勤一带。祁连山区地形复杂，海拔变化较大，对太阳总辐射影响明显，尤其祁连山区东段年太阳总辐射值基本与地形等高线平行。陇中年总辐射值为 5000～6000 MJ/m^2。

陇东黄土高原在 5000～5400 MJ/m²，陇东北部环县是一个辐射相对高值区。陇南地区丘陵、盆地相间，湿润多雨，是低值区域，在 4600～5200 MJ/m²。甘南地区海拔较高，太阳辐射强，但由于该地区受高原性天气影响，年太阳总辐射较低，在 4800～5600 MJ/m²，甘南州西南部玛曲年太阳总辐射值略高于周围地区。

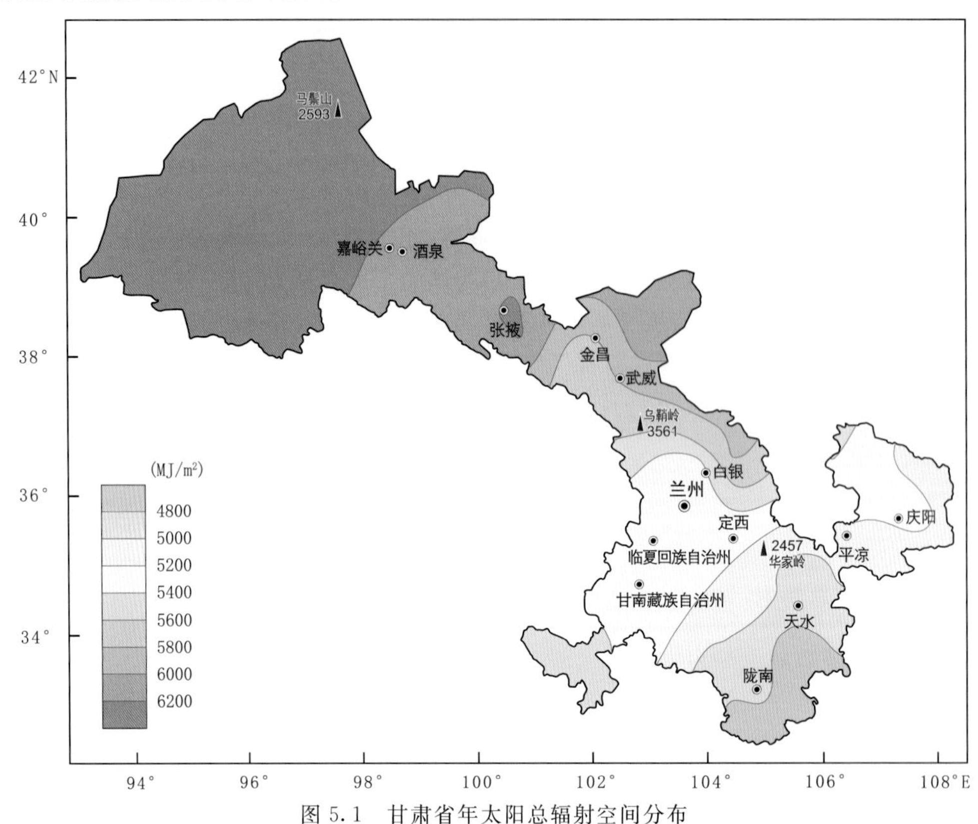

图 5.1　甘肃省年太阳总辐射空间分布

由于太阳总辐射是经过计算获得，为分析计算精度，采用有实测太阳总辐射资料的 6 个站点进行误差对比分析。经分析，各站理论计算值与实测值误差在－3.9%～1.4%(计算值减实测值除以实测值)，各个季节理论计算值与实测值误差在－15.8%～3.9%，其中冬季榆中误差最大，计算值比实测值偏小 15.8%；春季西峰最大，计算值比实测值偏小 7.0%，其余误差值均＜4%(表 5.1)，基本上满足太阳能资源计算评估要求。

表 5.1　六站点太阳总辐射计算值与实测值误差百分比(单位:%)

站名	春	夏	秋	冬	年
敦煌	－1.3	1.5	3.1	－1.2	－0.2
酒泉	－0.5	1.2	2.1	0.7	0.9
民勤	－0.2	0.6	2.9	2.2	1.4
兰州	－1.9	－0.9	0.5	－1.4	－0.7
榆中	－6.1	0.2	0.8	－15.8	－3.9
西峰	－7.0	2.7	3.9	－9.4	－0.6

(2)各季太阳总辐射

冬季太阳总辐射值约 700～1100 MJ/m²(图 5.2)，略低于秋季。其中河西走廊在 800～

1100 MJ/m²、陇中在700～1000 MJ/m²、陇东为756～800 MJ/m²、陇南约为700～800 MJ/m²、甘南约为750～900 MJ/m²。

春季太阳总辐射值在1350～1900 MJ/m²。高值区域依然在河西地区，为1600～1900 MJ/m²、陇中为1450～1750 MJ/m²、陇东为1450～1600 MJ/m²、陇南为1350～1550 MJ/m²、甘南为1400～1600 MJ/m²(图5.2)。

夏季太阳总辐射值在1400～2250 MJ/m²。河西走廊高值区走势与祁连山走势基本一致，在1600～2200 MJ/m²、陇中在1600～1900 MJ/m²、陇东为1600～1800 MJ/m²、陇南为1400～1800 MJ/m²、甘南为1500～1700 MJ/m²(图5.2)。

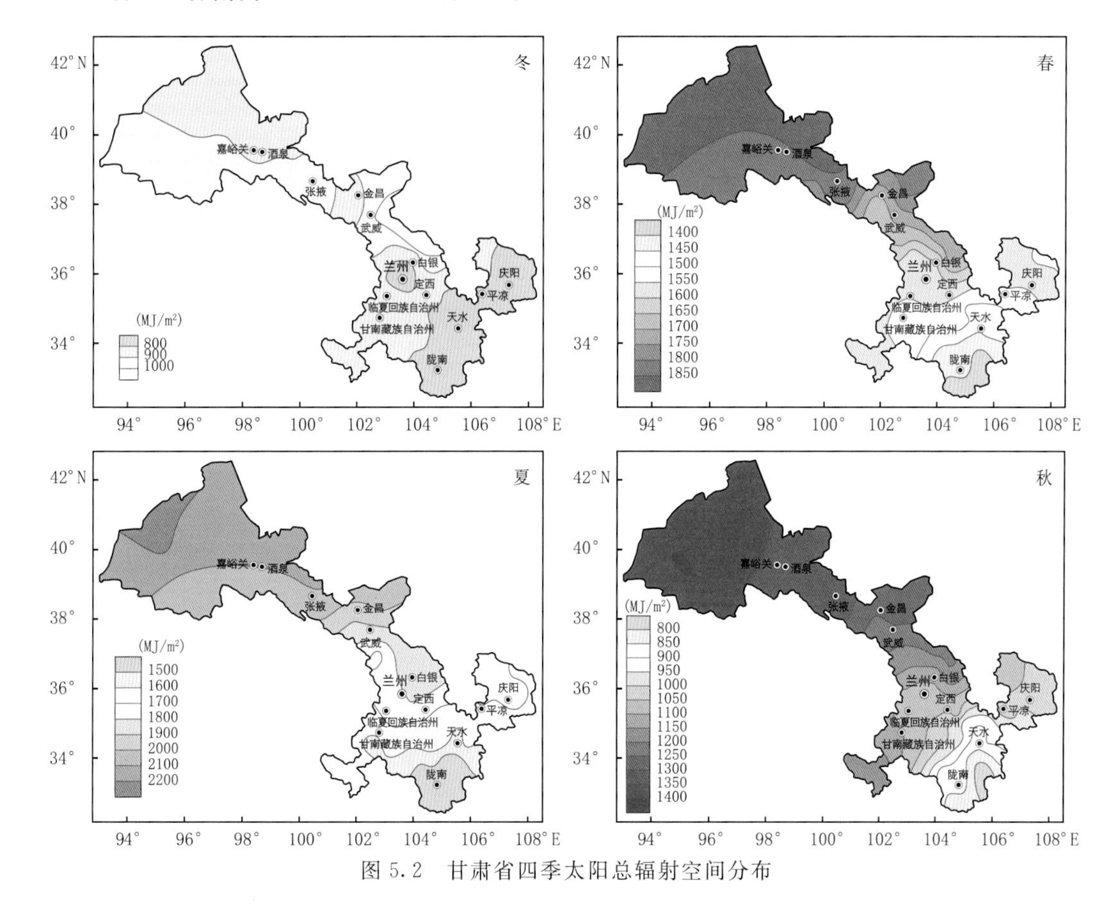

图5.2 甘肃省四季太阳总辐射空间分布

秋季太阳总辐射值在800～1400 MJ/m²(图5.2)。相比夏季降低了近一半，也远远低于春季，说明甘肃省年太阳总辐射资源主要集中在春、夏季节。秋季河西走廊在1150～1400 MJ/m²、陇中在900～1200 MJ/m²、陇东为900～1100 MJ/m²、陇南为800～1000 MJ/m²、甘南为850～1200 MJ/m²。

综上所述，甘肃省太阳总辐射四季变化明显，各个季节分布自西北向东南呈递减规律，其中春、夏季节对于全年贡献较大，占60%以上。

(3)太阳总辐射季、年变化

甘肃省主要站点太阳总辐射值年变化范围在4677～6382 MJ/m²(表5.2)，分布趋势为自西北部向东南逐渐递减。春夏秋冬各个季节空间分布也是西北部大，往东南逐渐减少；时间分布上，一般说来，夏季最大，春季次之，冬季最小。

(4)太阳总辐射月变化

由于日、地距离的变化，太阳总辐射在一年内变化明显。敦煌、酒泉、民勤、兰州的年变化趋势一致，1—4 月快速增大、5—7 月达到最大值，8—12 月快速下降、12 月为最低值。相比而言，敦煌各月最大，兰州最小；全年也是敦煌最大(图 5.3)。

表 5.2　甘肃省各地代表站各季、年太阳总辐射数(单位：MJ/m^2)

站名	春	夏	秋	冬	年
马鬃山	1891.68	2182.45	1351.76	860.70	6286.59
敦煌	1892.51	2215.94	1398.11	904.84	6411.40
肃北	1868.97	2152.22	1402.16	925.46	6348.81
酒泉	1836.26	2092.05	1303.92	889.50	6121.73
张掖	1848.79	2107.59	1333.57	921.52	6211.47
肃南	1782.72	1992.2	1292.91	926.74	5994.57
民勤	1811.02	2027.43	1290.56	980.65	6109.66
武威	1730.68	1867.04	1241.32	996.71	5835.75
乌鞘岭	1676.32	1660.63	1197.69	1022.23	5556.87
兰州	1564.97	1791.06	1036.80	743.98	5136.81
白银	1604.30	1849.19	1104.95	790.40	5348.84
安定	1566.32	1747.55	1055.27	803.45	5172.59
岷县	1484.02	1586.83	1015.19	825.27	4911.31
临夏	1547.63	1740.28	1050.91	794.20	5133.02
玛曲	1596.73	1675.17	1190.11	894.91	5356.92
合作	1527.27	1615.81	1102.48	840.36	5085.92
天水	1455.88	1535.15	859.15	747.34	4597.52
环县	1578.39	1768.37	1070.44	788.88	5206.08
西峰	1565.32	1747.45	1053.33	794.83	5160.93
正宁	1556.11	1681.54	1043.96	799.77	5081.38
崆峒	1543.93	1696.21	1028.84	792.68	5061.66
康县	1380.05	1432.73	791.63	736.74	4341.15
武都	1435.98	1520.93	913.94	785.60	4656.45
文县	1374.75	1425.22	823.32	748.04	4371.33

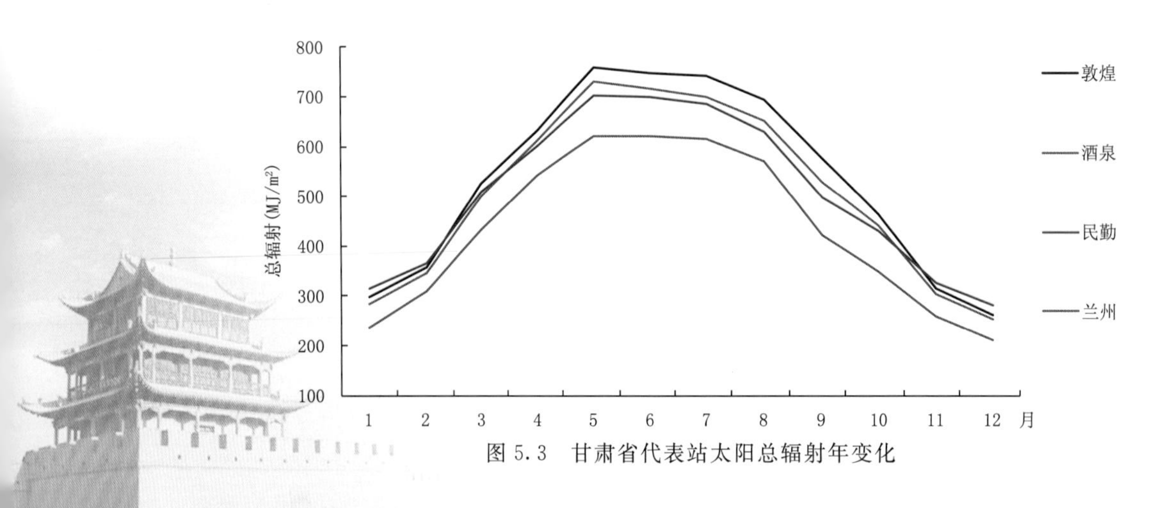

图 5.3　甘肃省代表站太阳总辐射年变化

5.1.2 太阳光合有效辐射

5.1.2.1 太阳光合有效辐射计算方法

不同波长太阳辐射对植物所起的作用不同。光合有效辐射是指植物光合作用所需要一定波长范围内的太阳辐射能量，它是形成植物干物质的能量来源。大量实验证明，植物在波长为0.3～0.8 μm光谱的作用下完全可以生长发育。因此，植物生理学家把0.3～0.8 μm(即300～800 nm)波长范围内太阳辐射称为生理辐射或生理有效辐射；而把0.38～0.71 μm(也有学者取0.40～0.70 μm)波长范围内太阳辐射称为光合有效辐射(孙卫国，2008)。由于光合有效辐射目前尚没有列入常规日常日射台站观测项目，所以大多采用气候学方法来进行计算，通常有理论方法和经验方法两种。最常用经验形式为太阳总辐射乘以一个比例系数即为光合有效辐射。国外学者大多取0.5；国内学者研究认为，其变化范围在0.47～0.52(朱志辉 等，1985)。本节采用0.49作为比例系数来计算甘肃省各地太阳光合有效辐射(李栋梁 等，2000b)。

5.1.2.2 太阳光合有效辐射空间分布

(1)年太阳光合有效辐射

经过计算，甘肃省各地年太阳光合有效辐射值变化范围在2300～3200 MJ/m²(图5.4)，分布趋势为自西北向东南逐渐递减。河西走廊是全省高值区，在2800 MJ/m²以上，位于河西走廊西部酒泉、敦煌、肃北、马鬃山均>3000 MJ/m²；民勤县也>3000 MJ/m²。陇中在2500～2900 MJ/m²、陇东在2400～2600 MJ/m²，陇东北部环县高于周边地区。陇南地区湿润多雨，

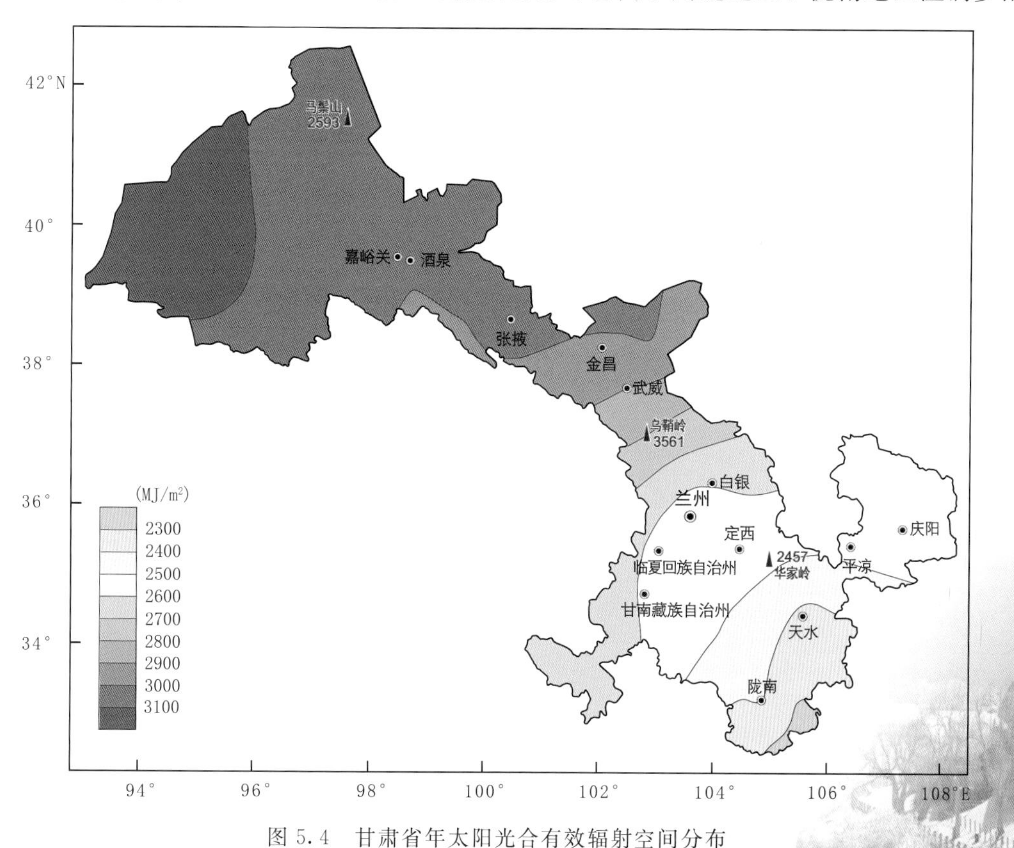

图5.4 甘肃省年太阳光合有效辐射空间分布

是甘肃省低值区，在 2200～2600 MJ/m²、甘南地区在 2300～2700 MJ/m²，其中玛曲略高于周围地区（表 5.3）。

（2）各季太阳光合有效辐射

从表 5.3 看出，春季太阳光合有效辐射在 674～929 MJ/m²。高值区主要在河西地区，为 806～929 MJ/m²。陇中 727～849 MJ/m²、陇东为 733～780 MJ/m²、陇南为 674～748 MJ/m²、甘南为 693～783 MJ/m²。夏季在 695～1086 MJ/m²。河西走廊高值区在 813～1086 MJ/m²、陇中在 778～922 MJ/m²、陇东为 792～878 MJ/m²、陇南为 695～853 MJ/m²、甘南为 720～821 MJ/m²。秋季在 376～687MJ/m²，远远低于春季与夏季。河西走廊在 582～687MJ/m²、陇中在 453～592 MJ/m²、陇东为 456～524 MJ/m²、陇南为 376～486 MJ/m²，甘南为 420～583 MJ/m²。冬季在 354～501 MJ/m²。其中河西走廊在 396～501 MJ/m²、陇中在 365～499 MJ/m²、陇东为 370～392 MJ/m²、陇南为 354～395 MJ/m²，甘南为 374～439 MJ/m²。

表 5.3 甘肃省各地代表站各季、年太阳光合有效辐射（单位：MJ/m²）

站名	春	夏	秋	冬	年
马鬃山	926.92	1069.40	662.36	421.74	3080.42
敦煌	927.33	1085.81	685.07	443.37	3141.58
肃北	915.80	1054.59	687.06	453.48	3110.93
酒泉	899.77	1025.11	638.92	435.86	2999.66
张掖	905.91	1032.72	653.45	451.54	3043.62
肃南	873.53	976.18	633.53	454.10	2937.34
民勤	887.40	993.44	632.37	480.52	2993.73
武威	848.03	914.85	608.25	488.39	2859.52
乌鞘岭	821.40	813.71	586.87	500.89	2722.87
兰州	766.84	877.62	508.03	364.55	2517.04
白银	786.11	906.10	541.43	387.30	2620.94
安定	767.50	856.30	517.08	393.69	2534.57
岷县	727.17	777.55	497.44	404.38	2406.54
临夏	758.34	852.74	514.95	389.16	2515.19
玛曲	782.40	820.83	583.15	438.51	2624.89
合作	748.36	791.75	540.22	411.78	2492.11
天水	713.38	752.22	420.98	366.20	2252.78
环县	773.41	866.50	524.52	386.55	2550.98
西峰	767.01	856.25	516.13	389.47	2528.86
正宁	762.49	823.95	511.54	391.89	2489.87
崆峒	756.53	831.14	504.13	388.41	2480.21
康县	676.22	702.04	387.90	361.00	2127.16
武都	703.63	745.26	447.83	384.94	2281.66
文县	673.63	698.36	403.43	366.54	2141.96

5.1.2.3 地理因子对太阳总辐射影响

对日照影响较大的地理因子主要有海拔高度与地形坡向。海拔越高、空气越稀薄、大气对太阳辐射削弱越少，到达地面太阳辐射能量越多。坡向主要有向阳坡与背阴坡，其日照和太阳辐射情况有较大差异，而辐射差异又引起温度、湿度及风状况的不同。因此，山脉不同坡向上常常具有不同小气候特征，使得其上面的土壤和植被情况有明显差异。河西地区海拔高度在1140～3044 m，太阳年总辐射随海拔增高而递减，两者大体呈线性反相关(图 5.5)。由于祁连山北坡是盛行气流的迎风坡，气流爬坡，空气中水汽易于凝结成云，同时海拔高度增加导致温度降低，促使成云致雨机会增多。云量对太阳总辐射有明显影响，表现在两个方面：第一促使直接辐射减少；第二促使散射辐射增加。但前者作用更明显，故山区总辐射是随总云量增加而减少。海拔 1800 m 以下，年总辐射在 5905～6360 MJ/m^2；海拔 1800～2300 m 地方，在 6115～6382 MJ/m^2；海拔 2300 m 以上的山区，在 5716～6115 MJ/m^2。

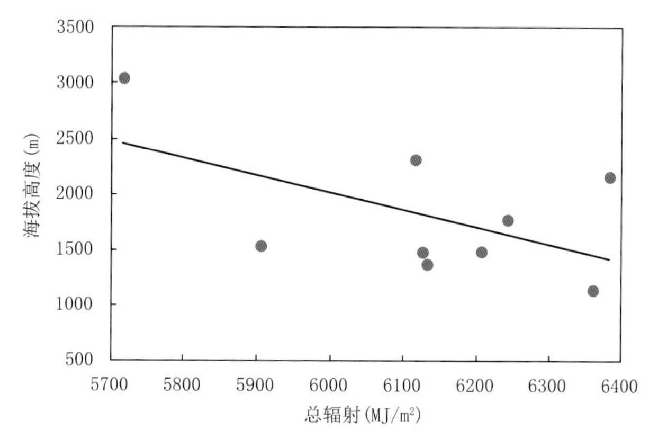

图 5.5 河西地区年太阳总辐射与海拔高度的关系

甘南高原和定西地区南部，海拔在 1729～3473 m，年总辐射在 5103～5494 MJ/m^2，随着海拔高度增加而有所增加。两者大致呈线性正相关(图 5.6)，海拔高度平均每升高 100 m，年总辐射大约增加 23 MJ/m^2。

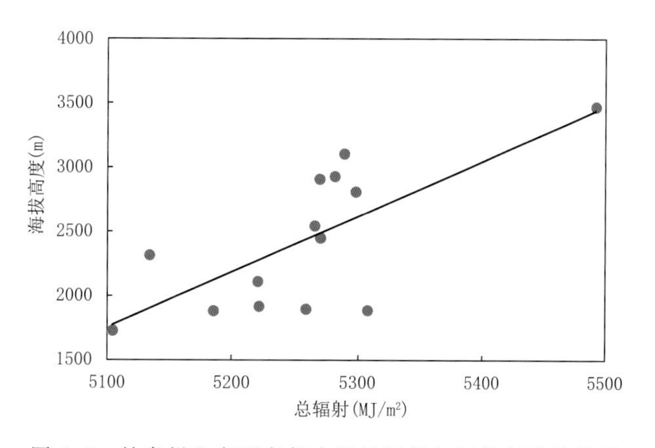

图 5.6 甘南州和定西市年太阳总辐射与海拔高度的关系

5.1.3 日照时数≥6 h天数

日照时数≥6 h天数指标，是太阳能评估重要指标之一（太阳能资源等级总辐射中华人民共和国国家标准，2014）。该值越大说明该地区日照越充裕、越稳定，受天气变化影响越小，越有利于太阳能资源开发利用。

5.1.3.1 年日照时数≥6 h天数分布

甘肃各地每年太阳日照时数≥6 h天数为143～320 d（表5.4），尤其是河西走廊的酒泉、张掖、嘉峪关在290 d以上，非常有利于太阳能资源开发。陇中在197～272 d；陇南地区＜190 d，其中成县最低，只有143 d（图5.7）。

表5.4 甘肃省各地代表站各季、年日照时数≥6 h天数（单位:d）

站名	春	夏	秋	冬	年
马鬃山	81.3	78.7	81.5	77.6	319.1
敦煌	79.7	80.9	82.2	73.1	315.9
肃北	76.1	73.7	78.7	71.7	300.2
酒泉	74.0	72.9	77.2	71.0	295.1
张掖	74.4	73.7	76.6	74.0	298.7
肃南	67.2	61.1	72.2	74.1	274.6
民勤	75.7	73.6	74.3	77.5	301.1
武威	69.8	67.5	69.4	75.6	282.3
乌鞘岭	65.7	57.8	63.8	75.4	262.8
兰州	63.7	62.6	53.2	43.8	223.4
白银	68.2	65.0	61.3	68.4	262.9
安定	61.6	60.0	52.5	61.9	235.9
岷县	52.2	52.3	47.8	59.3	211.6
临夏	60.5	59.0	53.6	59.6	232.7
玛曲	64.1	53.3	58.3	72.5	248.1
合作	58.4	54.1	56.4	65.9	234.9
天水	48.9	48.7	34.6	42.2	174.4
环县	63.3	61.4	55.8	64.1	244.7
西峰	60.5	58.9	52.2	59.2	230.8
正宁	59.0	55.6	51.0	58.7	224.4
崆峒	59.0	57.5	50.6	59.0	226.1
康县	39.9	43.5	28.8	35.0	147.3
武都	45.6	49.1	39.9	46.9	181.6
文县	39.8	43.3	31.7	34.1	148.9

春季日照时数≥6 h天数为40～81 d，夏季为43～81 d，秋季为26～82 d，冬季为33～79 d，四季变化不明显（表5.4）。

5.1.3.2 日照时数≥6 h天数年变化

全省各地各月日照时数≥6 h天数，河西除乌鞘岭是冬季最多外，其余大部地区秋季最多，其次是春季。陇中、陇东是春、冬季多，夏、秋季略少。陇南夏季略多，其他季节略少（表5.5）。

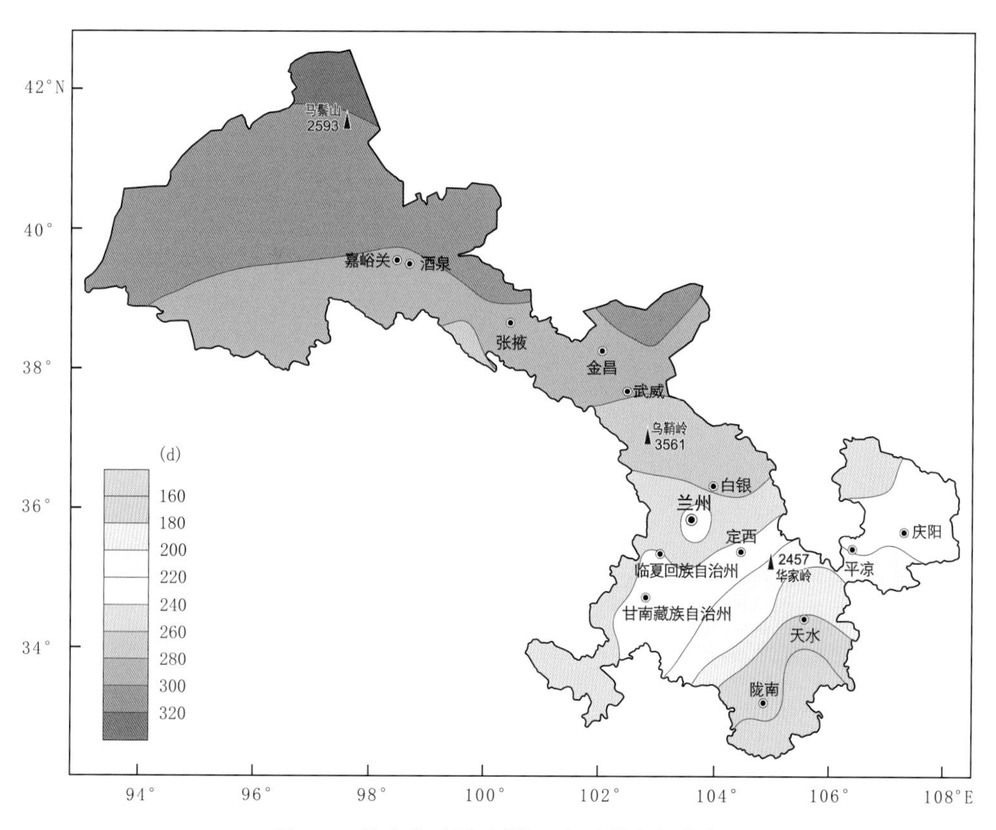

图 5.7　甘肃省日照时数≥6 h 天数空间分布

表 5.5　甘肃省各地代表站各月日照时数≥6 h 天数(单位:d)

站名	1月	2月	3月	4月	5月	6月	7月	8月	9月	10月	11月	12月
马鬃山	26.7	25.3	26.9	26.7	27.7	25.9	25.8	27.0	27.2	28.3	26.0	25.6
敦煌	25.5	23.8	26.1	26.0	27.6	26.7	26.6	27.7	27.2	28.7	26.2	23.8
肃北	25.1	23.0	24.8	25.3	26.0	24.6	23.7	25.4	25.8	27.5	25.4	23.6
酒泉	24.2	23.3	23.7	24.7	25.6	24.5	23.7	24.7	24.8	26.8	25.6	23.5
张掖	25.3	23.1	24.5	24.4	25.5	24.6	24.6	24.5	23.9	26.1	26.6	25.5
肃南	25.5	22.7	22.8	22.3	22.1	20.2	20.2	20.7	21.2	24.4	26.5	25.9
民勤	26.8	23.8	25.1	24.7	25.9	24.5	24.3	24.9	22.6	25.0	26.6	26.9
武威	26.0	23.5	23.5	22.9	23.4	22.5	22.3	22.7	19.8	23.6	26.0	26.1
乌鞘岭	25.7	22.6	22.8	21.4	21.5	19.3	19.2	19.3	16.4	21.3	26.1	27.1
兰州	14.2	18.8	20.3	21.1	22.4	20.6	20.9	21.1	17.0	18.3	17.9	10.8
白银	22.8	22.2	22.0	22.8	23.3	21.4	21.8	21.8	18.3	19.8	23.3	23.4
安定	20.8	17.9	19.3	20.4	21.9	19.9	20.4	19.7	15.4	16.5	20.5	23.2
岷县	20.6	16.3	16.2	17.2	18.8	16.5	17.6	18.2	13.2	14.9	19.7	22.4
临夏	20.0	18.8	19.1	20.5	20.9	19.4	19.5	20.0	15.3	17.1	21.3	20.8
玛曲	24.7	21.5	21.7	21.6	20.8	16.1	18.1	19.1	14.9	18.4	25.0	26.2
合作	22.5	19.4	19.3	19.9	19.2	17.2	18.2	18.6	15.3	17.6	23.6	24.1
天水	14.4	12.0	13.7	17.0	18.2	16.0	16.8	15.9	10.4	10.6	13.6	15.8
环县	22.2	18.9	19.7	21.2	22.4	21.2	21.0	19.3	16.5	18.3	21.0	23.1

续表

站名	1月	2月	3月	4月	5月	6月	7月	8月	9月	10月	11月	12月
西峰	20.9	16.7	18.3	20.5	21.6	20.5	19.7	18.7	15.6	17.1	19.5	21.6
正宁	20.5	16.9	18.1	20.0	20.9	19.4	18.6	17.7	15.1	16.9	19.1	21.3
崆峒	20.8	16.9	18.0	19.8	21.2	19.6	19.6	18.3	14.6	16.1	19.8	21.4
康县	12.3	9.4	10.2	13.2	16.4	14.1	15.3	14.2	9.1	8.3	11.4	13.3
武都	16.4	12.2	13.1	15.2	17.3	15.1	17.2	16.8	11.9	11.7	16.4	18.3
文县	12.0	9.4	11.1	13.0	15.7	13.0	15.3	14.9	9.9	8.7	13.0	12.7

河西大部分地区日照时数≥6 h天数年内变化不大(图 5.8)。各月都在 25 d左右,最大出现在 10—12 月份,这与河西地区干燥少雨有关。乌鞘岭(天祝)地区海拔高,入秋后冷空气活动频繁,影响白天日照时间,从而降低了日照时数≥6 h的天数。

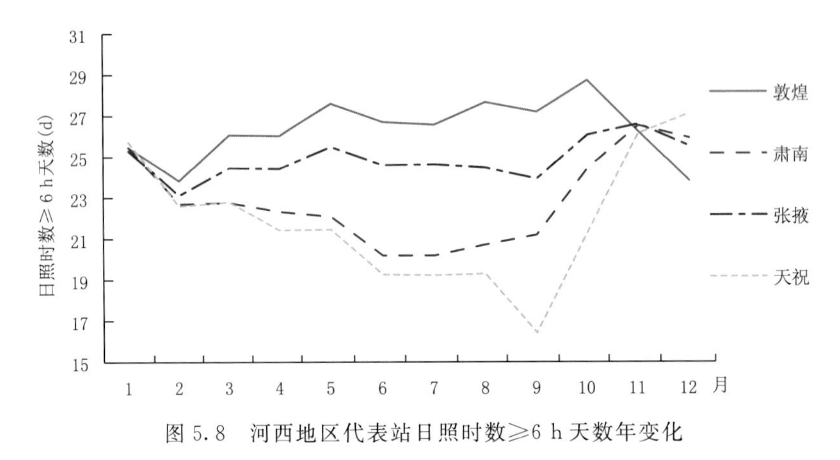

图 5.8　河西地区代表站日照时数≥6 h天数年变化

甘南州和定西地区日照时数≥6 h的天数各月变化较大(图 5.9),最小值出现在 9 月。9 月受"华西秋雨"影响明显,虽然雨量不大,但阴雨持续时间较长,全月只有 15 d左右。冬季,由于夏季风彻底南退,晴日较多,日照时数≥6 h天数也较多。春、夏两个季节,这些地区日照时数≥6 h的天数全月在 18～22 d。

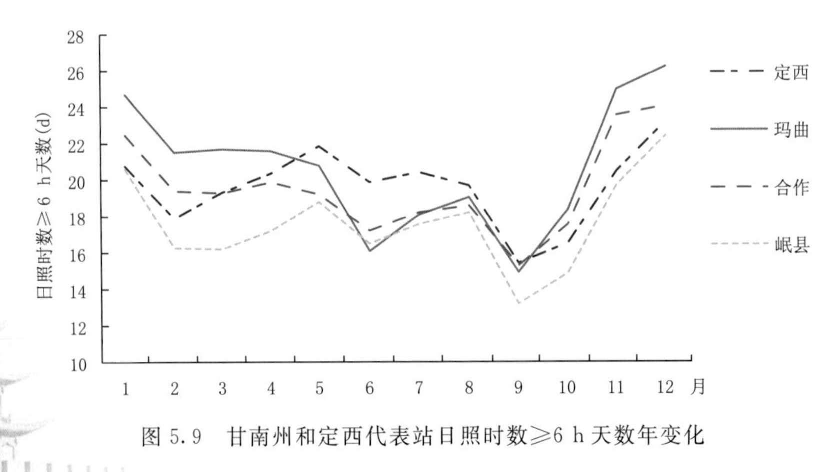

图 5.9　甘南州和定西代表站日照时数≥6 h天数年变化

陇东地区全年各月日照时数≥6 h天数只有20 d左右(图5.10)。最小值均出现在9月,12月或1月为一年中日照时数≥6 h的天数最多的月份。春、夏两个季节的天数变化较大,5月是全年的次大值,说明该地区此时尚未受到西太平洋副热带高压的影响,晴热少雨。

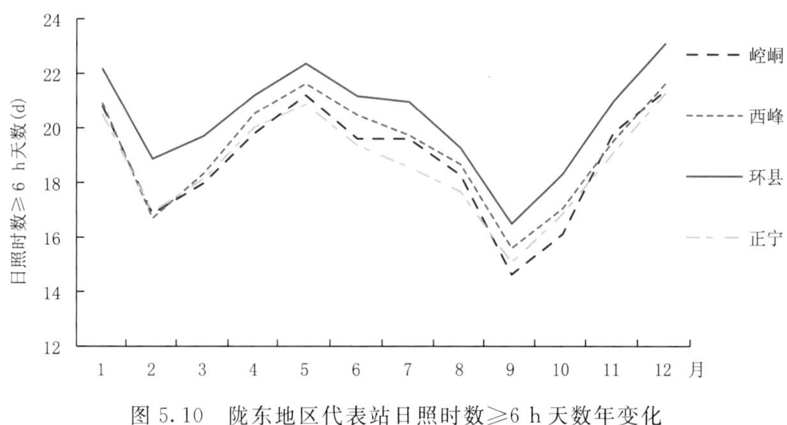

图5.10 陇东地区代表站日照时数≥6 h天数年变化

5.1.4 太阳能资源区划

根据2014年颁布的《中华人民共和国国家标准(GB/T31155—2014)》,以太阳能总辐射为指标,可以将甘肃省太阳能资源划分为资源最丰富区、资源很丰富区和资源丰富区3级区域(图5.11),每个分区的主要太阳能资源参数见(表5.6)。

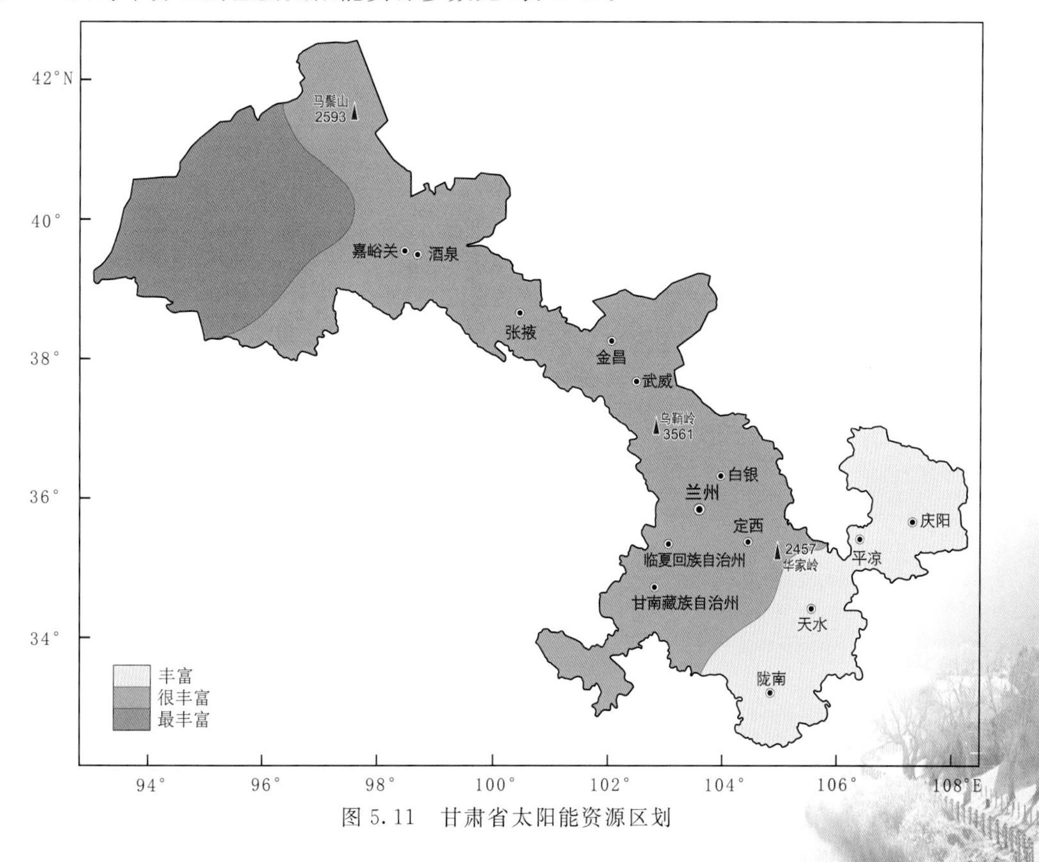

图5.11 甘肃省太阳能资源区划

表 5.6 甘肃省太阳能资源区划

等级名称	分级阈值($MJ \cdot m^{-2} \cdot a^{-1}$)	年日照时数(h)	日照百分率	≥6 h天数(d)
最丰富	G≥6300	>3100	>70%	>300
很丰富	5040≤G<6300	2165～3328	50%～76%	207～319
丰富	3780≤G<5040	1563～2122	35%～48%	143～201

注:G表示总辐射年辐照量,采用多年平均值(一般取30 a平均)。

(1)太阳能资源最丰富区

包括河西走廊的敦煌、玉门、肃北地区。本区年太阳总辐射量≥6300 MJ/m^2,年日照时数>3100 h,日照百分率>70%,年太阳日照时数≥6 h的天数在300 d以上。

(2)太阳能资源很丰富区

包括河西走廊除敦煌、玉门、肃北地区之外的其余所有地区,陇中与陇东绝大部分地区、甘南州绝大部分地区。本区年太阳总辐射量为5040～6300 MJ/m^2,年日照时数为2165～3328 h,日照百分率为50%～76%,年太阳日照时数≥6 h天数为207～319 d。

(3)太阳能资源丰富区

主要包括陇南绝大部分地区,陇东、甘南小部分地区。本区年太阳总辐射量为4636～5040 MJ/m^2,年日照时数为1563～2122 h,日照百分率为35%～48%,年太阳日照时数≥6 h的天数为143～201 d。

综上所述,甘肃省太阳能资源可开发时间长,丰富区和很丰富区每年可利用时间在2600～3300 h,日照百分率基本在60%以上,可利用天数>260 d,太阳能可以稳定地开发利用。太阳能最丰富区、很丰富区多为荒漠戈壁,地势平坦、基本无作物种植,在此开发太阳能不占用农田,易于铺设道路,开发成本低。截至2015年,全省太阳能发电装机规模达到500万kW以上。

5.1.5 太阳能利用

5.1.5.1 太阳能利用状况

自然界中不同形式的能量是可以互相转换的。人类所需能量绝大部分都直接或间接地来自太阳。我们生活所需的煤炭、石油、天然气等化石燃料,都是各种植物通过光合作用把太阳能转变成化学能,在植物体内贮存下来后,再经由漫长的地质年代形成。此外,水能、风能、波浪能、海流能等也都是由太阳能转换来的。

随着全球能源危机和大气污染问题日益突出,寻找新兴能源已成为世界热点问题。在各种新能源中,太阳能具有无污染、可持续、总量大、分布广、应用形式多样等优点,受到世界各国高度重视。太阳辐射到地球大气层的能量仅为其总辐射能量的22亿分之一,但每秒钟照射到地球上的能量就相当于500万t煤燃烧。但太阳能也存在能量密度低,因地而异,因时而变的不足,这是开发利用太阳能面临的主要问题。

近年来,国家大力提倡发展节能环保、新能源等产业,其中新能源产业重点发展太阳能热利用和光伏光热发电、生物质能等。甘肃省早在20世纪50、60年代就开始对太阳能进行研究和推广,20世纪80年代初进入了快速发展阶段。许多太阳能产品如太阳灶、太阳能热水器、被动式太阳房等都在此时得到广泛推广和利用。太阳能光电装置在各个领域,特别是在广大边远农村、牧区得到了应用。20世纪90年代，太阳能热水器得到广泛使用，形成完整的商业化生产、销售体系。进入21世纪，大规模太阳能光伏发电成为发展趋势，甘肃省已经建成多个并网运行的太阳能电站。2013年3月，甘肃省光伏发电量再创历史新高，首次突破1亿kW·h，达到1.08亿kW·h。甘肃省可再生能源未来发展规划提出，到2020年，甘肃省光伏发电累计并网装机量达到1000万kW，光伏年发电量将达到150亿kW·h。

综上所述，太阳能的利用可以分为集光、集热和传热3个物理过程，目前太阳能利用的主要方面涉及太阳能发电、太阳能热利用、光伏建筑一体化技术以及其他领域。

5.1.5.2 太阳能利用形式

(1)太阳能发电

太阳能发电有两大类型：一类是通过光—电转换，将太阳能直接转变成电能的发电方式，称为太阳光发电，包括光伏发电、光化学发电、光感应发电和光生物发电4种形式；另一类是通过光—热—电转换，先将太阳能转化为热能，再将热能转化成电能，称为太阳热发电。有两种转化方式：一种是将太阳热能直接转化成电能；另一种方式是将太阳热能通过热机(如汽轮机)带动发电机发电，与常规热力发电类似，只不过其热能不是来自燃料，而是来自太阳能。世界现有的太阳能热发电系统大致有3类：槽式线聚焦系统、塔式系统和碟式系统，其中碟式系统启动损失小，效率高，在3类系统中位居首位。

根据国家有关部门统计数字，我国还有大约2.9万个村庄、700万个家庭、2300万人口没有用上电，这些人口大都分布在我国西部边远地区和一些海岛，而这些无电地区大都拥有很丰富的太阳能资源，太阳能发电在这些地区有广阔市场前景。虽然光电成本仍然高于煤电，但在边远地区，与建设电网相比，小型太阳能发电设施仍然相对便宜适用。采用太阳能、风力发电等技术解决边远地区分散供电比延伸电网或柴油发电有明显的优势。

(2)太阳能热利用

太阳能热利用方式通常有：太阳能热水器、太阳灶、太阳房等几种方式。太阳能热水器是可再生能源技术领域商业化程度最高、推广应用最普遍的技术之一，其中以真空管式太阳能热水器为主，占据国内95%的市场份额。太阳房是利用太阳能的热能代替常规能源，使建筑物达到一定温度环境的建筑，完全依靠房屋的合理设计、建筑物方位的合理布局和建材的选择与配合来吸引和储存太阳能，不需要安装特殊设备就可以达到采暖的目的。太阳灶是利用太阳辐射能，通过聚光、传热、储热等方式获取热量，进行炊事的一种装置。太阳能温室、塑料大棚、拱棚等设施也属于太阳能的热利用，目前应用已十分广泛。

(3)光伏建筑一体化

光伏建筑一体化技术是将光伏产品集成到建筑上的技术。根据光伏系统与建筑的结合形式可分为两大类：第一类是光伏系统附着在建筑物上，建筑物支撑着光伏系统；第二类是光伏系统与建筑物集成，光伏系统作为建筑材料的一部分，有的还起到支撑作用，与建筑是不可分割的。光伏建筑较传统建筑具有能充分利用清洁能源，节能减排，无污染，节省土地资源，可采用并网光伏系统，不需要配备蓄电设备的优点。

5.1.5.3 太阳能利用前景与存在问题

(1)利用前景

近些年来我国政府对太阳能产业发展越来越重视，在制定的《可再生能源中长期发展规划》中提出，不仅力推集中的光伏电站的发展，还将大规模推动分散式太阳能屋顶电站的发展。可再生能源规划中，对屋顶光伏系统的建设目标作了具体设定：2020 年计划达到 2500 万 kW，太阳能热利用集热面积保有量达到 8 亿 m^2。各地方政府也纷纷出台有利于太阳能热利用和可再生能源利用的通知、方案、标准和条例。

目前我国已经形成了完整的太阳能光伏产业链，随着国内太阳能光伏发电的大规模应用及快速发展，其上游的多晶硅大规模产业化生产及应用技术已日趋成熟。预计到 2020 年，随着各项技术的突破，太阳能光伏发电成本将会降到 0.4 元/kW·h，从而使太阳能光伏发电拥有完全取代石化燃料发电的经济基础和商业价值。

未来，全球光伏产业技术发展日新月异，晶体硅电池转换效率年均增长一个百分点；薄膜电池技术水平不断提高；纳米材料电池等新兴技术发展迅速；太阳能电池生产和测试设备不断升级。太阳能利用与应用将呈现宽领域、多样化的趋势，适应各种需求的光伏产品将不断问世，效率将不断提高、成本将不断降低。

(2)存在问题

相比较发达国家，我国太阳能资源利用率还很低，主要原因有：与传统的能源发电相比，太阳能发电成本高，装机规模小，缺乏竞争力，需要国家加大政策上的扶持；太阳能发电激励政策不够；科研力度不够，我国在太阳能发电技术各个环节的研究上还很落后，太阳能产业的高端技术亟待突破。

5.2 热量资源

热量是农作物生长发育所需的外界环境因子和能量，是决定作物熟制类型的基础，常以积温作为标志。不同热量、光能、水分资源组合，可构成不同农业气候类型，各地生长季节长短、积温多少，决定了农作物的品种、布局、种植制度和产量水平。当水肥条件基本满足时，热量适宜，农作物就能正常生长发育和取得较好收成。因此，确切地掌握各地热量资源状况，对因地制宜地安排作物布局、合理部署农业生产，提高科学种田水平是非常重要的。不同品种作物，农业指标温度是不同的，所需积温也是不等的。常用的农业指标温度，以日平均气温稳定通过≥0 ℃、≥5 ℃、≥10 ℃、≥20 ℃等界限温度的初、终日期、持续期和积温以及≤0 ℃初、终日期、持续期和积温来表示，是鉴定热量资源的基本依据。

5.2.1 各种界限温度初、终日和积温

5.2.1.1 日平均气温稳定通过≥0 ℃初、终日和积温

日平均气温稳定通过≥0 ℃初日与土壤解冻、冬小麦返青、草树开始萌发、春小麦开始播种、春耕开始等农事活动基本相吻合；终期与土壤冻结、冬小麦停止生长、草树休眠、秋耕基本结束等比较接近。因此，一般把日平均气温稳定通过≥0 ℃持续天数，作为喜凉作物生长季，或称农耕期。

(1)日平均气温稳定通过≥0 ℃初日和终日

日平均气温稳定通过≥0 ℃初日，一般自东南向西北由河川、盆地向高山逐渐推迟，文县最早为 1 月 10 日，天祝乌鞘岭最迟为 4 月 30 日，两地相差 110 d(表 5.7)。日平均气温稳定通

过≥0 ℃终日，天祝乌鞘岭最早在 10 月 15 日，文县最晚在 1 月 9 日，两地相差 86 d。陇南南部初日在 1 月中旬至 2 月上旬，终日在 12 月中旬至 1 月上旬，是全省初日最早、终日最晚地区。陇南北部初、终日分别出现在 2 月中、下旬和 11 月中旬至 12 月上旬。河西走廊和陇中初日在 3 月上、中旬，终日在 11 月上、中旬。陇东初日在 2 月下旬至 3 月上旬，终日在 11 月下旬。祁连山区和甘南高原初日在 3 月下旬至 4 月上旬，终日在 11 月上旬，这两个地区由于海拔较高，是全省初日最迟、终日最早地区。

(2)日平均气温稳定通过≥0 ℃持续天数

日平均气温稳定通过≥0 ℃持续天数，是衡量农作物可能生长期和农事活动季节长短的指标。全省持续天数为 169～365 d(表 5.7)，并由东南向西北，河川、盆地向高山、高原缩短。陇南南部持续天数为 306～365 d，这是全省农作物生长期最长地方，冬小麦完成全生育期约需 180 d，还余留生长期 126～185 d，热量条件能满足农作物一年两熟制。陇南北部为 252～295 d，一年一熟或两年三熟较为适宜。河西走廊和陇中为 210～271 d，一般为一年一熟有余，两年三熟不足。陇东为 252～277 d，为一年一熟或两年三熟。甘南高原和祁连山区为 204～243 d，大部分地方不适宜农作物生长，只能种一些耐寒作物。

表 5.7 甘肃省各地代表站日平均气温稳定通过≥0 ℃初、终日、初终间日数和积温

站名	初日	终日	初终日间日数(d)	积温(℃·d)
马鬃山	4.4	10.25	205	2883.8
敦煌	3.4	11.18	260	4200.4
肃北	3.20	11.13	239	3162.2
张掖	3.12	11.12	246	3554.8
肃南	4.2	11.1	214	2427.6
民勤	3.12	11.12	246	3828.9
武威	3.11	11.15	250	3646.4
乌鞘岭	4.30	10.15	169	1406.4
兰州	2.28	11.25	271	4059.6
白银	3.7	11.19	258	3679.1
安定	3.13	11.16	249	3137.8
岷县	3.14	11.18	250	2672.2
临夏	3.11	11.19	254	3107.1
玛曲	4.7	10.27	204	1536.6
合作	4.4	11.1	212	1869.4
天水	2.16	12.5	293	4221.6
环县	3.6	11.20	260	3777.6
西峰	3.9	11.23	260	3630.3
正宁	3.9	11.22	259	3613.8
崆峒	3.3	11.25	268	3655.8
康县	2.13	12.15	306	4039.8
武都	1.11	次年 1.7	361.7	5470.3
文县	1.10	次年 1.9	364.7	5543.3

(3)日平均气温稳定通过≥0 ℃积温

全省日平均气温稳定通过≥0 ℃期间积温为1400～5540 ℃·d,空间分布趋势大致自东南向西北,由河川、谷地向山顶递减(图5.12)。热量资源相对较丰富地区有两个:一个在陇南南部,日平均气温稳定通过≥0 ℃期间积温为4400～5540 ℃·d;另一个在河西走廊西部安敦盆地,达4100 ℃·d以上。热量资源不足地区也有两个,一个是甘南高原,为1536～2462 ℃·d;另一个在祁连山区,为1406～2427 ℃·d。河西走廊大部分地方为3200～3900 ℃·d。该地区积温分布受山体垂直梯度影响比纬度更明显,等积温线基本与地区等高线趋于一致,由祁连山自南向北和由马鬃山自北向南递增。陇中一般为2500～3900 ℃·d,陇东一般为3300～4000 ℃·d,积温等值线和塬区等高线大体一致,在六盘山两侧等积温线与山体走向一致。陇南北部为3500～4300 ℃·d。

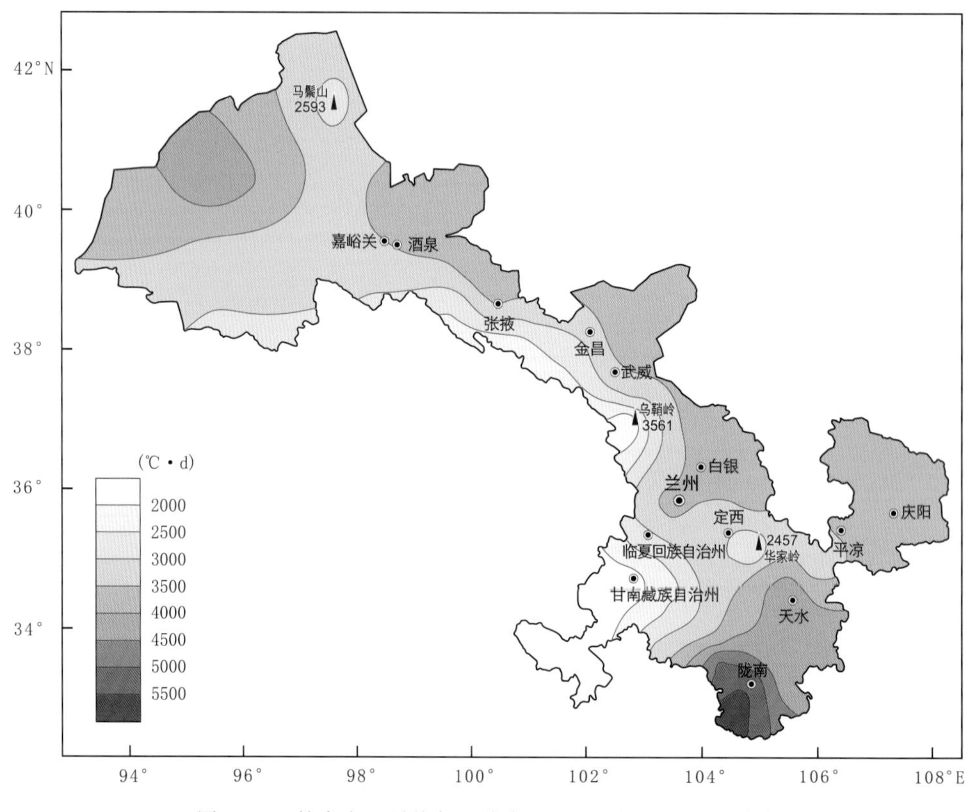

图5.12 甘肃省日平均气温稳定通过≥0 ℃积温空间分布

5.2.1.2 日平均气温稳定通过≥5 ℃初、终日和积温

日平均气温稳定通过≥5 ℃初日,冬小麦开始活跃生长,喜凉作物开始播种。一般把≥5 ℃持续期作为农作物生长期,也是衡量中性作物生长期长短的指标。

(1)日平均气温稳定通过≥5 ℃初日和终日

日平均气温稳定通过≥5 ℃初日,陇南南部文县最早,为2月15日,天祝乌鞘岭最晚,为5月26日,两地相差101 d(表5.8)。终日乌鞘岭最早为9月18日,文县最迟,在12月12日,两地相差86 d。陇南初日在2月中旬和3月中、下旬,终日为11月上、中旬和12月上旬。河西西部安敦盆地初日为3月下旬,终日在10月下旬。祁连山区和甘南高原初日在4月下旬至5

月中旬，终日在9月下旬至10月中旬。河西走廊、陇中和陇东初日在3月下旬至4月上旬，终日在10月下旬至11月上旬。

表5.8　甘肃省各地代表站日平均气温稳定通过≥5 ℃初、终日、初终间日数和积温

站名	初日	终日	初终间日数(d)	积温(℃·d)
马鬃山	4.23	10.10	171	2732.8
敦煌	3.21	10.26	220	4059.6
肃北	4.14	10.19	189	2921.6
张掖	4.1	10.23	206	3413.5
肃南	4.28	10.10	166	2229.8
民勤	4.1	10.26	209	3669.5
武威	3.31	10.26	210	3479.6
乌鞘岭	5.26	9.18	116	1164.7
兰州	3.19	11.4	231	3910.3
白银	3.29	10.28	214	3505.8
安定	4.9	10.24	199	2935.5
岷县	4.15	10.21	190	2441.7
临夏	4.5	10.25	204	2921.3
玛曲	5.19	9.25	130	1270.5
合作	5.8	10.6	152	1639.9
天水	3.17	11.10	239	4024.3
环县	3.28	10.30	217	3612.2
西峰	3.31	10.30	214	3441.1
正宁	4.2	10.31	213	3411.7
崆峒	3.27	11.1	220	3477.1
康县	3.17	11.17	246	3830.7
武都	2.19	12.7	292	5163.6
文县	2.15	12.12	301	5255.1

(2)日平均气温稳定通过≥5 ℃持续天数

日平均气温稳定通过≥5 ℃持续期，全省为116～301 d(表5.8)。陇南南部持续期为246～301 d，是植物生长期最长地方，陇南北部一般为220～240 d。祁连山区和甘南高原持续期为116～167 d，是植物生长期最短地区。河西走廊、陇中和陇东持续期一般为174～231 d。持续期除了由东南向西北缩短外，还随海拔高度增高而减少。

(3)日平均气温稳定通过≥5 ℃积温

日平均气温稳定通过≥5 ℃积温，全省为1100～5300 ℃·d(图5.13)。日平均气温稳定通过≥5 ℃的积温，祁连山区和甘南高原最少，分别为1100～2200 ℃·d和1300～2300 ℃·d。陇南南部为4200～5255 ℃·d，是最多地区，陇南北部一般为3300～4000 ℃·d。陇中大部分地方为2300～3900 ℃·d，其中黄河沿岸为3500～3900 ℃·d，华家岭为1947 ℃·d左右。陇东为3100～3800 ℃·d，河谷地带较高，六盘山区较低。河西走廊大多数地方为2600～3800 ℃·d，其中安敦盆地为4000 ℃·d左右，是第二个积温最多地方。积温分布趋势除了

随纬度增高而由东南向西北减少外，甘南高原、陇中和陇东还随海拔高度增加而减少，积温等值线走向基本与地形等高线趋于一致。河西积温由祁连山自南向北，马鬃山自北向南增加，积温等值线走向大致与山体走向一致。

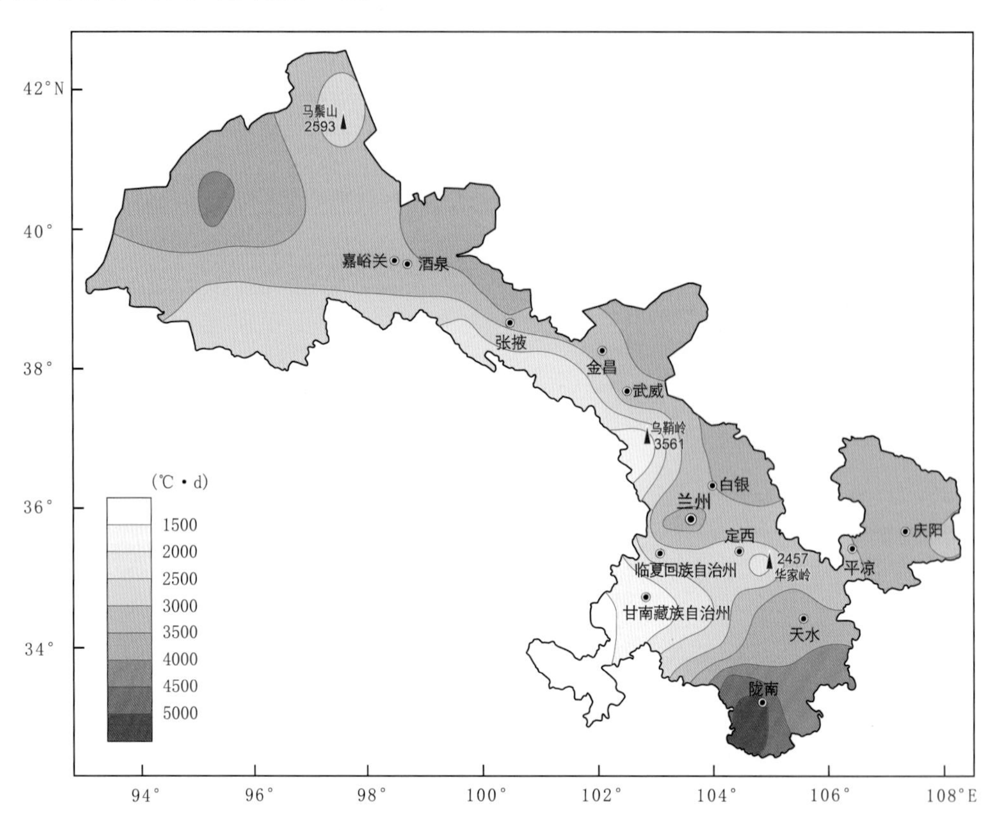

图 5.13　甘肃省日平均气温稳定通过≥5 ℃积温空间分布

5.2.1.3　日平均气温稳定通过≥10 ℃初、终日和积温

日平均气温稳定通过≥10 ℃初日，通常作为喜温作物开始播种和生长临界温度。喜凉作物生长活跃，冬小麦开始拔节，草树积极生长。因此，把≥10 ℃持续期称为作物活跃生长期。≥10 ℃积温表示热量资源对喜温作物的满足程度。

(1)日平均气温稳定通过≥10 ℃初日和终日

全省日平均气温稳定通过≥10 ℃初日，一般出现在春季晚霜冻终止日期之后，喜温作物种子萌芽但尚未出土，不易遭受冻害。≥10 ℃终日与秋季早霜冻开始时间大体接近，大秋作物易受霜冻危害。因此，在安排作物品种时，必须选择保证霜冻前成熟的品种。

日平均气温稳定通过≥10 ℃初日，祁连山区和甘南高原在 5 月中、下旬和 6 月中、下旬，终日在 9 月中、下旬和 8 月中、下旬，是全省开始最晚、终止最早地区。陇南南部初日在 3 月下旬至 4 月上旬，终日在 10 月下旬和 11 月中旬，是全省开始最早、结束最迟地区。河西走廊、陇中、陇东和陇南北部初日在 4 月中下旬至 5 月上旬，终日在 10 月上、中旬。其中海拔较高的二阴山区初日在 5 月中旬，终日在 9 月下旬(表 5.9)。

表5.9　甘肃省各地代表站日平均气温稳定通过≥10 ℃初、终日、初终间日数和积温

站名	初日	终日	初终间日数(d)	积温(℃·d)
马鬃山	5.11	9.21	134	2379.4
敦煌	4.16	10.11	179	3687.8
肃北	5.10	10.3	147	2533.5
张掖	4.25	10.5	164	3042.3
肃南	5.25	9.16	115	1746.4
民勤	4.21	10.9	172	3344.6
武威	4.25	10.8	167	3088.4
乌鞘岭	7.8	8.11	35	428.0
兰州	4.17	10.16	183	3477.8
白银	4.26	10.10	168	3079.6
安定	5.5	10.3	152	2504.8
岷县	5.17	9.24	131	1929.2
临夏	5.3	10.3	154	2459.7
玛曲	7.13	8.12	31	379.5
合作	6.18	8.29	73	947.1
天水	4.13	10.18	189	3580.1
环县	4.22	10.7	169	3177.9
西峰	4.25	10.6	165	2970.2
正宁	4.26	10.5	163	2940.2
崆峒	4.24	10.8	168	3023.4
康县	4.16	10.20	188	3320.7
武都	3.22	11.11	235	4676.8
文县	3.22	11.16	240	4738.9

(2)日平均气温稳定通过≥10 ℃持续天数

日平均气温稳定通过≥10 ℃持续天数，全省为31～240 d(表5.9)。祁连山区和甘南高原为31～115 d，是持续天数最短地区；陇南为154～240 d，是持续天数最长地区。河西走廊、陇中和陇东一般为131～183 d。持续天数空间变化趋势由东南向西北，自河谷、盆地向山顶递减。

(3)日平均气温稳定通过≥10 ℃积温

日平均气温稳定通过≥10 ℃积温，全省为380～4800 ℃·d(图5.14)。分布趋势大致与≥0 ℃积温相同。河西走廊大多数地方在2200～3400 ℃·d，其中安敦盆地在3600 ℃·d以上，是仅次于陇南南部的热量丰富区。祁连山区和马鬃山区为430～2380 ℃·d，是仅次于甘南高原的热量资源不足区。陇中大部分地区为2000～3400 ℃·d，其中黄河沿岸因海拔较低，在3100 ℃·d以上，西南部二阴山区为1700～2500 ℃·d。陇东为2700～3400 ℃·d，其中泾河和马莲河各水系较高，在3300 ℃·d以上。塬区和山区较少，在2700～3000 ℃·d。陇南北部2500～3600 ℃·d，陇南南部为3600～4800 ℃·d以上，是全省热量资源最丰富地区。甘南高原380～2100 ℃·d，是全省热量资源不足区之一。

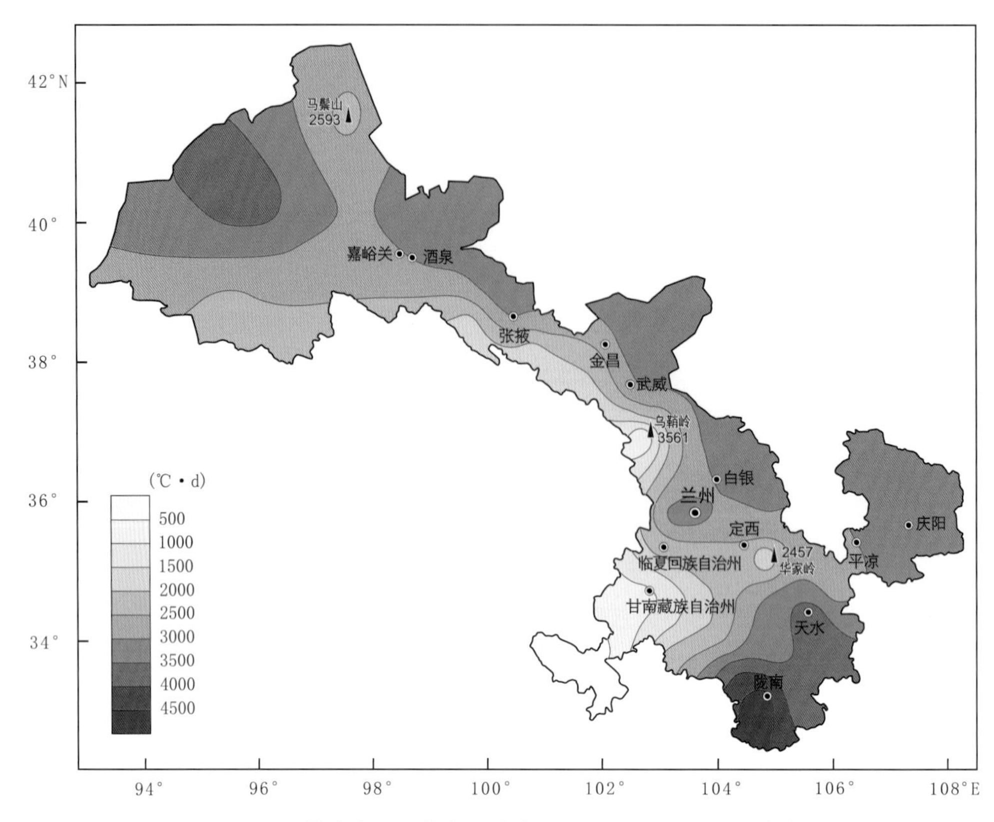

图 5.14 甘肃省日平均气温稳定通过≥10 ℃积温空间分布

5.2.1.4 日平均气温稳定通过≥20 ℃初、终日和积温

农业生产中常用日平均气温≥20 ℃期间积温来表征喜热作物生长季节的热量。甘肃省日平均气温≥20 ℃时间主要在6—8月,历年满足稳定通过≥20 ℃地区主要在陇东、陇南、酒泉、张掖、武威中、北部、白银北部和舟曲等地,上述地区的热量条件充足,可为夏播玉米等作物的生长发育提供良好的条件。

(1)日平均气温稳定通过≥20 ℃初日和终日

全省日平均气温稳定通过≥20 ℃初日(表5.10),是小麦普遍灌浆和乳熟的日期。终日是油菜开始播种的日期,该时期可称为喜热作物安全生长期。

日平均气温稳定通过≥20 ℃初日,陇东在6月下旬至7月上旬,陇南南部在6月上旬,北部在6月中下旬。河西和陇中其他地方日期分布不均,大多在6月下旬。≥20 ℃终日,大部分地方在7月下旬到8月上旬。

(2)日平均气温稳定通过≥20 ℃持续天数

日平均气温稳定通过≥20 ℃的持续天数全省在11～97 d(表5.10)。全省各地持续天数分布不均,酒泉市的瓜州、敦煌和陇南市东南部持续时间最长。

(3)日平均气温稳定通过≥20 ℃积温

日平均气温稳定通过≥20 ℃积温,全省在300～2400 ℃·d(图5.15)。河西走廊、兰州市东部、白银市北部、天水市和陇南市大部和陇东大部地方为800～2400 ℃·d,其他地方在272～800 ℃·d。河西部分地方、陇南和陇东部分地方热量资源丰富,能满足夏播玉米等作物生长发育的需求。

表 5.10　甘肃省各地代表站日平均气温稳定通过≥20 ℃初、终日、初终间日数和积温

站名	初日	终日	初终间日数(d)	积温(℃·d)
马鬃山	7.1	7.20	20	457.8
敦煌	5.28	8.24	88	2200.7
肃北	7.9	7.22	14	321.9
酒泉	6.22	8.1	41	945.2
张掖	6.26	8.2	38	912.8
民勤	6.12	8.10	59	1434.0
武威	6.26	8.2	37	878.0
兰州	6.15	8.5	52	1232.6
白银	6.24	7.23	30	712.0
天水	6.15	8.14	61	1450.9
环县	6.21	8.1	42	982.5
西峰	6.27	7.26	30	706.0
正宁	6.29	7.26	28	639.8
崆峒	6.29	7.29	31	714.7
康县	6.29	8.4	37	841.0
武都	5.30	8.31	94	2358.4
文县	5.27	8.31	97	2405.7

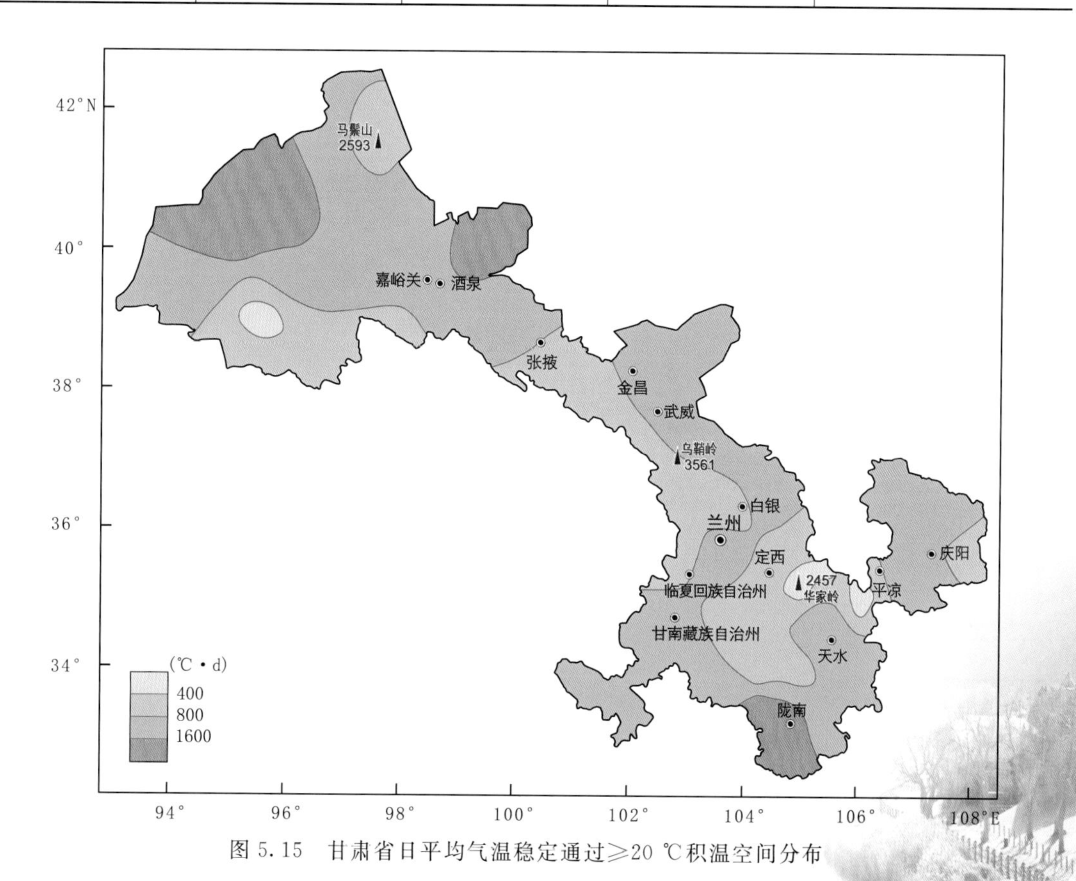

图 5.15　甘肃省日平均气温稳定通过≥20 ℃积温空间分布

5.2.1.5 日平均气温稳定通过≤0 ℃初、终日和负积温

负积温是日平均气温≤0 ℃的累积值，表示冬季的寒冷程度。负积温值大小是鉴定作物、果树、病虫害等越冬的基本热量条件之一，因此是一个重要的农业气候生态指标。了解负积温时空分布规律，对于合理利用气候资源，进行生态环境的合理配置和农业布局调整有着重要意义。

(1)日平均气温稳定通过≤0 ℃初日和终日

日平均气温稳定通过≤0 ℃初日，陇南南部在12月中、下旬，终日在1月上旬和2月上旬。陇南北部初、终日分别出现在11月中旬至12月上旬和2月中、下旬。河西走廊和陇中初日在11月上、中旬，终日在3月上、中旬。陇东初日在11月下旬，终日在2月下旬至3月上旬。祁连山区和甘南高原初日在11月上旬，终日在3月下旬至4月上旬，这两个地区由于海拔较高，是全省初日最早、终日最迟的地区(表5.11)。

表5.11 甘肃省各地代表站日平均气温稳定通过≤0 ℃初、终日、初终间日数和负积温

站名	初日	终日	初终日间日数(d)	负积温(℃·d)
马鬃山	10.26	4.4	160	1180.8
敦煌	11.19	3.4	105	575.4
肃北	11.14	3.20	126	568.7
张掖	11.13	3.11	119	715.5
肃南	11.2	4.2	151	915.5
民勤	11.13	3.11	119	635.6
武威	11.16	3.10	115	552.6
乌鞘岭	10.16	4.29	196	1330.2
兰州	11.26	2.27	94	394.0
白银	11.20	3.6	107	456.9
安定	11.17	3.12	116	514.2
岷县	11.19	3.13	115	458.9
临夏	11.20	3.10	111	453.0
玛曲	10.28	4.6	161	886.8
合作	11.2	4.3	153	865.3
天水	12.6	2.15	72	118.0
环县	11.21	3.5	105	425.3
西峰	11.24	3.8	105	323.1
正宁	11.23	3.8	106	319.0
崆峒	11.26	3.2	97	297.1
康县	12.16	2.12	59	62.5
武都	12.31	1.5	4	4.5
文县	12.31	1.2	1	0.9

(2)日平均气温稳定通过≤0 ℃持续天数

全省日平均气温稳定通过≤0 ℃持续天数为1～196 d(表5.11)。由东南向西北，河川、盆地向高山、高原增加。陇南南部持续天数为1～50 d，北部为50～91 d。河西走廊和陇中为94～135 d，陇东为88～113 d，甘南高原和祁连山区136～196 d。

(3)日平均气温稳定通过≤0 ℃负积温

甘肃省冬季负积温,全省为1~1330 ℃·d(图5.16)。陇南市中南部及舟曲为0~63 ℃·d,陇南市北部、天水市大部为110~300 ℃·d,庆阳市、平凉市、定西市东南部为200~500 ℃·d,兰州市、白银市、临夏州和定西市北部等地为400~700 ℃·d,河西大部和甘南州大部为600~1000 ℃·d,乌鞘岭和马鬃山分别为1330 ℃·d和1181 ℃·d。

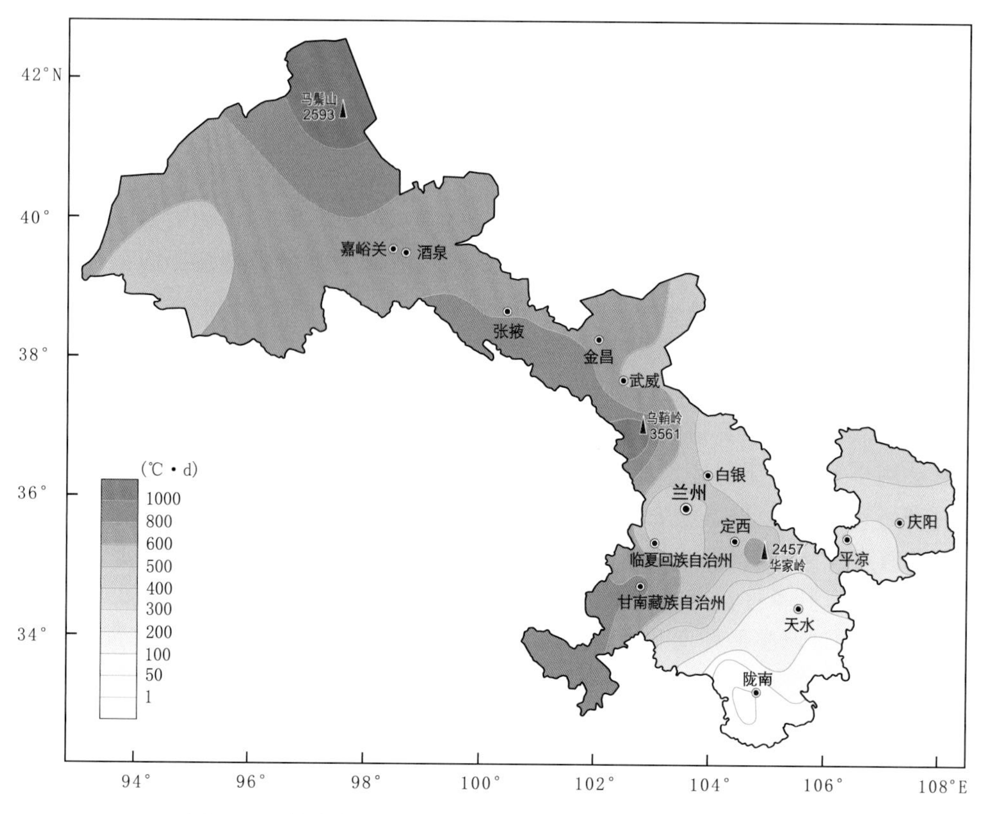

图5.16 甘肃省日平均气温稳定通过≤0 ℃负积温空间分布

5.2.2 热量资源合理开发利用

(1)调整作物种植结构布局

气候变暖,热量资源丰富,对越冬作物冬小麦、冬油菜和喜温作物生长发育和产量比较有利,可以北移西扩,向高纬度、高海拔扩展,适当扩大种植面积;对喜凉作物春小麦应适当减少面积。作物种植结构调整应趋向农业净收益最大化,玉米、水稻、棉花、特色农作物的净收益明显大于小麦,这直接导致这些作物种植面积比例提高,实现区域农业经济快速发展。气候变暖对粮食安全生产具有潜在威胁,在考虑净收益最大化的同时,在决策层面上,应根据国家和区域(或省)对粮食的需求,确保必需的粮食种植面积,实行不同作物差别农业补贴政策,提高粮食作物补贴标准,实现农业经济和粮食安全协调发展。

(2)针对不同气候年型、不同积温分布配置作物种植格局

根据不同气候年型,适当调整作物种植结构和种植比例。在低温气候年型,应适当降低冬小麦和喜温作物种植比例。但喜凉作物可根据降温幅度和降温时段,来调整不同适宜种植区

域的不同种植比例,增暖气候年型正好相反。

在分析气候变化对作物的影响以及气象条件与作物生长发育和产量之间关系的基础上,提出不同气候区域适宜发展的作物。谷子和糜子适宜在温和半干旱、半湿润气候区旱作地发展;玉米适宜在温暖半湿润或湿润气候区旱作地和温暖干旱或半干旱气候区灌溉地发展;水稻是温暖或温热半湿润气候区和温和半干旱气候区灌溉地的优势作物;马铃薯是冷凉半干旱半湿润气候区旱作地的优势作物;冬小麦是温和半湿润或湿润气候区旱作地的优势作物;春小麦是温凉半湿润或湿润气候区旱作地和温凉干旱或半干旱气候区灌溉地的优势作物。

(3)采取不同栽培技术和管理模式应对气候变暖

气象和农业部门加强对作物适宜播种期预测预报的服务。气候变暖,春季气温回升较快,应适时提前春播作物的播种日期。充分利用早春热量资源,弥补生育后期热量不足,躲避早、晚霜冻、盛夏高温影响和生殖生长后期的低温危害。秋冬偏暖,越冬作物应适时推迟播种,防止冬前生长过旺。作物生长季积温提高,生长季延长,有利于种植熟性偏中晚的高产品种;在生长季一熟有余二熟不足的地区要增大复种指数 ;扩大间作套种、带田的种植面积比例。

(4)采取综合配套技术提高抵御灾害能力

受气候变暖影响,日最高和日最低气温都将上升,冬季极冷期可能缩短,夏季炎热期可能延长,高温热害、干旱等愈发频繁。因此,要重视和加强气象灾害的监测、预测和评估,为决策部门和社会用户提供优质服务。加强农业基础设施建设,提高抗御气象灾害能力。加强农作物气候生态研究,准确掌握各种农作物对气候变化的响应特征和对气象条件的需求;加强气候变化及气象灾害变化趋势研究,提前预知未来气候变化趋势及其可能对农业生产带来的影响,为农业生产提供有利条件。在措施上,对低海拔地区和平川区,应加强防范高温对马铃薯薯块膨大期的危害;通过调整播种期和适时灌溉等措施,减轻干热风对小麦开花、灌浆期的危害;对高纬度和高海拔地区应加强防范喜温作物水稻、玉米生殖后期的低温冷害。

5.3 降水资源

甘肃省大部分地区为半干旱和干旱气候,年降水量不多,而雨季集中,降水年变率大,降水是农、林、牧业生产发展的限制因子。因此,提高降水资源利用效率对甘肃省农、林、牧业发展至关重要。不同热量、光能、水分资源组合,构成不同农业气候类型。甘肃省光条件优越,热量适中,降水因子在一定程度上决定作物种类、品种、耕作制度和生产水平,在不同的光、温条件下,降水资源时空分布特征和作物耗水特征,对合理开发利用降水资源有重要意义。

5.3.1 各种界限温度期间降水量

5.3.1.1 日平均气温稳定通过 0 ℃期间降水量

日平均气温稳定通过 0 ℃期间,降水量是喜凉作物如春小麦、油菜、蚕豆、甜菜等作物生长季内的降水资源。甘肃省日平均气温稳定通过 0 ℃期间降水量为 36～730 mm(图 5.17),空间分布呈现出自西北向东南递增趋势。河西大部为 36～200 mm,陇中中北部为 200～400 mm。陇中南部、陇东大部、陇南中西部、甘南州为 400～600 mm,陇南东南部为 600～730 mm,其中康县最多,为 732.3 mm(表 5.12)。

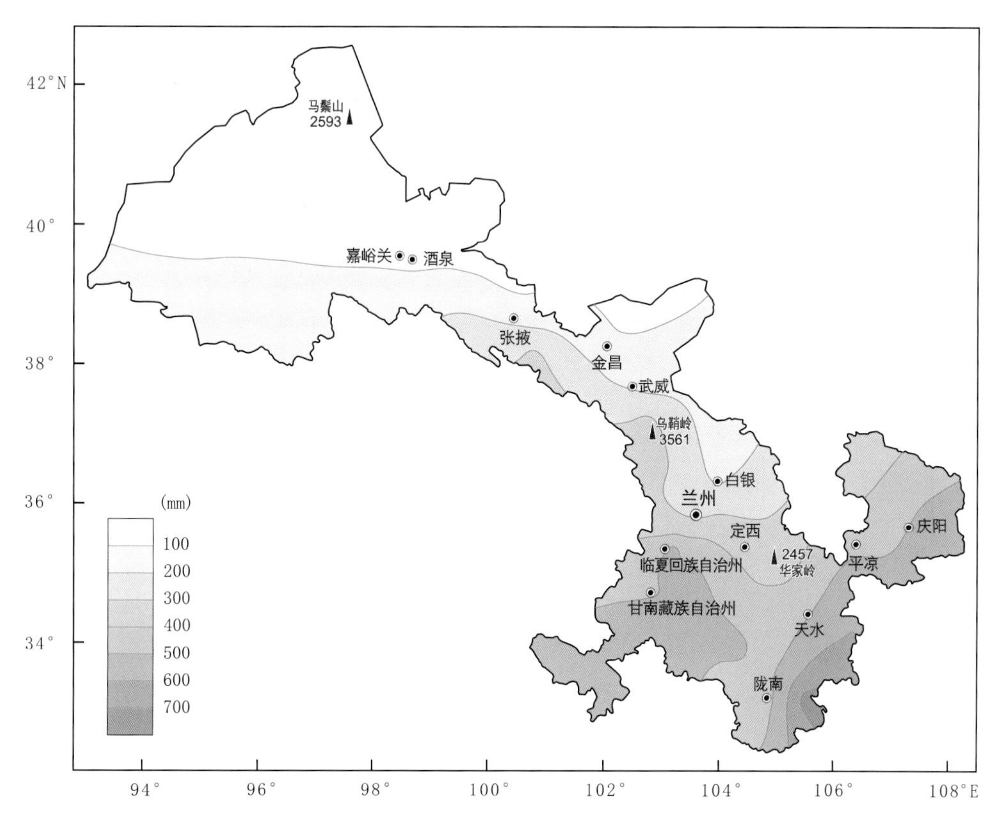

图 5.17　甘肃省日平均气温稳定通过 0 ℃期间降水量空间分布

表 5.12　甘肃省各地代表站日平均气温稳定通过 0 ℃期间降水量(单位:mm)

站名	降水量	站名	降水量
马鬃山	56.1	岷县	539.1
敦煌	36.4	玛曲	553.4
肃北	132.7	合作	493.4
酒泉	78.7	天水	488.7
张掖	124.4	环县	397.5
肃南	249.4	西峰	498.7
民勤	108.7	正宁	575.2
武威	160.5	崆峒	464.5
乌鞘岭	349.8	康县	732.3
兰州	288.3	武都	460.5
白银	187.6	文县	440.4
安定	362.3		

5.3.1.2　日平均气温稳定通过 5 ℃期间降水量

日平均气温稳定通过 5 ℃期间降水量，是中性作物，如胡麻、马铃薯生长季内的降水资源。甘肃省日平均气温稳定通过 5 ℃期间降水量为 34～702 mm(图 5.18)，空间分布呈现出自西北向东南递增的趋势。河西大部为 34～200 mm，陇中中北部为 200～400 mm，陇中南部、陇东大部、陇南中西部、甘南州为400～600 mm。陇南东南部为600～700 mm，其中康县最多，为702.4 mm(表5.13)。

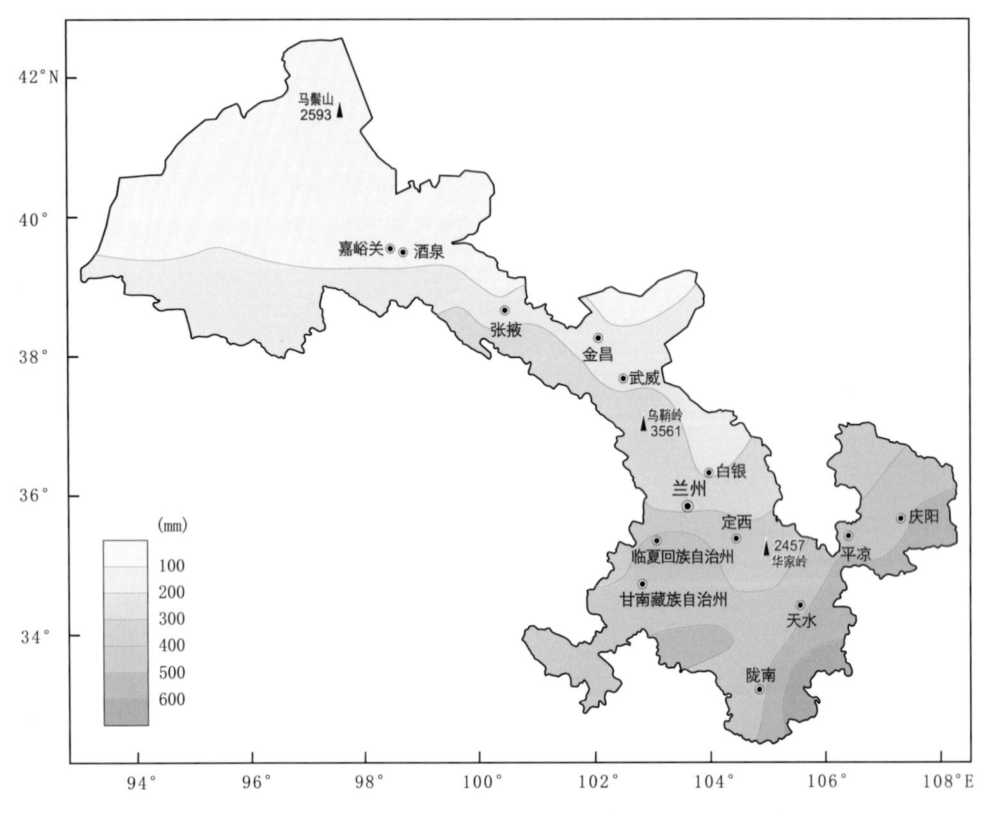

图5.18 甘肃省日平均气温稳定通过5 ℃期间降水量空间分布

表5.13 甘肃省各地代表站日平均气温稳定通过5 ℃期间降水量(单位:mm)

站名	降水量	站名	降水量
马鬃山	53.2	岷县	495.2
敦煌	34.3	玛曲	447.1
肃北	123.7	合作	414.5
酒泉	74.2	秦城	468.3
张掖	120.0	环县	380.2
肃南	230.8	西峰	473.2
民勤	105.4	正宁	545.5
武威	152.8	崆峒	444.2
乌鞘岭	287.6	康县	702.4
兰州	281.0	武都	456.0
白银	182.0	文县	437.6
安定	339.1		

5.3.1.3 日平均气温稳定通过10 ℃期间降水量

日平均气温稳定通过10 ℃期间降水量，是喜温作物如玉米、谷子、糜子、高粱、水稻、棉花等作物生长季内的降水资源。甘肃省日平均气温稳定通过10 ℃期间降水量为31～640 mm（图5.19），空间分布呈现出自西北向东南递增的趋势。河西大部、甘南州西南部为34～200 mm，其中民乐、古浪分别为222.8 mm、227.6 mm。陇中、陇东西部、陇南西北部、甘南州大部为200～400 mm，陇东东部、陇南大部为400～640 mm，其中康县为639.7 mm（表5.14）。

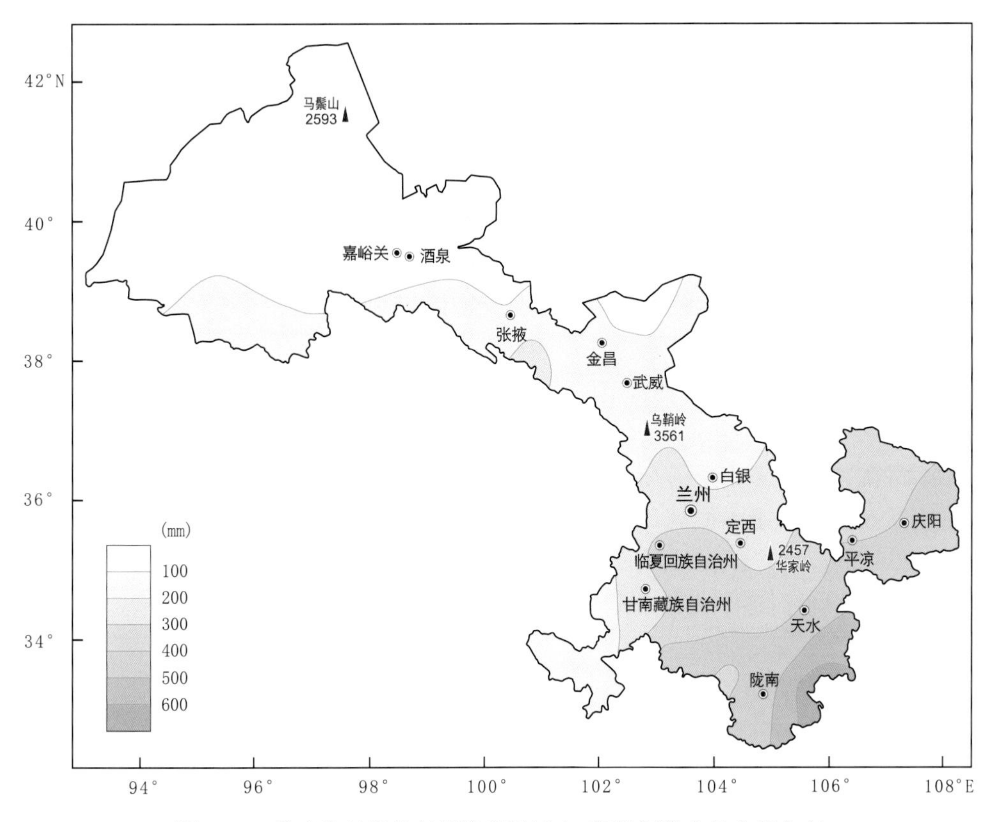

图5.19 甘肃省日平均气温稳定通过10 ℃期间降水量空间分布

表5.14 甘肃省各地代表站日平均气温稳定通过10 ℃期间降水量(单位:mm)

站名	降水量	站名	降水量
马鬃山	46.1	岷县	380.3
敦煌	31.8	玛曲	125.4
肃北	108.0	合作	229.5
酒泉	70.1	秦城	422.6
张掖	111.1	环县	340.7
肃南	180.2	西峰	404.6
民勤	97.7	正宁	465.0
武威	138.6	崆峒	393.5
乌鞘岭	79.0	康县	639.7
兰州	259.3	武都	442.8
白银	167.7	文县	425.3
安定	290.9		

5.3.1.4 日平均气温稳定通过 20 ℃期间降水量

日平均气温稳定通过 20 ℃期间降水量，是喜温作物如玉米、谷子、糜子、高粱、水稻、棉花等作物旺盛生长季内的降水资源。祁连山区、甘南州大部、临夏州、定西市中、西部及会宁、榆中、永登等地，日平均气温未能稳定通过 20 ℃。省内其余地方日平均气温稳定通过 20 ℃期间，降水量为 11～265 mm，空间分布呈现出自西北向东南递增的趋势。河西川区、陇中大部为 11～50 mm，其中兰州为 90.7 mm，陇东西部、陇南西北部为 50～100 mm，陇东东部、陇南大部为 100～265 mm，其中徽县为 265.2 mm。

5.3.2 各种作物生育期降水量及耗水量

5.3.2.1 冬小麦生育期(10—6 月)降水量及耗水量

甘肃省冬麦区主要分布在河东雨养农业区，全生育期降水量在 176～356 mm(图 5.20)，而冬小麦全生育期耗水量旱作地为 350～400 mm，灌溉地为 450～500 mm(邓振镛 等，2012a)。从空间分布看，陇中中北部、陇东西部降水量最少，为 176～192 mm，全生育期降水量只能达到耗水量 56%～62%，远不能满足冬小麦需水量，是甘肃省冬麦区的老旱区；陇中南部、陇东东部、陇南北部降水量为 200～255 mm，全生育期降水量能达到耗水量 63%～82%，该区域加上伏秋季降水基本能满足冬小麦需水量，但降水量偏少年份也易发生干旱；陇南中南部为 260～356 mm，但文县最少，为 221.4 mm。此区域降水相对充沛，全生育期降水量能达到耗水量 83%～114%，冬小麦出现干旱几率较低，是甘肃省冬小麦种植优势区(表 5.15)。

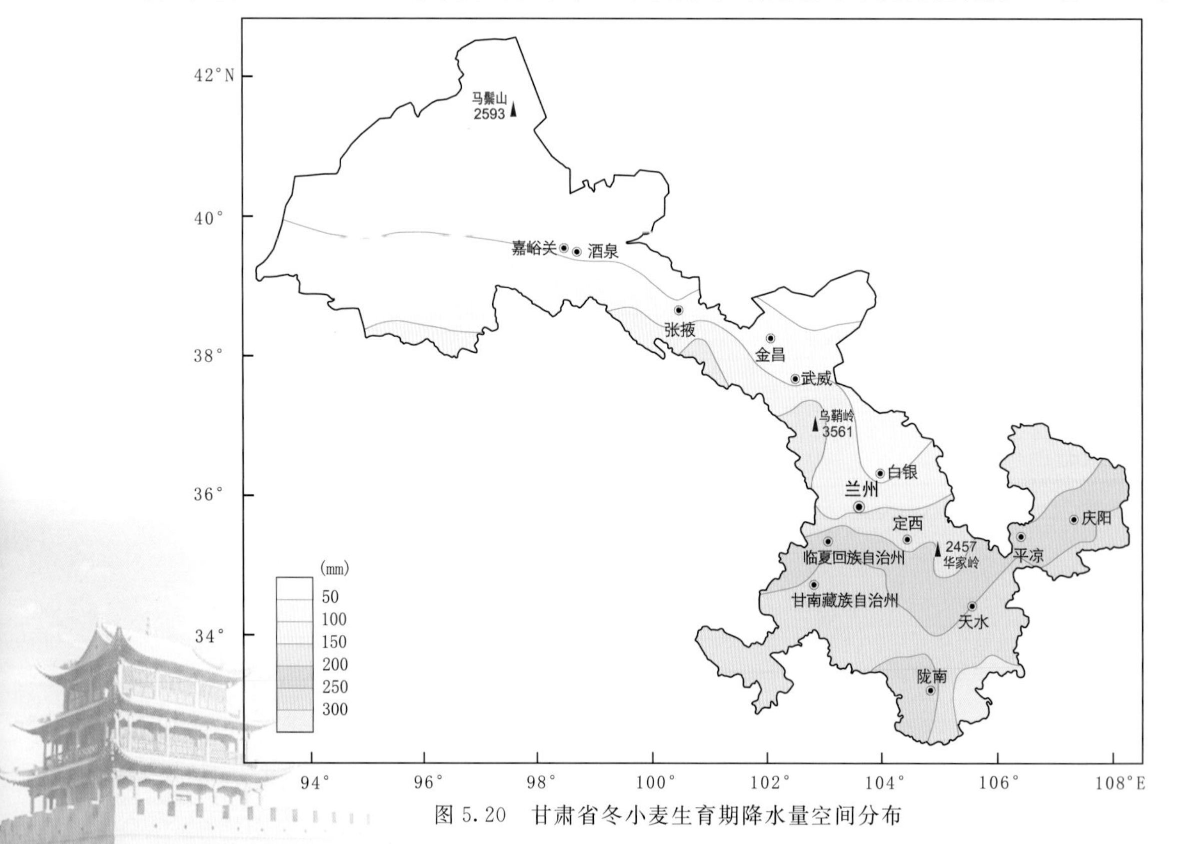

图 5.20 甘肃省冬小麦生育期降水量空间分布

表 5.15 甘肃省各地代表站冬小麦生育期降水量(单位:mm)

站名	降水量	站名	降水量	站名	降水量
榆中	176.7	合水	242.0	秦安	214.6
安定	178.2	宁县	267.9	武山	218.1
临洮	233.8	华池	192.0	清水	251.7
通渭	180.3	庆阳	208.5	甘谷	219.4
陇西	207.5	正宁	273.7	天水	251.2
渭源	250.1	崆峒	209.2	武都	220.6
漳县	223.8	泾川	239.7	康县	355.6
临夏	235.3	静宁	195.7	文县	221.4
和政	281.5	灵台	231.0	成县	290.9
广河	219.4	崇信	223.0	礼县	241.9
康乐	245.6	庄浪	223.9	徽县	312.1
西峰	237.1	华亭	253.2	两当	273.2
镇原	207.0	麦积	242.2	宕昌	309.5
环县	179.7	张家川	245.8	西和	274.5

冬小麦冬前生长阶段,实际耗水量不多,耗水量全部来源于 0～30 cm 土壤耕作层。此时降水较多,可满足植株对水分的需要,尚有 34.4%的盈余水分贮存于土壤中。返青后耗水量开始加大,拔节期正值春季少雨阶段,降水量只能满足耗水量的 75%,有 25%的亏缺水分要靠土壤贮水供给,其中 82.6%的水分来自 100 cm 以上土层,17.4%的水分来自 100 cm 以下土层。拔节、抽穗期是全生育期中需水关键期,也是耗水高峰期。一般年份,此时降水量基本能满足麦田耗水量,但干旱年份要靠土壤贮水供给。抽穗、灌浆期正值春末夏初少雨期,麦田耗水量较大,此时降水量仅能满足麦田耗水量的 14%,剩余 86%的水分完全依赖于播前 100 cm 以下的土壤贮水补给。灌浆成熟期需水量逐渐减少,此时正值当地 6 月下旬至 7 月上旬的一段相对多雨期,其降水量在多数年份能满足麦田对水分的需要,且少数年份有盈余的水分贮存于土壤之中(邓振镛,2005)。

5.3.2.2 春小麦生育期(3—7 月)降水量及耗水量

甘肃省春小麦主要分布于河西和陇中。河西春小麦为灌溉农业区,作物需水主要来源于灌溉,而陇中春小麦是雨养农业区,作物用水主要依赖于自然降水。甘肃省春麦区全生育期降水量在 27～322 mm(图 5.21),而春小麦全生育期旱作地耗水量为 300～350 mm,灌溉地为 400～450 mm(邓振镛 等,2012a)。从空间分布看,陇中南部在 200～322 mm,其中和政最多为 321.2 mm,该区域降水量基本能满足春小麦需水量;陇中北部为 100～200 mm,该区域旱作区降水量只能达到春小麦全生育期耗水量的 44%～87%,易发生干旱;河西走廊在 27～100 mm,其中民乐、肃南分别为 202.8 mm、158.8 mm,该区域虽降水较少,但为灌溉农业区,不依赖于自然降水(表 5.16)。

春小麦从播种到出苗至拔节,耗水强度由小变大,拔节至抽穗达高峰期,灌浆至成熟耗水强度又由大变小。耗水量最大阶段是拔节到抽穗至灌浆期,这两个阶段的生育天数虽占全生育天数的25.9%,但耗水量却占全生育期的49.7%。尤其是拔节至抽穗期日耗水量最大,为需水关键期(邓振镛,2005)。

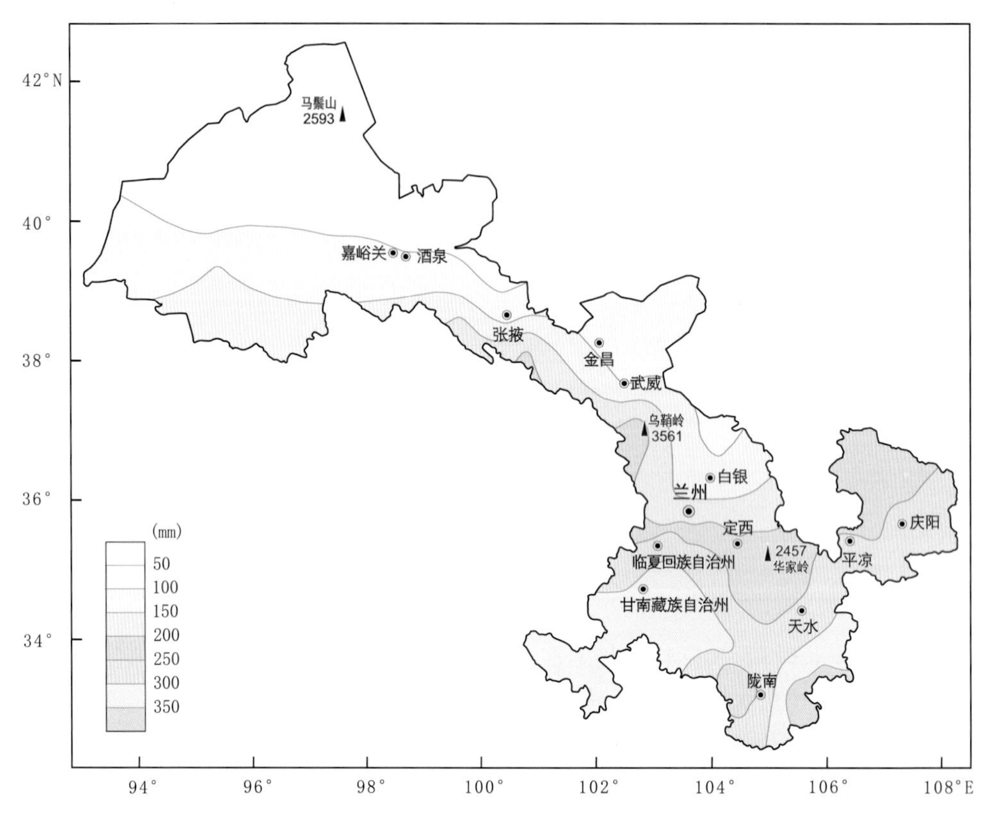

图5.21 甘肃省春小麦生育期降水量空间分布

表5.16 甘肃省各地代表站春小麦生育期降水量(单位:mm)

站名	降水量	站名	降水量	站名	降水量
酒泉	50.6	山丹	111.1	白银	106.7
敦煌	27.4	武威	91.9	会宁	184.6
玉门镇	38.2	永昌	118.3	永靖	156.7
安西	29.8	民勤	60.4	和政	321.2
金塔	36.3	古浪	193.1	东乡	298.6
肃南	158.8	榆中	205.3	安定	204.3
张掖	73	永登	172.9	临洮	276.1
高台	60.6	皋兰	144	陇西	229.5
民乐	202.8	景泰	96.8	渭源	281.2
临泽	59.8	靖远	120.5	岷县	317.6

5.3.2.3 秋作物生育期(4—9月)降水量及耗水量

甘肃省秋粮主要为玉米和马铃薯,除河西和陇中黄河干支流川塬有灌溉外,其余秋粮产区主要依靠天然降水。甘肃省秋粮全生育期降水量在 33～620 mm(图 5.22)，旱作玉米耗水量为 400～500 mm，灌溉地为 500～600 mm；旱作马铃薯耗水量为 300 mm，灌溉地为 375 mm(邓振镛 等，2010a)。

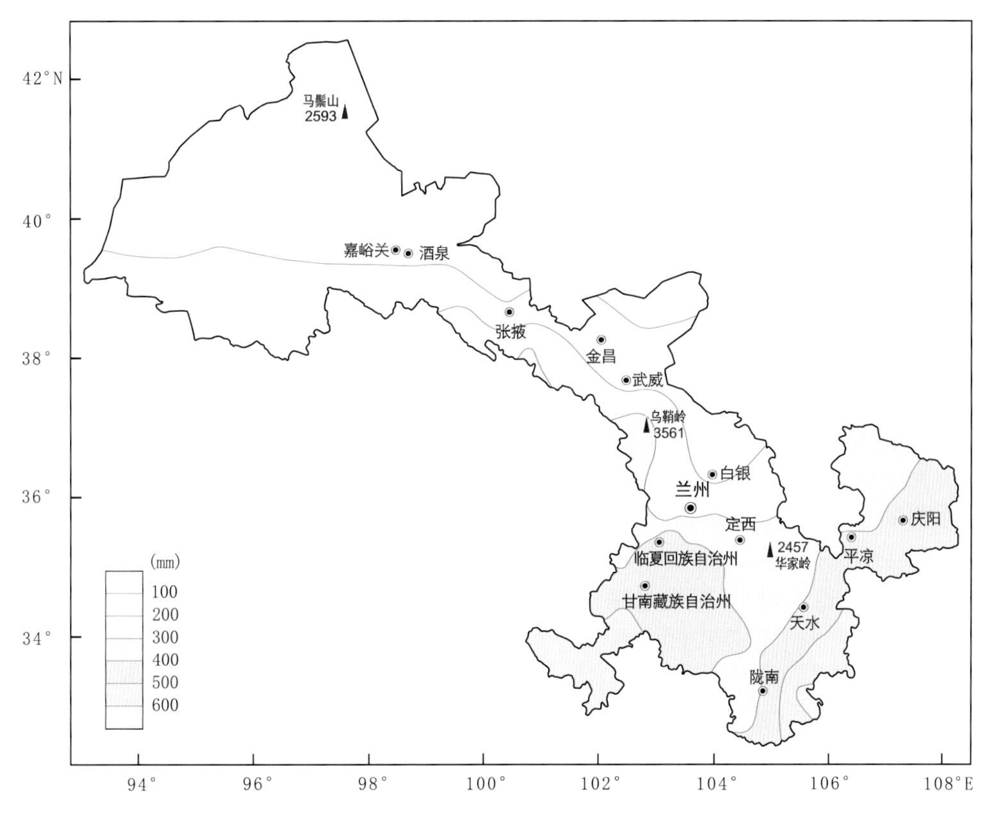

图 5.22　甘肃省秋作物生育期降水量空间分布

河西走廊降水量在 33～200 mm，其中乌鞘岭、民乐、肃南分别为 360.5 mm、304.1 mm、241.4 mm，该区域降水特少，但大部分地区属于灌溉区；陇中大部、陇东西部、陇南西北部在 200～400 mm，全生育期降水量能满足玉米需水量的 44%～89%、马铃薯需水量的 47%～94%，易发生春旱和夏旱；陇东东部、陇南大部在 400～620 mm，基本能满足秋粮生长发育所需水量(表 5.17)。

表 5.17　甘肃省各地代表站秋作物生育期降水量(单位：mm)

站名	降水量	站名	降水量
马鬃山	55.3	岷县	478.6
敦煌	33.1	临夏	431.9
肃北	127.2	玛曲	518.2
酒泉	72.5	合作	454.9
张掖	115.7	天水	409.8
肃南	241.4	环县	353.0
民勤	100.3	西峰	438.8
武威	145.0	正宁	500.6

续表

站名	降水量	站名	降水量
乌鞘岭	360.5	崆峒	409.5
兰州	257.7	康县	619.9
白银	170.9	武都	400.1
安定	323.3	文县	382.8

玉米从播种至开花期日需水量逐渐增大，开花至乳熟为需水高峰期，平均日需水量在5 mm以上，乳熟期以后日需水量明显降低。马铃薯从播种至分枝日需水量在1.3～1.7 mm，从分枝至花序形成期日需水量从2 mm以下迅速增长到5 mm以上，花序形成至开花期为需水高峰期，开花至可收期需水量缓慢降低(刘宏谊 等，2005)。

5.3.3 降水资源合理开发利用

(1)针对不同气候年型与干湿区域配置作物种植格局

在干旱区以及半干旱区气候暖干年份要调整作物种植结构，严格控制春小麦播种面积，扩大耐旱作物如马铃薯、胡麻、糜子、谷子、饲草等作物种植面积以及实行轮作倒茬等措施。在干旱气候年型应适当控制喜水的水稻、玉米等作物种植比例，扩大耐旱作物比例。为确保各种作物平衡发展、高产稳产，在干旱灌溉区作物种植格局从以春小麦为主转变为以玉米和棉花为主，其次是春小麦；半干旱旱作区以春小麦为主转变为以冬小麦、春小麦、马铃薯为主，其次是玉米，搭配谷子和糜子种植；半湿润旱作区作物种植比例由冬小麦占6成和玉米占4成转变为冬小麦、玉米、马铃薯各占3成，搭配谷子和糜子种植(邓振镛 等，2010a)。

(2)建立一整套旱作农业生产机制适应气候变干

在半干旱区和半湿润区的正常气候年份必须改进农业耕作技术，提高土壤水资源利用率。如采取增加土壤水库库容的各种有效保墒耕作抗旱措施；冬小麦生长后期对深层土壤贮水量需求旺盛，而深层水的蓄存主要来源于伏秋季的降水量，因此，要做好收墒、保墒一整套农耕管理，要充分发挥“伏秋雨春用”的作用；大力推广旱作全膜双垄集雨沟播为主的旱作农业综合新技术等。要创建现代农业发展模式，建立一整套旱作农业生产机制来适应气候变化(邓振镛 等，2010b)。

(3)采取综合农业措施提高抵御干旱灾害能力

气候变干，半干旱和半湿润旱作区作物生长季降水量对产量至关重要，应引进、培育抗逆性、抗热性、耐旱性较强的新品种、杂交种种植，同时品种要多样化。在生长关键的拔节期如出现干旱，有条件的地方，要充分发挥集雨节灌技术的作用，适时节水补灌，补充土壤水分。干旱和半干旱灌溉区应适时灌溉，避免缺水作物受旱而减产；湿润区和高寒阴湿区应防止生殖生长后期水分过多，热量不足而造成减产(邓振镛 等，2010b)。

5.4 风能资源

风能是一种取之不尽、用之不竭的清洁能源，具有很大的开发利用潜力。甘肃省风能资源总储量居全国各省第三位(中国气象局,2014),仅次于内蒙古和新疆两自治区,总储量(即风功率密度≥200 kW 可开发量)约为 3.1 亿 kW,可开发面积约为 8 万 km^2;利用率较高的部分(即风功率密度≥300 kW 可开发量)约为 2.37 亿 kW,可开发面积逾 6 万 km^2。

5.4.1 平均风速和平均风功率密度分布特征

甘肃省 70 m 高度风速和风功率密度较大的地区,主要分布在河西走廊西部的酒泉地区及祁连山区,其次是河西中东部和陇中北部、陇东北部的部分地区,黄河谷地、徽成盆地年平均风速最小(图 5.23,图 5.24)。各季风速空间分布与年平均风速分布特征基本一致,风速最大时段均出现在春季(3—5 月),冬季(12 月至翌年 2 月)风速次之,风速最小时段为秋季(9—11 月)和夏季(6—8 月)。

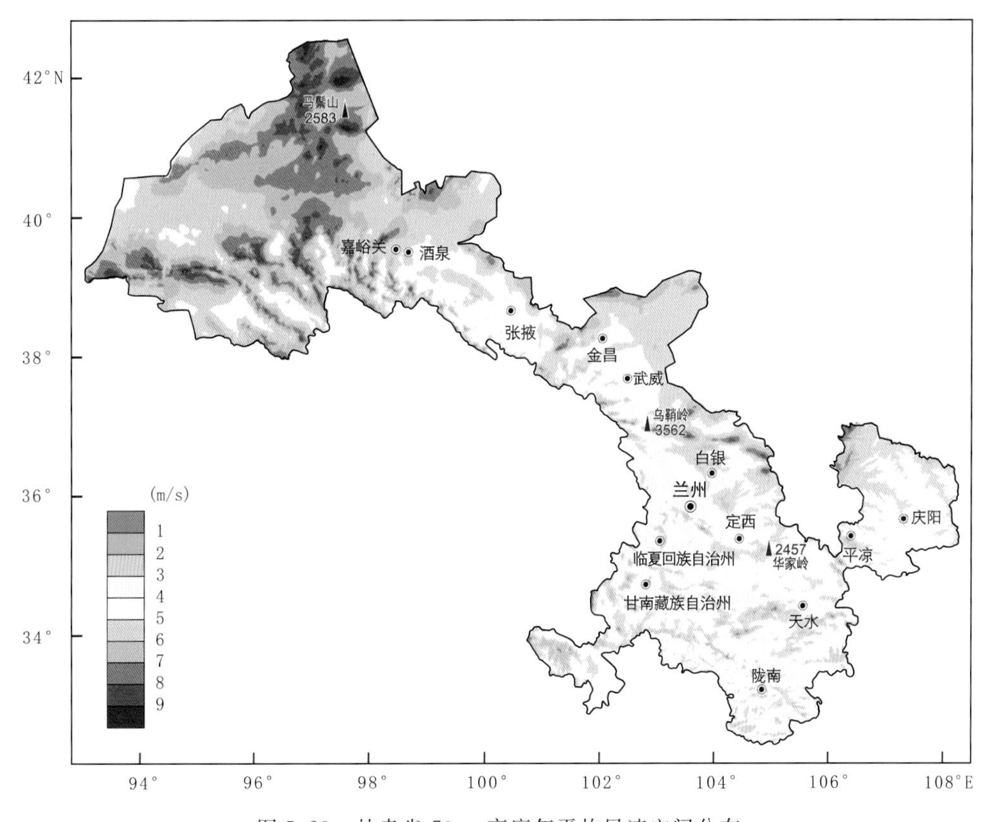

图 5.23 甘肃省 70 m 高度年平均风速空间分布

春季是甘肃省各地平均风速和平均风功率密度最大季节。3 月,全省大部分地区月平均风速为 4.5~11.0 m/s,是一年之中平均风速最大月份,阿克塞、肃北和肃南 3 县部分地区,月平均风速>11.0 m/s。大部分地区月平均风功率密度为 150~800 W/m^2,祁连山区、酒泉市中北部、武威市、白银市、庆阳市北部达到 800 W/m^2 以上。4 月,全省大部分地区月平均风速为 4.5~10.0 m/s,是一年之中平均风速次大的月份,阿克塞、肃北和肃南 3 县部分地区,月平均风速超过 10.0 m/s。大部分地区月平均风功率密度为 100~800 W/m^2,祁连山区、酒泉市中北部、武威市、白银市北部局部可达到 800 W/m^2 以上,其面积较 3 月份缩小。5 月,全省各地的风速明显小于 3 月和 4 月,全省部分地区月平均风速为 3.5~8.5 m/s,大部分地区月平

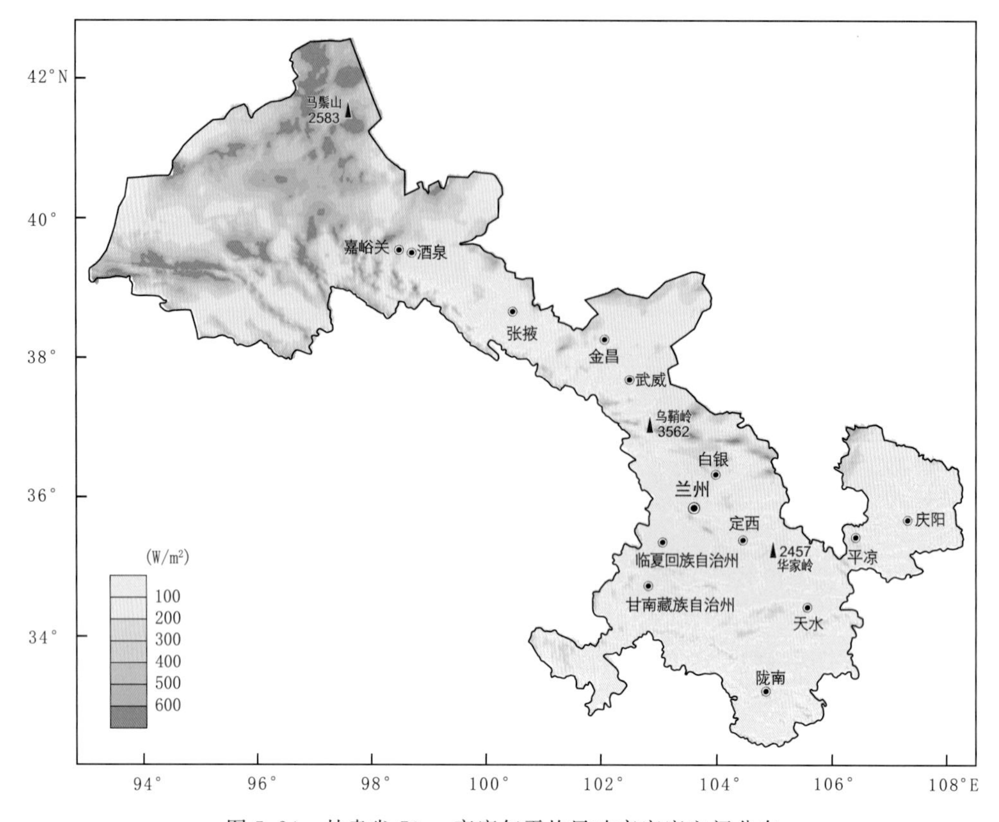

图 5.24　甘肃省 70 m 高度年平均风功率密度空间分布

均风功率密度为 150～600 W/m²。春季太阳高度角增大，地面增温迅速，高空动量下传增多，另外春季是大气环流由冬季向夏季转换的季节，气旋活动较冬季增多，大风发生频繁，因而平均风速和平均风功率密度是一年之中最大的季节(薛桁 等,2001;朱瑞兆 等,1981)。

夏季各地平均风速和平均风功率密度明显比春季减小，是一年之中风速最小季节。6 月，全省大部分地区月平均风速为 3.0～7.0 m/s，是一年之中平均风速较小的月份，只有阿克塞和肃北部分地区的月平均风速＞7.0 m/s。大部分地区月平均风功率密度为 50～500 W/m²，仅有阿克塞和敦煌北部的局部地区达到 600 W/m² 以上。7 月，全省大部分地区月平均风速略小于 6 月，平均风速为 3.0～6.5 m/s，仅在阿克塞局部地区月平均风速＞7.0 m/s，大部分地区月平均风功率密度为 50～400 W/m²。8 月，全省各地风速明显小于 6 月和 7 月，全省大部分地区月平均风速为 3.0～6.0 m/s，月平均风功率密度为 50～350 W/m²。夏季风速普遍偏小，是由于夏季气压场形势与冬季相反，为热低压盘踞，甘肃省多处于热低压的东北部，气压梯度小，大气水平运动整体较弱。

秋季各地平均风速和平均风功率密度比春季大幅度减小，但略大于夏季。9 月，全省大部分地区月平均风速为 3.0～6.0 m/s，是一年之中平均风速较小的月份，大部分地区月平均风功率密度为 50～500 W/m²。与 9 月相比，10 月河西走廊月平均风速略有增加，而河东地区略有减少，大部分地区平均风速为 3.0～7.0 m/s，仅在肃北和玉门局部地区月平均风速＞7.0 m/s；除酒泉市大部分地区平均风功率密度达到 150～600 W/m² 外，省内其余各地的月平均风功率密度均为 50～200 W/m²。11 月，全省各地风速较 9 月和 10 月略有增加，大部分地区月平均风速为3.0～7.0 m/s，除酒泉市大部分地区平均风功率密度达到200～700 W/m² 外，省内其余各地月平均风功率密度为50～200 W/m²。秋季是夏季风和冬季风的交替季节，甘肃省多处于高压控制，因而整个季节平均风速和平均风功率密度较小。

冬季是各地平均风速和平均风功率密度次大的季节。12月，全省大部分地区月平均风速为3.5～8.0 m/s，是一年之中平均风速较大月份，阿克塞、肃北、肃南和玉门等县（市）部分地区的月平均风速＞11.0 m/s。大部分地区月平均风功率密度为150～700 W/m²，酒泉市中北部、武威市北部、白银市和庆阳市北部达到700 W/m² 以上。1月，全省大部分地区月平均风速为3.5～8.0 m/s，阿克塞、肃北和肃南3县部分地区的月平均风速超过10.0 m/s。大部分地区月平均风功率密度为100～700 W/m²，祁连山区、永昌北部、玛曲和环县局部达到700 W/m² 以上。2月，全省各地风速略小于1月，全省大部分地区月平均风速为3.5～7.0 m/s，大部分地区月平均风功率密度为100～600 W/m²。冬季甘肃省上空盛行西北气流，而河西走廊地势平坦，又是西北气流影响的重要通道，加之南北两山对气流的狭管效应，加大了区间风速，使河西风速明显大于河东地区。

5.4.2 风能资源等级和开发适宜程度分布特征

甘肃省河西西部风能资源最为丰富，其次是陇东北部及陇中北部，再次是河西中东部；季节分布为春季最大，冬季次之，夏秋季相对较小。70 m高度风能调查点数据显示（2008—2009年），3月风能利用率最高，85％调查点达到3级以上；4月次之，65％调查点可达到3级以上；初冬12月有一个风能相对较好的时段，35％调查点可达到3级以上；1—2月是一年中达到3级以上最少的月份。从地域分布看，酒泉市瓜州桥湾风能资源条件最好（王毅荣 等，2006；朱飙 等，2009；王兴 等，2012），一年中每月都可以达到3级以上，最大可达6级，各月间风能资源相对稳定。阿克塞县的小苏干湖3—10月均在3级以上，最大在5月可达9级，5级以上有6个月，风能资源条件很好。环县甜水镇风能资源在河东区域相对较好，有6个月在3级以上，最大在12月可达6级（表5.18）。

表5.18 甘肃省风能调查点各月风能资源等级分布状况（单位：级）

调查地点	1月	2月	3月	4月	5月	6月	7月	8月	9月	10月	11月	12月
山丹县绣花庙	2	1	3	5	2	1	1	1	1	2	1	3
金塔县生地湾	2	1	3	3	2	2	2	1	1	3	2	3
山丹县马场	2	2	3	2	2	1	1	1	1	1	1	2
玉门市清泉	2	1	4	3	2	1	1	2		3	1	3
金塔县五爱滩	2	1	3	2	2	1	2	2	1	2	3	2
瓜州县西湖	1	2	3	3	2	4	4	6	4	2	3	1

续表

调查地点	1月	2月	3月	4月	5月	6月	7月	8月	9月	10月	11月	12月
瓜州县桥　湾	3	3	5	4	4	4	4	6	3	3	5	3
敦煌市甜水井	1	1	2	2	2	2	2	3	2	1	2	1
阿克塞县小苏干湖		1	3	5	9	7	8	8	5	3	1	
肃北县马鬃山	3	2	6	3	3	2	2	2	1	1	5	8
敦煌市玉门关	1	1	2	2	2	2	1	3	1	3	2	2
山丹县东乐滩		1	2	4	1	1	2	2	1		1	1
永昌县芨岭滩	1	1	3	2	2	1	2	1	1	1	1	2
民勤县青土湖		1	3	4	2	1	1	1	1	1	1	1
天祝县芨芨滩	1	1	3	2	4	3	1	1	2			1
景泰县上沙窝西	1	2	3	3	2	3	2	1	1		1	2
景泰县杨庄村	1	1	3	3	2	2	1	1	1			1
靖远县北滩乡	4	2	3	2	1	1			3	1		2
环　县甜水镇	2	2	3	3	2	2	4	1	1	3	3	6
肃州区天罗城	1	1	8	5	2	2	2	1		1	2	3
3级以上所占百分比(%)	15	5	85	65	20	25	20	25	20	30	25	35

甘肃省70 m高度平均风功率密度达到400 W/m^{2}以上的技术开发量为4530万kW，技术开发面积为11911 km^2；平均风功率密度达到300 W/m^{2}以上的技术开发量为23634万kW，技术开发面积为61342 km^2；平均风功率密度达到250 W/m^{2}以上的技术开发量为28604万kW，技术开发面积为74587 km^2；平均风功率密度达到200 W/m^{2}以上的技术开发量为31089万kW，技术开发面积为80611 km^2(表5.19)。

表 5.19 甘肃省不同等级风能资源技术开发量与技术开发面积

	≥400 W/m²		≥300 W/m²		≥250 W/m²		≥200 W/m²	
	技术开发量（万 kW）	技术开发面积（km²）	技术开发量（万 kW）	技术开发面积（km²）	技术开发量（万 kW）	技术开发面积（km²）	技术开发量（万 kW）	技术开发面积（km²）
70m 高度	4530	11911	23634	61342	28604	74587	31089	80611

以 70 m 高度可装机密度系数（图略）为指标衡量，酒泉中北部可装机密度系数在 4～5 MW/km²，且地势平坦，地形相对简单，适合进行大片开发，有利于建设风电场；酒泉南部的祁连山区北部部分地区可装机密度系数介于 2～3 MW/km²，也利于建设风电场，但起伏坡度较大，地形相对复杂，适合分布式开发。张掖市、武威市、金昌市、白银市、庆阳市北部的小部分地区可装机密度系数达到 2MW/km² 以上，受到不同地形坡度和土地利用的限制，适合开发分布式风电场，个别地区能达到 4～5 MW/km²，也适合进行分布式开发。

5.4.3 各市、州风能资源

甘肃省各市、州风能资源技术开发量和技术开发面积的区域分布特征是从西北到东南逐渐递减（表 5.20）。酒泉市平均风功率密度≥400 W/m² 的技术开发量为 3544 万 kW，占全省总量的 78%，技术开发面积为 9153 km²，占全省的 77%，是全省风能资源最主要的开发区域，适合集中开发；其次是白银市，技术开发量为 430 万 kW，占全省的 9%；武威市、定西市、庆阳市的技术开发量为 70～154 万 kW，占全省 2%～3%；张掖市、金昌市、兰州市、天水市、陇南市等分别为 29～60 万 kW，分别约占全省 1%；其余地区仅为 2～13 万 kW。

表 5.20 甘肃省各市、州不同等级风能资源技术开发量和技术开发面积

地区	≥400 W/m²		≥300 W/m²		≥250 W/m²	
	技术开发量（万 kW）	技术开发面积（km²）	技术开发量（万 kW）	技术开发面积（km²）	技术开发量（万 kW）	技术开发面积（km²）
酒泉	3544	9153	16466	41249	17672	43855
嘉峪关	13	48	66	212	235	612
张掖	60	163	61	165	739	1865
金昌	39	98	87	214	99	230
武威	154	367	1207	2782	2334	5856
白银	430	1237	3342	9514	3865	11134
兰州	30	82	531	1560	674	1901
临夏	2	5	14	40	29	85
甘南	4	12	82	236	184	530
定西	70	201	695	2094	1127	3437
庆阳	112	330	585	1791	884	2765
崆峒	5	15	52	155	221	651
天水	29	89	370	1114	460	1419
陇南	37	110	75	218	80	248

平均风功率密度≥300 W/m² 的技术开发量分布结果显示：酒泉市为 16466 万 kW，占全省的 70%，技术开发面积为 41249 km²，占全省总量的 67%；白银市技术开发量为 3342 万

kW，占全省的 14%；武威市技术开发量为 1207 万 kW，占全省 5%；兰州市、定西市、庆阳市、天水市分别为 370～695 万 kW，分别占全省 2%～3%；其余地区仅为 14～87 万 kW。

平均风功率密度≥250 W/m² 的技术开发量分布结果显示：酒泉市为 17672 万 kW，占全省总量的 62%，技术开发面积为 43855 km²，占全省 59%；白银市技术开发量为 3865 万 kW，占全省 14%；武威市技术开发量为 2334 万 kW，占全省 8%；张掖市、兰州市、定西市、庆阳市、天水市分别为 460～1127 万 kW，分别占全省 2%～4%；嘉峪关和平凉市分别为 221、235 万 kW，约占全省 1%；其余地区为 29～99 万 kW。

5.4.4 风能资源地理区划

5.4.4.1 风能区划参数及分级标准

依据甘肃省 DEM 数据、土地利用数据、自然保护区数据和 70 m 高度多年平均风速数据(通过 WRF+CALMET 模拟得到)及目前主流 2 MW 风机出力曲线，逐年统计甘肃省陆地风能资源的容量系数、理论可利用小时数和发电量，并计算理论可利用小时数的多年(1995—2014 年)平均值，利用地理信息系统分析软件将多年平均理论可利用小时数运用双线性内插进行空间插值，得到甘肃省风能资源可利用小时数空间分布图(图 5.25)，由图可见，酒泉市大部分地区、武威市北部、白银市北部、甘南州西部、天水市南部山区、庆阳市北部等，局部地区风能可利用小时数>3000 h；在酒泉市西部、张掖市中部、武威市中部、兰州市和临夏市大部等地，可利用小时数<2000 h；其他地区风能可利用小时数介于 2000～3000 h。

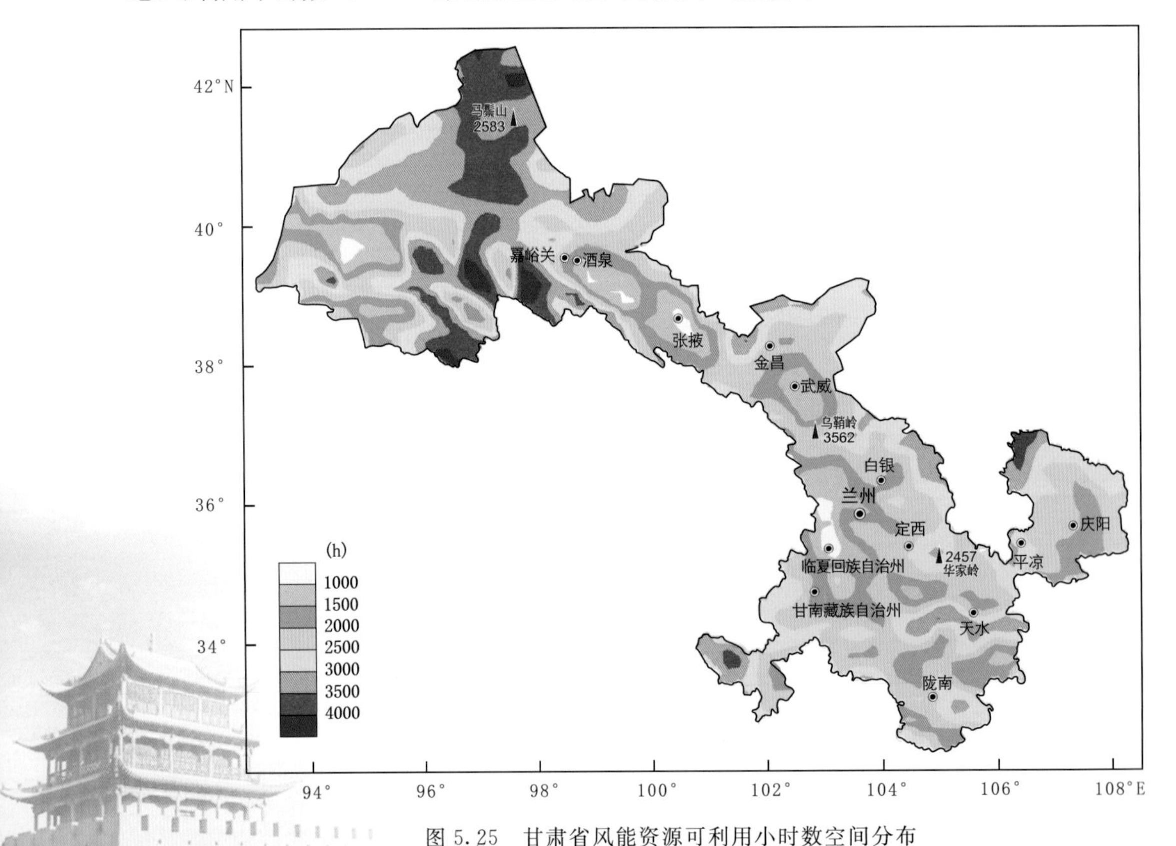

图 5.25 甘肃省风能资源可利用小时数空间分布

土地利用系数需要综合考虑地形坡度、土地利用类型、自然保护区和与城市距离等多种地理因素，根据具体情况确定不同系数。考虑目前城市周围 3 km 之内暂不开发，即与城市距离<3 km 的区域系数为 0，同时把多年平均风速也考虑在内，将多年平均风速<6.0 m/s 区域视为不可利用区。河西西部和中北部土地利用系数在 0.8 以上，甘肃中南部和东部地区大部分在 0.2～0.4，其他地区可利用系数较低(图 5.26)。

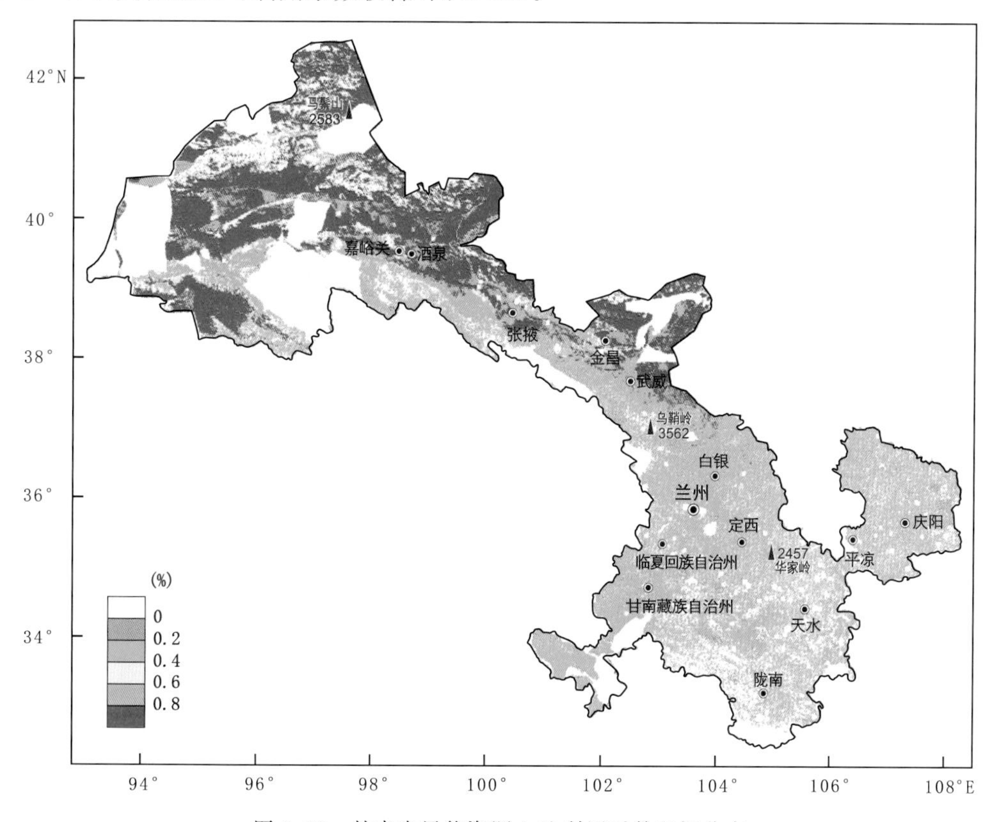

图 5.26　甘肃省风能资源土地利用系数空间分布

风能资源地理区划是指风能资源开发利用不仅取决于当地风能资源的丰富程度，还受到当地地理条件的制约。根据风能可利用小时数和土地利用系数，共同进行甘肃省风能资源地理区划，综合土地利用系数及可利用时数，确定不适宜、一般、较丰富、丰富和非常丰富区的分区标准(表 5.21)。

表 5.21　甘肃省风能资源区划分级

土地利用系数	可利用小时数(h)				
	>3000	2500～3000	2200～2500	1800～2200	0～1800
0.8～1.0	4	4	3	3	0
0.6～0.8	4	3	2	2	0
0.4～0.6	3	2	2	1	0
0.2～0.4	2	1	1	1	0
0～0.2	1	0	0	0	0
0	0	0	0	0	0

注：0 表示不适宜；1 表示一般；2 表示较丰富；3 表示丰富；4 表示非常丰富

5.4.4.2 风能资源地理区划

风能资源非常丰富区域分布在酒泉市的瓜州、玉门和肃北境内；丰富区域位于酒泉市中北部和武威市北部局部地区；较丰富区域分布在酒泉市、张掖市、武威市、白银市等局部地区；一般区域分布在酒泉市南部、张掖市和金昌市的西部周边、白银市北部、定西市北部、甘南州西部、天水市南部和庆阳市北部等地(图 5.27)。

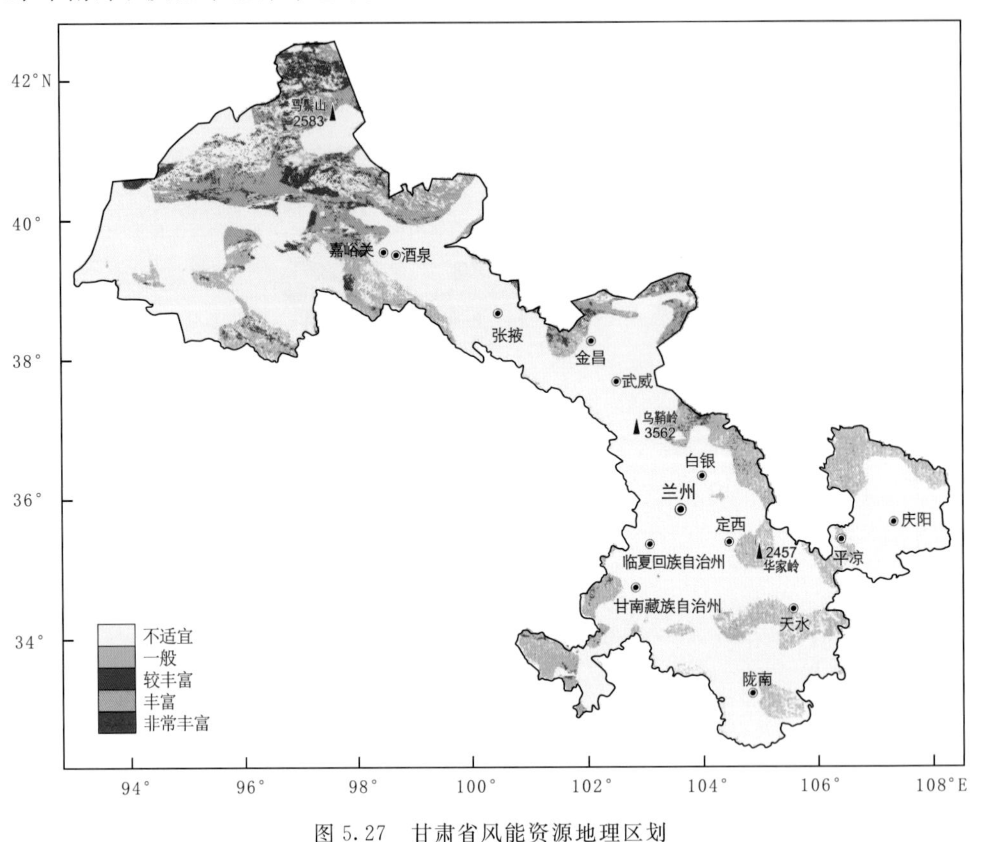

图 5.27 甘肃省风能资源地理区划

5.4.5 风能资源利用状况及未来发展前景

5.4.5.1 风能资源利用限制因素

风力发电受风力影响很大，若无法保证稳定、持续不间断地发电，大量建设风电进入电网，会给电网调度带来困难，造成一定风险并产生连锁反应(肖创英 等，2010；汪宁渤，2012)。在风电比较集中的区域，风电安全调配尤为重要。目前主要调配途径有火电调配、水电调配及预测未来 3 天内逐小时风速情况，进行上网风电人为调控。甘肃省风能资源丰富地区属于干旱半干旱地区，水资源严重缺乏，小水电匹配规模不足，水电调配有限；准确预测未来 3 天内逐小时风速，目前尚有一定困难，这些都会造成影响风电发展的严重制约因素。

5.4.5.2 风能资源开发利用现状

甘肃是全国风能资源相对丰富的省区之一。全省风能资源理论储量为 2.37 亿 kW。河西北部区域为风能资源丰富区，年平均有效风功率密度均在 150 W/m² 以上，有效风速时数在

6000 h 以上。

风能资源开发利用不仅要以风能资源为基础，也要考虑电网实际运行、电网建设、电力输送及本地消耗等因素。甘肃省风电场主要集中在酒泉千万千瓦风能基地，同时在张掖市、武威市、金昌市、白银市、庆阳市、定西市等地也有风电场分布。按照国标(风电场风能资源评估方法，GB/T18710－2002)的要求，这些地方的部分地区，风能资源与3级风电场建设标准略有差距。但随着电网条件的改进，发电成本不断降低，场址条件逐步改善，风电开发技术将更加成熟，这些地方的风能资源已经逐步得到大规模开发和利用。

随着大批风电项目陆续开工建设，甘肃省风力发电装机规模持续扩张，风电装机发展迅速(甘肃省政府办公厅，2017)。“十二五”时期，甘肃的新能源和可再生能源得到了长足发展，河西清洁能源基地建设深入推进，国家第一个千万千瓦级风电基地(酒泉)建成，已初步形成全国重要的新能源基地(中国气象局风能太阳能资源评估中心，2010)。2015年底，风光电装机1252万kW，约占全省总装机量的27%，风能成为甘肃省电力的第二大来源。

5.4.5.3 风能资源存在问题和开发利用前景

甘肃省风能资源丰富地区大多远离负荷中心，并采用大规模集中开发的建设模式，当地电网结构薄弱、接纳风电能力偏弱。单个风电场需要集中送出的风电总装机容量规模越来越大，接入电网系统电压等级越来越高，电力电量送出距离越来越远。因此，虽然风电占电力系统总装机容量比例较小，但由于局部规模较大、远离负荷中心，千万千瓦、百万千瓦级风电基地大多位于电网末端，风电并网及电力送出矛盾十分突出，导致目前弃风现象凸显。此外，由于风电设备制造技术水平较低，风电技术相关标准欠缺，管理制度不完善，风电快速发展也会对电力系统安全稳定运行造成影响。再次，据研究，甘肃省除个别地方风速有所增大外，大部分台站风速呈下降趋势，且下降趋势较明显，甘肃省风能资源丰富地区的风速也呈下降趋势，由于风能与风速的三次方成正比，所以风能下降将更明显，这是在今后风电场建设投资中必须要考虑与防范的风险之一(朱飙 等，2012)。

最新发布的《甘肃省“十三五”能源发展规划》指出，到2020年，风电装机将达到1400万kW，加大全省风能资源详查力度，组织开展风电场资源评估和规划编制工作。坚持集中开发与分散开发并重，建立适应风电发展的电力调度和运行机制，提高风资源利用效率。根据消纳情况和国家政策，适时启动酒泉千万千瓦级风电基地二期电场项目；在落实消纳市场的基础上，规划论证河西地区其他风电基地；在风能资源丰富、距离负荷中心近、电网结构相对较强的白银、庆阳及甘肃矿区等地，推进风电规模化开发建设。积极推动定西、天水等地分散式风电场建设。结合风能资源配置，引进能源密集型产业和风电设备制造项目，完善风电设备制造产业链；在距离风电场较近的城镇，探索建设风光储联合示范工程，拓展风电就地消纳的途径。

第6章 甘肃省气候区划

气候区划是根据研究目的和产业部门对气候的要求，采用有关指标，对全球或某一地区的气候进行逐级划分，将气候大致相同的地方划为一区，不同的划入另一区，即得出若干等级的区划单位。气候区划既是深入揭示气候区域分异规律的基础，又是综合自然地理区划的基础和重要组成部分，因而具有极为重要的意义。

6.1 甘肃省综合气候区划

6.1.1 气候区划指标

6.1.1.1 气候带

以日平均气温稳定通过≥10 ℃活动积温及其初、终间日的日数和1月平均气温作为划分气候带指标（丁一汇 等，2013）基础，并根据甘肃省实际修订划分级别值。甘肃省从南到北分为北亚热带和温带，温带再细分为暖温带和冷温带。对于靠近青藏高原的祁连山区和甘南高原，由于海拔高、面积大、气候寒冷，列为高寒气候区。各气候带温度指标见表6.1。

表6.1 气候带温度指标

气候带（代号）	≥10 ℃积温（℃·d）	≥10 ℃初、终日间持续日数（d）	1月平均气温（℃）
北亚热带（ⅠN）	≥4200	≥220	≥0
暖温带（ⅡW）	3400～4200	175～220	−10～0
冷温带（ⅡC）	2000～3400	<175	<−10
高寒气候区（ⅢH）	<2000		

6.1.1.2 气候区

采用年干燥度作为划分气候区指标（丁一汇 等，2013）。年干燥度4级指标见表6.2。

表6.2 气候区干燥度指标

气候区（代号）	干燥度值
湿润区（1）	<1.00
半湿润区（2）	1.00～1.49
半干旱区（3）	1.50～3.99
干旱区（4）	≥4.00

6.1.2 气候区评述

根据上述气候区划指标组合以及地理特征，将甘肃省分为8个气候区(图6.1)：陇南南部河谷北亚热带半湿润区(ⅠN_2)、陇南北部暖温带湿润区(ⅡW_1)、陇中南部冷温带半湿润区(ⅡC_2)、陇中北部冷温带半干旱区(ⅡC_3)、河西走廊冷温带干旱区(ⅡC_4)、河西西部暖温带干旱区(ⅡW_4)、祁连山高寒半干旱半湿润区(Ⅲ$H_{3\sim2}$)和甘南高寒湿润区(ⅢH_1)。

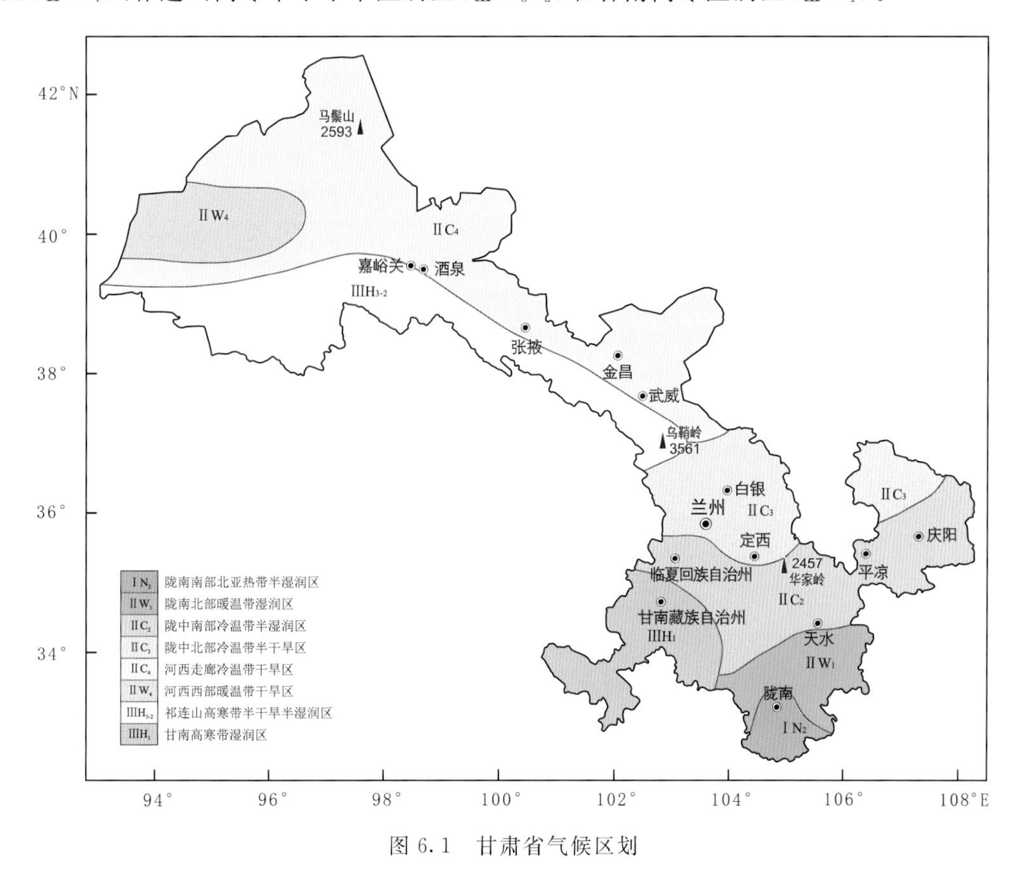

图6.1 甘肃省气候区划

6.1.2.1 陇南南部北亚热带半湿润区(ⅠN_2)

该区属于长江支流嘉陵江水系白龙江流域，包括武都、文县的大部分和康县南部小部分河谷地带，面积约0.9万km^2，约占全省总面积的2%，其中耕地10万hm^2，占全省总耕地面积的2.8%。境内山高谷深，峰锐坡陡，气候温湿，林木葱茏，海拔从东部2000 m向西上升到3500 m，相对高度大多数在1000 m以上；少数河谷在1000 m以下，甘、川省界附近白龙江谷地仅550 m左右，是全省最低地方。

该区年平均气温>15 ℃，最热7月份平均气温在25 ℃左右，最冷1月平均气温在4 ℃左右；年降水量为440～710 mm，其中夏季占47%～51%，秋季占25%左右，春季占20%左右，冬季占1%；平均无霜期在270 d左右；主要气象灾害有暴雨、山洪和冰雹等。

土壤垂直分布为山顶林区边缘、山间隙地和山阴地为大黑土，腐殖质含量高，但土性凉，有机质分解慢，氮多而磷少、钾缺乏，呈中性或微酸性。半山区多为大黄土，疏松易耕，阳山土层薄，阴山土层较厚，但熟化程度较低。河谷地为黍稻田土，土层厚，日照较长，土地肥沃。

水利和水能资源丰富，适宜发展水电和提水灌溉。

该区是甘肃省唯一能生长亚热带植物的地区，森林资源较丰富，除生长大量的松、柏、杉、青冈等主要用材林外，还有栓皮栎、漆树、油桐、板栗、核桃、柿子、柑橘、银杏、杜仲、五倍子、乌桕、油茶和棕榈等较大面积经济林。

在半山和山前丘陵地带适宜种植小麦、玉米、马铃薯以及油菜、谷子、豆类等作物；河谷地区宜种植水稻。高山地区适宜大力发展用材林；河谷地区可生产油桐、生漆、茶叶、木耳、棕片、药材以及干、鲜果品。依托有利自然环境，大力发展养猪和养蜂业，此外，要充分利用现有草原，发展半细毛羊、山羊和肉用牛生态畜牧养殖业。

该区域素有“陇上江南”之美称，以发展山地特色高效农业为主要方向，优先发展北亚热带气候类型的喜热喜水作物种植与生态养殖产业，如油橄榄、绿茶、柑橘、蜂产品及蚕丝等。建设“两江”流域设施农业及冬春蔬菜基地，依托该区是中国主要中药材和油橄榄产地，加快建立建全名优特产种植加工产品出口基地，创立品牌、拓展市场、走集团化经营之路，全面提高农产品的综合经济效益。

6.1.2.2 陇南北部暖温带湿润区（ⅡW_1）

该区是北秦岭山地，属于白龙江和西汉水流域，包括陇南市北部、天水市南部和甘南州的舟曲县东南部，面积约 2.12 万 km^2，约占全省面积 5%；耕地为 26.7 万 hm^2，占全省总耕地面积的 7.4%。海拔由东部 2000 m 升高到西部 3000 m 左右，相对高度一般在 500～1000 m。

年平均气温为 11～13.4 ℃，最热 7 月份平均气温为 21.4～23.8 ℃，最冷 1 月份平均气温为−0.2～2.0 ℃。年降水量为 750 mm 左右。无霜期为 200～240 d。主要气象灾害有暴雨、山洪、冰雹等。

土壤类型较复杂，西部和秦岭山地林区边缘为大黑土，半山地带为大黄土；东部徽成盆地及其四周山腰平缓处、坪地为正黄土。正黄土土层厚，性紧性热，耐旱耐涝、保水保肥，土质肥沃。

水利、水能资源丰富，潜力很大，适宜发展小水库、小水电站、提灌打井等建设。

小陇山、西秦岭、白水江和白龙江中游地区是甘肃省主要次生林区。林地面积约为 8 万 hm^2，占全省天然林有林地面积的 53%。

草原以湿润草原为主，分布在北秦岭山地，面积约为 42.7 万 hm^2。湿润草原水草丰美，牧草覆盖度在 80%以上。

西部地势较高，适宜种植冬小麦、马铃薯以及蚕豆、燕麦、青稞等作物；东部适宜种植冬小麦、玉米、油料和桑树。在林业上，要着重把慢生、低产、劣质、丛生的灌木疏林，改造成速生、高产、优质的乔木密林。在养殖业上，适宜发展半细毛羊、肉用牛及猪(禽)养殖、养蜂等。

该区域以发展山地特色高效农业为主要发展方向。积极发展马铃薯种植，适当压缩山地感锈小麦面积，稳定粮食生产；突出发展油菜、特色林果、冬春蔬菜、中药材、食用菌等特色产业(产品)；建设特色林果基地、渭河流域和白龙江西汉水流域的冬春蔬菜基地、特色中药材基地、猪(禽)规模养殖基地；积极发展茶叶、油橄榄、花椒、蜂产品及蚕丝等特色产品精深加工，全力推进产品质量认证，创立品牌、拓展市场、提高综合经济效益。

6.1.2.3 陇中南部冷温带半湿润区（ⅡC_2）

该区包括定西市、平凉市和天水市北部，临夏州除永靖县以外地区以及庆阳市中南部，面积约5.31 km²，约占全省总面积12%，其中耕地166.7万hm²，占全省总耕地面积46.3%。这里属于陇东和陇西黄土高原，大部分海拔为1200～1800 m，地势大致由东、北、西三面向东南倾斜，有些地方塬面较完整，尤以董志塬为典型。董志塬介于泾河支流蒲河与马莲河之间，长达80 km，宽40 km，是该区域面积最大的塬。

该区年平均气温为5.8～11.4 ℃，最热7月份平均气温为16.5～23.4 ℃，最冷1月平均气温为−7.5～−1.5 ℃；年降水量为377～610 mm；无霜期为160～200 d；主要气象灾害有干旱、暴雨、冰雹、霜冻等。

秦岭和兴隆山区、定西、临夏两市州南部和天水市西部属大黑土；与大黑土接壤二阴地区为麻土，其腐殖质含量较多，疏松易耕，抗旱保墒能力强；平凉市东部、庆阳市南部较平坦的塬地和川谷地为垆土，土质疏松，腐殖质层厚，保水保肥力强；塬区四周沟壑地和川谷地、坡地为黄绵土，土松易耕，渗水通气性好，但保水保肥能力较差。

境内有泾河、渭河、大夏河及其支流，过境河流较多，但地高水低，植被差，水土流失较严重。水利建设要以中、小型提灌为主，通过开展流域治理，植树种草，平田整地改土等措施，防止水土流失。

天然次生林多集中在子午岭、关山一带，林地面积为20.6万hm²，加上崆峒、崇信、漳县和渭源等地零星分布的天然次生林，共有林地面积24.2万hm²。

草原面积有31.6万hm²，主要分布在华池、华亭、渭源、榆中、和政和康乐等地。

主要适宜种植冬小麦、玉米和马铃薯，部分地区适宜种植高粱，糜子、谷子、油菜、胡麻、荞麦和豆类等作物。在次生林区要发展优质、速生的丰产林；川塬区要大量种植苜蓿，营造水土保持林和农田防护林，保塬固沟，并发展核桃、文冠果等木本油料林和泡桐等速生用材林。在畜牧业上要大力发展养猪业，积极饲养肉用牛、细毛羊和奶山羊。

陇东是全省重要农产品产区，其发展应以粮食生产为主体，同时大力发展优质苹果、蜜桃、蔬菜、苜蓿、白瓜籽、黄花菜、花椒等地方特色优势农产品生产与加工，建设名优特及创汇农产品基地。积极推进猪、禽规模化生产，牛羊标准化养殖，提升畜牧业水平和层次，实现陇东现代农业发展新突破。

陇中是全省主要旱作农业区，要以旱作集雨高效农业为主要发展方向，调整结构，继续实施压夏扩秋，重点发展全膜双垄沟播玉米、马铃薯等高产高效粮食作物，积极发展区域特色小杂粮生产与加工；推进现代旱作农业示范区建设，提高粮食单产和品质；建设优质中药材基地，开展深加工，延长产业链。

6.1.2.4 陇中北部冷温带半干旱区（ⅡC_3）

本区包括兰州市、白银市、临夏州北部、定西市北部及庆阳市北部，通称陇中黄土干旱区。这里黄土层较厚，大都在10至数10 m，局部地方超过200 m。海拔在1200～2000 m，面积约5万km²，占全省总面积的11%，其中耕地有86.7万hm²，占全省总耕地面积的24.1%。

该区年平均气温为5.8～10.4 ℃，最热7月平均气温为17.6～23.1 ℃，最冷1月平均气温为−8.5～−4.5 ℃。年降水量为180～471 mm。无霜期为150～200 d。降水量由南向北迅速减少，而且降水变率大，干旱是农作物最大威胁。主要气象灾害有干旱、暴雨、冰雹、霜冻等。

土壤分为三类：定西、临夏两市州北部，兰州和白银两市的南部属于黄白土，腐殖质含量低，微碱性，土质疏松，无明显结构，渗水能力差，耐旱能力较强；兰州和白银两市的中北部为大白土，腐殖质含量更低，石灰质含量高，不耐旱，铺压砂田和洪水漫地是传统抗旱和提高地力的措施；庆阳市北部属粗黄绵土，含细沙较多，土质粗而松散，不保水不耐旱，抗蚀力弱。

境内有黄河干流和支流庄浪河、祖厉河等。地下水位低，植被稀疏，水土流失极为严重。要大力种草植树、改土治水，改善生态环境。

在中部和北部多是荒山秃岭，并有干旱草原分布，燃料、饲料、肥料俱缺，属干旱贫困区。天然森林仅在马衔山、兴隆山、崛吴山、昌岭山、哈恩山、寿禄山等地存有零星小块，面积约 1.4 万 hm^2。

主要适宜种植春小麦、马铃薯、糜子、谷子和豆类等作物；砂田适宜发展白兰瓜、黑瓜籽等经济作物。年降水量 300 mm 以下，又无水源灌溉地方，要种草植树，发展畜牧业。林业方面要大力营造水土保持林和薪炭林。畜牧业要以养猪、养羊为主。

建设沿黄灌区粮食生产基地，重点发展高原夏菜、瓜果、兰州百合、永登玫瑰等名优特产种植加工产品出口基地建设，提高农产品加工层次和贮运能力，走集团化经营之路。积极发展奶牛和生猪为主的设施养殖等高效农业，实施种地与养地相结合，重视发展沙草产业。实施节水抗旱技术，推广地膜覆盖、砂砾覆盖等技术措施。

6.1.2.5 河西走廊冷温带干旱区（ⅡC_4）

河西走廊位于祁连山以北、北山带（龙首山、合黎山、马鬃山）以南，是一个长约 1000 km，宽几千米至百余千米的狭长地带，包括武威、金昌、张掖、嘉峪关等市和酒泉市除疏勒河下游谷地以外的地带，面积约 14 万 km^2，约占全省面积 31%，其中耕地约 60 万 hm^2，占全省总耕地面积 16.7%。河西走廊东、中部海拔大多在 1000～2000 m，西部在 1000～1800 m。

该区年平均气温为 4.8～8.8 ℃，最热 7 月平均气温为 18.2～24.5 ℃，最冷 1 月平均气温为 −9.6～−7.2 ℃。年降水量为 56～211 mm。无霜期为 140～180 d。主要气象灾害有大风、沙尘暴、干热风、干旱和霜冻等。

河西走廊东部和中部多属灰板土，土层较厚，疏松易耕，渗水性能好，保水耐旱力较强；戈壁边缘和北山南麓为风沙土，土质粗松，风蚀严重，地表有流沙，漏水漏肥，而且作物易遭沙害。河流沿岸滩地和灌区下游地势低洼径流不畅的地区，由于地下水位高，盐碱含量高，是二潮地和盐碱土，不利于作物生长。北部草场以灰钙土、灰棕荒漠土、盐洼荒漠土为主，地表有流沙、沙丘和砾石，加上干旱缺水，产草能力很低。

区内雨量稀少，气候干燥，但南部祁连山区降水量较多，每年石羊河、黑河和疏勒河灌溉水源较充足，哺育出片片绿洲，加上光能资源丰富，热量条件适中，成为甘肃省重要商品粮基地。走廊东、中部地表和地下水较丰富，基本能实现所有耕地灌上水。当前水利建设要大力挖掘现有水利设施的潜力，提高水利用率，改进灌溉技术，保证水浇地高产稳产，同时要逐步修建一些大、中型调蓄水利工程，充分合理利用水资源，为适度开垦荒地创造条件。

该区几乎没有天然林区，应积极营造农田防护林和防风固沙林。在马鬃山区、阿克塞、肃南北部有较大面积的荒漠、半荒漠草原，牧草生长稀疏，主要是碱蓬、骆驼蓬、芦草、沙蒿等旱生型植物，覆盖度在 50%以下。

该区主要适宜种植春小麦、玉米、油料、甜菜、棉花、豆类和瓜类等。林业方面重点加速营造北部防风固沙林带，大搞农田林网化建设和"四旁"植树。沿兰新铁路两侧农业区可大力发展养猪和细毛羊；在北部牧区，要保护草场，适当发展羔皮羊（三北羊）和骆驼养殖业。

该区由于光资源丰富，热量资源适中，又有内陆河水灌溉，是甘肃省重要商品粮油基地，要进一步加强基地建设。稳定玉米、春小麦、马铃薯、棉花等作物生产，建设国家级杂交制种玉米、瓜菜花卉、酿酒原料（啤酒大麦、啤酒花、酿酒葡萄）基地，建设大板瓜子、甘草、沿山区白菜型油菜等名特优作物基地。

该区域以建设节水高效现代农业为主要发展方向。大力发展沙产业、草畜产业和瘦肉型生猪规模养殖、冷水鱼养殖产业，建成牛羊产业和草产业基地；逐步形成种植、养殖、饲草（料）加工、农产品加工及冷链贮藏物流体系协调发展的现代农业产业体系。推进现代农业示范区、高效节水农业示范区、循环农业示范区建设，引领全省现代农业发展和循环农业发展。稳步发展非耕地设施农业，探索资源节约型农业可持续发展新路子。要大力开发风力发电，加强风电基地建设。

6.1.2.6 河西西部暖温带干旱区（ⅡW_4）

该区范围仅限于疏勒河下游谷地，包括瓜州和敦煌两县市的中部，面积约 3.2 万 km^2，约占全省面积 7%，其中耕地 2.5 万 hm^2，占全省总耕地面积 0.7%。海拔在 1200 m 以下，是河西最低的地方。

该区年平均气温为 9.2～9.9 ℃，最热 7 月平均气温为 24.9～25.2 ℃，最冷 1 月平均气温为−9.2～−7.9 ℃。年降水量不到 50 mm，其中夏季占 55%～60%，无霜期为 170 d 左右。主要气象灾害有大风、沙尘暴、干热风、霜冻等。这里风沙危害严重，著名的“风库”就在瓜州。

土壤为灌溉棕平土，土质疏松，土粒均匀，结构不明显，渗水、通气性能好，保水耐旱。灌区下游和湖泊周围的湖滩地和河滩地，属于盐碱土。风口地区、沙丘边缘为风沙土。

地表水和地下水很丰富。地表水主要是党河和双塔水库调蓄的疏勒河余水；地下水虽多，但水质较差。今后要挖潜配套，提高水利用率和经济效益。

气候干燥，但光能丰富，热量条件好，又有祁连山较丰富的水源灌溉，除适宜种植春小麦、玉米等作物外，要大力发展棉花生产，建成产棉基地。

该区域光热资源丰富，土质肥沃，灌溉条件好，适宜喜温作物生长。因此，要大力发展优质棉花、瓜果、蔬菜和名特优作物如啤酒花、甘草等种植基地建设；该区是甘肃省重要的商品粮棉油基地，要进一步加强基地建设；是甘肃省棉花主优势区，应扩大植棉规模，加强棉田基础设施建设。发展节水灌溉技术，推广高产综合栽培技术措施，推行全程机械化作业。大力发展沙产业和草产业，积极开展农区畜牧业生产。

6.1.2.7 祁连山高寒半干旱半湿润区（Ⅲ$H_{3\sim2}$）

该区包括河西走廊南部甘肃省境内的祁连山区，长达 1000 km 以上，面积为 11.7 万 km^2，约占全省面积 26%，其中耕地 0.7 万 hm^2，占全省总耕地面积 0.18%。山地海拔一般在 3000～4500 m 以上，主峰海拔在 5560 m 以上。海拔 4100 m 以上山区终年积雪，发育着现代冰川，是河西走廊“天然白色水库”。

该区年平均气温为 0.3～6.0 ℃，最热 7 月平均气温为 11.8～18.3 ℃，最冷 1 月平均气温高于−12 ℃，年降水量为 152～407 mm。地势高寒，热量不足，无霜期短。主要气象灾害有霜冻、低温冷害等。

海拔 2000 m 以上山区为大黑土，2000 m 以下浅山地带为麰土，土质疏松呈粒状结构，含腐殖质较多。

祁连山区 2000 m 以上植被垂直带分布：海拔 2000～2300 m 为荒漠草原带，2300～2600 m 为

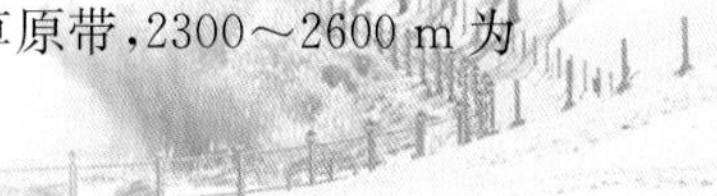

草原带，2600～3200 m 为森林草原带，3200～3700 m 为灌丛草原带，3700～4100 m 为草甸草原带，>4100 m 为冰雪带，其中森林草原带和灌丛草原带是祁连山水源涵养林，保护山区水源环境，对河西走廊绿洲的稳定发展尤其重要。

土壤虽属黑土，但不适宜农作物生长。大部分山区植被良好、牧草较丰美，是甘肃省主要天然牧场之一，适宜于饲养细毛羊、牦牛和马匹。该区当务之急是需封山育林育草，大力种草种树，保护水源和牧草。主要种植农作物有青稞、大麦、油菜等。

该区域与甘南高寒湿润区（ⅢH_1）是我国西部青藏高原地区及河西走廊重要的水源补给区和生态屏障，具有不可替代的生态功能，应以保护生态、突出特色、发展生态畜牧业为主要发展方向。继续实施退牧还草工程，落实草原生态补偿机制，加强草原生态环境保护与恢复。转变发展方式，推进草原畜牧业健康发展。积极发展乳制品、清真牛羊肉等畜产品精深加工。着力抓好油菜、藏中药材等特色农产品基地建设。在适宜地区建设补饲和救灾牧草基地。

6.1.2.8 甘南高寒湿润区（ⅢH_1）

该区包括甘南州的绝大部分，海拔多在 3000 m 以上，面积约 3.7 万 km^2，约占全省面积 9%，其中耕地面积 7 万 hm^2，占全省耕地面积的 1.9%。该区大部分是平坦宽广的草滩，约有草原 310 万 hm^2，占全省草原面积的 16.4%。

该区年平均气温为 1.8～7.4 ℃，最热 7 月平均气温为 11.4～16.9 ℃，最冷 1 月平均气温为 −9.3～−6 ℃。年降水量为 450～593 mm。东部地势起伏较大，气温垂直差异显著，无霜期<140 d。主要气象灾害有大风、冰雹、低温冻害等。

土壤为腐殖质含量很高的大黑土，由于土壤温度低，缺乏速效养分。

境内有黄河、洮河、白龙江和大夏河，水利资源丰富，可大力发展草原水利和小水电，为农牧业发展提供动力。

该区有迭部、洮河、大夏河、太子山四个林区，林业用地 65.8 万 hm^2，其中有林地面积 30.1 万 hm^2，蓄积量约 6500 万 m^3，是甘肃省现有以针叶用材树为主的用材林基地。

农区主要种植春小麦、青稞、油菜等作物。

大部分地区适宜放牧，是甘肃省主要天然牧场之一，发展畜牧业有广阔前景，著名的河曲马、甘家羊就产在这里，除此还可发展半细毛羊和肉用牛。林业要坚持以营林为主的方针，使更新超过采伐，做到青山绿水常在，永续利用。

6.2 甘肃省农业气候区划

农业气候区划的目的，在于较确切地反映气候要素的区域组合和差异，以便在农业生产实践中能根据各气候区有利和不利的气候条件，充分有效利用当地气候资源，因地制宜地搞好生产配置和实施应用好各种技术措施，提高农牧业产品数量和品质。

6.2.1 农业气候区划方法和指标

根据积温、干燥度和农作物生长期指标叠加划区（刘德祥 等，2000；《甘肃省农业气候资源分析及区划》编写委员会，1982），将甘肃省划分为 7 个农业气候区和 23 个副区（图 6.2）。

以日平均气温稳定通过 0 ℃、10 ℃活动积温为一级区划指标；以干燥度为二级区划指标；农作物生长期为三级区划指标（表 6.3）。

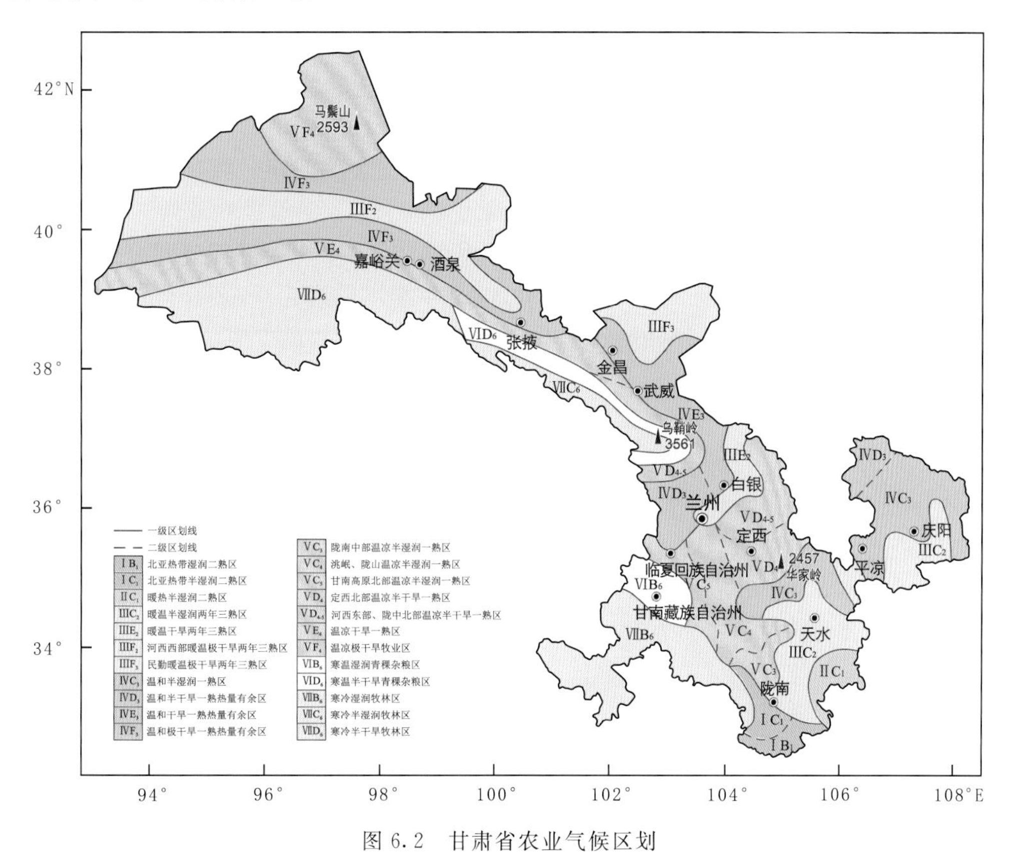

图 6.2　甘肃省农业气候区划

表 6.3　甘肃省农业气候区划指标

级别	项目							
一级（热量）	名称（代号）	北亚热Ⅰ	暖热Ⅱ	暖温Ⅲ	温和Ⅳ	温凉Ⅴ	冷温Ⅵ	高寒Ⅶ
	≥0 ℃活动积温（℃·d）	≥4500	4100～4500	3500～4100	3000～3500	2000～3000	1500～2000	<1500
	≥10 ℃活动积温（℃·d）	≥4000	3500～4000	3000～3500	2000～3000	1500～2000	500～1500	<500
二级（干燥度）	名称（代号）	极湿润 A	湿润 B	半湿润 C	半干旱 D	干旱 E	极干旱 F	
	K 值	<0.50	0.50～0.99	1.00～1.49	1.50～1.99	2.00～3.99	≥4.00	
三级（农作物生长期）	代号	1	2	3	4	5	6	
	≥10 ℃日数(d)	≥190	190～160	160～140	140～120	120～80	<80	
	≥0 ℃日数(d)	≥290	290～260 260～230	260～240 240～220	240～220 220～200	220～200 200～150	<150	

注：三级区划指标中第二行参考指标为甘肃省河西地区

6.2.2 农业气候区划评述

6.2.2.1 北亚热带麦稻二熟区（Ⅰ）

(1)武都、康县南部湿润区麦稻二熟区（ⅠB_1）

该区包括文县、武都东南部、康县南部河谷、川坝和海拔1300～1400 m的浅山区。随着海拔增高，垂直气候由北亚热带(海拔1400 m以下)迅速过渡为温暖—温和温凉冷温气候。

年平均气温为11～15 ℃，夏季极端最高气温约36～39 ℃，冬季极端最低气温绝大多数年份在－7 ℃以下。冬季土壤不冻结，虽有降雪但无积雪。日平均气温稳定通过0 ℃和10 ℃积温分别为4100～5500 ℃・d和3400～4750 ℃・d。年降水量为440～750 mm。农作物生长期为300～365 d。年日照时数1580～1800 h，是甘肃省日照时数最少地区。年无霜期在260 d以上，是甘肃省无霜期最长地区。

区内热量丰富，雨水较充沛，农作物生长季长，麦稻一年两熟。适宜栽培农作物的有：小麦、玉米、水稻、高粱、谷子、糜子、红薯、瓜类以及大麦、元麦、冬油菜、蚕豆、黄豆、豌豆等。海拔1200 m以下浅山、川坝区，可种植油桐、漆树、无花果、茶叶、柑橘、棕榈、枇杷、楠竹、乌桕和杜仲等亚热带经济林木和药材。冬小麦种植适宜高度为海拔2500 m左右，2500～2700 m为冬、春小麦种植过渡区，2700 m以上为春小麦栽培适宜区。在气候温凉湿润的半山地带，适宜种植党参、当归、黄芪等药材。不宜耕种的陡坡地适宜发展林业和牧业。

(2)白龙江川、谷半湿润区麦稻二熟区（ⅠC_1）

该区包括舟曲东南部、文县东部、武都中部等地的白龙江和白水江河谷、川坝及海拔1400 m以下浅山区。

年平均气温为13～15 ℃，夏季极端最高气温为37～39 ℃，冬季极端最低气温在－10 ℃以上。日平均气温稳定通过0 ℃和10 ℃积温分别为4900～5500 ℃・d和4100～4700 ℃・d。年降水量为420～470 mm。农作物生长期350～365 d。年平均日照时数为1600～1900 h，为甘肃省日照较少地区。年无霜期为240～270 d，是甘肃省无霜期较长地区。

区内河谷川坝气候暖热，在陇南山区是一个相对少雨区。干旱、山洪发生频繁，耕地坡度较大，土层薄，水土流失严重，农耕较粗放，农业生产水平低。该区农业只有进行多种经营，综合发展利用，才能充分发挥山区多样气候优势。在气候暖热生长期长的河谷川坝区，适宜发展农业，可栽种冬小麦、玉米、水稻、高粱、谷子、糜子、红薯、瓜类以及大麦、冬油菜、蚕豆、黄豆、豌豆、马铃薯等作物。区内还适宜发展油橄榄、绿茶、柑橘、无花果、枇杷、棕榈、漆树、花椒、杜仲、板栗、核桃和柿子等经济林果和药材。与河谷川坝地区相比，浅山区积温较少，生长期较短，上述农作物和经济林果大部分仍属可种植区。

6.2.2.2 暖热半湿润区小麦、玉米二熟区（ⅡC_1）

该区包括成县大部，徽县、两当中南部，康县东部等地的盆地、河谷和丘陵低山区。

年平均气温为11～12 ℃，夏季极端最高气温为36～38 ℃，冬季极端最低气温在－16～－10 ℃。日平均气温稳定通过0 ℃和10 ℃期间积温为4200～4500 ℃・d和3600～3800 ℃・d。农作物生长期300～310 d。年降水量620～750 mm。年日照时数1560～1780 h，是甘肃省日照时数较少地区。年无霜期200～210 d，是甘肃省无霜期较长地区。

干旱、霜冻、冰雹、大风、低温冷害等气象灾害发生较少，危害较轻。农业气候条件较好，盆地和河谷农作物可一年两熟，复种指数达125%以上，丘陵低山区农作物二年三熟，或一年一熟。作物产量比较稳定，为陇南提供商品粮较多地区。适宜栽培农作物有冬小麦、玉米、水稻、高粱、红薯、谷子、糜子、瓜类以及大麦、元麦、冬油菜、蚕豆、黄豆、豌豆等作物。适宜栽培经济果木有核桃、板栗、柿子、苹果、梨、李子、桃、杏、花椒等，其中核桃、板栗产量较大。该区气候适宜发展多种产业经营，除了粮、油、林果外，蚕丝、糖、茶、烟、木林和药材各业均适宜发展，并有很大潜力。

6.2.2.3　温暖区小麦、玉米杂粮两年三熟区（Ⅲ）

(1)陇南中部和北部与陇东南部半湿润区小麦、玉米杂粮两年三熟区（ⅢC_2）

陇南中部和北部亚区（ⅢC_2），包括陇南市中部和天水市大部分。区内除西秦岭海拔较高外，地形多为川坝相间的丘陵低山。

年平均气温为8～11 ℃，夏季极端最高气温为34～38 ℃，冬季极端最低气温为－22～－16 ℃。日平均气温稳定通过0 ℃和10 ℃期间积温分别为3500～4300 ℃·d和3200～3500 ℃·d；农作物生长期为250～280 d；年降水量为430～560 mm；年日照时数较少，为1700～2200 h；年无霜期180～200 d，为甘肃省内无霜期较长地区。

区内坡度大、水土易被冲蚀流失的山区和沟壑区，适宜营造水土保持林、薪炭林，种植牧草，发展林业和畜牧业。

该区热量条件较好，降水量较多，雨热同季，对农林牧业生产较为有利。为较好地发挥农业气候优势，在河谷川坝区应以农业为主，努力提高单产。适宜栽种冬小麦、玉米、高粱、谷子、糜子、大麻、瓜类、甜菜和冬油菜、胡麻、荞麦、蚕豆、黄豆、豌豆、马铃薯等作物。气候条件适宜栽培苹果、核桃、梨、桃、柿子、杏等果木，秦州、秦安一带所生产的苹果色泽好、糖分含量高、水分多、口味佳、品质好、产量高。

陇东南部亚区（ⅢC_2），包括陇东的中、南部。年平均气温为8.5～10 ℃，夏季极端最高气温为36～39 ℃，冬季极端最低气温为－26～－21 ℃，日平均气温稳定通过0 ℃和10 ℃期间积温为3600～4000 ℃·d和3000～3300 ℃·d；年降水量为480～590 mm；年日照时数2150～2500 h；年无霜期160～190 d。

地形为川塬地貌，土层深厚且较肥沃，历来是甘肃省主要粮食生产基地之一。由于气候温暖，雨量较多，雨热同季，光、温、水匹配较好，农业自然灾害较少。适宜栽种冬小麦、玉米、高粱、谷子、糜子、瓜类、甜菜以及大麦、洋麦、冬油菜、春油菜、胡麻、蚕豆、黄豆、豌豆、马铃薯、黄花菜等作物。区内也适宜栽培苹果、梨、桃、杏、核桃、柿子、枣、花椒等经济果木。

区内干旱时有发生，因此秋粮作物比例大于夏粮作物，应推广抗旱栽培技术，发展土壤水分利用技术，实施集雨蓄水节灌技术，采用农田微集水技术等措施，提高防御干旱能力。

(2)黄河川区干旱区小麦、玉米杂粮两年三熟区（ⅢE_2）

该区包括黄河川区及其两岸海拔1500 m以下的坪、峁区。

年平均气温为8～9 ℃，夏季极端最高气温为39～40 ℃，冬季极端最低气温为－27～－24 ℃。日平均气温稳定通过0 ℃和10 ℃期间积温为3600～3900 ℃·d和3000～3300 ℃·d。农作物生长期为250～270 d。年降水量为180～300 mm。年日照时数为2500～2750 h。年无霜期为170～200 d。

气候温暖，降水量少，日照时间长，热量较丰富，一年一熟热量剩余较多，小麦和油菜收获后可以复种一季生长期 80～100 d 左右的糜子、荞麦或蔬菜、绿肥。适宜栽种冬小麦、春小麦、玉米、谷子、糜子、甜菜以及春油菜、胡麻、向日葵、黄豆、豌豆、蚕豆、马铃薯、瓜果类、百合等作物。为了防御风沙、干旱对农作物、果树的危害，必须营造防风林和护田林。

根据年降水量划分标准，这里处于农牧分界线，在年降水量 400 mm 以下，又无灌溉条件的地域，要因地制宜，实行荒山荒坡荒沟退耕还林草，以牧为主，农林业为辅。种植业以耐旱作物品种为主，如谷子、糜子、荞麦、莜麦、豆类、胡麻、马铃薯等作物。实行种地与养地相结合，重视发展沙草产业。实施节水抗旱技术，推广地膜覆盖、砂砾覆盖等技术措施。

(3)河西走廊西部特干旱区棉花、玉米两年三熟区（ⅢF_2）

该区包括临泽县以西海拔在 1450 m 以下的平原和盆地。

年平均气温为 7～9 ℃，夏季极端最高气温为 38～45 ℃，冬季极端最低气温为－30～－28 ℃。日平均气温稳定通过 0 ℃和 10 ℃期间积温为 3500～4200 ℃・d 和 3000～3800 ℃・d。农作物生长期 230～247 d。年降水量为 36～130 mm。年日照时数为 3000～3340 h。年无霜期为 155～171 d。

该区光能资源为全省之冠；夏季白天炎热，夜间辐射冷却强烈，气温日较差很大；降水稀少，气候极为干燥，为内陆荒漠区。发展农林牧业生产的自然条件较差，但有较丰富的祁连山冰雪融水灌溉，同时有丰富的光能资源，积温较多、气温日较差大等有利气候条件。适宜栽种棉花、玉米、高粱、瓜类、甘草以及春小麦、春油菜、胡麻、黄豆、豌豆、马铃薯等作物。

特别需要指出，由于该区光热资源丰富、气温日较差大，栽种瓜果含糖量高，香甜可口，如敦煌的葡萄、杏、桃、枣，瓜州的黄河蜜瓜，金塔的可可奇瓜等均享有盛名，棉花花絮纤维长品质好。区内风沙大，对农田和果园危害严重，应大力营造防风固沙林和护田林网。

(4)民勤特干旱区小麦、玉米、棉花两年三熟区（ⅢF_3）

该区包括石羊河中、下游的金昌和武威市西北部海拔 1500 m 以下区域及民勤县全境。年平均气温为 8 ℃左右，夏季极端最高气温在 40 ℃左右，冬季极端最低气温为－30～－28 ℃。日平均气温稳定通过 0 ℃和 10 ℃期间积温为 3600～3800 ℃・d 和 3000～3300 ℃・d。农作物生长期 230～250 d。年降水量为 110～170 mm。年日照时数为 2850～3100 h，年无霜期为 170～190 d。

这里属于荒漠、半荒漠区，气温日较差大，降水稀少，气候干燥，风沙多，不利于农业生产。有灌溉条件地区适宜栽种春小麦、玉米、棉花、谷子、糜子、高粱、甜菜、向日葵、瓜类和蚕豆、豌豆、黄豆、春油菜、胡麻、马铃薯等作物。区内农业气候条件适宜栽培白兰瓜、黄河蜜、籽瓜等名优瓜类，加强优质瓜生产基地建设。

6.2.2.4 温和区小麦、玉米杂粮一熟热量有余区（Ⅳ）

(1)渭北和陇东中部半湿润区小麦、玉米杂粮一年一熟区（ⅣC_3）

渭北亚区（ⅣC_3），包括漳县东部、陇西县和通渭县南部，静宁县、庄浪和张家川两县西部，清水县绝大部分、武山和甘谷两县北部。

年平均气温为 7～9 ℃，夏季极端最高气温为 33～37 ℃，冬季极端最低气温为－25～－17 ℃。日平均气温稳定通过 0 ℃和 10 ℃期间积温为 3100～3800 ℃・d 和 2500～3100 ℃・d。农作物生长期为 250～280 d。年降水量为 400～560 mm。年日照时数为 2050～2300 h。年无霜期为 160～200 d。

该区地形是渭北黄土高原梁、峁、沟壑区，多为荒山秃岭，生态环境差，降水变率大，水土流失严重，旱灾频繁。适宜栽培冬小麦、玉米、高粱、谷子、糜子、冬油菜、胡麻、豌豆、黄豆、小豆、绿豆、马铃薯、瓜类等作物。此外，浅山、丘陵、梁峁区适宜栽种苹果、枣、梨、杏、核桃、柿子等果树，应结合绿化荒山、荒坡，发展林果业。

陇东中部亚区（ⅣC_3），包括庆阳市的中北部。地貌属于黄土高原丘陵、沟壑区，区内塬面破碎，沟壑纵横，大部分地区海拔在1000～1800 m。

年平均气温为8～10 ℃，夏季极端最高气温为36～39 ℃，冬季极端最低气温为－27～－21 ℃。日平均气温稳定通过0 ℃和10 ℃期间积温为3600～3900 ℃·d和2670～3300 ℃·d。农作物生长期250～270 d。年降水量为400～600 mm，镇原北部、庆城西北部、环县的降水量在500 mm以下。年日照时数2100～2550 h。年无霜期为150～175 d。

该区土层深厚，土壤肥沃，农业气候条件较好，农业较发达，是甘肃省粮油产区之一。适宜栽种冬小麦、玉米、高粱、谷子、糜子、小豆、绿豆、瓜类、甜菜以及大麦、黄豆、豌豆、胡麻、冬油菜、春油菜、马铃薯、黄花菜等作物。这里还适宜栽种苹果、柿子、核桃、杏、桃、枣、李子等果木。

（2）环县西北部和兰州市西部半干旱区小麦、玉米杂粮一熟热量有余区（ⅣD_3）

该区位于黄土高原西部和北部边缘，为黄土丘陵、沟壑地貌。

年平均气温为6～9 ℃，夏季极端最高气温为35～39 ℃，冬季极端最低气温为－27～－21 ℃。日平均气温稳定通过0 ℃和10 ℃期间积温为3300～3800 ℃·d和2100～2800 ℃·d。农作物生长期240～270 d。年降水量为290～410 mm。年日照时数为2500～2650 h，日照时数较长。年无霜期160～200 d。

该区降水较少，土壤墒情较差，土壤肥力较低，但光热条件较好、气温日较差大等有利农业气候条件不能充分地发挥出来，因此农业产量一直较低。适宜栽种春小麦、谷子、糜子、胡麻、春油菜、玉米、蚕豆、黄豆、豌豆、荞麦、马铃薯等作物。农业上应实施种地与养地相结合，重视发展沙草产业，实施节水抗旱技术。大力推广地膜覆盖、砂砾覆盖等技术措施，这里“砂田”能抗旱、增温、保墒、压碱。

区内植被稀少，生态环境较差，应大力植树种草，发展畜牧业和林业，防止水土流失和土壤沙化。

（3）河西走廊东部干旱区小麦、玉米杂粮一年一熟热量有余区（ⅣE_3）

该区包括金昌市北部、武威市中部和白银市西部，大部分地区海拔高度为1500～2000 m。年平均气温为7～9 ℃，夏季极端最高气温为36～41 ℃，冬季极端最低气温为－30～－24 ℃。日平均气温稳定通过0 ℃和10 ℃期间积温为3150～3750 ℃·d和2500～3100 ℃·d。农作物生长期240～260 d。年平均降水量为170～230 mm，大部分地区是“没有灌溉就没有农业”。年日照时数2700～2900 h。年无霜期170～200 d。

区内气候干旱，草木稀少，呈现荒漠和半荒漠景观。绿洲区内适宜栽种春小麦、玉米、谷子、糜子、荞麦、甜菜、瓜类以及豌豆、黄豆、蚕豆及其他豆类、胡麻、春油菜、马铃薯等作物。谷子和糜子生育前期较耐旱，到中后期需水较多时，正是该区相对多雨时段，有利于其生长发育。

该区北临腾格里大沙漠，风沙多，干热风危害较重。应大力植树种草，营造防风固沙林和护田林网，改善农业生态环境。

（4）河西走廊中西部特干旱区小麦、玉米杂粮一年一熟热量有余区（ⅣF_3）

该区包括南、北两个亚区：北部亚区包括肃北县马鬃山区南部，瓜州县以及敦煌和玉门两市北部,金塔县西北部;南部亚区包括敦煌市、瓜州、高台和临泽南部,玉门市中部、嘉峪关市,肃州中部,张掖市大部,山丹县西部。

年平均气温为6~9 ℃,夏季极端最高气温为35~42 ℃,冬季极端最低气温为−35~−29 ℃。日平均气温稳定通过0 ℃和10 ℃期间积温为2900~4070 ℃·d和2700~3600 ℃·d。农作物生长期210~250 d。年降水量为49~203 mm,没有灌溉就没有农业。年日照时数为2800~3300 h。年无霜期约为140~180 d。

该区气候特别干燥,地表呈半荒漠和荒漠景观,水是发展农业的主要限制性因素。有灌溉条件的绿洲区内,适宜栽种春小麦、玉米、谷子、糜子、荞麦、甜菜、瓜类、向日葵、蚕豆、豌豆等其他豆类、胡麻、春油菜、马铃薯、甘草等作物。要大力发展玉米制种,发展沙产业和草产业,积极开展农区畜牧业生产。区内生态环境较差,应大力种草植树造林,营造防风固沙林和护田林网,以防御风沙和干热风对农作物的危害。

6.2.2.5 温凉小麦、杂粮一熟区(Ⅴ)

(1)陇南中部半湿润区小麦、杂粮一熟区(ⅤC_3)

该区包括礼县西部、宕昌南部、武都区和舟曲县北部。

年平均气温为9~13 ℃,夏季极端气温为35~40 ℃,冬季极端最低气温为−20~−10 ℃。日平均气温稳定通过0 ℃和10 ℃期间积温为3600~4900 ℃·d和2900~4000 ℃·d。农作物生长期280~360 d,年降水量为470~560 mm。年日照时数为1700~2000 h。年无霜期为180~260 d。

这里适宜栽种冬小麦、玉米、谷子、糜子、高粱、荞麦、蚕豆、黄豆、豌豆、青稞、燕麦、油菜、胡麻、马铃薯等作物。区内山高坡陡,河谷狭窄,水土流失严重,滑坡、山洪和冰雹较多,需大力发展林业和畜牧业。浅山和半山区气候温凉,适宜种植花椒、梨、核桃、柿子以及当归、党参、土黄等经济果林和药材。

(2)洮河、岷山、陇山半湿润区小麦、杂粮一熟区(ⅤC_4)

该区包括洮河、岷山的山区和河谷地川坝以及陇山区。

年平均气温为6~8 ℃,夏季极端最高气温为33~36 ℃,冬季极端最低气温为−27~−23 ℃。日平均气温稳定通过0 ℃和10 ℃期间积温为2600~3100 ℃·d和1900~2500 ℃·d。农作物生长期240~260 d。年降水量为490~560 mm。年日照时数为2100~2500 h。年无霜期为120~160 d。

区内山峦重叠,除河谷川地海拔较低、气候较温和外,海拔2500 m以上高山区气候寒冷。在山区应大力造林种草,发展林业、牧业和药材业。岷县当归驰名中外,要建成当归集中产区。在川坝和浅山区适宜发展农业,栽种玉米、谷子、糜子、冬小麦、春小麦、蚕豆、豌豆、黄豆、胡麻、春油菜、马铃薯、青稞、荞麦等作物。此外,川坝和浅山区适宜栽培花椒、核桃、梨、杏等果木。

(3)甘南高原东部半湿润区小麦、杂粮一熟区(ⅤC_5)

该区包括临夏和东乡南部,广河、康乐和岷县西部,临潭和卓尼东部以及和政县。

年平均气温为4~7 ℃,夏季极端最高气温为30~36 ℃,冬季极端最低气温为−28~−23 ℃。这里春秋相连无夏季,冬季寒冷。日平均气温稳定通过0 ℃和10 ℃期间积温为2000~3000 ℃·d和1600~2400 ℃·d。农作物生长期220~250 d。年降水量为500~590 mm。年日照时数为2100~2500 h。年无霜期为110~160 d,早霜来得早,晚霜结束迟,对农作物危害大。另外，这里冰雹危害较严重。

区内适宜栽种春小麦、青稞、蚕豆、豌豆、马铃薯、春油菜、胡麻等作物。气候适宜当归、党参、大黄、秦艽、黄芪等药材的栽培。

(4)陇西黄土高原中部半干旱区小麦、杂粮一熟区（$ⅤD_4$）

该区包括安定区，榆中和会宁两县南部，静宁和通渭两县西部，陇西县北部。

年平均气温为 7 ℃左右，夏季极端最高气温为 33～36 ℃，冬季极端最低气温为－28～－23 ℃，日平均气温稳定通过 0 ℃和 10 ℃期间积温为 3100～3350 ℃・d 和 2400～2700 ℃・d。农作物生长期为 240～260 d。年降水量为 370～420 mm。年日照时数为 2200～2600 h。年无霜期为 150～170 d。

区内多为黄土梁峁、沟壑区，森林草被稀少，水土流失较严重，海拔 1700～2500 m 山区气候温凉，2500 m 以上高山区气候寒冷。适宜栽种春小麦、冬小麦、谷子、糜子、玉米、蚕豆、豌豆、扁豆、黄豆、胡麻、春油菜、马铃薯、青稞、荞麦、瓜类和甜菜等作物。

(5)河西东部沿山和靖远榆中半干旱区小麦、杂粮一熟区（$ⅤD_{4\sim5}$）

该区包括永登县、武威市南部沿山地带、古浪县北部、景泰县西南部以及靖远东部、榆中县北部、安定和会宁两县区北部。

年平均气温为 5～9 ℃，夏季极端最高气温为 35～41 ℃，冬季极端最低气温为－30～－25 ℃。日平均气温稳定通过 0 ℃和 10 ℃期间积温为 2750～3900 ℃・d 和 2100～3000 ℃・d。农作物生长期 220～260 d。年降水量为 220～380 mm。年日照时数为 2500～2800 h。年无霜期为 140～190 d。

区内降水量少且不稳定，是造成农业产量不稳和产量很低的根本原因。较适宜栽种春小麦、谷子、糜子、马铃薯、豌豆、黄豆、玉米、高粱、荞麦、瓜类等作物。

(6)祁连山浅山干旱区小麦、杂粮一熟区（$ⅤE_4$）

该区位于祁连山北麓中段和西段海拔在 1800～2500 m 的地带，包括阿克塞、肃北、民乐三县北部，玉门和金昌两市中部，嘉峪关、酒泉、张掖三市和临泽、山丹两县南部以及肃南县大部。

年平均气温为 4～8 ℃，夏季极端最高气温为 35～38 ℃，冬季极端最低气温为－35～－25 ℃。日平均气温稳定通过 0 ℃和 10 ℃期间积温为 2400～3500 ℃・d 和 2500～3000 ℃・d。农作物生长期 210～240 d。年降水量祁连山北麓西段为 60～160 mm，中段在 350 mm 左右。年日照时数在 2900～3200 h。年无霜期为 120～200 d。

该区大部分地区呈现出荒漠、半荒漠景观。降水量少，气候干燥，冬季严寒，有灌溉条件和年降水量 300 mm 以上地区农业比重较大。适宜栽种春小麦、谷子、糜子、蚕豆、豌豆、青稞、马铃薯、胡麻、春油菜等作物。应发展浅山区白菜型油菜、啤酒花、啤酒大麦等名特优作物的建设基地。为保护区内生态环境，应严禁在天然草场和林区毁林毁草开荒。

(7)马鬃山区特干旱区、牧业区（$ⅤF_4$）

该区包括河西走廊西北部的肃北县马鬃山区。

年平均气温为 4.8 ℃左右；冬季极端最低气温为－37～－30 ℃，是甘肃省有气象记录以来最低气温。日平均气温稳定通过 0 ℃和 10 ℃期间积温为 2900 ℃・d 左右和 2400 ℃・d 左右。牧草生长期 200 d 左右。年平均降水量在 70 mm 左右。年日照时数在 3300 h 左右。年无霜期在 190 d 左右。

区内为荒漠景观，牧草稀疏，种类少长势差，载畜量特小。这里如能解决灌溉水源问题，仍然可以栽种春小麦、谷子、糜子、蚕豆、豌豆、胡麻、春油菜、马铃薯、青稞等作物。

6.2.2.6 冷温牧林青稞、小麦杂粮区（Ⅵ）

(1)甘南高原湿润区牧林青稞、小麦杂粮区（ⅥB_6）

该区位于甘南高原北部，包括和政县南部，康乐县西南部，夏河、合作、临潭等县大部，卓尼县西南部。

年平均气温为 3～5 ℃。冬季长达 8 个月，极端最低气温为－29～－26 ℃，海拔 3500 m 以上的高寒区低于－30 ℃，无夏季。年极端最高气温为 30～33 ℃，日平均气温稳定通过 0 ℃和 10 ℃期间积温为 1850～2460 ℃·d 和 900～1600 ℃·d，平均日数分别为 220～250 d 和 70～114 d。年降水量大多数地区为 440～600 mm，太子山区为 600～800 mm。年日照时数为 2350～2500 h。无霜期大多数地区为 70～140 d，海拔 3000 m 以上地区＜70 d。

区内除大夏河和洮河川区、临潭县多开垦为农耕地外，其余广大地区为纯牧区和林区，是甘肃省畜牧业基地的一部分。农业区适宜种植青稞、豌豆、春小麦、蚕豆、油菜、马铃薯等耐寒作物。为了维护自然生态平衡，区内应禁止滥垦滥伐，大力种树种草，发展林牧业，调节气候，促进牧林农业发展。

(2)祁连山中东段半干旱区牧林青稞、小麦油菜区（ⅥD_6）

该区位于祁连山中东段海拔 2500～3000 m 地带。年平均气温为 0.3～4.0 ℃，最热 7 月平均气温为 11～17 ℃，热季极端最高气温为 28～35 ℃；冬季长达 7～8 个月，极端最低气温－31～－28 ℃。日平均气温稳定通过 0 ℃和 10 ℃期间积温为 1400～2400 ℃·d 和 400～1730 ℃·d。年降水量为 260～410 mm。年日照时数为 2600～3000 h。年无霜期为 75～120 d。

该区是祁连山高寒地带，山大谷深，农业比重小，牧业比重大。适宜种植青稞、春油菜、马铃薯和春小麦。这里应加强现有森林植被保护，积极营造水源，调节气候，促进林、牧、农的全面发展。

6.2.2.7 高寒牧林区

(1)甘南高原湿润区、牧林区（ⅦB_6）

该区包括甘南高原南部和陇南山地西南部。年平均气温为 1.8～3.0 ℃。冬季长达 7～9 个月，极端最低气温为－29～－26 ℃；年极端最高气温为 25～30 ℃。林牧生长期 200～220 d。日平均气温稳定通过 0 ℃和 10 ℃期间积温为 1500～1900 ℃·d 和 380～800 ℃·d。年降水量在 590 mm 左右。年日照时数为 2300～2600 h，年无霜期为 30～70 d。

该区地势高，降水量较多，日照较长，太阳辐射较强，有利于牧草和林木生长，是甘肃省最佳的牧业基地和林业发展地区之一。

该区域拥有亚高山草甸草场，由于天然草地生态环境严重退化，退牧还草是改善草原生态环境和促进牧区社会经济持续发展的重大战略举措。区内森林面积广大，林区蕴藏着极其丰富的野生动物和药材资源，应全面实施天然林资源保护工程，有效增加森林植被，提高林分质量。

(2)祁连山中东段高山半湿润区、牧林区（ⅦC_6）

该区位于祁连山中东段海拔 3000 m 以上高山地带。

年平均气温在1 ℃以下，冬季极端最低气温在－30 ℃以下，年极端最高气温在28 ℃以下。日平均气温稳定通过0 ℃和10 ℃期间积温为1400 ℃·d和430 ℃·d。林牧生长期在170 d以下。年降水量在400 mm左右。年日照时数在2600 h左右。

区内多高山灌丛草场，牧草和林木生长季气候温冷，生长季短。为了给河西走廊绿洲提供更多更稳定的灌溉水源，要对高山灌丛和草甸草原严加保护，增强涵养水源能力。

(3)祁连山中西段高山半干旱区、牧林区（ⅦD_6）

该区位于祁连山中西段海拔在2200 m以上的高山地带。

年平均气温在4 ℃左右。日平均气温稳定通过0 ℃和10 ℃期间积温为2400 ℃·d左右和1700 ℃·d左右。牧林生长期200 d左右。海拔3000 m以下地区年降水量为260 mm左右，多雨地带在海拔2400～3050 m。年日照时数为2700～3000 h。无霜期为120 d左右。

该区3000 m以下气候条件较好的川谷区，可种植青稞、早熟春小麦、春油菜、蚕豆、豌豆、马铃薯、荞麦等作物。3000 m以上的高山区只能发展畜牧业。

6.3　甘肃省林业气候区划

气候是林业自然资源的重要影响要素，对森林生态系统的分布、结构、功能和生产力起着制约作用。为了充分合理利用气候资源，应适地植树造林，提高林木生态和经济效益。

6.3.1　林业气候区划方法和指标

选用年平均气温、日平均气温稳定通过5 ℃和10 ℃的日数与积温、年降水量、年湿润度、年日照时数等8个气候因子进行模糊聚类分析(陈昌毓，1993)，将甘肃省划分为9个林业气候类型区(图6.3)。

6.3.2　林业气候分区评述

6.3.2.1　北亚热带湿润区、常绿阔叶和落叶阔叶混交林区（Ⅰ）

该区包括白龙江流域的武都、文县、康县南部和舟曲东南部。这里山高谷深，河谷海拔一般为1000～1400 m，山地从东部2000 m向西升高至3500 m，相对高度大多在1000 m以上。

区内气候温湿，垂直地带性明显，河谷和海拔较低的山地年平均气温为13～15 ℃，最热7月平均气温在25 ℃左右，最冷1月平均气温在3 ℃左右，日平均气温稳定通过10 ℃期间积温4500～4700 ℃·d，日平均气温稳定通过5 ℃的生长期在280～300 d，年降水量为450～750 mm，年日照时数为1600～1900 h。

该区自然植被为常绿阔叶和落叶阔叶混交林，森林覆盖率约为38%，是甘肃省唯一生长亚热带植物的地区，生长有多种特用经济林。根据这里的自然条件，应大力发展为水源涵养林、经济林。

不同区域适宜栽种不同树种。海拔550～1200 m地带，适宜种的树种有板栗、柿子、乌桕、油桐、黄连木和油茶等；特用经济树种以银杏、杜仲、厚朴、樟树、楠木、茶、桑等为主；用材树种以杉木、枫树、苦楝、水曲柳和毛白杨等为主。海拔1200～1800 m地带，适宜种植的用材树种有油松、华山松、铁杉、柏树、侧柏、栎树、国槐、香椿、泡桐、山榆、椴树等；木本粮油树种以核

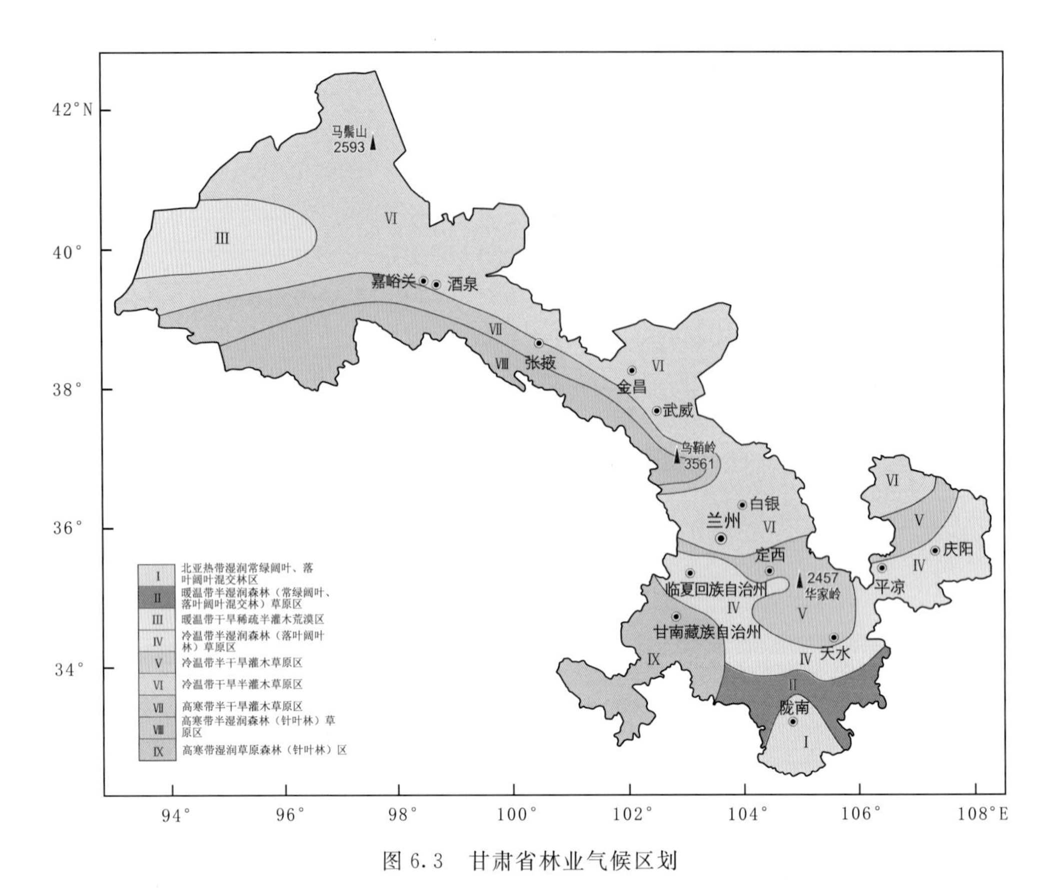

图 6.3 甘肃省林业气候区划

桃、板栗、柿子和文冠果等为主；特用经济树种应以栓皮栎、杜仲、桑、漆树、花椒、构树和白蜡等为主。海拔 1800 m 以上山区，主要以油松、华山松、落叶松、椴树、桦木、圆柏、侧柏、槭树等为主，其中海拔 2000 m 以上高山区应发展云杉、冷杉、落叶松、油松和桦木等树种的种植。

6.3.2.2 暖温带半湿润区、森林（常绿阔叶和落叶阔叶混交林）草原区（Ⅱ）

该区包括西汉水、白龙江中游和永宁河流域的成县、徽县、两当、康县北部、舟曲大部分以及西和、礼县、宕昌南部。区域东部（$Ⅱ_1$ 亚区）属于西秦岭山地，山坝相间，坝区和河谷海拔一般在 1000 m 左右，山地海拔约 2000 m；西部（$Ⅱ_2$ 亚区）大部分为岷山山地，山高谷深，河谷海拔一般 1400～1800 m，山地海拔约 2500～3000 m。

年平均气温为 9～13 ℃，最热月平均气温为 20～24 ℃，最冷月平均气温为 −3～0 ℃，日平均气温稳定通过 10 ℃积温绝大部分地区为 3200～4000 ℃·d，日平均气温稳定通过 5 ℃的生长期为 230～280 d，年降水量为 500～750 mm，年日照时数为 1600～2000 h。$Ⅱ_1$ 亚区比 $Ⅱ_2$ 亚区显得略为温湿。

该区域自然植被大部分为常绿阔叶、落叶阔叶混交林，森林覆盖率约为 34%，有大面积次生林，树种复杂，林分多样，林地面积广大。根据其自然条件，宜发展为水源涵养林、用材林。为此，要加快次生林改造，特别是要把慢生、低产、劣质的灌木疏林尽快改造成为乔木林；在水热条件好的低海拔区，要积极发展生漆、栓皮等经济林；要大力植树造林，树种可选择油松、华山松、落叶松、白皮松、侧柏、栎树、白桦、山槐、水曲柳、胡桃、山核桃和青杨等。海拔 2000 m

以上山地应注意发展云杉和冷杉。

6.3.2.3 暖温带干旱区、稀疏半灌木荒漠区（Ⅲ）

该区仅限于疏勒河下游宽阔平坦谷地，包括瓜州、敦煌绿洲盆地，海拔在1200 m以下。这是甘肃省气候最干燥、热量条件好、光能资源最丰富、风沙很大的地区。

平均气温为9～10 ℃，最热月平均气温为25 ℃左右，最冷月平均气温为−11～−8 ℃，日平均气温稳定通过10 ℃积温为3600 ℃·d左右，日平均气温稳定通过5 ℃生长期在210～220 d，年降水量仅有40～50 mm，年日照时数达3130～3300 h，年平均沙尘暴日数瓜州在5 d左右，敦煌在7 d左右，年平均大风日数瓜州为24.7 d，敦煌为9.1 d。

该区域自然条件虽较严酷，但有党河、疏勒河等较丰富的水源灌溉，具备发展林业的条件。自然植被属于稀疏半灌木荒漠，现有林木绝大部分为人工护田林，仅在敦煌西湖、瓜州北湖有少量天然稀疏乔、灌木林。根据其自然经济条件，应发展为农田防护、薪炭林区。为此，要保护好少量残存的胡杨、红柳、梭梭、白刺等天然乔、灌木林；利用水分条件较好的宽阔旧河床种植胡杨、二白杨、新疆杨等；结合农田基本建设，大力营造农田防护林网和经济林，改善农业生态环境；加快薪炭林基地建设，解决群众燃料困难，以利于保护天然乔、灌木林。

6.3.2.4 冷温带半湿润区、森林（落叶阔叶林）草原区（Ⅳ）

该区位于陇东黄土高原南部和陇西黄土高原西南部，分4个亚区，$Ⅳ_1$亚区：清水、张家川、庄浪东部以及礼县和西和两县北部，地处陇山西侧和北秦岭南坡；$Ⅳ_2$亚区：灵台、正宁和合水东部，其南部为梁峁、沟壑，东部为子午岭；$Ⅳ_3$亚区：崆峒、崇信、泾川、华亭、宁县、镇原南部、庆城东南部、华池东部和合水西部，大部分属塬、沟地貌；$Ⅳ_4$亚区：渭源、漳县南部、岷县、宕昌北部、和政、康乐、广河、临洮、东乡、临夏、积石山和卓尼东部，其东南部主要为黄土丘陵和山地，西北部为峡谷、盆地相间。$Ⅳ_{1\sim3}$亚区海拔一般为1200～1900 m，$Ⅳ_4$亚区海拔一般为2000～2400 m。

该区年平均气温$Ⅳ_{1\sim3}$和$Ⅳ_4$分别为8～10 ℃和5.5～8 ℃，最热月平均气温为19～23 ℃和16～19 ℃，最冷月平均气温为−8～−3 ℃，日平均气温稳定通过10 ℃积温为2650～3400 ℃·d和1900～2600 ℃·d，日平均气温稳定通过5 ℃生长期为210～230 d和180～210 d，年降水量为470～600 mm，年日照时数为2100～2500 h。$Ⅳ_{1\sim3}$亚区热量条件比$Ⅳ_4$亚区稍好，但日照时数略少。

区内自然植被属于森林草原，森林以落叶阔叶林为主，由于长期乱垦滥牧，自然林草破坏严重，多为次生林。根据其自然条件，$Ⅳ_{1\sim2}$亚区应发展成为水源涵养、用材林区，造林树种可选用油松、华山松、辽东栎、泡桐、山杨、桦木、侧柏、臭椿、杜梨、五角枫、漆树、椴树、山杏、文冠果、核桃等。$Ⅳ_3$亚区宜发展为水土保持、农田防护林区，采取四旁植树和营造护田林网与小流域治理相结合，保塬固沟，造林树种可选用河北杨、钻天杨、新疆杨、泡桐以及核桃、苹果、文冠果等。$Ⅳ_4$亚区宜发展为水土保持、用材林区，造林树种可选择云杉、冷杉、华北落叶松、华山松、山杨和桦树等。

6.3.2.5 冷温带半干旱区、灌木草原区（Ⅴ）

该区地处陇西黄土高原中、东部和陇东黄土高原镇原至庆城一线以北到环县境内，为典型黄土梁峁、沟壑区。包括$Ⅴ_1$亚区：秦安、甘谷、武山、秦州和漳县北部；$Ⅴ_2$亚区：安定、通渭、会宁、陇西、静宁、榆中南部、庆城西北部、华池西部、镇原北部。海拔一般为1100～2000 m。

V_1 和 V_2 两个亚区，年平均气温分别为 10～11 ℃和 7～10 ℃。最热月平均气温为 21～23 ℃和 19～23 ℃，最冷月平均气温为 －3～－1.5 ℃和 －8～－6 ℃。日平均气温稳定通过 10 ℃积温为 3100～3500 ℃·d 和 2500～3400 ℃·d，日平均气温稳定通过 5 ℃生长期为 220～240 d 和 190～220 d。年降水量为 480～530 mm 和 430～500 mm，年日照时数为 1900～2250 h 和 2200～2500 h。V_1 亚区比 V_2 亚区稍微温湿。

区内自然植被除 V_1 亚区南部多为温带落叶阔叶林外，其余亚区表现出明显的灌木草原特征。根据其自然条件，主要应发展成为水土保持、薪炭林。阴坡和沟谷地带乔木造林树种可选择小叶杨、河北杨、山杨、青杨、油松、侧柏、旱柳、杞柳、刺槐、山杏以及苹果、杏、桃等。南部区域还可以发展栎树、桦树和泡桐等；灌木树种可选用沙棘、锦鸡儿等。阳坡和土壤侵蚀较严重的地方，应以发展灌木和草为主。

6.3.2.6 冷温带干旱区、半灌木草原区（Ⅵ）

该区包括环县、榆中、永靖一线以北和祁连山北麓至省界广大地区。分 3 个亚区，$Ⅵ_1$ 亚区：兰州、白银、皋兰、永登、永靖、靖远、榆中北部和环县；$Ⅵ_2$ 亚区：玉门、肃州、嘉峪关、金塔、高台、临泽、甘州、民乐、山丹、金昌、凉州、民勤、古浪等县市的走廊平原，肃北和阿克塞北端以及景泰平川区；$Ⅵ_3$ 亚区：肃北马鬃山区和走廊各县市偏北地区。

$Ⅵ_1$ 亚区属陇中北部河谷、黄土丘陵、盆地类型区，梁峁起伏，沟壑纵横，水土流失严重，海拔多在 1300～1960 m；$Ⅵ_2$ 亚区为长约 1000 km、宽仅几千米至百余千米的狭长冲积洪积平原灌溉农业区，海拔大约在 1000～2000 m；$Ⅵ_3$ 亚区为风化剥蚀中低山、残丘和沙漠戈壁，一般海拔为 1500～2000 m。

区内干旱少雨，光能资源丰富，黄河谷地和走廊平原北部热量条件好。年平均气温为 5～10 ℃，最热月平均气温为 18～23 ℃，最冷月平均气温为 －11～－5 ℃，日平均气温稳定通过 10 ℃积温为 2380～3400 ℃·d，日平均气温稳定通过 5 ℃生长期为 180～220 d，年降水量 $Ⅵ_1$ 亚区为 180～320 mm，$Ⅵ_2$ 和 $Ⅵ_3$ 亚区为 63～200 mm，年日照时数为 2400～3150 h。$Ⅵ_3$ 亚区比 $Ⅵ_{1\sim2}$ 亚区温度略低，降水偏少，日照偏多。

区内自然植被由极旱生型禾本科植物和旱生半灌木、灌木组成。除靖远的哈思山和堀峡山、景泰的寿禄山等石质山地，以及肃州与高台之间的肃南明花区分布有小面积天然林外，$Ⅵ_1$ 亚区河谷地带和 $Ⅵ_2$ 亚区灌溉区分布一些人工片林和林带。

根据自然条件，$Ⅵ_1$ 亚区宜发展水土保持、薪炭林区，在水分条件较好河谷川地和引黄灌区，可种植喜光耐旱抗盐碱的新疆杨、小青杨、北京杨、刺槐、白榆和臭椿等，还可发展苹果、梨、桃、葡萄等经济林；在梁峁坡地应灌、草结合，发展柠条、毛条、沙棘、枸杞、柽柳等速生灌木。$Ⅵ_2$ 亚区每年可从祁连山区获得大量出山径流，是甘肃省重要的商品粮基地，林业发展应适应绿洲灌溉需要，大力发展农田防护林网和防风固沙林。在北部风沙区，对残存的天然沙生灌木和草类要严加管护，造林树种可选择梭梭、毛条、花棒、白刺、红柳、沙枣、胡杨等灌乔木；在农区造林树种应选择二白杨、新疆杨、毛白杨、加杨、白榆、刺槐、沙枣、旱柳以及红枣、苹果、梨、葡萄、甘草等。$Ⅵ_3$ 亚区干旱缺水，风沙危害严重。发展林业困难很大，仅在甘州北部东大山和山丹十里铺以北龙首山分布有小面积天然乔灌木林。乔木树种以青海云杉为主，伴有少量祁连圆柏和山杨，灌木多为山柳、多刺绵鸡儿、爬地柏和枸杞等。此外，在马鬃山水分条件较好的沟谷地带，分布有小片胡杨和红柳、梭梭、白刺等乔灌木林。其余广大地区全是覆盖度极差的荒漠草类。因此,这里要严加管护荒漠化石质山地上的天然林,大力改善荒漠草原生态环境,促进牧业发展。

6.3.2.7 高寒带半干旱区、灌木草原区(Ⅶ)

该区属于祁连山北坡浅山区,包括肃南北部,民乐和山丹中部,玉门、永昌、凉州、古浪等县市南部,肃北和阿克塞中部,天祝东南部,海拔 2000～2500 m。

年平均气温为 4～7.5 ℃,最热月平均气温为 16.5～21 ℃,最冷月平均气温为−10～−8 ℃,日平均气温稳定通过 10 ℃积温为 1700～2500 ℃·d,日平均气温稳定通过 5 ℃生长期 160～200 d,年降水量为 100～350 mm,年日照时数为 2600～3100 h。

区内西部自然植被为荒漠和山地荒漠草原,中、东部为山地荒漠草原和干旱草原,其间混杂一些旱生灌木。浅山地应选择耐旱的小蘖、柠条、毛条、酸刺、狼牙刺等灌木营造水土保持林;沟谷和山间盆地造林应以青杨、小叶杨、二白杨、白榆、山杏等乔木为主。

6.3.2.8 高寒半湿润区、森林(针叶林)草原区(Ⅷ)

该区包括祁连山北坡海拔 2500 m 以上山地和山间盆地,山地海拔一般在 3000～4500 m,4100 m 以上许多地方终年积雪。

区内地势高寒,热量不足。年平均气温＜4.5 ℃,最热月平均气温为 11～17 ℃,最冷月平均气温低于−11.5 ℃,日平均气温稳定通过 10 ℃积温为 430 ℃·d,日平均气温稳定通过 5 ℃的生长期 116 d,年降水量东部($Ⅷ_1$ 亚区)为 360～410 mm,西部($Ⅷ_2$ 亚区)为 270 mm 左右。乌鞘岭年日照时数为 2607 h。

$Ⅷ_1$ 亚区 2500～3300 m 地带自然植被为森林草原,阴坡、半阴坡适宜生长常绿青海云杉针叶林。林下适宜山柳、箭叶锦鸡儿、金蜡梅、忍冬、银蜡梅等灌木生长;阳坡和半阳坡主要是草原,可以发展圆柏针叶疏林,林下灌木稀疏,主要能生长金蜡梅、银蜡梅、鬼箭锦鸡儿等。海拔 3300～3700 m 为亚高山灌丛草原带,其阴坡和半阴坡湿润生态环境,适宜杜鹃灌木林和山柳灌木林生长;在阳坡、半阳坡以及河谷区适宜金蜡梅灌丛生长。4100 m 以上高山就是冰雪寒漠带。$Ⅷ_1$ 亚区林业发展应是水源涵养林;$Ⅷ_2$ 亚区乔、灌木生长水分条件较差,主要是山地荒漠草原和草原景观,仅在河谷滩地有少量灌乔木林分布。

6.3.2.9 高寒带湿润区、草原森林(针叶林)区(Ⅸ)

该区位于甘肃省西南部的甘南高原,包括玛曲、碌曲、合作、夏河、临潭、卓尼西部和迭部大部分,为大夏河、洮河发源地,海拔一般在 3000～4000 m。

年平均气温为 1.5～7 ℃,最热月平均气温为 11～17 ℃,最冷月平均气温为−10～−6 ℃,日平均气温稳定通过 10 ℃积温为 900～2100 ℃·d,日平均气温稳定通过 5 ℃生长期为 130～200 d,年降水量为 500～600 mm,年日照时数为 2300～2600 h。

区内自然植被覆盖度良好,主要类型为高山草原,还有森林草原和湿润草原。西南部地势高亢,气温很低,年平均为 1～2 ℃,无霜期短,大风多,不易造林,而牧草丰茂,应发展成为高山草原牧业区;东北部是甘南高原与黄土丘陵、陇南山地的过渡地带,为农、林、牧交错分布区,气候适宜于云杉、冷杉为主的高寒针叶林生长,海拔较低的山地和河谷地区适宜山杨、桦木、椴树、槭树等树种生长,应发展为水源涵养、用材林区。

该区域森林面积大,要全面实施天然林资源保护工程,有效增加森林植被,提高林分质量。开展人工造林、封山封沙育林和飞机播种造林等措施,加快林草植被的建植和恢复速度,使森林覆盖率得到明显提高，森林面积不断扩大，质量不断提高，森林的群落结构趋于合理，生物多样性得到保护。

6.4 甘肃省畜牧气候区划

甘肃省级畜牧气候区划主要从宏观上为发展畜牧业生产提供气候依据，加之现有畜牧气象资料短缺，牲畜本身适应范围广、游牧区域大，因此，甘肃省级畜牧气候区划宜粗不宜细。

6.4.1 畜牧气候区划指标

以年湿润度为主导指标，年降水量为辅助指标形成一级指标；以日平均气温稳定通过 0 ℃积温为主导指标，最热月平均气温为辅助指标形成二级指标（表 6.4）。根据该指标系统（葛秉钧，1995），将甘肃省划分为 6 个一级区（图 6.4）。

表 6.4 甘肃省畜牧气候区划指标

一级指标（水分）				二级指标（热量）			
名称（代号）	年湿润度	年降水量（mm）	农牧业意义	名称（代号）	≥0 ℃积温（℃·d）	最热月温度（℃）	农牧业意义
湿润（A）	≥1.00	≥600	森林或森林草甸景观，湿生草本灌木占优势	北亚热带（Ⅰ）	≥4500	≥23	以农业为主，多种经营，属于农区畜牧业
半湿润（B）	0.60～1.00	400～600	属于森林带向草原带过渡地带	暖温带（Ⅱ）	4000～4500	≥23	以农业为主，多种经营，属于农区畜牧业
半干旱（C）	0.30～0.60	250～400	无林干草原，以中旱生、旱生禾草占优势	冷温带（Ⅲ）	2000～4000	14～23	以农业为主，属农区牧业，但牧业比重较上两区大
干旱（D）	0.13～0.30	150～250	荒漠草原，以旱生、超旱生植物占优势	高寒带（Ⅳ）	<2000	<14	牧农并举，牧业比重大大超过农业
极干旱（E）	<0.13	<150	寸草不生沙漠戈壁				

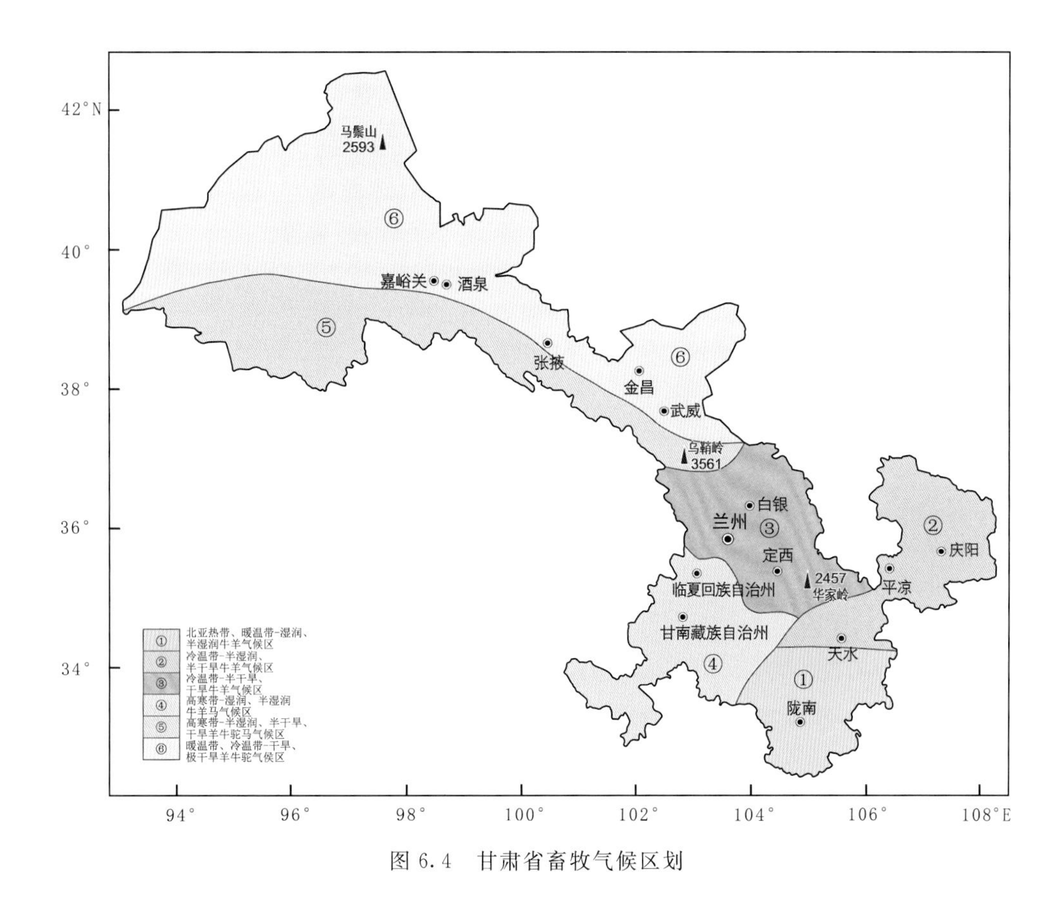

图 6.4　甘肃省畜牧气候区划

6.4.2　畜牧分区评述

6.4.2.1　陇南北亚热带暖温带半湿润湿润区、牛羊气候区(①)

该区包括陇南市、天水市和甘南州的舟曲，共 17 个县。土地面积为 4.80 万 km^2，耕地面积为 70.52 万 hm^2，森林面积 163.37 万 hm^2，天然草场面积 84.15 万 hm^2。人口为 511.27 万。农作物以冬小麦、玉米、马铃薯，水稻、糜子、谷子等为主。

年平均气温为 8～15 ℃，日平均气温稳定通过 0 ℃积温为 3100～5550 ℃・d，最热月平均气温为 20～25 ℃，年降水量为 420～750 mm，年湿润度 0.56～1.19。区内分为 4 个亚区。

区内以发展牛、羊、猪、鸡为主，其中秦岭以北以绵羊为主，秦岭以南以山羊为主，牛以肉牛为主。

6.4.2.2　陇东黄土高原冷温带半干旱半湿润区、牛羊气候区(②)

该区包括平凉市(庄浪、静宁除外)、庆阳市的 13 个县区。土地面积为 3.45 万 km^2，耕地面积 70.16 万 hm^2，森林面积 46.13 万 hm^2，天然草场面积 142.69 万 hm^2。人口约 305.75 万。农作物以冬小麦、玉米、高粱、糜子、谷子等为主。

年平均气温为 8～10 ℃，日平均气温稳定通过 0 ℃积温为 3200～3900 ℃・d，7 月平均气温 20～23 ℃，年降水量 410～610 mm，年湿润度 0.68～1.08。区内分 2 个亚区。

区内养畜业应以牛、羊、兔等草食家畜为主，稳定马类饲养。养牛业要注重发展肉牛生产；

养羊业应以细毛羊为主，并发展绒山羊，本区北部发展滩羊。

6.4.2.3 陇中黄土丘陵冷温带干旱半干旱区、牛羊气候区(③)

该区包括兰州、白银两市以及通渭、陇西、渭源、临洮、庄浪、静宁、广河、永靖、东乡等23个县区。土地面积5.51万km^2，耕地面积131.63万hm^2；森林面积21.22万hm^2，天然草场面积231.12万hm^2。主要农作物有春小麦、玉米、糜子、谷子、马铃薯等。

年平均气温6～10 ℃，日平均气温稳定通过0 ℃积温为2500～3900 ℃·d，7月平均气温为16～23 ℃，年降水量为200～420 mm，个别县达540 mm，年湿润度一般为0.30～0.70，个别县达0.97。区内分为3个亚区。

区内养畜业应以羊、牛、驴为主，尤其是发展粗毛羊、裘皮羊、细毛羊，因地制宜发展沙毛山羊和奶牛业。

6.4.2.4 甘南高原高寒带半湿润湿润区、牛羊马气候区(④)

该区包括卓尼、迭部、夏河、碌曲、玛曲、临夏、康乐、和政、积石山、漳县、岷县、临潭等共17个县市。土地面积4.55万km^2，耕地面积22.02万hm^2，森林面积85.24万hm^2，天然草场面积279.86万hm^2。人口192.29万。农作物以春小麦、马铃薯、蚕豆、青稞、油菜等为主。

年平均气温为1.8～7.8 ℃，日平均气温稳定通过0 ℃积温为1500～3000 ℃·d，7月平均气温为11～19 ℃，年降水量为450～600 mm，年湿润度为0.8～1.3，个别县达到1.8左右。区内分4个亚区。

区内畜牧业：南部以饲养牛、羊为主，根据需要调整马的饲养；北部以发展牛、羊为主的同时，大力发展养鸡业。养牛业要以发展牦牛为主，养羊业应以发展藏羊为主，河曲马应以保种选育提高为主。北部还可发展细毛羊，因地制宜地发展黑裘皮羊、山羊等。

由于天然草地生态环境严重退化，退牧还草是改善草原生态环境和促进牧区社会经济持续发展的重大战略举措。实施人工草场建设以减少家畜因冬、春饲料不足而掉膘或死亡的损失，解决草畜不平衡问题，通过建立人工草地可对天然草地进行生态置换，使天然草地植被得到恢复。围栏封育作为生态恢复的重要手段，已成为草地治理的一项重要措施。建立畜牧业发展新模式，实施以牧区繁育、农区育肥、农区种草、牧区补饲为主要内容的“农牧互补”战略，充分利用农区和半牧区丰富的饲草料资源优势、实现牧区、农区、半牧半农区三大生态类型之间的资源优势互补，提高了畜牧业生产水平。

6.4.2.5 祁连山阿尔金山高寒带干旱半干旱半湿润区、羊牛驼马区(⑤)

该区包括天祝、肃南、肃北、阿克塞等县。土地面积9.67 km^2，耕地面积5.51万hm^2，森林面积约40.92万hm^2，天然草场面积415.89万hm^2。林地主要分布在祁连山中、东段，是重要的水源涵养林。农作物以春小麦、青稞、燕麦、大麦、豌豆、马铃薯、油菜为主。

年平均气温为4～7 ℃，日平均气温稳定通过0 ℃积温为2500～3100 ℃·d，7月平均气温为16～20 ℃，年降水量为150～270 mm，年湿润度为0.3～0.7，区内分为两个亚区。

区内畜牧业发展以羊为主，因地制宜地发展牦牛和骆驼。养羊业要以发展细毛羊为主，因地发展绒山羊。要抓好天祝牦牛的选育，骆驼在增加数量同时要提高毛的质量。

6.4.2.6 河西走廊暖温冷温带极干旱干旱区、羊牛驼气候区(⑥)

该区包括凉州、民勤、古浪、山丹、民乐、甘州、临泽、商台、肃州、玉门、金塔、瓜州、敦煌、永昌、金昌、嘉峪关共16个县区市。土地面积17.74 km^2，耕地面积60.20万hm^2，其中水浇地面积占76.8%。林地面积40.41万hm^2，多以人工林和护田林为主。天然草场面积为453.46万hm^2。农作物有春小麦、玉米、棉花、胡麻、豆类、糜子、谷子、甜菜等。

年平均气温为5～10 ℃，日平均气温稳定通过0 ℃积温为2400～4200 ℃·d，7月平均气温为16～25 ℃，年降水量一般小于250 mm，年湿润度大部分地方<0.05，是典型的内陆干旱气候类型。区内分为两个亚区。

畜牧业发展以羊、牛为主，适当发展骆驼，按需调整马的饲养。养羊业要以细毛羊为主，也要利用荒漠草场发展绒山羊和裘皮羊。骆驼不仅要增加数量，还要改善品质和产毛质量。养牛业要向肉、乳兼顾方向发展。

第7章　气候变化与影响

气候是不停变化着的自然现象，经历了亿万年的生物进化和人类发展各个时期及其大气环境的演变过程。气候变化可以按时间尺度长短，分为三种类型：地质时期气候变化、历史时期气候变化和现代气候变化(L. A. 费雷克斯，1984)。

7.1　地质时期气候变化

地质时期气候变化主要是指万年以上至几亿年以来各种时间尺度的气候变化。甘肃省地质时期气候变化，利用地质资料，分为元古代、早古生代、晚古生代、中生代和新生代5个时期(表7.1)(《甘肃省区域地质志》，1989)。

表7.1　地质时期气候年代表

代(界)	纪(系)	距今年龄(百万年)	构造运动	气候特征
新生代	第四纪	0～2.4	喜马拉雅期	温暖有变冷趋势，雨量增多
	晚第三纪	2.4～40		温暖、干燥或半干燥
	早第三纪	40～70		
中生代	白垩纪	70～140		温暖、干燥或半干燥
	侏罗纪	140～195	燕山期	早期温暖干燥、中期温暖潮湿、晚期炎热干燥
	三叠纪	195～250	印支期	早中期干热，晚期转温湿
晚古生代	二叠纪	250～285	海西期	亚热带气候，温度下降、渐干燥热带
	石炭纪	285～330		亚热带潮湿气候
	泥盆纪	330～400		炎热干燥
早古生代	志留纪	400～440	加里东期	温暖干燥，温度有下降趋势
	奥陶纪	440～520		温暖，早期干燥
	寒武纪	520～615		温暖，气温逐渐升高
中晚元古代	震旦纪	615～800	五台—蓟县期	早期寒冷，晚期转暖
	青白口纪	800～1100		温暖、干燥或半干燥
	蓟县纪	1100～1450		后期温暖，干湿相间
	长城纪	1450～1950		后期温暖干燥或半干燥
前中元古代	前长城纪	1950～2500		温暖潮湿

7.1.1 元古代(距今2500百万—615百万年)

前中元古代(距今2500百万—1950百万年),河西走廊、兰州和陇山附近都是一片海洋,气候温暖潮湿(董安祥,1992a)。

中晚元古代(距今1950百万—615百万年),长城纪时期,气候温暖,干湿交替。

震旦纪时期,早期气候变冷,大冰期遗迹在甘肃省出现很多。晚期北山海水加深,逐步过渡为正常的滨海环境,祁连海槽和秦岭海为浅海陆棚或陆缘滨海环境,气候转暖。

7.1.2 早古生代(距今615百万—400百万年)

早古生代无冰川活动,气候十分温暖,海洋面积占全省面积90%以上。从寒武纪起温度逐步升高,以奥陶纪最暖,志留纪次之。早奥陶纪和志留纪气候干燥。

7.1.3 晚古生代(距今400百万—250百万年)

泥盆纪气候炎热干燥,石炭纪全省为均一的热带、亚热带潮湿气候,二叠纪为亚热带气候,温度有所下降,气候逐步干燥。

7.1.4 中生代(距今250百万—70百万年)

中生代基本气候特征是温暖较干燥。早、中三叠纪气候干热,晚三叠纪转为温湿;早侏罗纪气候温暖干燥,中侏罗纪转为温暖潮湿,晚侏罗纪又变得炎热干旱;白垩纪气候温暖、干燥或半干燥。

7.1.5 新生代(距今70百万年—现在)

新生代地壳运动频繁强烈,形成了现今我国大陆上大的构造骨架,山系走向和气流分布复杂,气候分区分带现象较明显。早第三纪全省气候温暖、干燥和半干燥,晚第三纪气候比较温暖、雨量增多,但温度有变冷趋势。

第四纪(240万年至现在),甘肃省主要气候特征是干冷。河西为干旱气候,河东为半干旱气候,在200多万年期间存在着冷暖干湿波动。早更新世(距今240万—73万年)初期全省暖湿,中期冷干,晚期温湿。中更新世(距今73万—15万年)初期全省温暖,中期温暖晚期干冷。晚更新世(距今15万—1万年)前期暖湿,后期冷干。全新世(距今1万年至现在)初期温凉,中期温暖潮湿,后期较温暖、干旱或半干旱。

7.1.5.1 河西第四纪气候变化

在地球历史上曾经发生过震旦纪大冰期、石炭——二叠纪大冰期和晚新生代大冰期,把地球气候历史分成几个阶段。第四纪冰川遗迹在全国各处存在,甘肃省第四纪冰川是山谷冰川和山麓冰川。祁连山南部山区曾发生4次冰期,郭鹏飞将其分别命名为托莱冰期、冷龙冰期、东沟冰期和三岔口冰期(表7.2)(董安祥,1992b)。

表 7.2 祁连山第四纪冰期与邻区对比表

距今年代（万年）	时代	中国	天山	秦岭	祁连山
1	全新世	现代小冰期 普兰店温暖期 周汉寒冷期 仰韶温暖期 泄湖寒冷期	现代冰川 气候最宜期 小冰期	冰后期	现代冰川 气候最宜期 小冰期
15－1	晚更新世	大理冰期 间冰期	破城子冰期 间冰期	太白冰期 间冰期	三岔口冰期 间冰期
73－15	中更新世	庐山冰期 间冰期 大姑冰期 间冰期	克孜布拉克冰期 间冰期 煤矿冰期 间冰期 阿合布隆冰期	玉皇冰期 间冰期 咀头冰期	东沟冰期 间冰期 冷龙冰期
240－73	早更新世	鄱阳冰期 间冰湖 狮子山冰湖 间冰期	间冰期 乌鲁木齐冰期 间冰期	间冰期 洛南冰期 间冰期	间冰期 托莱冰期 间冰期

祁连山托莱冰期距今 210 万—150 万年，属于早更新世中期。当时多年冻土发育普遍，雪线下降。托莱冰期与同期我国狮子山冰期相比较弱。中更新世祁连山区冰川分布极为广泛，是甘肃省第四纪最强盛的一次冰期。当时，祁连山雪线在海拔约 3000 m 处，而现代雪线在 4200 m 以上，祁连山冷龙岭冰川最低下限 3150～3250 m，比现代冰川至少降低 1000 m。晚更新世后期出现的三岔口冰期距今 8.0 万—1.2 万年。当时，祁连山冷龙岭雪线比现代低 250 m 左右，冰川最低下限为 3650～3800 m，比现代冰川低 400 m 左右。

河西走廊中部和北部，在早、中更新世基本为湖泊占据，晚更新世湖泊多已干涸。由地层演变推测，河西第四纪气候是逐步变干旱。

河西第三纪后期的暖湿气候一直延续到早更新世初期。随着冰期来临，在早更新世中期，气候寒冷干燥。早更新世后期，气候较暖。

进入中更新世，气候寒冷。中更新世中期，安敦盆地气候一度变得温暖。中更新世后期，气候转为寒冷干旱。

晚更新世前期，气候转暖。晚更新世晚期，河西走廊全区呈荒漠草原景观，气候冷而干。

全新世祁连山冰川活动大致分 3 个阶段：距今 1.0 万—0.8 万年为小冰期；距今 0.8 万—0.3 万年为气候最适宜期；近 0.3 万年以来为现代冰川。根据河西走廊泥炭的 ^{14}C 测年资料，全新世时期有两次造炭期，是气候最适宜期。第一次大约在距今 5770—5680 年，第二次大约在距今 3530—3030 年。这个时期文化得到发展，在这片土地上有不少氏族部落刀耕火种。晚全新世，气候向干旱方向发展，所有湖泊趋向于干涸，湖水咸化；全区呈荒漠景观，风沙盛行，沙漠化现象有增无减，干旱现象达到全新世极盛期。晚全新世气候总趋势是干旱较温暖，且有多次波动。

7.1.5.2　河东第四纪气候变化

黄土高原地区自早更新世发育黄土延续到全新世。该地区是中国气候变化敏感和剧烈地区，称为季风三角，兰州位于季风三角的顶点。兰州形成了世界上最厚的风成黄土堆积，其西津村黄土厚 409.93 m，开始沉积于距今 209 万年(董安祥，1992)。

黄土高原第三纪末到第四纪，古气候发生了很大变化。由湿热气候突变为较冷的气候并趋于干旱，而后出现了多次冷干和暖湿气候波动变化。自早更新世以来，黄土分布范围不断扩大，可能反映了气候逐渐变干，西风不断加强，西风携带粉尘不断增加的结果。黄土颜色由较红色渐变为棕黄、灰黄、褐黄，是逐渐趋向半干旱气候的结果。黄土颜色不仅在垂直地层剖面上有变化，在区域性水平分布上也有变化，渭河谷地黄土色调为深棕黄，甘肃省自东南部向西北部颜色普遍由深变浅，表明河东气候自东南向西北逐渐干燥化。

1985 年考古工作者在兰州永登县邢家湾发现以象、犀为代表的亚热带哺乳动物化石群，出土化石达 20 多吨，这表明第三纪末到早更新世初期，为温暖潮湿的亚热带气候。在陇东合水县出土的黄河象距今 200 多万年。根据李文漪(1985)研究，在更新世初期，干旱和寒冷因素加强和扩大，河东继承了第三纪末的暖湿气候，并有逐步变干变冷趋势。

兰州西津村黄土第一孢粉带，属于早更新世中期，相当于我国狮子山冰期。孢子花粉很少，且草本植物孢粉占绝对优势，为总孢粉数的 93.3%，以蒿为主，反映一种干草原植被环境，气候干冷。第二孢粉带相当于早更新世晚期，孢粉增多，但仍以草本植物花粉为主，木本植物占总孢粉的 13.5%，以松为主，出现了较多的喜暖阔叶树孢粉，是针阔叶混交稀树草原环境，气候较温暖。第三孢粉带为中更新世早期，该带孢粉数量和植物品种大量减少，阔叶树绝迹，草本花粉以蒿为主，是以松为主的稀树草原景观，气候干冷。陇东中更新世中期，草原比较发达，但仍有一些针叶林和阔叶林，为温暖草原气候。第四孢粉带为中更新世晚期，孢粉继续减少，木本孢粉消失，草本植物以蒿为主，是草原环境，气候干冷。

晚更新世兰州黄土气候记录完整，它可划分为 2 个阶段。第一阶段距今 14 万—8 万年，为间冰期，距今 14 万—11 万年是晚更新世最温暖时期。第二阶段为距今 8 万—1 万年，是末次冰期，也是马兰黄土堆积时期，其中距今 8 万—5.3 万年气候干冷；距今 5.3 万—2.7 万年气候温凉略湿。距今 2.7 万—1.0 万年，处在一种极干燥寒冷的气候状况。

全新世兰州黄土地层中古土壤主要集中于下列 3 个时期：距今 1 万—0.85 万年，距今 0.75 万—0.35 万年和距今 0.27 万—0.20 万年。但发育最普遍的是距今 0.75 万—0.35 万年的古土壤，代表了全新世气候最适宜时期。和政县四十里铺出露的全新世地层剖面反映了当地早期为草原类型，中期针叶林向森林草原过渡，晚期为干旱草原型。对陇西盆地黄土剖面的分析表明，距今 1 万—0.75 万年，孢粉以蒿属和藜科为主，是草原环境，气候温凉；距今 0.75 万—0.25 万年，孢粉以桦属，鹅耳枥属和松属为主，是常绿针阔叶混交林环境，气候温暖略湿；距今 0.25 万年至现在，孢粉以鹅耳枥属占优势，气候温暖略干。甘肃省第四纪气候变化情况见表 7.3。

表 7.3 甘肃省第四纪气候变化

距今年代（万年）	时代	河西	河东
1	全新世	较温暖干旱 温暖潮湿 温凉	较温暖半干旱 温暖潮湿 温凉
15	晚更新世	寒冷干旱 温暖潮湿	寒冷干旱 温暖潮湿
73	中更新世	寒冷干旱 温暖 寒冷干旱	寒冷干旱 温暖 寒冷干旱
240—73	早更新世	温湿 干冷 暖温	温湿 干冷 暖温

7.2 历史时期气候变化

历史时期气候变化不仅是几千年自然史的重要组成部分，也是人类发展史的重要环境条件，更是现代气候变化的直接背景。

7.2.1 近 5000 年气候变化

根据历史文献、地质资料和树木年轮等资料分析，可以认为甘肃省近 5000 年气候变化经历了 4 个暖期和 4 个冷期，干旱与寒冷、潮湿与温暖交替伴随。

7.2.1.1 约公元前 3000 至公元前 1000 年气候温暖潮湿

史前文化在甘肃省各地都有出现，原始文化发达，说明当时气候适宜、温暖潮湿。

从公元前 3000 到公元前 1000 年为第一个温暖期，气候潮湿，一度洪水泛滥，年平均气温为 11～13 ℃，比现代高 2～3 ℃。年降水量为 400～700 mm，比现代多 200～300 mm，全省属亚热带的北部和暖温带的南部气候（董安祥，1993）。

7.2.1.2 公元前 1000 至公元前 770 年气候寒冷干旱

西周后期有冷空气侵入中国，甘肃省受到强烈影响。祁连山在海拔高度 4000 m 附近有冰碛，冰碛物普遍分布在 4000 m 以下的河谷中，马衔山形成了雪蚀陡坎及小型泥流舌等冰缘现象。西周后期不仅寒冷，而且干旱。从公元前 1000 至公元前 770 年为第一个寒冷干旱期，年平均气温比现代低 1 ℃左右。

7.2.1.3 公元前 770 至公元前 44 年气候温暖略湿

西周后期的寒冷持续时间不长，到东周（春秋）又变暖和。

战国时期有一段时间气候比较寒冷，秦王嬴政三年（公元前 244 年），夏四月大寒，民有冻死者。秦王嬴政九年(公元前238年)。夏四月大寒,关内民有冻死者。秦王嬴政二十一年(公元前226年),大雨雪,雪深二尺五寸。间隔28年,记载了3次寒冷过程,说明当时气候比较寒冷。

自西汉高祖元年起(公元前206年)至西汉元帝初元五年(公元前44年)的160多年中,大部分年份属于暖湿气候期。在汉武帝在位的一段较短时间内(公元前131—公元前87年)气候相对寒冷。

西汉气候也有相对寒冷时段,这可从历史记载中得到证实。从公元前131至公元前109年有4次大寒。特别是公元前109年,关中大寒,雪深五尺,野鸟兽皆死,牛马蜷缩如猥,三辅人民冻死者十有二、三。

根据上述情况分析,从春秋战国到西汉中期为第二个温暖、略潮湿期,估计年平均气温比现代高1℃。秦王嬴政和汉武帝时期为相对寒冷时段。

7.2.1.4 公元前43至公元581年气候寒冷干旱

自西汉末期到隋初,气候变得干旱寒冷,进入历史上第二个寒冷期。

自西汉末年到东汉末年干旱记载很多,大约51年,涝灾仅23年,这是有历史记载以来旱灾比涝灾明显多的时期。

三国及晋代(220—420年)继续寒冷干旱。晋代(265—420年),甘肃省有明确地点记载旱年为26年,而水灾和丰收年仅为3年。这一时期旱灾可能是近5000年中最严重的一次。

晋代150多年中,甘肃省寒冷年记载有8年,而没有暖年记载,说明晋代气候寒冷。

南北朝(420—581年)的气候和三国、晋代一样旱、霜连年。公元500—511年的12年中,有8年寒冷记载,表明寒冷达到顶点。南北朝时期,旱灾12年,涝灾2年,说明干旱仍然严重。

综上所论,公元前43至公元581年,气候寒冷干旱,年平均气温比现代低1～1.5℃,寒冷高峰时比现代低2～3℃,气候相当干旱,是甘肃省近5000年最干旱的时期。

7.2.1.5 582—960年气候温暖潮湿

自西汉末年起600多年的寒冷干旱期结束。从隋初起,同全国一样,甘肃省气候进入第三个温暖潮湿期,其程度比西汉时期明显。

从600—960年,甘肃省旱灾年数有19年,涝灾年数和丰年有14年,两者相差不大,这说明唐代气候明显潮湿。

五代时期(907—960年),甘肃省历史气候资料中无夏霜、夏雪等寒冷记录,气候仍然温暖。

根据上述论据推测,隋唐时期年平均气温比现代高2℃左右,气候温暖潮湿。

7.2.1.6 960—1191年气候寒冷

10世纪下半叶气候转寒。这个阶段寒冷年有9年,暖年仅1年。张先恭等(1978)分析了祁连山圆柏年轮指数,如以年轮指数平均值1.00作为区分气候冷暖的界限,1070—1154年为寒冷期,估计这一时期年平均气温比现代低1～1.5℃。

7.2.1.7 1192—1427年气候温暖前期旱后期涝

12世纪末,气候回暖,1192—1265年有73年无寒冷记载。张先恭等(1978)指出,1155—1427年是温暖时期,其中有3个温暖时段,即1155—1259年,1291—1322年和1398—1427年。估计这一时期年平均气温比现代高1℃。

13 世纪相当干旱，出现旱灾 23 年，水灾仅 4 年，特别是 1260—1310 年，50 年中有 23 年记载旱灾。1260—1262 年连续 3 年干旱，1285—1296 年几乎年年有旱，且旱情严重。14 世纪相对湿润，出现旱灾 24 次，水灾 13 次，其中 1314—1326 年几乎年年有水情。

7.2.1.8　1428—1870 年气候寒冷干旱

1428—1870 年甘肃省进入第四次寒冷时期，历时 440 多年。当时年平均气温比现代低 1～2 ℃，气候相当寒冷。甘肃省近 2000 年干旱出现次数见表 7.4。

表 7.4　甘肃省干旱出现次数

世纪	−2	−1	1	2	3	4	5	6	7	8	9	10	11	12	13	14	15	16	17	18	19	20
河西	0	0	1	2	0	3	2	0	0	1	0	0	0	2	2	0	4	3	1	4	2	15
河东	1	2	1	1	4	0	1	1	3	3	0	3	4	6	1	5	4	9	9	7	34	15

注：表中"−"表示公元前。

7.2.2　近 500 年气候变化

7.2.2.1　近 500 年冷暖变化

钱林清主编的《黄土高原气候》，将黄土高原近 500 年冷暖气候变化与竺可桢、张丕远的冷暖气候变化进行比较后，又细分为 4 次冷期和 3 次暖期。甘肃省的部分地方（主要是在河东地区）属于黄土高原，现根据文献中有关甘肃省冷暖气候的记载，对甘肃省近 500 年的冷暖期作进一步论述。

（1）第一次寒冷期

第一次寒冷期发生在 1470—1520 年，大约持续 50 年。西汉水在甘肃省陇南南部，1416 年、1449 年、1493 年和 1516 年均发生了汉水结冰。1477 年 4 月甘肃冰厚五尺，七月陇西、平凉、会宁、通渭、文县陨霜杀稼。1495 年 4 月庆阳诸府县陨霜杀麦豆禾苗。

（2）第一次温暖期

第一次温暖期主要发生在 1550—1600 年，约持续 50 年。有关冻害记载 13 年。1559 年冬兰州李花开。1596 年 10 月临洮探春花开。

（3）第二次寒冷期

第二次寒冷期主要发生在 1620—1720 年，大约持续 100 年。其中 1650—1700 年最为寒冷，是近 500 年最寒冷时期。如 1627 年 6 月，临潭、临洮大雪，压折松树。1652 年 6 月，静宁州黑霜杀稼。1655 年 4 月，合水、环县、宁县、正宁、庆阳、天水、甘谷等地大雪平地数尺，树皆摧折，麦豆枯死。1656 年 9 月，庄浪雪花如翼，深数尺，树多摧折，连日未消。1686 年春，武威、永昌、民勤大雪连月。1696 年 6 月，静宁陨霜杀夏秋禾。1705 年 6 月，临洮陨霜杀禾。1720 年 8 月，甘谷、环县陨霜，秋禾尽杀。在这个寒冷期中陕西省气候也异常寒冷。太湖、汉水、淮河曾 4 次结冰，洞庭湖也曾 3 次结冰，鄱阳湖结冰 1 次。这个寒冷期是近 500 年最寒冷的时期。

（4）第二次温暖期

第二次温暖期发生在 1720—1830 年，大约持续 110 年。根据史料记载，这次温暖期甘肃省共有 27 年冻害记载。关于表示气候温暖的记载也不少，如 1783 年 11 月，镇原野花开。

1784年10月,永昌县杏树普遍开花。1817年11月,桃树有花。1818年11月,桃及探春俱有花。1822年11月,民勤桃花重开花。

(5)第三次寒冷期

第三次寒冷期主要发生在1840—1890年。当时大雪和霜冻记载较多,气候寒冷。如1842年4月天水陨黑霜,临洮秋禾被霜。1848年8月清水县大雪,禾尽枯,1863年9月灵台严霜,秋禾全秕。1868年10月庄浪大雪,深数尺,树枝压折。1884年6月夜岷县大雪,树枝多压断,临潭大雪,谷尽压,4月泾川大雨雪。1885年7月山丹县大雨雪,南山禾苗被灾。1886年临洮初伏大雪。这些史料记载表明当时气候比较寒冷。

(6)第三次温暖期

第三次温暖期发生在1916—1945年,持续29 a,甘肃省史料中冷害记载减少,气候温暖的记载较多。如1906年10月,安西、靖远桃李花,庆阳槐树花。1911年九月,华亭草木重花。1915年9月,华亭草重开花。1916年10月初,安西县桃杏同时开花,灿烂旬日。1922年秋,康县桃李重开花。1924年九月,临泽果树开花。1945年9月初,定西杏花有重开花。

7.2.2.2 近500年旱涝变化

(1)近500年旱涝概述

根据《甘肃省近500年气候历史资料》中的旱涝等级序列分析,在近500年中旱年平均2.2 a出现一次。全省范围内(占全省75%的地方)的旱年平均10.5 a出现一次,涝年平均16 a一次,这与群众中流传的“三年一小旱,十年一大旱”相似。

全省各地旱年频率在35%~41%(表7.5),尤以陇中旱年频率最高,这与甘肃省主要干旱区的分布一致。涝年频率在17%~26%。正常年频率为39%~42%。旱涝年多于正常年,旱年多于涝年(刘德祥 等,1991)。

表7.5 甘肃省各区近500年旱涝频率(单位:%)

时段	河西			陇中			陇东			陇南		
	旱	正常	涝	旱	正常	涝	旱	正常	涝	旱	正常	涝
1470—1499				40	52	8	84	16	0	63	21	16
1500—1599				43	40	17	42	29	29	43	40	17
1600—1699				55	30	15	49	31	20	39	43	18
1700—1799	30	46	24	42	41	17	27	50	23	39	42	18
1800—1899	20	48	32	32	45	23	34	48	18	27	40	33
1900—1989	46	25	29	42	40	18	40	22	38	33	33	34
1470—1989	35	39	26	41	42	17	39	40	21	38	40	22

各世纪旱涝频率差异较大(表7.5)。14世纪70—90年代和15世纪是较干旱时期,旱年频率在40%~84%,涝年频率在0%~29%。16世纪陇中和陇东旱年频繁,陇南干旱较轻,其旱年频率在39%~55%,涝年频率为15%~20%。17世纪全省气候比较正常,大多数地方旱年频率为27%~42%,涝年频率为17%~24%。18世纪是气候较湿润时期,旱年频率为20%~34%,涝年频率为18%~33%。19世纪以来是各区旱涝最频繁时期,大多数地方旱年和涝年频率分别在33%~46%和18%~38%。

全省范围持续性旱年在近500年中共有16次，持续2 a的有9次，3 a和5 a的各3次，最长的一次持续8 a，出现在明朝崇祯年间的1634—1641年，是全国著名的大旱时段。全省范围持续性涝年共3次，均未超过2 a。河西旱年最长持续5 a，出现在1959—1963年和1972—1976年；涝年最长也持续5 a，出现在1899—1903年。陇中旱年最长持续10 a，出现在1712—1721年；涝年最长持续4 a，出现在1825—1828年。陇东旱年最长持续10 a，出现在1632—1641年；涝年最长持续7 a，出现在1534—1540年。陇南旱年最长持续7 a，出现在1481—1487年；涝年最长持续5 a，出现在1934—1938年，但是各地旱涝年仍以不连续出现最多(表7.6)。

表7.6　甘肃省各区连旱连涝次数(单位:次)

连旱长度	连旱次数				连涝长度	连涝次数			
	河西	中部	陇东	陇南		河西	中部	陇东	陇南
2年	13	20	24	20	2年	7	10	16	8
3年	2	10	7	7	3年	2	2	2	5
4年	2	2	4	2	4年	1	1		1
5年	2	1		1	5年	1			1
6年		2	1		6年			1	
7年				1	7年			1	
8年			1		8年				
9年					9年				
10年		1	1		10年				
合计	19	36	38	31	合计	11	13	20	15

(2)近500年旱涝变化规律

为了直观地了解干旱范围，计算了全省历年干旱指数(I_d)，其公式为：

$$I_d=(n_4+n_5+1)/(N+2) \tag{7.1}$$

式中，n_4、n_5分别是旱涝等级4级(偏旱)和5级(干旱)总站数，N为总站数，分子加1，分母加2，是为了保持资料因短缺时计算结果的代表性。为反映全省范围的旱、涝强度，又计算了历年各地旱、涝等级。

将$I_d>0.41$(表示全省50%以上地区旱)的时段定为全省干期；$I_d\leqslant0.41$的时段定为湿期。近500年中，全省有6个相对干期和5个相对湿期(表7.7)。平均干期长47 a，湿期长48 a。干期和湿期的I_d分别在0.42～0.50和0.29～0.34，干、湿期的I_d有较显著的差异。全省范围内的旱年和连旱年分别有86%和91%出现在干期。

各地旱、涝也有明显的阶段性变化。由于不便计算各地干旱指数，故将干旱频率>30%时段定为干期，≤30%时段定为湿期(表7.8)。河西近300 a有3个干期和2个湿期，平均长度分别为44 a和85 a，干、湿期内干旱频率分别为39%～46%和12%～15%。陇中近500年有7个干期和6个湿期，平均长度分别为45 a和34 a，干湿期干旱频率分别为31%～50%和11%～26%。陇东有6个干期和6个湿期，平均长度分别为45 a和42 a，干旱频率分别为33%～55%和13%～29%。陇南有6个干期和5个湿期，平均长度分别为37 a和60 a，干旱频率分别为31%～50%和9%～25%。

表 7.7 甘肃全省范围干期和湿期

时段	干期		时段	湿期	
	I_d	全省性旱年数		I_d	全省性旱年数
1470—1533	0.45	11			1
1581—1641	0.46	12	1534—1580	0.33	2
1690—1721	0.50	9	1642—1689	0.34	2
1769—1805	0.42		1722—1768	0.29	
1860—1878	0.45	1	1806—1859	0.32	2
1922—1989	0.46	9	1879—1921	0.33	
合计		42			7

表 7.8 甘肃省各区干期和湿期

地区	干期		湿期	
	时段	干旱频率(%)	时段	干旱频率(%)
河西	1650—1723 1860—1877 1911—1989	44 39 46	1724—1859 1878—1910	12 15
陇中	1470—1532 1581—1641 1676—1721 1758—1790 1833—1872 1901—1945 1962—1989	31 36 50 50 45 42 50	1533—1580 1642—1675 1722—1757 1797—1832 1873—1900 1946—1961	15 26 11 14 21 25
陇东	1470—1533 1581—1647 1701—1720 1781—1810 1831—1875 1921—1965	38 45 55 33 38 51	1534—1580 1648—1700 1721—1780 1811—1830 1876—1920 1966—1989	26 21 13 15 24 29
陇南	1470—1533 1609—1641 1690—1721 1769—1780 1869—1908 1950—1989	38 42 45 50 31 43	1534—1608 1642—1689 1722—1768 1781—1868 1909—1949	25 19 9 14 22

周期分析表明:在近 500 年中,全省干旱指数(I_d)和平均旱涝等级 DF 序列主要有 4 a、8 a、25 a、70 a 等显著周期。其中 25 a 左右周期长度接近于所谓的“海尔”周期。河西主要有 6 a、31 a 左右,42 a 左右和 55 a 等显著周期,其中6 a周期与酒泉年降水量的周期长度相同。陇中主要有 3 a、9 a、25 a、73 a 等周期,其中 3 a、9 a 周期与陇中流传的“三年一小旱,十年一大旱”有相似之处。用年降水量分析表明,3 a 周期是陇中最显著周期,说明 3 a 周期是陇中的一

个重要气候特征。陇东主要有 4 a、10 a、30 a、80 a 等周期。陇南主要有 13 a、29 a、96 a 等周期，其中 13 a 周期与天水、武都年降水量 10 a 左右周期接近。

7.3 近 60 年气候变化

7.3.1 基本气候要素变化

7.3.1.1 年气温变化

(1)年平均气温变化

1961—2015 年，甘肃省年平均气温表现为一致的上升趋势，平均每 10 a 增温达到 0.29 ℃，1961—2015 年平均气温升高了 1.6 ℃。2006 年和 2015 年是甘肃省近 55 a 来最暖年份，平均气温为 9.3 ℃，比常年偏高 1.6 ℃；1976 年为近 55 a 来最冷年份，平均气温为 6.8 ℃，均比常年偏低 0.9 ℃。1987 年以后，年平均气温上升幅度逐渐加大，特别是 1996 年以后呈快速上升趋势，比 30 a(1981—2010 年)的气温平均值高出 0.4～1.4 ℃，1997—2015 年是近 55 a 最暖的 19 a(图 7.1)。

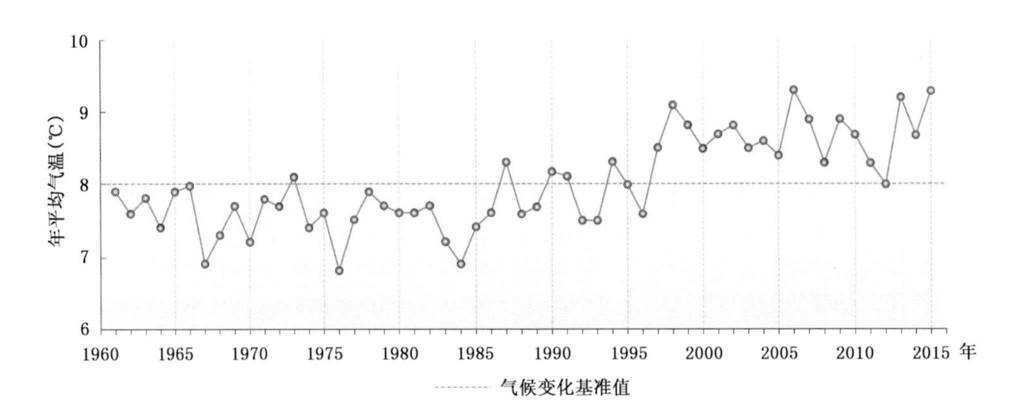

图 7.1 甘肃省年平均气温历年变化

从年际变化看，20 世纪 90 年代后，上升速率明显增大，比 20 世纪 60、70、80 年代分别上升了 0.9 ℃、1.0 ℃和 1.0 ℃。也就是说自 1961 年以来，甘肃省经历了由相对冷期向相对暖期的转变过程。1961—1985 年为相对冷期，1985 年后为相对暖期，与全球和中国增温期基本一致。

1961—2015 年，甘肃省年平均气温呈较为明显的升高趋势，升温率为 0.09～0.52 ℃/10a，民乐升幅最大，为 0.52 ℃/10a；其次是兰州，为 0.51 ℃/10a。河西走廊、陇中北部、陇东东北部和甘南高原年平均气温升温率>0.3 ℃/10a(图 7.2)。

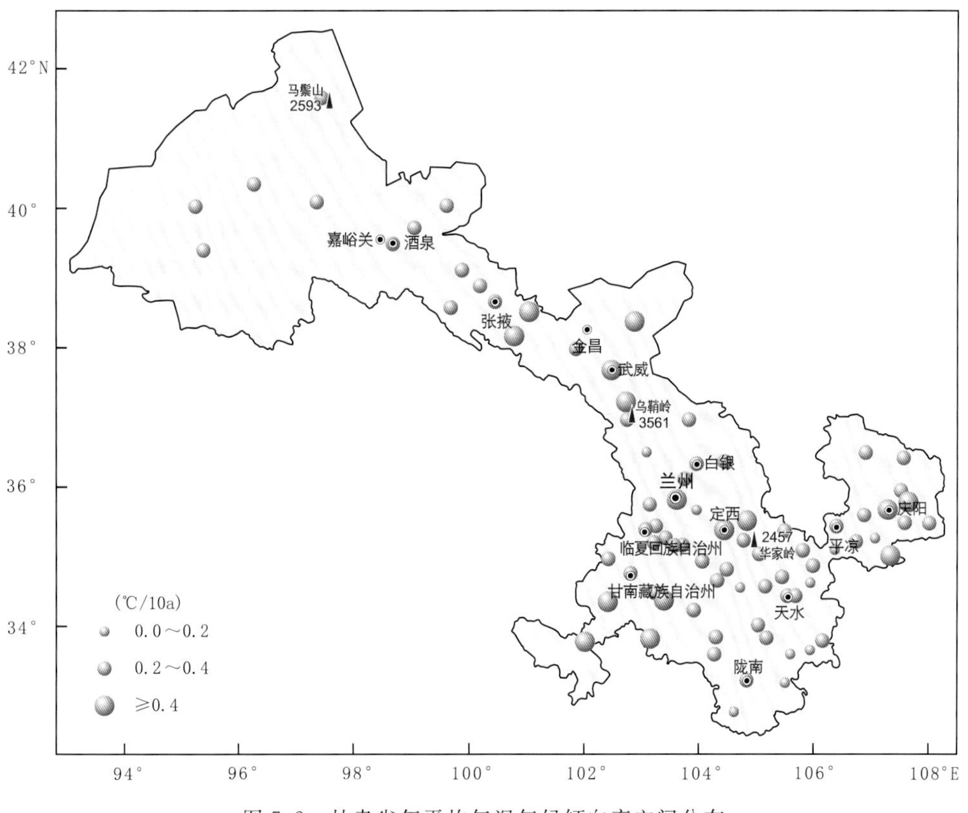

图 7.2 甘肃省年平均气温气候倾向率空间分布

(2)各季平均气温变化

1961—2015年，甘肃省冬、春、夏、秋四季各季平均气温呈现出一致上升趋势，但上升幅度有所不同(图7.3)。

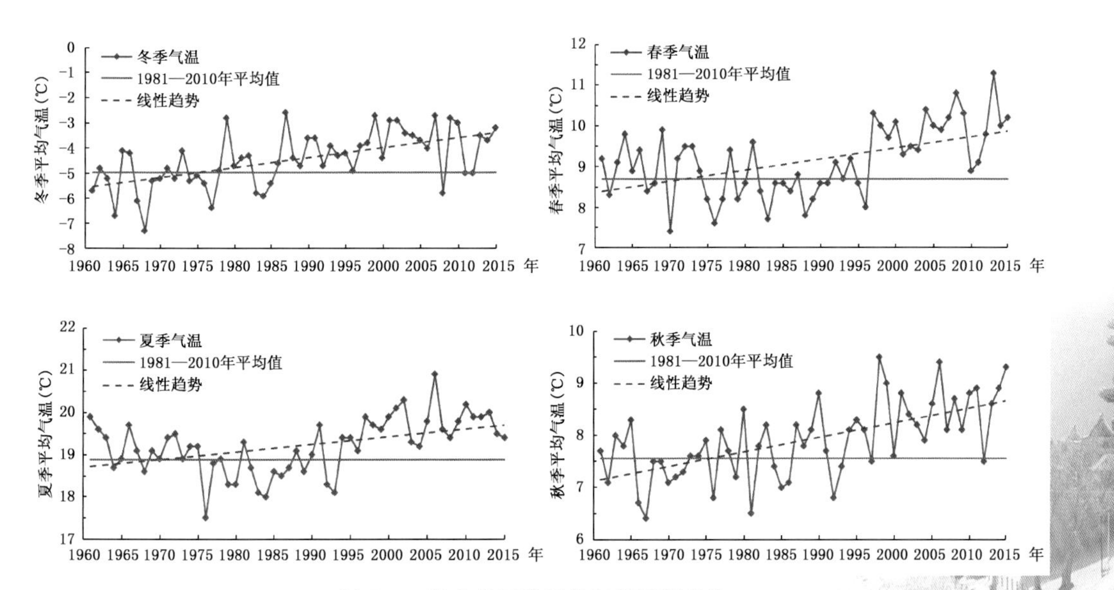

图 7.3 甘肃省四季平均气温历年变化

冬季，平均气温自1961年以来呈明显上升趋势，升温率为0.47 ℃/10a，1961—2015年季平均气温升高了2.6 ℃。1968年的冬季是甘肃省近55 a来最冷的冬季，比常年同期偏低0.8 ℃；1987年冬季是近55 a来最温暖的冬季，比常年同期偏高1.5 ℃。

春季，平均气温自1961年以来呈持续上升趋势，升温率为0.23 ℃/10a，1961—2015年季平均气温升高了1.2 ℃。2013年春季是甘肃省近55 a来最暖的春季，比常年同期偏高2.0 ℃；1970年春季是近55 a来最冷的春季，比常年同期偏低1.4 ℃。

夏季，平均气温自1961年以来呈持续上升趋势，升温率为0.17 ℃/10a，1961—2015年季平均气温升高了0.9 ℃。2006年的夏季是甘肃省近55 a来最炎热的夏季，比常年同期偏高2.1 ℃；1976年夏季是近55 a来最凉爽的夏季，比常年同期偏低1.3 ℃。

秋季，平均气温自1961年以来呈持续上升趋势，升温率为0.27 ℃/10a，1961—2015年季平均气温升高了1.4 ℃。1998年的秋季是甘肃省近55 a来最热的秋季，比常年同期偏高1.8 ℃；1967年秋季是近55 a来最凉的秋季，比常年同期偏低1.3 ℃。

甘肃省各地各季平均气温均呈现出一致增温趋势（图7.4）。冬季升温最为显著，升温率为0.06～0.79 ℃/10a，其中河西东部、白银市、庆阳市和甘南州增幅在0.40 ℃/10a以上。民乐增幅最大，为0.79 ℃/10a；山丹次之，为0.77 ℃/10a。春季各地升温率为0.02～0.59 ℃/10a，会宁增幅最为明显，为0.59 ℃/10a，西峰次之，为0.57 ℃/10a。夏季各地升温率为0.03～0.59 ℃/10a，会宁增幅最大，为0.59 ℃/10a，其次是马鬃山，为0.56 ℃/10a。秋季各

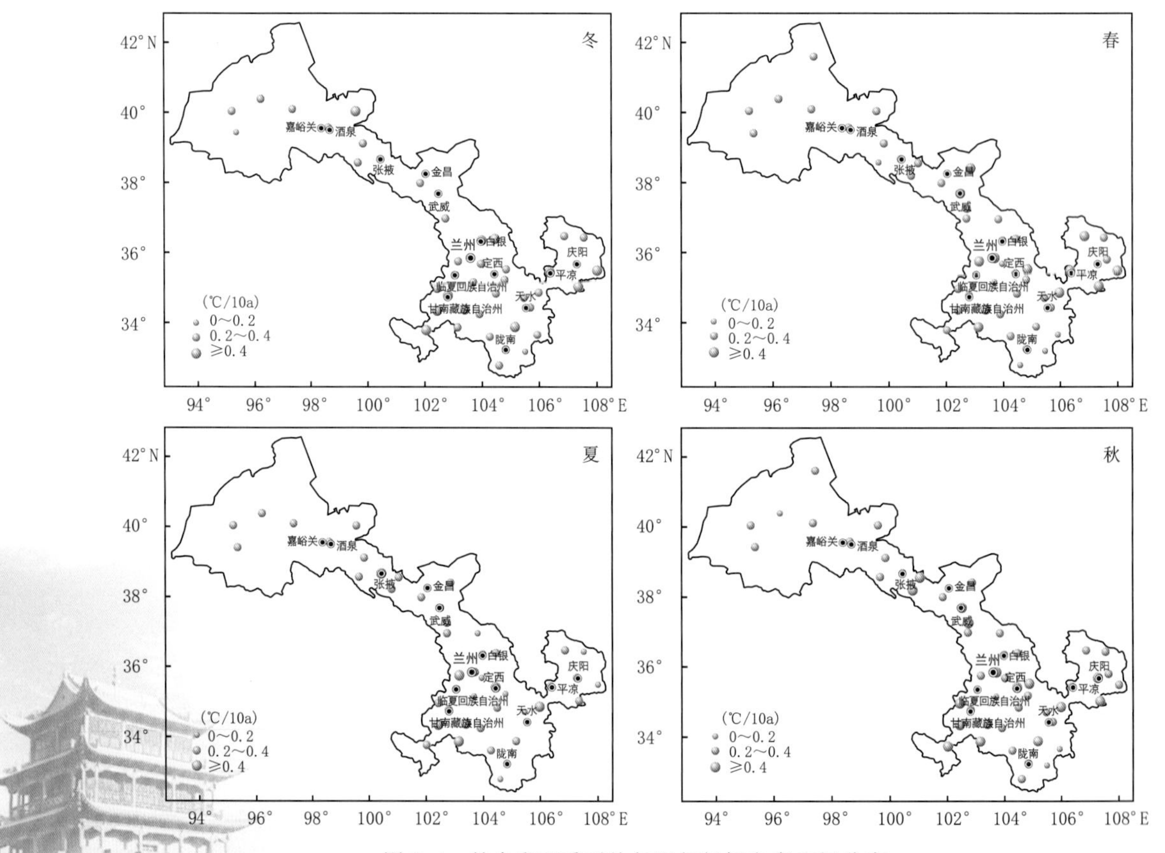

图7.4 甘肃省四季平均气温气候倾向率空间分布

地升温率为0.10～0.55 ℃/10a，民乐增幅最大，为0.55 ℃/10a，其次是会宁，为0.50 ℃/10a。河西东部地区、白银市和甘南州等地升幅在0.40 ℃/10a以上。

(3)平均最高气温变化

甘肃省年平均最高气温自1961年以来呈显著上升趋势(图7.5)。升温率为0.32 ℃/10a，1961—2015年平均气温升高1.7 ℃。2013年平均最高气温为16.6 ℃，比常年偏高1.6 ℃，为近55 a最高；1967年平均最高气温为13.2 ℃，比常年偏低1.8 ℃，为近55 a最低。

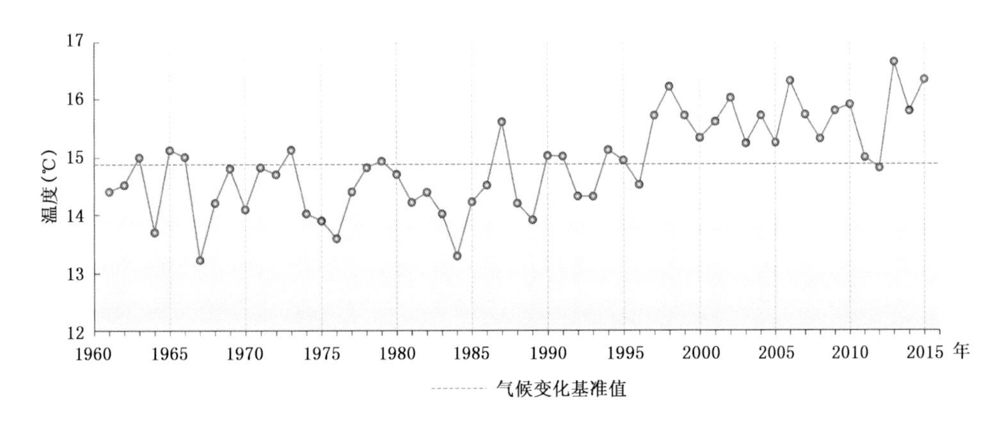

图7.5 甘肃省年平均最高气温历年变化

1961—2015年，甘肃省各地年平均最高气温呈一致升高趋势(图7.6)，升温率为0.05～0.55 ℃/10a。河西走廊、陇中中部、陇东东部和甘南高原，年平均最高气温升温率＞0.30 ℃/10a。以环县增幅最大，为0.55 ℃/10a，其次是碌曲，为0.53 ℃/10a(图7.6)。

(4)平均最低气温变化

甘肃省年平均最低气温自1961年以来呈显著上升趋势(图7.7)。升温率为0.31 ℃/10a，1961—2015年平均最低气温升高了1.7 ℃。2006年平均最低气温为3.8 ℃，比常年偏高1.5 ℃，为近55 a最高；1976年平均最低气温为1.5 ℃，比常年偏低0.8 ℃，为近55 a最低。

甘肃省年平均最低气温表现为一致升高趋势，最低气温升温率明显大于年平均气温和平均最高气温，升温率0.07～0.78 ℃/10a。民乐增幅最大，为0.78 ℃/10a，其次是山丹，为0.66 ℃/10a，河西走廊西北部和中东部、甘南高原升温率＞0.4 ℃/10a(图7.8)。

7.3.1.2 降水变化

(1)年平均降水变化

1961—2015年年降水量总体呈减少趋势(图7.9)，降水量每10 a减少3.6 mm。从年降水历年变化看，年降水波动比较大，1994—2002年降水明显偏少。

甘肃省年降水量在区域上表现出全省的不一致性，气候倾向率为西正东负(图7.10)。河西降水呈增加趋势，增幅为4～12 mm/10a，以民乐增幅最大，每10 a以12 mm速率增加，祁连山区每10 a增加12 mm以上；河东降水量呈减少趋势，每10 a以4～24 mm速率减少，其中定西市、平凉市、庆阳市、天水市北部、陇南市东南部，每10 a减少20 mm以上，以秦安减幅最大，每10 a以24 mm的速率减少。

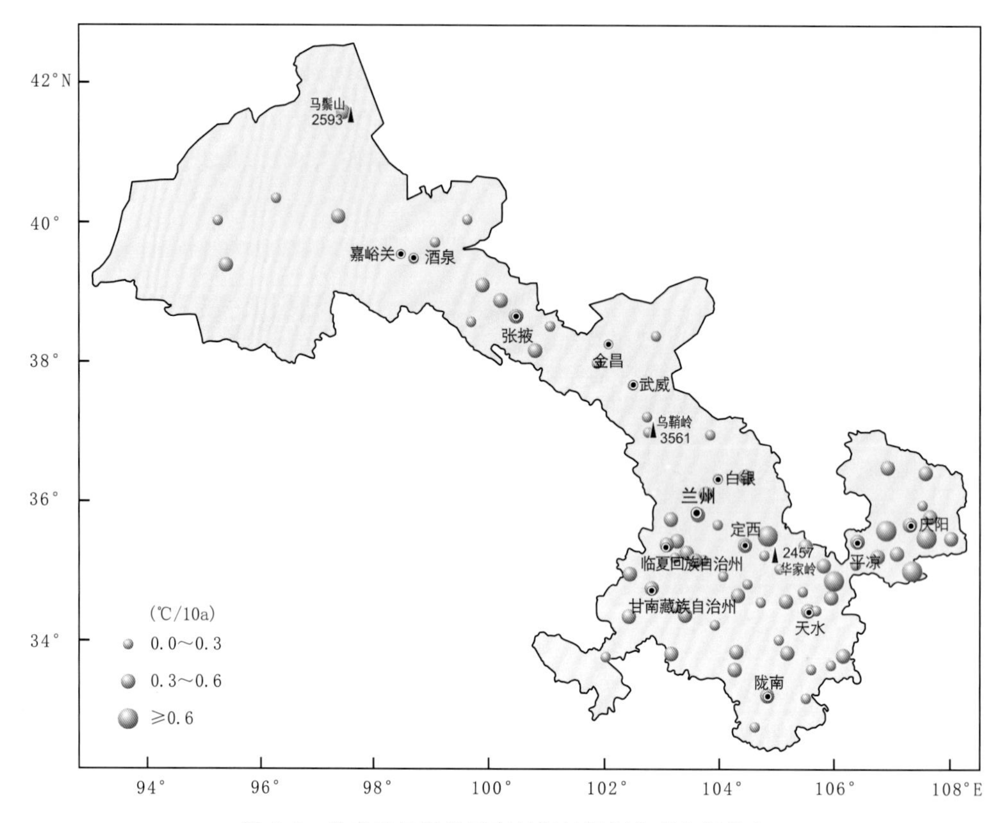

图 7.6 甘肃省年平均最高气温气候倾向率空间分布

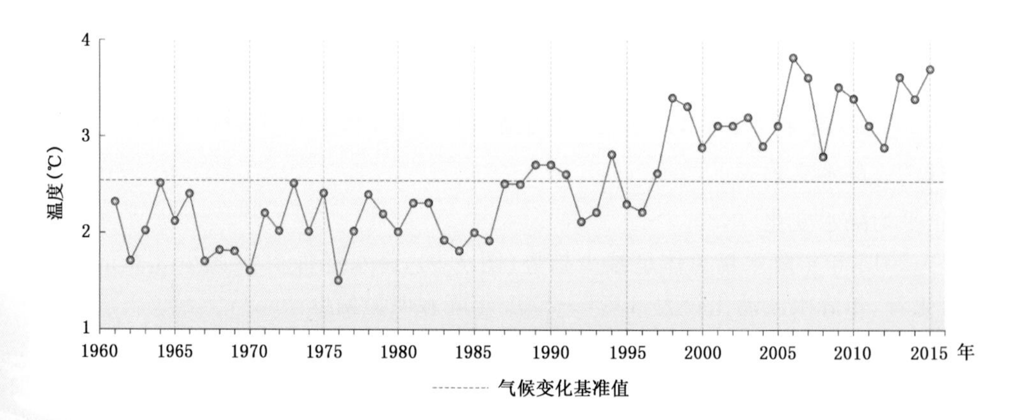

图 7.7 甘肃省年平均最低气温历年变化

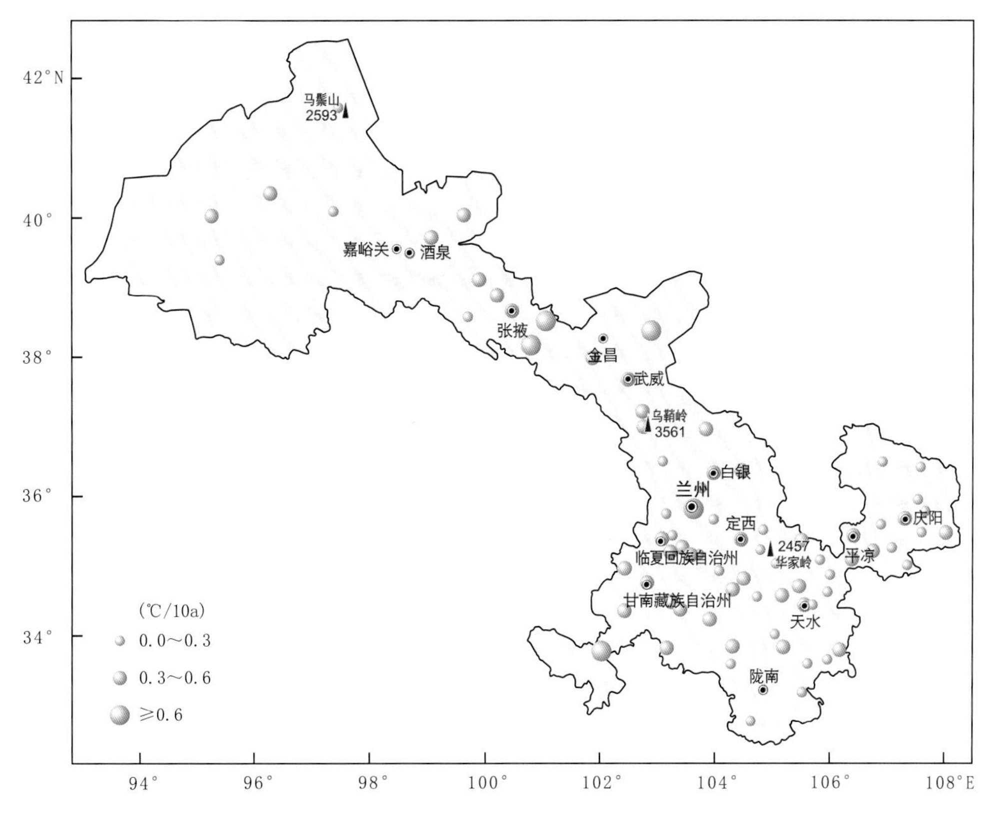

图7.8 甘肃省年平均最低气温气候倾向率空间分布

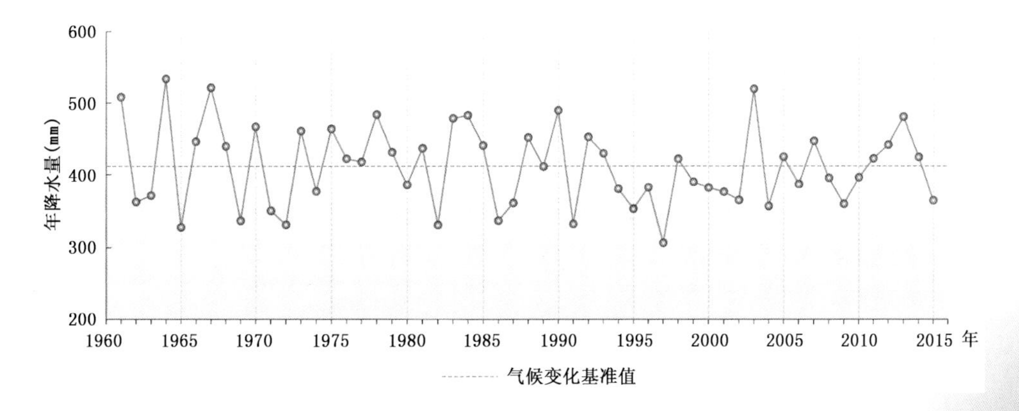

图7.9 甘肃省年降水量历年变化

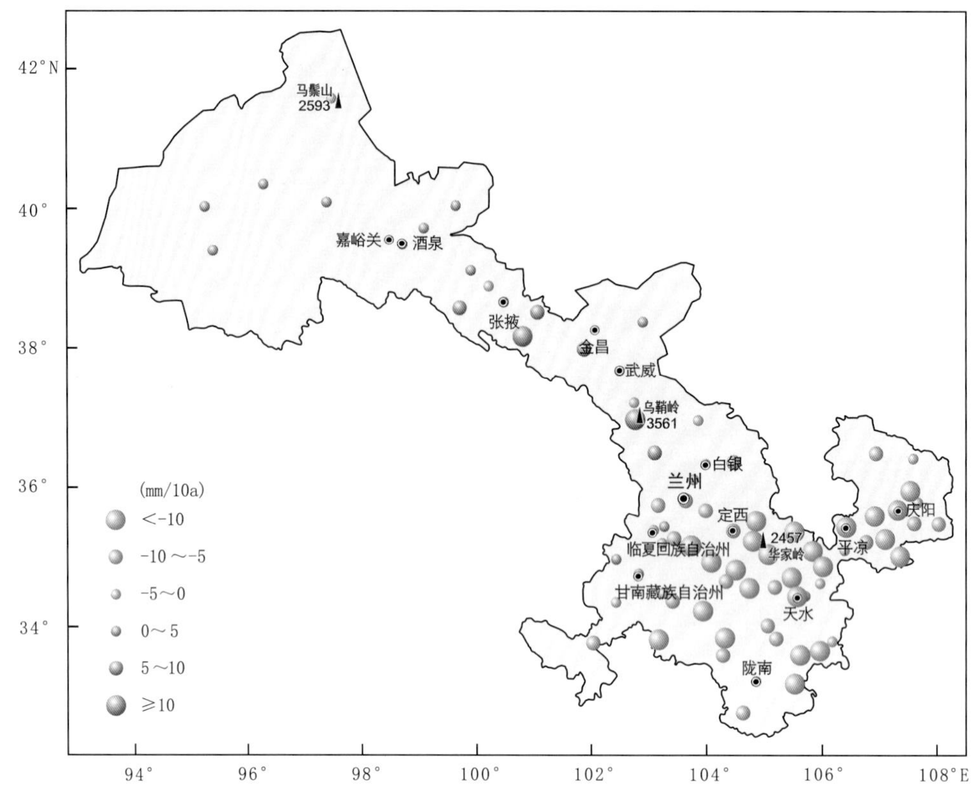

图 7.10　甘肃省年降水量气候倾向率空间分布

(2)各季平均降水量变化

1961—2015 年甘肃省各季降水量,冬季、秋季变化明显,春季、夏季变化不明显(图 7.11)。

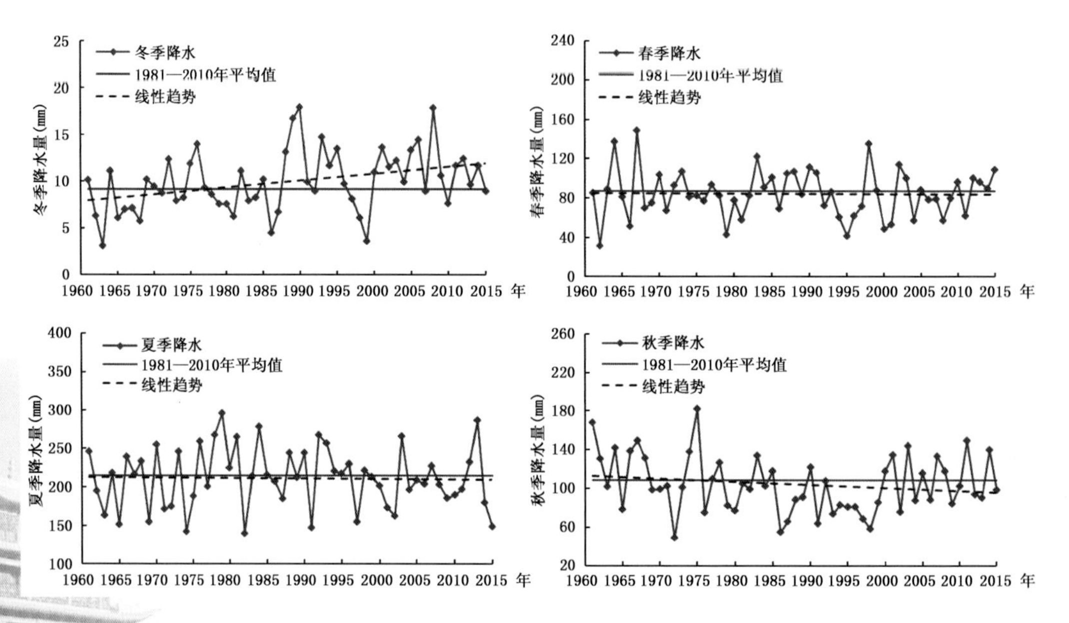

图 7.11　甘肃省四季降水量历年变化

冬季，降水量总体呈增加趋势，平均每 10 a 增加 0.7 mm。20 世纪 60 年代至 80 年代前期降水总体呈减少态势，20 世纪 80 年代中期以后除 1996—1999 年连续 4 年偏少外，降水总体呈增多趋势。

春季，降水量总体变化不明显，平均每 10 a 减少 0.3 mm。20 世纪 60 年代、80 年代降水总体呈增多趋势，20 世纪 90 年代降水总体呈现减少趋势。2000 年以后降水总体呈增多趋势，2012—2015 年持续增多。

夏季，降水量总体变化不明显，平均每 10 a 减少 0.7 mm。20 世纪 60 年代至 70 年代前期降水偏少，20 世纪 70 年代中期至 90 年代中期降水呈增加趋势，1996 年以后除 2003 年和 2013 年偏多外，降水呈减少趋势。

秋季，降水量总体呈减少趋势，平均每 10 a 减少 3.2 mm。20 世纪 60 年代至 80 年代中期降水总体呈增多趋势，20 世纪 80 年代中期至 90 年代末降水偏少，2000 年以后降水总体呈偏多趋势。

甘肃省各地各季降水量，冬季总体呈增加趋势，春季、夏季和秋季河西增加、河东减少(图 7.12)。冬季，降水量陇南市南部呈减少趋势，以 0.2～0.4 mm/10a 速率减少，以武都减幅最大；祁连山区、定西市、平凉市、庆阳市、天水市、陇南市北部和甘南州每 10 a 增加 0.8～2.0 mm，其中合水增幅最为明显，每 10 a 增加 2.0 mm；其他地区以 0.2～0.8 mm/10a 速率增加。

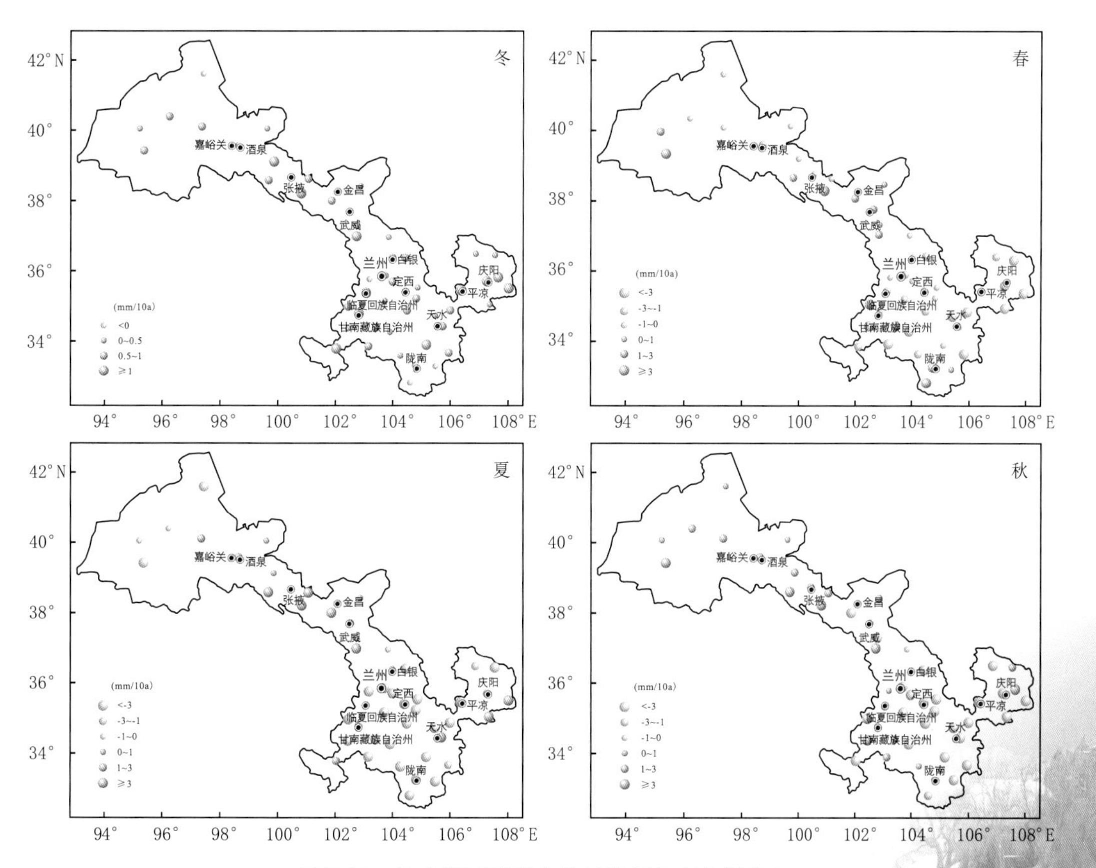

图 7.12 甘肃省四季降水量气候倾向率空间分布

春季，河西走廊、陇南市南部降水量呈增加趋势，增幅为 0.3～6.2 mm/10a，以合水增幅最大，每 10 a 增加 6.2 mm；河东大部分地区呈减少趋势，减小幅度为 0.22～9.3 mm/10a，其中灵台减幅最为明显，每 10 a 减少 9.3 mm。

夏季，降水量河西走廊和祁连山区呈增加趋势，以 0.2～8.5 mm/10a 速率增加，以永昌增幅最大，每 10 a 增加 8.5 mm，河东陇东东部增幅为 4.7～21.8 mm/10a，以合水增幅最大，每 10 a 增加 21.8 mm；其他地区表现为不同程度减少趋势，减小幅度为 0.1～12.6 mm/10a，其中甘南东南部减小幅度为 16.4～17.8 mm/10a，迭部减小幅度最为明显，每 10 a 减少 17.8 mm。

秋季，降水量在区域上表现出全省的不一致性，气候倾向率为西正东负。河西中西部呈增加趋势，以 0.5～6.0 mm/10a 速率增加，以合水增幅最大，每 10 a 增加 6.0 mm；祁连山区、甘南高原中部每 10 a 增幅 3 mm 以上；河东大部地区降水量以 0.2～13.4 mm/10a 速率减少，以灵台减幅最大，每 10 a 减少 13.4 mm。

(3)年降水日数变化

甘肃省年降水日数总体上变化趋势不明显(图 7.13)，平均每 10 a 增加 0.5 d。从甘肃各地降水日数变化趋势看，河西大部地区降水日数呈增加趋势，增幅为 0.1～8.4 d/10a，其中玉门增加最为明显；河东大部地区呈减少趋势，减幅为 0.3～5.5 d/10a，以卓尼减幅最大，每 10 a 减少 5.5 d(图 7.14)。

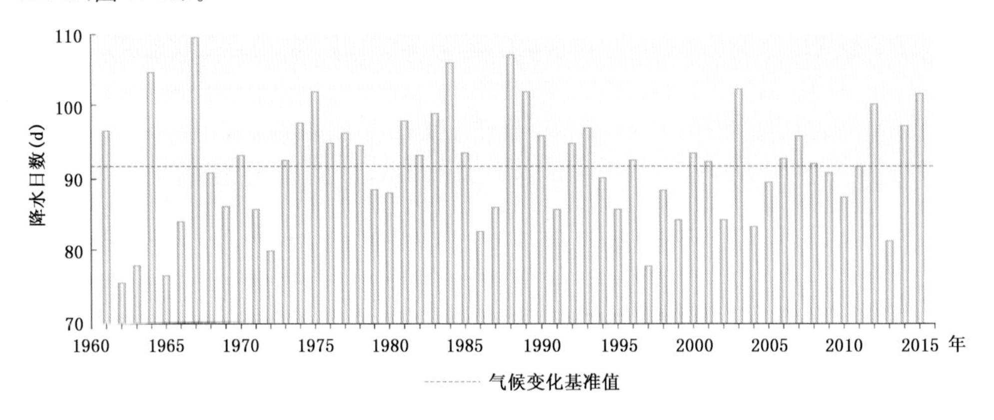

图 7.13 甘肃省年降水日数历年变化

7.3.1.3 日照时数变化

(1)年平均日照时数变化

甘肃省年平均日照时数整体呈减少趋势(图 7.15)，年平均日照时数每 10 a 减少 9.8 h。酒泉市西部、张掖市大部、武威和白银两市北部、陇东大部和甘南高原以 20～110 h/10a 速率增加，其中卓尼增加最为明显；其他地方为减少趋势，减小幅度为 20～80 h/10a，以永靖减小幅度最大(图 7.16)。

(2)各季平均日照时数变化

1961—2015 年，甘肃省各季日照时数，春季呈增加趋势，冬季、夏季和秋季呈减少趋势(图 7.17)。

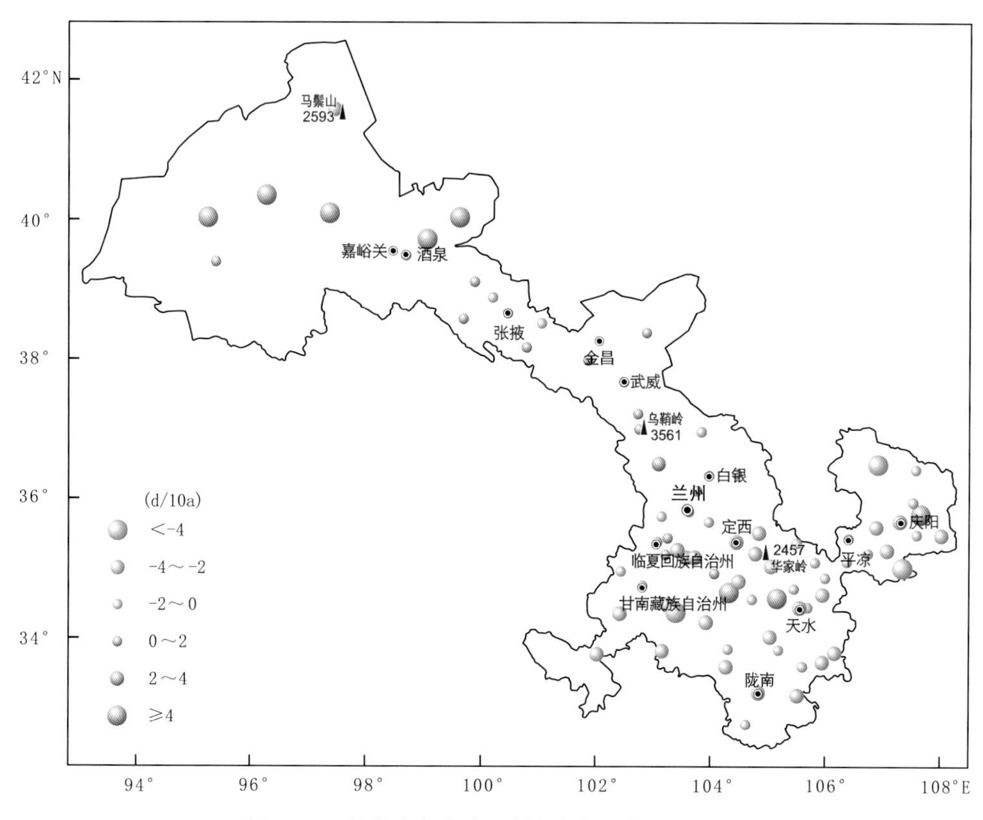

图7.14　甘肃省年降水日数气候倾向率空间分布

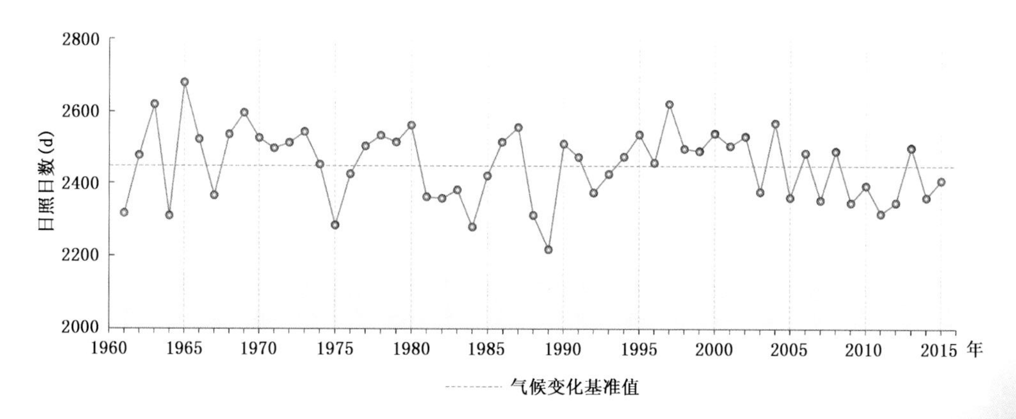

图7.15　甘肃省年日照时数历年变化

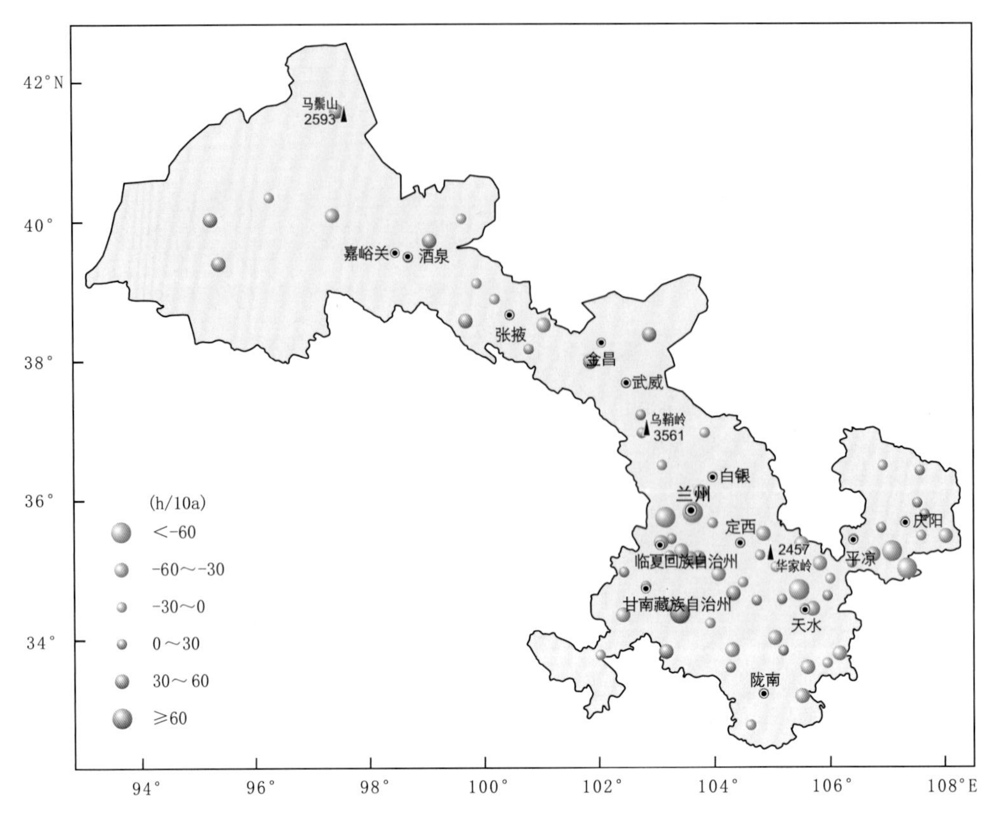

图 7.16 甘肃省年日照时数气候倾向率空间分布

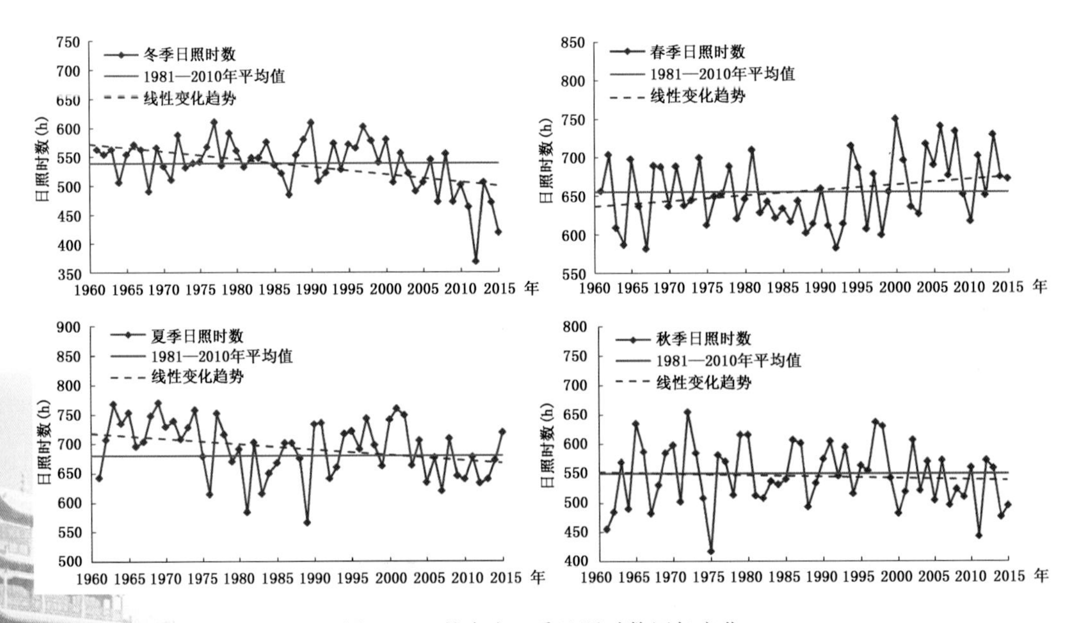

图 7.17 甘肃省四季日照时数历年变化

冬季，日照时数总体呈减少趋势，平均每 10 a 减少 13.2 h。20 世纪 60 年代至 90 年代日照时数总体呈增多态势，21 世纪以来日照时数总体呈减少趋势。

春季，日照时数总体呈增加趋势，平均每 10 a 增加 7.1 h。20 世纪 60 年代至 70 年代日照时数总体呈增多趋势，20 世纪 80 年代日照时数呈现减少趋势，20 世纪 90 年代以后日照时数总体呈增多趋势。

夏季，日照时数总体呈减少趋势，平均每 10 a 减少 9.1 h。20 世纪 60 年代至 70 年代前期日照时数偏多，20 世纪 70 年代中期至 80 年代日照时数呈减少趋势，20 世纪 90 年代日照时数偏多，21 世纪以来呈减少趋势。

秋季，日照时数总体呈弱减少趋势，平均每 10 a 减少 2.4 h。20 世纪 60 年代至 70 年代日照时数变化波动比较大，20 世纪 80 年代以后日照时数总体呈减少趋势。

甘肃省各地各季日照时数，冬季、夏季和秋季大部地方呈减少趋势，春季呈增多趋势（图 7.18）。冬季，日照时数张掖市、武威市和河东大部地区呈减少趋势，以 0.31～30.05 h/10a 速率减少，以玛曲减幅最大；酒泉市西部、金昌市、武威市北部和甘南州每 10 a 增加 0.82～15.65 h，金塔增幅最为明显，每 10 a 增加 15.65 h。

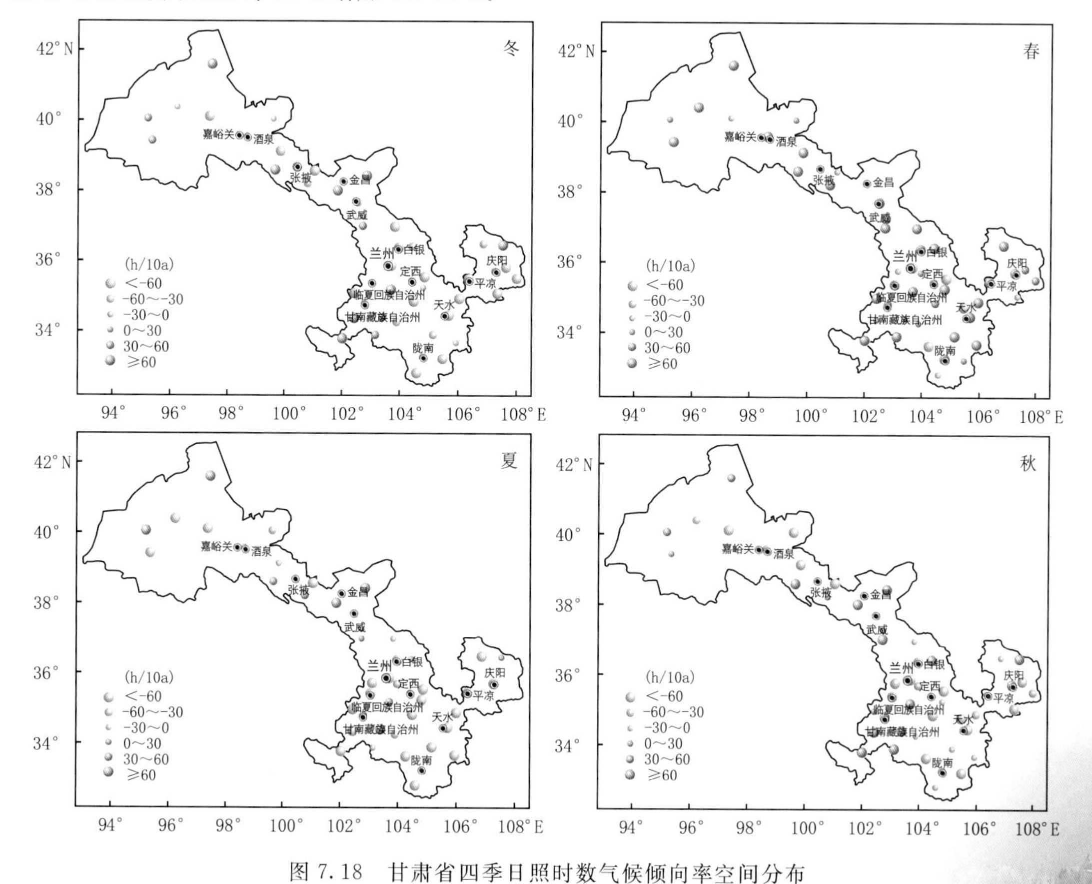

图 7.18 甘肃省四季日照时数气候倾向率空间分布

春季，日照时数全省大部分地区增幅为 0.01～10.25 h/10a，河西东部地区和庆阳市增幅为 10.29～29.13 h /10a，民勤增幅最大，每 10 a 增加 29.13 h；兰州市、定西市、陇南市和甘南州个别地方呈减少趋势，舟曲减小幅度最大，每 10 a 减少 10.82 h。

夏季，日照时数酒泉市北部、张掖市、金昌市、武威市北部和甘南州东部呈增加趋势，增幅为 0.27～12.49 h/10a，卓尼增幅最大，每 10 a 增加 12.49 h；其他地区表现为不同程度减少趋势，减幅为 0.82～39.39 h/10a，灵台减小幅度最为明显，每 10 a 减少 39.39 h。

秋季，日照时数河西东部、庆阳市和甘南州呈增加趋势，增幅为 0.65～21.48 h/10a，玛曲增幅最大，每 10 a 增加 21.48 h；酒泉市东部及河东大部分地区呈减少趋势，减小幅度为 0.27～21.1 h/10a，兰州减小幅度最大，每 10 a 减少 21.1 h。

7.3.1.4 风速变化

(1)年平均风速变化

甘肃省年平均风速变化有缓慢变小趋势(图 7.19)。全省年平均风速最大值出现在 1972 年，为 2.4 m/s，最小值 2003 年为 1.7 m/s，全省年平均风速倾向率为－0.078 m/(s · 10a)；古浪县、白银中部、兰州、定西、临夏东部、甘南州北部、陇南中西部、天水中西部，庆阳中部部分地区年平均风速有增加趋势，省内其余地区年平均风速有减少趋势，其中以瓜州县及景泰县风速减少幅度较大，倾向率为－0.4～－0.3 m/(s · 10a)(图 7.20)。

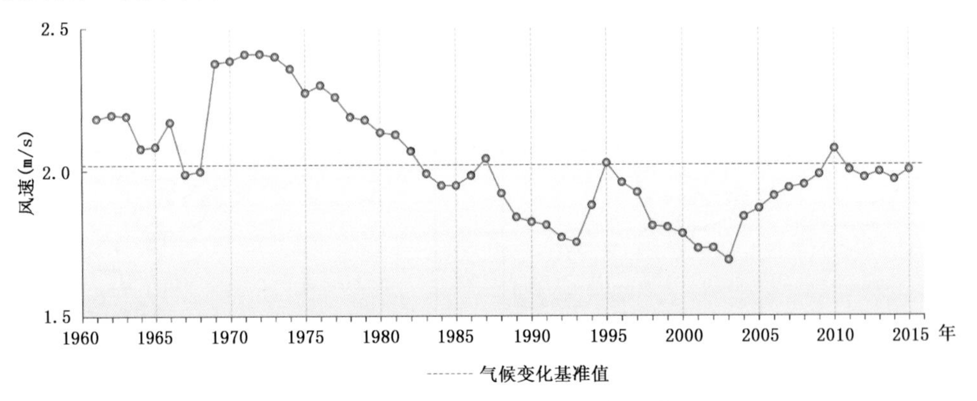

图 7.19 甘肃省年平均风速历年变化

甘肃省平均风速减小趋势与全国平均风速变化趋势一致。全国各地平均风速除云南西部平均风速有少量增加外，其余均呈下降趋势。其中青藏高原、新疆地区平均风速减小趋势较大，其变化速率在－0.3 m/(s · 10a)以下。

(2)各季平均风速变化

1961—2015 年甘肃省各季平均风速均呈缓慢变小趋势(图 7.21，图 7.22)。

冬季，年平均风速变化有缓慢变小趋势，平均风速倾向率为－0.065 m/(s · 10a)，但变小趋势较其他季节更为缓慢；古浪县、白银市中西部、兰州市大部、定西市大部、临夏州中东部、甘南州东部、陇南市西部、天水市中西部，庆阳市中部有增加趋势，其中以兰州市中部增加趋势明显，多为＞0.1 m/(s · 10a)。省内其余地区有减少趋势，其中以酒泉市瓜州县减少幅度较大，倾向率为－0.4～－0.3 m/(s · 10a)。

春季，年平均风速变化有缓慢变小趋势。平均风速倾向率为－0.105 m/(s · 10a)，下降趋势较全年其他季节更为明显；古浪县、白银市中部、兰州市、定西市南部、临夏州中部、甘南州东部、陇南市西部、天水市中西部，庆阳市中部年平均风速有增加趋势，其中以兰州市中部增加较大，多大于 0.1 m/(s · 10a)；省内其余地区年平均风速有减少趋势，其中以瓜州县、景泰县、会宁县和张家川县风速减少趋势较大，倾向率为－0.5～－0.3 m/(s · 10a)。

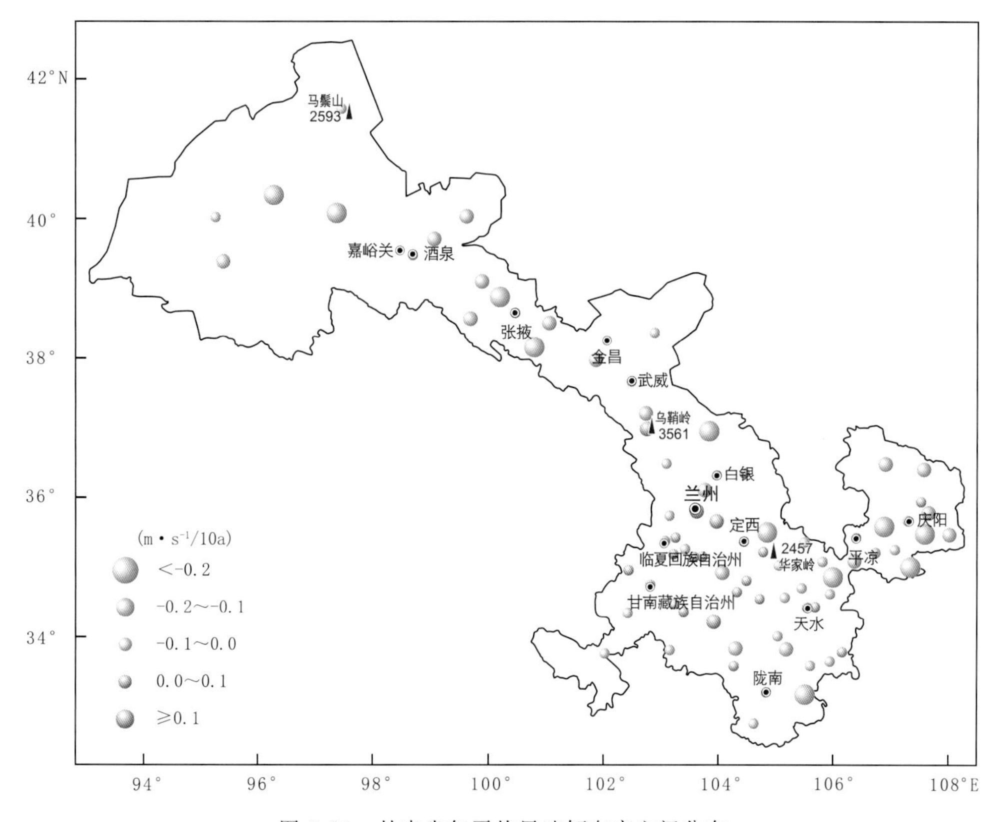

图 7.20 甘肃省年平均风速倾向率空间分布

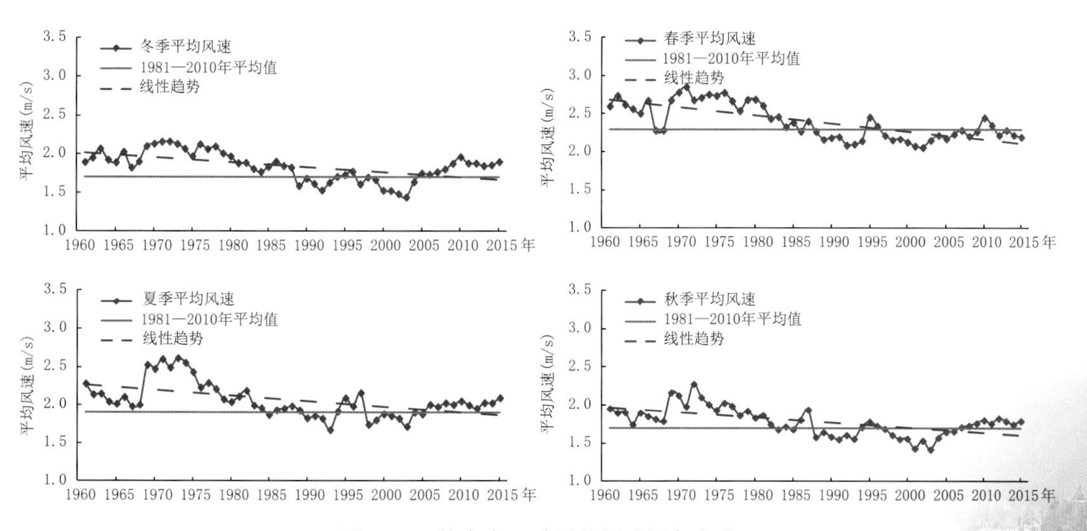

图 7.21 甘肃省四季平均风速历年变化

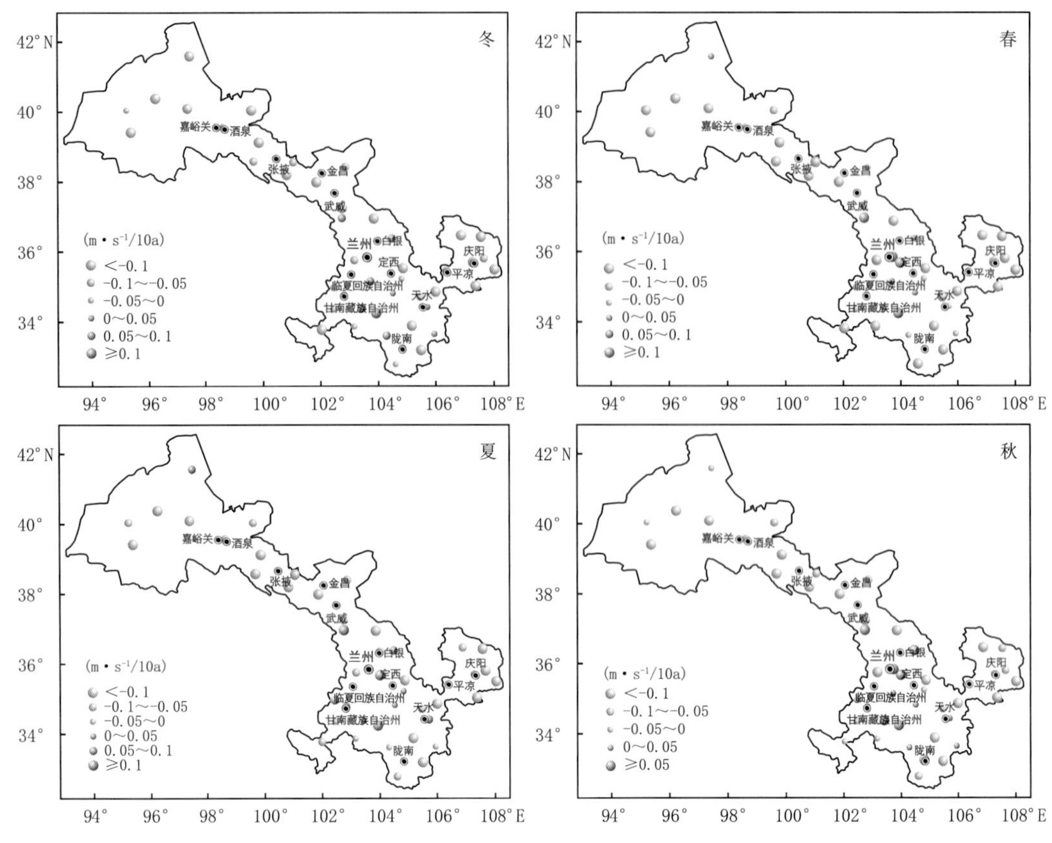

图 7.22 甘肃省四季平均风速倾向率空间分布

夏季，年平均风速变化有缓慢变小趋势，平均风速倾向率为－0.074 m/(s·10a)。古浪县、白银市中部、兰州市、定西市中西部、临夏、甘南州北部、天水市中西部、庆阳市中部有增加趋势，其中以兰州市中部地区、定西市岷县增加较大，倾向率多达 0.1 m/(s·10a)；省内其余地区有减少趋势，其中以瓜州县、景泰县和张家川县风速减少幅度较大，倾向率为－0.5～－0.3 m/(s·10a)。

秋季，年平均风速变化有缓慢变小趋势，平均风速倾向率为－0.067 m/(s·10a)。古浪县、白银市中部、兰州市、定西市中西部、临夏州东部、甘南州北部、陇南市中西部、天水市中南部，庆阳市中部有增加趋势，其中以兰州市中部地区增加较大，>0.1 m/(s·10a)；省内其余地区有减少趋势，其中以瓜州县、景泰县和会宁县减少幅度较大，倾向率为－0.4～－0.3 m/(s·10a)。

7.3.2 气象灾害变化

7.3.2.1 干旱频次变化

干旱是甘肃省农业生产最主要的气象灾害，甘肃省平均年气象干旱日数(MCI 指数)总体呈减少趋势(图 7.23)。1994—2002 年出现连续 9 年干旱，1986 年平均年干旱日数为 197.3 d，为 1961 年以来最多。不同年代干旱频率变化不大，在 30.1%～34.2%；各年代轻旱发生频率为 14.2%～15.5%，中旱为 8.9%～10.2%，重旱为 4.6%～5.6%，特旱为 2.0%～3.5%。20 世纪80年代轻、中、重旱发生频率均最高，20世纪90年代特旱发生频率最高（表7.9）。

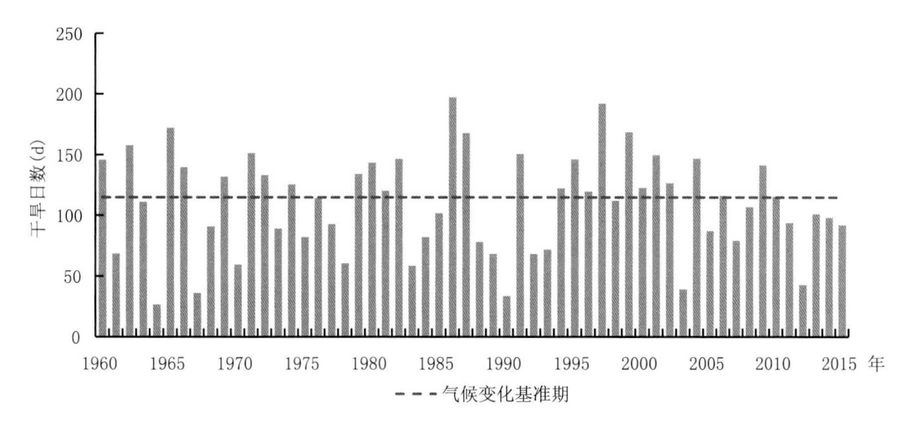

图7.23　甘肃省年干旱日数历年变化

表7.9　甘肃省各年代干旱频率（单位：%）

年代	干旱	轻旱	中旱	重旱	特旱
1960s	30.7	14.2	9.0	4.8	2.7
1970s	30.4	14.8	8.9	4.6	2.1
1980s	34.3	15.5	10.2	5.6	3.0
1990s	33.5	15.3	9.7	5.0	3.5
2000—2015	30.4	14.8	9.0	4.6	2.0

7.3.2.2　大风日数变化

甘肃省年平均大风日数整体呈减少趋势（图7.24），平均每10 a减少2.7 d。大风日数祁连山区东段呈增加趋势，增幅为0.01～5.7 d/10a，乌鞘岭增幅最大，每10 a增加5.7 d；其他地区呈减少趋势，减小幅度为0.1～15.3 d/10a。瓜州减幅最大，平均每10 a减少15.3 d，会宁次之，减少14.7 d。河西西部、白银市、甘南州减小幅度在4.1 d/10a以上（图7.25）。

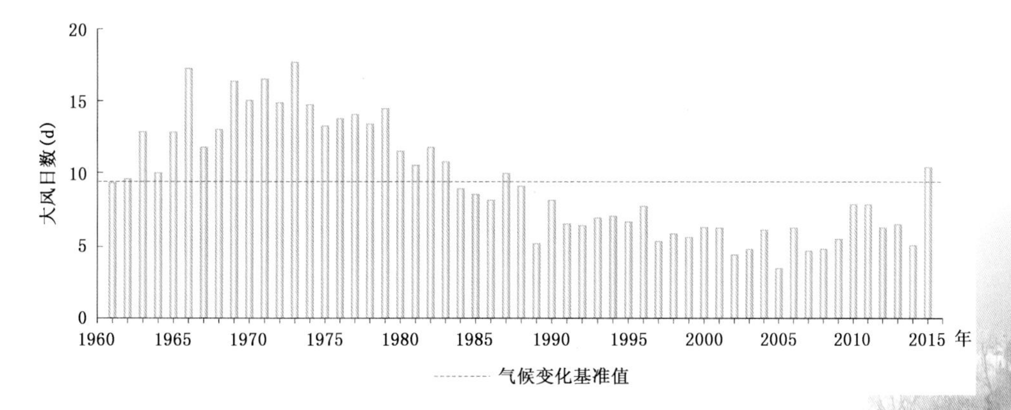

图7.24　甘肃省年大风日数历年变化

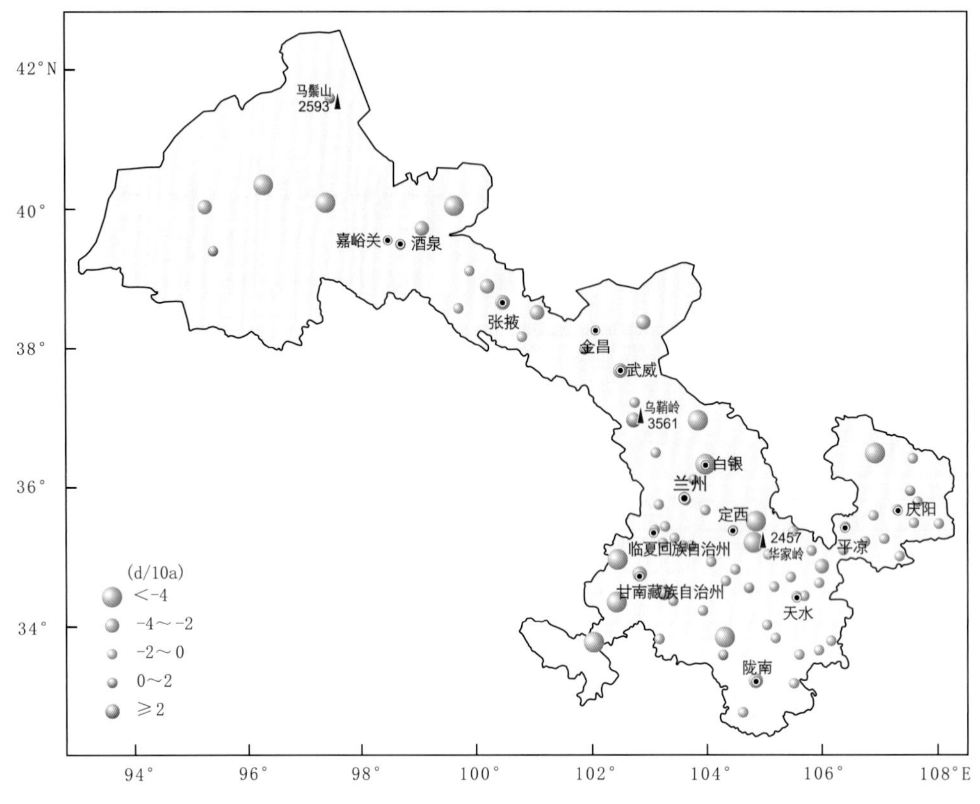

图 7.25 甘肃省年大风日数气候倾向率空间分布

7.3.2.3 沙尘暴日数变化

甘肃省沙尘暴日数呈明显减少趋势(图 7.26)。平均每 10 a 减少 6.1 d,尤以 20 世纪 80 年代后期减少趋势更为明显。1961—1987 年是沙尘暴日数相对较多时期,平均每年 4.0 d。

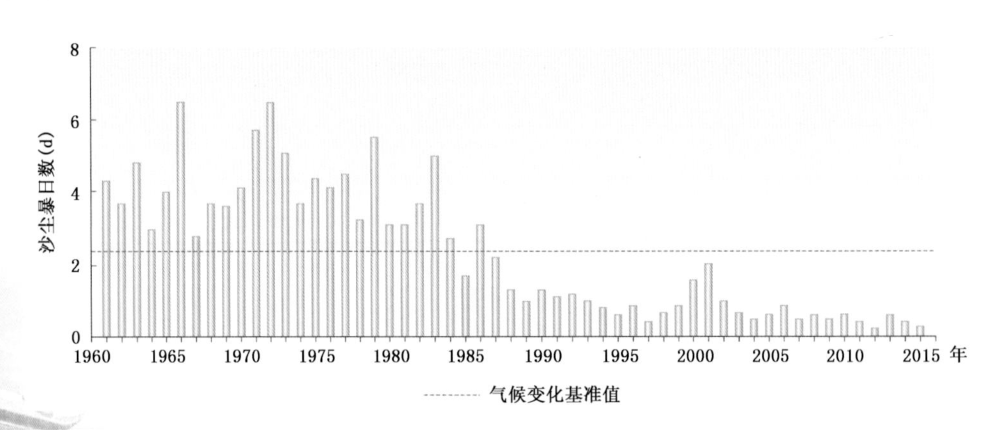

图 7.26 甘肃省年沙尘暴日数历年变化

1988—2015 年是沙尘暴日数相对较少时期,平均每年 0.8 d,前后两段相差 3.2 d。甘肃省各地沙尘暴日数均呈减少趋势,河西地区、甘南高原以 0.6～7.0 d/10a 速率减少。

民勤减小幅度最为明显，平均每 10 a 减少 7.0 d，其他地区减小幅度在 1.0 d/10a 以下（图 7.27）。

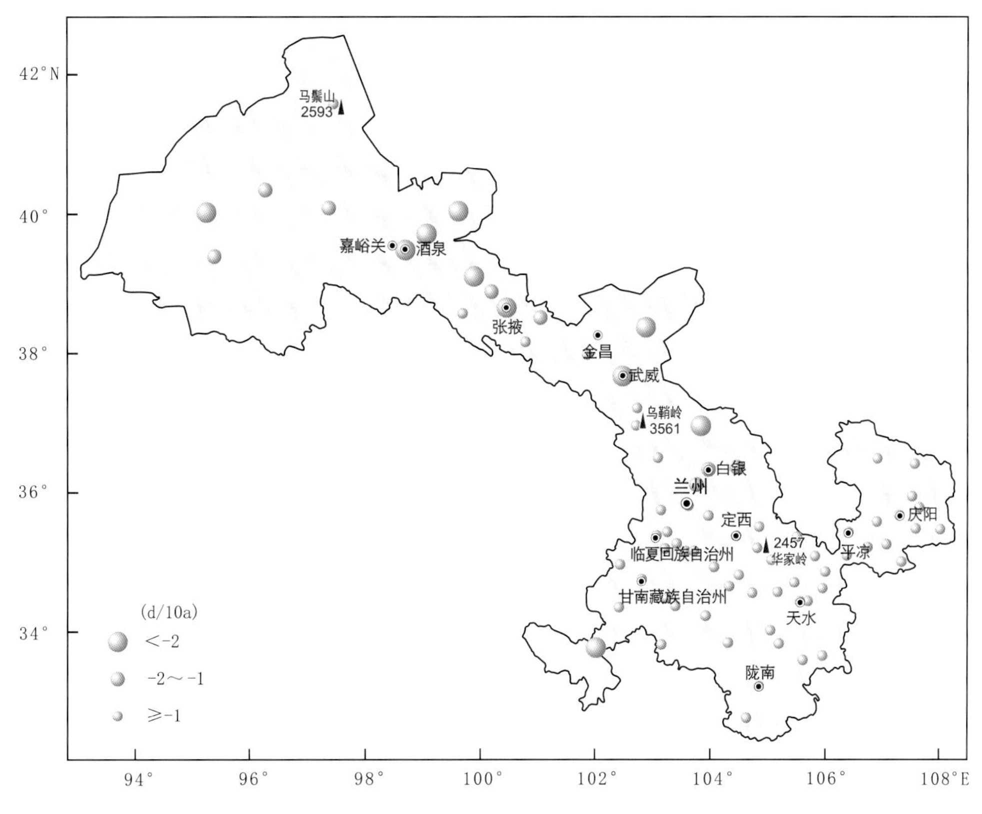

图 7.27　甘肃省年沙尘暴日数气候倾向率空间分布

7.3.2.4　雷暴日数变化

甘肃省年雷暴日数随时间变化呈显著减少趋势（图 7.28）。平均每 10 a 减少 1.3 d，尤以 2000 年以后减少趋势更为明显。1961—1990 年是雷暴日数相对较多时期，平均每年 22.1 d；1991—2013 年是雷暴日数相对较少时期，平均每年 17.0 d，前后两段相差 5.1 d。

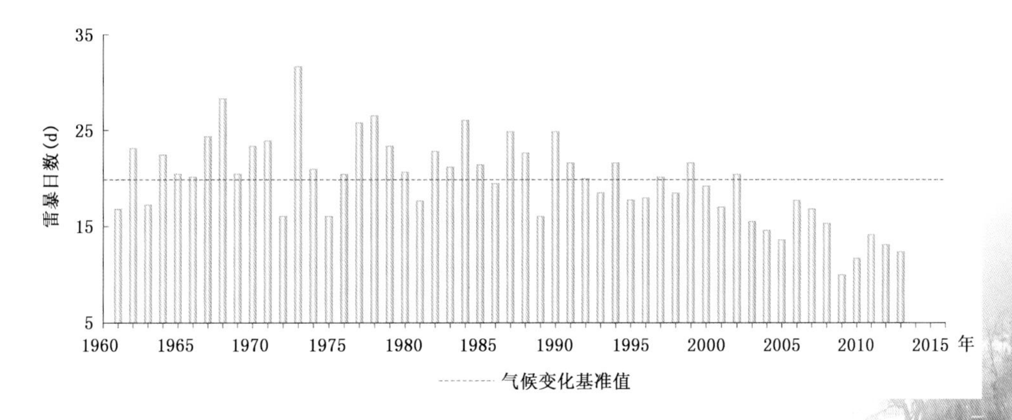

图 7.28　甘肃省年雷暴日数历年变化

甘肃省雷暴日数呈一致减少趋势。河西东部、陇中、陇东北部和甘南高原减少趋势最为明显，以 2.2～8.0 d/10a 速率减少。以玛曲减幅最大，平均每 10 a 减少 8 d；其他地区减幅为 0.2～2.0 d/10a（图 7.29）。

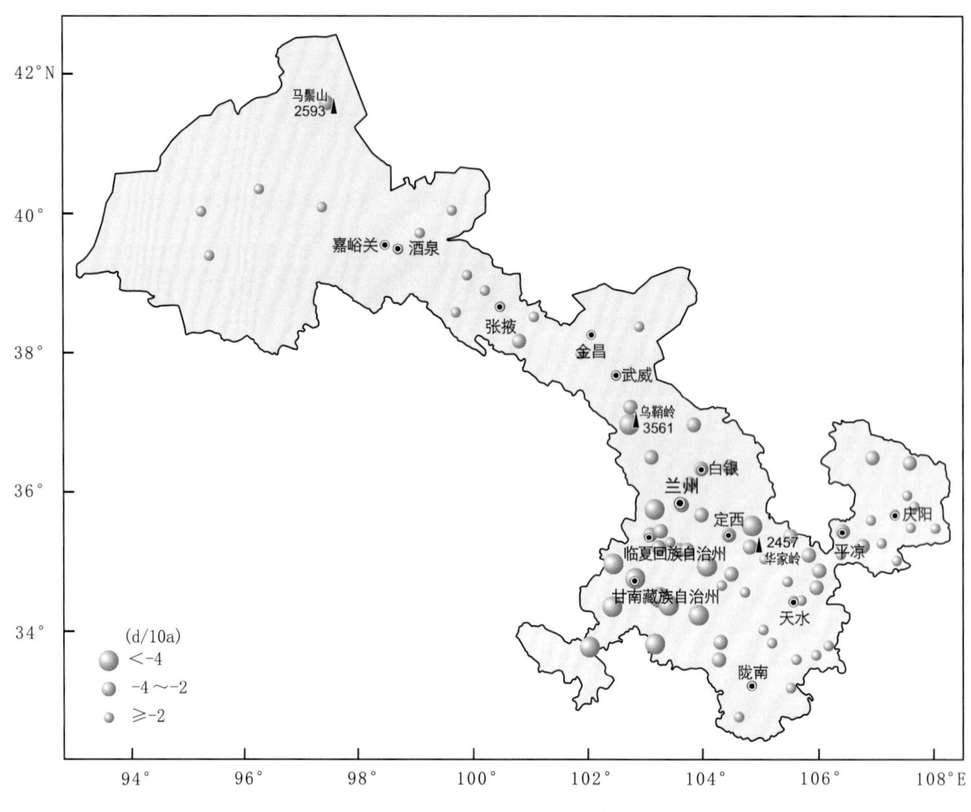

图 7.29 甘肃省年雷暴日数气候倾向率空间分布

7.3.2.5 冰雹日数变化

甘肃省年冰雹日数呈显著减少趋势（图 7.30），平均每 10 a 减少 18.3 d。1964—1988 年是冰雹日数相对较多时期，平均每年为 1.9 d；1989—2015 年是冰雹日数相对较少时期，平均每年为 0.9 d，前后两段相差 1.0 d。

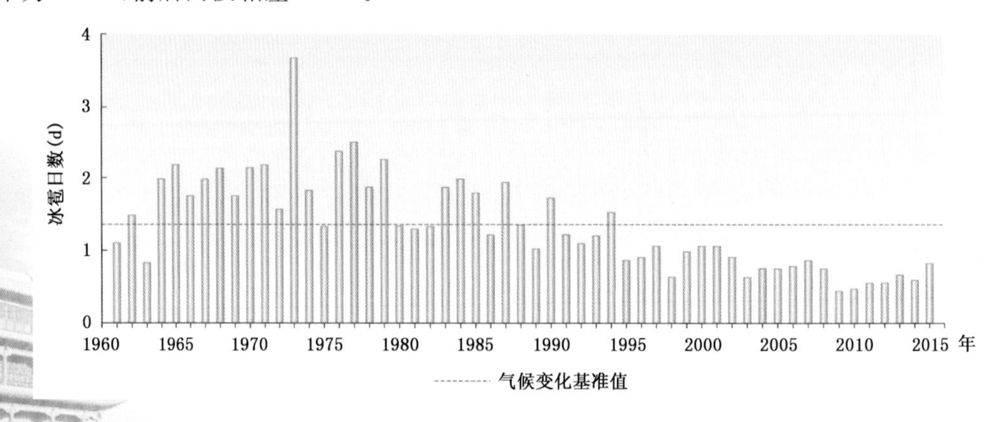

图 7.30 甘肃省年冰雹日数历年变化

甘肃省各地冰雹日数呈一致减少趋势，祁连山区、甘南高原减少趋势最为明显，减幅为0.7～2.9 d/10a。以碌曲减幅最大，平均每10 a减少2.9 d，其次是玛曲，减少2.8 d，其他地区减幅为0.02～0.61d/10a（图7.31）。

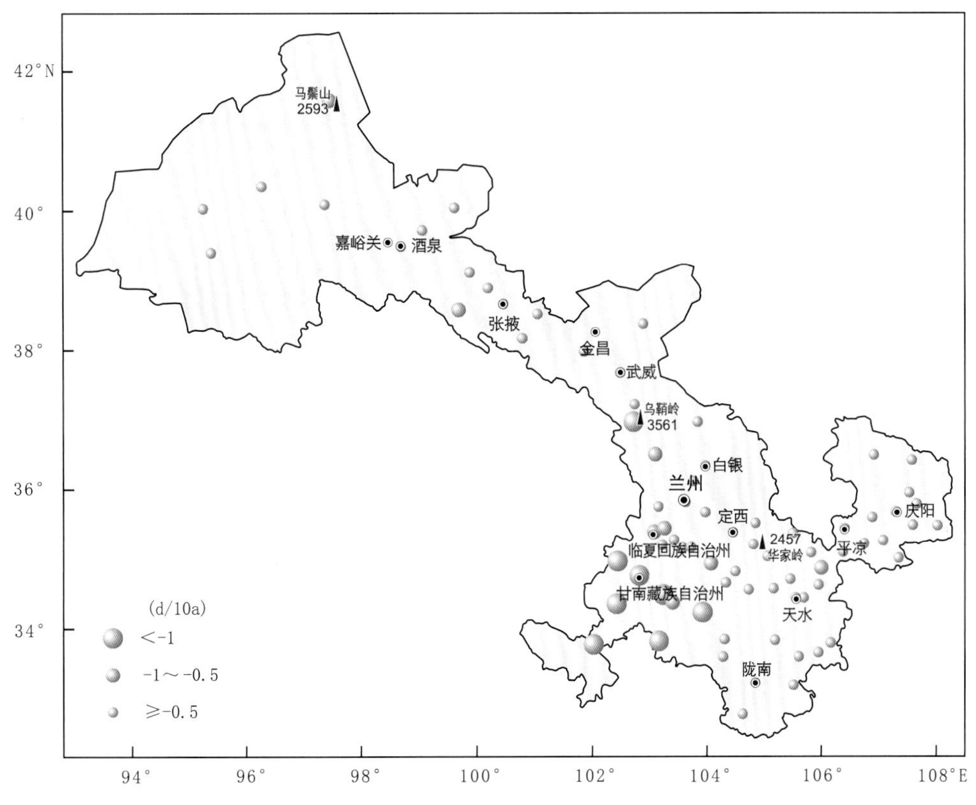

图7.31　甘肃省年冰雹日数气候倾向率空间分布

7.3.2.6　暴雨日数变化

甘肃省年暴雨日数（日降水量≥50 mm）总体呈弱减少趋势（图7.32），每10 a减少0.4 d。20世纪60年代至80年代初期是暴雨多发阶段，之后到20世纪90年代中期是少发阶段，90年代中后期以后出现明显波动。

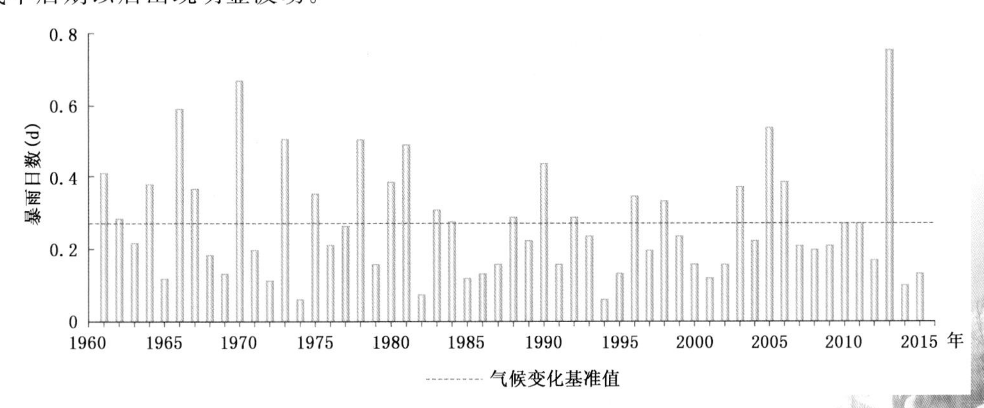

图7.32　甘肃省年暴雨日数历年变化

暴雨日数河西总体呈弱增加趋势，河东总体呈减少趋势。河东大部分地区以0.05～0.13 d/10a速率减少，以崇信减小幅度最为明显；河西地区、庆阳市等地增幅为0.01～0.37 d/10a，以两当增幅最大(图7.33)。

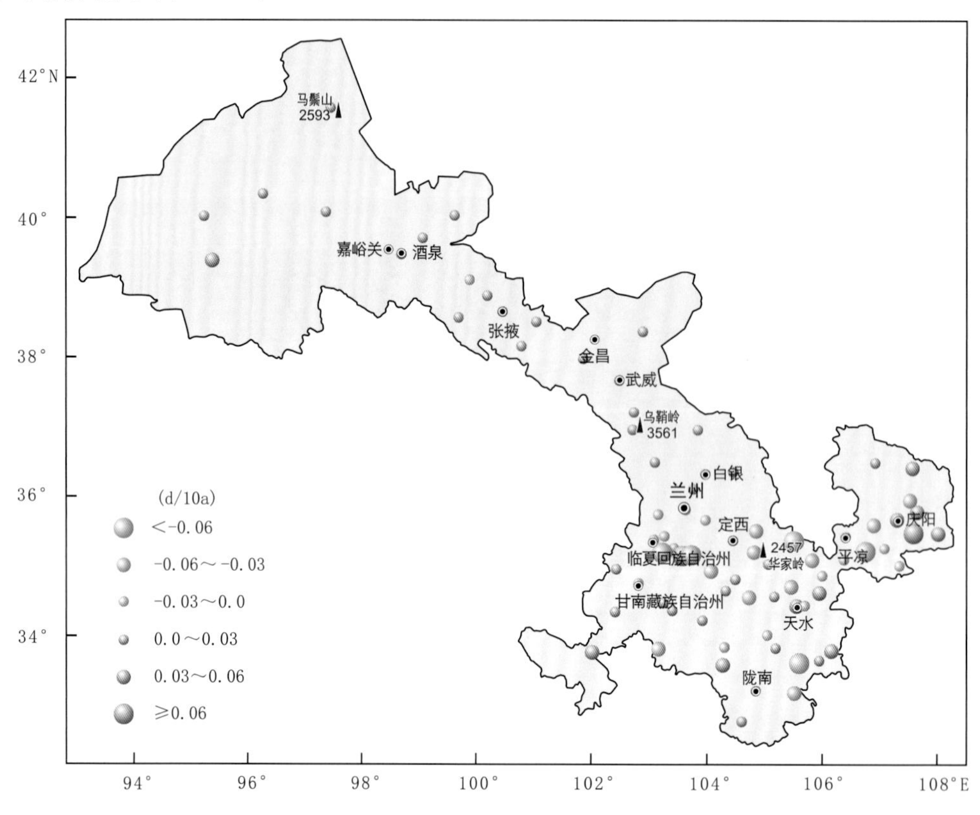

图7.33 甘肃省年暴雨日数气候倾向率空间分布

7.3.2.7 连阴雨次数

甘肃省平均年区域性连阴雨发生次数呈减小趋势(图7.34)，1961—1992年为连阴雨较多时期，多数年份连阴雨发生次数较平均值偏多；1992—2015年为连阴雨较少时期，多数年份连阴雨发生次数较平均值偏少。

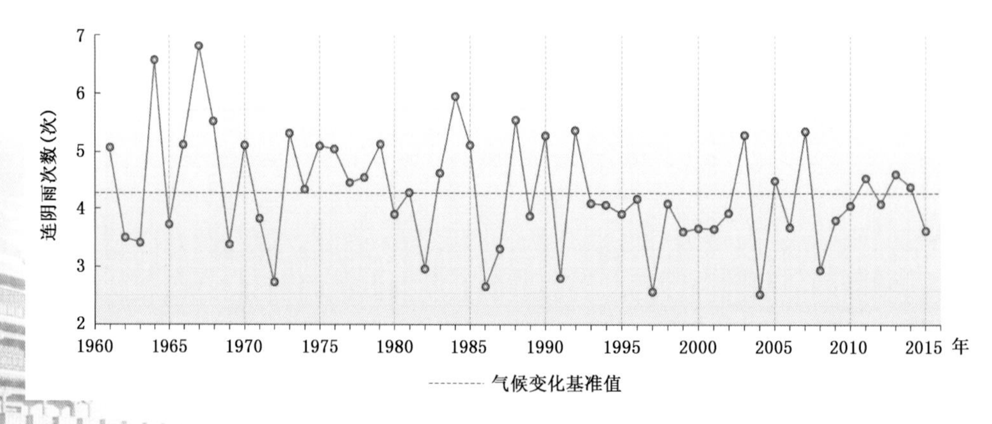

图7.34 甘肃省年连阴雨次数历年变化

连阴雨次数河西、陇中北部、甘南州呈增加趋势，增幅为0.01～0.77次/10a，以两当增幅最大，其他地区减小幅度为0.1～0.7次/10a，其中灵台减小幅度最为明显(图7.35)。

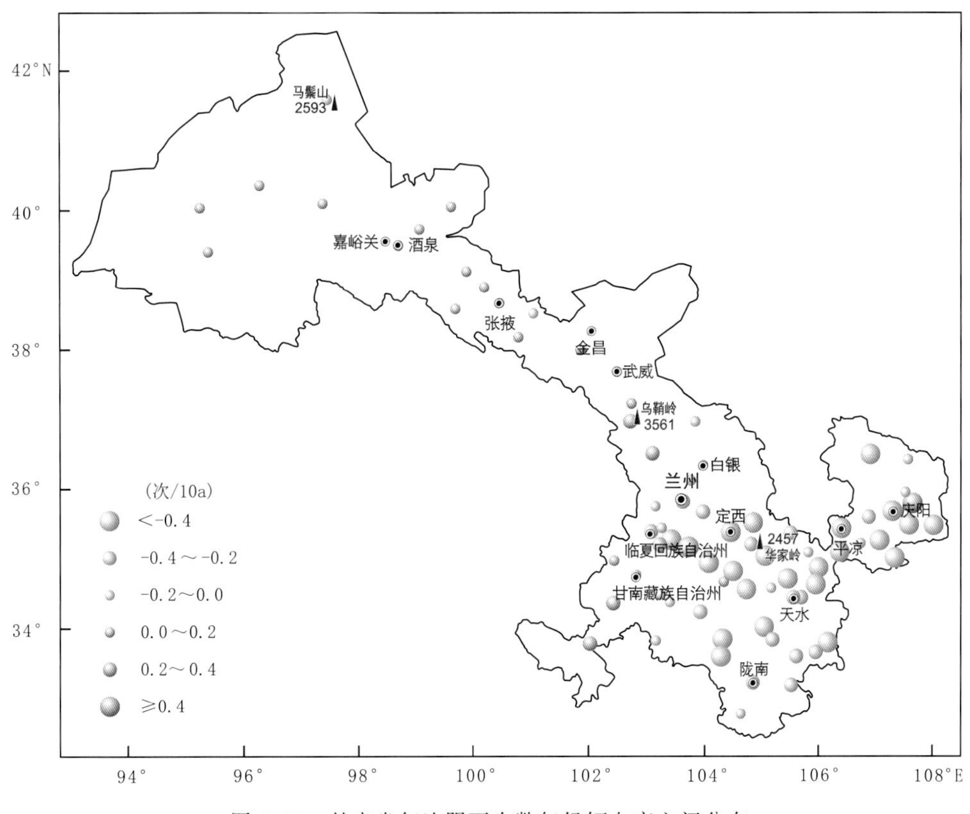

图7.35 甘肃省年连阴雨次数气候倾向率空间分布

7.3.3 极端天气气候事件变化

7.3.3.1 年极端最高气温变化

甘肃省历年年极端最高气温主要出现在安敦盆地，其中敦煌出现次数最多，达29次(表7.10)。极端最高气温祁连山西段呈降低趋势，减小幅度为0.01～0.27℃/10a。永登减小幅度最大，为-0.27℃/10a，其他地区呈现为一致的升高趋势，增幅为0.03～7.04℃/10a。其中酒泉市西北部和东部升高最明显，增幅达6.95～7.04℃/10a，敦煌增幅最大，为7.04℃/10a；瓜州次之，为6.95℃/10a(图7.36)。

表7.10 甘肃省历年年极端最高气温(1961—2015年)

出现时间	出现地点	最高气温(℃)	出现时间	出现地点	最高气温(℃)
1961.6.10	敦煌	39.1	1989.7.29	敦煌	37.4
1962.8.1	敦煌	38.9	1990.8.3	瓜州	38.1
1963.7.28	敦煌	39.1	1991.7.19	敦煌	39.5
1964.7.18	敦煌	38.1	1992.7.31	民勤	37.2

续表

出现时间	出现地点	最高气温(℃)	出现时间	出现地点	最高气温(℃)
1965.7.27	敦煌	40.8	1993.6.7	敦煌	35.3
1966.6.19	泾川	39.3	1994.7.19	敦煌	39.4
1967.7.24	敦煌	38.8	1995.8.7	敦煌	39.5
1968.7.8	敦煌	37.7	1996.8.6	武都	38.6
1969.8.4	文县	36.9	1997.7.22	民勤	41.1
1970.8.5	敦煌	39.4	1998.7.28	瓜州	38.6
1971.8.9	张掖	38.6	1999.7.30	民勤	40.7
1972.8.8	敦煌	39.6	2000.7.24	永靖	40.7
1973.8.3	崇信	38.0	2001.7.14	张掖	39.8
1974.7.18	瓜州	39.6	2002.8.22	瓜州	38.8
1975.8.15	瓜州	40.4	2003.8.4	瓜州	37.1
1976.7.23	镇原	36.9	2004.7.6	文县	38.4
1977.7.14	敦煌	38.8	2005.7.15	瓜州	42.1
1978.8.19	瓜州	39.2	2006.8.5	敦煌	39.4
1979.6.8	文县	36.4	2007.7.15	金塔	37.9
1980.7.19	敦煌	39.4	2008.8.4	瓜州	38.3
1981.7.24	敦煌	41.7	2009.8.11	敦煌	38.5
1982.5.27	敦煌	37.2	2010.7.30	民勤	41.7
1983.8.1	敦煌	39.0	2011.7.16	敦煌	41.3
1984.8.7	敦煌	36.7	2012.8.3	敦煌	39.0
1985.7.18	敦煌	39.8	2013.8.4	敦煌	38.1
1986.7.25	敦煌	41.1	2014.7.29	瓜州	39.0
1987.7.26	敦煌	38.9	2015.7.26	瓜州	39.9
1988.7.22	敦煌	39.8			

7.3.3.2 年极端最低气温变化

甘肃省年极端最低气温酒泉市西北部呈明显降低趋势(图 7.37),以 0.03～5.61 ℃/10a 速率减小,其中瓜州减小幅度最大,为－5.61 ℃/10a。其他地区表现为一致升高趋势,增幅为 0.02～1.08 ℃/10a。其中甘南高原增幅最为明显,玛曲增幅最大,为 1.08 ℃/10a,正宁次之,为 1.03 ℃/10a(图 7.37)。历年年极端最低气温主要出现在河西西北的马鬃山,达 39 次(表 7.11)。

7.3.3.3 日最高气温≥32 ℃日数变化

甘肃省日最高气温≥32 ℃日数总体呈增加趋势,平均每 10 a 增加 1.1 d(图 7.38)。甘南高原北部呈减少趋势,减小幅度为 0.02～1.13 d/10a,两当减小幅度最大,为－1.13 d/10a;其他地区均呈增加趋势,增幅为 0.05～6.22 d/10a,其中灵台增幅最大,为 6.22 d/10a,瓜州次之,为 4.1d/10a(图 7.39)。

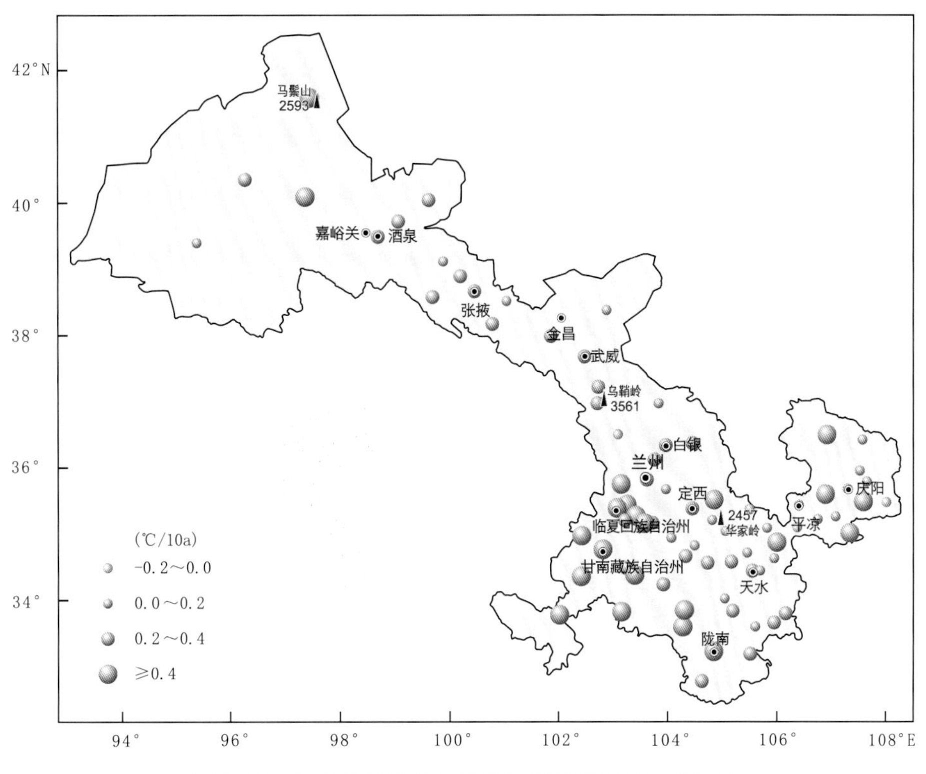

图 7.36　甘肃省年极端最高气温气候倾向率空间分布

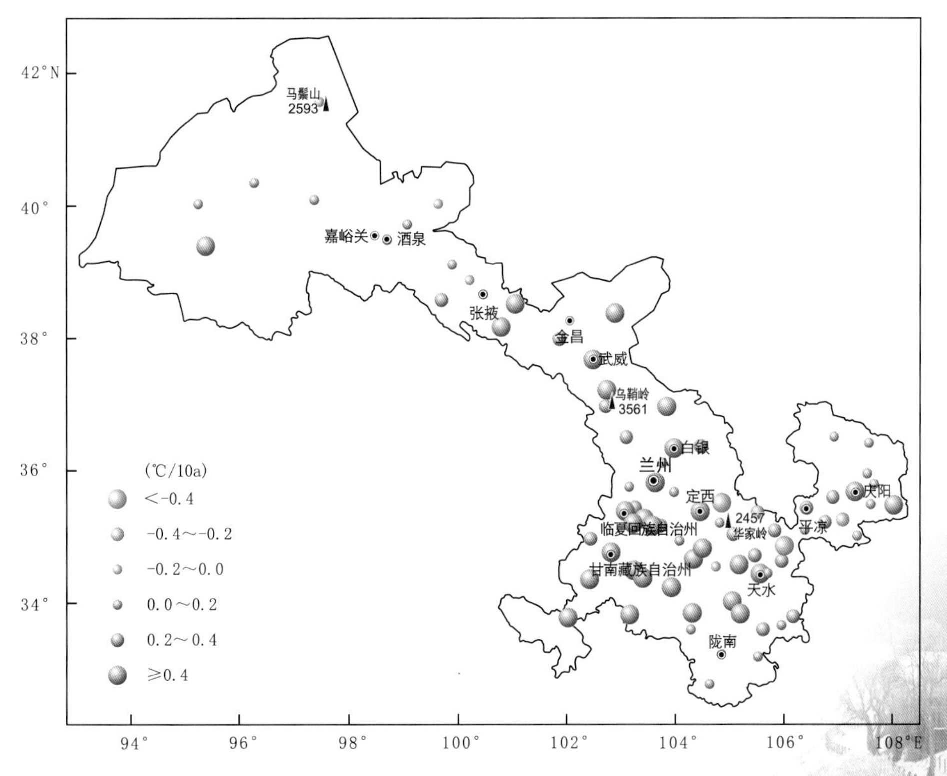

图 7.37　甘肃省年极端最低气温气候倾向率空间分布

表 7.11 历年年极端最低气温(1961—2015 年)

出现时间	出现地点	日最低气温(℃)	出现时间	出现地点	日最低气温(℃)
1961.1.10	马鬃山	−31.2	1989.2.1	马鬃山	−29.0
1962.11.27	山丹	−26.2	1990.1.11	马鬃山	−26.8
1963.2.7	马鬃山	−27.9	1991.12.27	玉门镇	−35.1
1964.2.9	马鬃山	−31.6	1992.2.6	马鬃山	−25.5
1965.12.16	马鬃山	−30.4	1993.1.17	合作	−27.8
1966.12.21	马鬃山	−27.7	1994.1.16	马鬃山	−27.2
1967.1.2	马鬃山	−30.8	1995.1.5	合作	−26.3
1968.2.17	马鬃山	−30.3	1996.1.7	马鬃山	−27.5
1969.1.30	马鬃山	−30.1	1997.12.1	马鬃山	−27.4
1970.1.5	马鬃山	−28.6	1998.1.18	马鬃山	−35.4
1971.1.31	玛曲	−29.6	1999.1.14	马鬃山	−27
1972.12.28	乌鞘岭	−28.4	2000.1.6	马鬃山	−26.5
1973.1.17	玛曲	−26.1	2001.12.12	玉门镇	−27.9
1974.12.23	瓜州	−27.5	2002.12.25	马鬃山	−37.1
1975.12.12	马鬃山	−30.6	2003.1.2	马鬃山	−27.3
1976.12.27	马鬃山	−29.9	2004.12.30	马鬃山	−34.5
1977.1.2	马鬃山	−28.1	2005.12.14	马鬃山	−31.0
1978.1.19	民乐	−26.2	2006.1.6	马鬃山	−30.4
1979.1.15	瓜州	−29.1	2007.1.5	马鬃山	−27.4
1980.2.4	民乐	−31.5	2008.2.8	鼎新	−31.6
1981.1.25	马鬃山	−34.7	2009.1.23	马鬃山	−29.0
1982.12.25	民乐	−25.7	2010.12.15	马鬃山	−27.4
1983.1.19	马鬃山	−30.5	2011.1.15	马鬃山	−28.8
1984.12.22	马鬃山	−31.2	2012.1.22	马鬃山	−31.2
1985.2.17	马鬃山	−27.1	2013.2.11	马鬃山	−26.8
1986.1.1	康乐	−26.3	2014.11.30	马鬃山	−26.6
1987.11.28	马鬃山	−29.1	2015.12.18	肃北	−25.4
1988.2.13	马鬃山	−29.5			

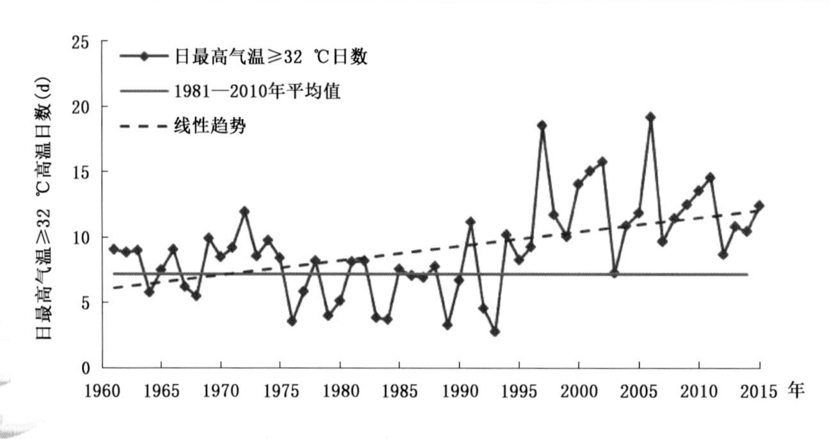

图 7.38 甘肃省日最高气温≥32 ℃日数历年变化

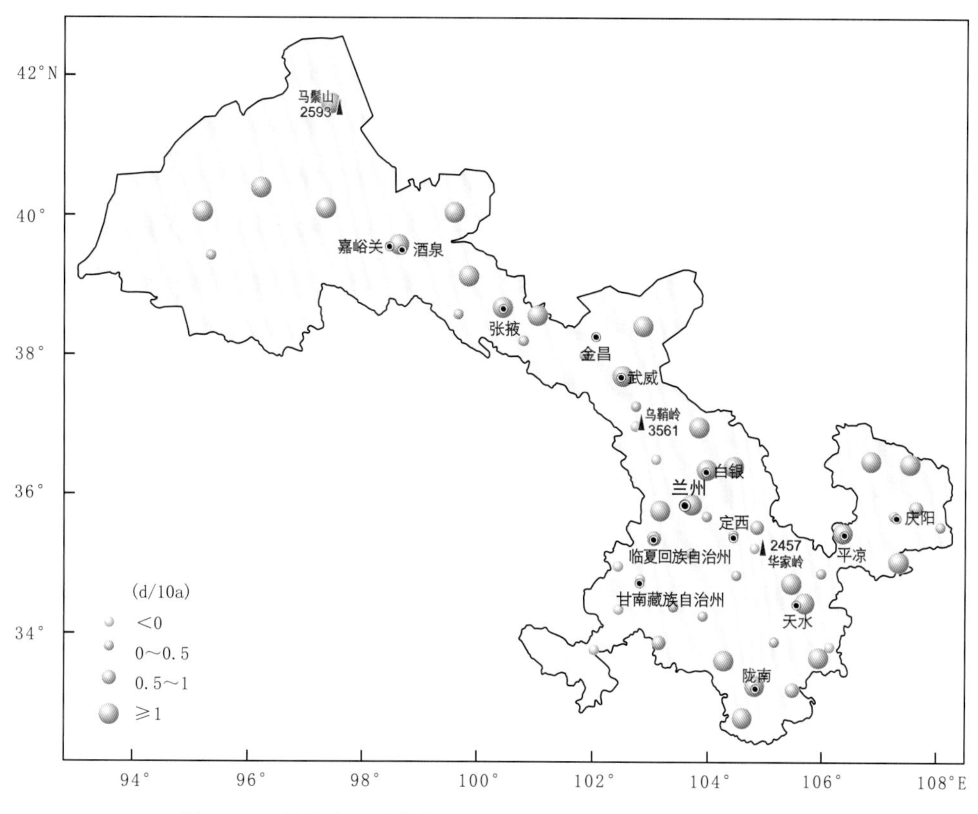

图 7.39　甘肃省日最高气温≥32 ℃日数气候倾向率空间分布

7.3.3.4　日最高气温≥35 ℃日数变化

甘肃省日最高气温≥35 ℃日数总体呈增加趋势(图 7.40),平均每 10 a 增加 0.3 d。祁连山区、甘南高原北部呈减少趋势,减小幅度为 0.01～0.07 d/10a,华亭减小幅度最大,为－0.07 d/10a;其他地区呈增加趋势,增幅为 0.01～2.07 d/10a,其中瓜州增幅最大,为 2.07 d/10a(图 7.41)。

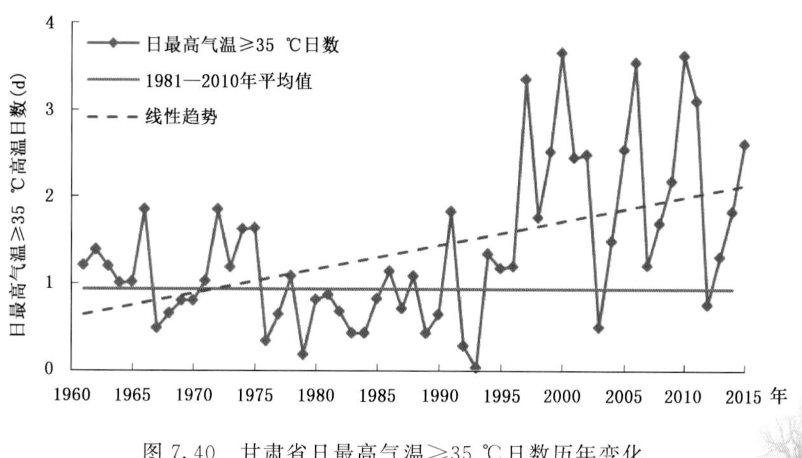

图 7.40　甘肃省日最高气温≥35 ℃日数历年变化

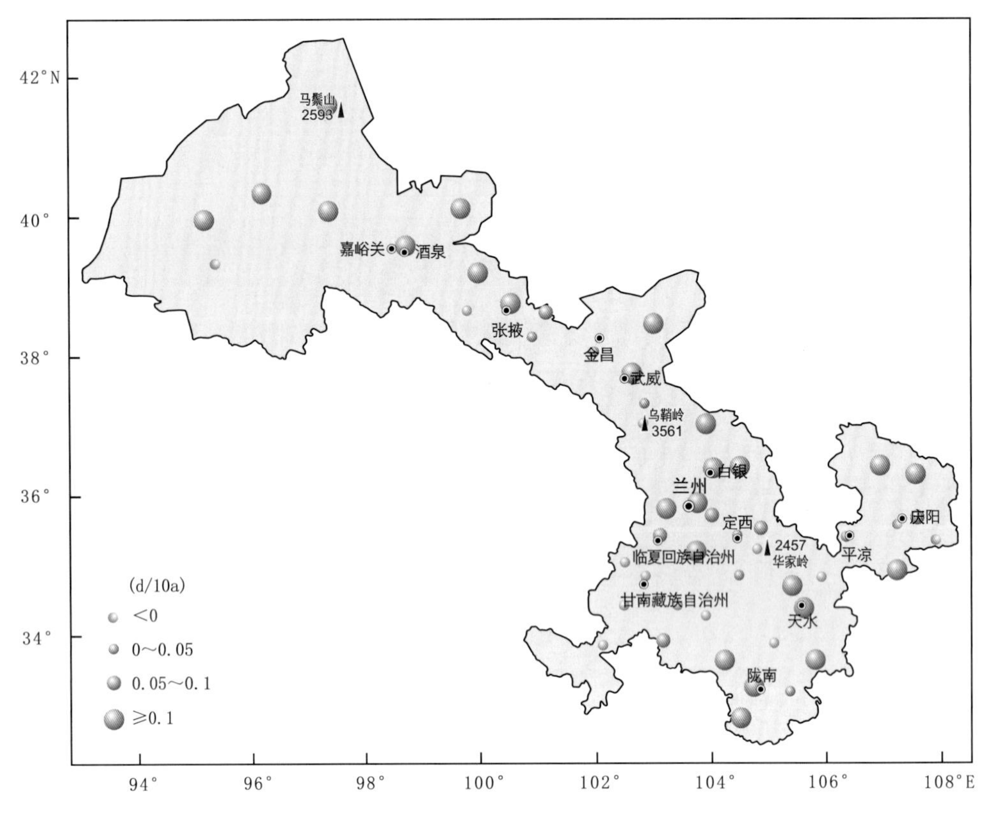

图 7.41　甘肃省日最高气温≥35 ℃日数气候倾向率空间分布

7.3.3.5　日最低气温≤−10 ℃日数变化

甘肃省日最低气温≤−10 ℃日数总体呈减少趋势(图 7.42),平均每 10 a 减少 3.3 d。全省各地变化基本呈现一致减少趋势,河西、陇中、陇东和甘南高原减少最为明显,减小幅度为 2.18~10.88 d/10a。其中民乐减小幅度最大,为 10.88 d/10a,山丹次之,为 10.67 d/10a;陇南以 0.03~1.84 d/10a 速率减少(图 7.43)。

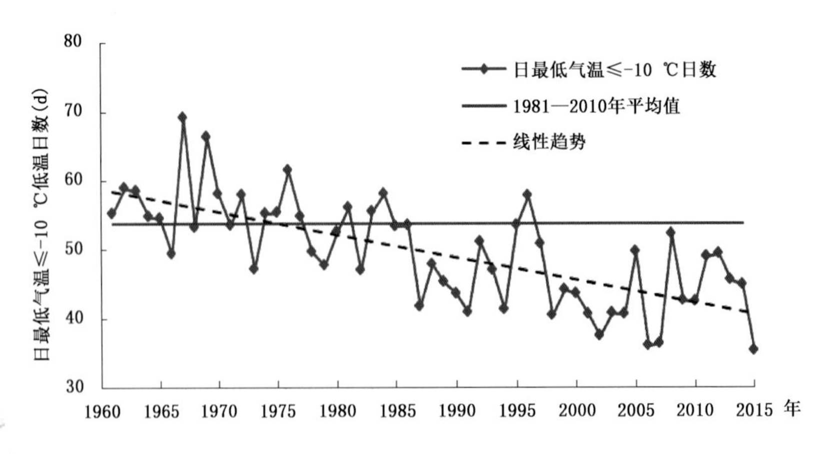

图 7.42　甘肃省日最低气温≤−10 ℃日数历年变化

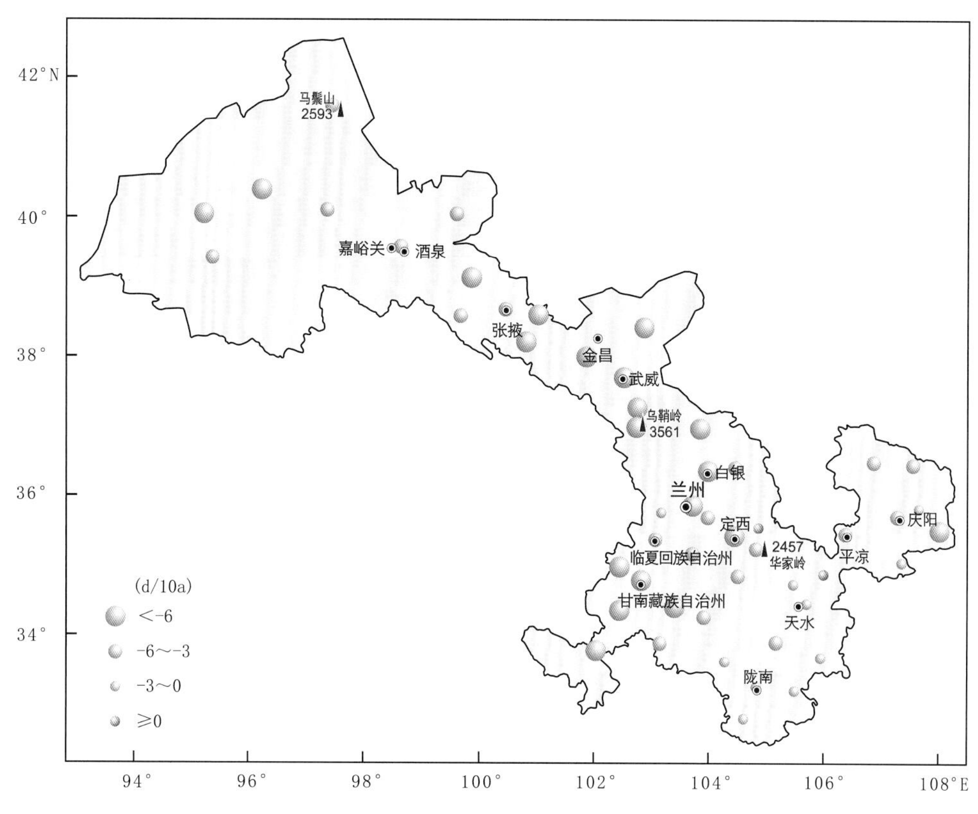

图 7.43　甘肃省日最低气温≤－10 ℃日数气候倾向率空间分布

7.3.3.6　日最低气温≤－20 ℃日数变化

甘肃省日最低气温≤－20 ℃日数总体呈减少趋势(图 7.44),平均每 10 a 减少 0.5 d。陇南市基本不会出现日最低气温≤－20 ℃的日数,河西、甘南高原减少最为明显,减小幅度为 0.51～4.51 d/10a,其中民乐减幅最大,为－4.51 d/10a。河西北端、庆阳市和天水市呈增加趋势,增幅为 0.01～0.61 d/10a,其中马鬃山增幅最大,为 0.61 d/10a(图 7.45)。

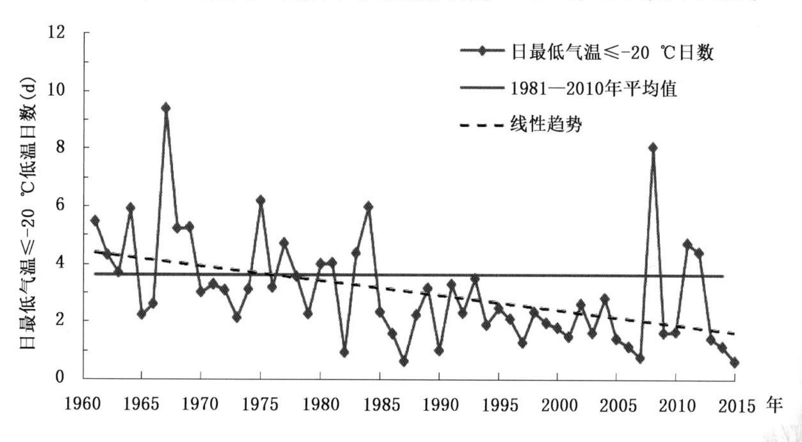

图 7.44　甘肃省日最低气温≤－20 ℃日数历年变化

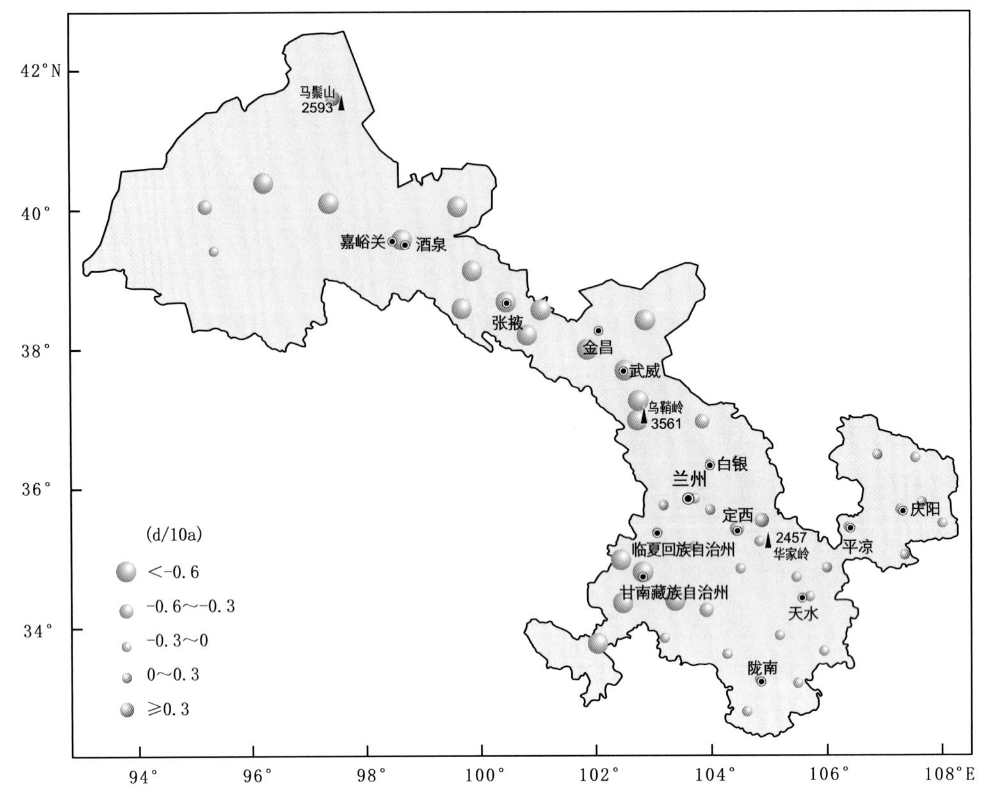

图 7.45　甘肃省日最低气温≤－20 ℃日数气候倾向率空间分布

7.3.3.7　日最大降水量变化

甘肃省历年日最大降水量主要集中在6—9月，主要出现在陇东地区（表7.12）。日最大降水量，河西大部、陇东北部和东南部、陇南东南部、甘南高原西部呈增加趋势，增幅为0.01～2.76 mm/10a。其中宁县增幅最大，为2.76 mm/10a，泾川次之，为2.3 mm/10a；其他地方呈减少趋势，减小幅度为0.01～2.42 mm/10a，其中临洮减小幅度最大，为－2.42 mm/10a，庆城次之，为－2.38 mm/10a（图7.46）。

表7.12　历年日最大降水量（1961—2015年）

出现时间	出现地点	日最大降水量(mm)	出现时间	出现地点	日最大降水量(mm)
1961.7.12	张家川	92.3	1989.7.22	康乐	131.9
1962.7.18	徽县	82.5	1990.8.11	麦积	110.5
1963.9.10	环县	85.1	1991.7.21	临夏	76.6
1964.7.21	成县	135.2	1992.8.9	西峰	115.6
1965.7.7	庄浪	85.0	1993.7.20	永登	108.0
1966.7.26	庆城	190.2	1994.8.6	泾川	88.6
1967.9.9	徽县	103.2	1995.8.5	环县	76.8
1968.8.2	成县	180.7	1996.7.27	崆峒	166.9
1969.7.29	华池	77.8	1997.9.12	康县	81.5

续表

出现时间	出现地点	日最大降水量(mm)	出现时间	出现地点	日最大降水量(mm)
1970.8.18	永靖	111.1	1998.8.20	康县	147.6
1971.7.23	合水	101.4	1999.7.22	华家岭	85.6
1972.7.8	灵台	82.1	2000.8.17	崇信	107.1
1973.8.16	崇信	102.9	2001.8.18	康县	115.3
1974.8.8	泾川	78.0	2002.6.21	华亭	77.1
1975.9.19	崇信	139.4	2003.8.26	庆城	159.2
1976.8.3	临洮	113.4	2004.8.19	环县	93.2
1977.7.5	华池	143.5	2005.7.1	康乐	137.7
1978.7.11	灵台	150.1	2006.7.2	西峰	115.9
1979.8.11	临洮	143.8	2007.7.25	泾川	143.4
1980.7.27	镇原	106.9	2008.7.21	成县	126.3
1981.8.15	庆城	148.3	2009.4.1	东乡	198.1
1982.7.29	泾川	96.7	2010.7.23	泾川	184.2
1983.9.6	徽县	126.8	2011.7.28	庄浪	82.6
1984.7.24	泾川	104.7	2012.8.14	两当	115.5
1985.6.3	武威	62.7	2013.7.22	灵台	184.6
1986.7.9	灵台	75.5	2014.7.8	正宁	74.7
1987.5.30	文县	73.0	2015.7.22	徽县	73.9
1988.8.8	华池	130.9			

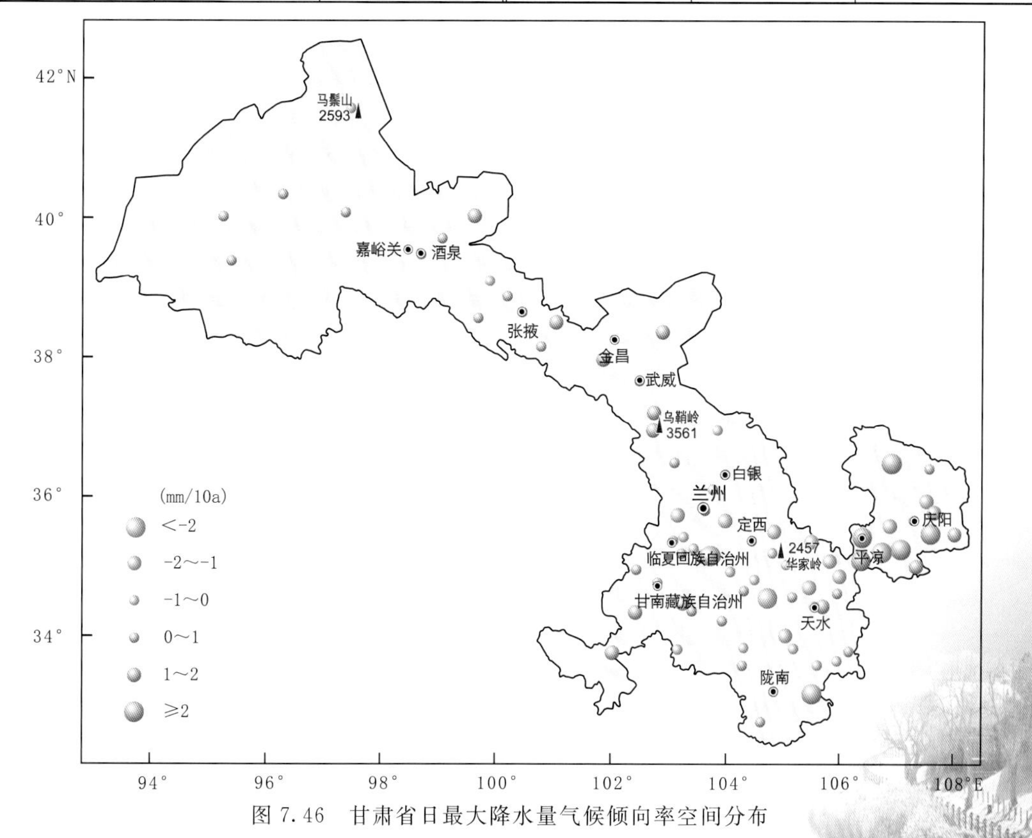

图7.46 甘肃省日最大降水量气候倾向率空间分布

7.3.3.8 最长连续降水日数变化

甘肃省最长连续降水日数，河西西南部和东部、陇中北部呈现出增加趋势，增幅为 0.01～0.61 d/10a。其中永登增幅最大，为 0.66 d/10a；其他地区呈减少趋势，减小幅度为 0.03～1.36 d/10a。其中甘南州减幅最为明显，减小幅度在 0.73 d/10a 以上，卓尼减小幅度最大，为 −1.36 d/10a(图 7.47)。

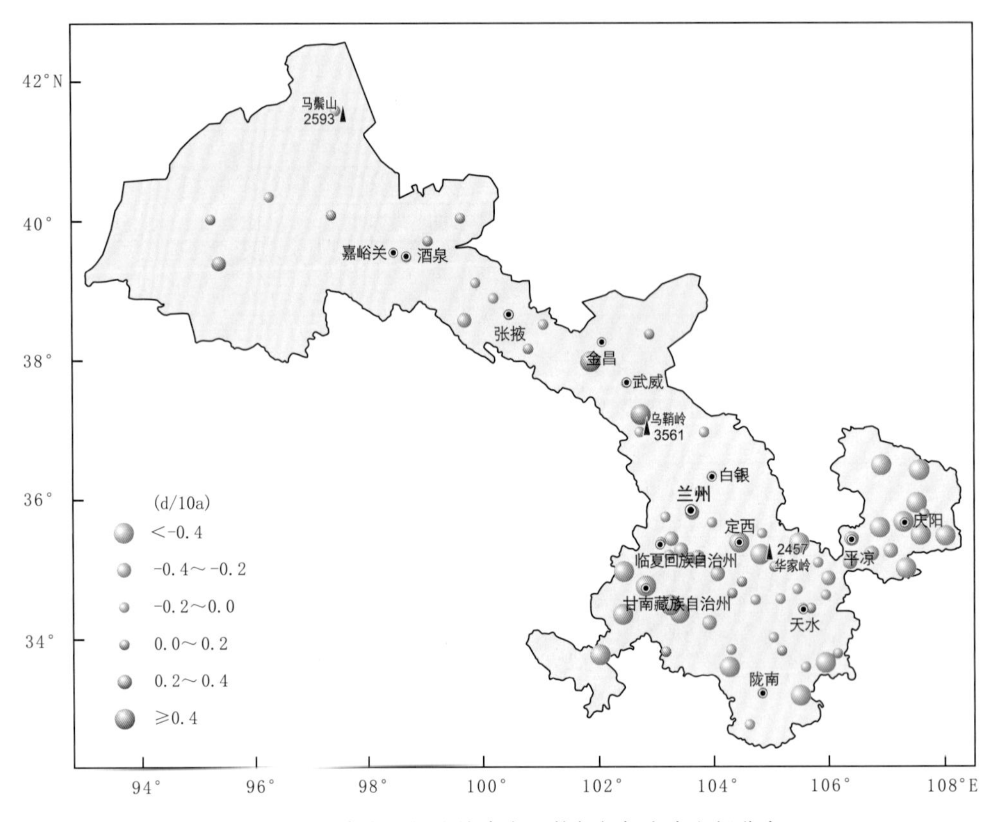

图 7.47 甘肃省最长连续降水日数气候倾向率空间分布

7.3.3.9 最长连续无降水日数变化

甘肃省年最长连续无降水日数，河西中东部、陇中中北部和西南部、陇东东部、甘南中部呈增加趋势，增幅为 0.02～4.99 d/10a。其中景泰增幅最大，为 4.99 d/10a，永靖次之，为 3.95 d/10a；其他地区呈减少趋势，减小幅度为 0.01～2.15 d/10a，其中金塔减小幅度最大，为 −2.15 d/10a(图 7.48)。

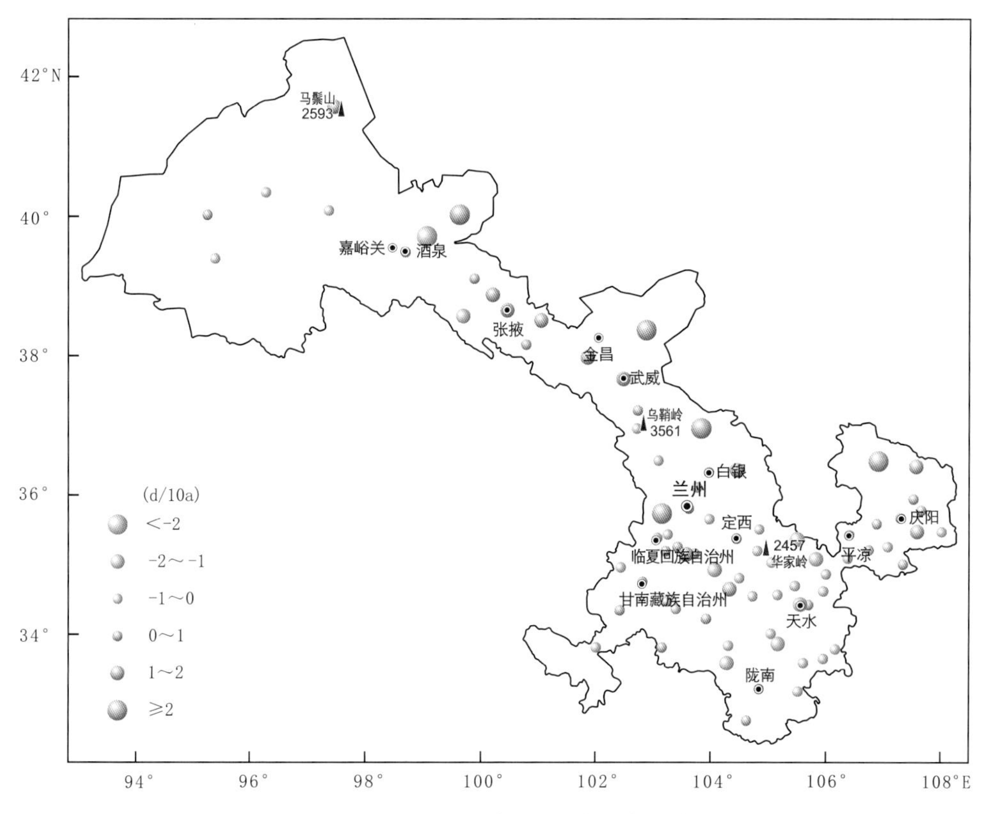

图7.48 甘肃省最长连续无降水日数气候倾向率空间分布

7.4 未来气候变化预估

7.4.1 预估数据来源

未来100年预估数据，来源于中国气象局对外发布的中国地区气候变化预估数据集3.0中CMIP5全球气候模式数据。这是中国气象局国家气候中心对21个CMIP5(the Fifth phase of the CMIP)全球气候模式的模拟结果，经过差值计算将其统一降尺度到同一分辨率(0.5°×0.5°)下，利用简单平均方法进行多模式集合，制作成在不同RCP2.6、RCP4.5、RCP8.5排放情景下月平均气温和降水资料。

RCP8.5排放情景：假定人口最多、技术革新率不高、能源改善缓慢，所以收入增长慢。这将导致长时间高能源需求及高温室气体排放，而缺少应对气候变化的政策。2100年辐射强迫上升至8.5 W/m²。

RCP4.5排放情景：2100年辐射强迫稳定在4.5 W/m²。

RCP2.6排放情景：把全球平均温度上升限制在2.0 ℃之内，其中21世纪后半叶能源应用为负排放。辐射强迫在2100年之前达到峰值，到2100年下降至2.6 W/m²。

本书采用RCP4.5情景对甘肃省进行未来气候变化及影响评估。

7.4.2 气温变化趋势预估

7.4.2.1 气温时间演变趋势

预估到2100年，甘肃省年平均气温总体将呈现出上升态势，增温幅度在0.81～2.71 ℃（图7.49）。其中2030年甘肃省气温将增加1.18 ℃，2050年气温将上升1.94 ℃，而到21世纪末气温增幅可能达到2.67 ℃。

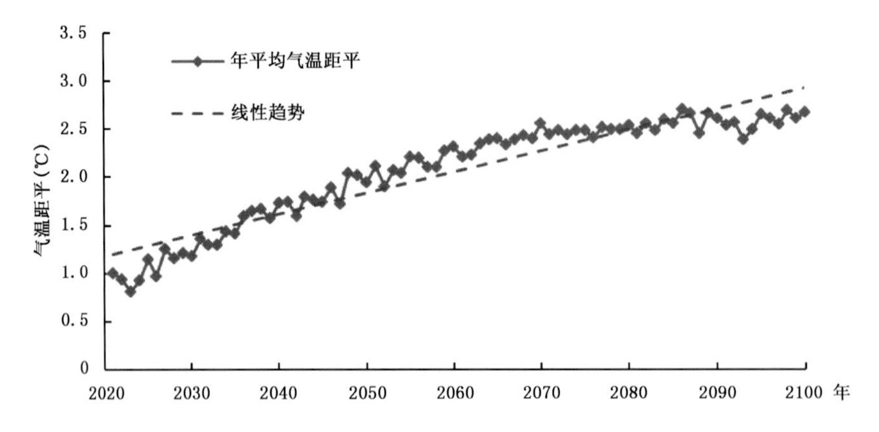

图7.49 在RCP4.5排放情景下，模拟甘肃省21世纪年平均气温距平变化（基准年：1986—2005年）

预估4个季节气温变化也一致呈现增加趋势：其中冬季升温最为明显，幅度在0.53～3.10 ℃；其次是春季升温0.66～2.79 ℃；秋季升温0.93～2.80 ℃；而夏季升温幅度相对最小，为0.99～2.69 ℃（图7.50）

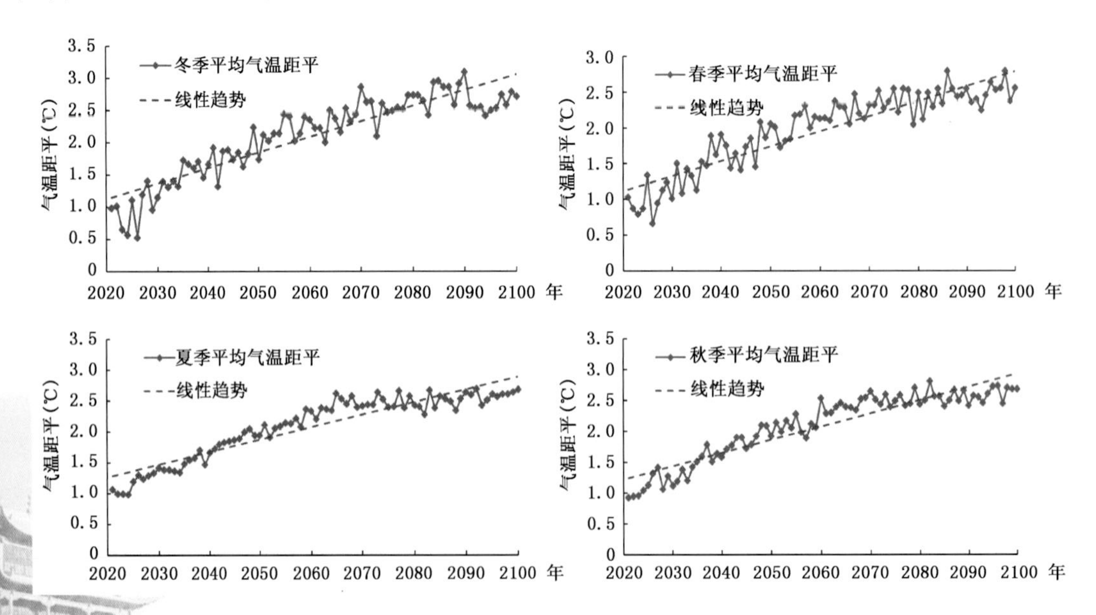

图7.50 在RCP4.5排放情景下，模拟甘肃省21世纪季节平均气温距平变化（基准年：1986—2005年）

7.4.2.2　气温空间分布变化趋势

预估到2030年，甘肃省各地气温均有所升高，增温幅度在0.85～1.15 ℃，其中河西走廊西部增温幅度略高于其他地方(图7.51)。

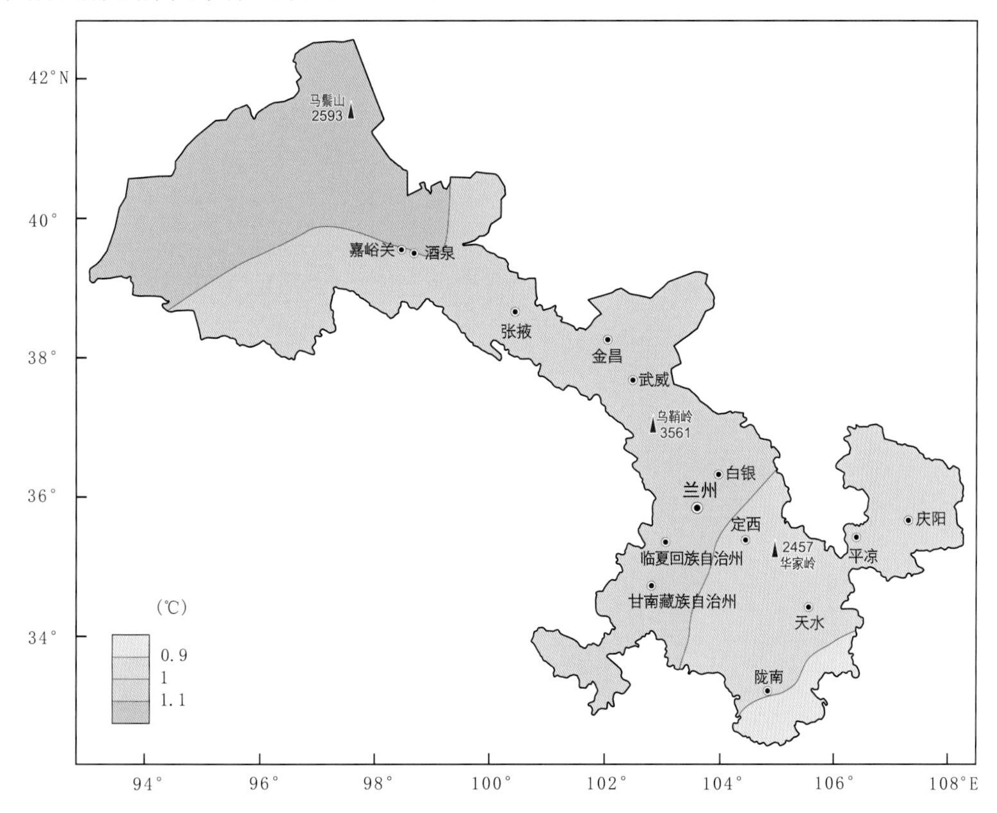

图7.51　在RCP4.5排放情景下，模拟甘肃省21世纪初期(2021—2030)年平均气温距平空间分布(基准年：1986—2005年)

预估甘肃省各地4个季节气温也呈现一致升温趋势。冬季增温幅度明显低于其他3个季节，增温幅度为0.7～1.0 ℃，河西走廊西北部、陇中和甘南的冬季气温升幅为1 ℃；其次是春季，增温幅度为0.8～1.0 ℃，其中河西西北部增温幅度略高于其他地方；夏季和秋季气温增幅在0.9～1.4 ℃和0.9～1.2 ℃，河西中西部和陇中北部地区升幅高于其他地方(图略)。

预估到2050年，各地气温呈现增温态势，增温幅度在1.6～2.0 ℃，其中河西西部和陇中北部增温略高于其他地区(图7.52)。

预估21世纪中期，4个季节气温呈现一致升温趋势。冬季增温幅度为1.5～1.9 ℃，其中甘南州西部和兰州市西北部冬季气温升幅为1.8～1.9 ℃；春季增温幅度为1.5～1.8 ℃，其中河西西部的气温升幅高于其他地方；夏季和秋季的气温增幅分别为1.6～2.1 ℃和1.7～2.0 ℃，夏季河西西部和东部气温升幅高于其他地方，秋季主要是在河西西部升温(图略)。

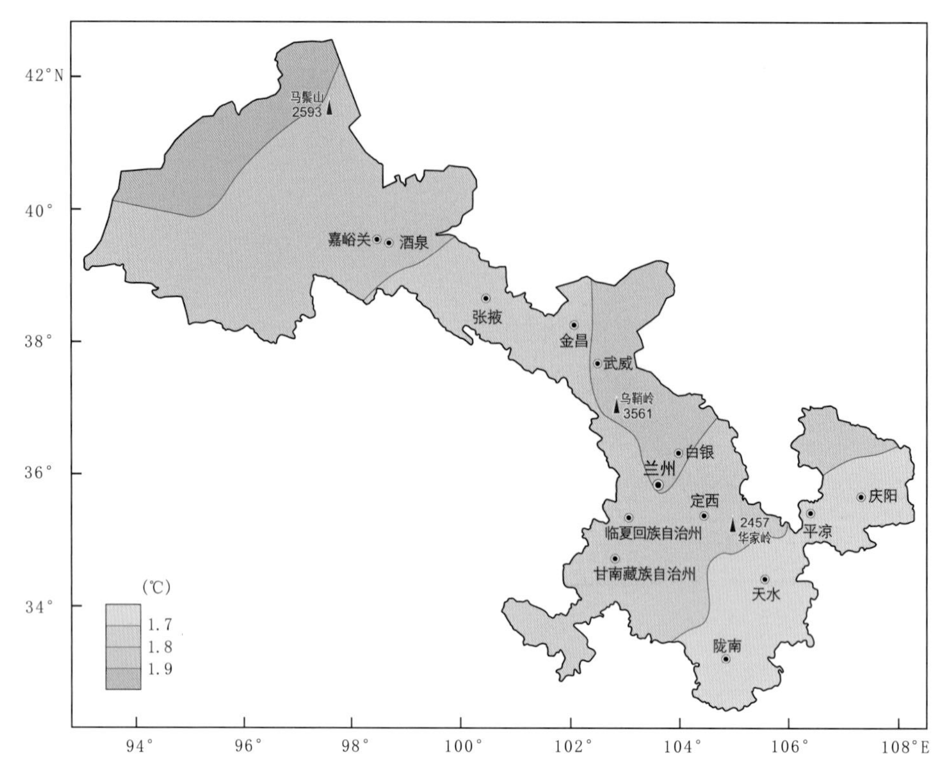

图 7.52 在 RCP4.5 排放情景下，模拟甘肃省 21 世纪中期(2041—2050)年平均气温距平空间分布(基准年：1986—2005 年)

7.4.3 降水量变化趋势预估

7.4.3.1 降水时间演变趋势

预估到 2100 年，甘肃省年降水量将呈现出增多态势，降水距平百分率的变化在－1.8%～13.7%(图 7.53)。其中 2021—2030 年降水增加 3.6%，2031—2040 年降水距平百分率将上升 4.0%，到 21 世纪末降水增幅将可能达到 12.0%。

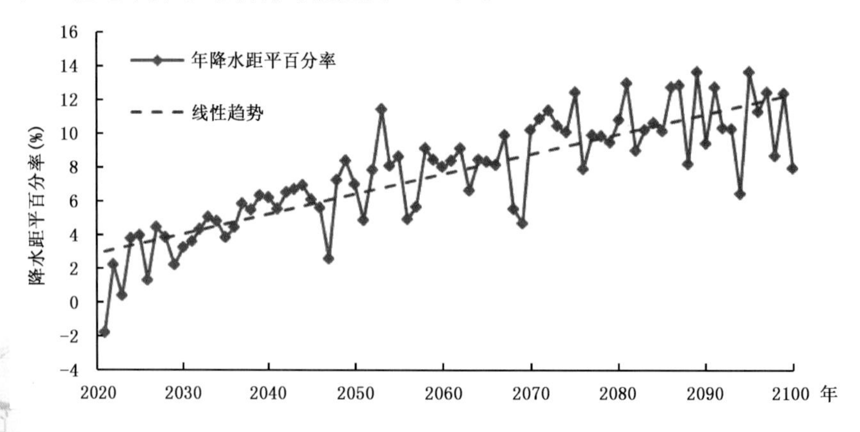

图 7.53 在 RCP4.5 排放情景下，模拟甘肃省 21 世纪年降水距平百分率变化(基准年：1986—2005 年)

预估4个季节平均降水总体呈现出增多趋势，但增加幅度却各有不同(图7.54)。其中夏季降水变化幅度最小，为－2.2%～12%；冬季降水变化幅度较大，为1.8%～22.8%；春季和秋季降水变化幅度分别为－1.9%～23.5%和－4.6%～24.4%。

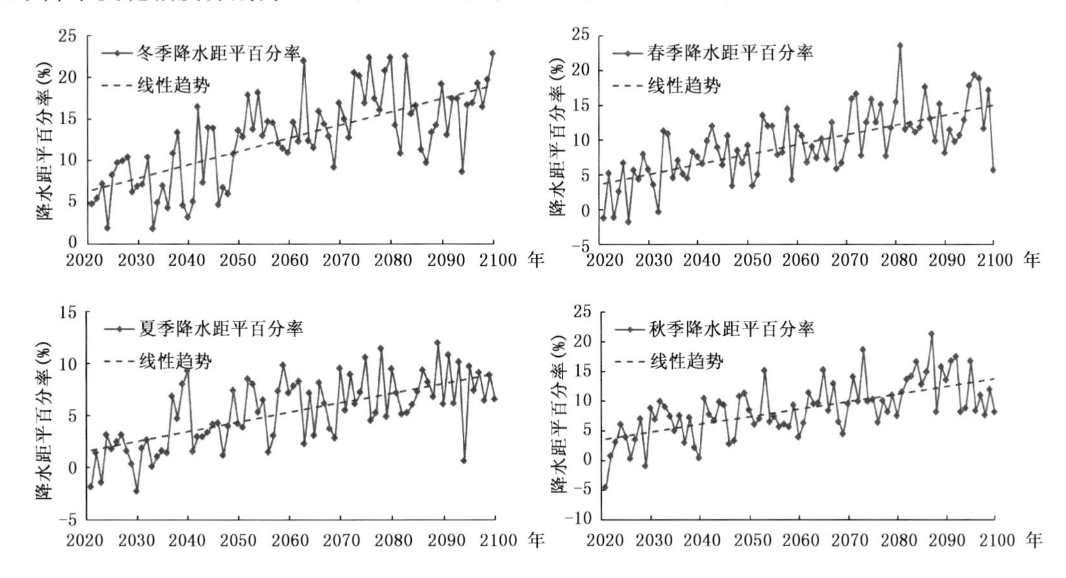

图7.54　在RCP4.5排放情景下，模拟甘肃省21世纪季节降水距平百分率变化
(基准年：1986—2005年)

7.4.3.2　降水空间分布变化趋势

2030年，甘肃省各地年降水变化不大，除陇南市东南部年降水略有下降外，其余地方降水均呈现出增加趋势，增加幅度为0.2%～4.2%(图7.55)。

21世纪初期，各地4个季节降水变化差异较大，有的地方增加，有的地方减少。冬季降水距平百分率增加明显高于其他3个季节，陇中降水距平百分率增加明显，增加幅度为8%～9%；春季降水距平百分率增加幅度相对冬季而言较小，主要在河西东部、陇中西部和甘南州，增加幅度为4%～6%；夏季和秋季的降水呈现出减少和增加并存的趋势。夏季降水距平百分率有的地方增加，有的地方减少，其中河西西部和甘南州西南部的降水有所增多，增加幅度在3%以内。其余地方的降水在21世纪初期有所减少，尤其是在河西东部、陇中北部和陇南大部，减少幅度在4%以内。秋季降水的变化分布与夏季相比又发生了变化，除陇南南部偏少以外，其余地方降水呈增多趋势(图略)。

21世纪中期(2041—2050年)，甘肃省年降水均呈现出增多趋势，增加幅度为1.0%～10.2%(图7.56)。

预估21世纪中期，4个季节降水大部分地方呈现出一致增多的趋势，但增加幅度不大(图略)。冬季降水距平百分率增加明显高于其他3个季节，增加幅度为5%～12%；春季，河西大部增加较河东略多，降水增加幅度在4%～11%；夏季，陇南和陇东的降水减少1%～3%，其他地方增加1%～8%；秋季降水均呈增多趋势，尤其是河西中东部，增多15%～18%，仅在陇南南部部分地方，降水略有减少。

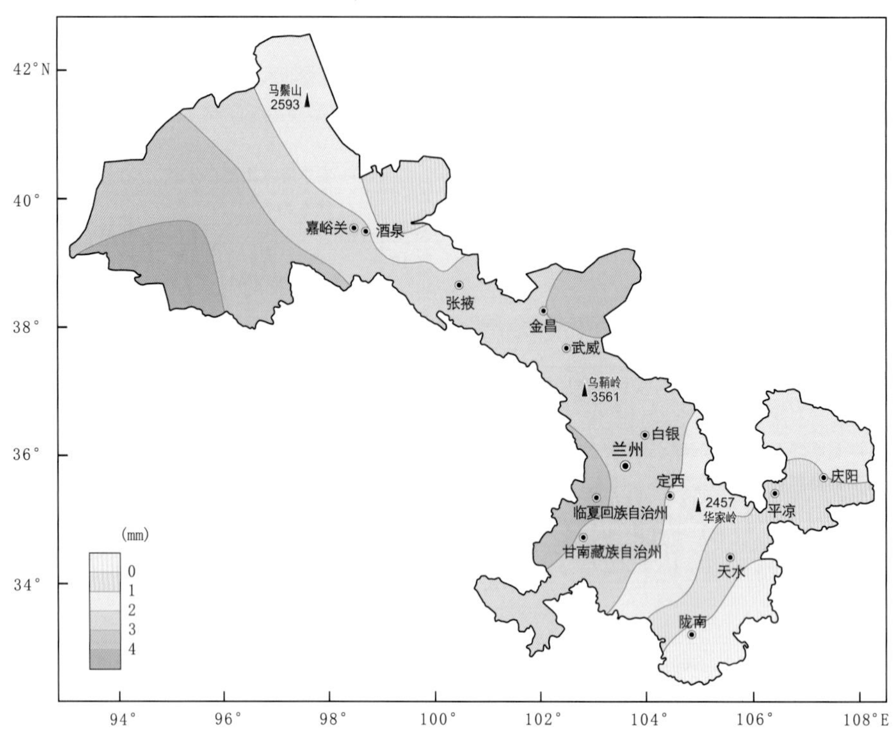

图 7.55　在 RCP4.5 排放情景下，模拟甘肃省 21 世纪初期(2021—2030 年)年降水距平百分率空间分布(基准年：1986—2005 年)

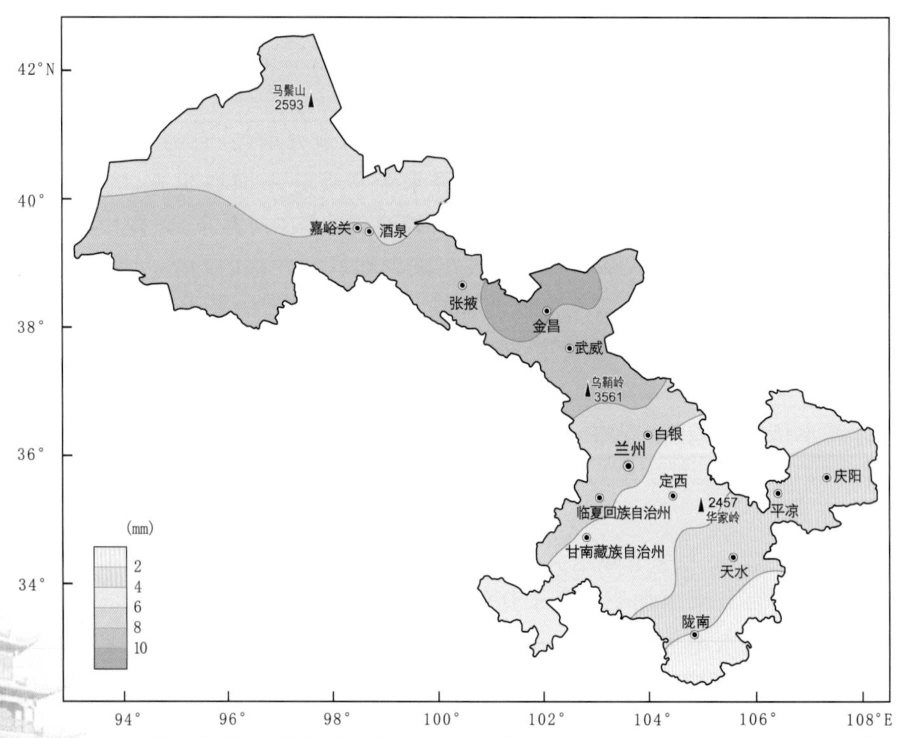

图 7.56　在 RCP4.5 排放情景下，模拟甘肃省 21 世纪中期(2041—2050 年)年降水距平百分率空间分布(基准年：1986—2005 年)

7.4.4　气候变化预估不确定性

目前,用于未来气候变化预估的主要工具是全球和区域气候模式。全球和区域气候模式提供有关未来气候变化,特别是大陆及其以上尺度气候变化可靠的定量化估算,具有较高的可信度。某些气候变量(如气温)的模式估算可信度高于其他变量(如降水)。在几十年发展中,模式始终提供一幅因温室气体增加而引起气候显著变暖的强有力和清晰的图像。

气候模式可信度来自于以下事实:其一,模式的基本原理是建立在物理定律基础之上的,如质量守恒定律、能量和动力学定律,同时还有大量的观测资料;其二,在于模式模拟当前气候重要方面的能力。通过把模式的模拟结果与大气、海洋、冰雪圈和地表观测结果对比,可以对模式进行常规和广泛的评估;其三,模式具有再现过去气候和气候变化特征的能力。

但是,模式仍然存在很大的局限性,例如对云的表述,这种局限性导致预测气候变化在量级、时间以及区域细节上存在不确定性,导致模式预测结果包含有相当大的不确定性,其中降水预测的不确定性比气温更大。

在对未来气候变化预估时,产生不确定性的原因很多,主要有:在未来温室气体排放情景方面存在不确定性,包括温室气体排放量估算方法、政策因素、技术进步和新能源开发方面的不确定性;还包括气候模式发展水平的限制引起的对气候系统描述的误差,以及模式和气候系统的内部变率,后者可以通过集合方法减少;计算机能力的限制;对科学理解的限制以及对一些重要物理过程细节的观测存在限制;用于评估气候模式结果的观测资料不足也是在发展和评估模式中产生不确定性的重要原因。

在区域级尺度上,气候变化模拟的不确定性则更大,一些在全球模式中可以忽略的因素,如植被和土地利用、气溶胶等,都对区域和局地气候有很大影响,而各个模式对这些强迫的模拟结果之间的差别很大。区域模式降尺度结果的可靠性,很大程度上取决于全球模式提供侧边界场的可靠性,全球模式对大的环流模拟产生的偏差,会被引入到区域模式的模拟,在某些情况下还会被放大。此外,目前观测资料的局限性也在区域模式的检验和发展中引入了更多的不确定性。当前区域气候模式水平分辨率在向 15～20 km 及更高分辨率发展,而现有观测站点密度及格点化资料空间分辨率都较难满足评估这些高分辨率模拟的需要。

7.5　近60年气候变化影响

7.5.1　气候变化对农业影响

7.5.1.1　对粮食作物影响

(1)冬小麦

对发育的影响。冬小麦播种期在20世纪90年代以后比80年代推后4～8 d,冬前发育期推迟,春初提前返青,营养生长期提前4～7 d,生殖生长阶段提早5 d左右,全生育期缩短6～9 d。这种变化具有地域性,陇东缩短最多,约10 d左右,陇东南最少为1～5 d。冬小麦苗期受温度和降水量共同作用,但以温度影响为主;而营养生长期以后则主要受降水量影响。

对死亡率和面积的影响。冬小麦越冬死亡率与≤0 ℃负积温呈负相关,≤0 ℃负积温逐渐减少，冬小麦越冬死亡率每 10 a 降低 2.4%，从 1994 年以后基本上没有发生冬小麦越冬死亡。种植风险减少，各地扩大了越冬性稍弱但丰产性能较好的品种，产量有所提高；使冬小麦种植北界向北扩展 50～100 km，且西伸明显，种植高度提高 200 m 左右，海拔高度从 1800～1900 m 向 2000～2100 m 扩展，种植面积扩大 20%～30%。

对产量的影响。暖冬和初春气温升高，对冬小麦生长和产量利弊并重。它给麦田病、虫、孢子越冬滋生提供有利的气象条件；易造成土壤干旱，不利于麦苗生长发育；部分年份导致小麦春化作用不彻底，小穗发育不良，不孕小穗增多；但开花期延长，花前营养生长时间充分，结实率增加。旱作区冬小麦气候产量主要受降水量影响，与秋、春季降水量呈正相关，平均每 10 a 每公顷减少 52.7 kg(邓振镛 等，2008b、d)。

(2)春小麦

对发育的影响。由于春季气温偏高、回春早，20 世纪 90 年代春小麦播种期比 20 世纪 80 年代提早 2～7 d。生长季略有提前，全生育期缩短 1～2 d，籽粒形成期最明显，约 3 d。经计算，旱作区春小麦生长期与温度呈负相关，但与降水量呈极显著正相关，降水量每减少10 mm，生长期缩短约 0.8 d，降水是主要影响因素。春小麦苗期和籽粒形成期的发育速度主要受温度影响最大，而营养生育期则主要是水分的影响。

对种植区域和面积的影响。气候变暖使春小麦适宜种植区高度提高 100～200 m，种植上限高度达 2800 m。但气候暖干化，导致全省春小麦种植面积减少 20%～30%，尤其中部旱作区减少较多。

对产量的影响。河西灌区春小麦产量与日平均气温稳定通过 0 ℃积温呈显著正相关，1991—2000 年气候产量比 1986—1990 年增加 10%～79%。敦煌春小麦产量每年显著增加，增幅为 8.8 g/m²。旱作区春小麦产量与土壤水分密切相关，播种期、拔节孕穗期、灌浆期的 100 cm 深土壤蓄水量与产量正相关关系显著，对产量贡献具有重要作用。但拔节抽穗期增温对产量有极显著的负面影响，气候暖干化使产量下降速率明显，下降速率为 5.5 g/m²(邓振镛 等，2008b、d)。

(3)玉米

对发育的影响。播种前温度上升 1 ℃，灌区玉米播种时间提前 2.1 d，20 世纪 90 年代比 80 年代播种期提早 2 d 左右。拔节前营养生长阶段生育速度改变不大，但生殖生长阶段延长，乳熟期最多达 6 d，全生育期延长 6 d 左右。旱作区玉米生育期受热量和降水共同作用，使得玉米各生育阶段提前：播种期提早 1～2 d；营养生长阶段提早 4～5 d；生殖生长阶段提早 6～7 d。愈往后期生长速率愈快，全生育期缩短 6 d 左右。

对种植区域、面积与品种的影响。气候变暖，玉米适宜种植区向北扩展，海拔增高，向偏中晚熟高产品种发展。玉米适宜种植区高度提升 150 m 左右，种植上限高度达 2000 m，最适高度为 1300～1500 m。河西灌区玉米面积迅速扩大，达 2.5 倍，旱作区玉米面积扩大 0.5～1 倍。

对产量的影响。河西灌溉区玉米气候产量变化主要受日平均气温稳定通过 10 ℃积温影响，两者相关显著。气象因素对实际产量贡献率达 52%～60%，超过社会因素对实际产量的贡献率，1992—2005 年气候突变后的气候产量比 1981—1991 年突变前增加了 124%～301%。河西为玉米种植重点产区，日平均气温稳定通过 10 ℃积温平均增加 127 ℃·d，使得玉米产量大幅度增加。旱作区玉米产量主要受降水量影响，气候产量与干旱程度变化相一致，旱作区玉米气候产量与全生育期耗水量和拔节至乳熟期降水量分别呈显著正相关，降水量愈少、愈干旱，玉米气候产量愈低（邓振镛 等，2008d）。

（4）马铃薯

对发育和面积的影响。由于春温增加，地温提高2.2～2.5 ℃，使马铃薯播种提前，出苗提早13 d，生长季延长。适宜种植区高度提高100～200 m，使种植面积扩大，从20世纪80年代初的24.58万 hm^2，至今已经翻番。尤其中部地区的马铃薯种植面积迅速扩大。

对产量的影响。计算马铃薯产量对气候变化的敏感程度看出，陇东南马铃薯产量年际波动最大，陇东次之，中部较小（产量年际变幅小，对气候变化的适应性较好；产量年际变幅大，对气候变化敏感）。马铃薯气候产量与块茎膨大期（7月）平均气温和分枝—开花期（6—7月）降水量相关密切。当降水量变化在适宜范围内，产量随温度升高而降低，当温度平均升高1 ℃，陇东南、中部和陇东产量下降0.12%、0.1%和0.011%，而减产幅度随温度升高而缩小；当温度变化在适宜范围内，产量随降水量增加而增加，当降水量增加10%时，中部、陇东南和陇东产量分别增加0.28%、0.23%和0.22%，中部增幅最大。20世纪90年代气候暖干化，使旱作区马铃薯气候产量呈下降趋势。河西灌溉区，降水量对产量影响很小。气候变暖，夏季气温偏高对马铃薯气候产量非常不利。因此，冷凉半干旱半湿润气候区是马铃薯种植优势地带和种薯繁育基地（邓振镛 等，2008d）。

（5）谷子

对发育和面积的影响。春暖使谷子适播期提前一星期，适生高度提高150 m左右。种植上限达2100 m，最适海拔高度<1500 m。在半干旱和半湿润旱作区种植面积扩大10%～20%。

对产量的影响。谷子产量与气象因素相关性非常显著，旱作区谷子产量随着关键期内气温增高、降水增多而提高；河西灌区谷子产量与灌浆期平均气温相关达极显著水平，产量随气温增高而提高。气候暖干化对谷子产量影响非常突出，谷子产量年际气象波动指数占实际产量变异系数的54%～73%。变暖突变前气象波动指数占当地同期实际产量变异系数的43%～78%；变暖突变后气象波动指数占当地同期68%～89%，变暖后较变暖前所占百分比明显增大。变暖后较变暖前谷子气候产量增加30.6～121.1 kg/hm^2。旱作区变暖的正效应大于变干的负效应。谷子气候产量丰产年型在增暖以后出现的频率为77.8%～100%。谷子是比较耐旱的作物，气候暖干化对旱作地谷子的生产比其他作物影响来得少（邓振镛 等，2010c）。

（6）糜子

对发育和面积的影响。气候变暖，适播期提早、生育期延长，适生高度提高150 m左右，种植上限达2200 m，最适海拔高度<1600 m。在半干旱和半湿润旱作区，种植面积扩大10%～20%。气候变暖，各地日平均气温稳定通过10 ℃积温增加100～200 ℃·d，复种糜子适生高度达海拔1700 m。复种指数增加，适生区域扩展、种植面积扩大，产量提高。

对产量的影响。糜子是喜温作物，随着生育进程推进，气温对其气候产量的正效应愈来愈明显，抽穗至开花期达到最大：半干旱旱作区产量提高10.5 kg/hm^2·℃；半湿润旱作区为5.6～8.0 kg/hm^2·℃；河西灌区为9.0 kg/hm^2·℃。气候变暖对提高糜子气候产量极有利。拔节以后，降水量对糜子气候产量为正效应，到抽穗期达到最大，为3.0～8.0 kg/hm^2·mm。半干旱旱作区糜子气候产量受影响最大，其次是半湿润旱作区，灌溉区影响最小，有随干旱程度愈大、影响增大的趋势。气候暖干化，对较耐旱的糜子气候产量影响并不大（邓振镛 等，2010c）。

7.5.1.2　对经济作物影响

(1)棉花

对发育和面积的影响。春季回暖早,棉花播种期提前,20 世纪 80 年代平均播种日期在 4 月下旬;20 世纪 90 年代在 4 月中旬后期;2001—2010 年在 4 月中旬前期。比 20 世纪 90 年代提早 5 d,比 20 世纪 80 年代提早 12 d。营养生长阶段提前完成,如开花期比 20 世纪 90 年代提前 4 d,比 20 世纪 80 年代提前 12 d,为生殖生长争取更长季节和更多资源打下良好基础。停止生长期从 10 月上旬推迟到 10 月中旬,比 20 世纪 80 年代延长 6 d,比 20 世纪 90 年代延长 9 d。全生育期比 20 世纪 90 年代和 20 世纪 80 年代延长 14 d 和 18 d。在同一区域种植的春小麦、玉米、棉花的生长期速度对变暖响应的敏感性反应结果不同,棉花最敏感、其次为玉米,春小麦最不敏感。这可能与作物对热量的适应程度有密切关系。河西地区棉花主产区,种植面积从 1992 年至今呈直线上升,每年增加 0.466 万 hm^2,使适宜种植区域高度从 1300 m 提升到 1400 m,升高了 100 m 左右。现在面积比以往面积扩大了 7 倍多。

对产量和品质的影响。由于主产区棉花生长期日平均气温稳定通过 10 ℃积温升高 131 ℃·d,裂铃至停止生长关键期增温 30 ℃·d,最低气温升高 0.9 ℃。春季增温加快,秋季降温减缓,使生长期热量资源得到较大补偿,气候生态适应性更适宜,与棉花生理需求指标更接近。从 1993 年以后主产区敦煌和金塔两地棉花单产距平值与日平均气温稳定通过 10 ℃积温距平值变化趋势基本一致,积温对单产起的作用非常明显。20 世纪 90 年代比 20 世纪 80 年代棉花气候产量增加 81.5 kg/hm^2,增大 54.3%,霜前花减少了 30%,衣分提高了两个百分点(邓振镛 等,2008d)。

(2)胡麻

对发育和面积的影响。播种期平均提前 20 d 左右,全生育期延长 30 d 左右。适宜种植区高度提高 100～200 m。河西地区种植面积呈缓慢下降,每 10 a 面积减少 0.713 万 hm^2;陇东和中部种植面积呈扩大趋势。

对产量的影响。胡麻气候产量与籽粒期(6—7 月)平均气温负相关显著,气温升高,产量降低;与关键生育期(4—6 月)降水量正密切相关。气候变化使中部产量波动最大,陇东次之,河西最小。当降水量变化在适宜范围内,产量随温度升高而降低。气温每升高 1 ℃,中部、陇东、陇东南和河西每公顷产量分别下降 2.6%、2.1%、1.9%和 1.5%。当温度变化在适宜范围内,产量随降水量增加而增加。降水量增加 10%,中部、陇东南和陇东每公顷产量分别增加 1.0%、0.9%和 0.8%。中部增幅最大,河西灌溉区,降水量对产量影响很小。20 世纪 90 年代气候暖干化,使旱作区胡麻气候产量呈下降趋势(邓振镛 等,2008d)。

(3)冬油菜

对发育的影响。由于气候变暖,冬油菜 20 世纪 90 年代比 20 世纪 80 年代推迟播种 7～13 d,停止生长期以前均推迟。冬季停止生长期减少 16～24 d;返青后生育期提前 8～12 d;全生育期缩短 17～32 d。

对面积和产量的影响。由于气候变暖,越冬死亡率下降,冬油菜种植带向北扩展约 100 km,种植高度提高 150～200 m。冬油菜种植面积逐年扩大,20 世纪 80 年代到 20 世纪 90 年代,冬油菜播种面积占油料作物的比例由 6.7%上升到 13.2%,几乎增长了 1 倍。冬暖使越冬冻害风险下降,丰产品种面积扩大。气候产量与冬季平均气温相关密切,每升高 1 ℃,气候产量增加 172 kg /hm²。全省冬油菜总产量呈线性上升，冬油菜产量占油料作物总产的比例已达 15.1%，成为甘肃省主要油料作物之一（邓振镛 等，2008d）。

（4）甘蓝型春油菜

对发育的影响。适宜播种期在 20 世纪 90 年代和 2001—2008 年较 20 世纪 70 年代分别提前 4 d 和 6 d。收获期较 20 世纪 70 年代分别推后 4 d 和 9 d。气候变暖后适播期适当提前，后期低温影响几率减小，有利于籽粒灌浆完熟和形成高产，同时有利于发展高产晚熟品种。播种—出苗间隔日数呈增加趋势，倾向率为 5.5 d/10a；现蕾—开花期间隔日数呈减少趋势，倾向率为 −4.6 d/10a；开花—绿熟期间隔日数明显缩短，倾向率达 −11.9 d/10a。气候变暖除使播种—出苗期降水增加，使出苗推迟外，其他时间使生育速度明显加快。

对产量的影响。春季播种期和秋季成熟期，气温升高有利于及早播种和成熟收获，二者均有利于提高产量，呈正效应，特别是成熟期气温正效应明显，气温每升高 1 ℃，产量增加 171.4 kg/hm²。其余生育时段气温均呈负效应，特别在灌浆期气温升高导致灌浆期缩短，粒重下降，不利于产量增加。降水则相反，播种期、成熟期降水增加影响正常播种和成熟收获，对提高产量不利，呈负效应。出苗—开花期间呈正效应，降水增多促进产量增加。特别是现蕾—开花期降水正效应明显，降水每增加 10 mm，气候产量增加值在 110～132 kg/hm²。说明气候变暖使油菜对水分需求更加敏感，干旱化趋势将导致油菜生存气候环境进一步恶化，不利于持续稳产高产。

（5）白菜型春油菜

对发育的影响。气候变化对白菜型春油菜生育产生了较明显的影响，20 世纪 90 年代和 20 世纪 80 年代相比，各发育期均有不同程度的提前。其中播种期平均提前 2 d，现蕾期提前 4 d，盛花期提前 9 d，全生育期缩短 5 d。

对产量的影响。白菜型春油菜对气候变暖的反应较甘蓝型春油菜更为明显。特别是河西干旱地区油菜产区，在产量形成的关键生育期如蕾苔、苔花期、角果期，由于气温升幅较大，降水增加量较小或变化不大，干燥度增大，对正常生育和形成产量不利。甘南夏河产区关键期气温适当升高虽对分枝有不利影响，但由于降水同时也在增加，干燥度变化不大，有利于现蕾开花结实。后期气温升高伴随日照时数增加，对籽粒灌浆和提高产量有利。多数生育时期气温与气象产量呈正效应，对增产有利，特别在生育前期（播种期）和后期（灌浆期）的气温变化，对产量影响最为敏感，分别达到 81.9 kg/hm² · ℃、67.5 kg/hm² · ℃。出苗期、灌浆初期降水呈正效应；出苗后—现蕾整个苗期几乎均呈负效应，绿熟、成熟期间降水过多，不利于完熟和收获。总体上气候变暖有利于产量提高。

（6）甜菜

对产量的影响。全生育期日平均气温稳定通过≥0 ℃积温、日平均气温稳定通过≥5 ℃积温与甜菜气候产量相关极显著。说明气温高，热量条件好，有利甜菜产量增加。分析气温累积距平与气候产量关系，二者具有基本相同的变化趋势，说明不同年份气温变化高低直接影响甜菜产量。凉州区 20 世纪 70 年代初期到 20 世纪 90 年代中期，气温处在降温阶段。甜菜气候产量也同步下降，之后气温开始升高，甜菜产量也在不断增加。气候变暖对甜菜产量提高非常有利。

对含糖量的影响。武威主产区甜菜含糖量形成期比产量形成最大期推后 4 d 左右，含糖量最大生产期在子叶下轴膨大后 67～97 d，即 8 月 6 日至 9 月 5 日出现。武威多年甜菜含糖量与6—8月平均气温呈反相关，气温逐年升高，含糖量逐年下降。近年，张掖甜菜含糖量也呈下降趋势。造成这种变化的原因，是温度不断升高加快了甜菜产量增加，但糖分积累消耗也增加，从而引起含糖量下降。说明气候变暖对甜菜含糖量影响较大(邓振镛 等，2008d)。

7.5.1.3 对特种作物影响

(1)白兰瓜

对发育和种植区域的影响。白兰瓜喜温凉气候。主产区日平均气温稳定通过10 ℃积温和日照时数呈增加趋势，光热条件得到明显改善，使得河西灌区白兰瓜适生种植高度向南部川区海拔1300～1500 m地区扩展，种植上限高度提高100～150 m范围扩大，面积增加。种植品种向晚熟品种发展，产量增加。

对品质的影响。白兰瓜含糖量用糖分累积气候指数表示，它随积温、日照时数及气温日较差的增加而增大。其中，日平均气温稳定通过20 ℃积温贡献最大，其次是日照时数和气温日较差。敦煌白兰瓜糖分累积气候指数为15.7%、民勤为13.3%、酒泉为12.8%、武威为12.9%、兰州为12.5%。气候指数较好地反映了白兰瓜品质随地域的分布特征，即大陆性气候愈显著的地带，糖分累积气候生态条件愈优越，也较好地反映了气候暖干化变化趋势。白兰瓜生育期间积温多、光照充足、气温日较差大，对糖分积累十分有利，使其含糖量高，品质优(邓振镛 等，2012d)。

(2)苹果

对发育和种植区域的影响。苹果属喜凉作物。气候变暖，生育期明显提前，主产区天水叶芽开放、始花期、展叶及果实成熟平均日期普遍提前6～7 d。随海拔增加，生育期提前愈明显。气候变暖，种植区高度提高150～200 m，适宜种植界限向北推移。

对品质和产量的影响。气温升高对苹果生产影响是多方面的。天水苹果含糖量增加0.5个百分点，但含酸量和果实硬度分别下降0.3%和0.9 kg/cm^2。从1981年开始苹果硬度逐年下降，每年下降速度为0.064 kg/cm^2，使其硬度不足，口感绵软，不耐贮运，品质下降。平凉苹果气候产量与4月最低气温正相关显著，20世纪80年代以后，该区4月份最低气温上升明显，减少了对花的冻害，有利于提高产量。气候产量与7—8月最低气温正相关显著，较大的温度日较差有利于光合积累，也利于糖分增加，产量提高(邓振镛 等，2012d)。

(3)酿酒葡萄

对发育和种植区域的影响。酿酒葡萄喜温凉气候。气候变暖，河西主产区春季日平均气温稳定通过10 ℃初日提前4 d，终日推后9 d，持续日数增加13 d，无霜期延长38 d；使春芽早发，生长发育提前5～7 d，枯黄期延长近半月。日平均气温≥10 ℃积温增加，使种植高度提高100～150 m，最高上限达1800 m，适宜种植区域扩大。

对生物量的影响。从枝条和果实生长动态分析，枝条生长关键时段出现在5月，生长最快时间在5月20日前后。果实生长关键时段为7月上旬初至8月上旬初，枝条和果实生长期间日平均气温稳定通过≥10 ℃积温、地温和相对湿度是主要影响因素。从果实含糖量动态分析，果实含糖量增长关键时段出现在8月，含糖量累积阶段主要影响因素是日平均气温稳定通过≥10 ℃积温和累积日较差。气候变暖，成熟期8—9月气温提高，积温增加，使生长速度加快，果品质量提高(邓振镛 等，2012b)。

(4)当归

对发育和生物量的影响。当归是喜凉耐寒作物。主产区岷县气候变暖使当归生长发育时段延长10～15 d。经测定，8月中旬至9月中旬是根增重关键期，根增长量与8—9月候平均气温相关极为显著。当气温升高1 ℃时，根重增加0.74 g。气候变暖，尤其8—9月气温提高，对根重增长非常有利。

对产量的影响。岷县当归产量与年降水量、移栽至出苗(4月)降水量和成药期(7月中旬至8月中旬)降水量之间，呈极显著相关关系。当年降水量在600～700 mm为丰产年；500～600 mm为正常年；<500 mm为歉收年。在当归生育期间内降水波动性比较明显，20世纪80年代降水比较充沛，20世纪90年代年减少明显，2000—2007年呈增多趋势，对产量增加有利(邓振镛 等，2012b)。

(5)党参

对发育和种植区域的影响。党参喜温和凉爽湿润气候。主产区升温非常明显，日平均气温稳定通过10 ℃日期提前10 d，使移栽期比以往提前9 d，生长期延长，生育时段热量充裕，种植上限高度提高150～200 m。

对参根生长量和产量的影响。参根生长量与日平均气温稳定通过10 ℃积温呈极显著相关。当日平均温度为16～20 ℃时，参根生长迅速，日长量周长平均在0.2～0.3 cm，周长达4.5～5.2 cm。气候变暖有利于根重增加。主产地渭源县产量与7—8月降水量呈显著性相关，当7—8月降水量<150 mm时，产量下降20%以上；降水量在150～250 mm时，产量达到正常年景；降水量>250 mm时，产量增加20%以上(邓振镛 等，2012b)。

(6)黄芪

对发育和种植区域的影响。黄芪是喜温凉作物。“中国黄芪之乡”陇西县春季回暖明显，使黄芪适宜播种、移栽期提前7 d左右。种植上限高度达2400 m，提高150～200 m。

对产量的影响：主产区黄芪根产量与生长关键期7—8月降水量呈显著性负相关，土壤水分过多，根不能往下生长，形成短而多分枝的直根系，降低药材质量。7—8月正值现蕾至结果生长关键期，仍需一定的水分供给，但降水变化明显波动使产量具有不确定性，产量与品质受到一定的影响(邓振镛 等，2012b)。

7.5.1.4　对病虫害影响

在研究分析小麦条锈病、马铃薯晚疫病、蚜虫、玉米棉铃虫、玉米红蜘蛛等主要农作物病虫害发生、发展与气象因素关系的基础上(邓振镛 等，2012c)，揭示了气候暖干化对病虫害的影响，并总结了其危害特征的表现，有以下几个方面：

(1)病虫种类增多，地域范围扩大

气候变暖和作物带移动使农作物病虫害地域分布发生变化，向高纬度、高海拔地区扩展延伸，发生面积逐年扩大。危害范围扩大，危害程度加重。由于种植业结构调整，农业物资贸易日益频繁，以及人为因素的影响，导致病虫适应性改变，使一些次要害虫上升为主要害虫，病虫种类增多。

(2)越冬界线北移、时间提早发生、受害程度加重

暖冬造成大部分虫卵和菌源安全越冬，成活率提高、基数增加，次年病菌虫源初始量增大，病虫提早爆发。气温升高使某些病虫越冬界线北移，导致一些地区出现新的病虫，原来的过渡带有可能成为病虫的稳定发生区。使病虫害迁入期提前、危害期延长，对农作物危害加重。受极端气候事件等因素影响，作物长势及受害补偿能力减弱；暖冬使病虫害基数或初发生来源急剧增加，给病虫害发生蔓延创造有利条件；化学农药长期使用，病虫害产生抗药性，加上农业高

度集约化种植，作物品种单一，给病虫害流行、爆发创造了物质条件，使受害程度加重。

(3)生长季节延长、繁殖代数增加、种群增长加快

昆虫新陈代谢率或发育速率和温度成正比，气候变暖使害虫发育速率加快、发育时间缩短。种群增长率加快，害虫在短时间内达到较大密度。作物生长季节延长，昆虫在春、夏、秋三季繁衍的代数增加，危害时间延长。

(4)病毒病增加，易发大流行

高温有利于病毒在寄主体内繁殖。马铃薯结薯期遇上高温，导致马铃薯病毒病严重发生。小麦黄矮病是由蚜虫传播的病毒病，小麦黄矮病多流行于暖冬，与关键生长季节气温偏高和干旱少雨有关。气温偏高有利于蚜卵越冬孵化和发育繁殖。

(5)寄主、害虫、天敌种群间生态系统发生了变化，害虫得到迅速繁殖

气候变暖严重影响物种间的相互作用，原有的寄生方式变得紊乱、生态系统遭到破坏，扰乱了原先自然控制下害虫、捕食者、寄主等种群间关系。害虫暂时得不到天敌的控制而迅速繁殖，就会出现害虫暴发，进而改变生物防治效果。气流传播病害的病原菌孢子随气流、风、农事操作、远距离运输等到达新的区域，如果该区域温暖的气候条件适合其生存，再加上遇到适宜的寄主植物后，病害就会迅速扩展。

7.5.2 气候变化对水资源影响

7.5.2.1 对祁连山区冰川积雪影响

祁连山位于青藏高原东北边缘，横跨甘肃、青海两省，全长约 850 km，最宽处约 300 km。东起乌鞘岭、西至当金山口、北临河西走廊、南接柴达木盆地，由多条西北—东南走向的平行山脉和宽谷组成。山势由西向东降低，是我国西北地区著名的高大山系之一。东段最高的冷龙岭平均海拔高度为 4860 m；西段最高峰为疏勒南山的团结峰，海拔 5766 m，平均海拔为 3700 m。气候垂直差异大，高山区降水量在 400～800 mm。由于高寒低温，每年约有 15%的降水以雪的形式降落。4500 m 以上终年积雪，5000 m 以上发育有现代冰川。山区冰雪融水是许多河流的重要补给来源。

(1)祁连山区冰川和雪线

1956 年以来，祁连山冰川面积减少 168 km^2，冰储量减少 70 亿 m^3，减少比例分别为 12.6%和 11.5%(陈辉 等，2013)。冰川局部地区的雪线以年均 2.0～6.5 m 的速度上升，波动幅度达 100～140 m。预计祁连山雪线会继续升高，将由 2000 年的 4500～5100 m 上升到 4900～5500 m，面积在 2 km^2 左右的小冰川将在 2050 年左右基本消亡。

(2)祁连山区季节性积雪

21 世纪以来，祁连山区气温上升明显，造成祁连山积雪雪线上升。降水虽有增加趋势但不能完全弥补升温对积雪融化的影响，祁连山区季节性积雪总面积呈轻微减少趋势(图 7.57)。东、中段减少幅度较大，西段有微弱减少。积雪总面积最大出现在 2008 年，为 15218.6 km^2，2013 年最小为 8283.8 km^2。积雪面积年内变化呈双峰波动，最大积雪面积发生在 11 月中旬左右，最小积雪面积发生在 8 月。

7.5.2.2 对河流影响

(1)对黄河和长江上游流量影响

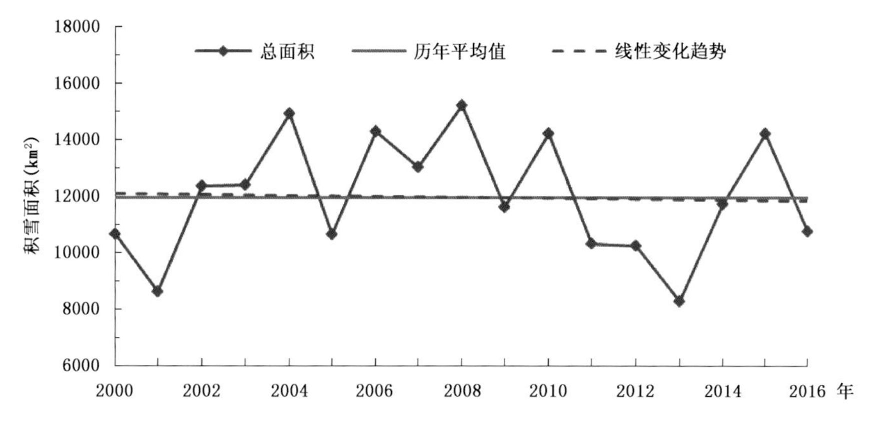

图 7.57　祁连山季节性积雪总面积历年变化

黄河上游兰州以上地区气温呈上升趋势，降水呈减少趋势。主汛期 7 月、8 月和 9 月降水量变化是导致黄河上游年径流量丰、枯的主要原因之一。20 世纪 90 年代以来，气候变化对年径流量的影响十分显著，由于气候变化引起年径流量平均每年减少 47.3 亿 m^3，其影响幅度达 13.2%(王金花 等，2005)。

长江上游径流量呈逐年减少趋势，其中以秋季径流量减少最为明显。长江上游流域气温升高、夏季降水量减少和蒸发增大的干旱化趋势，导致了径流量减少(李林 等，2004)。

(2)对内陆河流量影响

气候变化对河川径流产生了很大的影响，温度上升加大了冰川融水量和季节积雪融水量。对于冰川融水补给占有较大比重的河流，尤其发源于祁连山西段等山地河川径流，由于增加了冰雪融水量，再加上 20 世纪 80 年代中期以来降水的增加，补充了河流径流量，使得该区域河流年径流量增幅显著(蓝永超 等，2003；邓振镛 等，2013)。20 世纪 70 年代以来，黑河和疏勒河年径流量呈波动增加，黑河增幅约为 1.3 亿 m^3/10 a，疏勒河增幅约为 1.2 亿 m^3/10 a；2016 年，黑河和疏勒河年径流量分别为 22.4 亿 m^3 和 14.7 亿 m^3。石羊河年径流量呈先减少后增加的趋势，1970—2000 年，石羊河径流量以 0.89 亿 m^3/10 a 的速度减少；21 世纪以来，年径流量开始波动增加，增幅为 1.5 亿 m^3/10 a(图 7.58)。

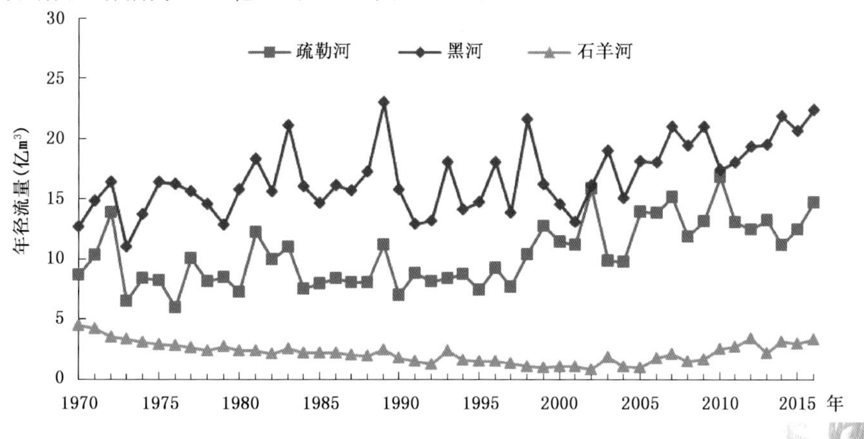

图 7.58　甘肃省三大内陆河径流量历年变化

(3)对渭河流量影响

渭河水系主要以大气降水补给为主，由于短时局部降水变化大、大范围连阴雨天气较少，变率大，因此河流年径流量极不稳定。1971—2015年渭河源区降水量年际变化呈下降趋势，下降幅度为10.42～10.44 mm/10a，降水量递减以秋季、夏季最大。气温年际变化趋势呈显著上升趋势，增幅为0.17～0.20 ℃/10a，增温率以冬季最大，年际变化趋势从20世纪70年代之后持续上升。年干燥指数变化呈显著上升趋势，增幅为0.058～0.113 mm/10a，气候趋于暖干化(姚玉璧 等，2011)。随着渭河源区气候暖干化，渭河源区径流量呈显著下降趋势，平均每10 a以$1.92\times10^8 m^3$的速率减少。径流量存在2～3 a、5 a的年际周期变化，1993—2002年持续偏少，2003年开始趋于增多(图7.59)。

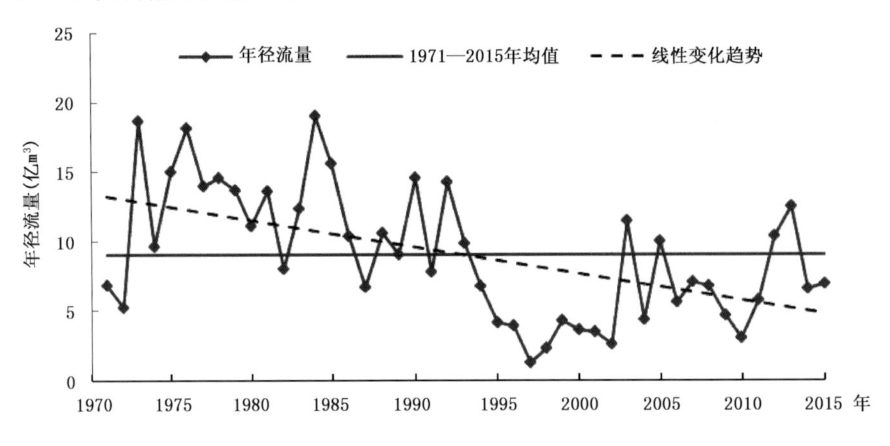

图7.59　渭河源区年径流量历年变化

(4)对地下水影响

受气候变暖及河水调蓄程度、利用率等因素的影响，近几十年，甘肃省大部分地下水补给量随之减少，河西走廊大部分地区的地下水位下降尤为明显。石羊河流域武威盆地的泉水量降低幅度更大，由20世纪50年代中期的6.92×10^8 m³降至20世纪70年代末的1.91×10^8 m³，净减5×10^8 m³，减少了72%以上。除此之外，泉水溢出位置也普遍向上游移动了2～7 km。近20年来，武威盆地地下水位平均下降6～7 m，下降速度为0.31 m/a；民勤盆地地下水位平均下降10～12 m，下降速度为0.57 m/a，最大下降幅度为15～16 m。地下水位下降，引发了土壤盐渍化，土地沙化等生态环境问题(张文化，2009)。

地下水资源主要接受降水的入渗补给。一般年降水量<400 mm，降水入渗补给减少三分之一，年降水量<200 mm，则降水入渗补给可减少50%以上。对于地形较陡，降水集中的地区，也不利于降水对地下水的补给。干旱地区降水的年内变化较大，主要集中在6—9月，对于地表透水性能好，地下水埋深较大的地方，有利于对地下水的补给。

(5)对土壤贮水量影响

土壤水可作为环境生态表征因子之一。土壤贮水量与温度呈反相关关系，随温度升高，土壤贮水量减少；与降水呈正相关关系，随降水增加，土壤贮水量增加。降水与土壤水年际变化关系密切，气候变暖变干能引起旱作区土壤贮水量减少的对应响应。

20世纪50年代以来，受气温升高、降水减少等气候因子的影响，甘肃省黄土高原土壤含水量有了比较显著的变化。0～200 cm土壤总贮水量呈减少趋势，且0～100 cm土壤贮水量占

0～200 cm 的比例减少了 6～8 个百分点。自 20 世纪 90 年代以来，土壤水分容纳量减少趋势加剧。陇东黄土高原 1991—2003 年土壤贮水量均值比 20 世纪 80 年代 0～100 cm 土层减少 5～10 mm，0～200 cm 土层减少 10～15 mm；陇西黄土高原 0～100 cm 土层减少 15 mm，0～200 cm 土层减少 10～30 mm(蒲金涌 等，2006)。

7.5.3 气候变化对生态环境影响

甘肃省作为具有天然草地的国内 6 大牧区之一，目前拥有天然草地 0.18 亿 hm^2，占全省面积的 39.40%；占全国天然草地面积的 4.60%(张平军，2013)。主要分布在甘南藏族自治州、祁连山和阿尔金山的河西走廊以及内蒙古、甘肃、宁夏西部的风沙沿线一带。

7.5.3.1 对植被影响

近 10 a 来，甘肃省中部和东南部草原产草量增加的幅度较大，草原生态好转十分明显；西部和东北部产草量和植被覆盖度呈弱增加趋势，草原生态质量出现好转的迹象(钱拴等，2014)。

近年来，河西年降水量呈增多趋势，植被覆盖面积总体有微弱增加(刘宪锋 等，2012)。根据 2015 年 6—8 月河西地区植被覆盖度图，高、中覆盖度区域都集中于祁连山中、东段周边区域、石羊河下游民勤绿洲、黑河下游绿洲区域及酒泉到敦煌的狭长绿洲区域。2001 年高覆盖区域、中覆盖区域和低覆盖区域分别占河西地区的 9.03%、6.75%和 11.88%。2015 年高覆盖区域、中覆盖区域和低覆盖区域面积较 2001 年均有所增加，占河西地区面积的 10.43%、7.36%和 11.99%；戈壁、荒漠等极低覆盖度区域减少，中、低覆盖区域向高覆盖区域转化(图 7.60、图 7.61)。

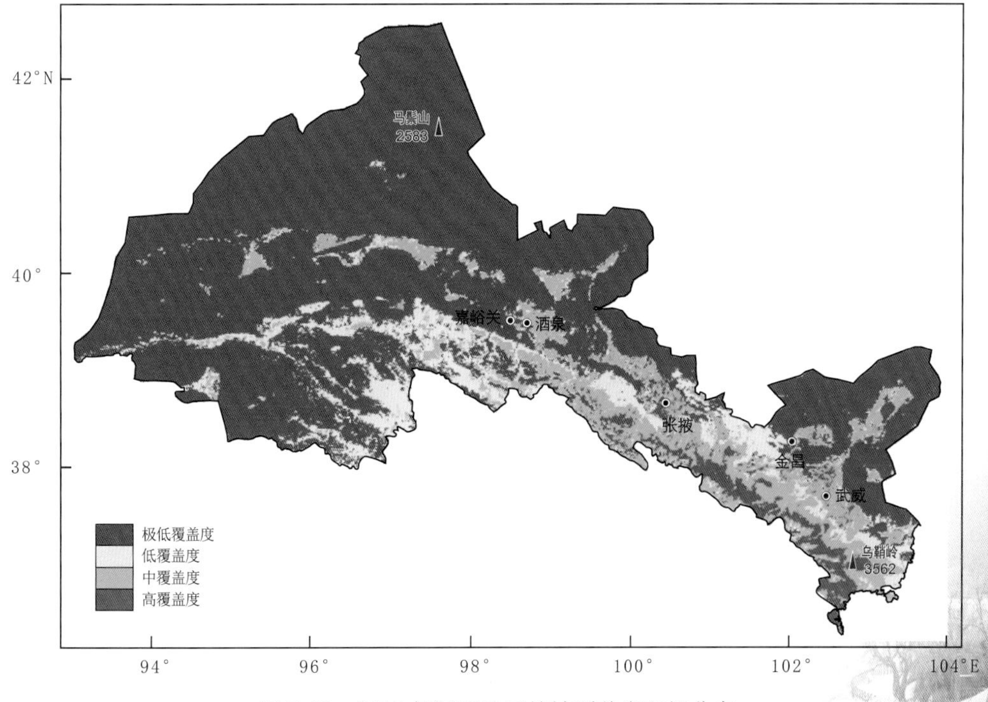

图 7.60 2015 年河西地区植被覆盖度空间分布

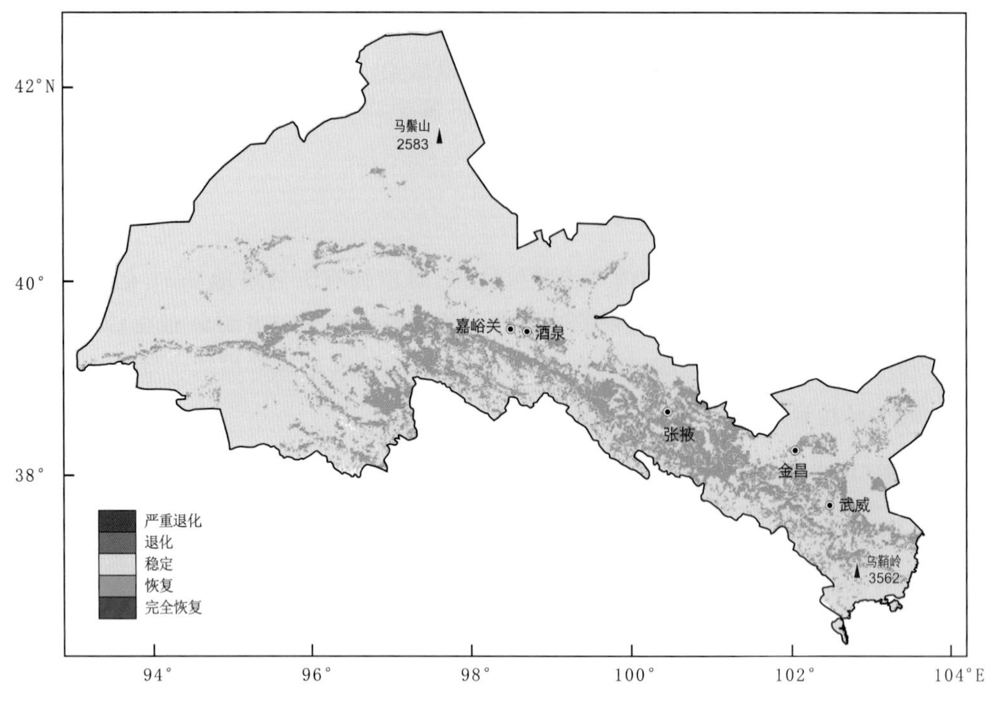

图 7.61　2015 年与 2001 年河西地区植被覆盖度变化空间分布

2001—2015 年，河西地区植被高覆盖、中覆盖和低覆盖区域面积与年降水量相关系数分别为 0.28、0.43 和 0.61。高覆盖区域与年降水量相关性较小，这主要是因为河西植被高覆盖区域主要为灌溉农田，受降水影响较小；低、中覆盖区域面积变化与降水量相关性较大，总体上河西植被覆盖区域面积都有增加趋势(图 7.62)。

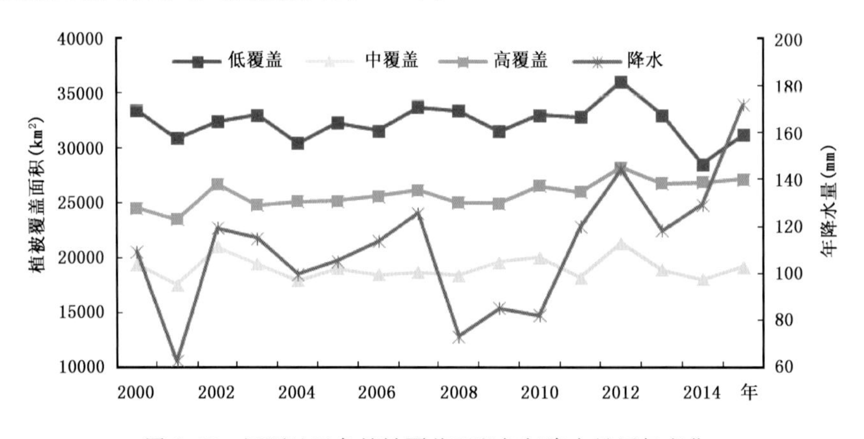

图 7.62　河西地区各植被覆盖面积与年降水量历年变化

河东地区气温升高、降水减少，呈现暖干化趋势。气候暖干化使生态系统脆弱性增大，但由于退耕还林、天然林保护、水土保持综合治理等生态保护措施的实施，21 世纪以来，陇中和陇东黄土高原区天然植被覆盖呈现明显的增加趋势(郭雨华，2009)。该地区植被覆盖度逐年提高、生态环境的持续改善，是人类活动和气候变化共同驱动的结果(戴声佩 等，2010)。随着农业生产水平逐年提高，劳动力转移日益明显，生活方式逐渐改变，人类经济活动对生态环境改善作用逐渐显现。

在全球气候变暖趋势下，甘南草地区域气候变化主要表现为：年平均气温在逐渐升高；降水呈波动性下降趋势；蒸发量有下降趋势；干燥程度呈增加趋势。甘南高寒草地生态系统受气候变化和人类活动双重影响，高海拔地区高寒草甸退化速率加快，草地群落组成发生改变，生物丰度和多样性下降（韩海涛 等，2007）。2000年以来，由于自然降水增加，退牧还草、退耕还林、草原综合治理和湿地恢复等生态保护措施的实施，草地、林地和湿地的退化与消失现象得到有效遏制，部分水体和湿地面积呈现增大趋势（王素萍 等，2006）。

2000年以来，甘南州低覆盖度植被面积年变化不大；中覆盖度植被面积呈先减少后增加趋势；中高覆盖度植被面积年变化不大；高覆盖度植被面积呈微弱增加趋势（图7.63）。

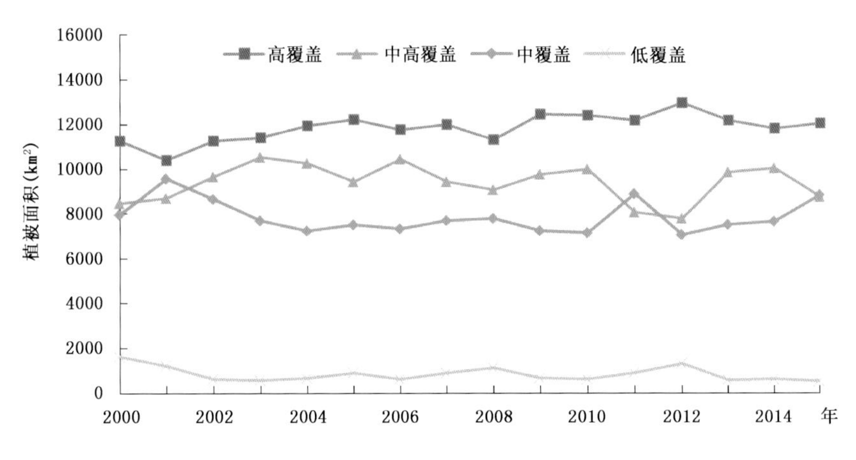

图7.63　甘南州各覆盖度等级植被面积历年变化

7.5.3.2　对牧区草地影响

2000年以来，甘南州牧区草地面积呈波动增加趋势（图7.64），经历了3次较大波动。草地面积最大年份2015年为16824 km²，最小年份2000年为14883 km²。其中2008年前后波动较大。草地面积增加的区域，主要分布在夏河县和玛曲县。

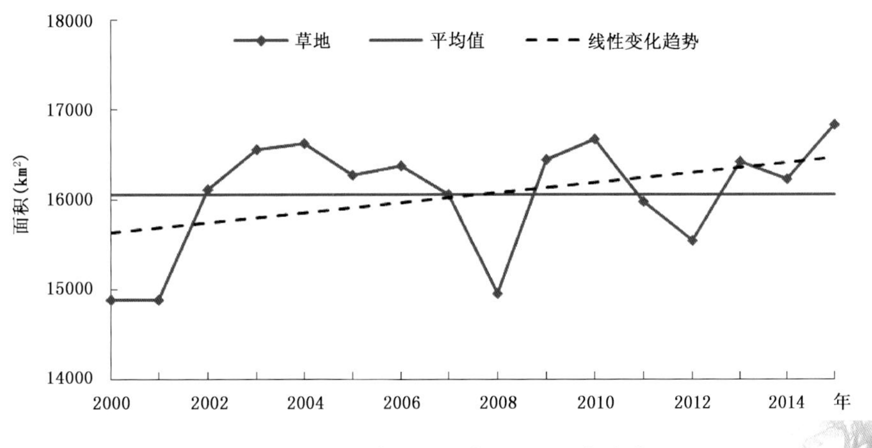

图7.64　甘南州牧区草地面积历年变化

7.5.3.3 对农、牧交错区林地影响

2000 年以来,甘南州农、牧交错区林地面积呈波动增加趋势,草地、耕地面积变化不大(图 7.65)。林地面积最大年份 2015 年为 7726 km²,最小年份 2000 年为 5176 km²。

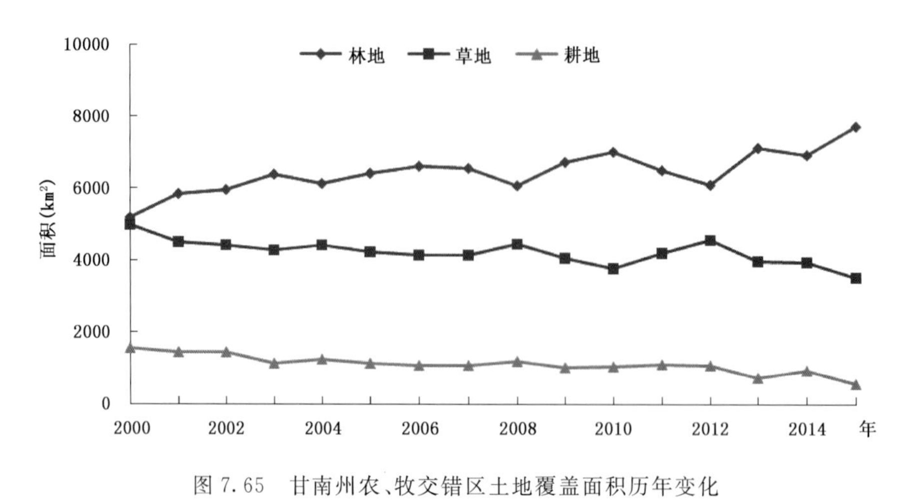

图 7.65 甘南州农、牧交错区土地覆盖面积历年变化

7.5.3.4 对荒漠化影响

采用卫星资料进行荒漠化遥感监测分析,河西荒漠化程度整体上微弱逆转,正在减缩,部分地区由重度向中、轻度方向转变。2013 年,河西荒漠化土地主要分布于石羊河、黑河下游,疏勒河中游西部,以及酒泉市西部和北部等区域(图 7.66)。

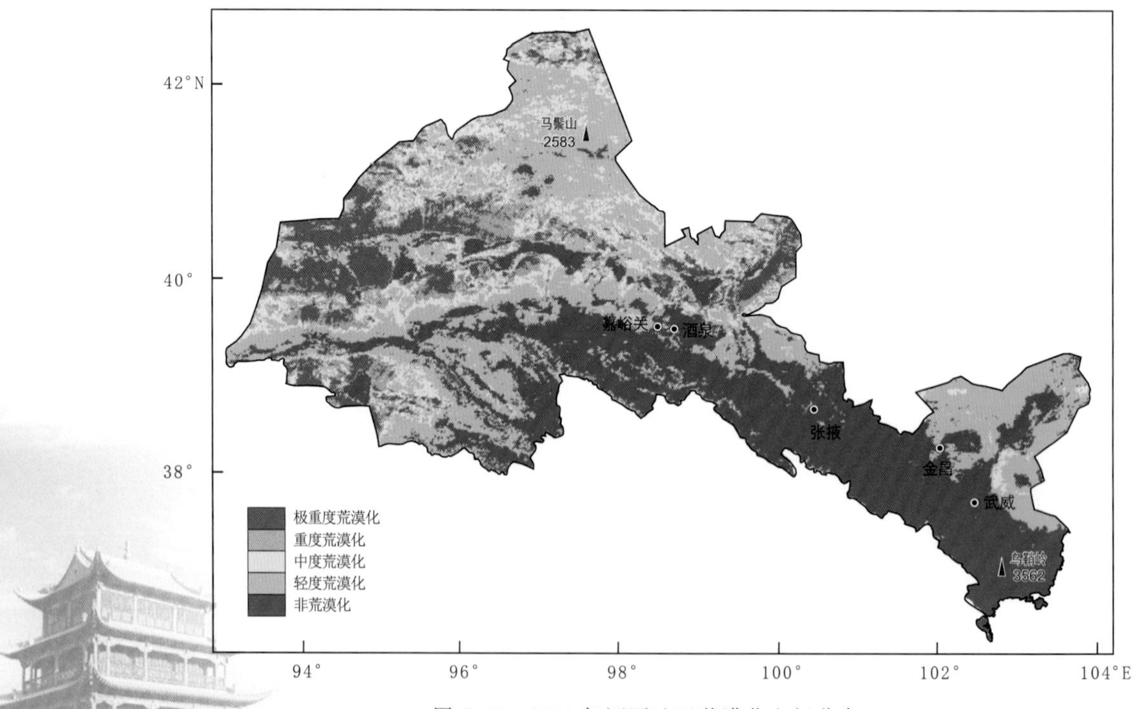

图 7.66 2013 年河西地区荒漠化空间分布

与 2000 年相比，荒漠化土地面积总体上减少，大多数区域呈现荒漠化程度等级由重至轻的转化趋势（表 7.13）。主要表现为：荒漠化土地总面积减少了 10440 km^2；从不同等级变化情况看，极重度和重度荒漠化向中度和轻度转化，以及部分轻度荒漠化土地向非荒漠化转化。

表 7.13　河西不同程度荒漠化的面积变化（单位：km^2）

	极重度荒漠化	重度荒漠化	中度荒漠化	轻度荒漠化	荒漠化总面积	非荒漠化
2000 年	66628	23398	56845	29253	176124	83890
2013 年	49653	19646	57029	39356	165684	94330
面积变化	−16975	−3752	184	10103	−10440	10440

荒漠化转变区域占整个河西区域的 0.94%，强烈发展区域占整个河西区域的 0.18%，主要分布在酒泉北部。荒漠化逆转区域占整个河西区域的 5.33%，明显逆转区域占整个河西区域的 0.73%，主要分布在疏勒河中下游、黑河中游和民勤绿洲北部。整体上逆转区域面积大于发展区域面积。呈现总体逆转、局部发展的趋势（图 7.67）。

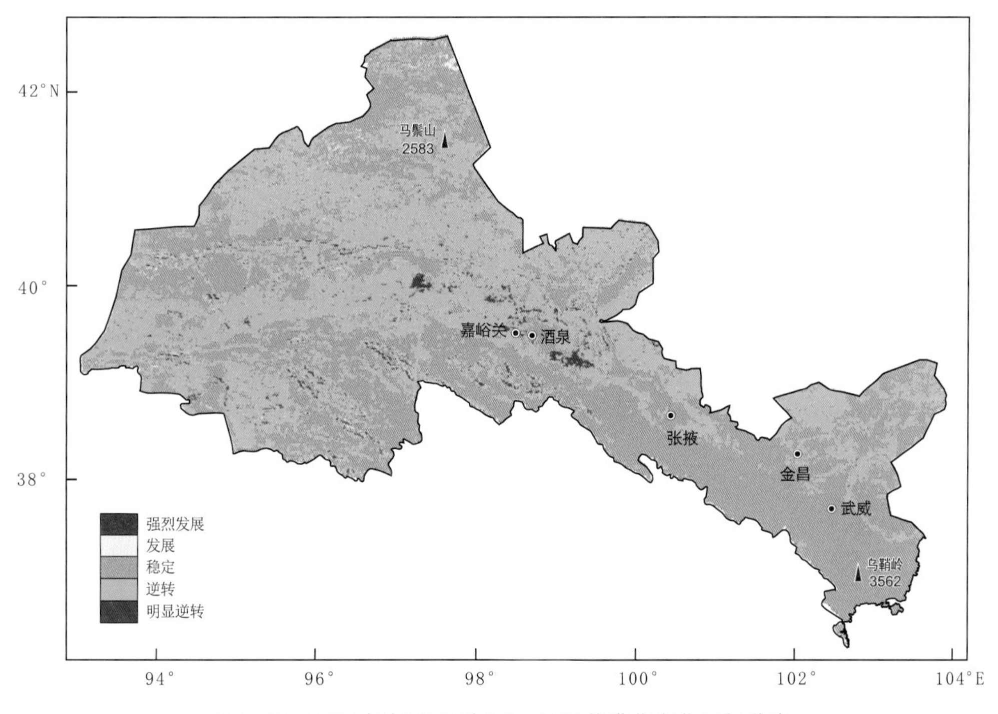

图 7.67　2013 年与 2000 年河西地区荒漠化变化空间分布

7.5.3.5　对水土流失影响

甘肃省每年流入黄河的泥沙达 5 亿 t 以上，水土流失面积 38.9 万 km^2，占全省土地面积的 85.7%。水土流失严重区域大多处于干旱与半干旱地带，干旱缺水、气候变暖、旱情加剧使植被覆盖度下降，加之滥垦滥伐、毁林毁草开荒，加剧了水土流失。气候暖干化，使水土流失治理难度加大、效果减弱，治理成本与力度不断加大。干旱对农业威胁加剧，当地生产水平难以提高，贫困状况不能得到明显改善，毁林、毁草、开荒现象将不能彻底遏止，使水土流失难以根治。土地资源破坏，有限的雨水流失，使本已贫瘠的土地更加贫瘠，因此，水土流失易陷入恶性循环态势(赵红岩 等,2011)。

近年来水土流失的治理力度不断加大,退耕还林、还草,对于提高植被覆盖程度、减少边坡流失起到了重要作用。特别是小流域综合治理工程的大范围推广,使水土流失面积得到了明显控制。甘肃省近年累计治理水土流失面积达 7.5 万 km^2。

7.5.3.6 对生物多样性影响

甘肃省地形复杂,气候多变,孕育了多样的植被类型和复杂的生态系统,其生物多样性与其他地区相比具有明显的特殊性。气候变化可改变生态系统物种组成和群落结构,对生物多样性产生多方面的影响。气候变化导致大范围草地退化,引起草地群落优势种和建群种缺失明显,使生物丰度和多样性下降,杂草类植物和毒草类植物大量出现。气候变化引起植物物候期改变,影响植被的气候适应性,并进而改变植被群落结构和生物多样性。气候变暖使高海拔地区高寒草地植被覆盖度与生产力出现大范围下降,草地植物群落组成发生改变,原生植被群落优势种减少,高寒旱生苔原冷温灌丛出现持续增加趋势。

7.5.4 气候变化对能源影响

7.5.4.1 对水电影响

区域气候变化对水电影响主要表现在以下几方面:区域降水、温度、蒸发量的异常变化,引起水电站入库水量的异常变化,加大水电站运行调度风险;区域气候均值变化引起入库水量增加,尤其是当入库水量超出原库容设计标准及相应的正常蓄水位时,从而加大水电站的运行风险;气候变异加大,极端暴雨洪涝发生频次增加,强度增强,引发超标准洪水产生,造成水电站运行调度风险,特别是小水电站的安全发、供电能力受到挑战;极端暴雨可能引发泥石流、滑坡等地质灾害,导致水库入水中泥沙含量增加,对水电站安全运行造成影响。陇南地区白龙江、白水江、西汉水、嘉陵江流域小水电站发展较快,水电开发所产生经济效益和社会效益也初步显现。但在气候变暖背景下,该区域极端强降水时间、发生频次、强度增大,使得中小型水电站安全发、供电风险加大。

7.5.4.2 对太阳能资源影响

甘肃省太阳能丰富,但地域差异较大,季节分布不均。甘肃省西部年太阳总辐射量为 6680~8400 MJ/m^2,为太阳能丰富区;中部年太阳总辐射量为 5850~6680 MJ/m^2,为太阳能资源较丰富地区;东南部年太阳总辐射量为 5000~5850 MJ/m^2,为太阳能资源中等类型地区。近 50 a 地表太阳总辐射呈减少趋势,各季节太阳总辐射变化趋势与年总量变化基本一致,但各季节减少的幅度不同。

7.5.4.3 对风能资源影响

甘肃省风能资源丰富区、可利用和季节可利用区的面积为 17.66×10^4 km^2,占全省总面积的 39%。风能资源储量占全国储量约 4.5%,主要集中在河西走廊和省内部分山口地区,河西的瓜州素有“世界风库”之称。河西走廊风能年代际变化特征明显,风能密度、平均风功率密度总体呈减少趋势。

7.5.4.4 对冬季采暖度日和夏季制冷度日影响

甘肃省冬季气温明显升高,暖冬导致冬季采暖期平均缩短了 1 周左右。夏季温度升高和夏季高温日数增加，引起用电量急剧增加，加大了电网安全运行风险。通常认为夏季日平均气温在 25～28 ℃时，用电负荷对气温变化最敏感，说明当日平均气温在这一临界区间时，电力消耗与气温变化关系非常密切。因此，夏季极端高温发生频率增大，加大了夏季降温能源调度安全运行的风险。

7.6　应对气候变化对策

7.6.1　农业适应气候变化对策

7.6.1.1　农业重大工程建设规划和政策措施

甘肃省坚持在可持续发展的框架内应对气候变化的原则，坚决贯彻落实国家宏观调控政策。在国家应对气候变化领导小组指导下，组织实施国家应对气候变化的重大战略、方针和对策，统一部署应对气候变化工作，协调解决应对气候变化工作中的重大问题，研究审议重大政策建议，协调和管理全省减缓气候变化和适应气候变化的相关活动，推动应对气候变化的相关研究和管理制度建设。同时，在重大项目可行性论证中充分考虑到气候变化的因素。

甘肃省十二五规划指出整合现有农业建设项目，扩大投资规模，全力推进“八大工程”建设，即旱涝保收高标准农田建设工程、新一轮“菜篮子”建设工程、4 个 1000 万亩农业增产增效工程、农产品质量安全提升工程、农业生态环境保护工程、循环农业与农村能源工程、农产品加工增效工程、现代农业公共服务能力建设工程。

7.6.1.2　农业重大配套技术措施

(1)实施集雨节灌农业

据测算，半干旱、半湿润地区，降雨在地面的分配比例大致是：20%～35%形成初级生产力，60%～70%为无效蒸发，10%～15%形成径流流失。采用集雨节灌技术，可以把降雨径流的 1/2～1/3 收集起来供灌溉利用。一般情况下，100 m^2 的硬化集流场或道路、场院、屋面等场地，在日降水量为 10～25 mm(中雨)时，每 10 mm 降水可分别集水 3～5 m^3 或 6～8 m^3。从不同年降水量的集水深度以及集水深度供给人、畜饮水和补灌的综合研究得出：半干旱、半湿润气候区，在年降水量 300～800 mm 地域，推广集雨节灌技术具有普遍意义，在年降水量 400～700 mm 地域，推广该项技术的有效性最为显著。

甘肃省委、省政府倡导的“121”集雨节灌工程，在半干旱、半湿润地区，确保每户 1 个面积为 100～200 m^2 的雨水集流场，配套修建 2 个蓄水窖，富集雨水 50～100 m^3。在解决人、畜饮水困难的同时，发展 666.7 m^2(1 亩地)节灌面积的庭院经济或保收田。甘肃省从 1997 年开始实施“121”集雨节灌工程，效果非常显著。这一工程被国际雨水集流系统协会认为是人类社会在水利建设领域的一项创举，并荣获世界水论坛特等奖。该项技术具有强大的生命力和显著的生态、社会和经济效益。

(2)全膜双垄沟播技术

在甘肃省陇东地区推广全膜双垄集雨沟播为主的旱作农业综合新技术，从根本上解决了春旱严重的情况下保墒保苗和增产增收的难题。

全膜双垄沟播玉米、马铃薯的技术要点是：在覆盖方式上由半膜改为全膜，在种植方式上由平铺穴播改为沟垄种植，在覆盖时间上由播种时覆膜改为秋覆膜或顶凌覆膜。即先在田间起大、小双垄，并用地膜进行全覆盖。该技术不但起到大面积保墒作用，还能形成自然的集流面，使有限的降水被沟内种植的作物有效吸收，从而形成了地膜集雨、覆盖抑蒸和垄沟种植为一体的多种抗旱保墒新技术。示范试验表明，年降水量在 250～550 mm、海拔在 2300 m 以下地区，采用此技术种植玉米比相同条件下半膜平覆增产 35%以上，种植马铃薯比露地栽培增产 30%以上，增产效果非常显著，大大提高了旱作农业集约化水平和土地产出率。

(3)农田膜下滴灌技术

该技术是滴灌技术和覆膜种植的有机结合。具有施肥、施药与灌溉一体化技术特点，再加之地膜覆盖，大大减少了无效蒸发，最大限度地提高了水资源利用效率。该技术主要在棉花、加工型番茄、专用型马铃薯、酿造型葡萄、制种玉米、蔬菜、瓜类等作物上应用。一般每亩可节水 250 m^3 以上，节水率高达 50 %左右。

在稀植作物上应用膜下滴灌技术，节水效果更加明显，增产作用十分突出。该技术在敦煌、金塔和民勤的棉花种植中应用，平均每亩用水仅 243 m^3，可节水 204 m^3，节水率达 47%；平均亩产量为 381 kg、增产 31 kg，增产率约为 9%。在张掖、临泽的加工型番茄种植中应用，平均每亩用水 385 m^3、节水 190 m^3，节水率约为 33%；平均亩产量为 6940 kg，增产 2500 kg，增产率为 56%。在永昌制种玉米种植中应用，平均每亩用水 380 m^3、节水 223 m^3，节水率为 37%；平均每亩产量 420 kg，增产 50 kg，增产率为 14%。在嘉峪关酿造葡萄和洋葱种植中应用，酿造葡萄平均每亩用水 350 m^3，节水 200 m^3，节水率约为 57%；平均亩产量 1130 kg，增产 100 kg，增产率约为 1 %。洋葱平均每亩用水 450 m^3，节水 200 m^3，节水率为 31%；平均亩产量 7700 kg，增产 700 kg，增产率为 10 %。

(4)垄膜沟灌技术

该技术是通过起垄、垄上覆膜，在垄面、垄侧或垄沟里种植作物，进行沟内灌溉的一种农艺集成节水技术。具体分为全膜沟播、沟灌和半膜垄作沟灌。全膜沟播、沟灌是将土地平面修成垄形，对田块进行全地面覆盖，防止水分无效蒸发，作物种在沟内。灌溉采用沟灌技术，水从输水沟进入灌水沟，并通过种植孔渗透，湿润土壤，能减少土壤水分蒸发损失，适用于灌区玉米等宽行距种植的作物。半膜垄作沟灌是将土地平面修成垄形，用地膜覆盖垄面与垄侧，在垄上或垄侧种植作物，按照作物生长期需水规律，将水浇灌在垄沟内，通过侧渗进入作物根区，不会破坏作物根部附近的土壤结构及导致田面板结。一般在 3 月上中旬耕作层解冻后就可以起垄，垄和垄沟宽窄要均匀，垄脊高低一致。主要适合在玉米、马铃薯、瓜菜等作物上应用。

全膜沟播、沟灌技术已应用于临泽和张掖的制种玉米上，据示范试验表明，平均亩用水为 353 m^3，节水 105 m^3，节水率为 23%；平均亩产量 430.8 kg，增产 33 kg，增产率为 8%。在玉门和武威的大田玉米上应用，平均每亩用水 380 m^3，节水 150 m^3，节水率为 28%；平均亩产量为 798.3 kg，增产 83.6 kg，增产率为 11.7%。半膜垄作沟灌技术已在酒泉、玉门、民勤、武威和景泰的大田玉米种植中应用，平均亩用水 476 m^3，节水 113 m^3，节水率为 19%；平均亩产量 746.4 kg，增产 55.2 kg，增产率为 8%。在玉门、永昌、景泰的马铃薯种植中应用，平均亩用水 425 m^3，节水 139 m^3，节水率为 24.6%；平均每亩产量 2225.6 kg，增产 243 kg，增产率为 12.3%。在高台、临泽的加工番茄种植中应用，平均每亩用水约 444 m^3，节水 114 m^3，节水率为 20%；平均每亩产量 6300 kg，增产 1137 kg，增产率为 22%。

(5)农作物病虫害防治

农作物病虫害是我国的主要农业灾害之一，全省植保、植检部门联合气象部门，积极开展农作物病虫害疫情监测预警、植物疫情防控、农药市场监管等工作。以科学防灾为主题，以节本增效、保障生产为目标，贯彻"预防为主、综合防治"的植保方针和"公共植保、绿色防控"理念，坚持"政府支持、企业化管理、因地制宜、循序渐进"的原则，围绕重点作物、重大病虫，科学集成的综合防控技术。突出绿色防控措施，全面提升专业化防控能力，达到农业增产、农民增收、环境安全的目的。全省建立示范县(区)，重点在小麦、制种玉米、马铃薯、高原夏菜、苹果树等作物上实施专业化统防、统治。

以小麦条锈病防控为主，在陇南(文县、武都区、西和县、宕昌县、徽县)、天水(甘谷县、麦积区、秦州区)、平凉(崆峒区)等示范县(区)，开展专业化统防、统治工作。

以河西制种玉米瘤黑粉病、红蜘蛛防控为主，在张掖(甘州区、临泽县、高台县)、武威(凉州区、古浪县)等示范县(区)，开展专业化统防、统治工作。

以中东部马铃薯晚疫病防控为主，在定西(安定区、渭源县、通渭县、临洮县)、临夏(东乡县)、白银(会宁县)、平凉(庄浪县)等示范县(区)，开展专业化统防、统治工作。

以中西部夏季蔬菜重大病虫防控为主，在兰州(皋兰县、榆中县)、白银(靖远县)、张掖(民乐县)等示范县(区)，开展专业化统防、统治工作。

以陇东苹果树腐烂病、棉蚜、食心虫、叶螨等防控为主，在平凉(静宁县、泾川县)、庆阳(西峰区、庆城县)、天水(秦安县)等示范县(区)，开展专业化统防、统治工作。

7.6.1.3　农业种植结构调整

研究表明，气候变化导致秋播作物播种期推迟、春播作物播种期提前，小麦、玉米、油菜等有限生长习性的作物生长期缩短，棉花、马铃薯、胡麻等无限生长习性的作物生长期延长，不同熟性作物对气候适应性发生变化。因此，必须调整农业生产布局和结构，适应气候变化带来的挑战。

(1)河西走廊

该区属温热—冷凉、极干旱—半湿润气候区，海拔在1000～2600 m，大多是绿洲灌溉农业。粮食作物中减少春小麦种植面积，增加玉米种植面积，稳定马铃薯面积。在稳定粮食作物面积前提下，适当扩大棉花、甜菜等经济作物面积。大力引进扩大啤酒大麦、啤酒花、酿酒葡萄、甘草和制种玉米等特种作物面积。种植业结构从二元结构向粮、经、饲三元方向转变，发展人工牧草，加快草食类畜牧业发展，提高畜牧业在农业中的比重。发展复合生态农业、"阳光农业"、高效农业以及节水型、高科技型、加工主导型农业的沙草产业，建成我国优质商品粮和优质特种作物基地。

(2)陇中黄土高原区

该区大多属温和—温凉、干旱—半干旱气候区，以雨养农业为主。属农牧交错地带，其荒山、荒坡、荒沟要退耕还草，发展天然牧场；条件较好的地域可种植人工牧草，积极发展畜牧业，提高其产值比重。南部要以发展林牧为突破口，压夏扩秋，压缩春小麦面积，扩大冬小麦以及马铃薯、谷子、糜子、胡麻等耐旱作物面积。大力发展百合、花椒、当归、党参和黄芪等地方特色作物，走农、林、牧综合发展的道路。

(3)陇东黄土高原区

该区大多属温和、半干旱—半湿润气候区，以雨养农业为主，是甘肃重要的产粮区。在粮食作物中稳定冬小麦面积，扩大玉米面积，发展豆类、马铃薯、糜子和谷子等抗旱性强的作物。

扩大冬油菜、胡麻等经济作物种植面积，大力发展地方特色作物如黄花菜、烤烟等支柱性种植业。大力发展具有粮、油、果、菜、烟、药等各种产品优势的创利、创汇的新型种植农业。

(4)陇南山地丘陵区

该区属北亚热—温凉、半干旱—湿润气候区，以雨养农业为主。本区地形大体上可分为两大部分：秦岭以南白龙江、西汉水等长江流域为土石山区。该区应走农、林、牧综合发展的道路，增大林业、多种经营在整个农业中的比重。稳定冬小麦、扩大玉米和马铃薯面积，扩大蔬菜、茶叶、桔子、花椒、油橄榄、板栗和党参等地方特色作物面积。陇山、西秦岭之间的黄土丘陵沟壑区和河谷川坝区，该区以粮食为主，稳定冬小麦、扩大玉米和冬油菜面积，适当发展蔬菜、苹果、桃和大樱桃等经济林木；山区要农、林、牧并重，建立饲草基地，发展畜牧业，积极发展经济林木和地方特色作物(邓振镛，2012b)。

7.6.2 水资源适应气候变化对策

7.6.2.1 人工增雨(雪)工程

甘肃省早在 1958 年就开展了人工增雨(雪)工作。近 20 a 来，人工增雨(雪)工作得到进一步发展。现在人工增雨防雹作业面积达 24 万 km^2，作业区域涉及全省 13 个市(州)，建立了省、市、县 3 级人影指挥系统及相关配套设施。正常年份仅飞机作业可增加降水 15 亿 m^3 左右，按 1 吨水 1 元计算，每年产生的直接经济效益达 15 亿元。2010 年在祁连山实施人工增雨(雪)，取得了明显效果，使石羊河蔡旗水文站流量超过 2.5 亿 m^3，完成了国务院对石羊河流域重点生态治理工程的约束性指标。

7.6.2.2 石羊河水资源综合利用工程

石羊河是河西走廊东部的重要生态区。石羊河流域内人均水资源占有量仅 775 m^3，耕地亩均水资源占有量仅 280 m^3，属典型的资源型缺水地区。温家宝总理对石羊河流域综合治理非常关注，明确指出，“决不能让民勤成为第二个罗布泊，这不仅是个决心，而是一定要实现的目标”。为此，甘肃省人大制定的《甘肃省石羊河流域水资源管理条例》于 2007 年 9 月 1 日正式实施。石羊河流域综合治理，根本的出路在于节水，节水的根本途径是改变生产方式。第一，采取调整农作物种植结构的措施，大面积压缩农作物播种面积。第二，立草为业，积极发展草食畜牧业。第三，推行集约型生产，大力发展节水高效农业。第四，调整工业结构，走新型工业化道路。

7.6.2.3 黑河调水工程

随着人口增长和社会经济发展，黑河水资源承载力严重不足，导致近年来出现下游河道断流加剧，河湖干涸，地下水位下降等问题。天然林大幅度减少，草场退化，土地沙漠化等问题。针对日益严峻的黑河流域生态系统恶化局面和突出的水事矛盾，1999 年国家开始对黑河水资源进行统一调度，确定在黑河流域逐步形成以水资源合理配置为中心的生态系统综合治理和保护体系。通过 5 年调水，流域水资源时空分布发生了重大变化，中游下泄水量逐年增加。2002 年，黑河水进入干涸 10 a 之久的东居延海，水域面积最大达到 23.5 km^2；2003 年，黑河水又进入了干涸 40 a 之久的西居延海。从 2002 年以来，已经 10 次调水入东居延海，而且自 2004 年 8 月 20 日至 2006 年 4 月 17 日，已实现东居延海连续 605 天不干涸。东居延海长期保有一定水量，有效补充了湖滨地区地下水，湖区周边生物多样性明显增加，生态环境逐步恢复。

7.6.2.4 疏勒河工程

长期以来，由于各种因素的制约，疏勒河地表水利用率仅为49%。疏勒河农业灌溉暨移民安置综合开发项目，于1996年5月启动，新建和改扩建支渠以上输水渠道1248.89 km，项目建设区中的昌马水库、双塔水库、赤金水库联合运行，改变了用水时间上的不平衡。从2003年开始，疏勒河流域水资源管理局连续5 a向干海子候鸟自然保护区无偿调水1亿 m^3，使干涸10年之久的干海子重现千亩水面。输水沿线及干海子周边近百万亩的天然植被得到恢复。此外，通过昌马、双塔、赤金峡3座水库的联合调度，疏勒河灌区还向瓜州县桥子生态保护区和敦煌西湖国家级自然生态保护区、灌区防风固沙林带输送生态水1.8亿 m^3，疏勒河下游大片胡杨林等天然植被得以修复，两岸湿地重现。

7.6.3 生态环境适应气候变化对策

7.6.3.1 退耕还林工程

到2008年底，甘肃省已完成退耕还林建设任务174.5万 hm^2，其中退耕地还林66.9万 hm^2，荒山、荒地造林99万 hm^2，封山育林8.7万 hm^2。依托退耕还林工程，可因地制宜兴建经济林果基地、牧草基地、中药材基地等。如陇南市新建花椒、核桃、油橄榄等特色林果基地7.3万 hm^2。退耕还林工程促使农业产业结构发生变化，农村土地生产力提高，特种养殖、大棚蔬菜种植等产业发展迅速，农民总体福利水平提高，并有效增强了城镇居民的生态意识。

7.6.3.2 天然林保护工程

1998年9月，甘肃省全面启动了国有天然林资源保护工程。工程实施区总面积2098.4万 hm^2，2000—2010年规划公益林建设任务68.7万 hm^2，其中人工造林15.1万 hm^2，飞播造林26.7万 hm^2，封山育林26.9万 hm^2。工程全部实施后可吸收5026万t二氧化碳当量。该工程中央预算内投资13.1亿元，地方配套3.2亿元。工程范围包括白龙江、洮河、小陇山、太子山、大夏河、祁连山等12个天然林区，涉及陇南等10个市、州的68个县、市区。截至2008年，完成公益林建设任务71.3万 hm^2，其中人工造林14.6万 hm^2，飞播造林11.2万 hm^2，封山育林45.5万 hm^2，相当于吸收了5212万t二氧化碳碳汇。由于工程浩大，自然条件严酷、科技支撑薄弱等因素，部分工程投资不足、工程建设重造轻管，管、护工作不到位，使建设难度变大，效果还未得到最大限度发挥。

7.6.3.3 防沙、治沙工程

采用沙生植物种植方式，治理风沙口、控制流沙面积、降低风速，并取得了防风、固沙的良好成效。工程措施防风、治沙能立见成效，但需耗费大量材料劳力，需经常维修。植物固沙不仅能削弱风速，改变流沙性质，达到长久固定目的；同时还能调节气候、美化环境，具有很好的社会效益，可在适宜地区增强植物固沙、防风的建设。

7.6.4 能源适应气候变化对策

7.6.4.1 太阳能开发利用

(1)太阳能发电

甘肃省太阳能光伏发电系统主要分布在河西走廊。其中酒泉市已建成、在建及开展前期

工作的光伏电站装机规模达 1432 MW，已并网发电 58 MW 光伏电站。目前，仅有敦煌两个 10 MW 的特许权招标示范项目运行时间超过 1 a，2011 年发电量 3473 万 kW·h，年发电小时数达 1737 h。根据理论数据测算，在运行期 25 a 内，酒泉市光伏电站年平均利用小时数为 1599 h，实际运行数据高于理论数据 8.6%。此外，"十二五"期间，酒泉市、武威市、平凉市、天水市和陇南市规划建设 98 个离网型光伏电站，容量达到 17.18 万 kW；兰州市、金昌市和陇南市规划新增光伏建筑一体化项目容量 97 万 kW；天水市、酒泉市、武威市和张掖市规划新增光伏建筑一体化面积 299 万 m^2；兰州市、平凉市、武威市、金昌市规划建设太阳能路灯 6900 余盏。

(2)太阳能集热

太阳能集热主要有太阳能热水器、太阳房取暖、太阳灶等。其中，太阳能热水器是太阳能热利用中商业化程度最高、应用最普遍的技术。截至 2009 年底，甘肃省推广太阳灶 78.8 万台，太阳能热水器 48 万 m^2，太阳房 190 万 m^2，太阳能光伏小电源系统 8081 台。

7.6.4.2　风能开发利用

截至 2015 年，甘肃省可再生能源在能源结构中的比重达到 45%以上。酒泉市已经并网运行 536 万 kW 风电场，主要通过酒泉 750 kV 变电站，送入西北电网；瓜州县已建成风电场 21 个，装机 380 万 kW，主要通过 750 kV 敦煌输变线接入西北电网；阿克塞县已建成一个高原型示范风电项目，装机容量 5 万 kW，接入 110 kV 阿克塞输变线，在本地消纳。

7.6.4.3　水能开发利用

(1)水能资源

根据甘肃省水能资源普查最新成果，全省水能资源理论蕴藏量为 1488.73 万 kW，人均占有量 580 W；技术可开发量为 1062.54 万 kW，其中黄河流域理论蕴藏量 917.39 万 kW(黄河干流 555.95 万 kW)，占全省水能资源 61.60%，技术可开发量为 665.35 万 kW(黄河干流 530.55 万 kW)；长江流域理论蕴藏量 398.6 万 kW，占全省水能资源 26.8%，技术可开发量为 281.26 万 kW；内陆河流域理论蕴藏量 172.74 万 kW，占全省水能资源 11.6%，技术可开发量为 125.93 万 kW。技术可开发量按规模分，大型水电站(30 万 kW 以上，含 30 万 kW)为 5 座，装机容量 535.1 万 kW，占 50%，其中黄河流域 3 座，装机容量为 401.1 万 kW，长江流域 2 座，装机容量为 134 万 kW；中型水电站(30 万～5 万 kW)为 22 座，装机容量 318.64 万 kW，占 30%，其中黄河流域 10 座，装机容量 170.76 万 kW，长江流域 7 座，装机容量 98.7 万 kW，内陆河流域 5 座，装机容量为 49.18 万 kW；小型水电站(5 万～500 kW)为 283 座，装机容量 208.8 万 kW，占 20%，其中黄河流域 100 座，装机容量 83.5 万 kW，长江流域 53 座，装机容量 48.56 万 kW，内陆河流域 130 座，装机容量 76.74 万 kW。

(2)水能资源开发利用

全省已开发水能资源 389.19 万 kW，其中大型水电站 4 座，装机容量 243.2 万 kW，年发电量 109.92 万 kW·h；中型水电站 6 座，装机容量 79.2 万 kW，年发电量 35.14 万 kW·h；小型水电站 75 座，装机容量 66.79 万 kW，年发电量 19.22 万 kW·h。正在开发量为 111.66 万 kW，已开发和正在开发量占可开发量的 47%。其中，长江流域已开发水能资源 46.15 万 kW，正在开发 33.14 万 kW，已开发和正在开发量占可开发量的 28%；黄河流域已开发水能资源为 300.66 万 kW，正在开发 51.30 万 kW，已开发和正在开发量占可开发量的 53%；内陆河流域已开发水能资源42.38万kW，正在开发27.22万kW，已开发量和正在开发量占可开发量的55%（严文学，2006）。

7.6.4.4 沼气开发利用

甘肃省大多数地区生态脆弱，当地农民生活燃料依赖生物资源成分很大。发展沼气，可以变废为宝、节能减排，为应对气候变化起到实质作用。甘肃省农村沼气建设工作起步于20世纪70年代，快速发展于20世纪90年代。截至2015年，全省农村沼气用户已达120万户，农村能源建设已达到了年节约、开发农村清洁生活用能约270万t标准煤的能力，相当于年减排二氧化碳720万t（王朝霞，2015）。

在国家政策扶持下，甘肃省建设多项大中型沼气工程。2014年10月，建成南安村沼气集中供气工程，包括1座1000 m^3 厌氧发酵罐、1个500 m^3 储气柜。日处理畜禽粪便约20 t，日产沼气600 m^3，可为11栋楼500户农村居民集中供气。和政县经济开发园区大型沼气发电工程于2011年5月建成投产，现年产沼气40万 m^3，并网发电65万kW·h。是甘肃省最早发电上网，也是唯一获得可再生能源电价的补贴项目。定西经济开发区循环经济产业园区特大型沼气工程，总投资达1.62亿元，该工程年处理有机废弃物10万t，采用高温发酵生产沼气，生物燃气日产量约4000 m^3，经干燥压缩后能为300多辆公交车、出租车提供动力燃料。

7.6.4.5 节能降耗

“十二五”期间，甘肃省积极落实节能目标责任制，积极调整产业结构。完成了违规建成和违规在建高耗能项目的整顿，淘汰铁合金2.36万t、平板玻璃53万重量箱、水泥80万t、造纸4.4万t。加快了煤、电、铝一体化进程，电解铝企业技术创新及节能减排改造，支持了水泥行业跨区域、跨行业兼并重组，提高了产业集中度（伏润之 等，2015）。

全面开展节约型公共机构建设活动。2011—2014年，全省公共机构人均综合能耗为502.15 kg标准煤，累计下降16.28%；单位建筑面积能耗为37.66 kg标准煤，下降13.03%；人均用水18.07 t，下降了15.08%，提前完成了“十二五”节能目标任务（伏润之 等，2015）。

7.6.4.6 建筑节能

甘肃省节能环保产业发展规划明确提出，要发展新型节能建材，重点发展适用于不同气候条件的新型高效节能墙体材料，推广光伏一体化建筑用玻璃幕墙等新型墙体材料。2016年，新型墙体材料产量目标增长8%左右，达到76亿块标砖，新型墙体材料产量占墙体材料总产量的比例提高到68%；通过“禁实”和发展新型墙体材料等措施，全省节约土地超过12万亩，节约生产能耗47万t标准煤，减少二氧化碳等温室气体排放37万t，利用各种固体废弃物超过800万t。

推广实施的“南墙计划”具有3个突出特点：一是节能环保，具有可持续发展能力；二是成本低，宜于推广应用；三是符合甘肃省及西部地区实际需要。2010年，全省逐步推广实施农村建筑节能“南墙计划”，节能效果达65%～85%（张佳宁 等，2010）。

7.6.4.7 能源适应减缓气候变化对策

（1）大力发展服务业、优化产业结构

全面加快发展现代服务业，积极加快产业结构调整和优化，严格限制高耗能、高排放产业发展，开发和生产高附加值产品。逐步建立以低碳排放为特征的产业体系，努力实现“低消耗、低排放、低投入、高效率”的经济发展方式。大力发展服务业，着力培育和发展物流、旅游、金融、信息等现代服务业，不断提升传统服务业发展水平。把发展服务业作为推动产业优化升级的重要支撑，不断提高服务业在经济中的比重。

（2）大力发展可再生能源、优化化石能源消费结构

加快开发利用可再生能源。优先发展水能，大力发展风能，积极发展生物质能、太阳能发电及可再生能源综合利用。鼓励省内种植业、养殖业比较发达地区的生物质能开发利用，促进农村新能源可持续开发利用。

优化化石能源消费结构。加快省内天然气支线建设，天然气使用覆盖全部市州政府所在地。支持热负荷比较集中的城市和大型冶金、化工企业热电联产项目，鼓励工业园区和工业集中区规划热电冷联供项目，支持工业企业余热余压发电项目建设。深化农村电力体制改革，加强农村电网和城市电网建设。

（3）控制能源消费过快增长、提高能源利用效率

严控高耗能行业过快增长。积极推进工业领域节能降耗和减缓温室气体排放工作，强化目标责任考核。逐级量化分解节能降耗目标任务，抓好重点行业、重点地区、重点用能企业节能降耗工作。对企业能源消耗总量严格控制。加快淘汰落后生产能力工作，制订分地区、分年度的淘汰落后产能具体工作方案。加强源头管理，严格项目审批、核准、备案，控制高耗能项目过快发展。

（4）增加森林蓄积量、提高固碳能力

大力推进植树造林工作，扩大森林面积，提高森林覆盖率，增加森林碳汇。抓好荒山造林、退耕还林还草、草原建设、湿地保护、河流治理、水土保持、沙化治理、矿山恢复等生态工程建设，大力发展碳汇造林，遏制土地荒漠化。不断增加森林蓄积量，有效改善生态环境。

（5）发展循环经济、减少温室气体排放

全面落实《甘肃省循环经济总体规划》。围绕循环型农业、工业、服务业和社会建设，做好各领域的重点工作。农业方面，以农业节水、规模化畜禽养殖、废弃物回收利用和农村环境整治等工作为重点；工业方面，以资源综合利用、清洁生产和过程节能降耗为工作重点；服务业以旅游、物流、通信服务、零售批发业、餐饮住宿业等行业为重点；社会方面，以再生资源回收体系建设、绿色建筑行动、推进垃圾分类回收和废旧电器、电子元器件回收处理等工作为重点，提高资源、能源利用效率。通过发展循环经济，促进全社会节能减排。

（6）倡导低碳消费

努力形成政府引领低碳消费、企业主导低碳消费、社会组织积极推进低碳消费、公民广泛参与低碳消费的方式。培育全民低碳意识，营造低碳消费氛围，抑制消费主体的高碳消费方式。完善政府激励低碳消费的法规政策。推广绿色、环保的低碳建筑，在建筑全寿命期内，通过高新技术研发和应用，降低资源和能源消耗，减少废弃物排放和对环境的破坏。充分利用太阳能，合理采光通风，选用节能型取暖和制冷系统。倡导低碳生活方式，把低碳排放纳入居民购房的政府采购体系。坚持"公交优先"原则，鼓励发展城市公共交通系统，大力发展以步行和自行车为主的慢速交通系统，倡导在城市发展混合动力汽车等低碳排放交通工具。倡导政府与旅游机构推出相关环保低碳政策与低碳旅游线路，提倡低碳旅游方式。

7.7 气候变化原因

气候变化的原因是极其复杂的。在地球运动的漫长历史中，气候总在不断变化，究其变化原因可概括为自然内部进程，或是外部强迫。太阳辐射变化、地球轨道变化、火山活动以及气候系统内部变化等是造成气候变化的自然因素。而人类活动，特别是工业革命以来的人类活动是造成气候变化的主要原因，其中包括人类生产、生活所造成的二氧化碳等温室气体排放、土地利用、城市化等。

7.7.1 海陆变化

地质时代气候变化的原因，最主要是因为地理环境的变化，在地质时代，海陆分布发生过十分巨大的变化。

甘肃省古陆核形成年代距今约17亿—19亿年以前，从长城纪到三叠纪，在17亿a中，甘肃省陆地一直受到海水侵蚀(表7.14)。海洋占全省面积比最少为20%，最多高达70%，省内外经常有海洋活动。印支运动最终结束了海侵史，印支运动末期，侏罗纪，甘肃省全部上升为陆地，祁连山形成以大雪山—冷龙岭—老虎山为脊线的带状高地。当时，甘肃省离海洋距离仍很近。

表7.14 地质时期海洋和陆地占全省面积的比值

代	中晚元古代				早古生代			晚古生代			中古生代		
纪	长城纪	蓟县纪	青白口纪	震旦纪	寒武纪	奥陶纪	志留纪	泥盆纪	石炭纪	二叠纪	三叠纪	侏罗纪	白垩纪
距今年龄(百万年)	1950	1450	1100	800	615	520	440	400	330	285	250	195	140～70
海洋面积比(%)	40	55	20	45	60	70	40	25	65	35	35	0	0
陆地面积比(%)	60	45	80	55	40	30	60	75	35	65	65	100	100

注：表中数据从《甘肃省区域地质志》中的地质图中读取。

在侏罗纪及其以前，甘肃省为海洋性气候。气候潮湿温暖，地理梯度小，时间变率小。从古地理角度看，每经过一次大型地壳运动，造山、造陆运动，海洋面积便减少一次，而陆地面积便扩大一次。经过多次造山运动，在三叠纪，我国北方成陆，南方成洋，北高南低。在白垩纪末，中国大陆大部变为陆地，逐步变成西高东低形势。早第三纪时，在地壳长期稳定和炎热气候条件下，甘肃省进入准平原化阶段，已深居内陆。以兰州为例，东面离海洋约1400 km，南面距海洋约1200 km，北面和西面距海洋更远。水汽经过长途跋涉，到达兰州已成强弩之末。

在白垩纪(距今约1.4亿—0.7亿年)到早第三纪(距今约0.7亿—0.4亿年)，由于大气下垫面——海陆发生巨大变化，导致甘肃省干旱气候初步形成，具有旱生化亚热带稀树草原和荒漠草原景观。当时处于亚热带高压控制，气候受行星风系支配，盛行干燥的东北信风。由于地势平坦，地形雨难以形成，纬向气候带稀疏宽广，锋面活动微弱。

晚第三纪中新世，出现喜马拉雅运动第一幕，它使欧亚大陆和属于南大陆的印巴次大陆连接起来。古地中海完全退出青藏地区，到上新世青藏地区开始成为高原，高度为1000 m左右。地理条件的变化，使地处内陆的甘肃省大陆性气候加强。欧亚大陆和太平洋对比关系使得海陆热力差异加大，经向环流开始加强，形成了原始的"古季风"环流。大陆上冬、夏出现相反的气压系统和方向相反的盛行风，强度较弱。甘肃省由于距海遥远及高山、高原阻挡，东南季风难以深入，气候干旱少雨。

7.7.2 青藏高原隆起

青藏高原强烈隆起时代开始于上新世末，在第四纪早更新世时平均海拔升高到 2000 m。此时，高原对大气动力和热力作用开始变得强烈，气流以爬流为主转变为绕流为主，完成了从行星风系为主的环流形式，经由古季风，转变为现代东亚季风环流形式的过程。中更新世晚期，青藏高原海拔达到 3000 m 左右。现在，高原海拔已达 4500～5000 m。如以第四纪 240 万年计算，平均每 1000 a 大约上升 1.2 m，但晚更新世以来则平均每 1000 a 上升量可达 10 m 以上。第四纪新构造运动十分强烈而普遍，晚第三纪，甘肃省山脉高度为 500～1000 m，李玉龙等(1988)大致推算出第四纪以来甘肃省山脉平均上升速度：祁连山 1.5～1.8 m/ka，西秦岭 1.4～1.5 m/ka，上升速度较快。现在，祁连山区为 4000 m，西秦岭西部约为 2500 m。

青藏高原与同高度自由大气之间的温度差异，同海洋和大陆之间热温差异一样，能引起特定的气压分布和气流场，产生高原季风。夏季青藏高原加热作用最强，四周同高度自由大气相对是个高压区。冬季高原上是个冷源，冷高压建立，加强了由海陆分布引起的季风环流。甘肃省河东在高原季风东界，大约在 105°～110°E 范围内。甘肃省正好处于夏季高原热低压区上空(对流层上部)向四周流出气流的下沉运动区域。高原还使对流层西风急流，全年在其北侧形成反气旋性环流。高原对于对流层低层的空气起到屏障作用，阻碍了低纬度印度洋水汽向北输送。所以，从第四纪起，由于青藏高原作用，甘肃省干旱化变得更加明显。

7.7.3 人类活动

自然地理环境的变化，使得大气环流、水汽输送路径发生了变化，它是甘肃省气候变化的根本原因。人类活动使植被破坏、土地沙漠化，是气候变化的重要因素。近 5000 a 来，从千年尺度分析，甘肃省虽然经历了几次暖湿和干冷气候变迁，但总趋势为气候干旱化。

7.7.3.1 森林大量减少

森林是水分积累和储存中心。森林可以调节温度，减小风速，保护土壤，固结沙土。距今 5000 a 左右，甘肃省是森林和森林草原环境，气候温暖潮湿。甘肃省黄土高原地区，古代森林率高达 53%，是一片林茂草丰的好地方。到秦汉时代，也是"大山乔木，连跨数郡"，"峰峦起伏，松林葱蔚"，《汉书·地理志》有言："天水、陇西，山多林木，民以板为室屋。"到了魏晋南北朝时期，河东平原地区已无林区可言。唐宋时代，远程采伐不断扩大，山地森林不断缩小。明清时代，山地森林受到摧毁性破坏，渭河上游森林已经砍伐殆尽。据旧志记载，清初以前，六盘山万树苍松，蔚为深香。道光二十二年(1842 年)林则徐被发配新疆，途经六盘山巅时只见"一木不生，但有细草"。现代，河东黄土高原森林覆盖率下降到 3%，成了一片荒山秃岭。

祁连山在 2000 余年前约有 9000 万亩天然森林。直到明末清初，河西仍是"松杉万木，雪山万仞"。"近观林木千行，远望郁郁葱葱"。这些森林，大都是在新中国成立前 300～400 a 间毁掉的。清政府推行"放荒招垦"政策，当时人口大量增加，毁林开荒，大片森林草原遭到破坏，逐渐形成"山无绿兮，水无情；风吹毒兮，沙亦腥"的荒凉景象。与 2000 多年前西汉初期相比，森林区东、西至少退缩400 km以上。林缘地区至绿洲农田之间，广阔的丰美水草地带大部分已沦为荒漠，有林地仅占林区总面积的4.5%。至新中国成立初期，幸存森林面积为200余万亩，至1980年止，祁连山森林面积仅保存167万亩，森林带下限从1900 m退缩至2300 m。由于森林大量减少，祁连山的山水年径流量由新中国成立初期的78.55亿m^3下降到现在的65.84亿m^3，减少16.2%；泉水由24.05亿m^3下降为19.84亿m^3，减少17.8%。出现了“林少水减，灌溉渐难”的局面，一般年景常有100万亩农田得不到灌溉，部分夏田减产，民勤县60万亩土地因干旱无水而弃耕。

新中国成立前，甘肃省森林覆盖率仅2.6%，是全国最低省份之一。1982年，全省森林覆盖率才达到7%，目前达到11.28%。森林和草原植被破坏，使得地表面粗糙度减小，反射率增加，严重地影响大气和下垫面之间的热量、水分、辐射和其他物质的平衡关系，造成水土流失，降水减少，旱涝频繁，冷暖剧烈。

7.7.3.2 土地沙漠化

我国历史时期，干旱、半干旱地区沙漠化过程显著的地方，是河西走廊丝绸之路沿线。根据朱震达等(1989)研究，沙漠化土地分布面积共达9200 km^2。唐代中叶由于战争原因，将昌马河冲积扇西部的河流人为改道，灌溉水源断绝，致使安西锁阳城及其周围绿洲52万亩土地荒废，类似的情况有高台骆驼城和敦煌寿昌等。明代中叶长城修筑以后，军屯民垦很盛，但由于明代后期民族间战争频繁，出现大片撂荒沙田。明朝军队采取“放火烧山”对策，天然植被破坏严重，使民勤西沙窝南部、武威高沟堡及张掖西城驿等地沙漠化。清朝政府推行“放荒招垦”政策，毁林开荒，使土地沙漠化加剧。在新中国成立前200多年中，古老的农业城镇，如敦煌圈槽、安西瓜州城、百旗城、锁阳城；高台骆驼城，民勤头坝地区原有的南乐堡、青松堡、沙山堡等20多个村子全被流沙埋没。土地沙漠化之后给局地小气候带来重大变化，阳光直射地面，使其更热、更干。地表反射率加大，降水量减少，土地沙漠化进一步加强。

7.7.3.3 人、畜压力加大

自从人类诞生以来，人类活动就在不断影响气候，随着人口增长和人类社会发展，这种影响日益增大。据史料记载，从西汉元始二年(公元2年)到雍正二年(公元1724年)1700年间，甘肃省人口始终在100万人左右，地广人稀，地面植被基本完好。从雍正二年到乾隆四十一年(公元1776年)50余年中，甘肃人口暴增至1200余万人。造成乱砍滥伐，垦荒造田，地面植被破坏严重。以后人口发展停滞，1949年全省人口为968万人。新中国成立后1949—1990年，人口平均每年以2.08%的速度递增，高于同期全国平均1.83%的增长速度。人口高速增多，人均耕地面积由1949年的5.6亩减少到2.7亩。加之当时人们普遍没有科学发展的理念，采用不合理土地利用和经营方式，使水土流失加重。新中国成立后以来，全省牧业发展很快，早在新中国成立后前甘肃省草场就明显超载，到1988年，草场面积缩小，但牲畜增加很多。过度放牧使原有草场日渐退化，新近营造的草场存活率低，生态环境趋于恶化。

7.7.4 气候系统内部变化

东亚大气环流、青藏高原下垫面热力变化、欧亚大陆积雪以及ENSO事件等都与甘肃省气候变化有着紧密联系。

7.7.4.1 ENSO现象

刘永强等(1995)、龚道溢等(1998，1999)和许武成等(2005)研究表明，ENSO循环对甘肃省降水变化有明显影响。主要表现为ENSO事件的当年，夏、秋季河东少雨，易出现干旱，河西多雨。春季河东多雨，河西少雨。ENSO的次年或La Niña年则相反(表7.15，表7.16)。

表7.15 ENSO现象发生年甘肃省夏季降水距平百分率(单位:%)

项目	1963	1965	1969	1972	1976	1982	1983	1986	1987	少雨年比重
河西	−15	−20	−8	14	21	0	55	6	50	3/9
陇中	−27	−39	−47	−24	24	−53	−9	9	−32	7/9
陇东南	−27	−17	−33	−23	20	−40	−9	−23	−20	8/9
陇中、陇东南	−54	−56	−80	−47	44	−93	−18	−14	−52	8/9

表7.16 ENSO现象次年甘肃省夏季降水距平百分率(单位:%)

项目	1958	1964	1966	1970	1973	1977	1984
河西	19	−13	49	5	−12	−4	5
陇中	28	45	−21	31	25	−5	32
陇东南	18	11	37	28	−2	−18	20
陇中、陇东南	65	43	65	64	11	−27	57

7.7.4.2 青藏高原热状况

陶诗言指出，西北异常干旱最强信号是青藏高原下垫面热状况。在高原地面偏暖年，高原地面热源强，高原上升运动加强，其北侧对流层低层流向高原辐合，整层为上升运动，所以高原北侧(甘肃省位于此处)为湿年；在高原地面偏冷年，高原地面热源弱，高原上空上升运动也弱，高原北侧盛行较强下沉运动，主旱。也就是说高原热力影响是西北干旱形成的重要原因之一。

高原春季积雪对西北地区夏季降水具有较显著影响。当春季积雪呈现全区性偏多(少)，特别是喜马拉雅山区、唐古拉山区和念青唐古拉山区均偏多(少)时，将会使得西北地区夏季降水呈现自西向东偏多(少)—偏少(多)—偏多(少)的分布形式。冬季青藏高原积雪偏多时，夏季西北地区东南部、河西走廊降水偏多，河套附近和青海南部地区降水偏少；冬季青藏高原中东部地区积雪大于西部时，夏季西北地区除河套附近降水偏少外，其余地区降水偏多。

7.7.4.3 大气环流异常

大气环流是影响天气气候变化的主要原因，大范围持久性旱涝与大气环流持续性异常有必然联系。

叶笃正等(1979)指出，青藏高原热力、动力作用是西北干旱区形成的背景。夏半年(4—9月)高原上盛行较强上升运动，而绕高原西、北和东北侧分布着下沉运动带。高原地形的动力作用除了造成高原西、北和东北侧(甘肃省在此处)平均下沉带外，还阻隔了南来水汽，强迫西风气流分支绕流，形成高原北侧全年盛行的反气旋性辐散带，既进一步加强了高原北侧下沉运动，也使气柱中本来就稀少的水汽易被辐散，难于降雨。而高原动力作用的年际变化，更直接影响了西北干旱区干、湿变化。西北干旱区干、湿年的变化还与盛行环流变化有关。罗哲贤(2005)研究表明，东亚大槽稳定、深厚、新疆脊强，西北地区东部处于高空西北气流控制下，以晴天少雨为主。

夏季我国东部旱涝主要是副热带高压和南亚高压位置反常使相应的主要雨带位置反常造

成的。当然，副热带高压西伸程度和强度对雨带也有影响。但是，决定旱涝分布最基本的条件是副热带高压脊线的南北位置。因此，当副热带高压位置偏南，脊线以北8～9个纬度的雨带位置也偏南，雨带位于西北地区东部以南。雨带不能北上，会形成西北地区东部少雨干旱。副热带高压脊线愈偏南，西北地区东部（甘肃省在此处）降水一般愈少；脊线愈偏北，西北地区东部降水一般愈多。

第8章 应用气候

应用气候学是研究气候对生产、生活、军事等各项专业活动的影响以及某些活动对气候影响的学科。它由气候学与各项专业活动相结合而产生，为各项专业活动服务。各种专业活动都提出最适宜的和临界的气候指标要求，应用气候学正是适应这些要求而发展起来的。同时，应用气候学的研究也推动了气候学基本理论的发展。应用气候学主要研究内容有：气候资源利用，气候灾害防御，大气环境分析、评定和区划，以及各种专业活动与气候有关的问题等（高绍凤等，2001）。

8.1 特色农业与气候

甘肃省是一个农业大省。近年来，为全面落实各项惠农、富农政策，特开辟了一条具有甘肃省特色的农、牧业发展路子，形成了以定西为主的马铃薯种薯及商品薯生产基地；以定西、陇南为主的中药材生产基地；以天水、平凉、庆阳、陇南为主的苹果生产基地和以庆阳为主的瓜籽、杂粮加工基地；以河西走廊、沿黄灌区、泾河流域、渭河流域、徽成盆地为主的五大优势蔬菜产区以及以河西走廊为主的杂交制种玉米、瓜菜制种、酿酒原料基地。2016年，全省特色优势农产品种植面积达到206.7万 hm^2，占整个农作物播种面积接近一半。

为此，特挑选了粮食作物（马铃薯、制种玉米）；果瓜类（酿酒葡萄、苹果、桃、白兰瓜）；中药材类（甘草、当归、黄芪、党参）及特色作物类（百合、花椒、油橄榄）共13种名特优作物进行气候生态适应性研究（王润元，2015）。

8.1.1 马铃薯

马铃薯在甘肃省分布广泛，播种面积达到粮食面积的四分之一，是总产量仅次于玉米、小麦的第三大主要粮食作物。

马铃薯一般在4月上旬至5月上旬播种。开花—可收期是块茎膨大、营养积累时期。淀粉含量主要决定块茎膨大期（7月中旬至9月中旬）的气温日较差。经计算，块茎形成膨大期（7月至8月中旬）负效应最明显，气温下降，产量增加，说明各地马铃薯产量均受高温影响。负相关显著程度河东大于河西，尤其东南部的高温导致减产更大。

马铃薯分枝至开花期（6—7月）降水为正效应，需水量迅速增大，各地降水量都不能满足需要，此阶段为需水临界期。块茎膨大后期，由于河东各地降水季节性增多，水分条件已不是产量的主要限制因子，相反过多降水引起湿腐病，产量降低。

选取日平均气温≥10 ℃积温等4个农业气象指标确定为综合指标体系，将甘肃省划分5

个区域。

最适宜区：包括洮岷山区、甘南高原部分及祁连山、华家岭、六盘山、关山、秦岭等海拔 2000～2600 m 的山间盆地、高山河谷台地及浅山地带。主要分布在河西的民乐、山丹、肃南、古浪、天祝、永昌、凉州等；陇中的渭源、岷县、临夏、和政、康乐、会宁等；陇东南的宕昌、张家川等；陇东庄浪县大部。区内热量非常适宜，在块茎膨大前期无高温天气，气候温凉，适宜营养物质积累，块茎膨大迅速；降水比较充足，光照能满足生长发育要求，产量高，品质好，病虫害少，投入产出比高。非常适宜建设生产基地和种薯繁育基地。

适宜区：包括陇中大部及河西走廊海拔 1700～2000 m 地区。该区热量丰富，块茎膨大前期有高温天气，但持续时间短且影响较小；降水能够满足生长发育要求，光照充足，病虫危害轻，品质较好，产量较高，投入产出比较高，是较为理想的生产基地。

次适宜区：包括平凉、庆阳市和天水市大部以及河西走廊海拔高度 1300～1700 m 地区。该区光照充足，旱作区降水基本能满足生长需求，但块茎膨大期易受高温影响，产量较低。

可种植区：包括陇南市大部、天水市部分、河西的安敦盆地海拔＜1300 m 地区以及祁连山区和甘南高原海拔 2600～2900 m 地区。高温直接影响块茎膨大，导致块茎较小；陇中的临潭、夏河、合作等及河西的肃南、天祝海拔较高地区，气温较低，热量不足，生长期短，易受春秋霜冻影响，产量低，不宜规模种植。

不宜区：主要分布在海拔＞2900 m 的甘南高原的大部和祁连山的中高山区。该区海拔高、气温低、无霜期短，马铃薯无法正常生长（张强 等，2012）。

8.1.2 制种玉米

近 20 多年来，甘肃省杂交制种玉米发展迅速，经济效益显著。近年来，河西走廊主产区的张掖、武威、酒泉、金昌等地制种玉米面积占到全国的一半，产量约占 60%。已成为全国最大玉米制种基地。

制种玉米是 C_4 作物，喜光照、喜水肥、喜温作物，整个生育期要求较高的热量条件。

河西走廊制种玉米一般在 4 月中旬播种，5 月上旬出苗，7 月下旬抽雄、吐丝，8 月下旬乳熟，9 月中下旬成熟。全生育期 160～170 d。早熟种要求≥10 ℃积温为 2200～2500 ℃·d，中早熟种为 2500～2700 ℃·d，中晚熟种为 2700～3000 ℃·d，晚熟种为 3000～3300 ℃·d。

据制种玉米分期播种试验，适宜播种温度指标是日平均气温稳定通过 7 ℃初日，这时播种在多数年份可达到霜前播种霜后出苗，可充分利用早春热量资源，使后期避免低温危害，有利于灌浆和成熟。抽雄吐丝期要求温度较高，适宜气温为 21～23 ℃，气温升高，穗粒数增加。千粒重与吐丝成熟期≥16 ℃积温关系最好，呈极显著正相关，灌浆期低温造成减产。

对有灌溉条件的河西绿洲灌区和中部黄河干支流灌区制种玉米进行分区。选取≥10 ℃积温等 3 个农业气象指标划分为 5 个区域。

最适宜区：包括安西东部、金塔、高台、民勤、武威北部海拔 1200～1400 m 地区。该区光热资源丰富，≥10 ℃积温 3100～3450 ℃·d，适宜晚熟和中晚熟品种。该区玉米籽粒灌浆速度快，灌浆充分，千粒重高，产量最高。

适宜区：包括玉门、嘉峪关、酒泉、临泽、张掖、永昌、武威以及中部景泰、靖远、白银、兰州等黄河灌区。海拔 1400～1600 m。该区光热较丰富，≥10 ℃积温 2850～3100 ℃·d，适合中晚熟品种。不但是商品粮生产基地，也是国家级杂交玉米制种最大的重点繁育基地。

次适宜区：包括敦煌、安西西部、玉门的花海、金塔的东北部海拔≤1200 m地区和玉门、酒泉、张掖、永昌、武威等地沿山地带，以及永登、皋兰等地海拔1600～1800 m地区。其中海拔≤1200 m地区热量资源充沛，≥10 ℃积温>3450 ℃·d，适宜晚熟品种。1600～1800 m地区≥10 ℃积温2650～2850 ℃·d，适宜中早熟品种。

可种植区：包括古浪县中北部和酒泉、张掖、山丹、永昌、武威南部沿山海拔1800～1950 m地区，该区热量基本满足早熟品种要求，≥10 ℃积温2100～2650 ℃·d，灌浆不充分，成熟度较差，是栽培上限。

不宜区：包括肃北、阿克赛、民乐、肃南、古浪南部山区、天祝等海拔1950 m以上地区。因热量条件差，玉米不能正常成熟（邓振镛，2005）。

8.1.3 酿酒葡萄

河西走廊是我国酿酒葡萄栽培最佳生态区，近20 a发展迅速，其中武威主产区，种植面积占全国12.5%。“莫高”被评为“陇货精品”和“中国驰名商标”。

酿酒葡萄具有喜光、喜温、喜温差大、喜干燥、喜沙性土壤等特点。中早熟品种，全生育期需要≥10 ℃积温2800～2900 ℃·d；中熟品种，需要2900～3100 ℃·d。武威种植大多品种成熟度好，含糖量在19%～23%，含酸量适中，品质优良。

沙地葡萄园生长期总耗水为6348 mm/hm^2。萌芽到展叶期耗水最小，为472.5 mm/hm^2，占总耗水量的7.4%，盛花期到成熟期耗水最大，为3900 mm/hm^2，占总耗水量的61.4%。展叶到盛花期、成熟到落叶期大致相当，耗水量均为990 mm/hm^2，占耗水总量的15.6%。

选取含糖量和≥10 ℃积温为主导指标，将河西走廊分为5个区域。

最适宜区：包括武威市的凉州区东北部、民勤县西南部、金昌市、张掖市的甘州区大部、临泽县，嘉峪关市，酒泉市肃州区、玉门镇等海拔1400～1750 m地区。生长期≥10 ℃积温2550～3100 ℃·d，成熟期气温日较差14.0～15.0 ℃。适宜种植中早熟、中熟品种。是酿制干红、干白酒用葡萄最佳区域，应作为生产基地重点发展。

适宜区：该区分两个亚区。包括民勤县中北部、高台县大部、肃州区东北部、安西县中东部海拔1300～1400 m地区和山丹县北部、肃州区南部、民乐县北部、古浪县北部、凉州区西部等沿沙漠、河谷沿岸沙地，海拔1750～1850 m地区。前一地区生长期≥10 ℃积温3100～3300 ℃·d，成熟期气温日较差15.0～15.5 ℃。适合中晚熟、晚熟品种，应积极扩大规模，发展基地建设。后一地区生长期≥10 ℃积温2400～2550 ℃·d，成熟期气温日较差13.5～14.0 ℃。适宜早熟、中早熟品种。该区发展时要积极稳妥，因地制宜。

次适宜区：包括河西西部瓜州、敦煌市、金塔县海拔1130～1300 m地区。生长期≥10 ℃积温3300～3550 ℃·d，成熟期气温日较差15.5～16.0 ℃，该区光热条件好，但种植面积很少，今后要积极引进晚熟葡萄品种，通过延长葡萄生育期，提高原料品质。

可种植区：包括永昌、野马街、古浪县北部等海拔1850～2000 m地区。生长期≥10 ℃积温2200～2400 ℃·d，成熟期气温日较差13.0～13.5 ℃，适宜种植极早熟、早熟品种。该区因热量条件不足，成熟度及品质较差，不宜大面积种植。

不宜区：包括沿山地区海拔>2000 m地区。≥10 ℃积温<2200 ℃·d，成熟期气温日较差<13.0 ℃，热量严重不足，不能满足葡萄正常生长发育和成熟，品质极差，不宜种植。

8.1.4 苹果

苹果在甘肃省水果中栽培面积最大，因地制宜发展苹果生产，对农业产业结构，增加农民收入，将起着不可低估的作用。

苹果树具喜光、喜温和、喜温差大、喜较湿润，对气候要求并不严格，适应性强等特点。

苹果树全生育期需日照时数 2000～2300 h。全生育期需≥10 ℃积温 3500～3900 ℃·d。需水量约 550 mm(姚晓红，2006)。

苹果生长发育期间，温度条件是影响苹果产量、品质的主要气象因素。测定苹果去皮硬度、可溶性固形物、含酸量、糖酸比、果形指数等品质指标以及产量均与≥10 ℃积温和 7—8 月平均气温密切相关。

选取≥10 ℃积温和年降水量等为指标，将主产区划分为 5 个区域(表 8.1)。

表 8.1 甘肃省苹果主产区生态气候适生区划

项目	最适宜区	次适宜区	适宜区	可种植区	不宜区
海拔高度(m)	1000～1300	1300～1500	1500～1900	1900～2400	>2400
年平均气温(℃)	8.8～11.7	8.0～11.0	5.0～8.0	5.0～8.0	<5.0
8—9 月平均气温(℃)	19～23	18～23	16～20	15～18	<15
≥10℃积温(℃·d)	3200～3700	3000～3800	2200～2700	<2200	<1600
年降水量(mm)	370～570	370～640	450～550	450～550	410～500
区域	庆阳市包括西峰区董志塬，正宁、宁县等残塬区，平凉市包括静宁、灵台、崆峒区南北塬区，天水包括秦州、麦积大部分地区	庆阳市包括马莲河、蒲河流域的川区，平凉市包括泾河流域，天水包括渭河北部大部分地区	庆阳市包括北部干旱区及西部林农交错地带，平凉市包括南部灵台、崇信、华亭等县部分地区，天水包括北部关山海拔较低地区	庆阳市包括西部林缘地带；平凉市包括南部灵台、崇信、华亭等林缘地带，天水包括西北武山南部及秦州、麦积的林缘地带	庆阳包括西部、平凉及天水包括关山南北麓高海拔地区
分区评述	光热资源丰富，花期一般极少有晚霜冻危害，果实膨大期温度适宜，糖分累积期气温日较差大；含糖量较高(14%以上)，硬度、糖酸比适中，着色好，产量高，品质优	气候温和，果实膨大期气温适宜，春季气温波动较大，个别年份低温、晚霜冻危害较重；糖分积累期日照略逊于最适宜区，含糖量一般在 13%～14%，含酸量一般在 0.19%～0.26%，硬度 7.1～9.0 kg/cm^2，品质、产量较好	气候温凉，光照较差，无霜期 150～160 d，花期易遭晚霜冻危害，果实膨大期及糖分积累期日照较少，含糖量一般在 12%～13%，含酸量较高，果实硬度较大，耐贮藏	热量条件较差，花期平均气温<10 ℃，无霜期<150 d，晚霜冻严重；果实膨大期及糖分积累阴雨日较多，光照条件差，苹果皮厚味酸，硬度大	本区为高海拔区，气候寒冷阴湿，低温、霜冻造成苹果生长不良

8.1.5 桃

甘肃省是全国最大产桃区之一，素有桃乡之称。天水和兰州桃以个大、皮薄、肉嫩、含糖量高，在省内外享有盛名。

桃树喜光照，喜温和，对温度适应性较大；喜干燥，耐旱能力较强。

桃树芽开放至开花盛期 21 d，≥0 ℃积温 163 ℃·d，日照时数 126 h。展叶盛期至果实成熟期为主要时段，间隔日数 113 d，≥0 ℃积温 2151 ℃·d。

利用秦安县多年桃单产资料与相应年代气象资料进行相关计算和积分回归分析，结果显示芽开放至开花期(3 月中旬至 4 月上旬)，气温呈负效应；果实生长膨大期(5—7 月)气温呈正效应。4 月上中旬盛花期最低气温是影响产量的重要因素，此期极易受低温冻害侵袭，使花蕾凋落，造成大幅减产。开花期至果实成熟期平均气温与产量呈明显相关，气温高，产量增加。3—4 月降水对产量呈正效应；而 5—7 月降水对产量呈负效应。相关分析表明，芽开放至开花期降水量与产量为弱正相关；开花至果实成熟期降水与产量呈明显负相关，表明该时段降水偏多或灌溉过多限制产量增加。

选取≥0 ℃积温和 6—7 月日照时数等为指标，将甘肃省划分为 5 个种植区域(表 8.2)。

表 8.2 甘肃省桃树气候生态适生种植区划

	最适宜区	适宜区	次适宜区	可种植区	不宜区
海拔高度(m)	1200～1600	<1600	<1200	1600～1800	>1800
≥0 ℃积温(℃·d)	4000～3500	>3500	>4000	3500～3200	<3200
6—7 月日照时数(h)	450～500	>550	350～450	450～550	<350
4 月最低气温(℃)	4.5～6.0	4.0～5.0	6.0～8.0	3.0～4.0	<3.0
地域范围	渭河河谷，黄河干支流谷地，陇东部分	河西走廊绿洲川区	白龙江和白水江河谷台地	祁连山浅山地带，陇中丘陵沟壑地，陇东少部	除前 4 区以外
分区评述	属温和半湿润气候类型。光照充足，热量适宜，气温日较差大，降水适中。有利于桃坐果及果实着色，产量高，品质好	属温和温暖干旱气候类型，光照非常充足，热量丰富，气温日较差大，降水少但有灌溉条件。个别年份 4 月低温冻害对花期有影响。产量较最适宜区低	属温暖和北亚热带半湿润气候类型，光照条件稍差，热量丰富，气温日较差不大，部分地方降水偏多。产量和品质较最适宜、适宜区低	属温凉半干旱气候类型，光照充足，热量条件一般，气温日较差较大，无灌溉条件地方有干旱危害，4 月有低温冻害，产量和品质较差	热量条件已达到种植下限，光热条件较差，产量和品质很低

8.1.6 白兰瓜

白兰瓜是甘肃省主要特产之一。在河西走廊和兰州种植历史悠久，以其洁白匀称、白皮绿瓤、肉质细腻、香甜爽口、含糖量高而享誉国内外瓜果市场。

白兰瓜有喜光、喜温、喜温差大、喜空气干燥、土壤通气性好等特点；怕低温冻害和阴雨寡照。

在5 cm地温通过12～15 ℃时白兰瓜播种较适宜，地温－2 ℃以下瓜苗受冻。播种至出苗适宜气温为15～17 ℃，出苗至开花为17～23 ℃，开花至坐瓜为23～26 ℃，坐瓜至成熟为22～25 ℃。

白兰瓜品质优劣主要以含糖量高低为标准。据研究，白兰瓜含糖量与生育期间积温、日照时数、光积温(≥20 ℃积温与日照时数的乘积)和气温日较差具有较好相关关系。生育期间积温多、光照充足、气温日较差大，对糖分积累十分有利，含糖量高，品质优。

选取糖分累积气候指数为主导指标，生育期≥20 ℃积温、日照时数和糖分累积期气温日较差为辅助指标，将主产地河西走廊及相邻地区划分为5个区域(表8.3)。

表8.3　主产地白兰瓜品质气候生态适生种植区划

		最适宜区	适宜区	次适宜区	可种植区	不宜区
海拔高度(m)		1100～1200	1200～1400	1400～1500	1500～1600	>1600
糖分累积气候指数(%)		16～17	14～16	13～14	12～13	<12
全生育期	≥20 ℃积温(℃·d)	2200～2000	2000～1500	1500～1200	1200～900	<900
	日照时数(h)	1300～1200	1200～1100	1100～1050	1050～1000	<1000
糖分累积期气温日较差(℃)		16.5～15.5	15.5～14.5	14.5～14.0	14.0～13.5	<13.5
含糖量(%)		15～16	14～15	12～14	11～12	<11
地域范围		敦煌、安西西部，金塔和高台的个别乡镇	安西东部、玉门的花海，金塔、高台和民勤的大部，肃州和靖远的少部，兰州的青白石和皋兰的什川等地黄河沿岸	玉门镇，肃州、临泽、甘州等地的大部，民勤、凉州、靖远、白银、皋兰等地的部分乡镇	甘州、凉州、靖远、景泰、皋兰、榆中等地的部分乡镇	除前4个区以外的乡镇
分区评述		属温暖特干旱气候类型。热量丰富，日照充足，气温日较差大，含糖量高，品质优	属温和干旱气候类型，热量较丰富，日照充足，气温日较差大，含糖量较高，品质较优	属温和干旱气候类型，热量、日照、气温日较差条件基本适宜，含糖量达一般水平	属温和半干旱气候类型，热量条件较差，日照和气温日较差一般，含糖量较低，品质较差。注意防御低温危害	热量到达种植下限，产量很低，品质很差

8.1.7　甘草

河西走廊海拔1500 m以下的特干旱荒漠草原上野生甘草资源相当丰富，为保护生态环境，保护现有野生甘草资源，目前应大力发展人工栽培。

甘草生长在特干旱、干旱、半干旱的荒漠草原、沙漠边缘和高原丘陵地带具有喜光、喜温差大，耐寒、耐热、耐旱、耐盐碱、怕积水、抗风沙、抗逆性强的特征。

甘草要求≥10 ℃积温3500～4000 ℃·d为最适宜。无霜期最佳为180 d。要求年降水量最佳在100～300 mm。年太阳总辐射量在5500～6300 MJ/m^2 最佳。年日照时数在2500 h以上。

据分期播种试验，平均气温稳定通过10 ℃初日为适播期指标。河西走廊在4月下旬至5月上旬播种。返青至种子成熟期需要≥15 ℃积温2200～2300 ℃·d。当日平均气温稳定通过5 ℃终日，植株下部叶片开始枯黄；当日平均气温稳定通过0 ℃终日，茎叶进入黄枯末期。根在极端最低气温为－36.4 ℃时也能安全越冬。

经统计，播种至采挖≥15 ℃积温与鲜根重呈显著正相关。甘草生长期热量条件愈好，积温愈高，产量愈高。

选取≥15 ℃积温为指标，将主产地河西地区人工甘草划分为5个区域(表8.4)。

表8.4 主产地甘草气候生态适生种植区划

	最适宜区	适宜区	次适宜区	可种植区	不宜区
海拔高度(m)	<1200	1200～1500	1500～1800(西段) 1500～1700(东段)	1800～2000(西段) 1700～1800(东段)	>2000(西段) >1800(东段)
≥15 ℃积温(℃·d)	>3000	2300～3000	1800～2300	1500～1800	<1500
投入产出比	1:3.7	1:2.7～1:3.7	1:2.2～1:2.7	1:1.7～1:2.2	<1:1.7
地域范围	敦煌(除南湖乡)，安西西部	敦煌的南湖乡，安西东部，金塔、甘州、临泽、民勤等地	玉门、嘉峪关、肃州、甘州、高台、临泽、凉州等县市	玉门、肃州、甘州、高台、山丹、永昌、凉州等县市	玉门、民乐、山丹、肃南、永昌、凉州、古浪、天祝等县市
分区评述	气候温热，热量丰富，光照充足，降水稀少，年降水量<50 mm。安全播种期4月中旬至8月上旬，根龄3a采挖，累积产鲜甘草37 t/hm^{2}左右。种子成熟度好，产量高	气候温暖，热量富裕，光照充足，降水很少，年降水量50～150 mm。安全播种期4月下旬至7月下旬，根龄3a采挖，累积产鲜甘草27～37 t/hm^2	气候温和，热量较好，光照充足，降水较少，年降水量70～190 mm。安全播种期5月上旬至7月中旬，大多年份种子不能成熟，根龄4a采挖，累积产鲜甘草28～37 t/hm^2	气候温凉，热量稍差，年降水量80～220 mm。春播甘草以5月中旬为宜，根龄4a或以上才能采挖，累积产鲜甘草23～28 t/hm^2	气候冷凉，热量很差，是甘草种植上限，经济效益低，不宜种植

8.1.8 当归

甘肃省以岷县当归产量最多、品质最佳，习称“岷当”。不仅畅销全国，而且在国际市场上享有很高声誉。

当归具有喜冷凉阴湿，怕暑热高温特点，要求阴雨日较多，雨量充足，光照较少。适宜在高寒阴湿区种植。因此洮岷山区有当归生长得天独厚的自然生态气候条件。适宜海拔1900～2800 m的山区或半山区。

当归为3年生植物。成药期生产普遍采用春栽，移栽期3月下旬至4月上旬，采挖期10

月下旬至11月上旬。据分期移栽试验得出，移栽至采挖全生长期需200 d左右，≥0 ℃积温在2500 ℃·d左右。以4月8日气温为5 ℃时移栽，5月1日气温达9～10 ℃时返青的产量最高，其单株干重和单产分别比3月31日和4月15日移栽的提高8.5～11.3 g和1.9～3.3 kg/hm²。

选取≥0 ℃积温和年降水量为指标，将主产地“岷当”种植划分为5个区域(表8.5)。

表8.5 主产地当归气候生态适生种植区划

	最适宜区	适宜区		次适宜区		可种植区		不宜区	
海拔高度(m)	2200～2400	2100～2200	2400～2500	2000～2100	2500～2600	1900～2000	2600～2800	＜1900	＞2800
≥0℃积温(℃·d)	2700～2500	2700～2800	2400～2500	2800～2900	2300～2400	2900～3100	2100～2300	＞3100	＜2100
年降水量mm	570～630	530～620	550～630	530～550	550～570	450～550	520～550	＜450	＜520
单产(kg/hm²)	3750～4000	3500～3750		3000～3500		2500～3000		＜2500	
特、一等归成品率(%)	80	70		60		50		＜50	

8.1.9 黄芪

黄芪是著名的中药材，是甘肃省特产，久负盛名。

黄芪喜凉爽气候，具有耐寒、怕热、耐旱、忌水涝等特点。适宜在海拔1500～2200 m的山区或半山区生长。要求≥10 ℃积温为3000～3400 ℃·d，最佳为3200 ℃·d。年降水量350～500 mm，最适宜在400 mm左右。土壤湿度在17%～20%最适宜。种子在8～10 ℃左右发芽。日平均气温在10 ℃左右，土壤水分含量18%～24%，是种子发芽最佳条件。日平均气温稳定通过10 ℃初日为播种最适日期。当气温稳定通过10 ℃初日进入移栽至返青期，从移栽返青至停止生长全生育期200 d左右，≥10 ℃积温为2300～2800 ℃·d。经统计，芪根产量与生长关键期7—8月降水量呈显著负相关关系。当土壤水分过多，根不能往下生长，形成短而多分枝的直根系，产量下降，质量降低。

通过对栽培在不同光强、不同土质等条件下，黄芪根中有效成分含量试验，多糖含量在遮阴45.4%的处理时最高达6.37%，以后随光照强度减弱多糖含量降低。而皂苷含量随遮阴增大而上升。

选取≥10 ℃积温和年降水量为指标，将主产地黄芪划分出适生种植区域。

最适宜区：≥10 ℃积温为2500～2700 ℃·d，年降水量为450～500 mm。该区包括武都的安化米仓山一带，以及陇西和渭源等地海拔高度1700～2000 m的乡镇。这里属温凉半干旱气候类型，为半高山地带，由于热量和水分以及土壤等气候生态条件最适宜，所以产量最高、品质最好，特等品和一等品成品率占80%以上。

适宜区：又可分两个地带，一是海拔高度1500～1700 m的河谷沿岸的半山地带，属温和半湿润气候区，≥10 ℃积温为2700～2900 ℃·d，年降水量为450～600 mm。该地带主要问题是生育关键期气温偏高。另一地带是海拔高度为2000～2200 m的二阴山地，属温凉湿润气候区，≥10 ℃积温为2300～2500 ℃·d，年降水量为550～650 mm。该地带主要问题是关键生育期降水偏多。该区包括武都、西和、宕昌、渭源和陇西等乡镇。由于水热等条件比较好，所以产量较高、品质较好，特等品和一等品成品率占60%～70%。

8.1.10 党参

甘肃党参分白条党参和纹党参，因其药效显著而闻名全国，为甘肃省传统名特优产品。

党参喜阴凉湿润气候和土层深厚、土质疏松的腐殖质土壤。党参在土壤湿度为13%～17%，年平均气温为6.5～7.0 ℃，年日照时数在1800～1900 h，年降水量在360～390 mm，海拔在1600～2000 m的温凉半湿润、半干旱气候区生长。

第一年育苗，第二年移栽，移栽后生长2～3a采挖入药。从文县分期移栽试验结果，以4月中旬气温稳定通过10 ℃时移栽的产量性状最好、产量最高。10月下旬气温低于8 ℃停止生长进入枯萎期。从返青至枯萎全生长期150～190 d，≥10℃积温2000～2800 ℃·d。统计参根生长量与≥10 ℃积温呈极显著相关。当日平均温度升至14 ℃以上时，参根进入生长期；日平均温度升至16 ℃以上时，生长较快；日平均温度18 ℃以上时，生长迅速，日长量周长平均在0.2～0.3 cm，周长达4.5～5.2 cm。因此，初步认为参根生长下限温度为14 ℃，适宜温度为16～20 ℃。

从试验资料分析，获得正常年景产量需年降水量500～600 mm。据主产地渭源统计，7—8月是参根迅速膨大期，是需水关键期，降水量与产量为显著性相关。当7—8月降水量<150 mm时，产量下降20%以上；当降水量在150～250 mm时，产量为正常年景；当降水量>250 mm时，产量增加20%以上。

白条党参最适宜和适宜种植区域：≥0 ℃积温2500～2900 ℃·d，年平均气温5～6 ℃，年降水量500～600 mm，7—8月降水量200～250 mm。该区包括临洮、渭源、陇西3县的大部，漳县、通渭、定西县的少部，海拔高度在2000～2400 m的乡镇，这里属温凉半湿润气候类型，为洮岷浅山或半山地带。主要问题是少数年份有春末夏初旱和伏旱危害。

纹党参最适宜和适宜种植区域：≥0 ℃积温为2000～2800 ℃·d，年平均气温为6～8 ℃，年降水量为500～600 mm，7—8月降水量为200～250 mm。该区包括文县、宕昌的大部，礼县、西和、武都、成县的少部，海拔高度在1600～2000 m的乡镇。这里属温和半湿润气候类型，为山地二阴区或河谷沿岸的半山地带。主要问题是海拔较低的地方常有干旱危害。

8.1.11 百合

百合是甘肃省传统名优出口商品，已有近400年的种植历史。

百合喜温凉、昼夜温差大、对热量要求并不严格，适应性广。喜光照、耐旱、怕涝，适宜旱作栽培等特点。

全生育期需≥0 ℃积温2400～3000 ℃·d，无霜期≥120 d。幼苗出土后不耐霜冻，当气温<10 ℃生长受抑制。地上部茎叶不耐霜冻，秋季早霜来临前即枯死，地下茎在－8 ℃时能安全越冬。花期至鳞茎膨大期是需水关键期，需水量在200～300 mm，年降水量为450 mm左右。在生育期内土壤湿度不宜过大，12%～15%较适宜。如土壤有积水或湿度过大，易造成鳞茎腐烂。

选取年≥0 ℃积温和花期至鳞茎膨大期降水量为指标，将主产区划分为5个区域（表8.6）。

表 8.6　百合气候生态适生种植区划

	最适宜区	适宜区		次适宜区		可种植区		不宜区	
≥0℃积温(℃·d)	2550～2850	2850～3000	2350～2550	3000～3150	2050～2350	3150～3300	1900～2050	>3300	<1900
无霜期(d)	120～130	130～135	110～120	135～140	100～110	140～145	90～100	>145	<90
关键期降水量(mm)	300～330	250～300	330～350	200～250	350～380	150～200	380～400	<150	>400
海拔高度(m)	2000～2200	1900～2000	2200～2300	1800～1900	2300～2500	1700～1800(阴坡)	2500～2600	<1700	>2600
产量(kg/hm²)	20000～25000	15000～20000		13000～15000		10000～13000		<10000	
地域范围	兰州的西果园、魏岭、黄峪、花寨子、湖滩；榆中的银山、兰山、兴隆山	兰州的西果园、魏岭、黄峪、花寨子、湖滩、阿干镇、金沟；榆中县的银山、兰山、兴隆山、马坡、上庄、新营、城关、小康营；临洮县的何家山、马家山		兰州的西果园、黄峪、阿干镇、彭家坪、金沟、新城、皋兰山；榆中县的银山、兰山、马坡、上庄、三角城、中连、龙泉；永登县的连城、河桥、大有、民乐；临洮县的何家山、马家山		兰州的彭家坪、花寨子、金沟、新城；榆中县的三角城、中连、龙泉、连塔、和平、哈砚、来紫堡、梁坪、甘草、定远、贡井、夏官营、高崖；永登县的通远；皋兰县的西岔、黑石；临洮县的何家山、中铺、五户、上梁、改河、上营、云谷、峡口、站滩；定西县的称沟、符川；永靖县的关山、陈井			
分区评述	本区属山区二阴山坡地，气候冷凉湿润，土层肥厚疏松。关键期的花期（7月）、鳞茎膨大期（8—9月中旬）气温适宜，降水较多	本区由最适宜区上升或下降100 m的两层山坡地带，气候向寒冷湿润和冷凉半湿润过渡，土层肥厚疏松。关键期气温、降水适宜		本区由适宜层带继续上升或下降100～200 m。上层热量略欠、无霜期较短，下层温度略高、水分略欠，土质略差，产量和品质不稳定		本区属高山坡和浅山、沟壑、坪台地带，气候向高寒阴湿和温和半干旱过渡。热量欠缺，冻害明显，百合鳞茎小，产量低；下层气温偏高，水分欠缺，土质差，品质差		本区属高寒阴湿和温和半干旱、干旱高山、坪川地区，过冷、过热是百合不宜生长的主要因素	

8.1.12　花椒

我国著名秦椒主产区就在甘肃省陇东南地区，这里具有发展优质花椒得天独厚的资源优势和商品生产优势。

花椒树喜温热、喜光照、耐干旱、适应性强，但不耐严寒，不耐水湿。全生育期 150～160 d，

≥5 ℃积温为 2000～2600 ℃·d。降水量适宜在 100～170 mm；日照较充足，在 300～350 h，多太阳散射光，有利于芳香油和麻味素积累，香气浓郁，麻味重，品质佳。

选取≥5 ℃积温和年干燥度为指标，将主产地陇东南地区划分为 5 个区域(表 8.7)。

表 8.7 主产地花椒气候生态适生种植区划

项目		最适宜区	适宜区	次适宜区	可种植区	不宜区
海拔高度(m)		800～1200	1200～1500	1500～1800	1800～2000	>2000
≥5 ℃积温(℃·d)		4000～6000	3500～4000	3000～3500	2700～3000	<2700
年干燥度		1.6～2.0	1.2～1.6	0.9～1.2	0.7～0.9	<0.7
着色成熟期	平均气温(℃)	21～24	19～21	17～19	15～17	<15
	相对湿度(%)	60～70	70～75	75～80	80～85	>85
品质评定总分		20～25	12～20	5～12	2～5	<2
地域范围		位于白龙江沿岸海拔 1200 m 以下的浅山河谷地区。武都、文县、舟曲沿白龙江和白水江的河谷地带以及北道个别乡镇	包括北方长江及白龙江沿岸海拔 1200～1500 m 的低半山地带。武都、文县、礼县、西和、成县、康县的平洛等沿西汉水流域和宕昌的甘江头等浅山河坝地带以及北道个别乡镇	包括东南部洛塘下山区 1300 m 以下及甘泉河海拔 1800 m 以上的高半山地带。武都、文县、西和、成县、康县大部；礼县、两当、甘谷的部分乡镇	包括东北部及下山区海拔 1800 m 以上的高半山地带。宕昌、礼县、西和、成县、徽县、两当、康县、北道、秦城、武山、甘谷、秦安、清水、张家川等地的大部；武都、文县个别乡镇	包括北亚热带湿润的高寒阴湿山区。除前 4 区以外的地带
分区评述		属北亚热带半干旱干热河谷和温暖半湿润气候区。热量丰富，湿度适宜，水分适中，病虫害少，产量高品质优。个别年干旱造成落花落果而减产	属温暖半干旱和半湿润气候区。热量较丰富，湿度和水分较适宜。商品价值较高。花蕾期易受晚霜冻危害；水土流失严重，干旱时有发生	属温暖湿润区和温和半湿润气候区。气温较适宜，湿度较大，降水较多，日照较少。生长中后期气象条件较不适宜，品质较差，商品价值较低	属温和或温凉的湿润或半湿润气候区。气温偏低，湿度大，降水偏多，日照不足。生长中后期气象条件不能满足要求，品质很差，商品价值很低	高温阴湿与花椒喜光照，喜干燥气候习性相悖，高寒地区温度低，热量不足，冬季寒冷，不宜花椒生长，且结果少。

8.1.13 油橄榄

甘肃省武都区白龙江沿岸及其河谷地油橄榄产量及品质能达到或接近世界主产区的适宜栽培地带。目前，武都区是全国最大油橄榄生产加工基地。

油橄榄具有喜温、怕冻、喜干怕湿、耐旱能力较强、耐高湿能力较弱、对水分适应性较强特点。

日平均气温稳定通过 12 ℃时春芽萌动，从春芽萌动到果实成熟全生长期 210～220 d，全生育期≥10 ℃积温为 3800～4500 ℃·d，无霜冻期为 220～280 d，日照时数为 1500～1900 h，相对湿度50%～65%,降水量为410～440 mm。

世界油橄榄集中产区属地中海气候,其主要特点是夏季炎热干旱,冬季温暖湿润,而白龙江沿岸属北亚热带半湿润气候,四季温暖,雨热同季。两地气候最大相似点是:年平均相对湿度在60%左右和果实成熟关键期(9—10月)相对湿度在70%左右,非常相近。相对湿度小,病虫害少,果实不容易腐烂,这是引种成败的关键。因此,白龙江沿岸具有引种油橄榄比原产地早结果、产量高的独特气候优势。

果实含油率和果肉率是品质的重要经济指标。佛奥和莱星两品种定植4年后果实含油率达23.5%～25.3%,果肉率在80%以上,基本上达到或超过原产地。白龙江沿岸果实油酸含量要比其他地区高,油酸含量均超过80%。

选取≥10 ℃积温和夏季(6—8月)相对湿度为指标,将主产地划分为5个区域(表8.8)。

表8.8 白龙江沿岸油橄榄气候生态适生种植区划

	最适宜区	适宜区	次适宜区	可种植区	不宜区
海拔高度(m)	800～1000	1000～1200	1200～1250	1250～1300	>1300
≥10 ℃积温(℃·d)	4600～5000	4200～4600	4000～4200	3800～4000	<3800
6—8月相对湿度(%)	50～61	61～65	65～70	70～75	>75
年日照时数(h)	1800～2000	1700～1800	1600～1700	1400～1600	<1400
单产(kg/hm^2)	6000～8000	5000～6000	4000～5000	3000～4000	<3000
地域范围	武都的两乡、城郊、汉王、东江等乡镇	武都的石门、柑橘、透防、三河、外纳;文县的临江、尖山等乡镇	武都的角弓;文县的桥头等乡镇	宕昌的沙湾乡	白龙江流域其他乡镇
分区评述	位于白龙江沿岸河谷、向阳山坡的窝地、谷地。属北亚热带半湿润区,四季温暖、雨热同季。土壤属侵蚀性褐土类,结构纹理垂直,土壤渗透性最好	位于白龙江沿岸河谷、山坡地。气候特点同Ⅰ区。土壤以沙壤土为主,渗透性良好	位于白龙江沿岸山谷地带。属于热干燥气候型。土层深厚,有侵蚀性黄土,土壤渗透性良好,在100～110 mm/h	位于白龙江上游。属温热湿润区,热量不足,湿度较大。土壤黏粒含量33%左右,土壤渗透性较好,在90～100 mm/h	位于白龙江和白水江的边界区,热量差,湿度大,日照不足,气候生态条件不宜种植

8.2 建筑与气候

建筑在人类生活中肩负着重要的作用,各地建筑各不相同,而一个共同的目的就是设计适于当地气候环境的建筑,创造一种合乎舒适要求的人工气候环境。建筑物的位置、朝向、平面形式、内部构造乃至内部设计等,都与气候因素有着莫大的关系,同时这些影响所造成的结果也成了各地本土建筑不同风格的体现。在建筑设计中是否合理考虑了这些气候因素,也成为了评判一栋建筑物是否优秀的重要标准之一。一个优秀的建筑作品,其空间形态和环境结构总是能反映出它所在地区自然地域气候的环境特征，也造就了建筑鲜明的地域气候特色(杨柳,2010)。

8.2.1 建筑与气候要素

在研究建筑设计和人的舒适感时，涉及的主要气候要素有：太阳辐射、气温、湿度、风、雪等。在气候要素中，太阳辐射是建筑外部的主要热源。太阳辐射对建筑外墙进行加热，同时通过窗口加热室内空气并使建筑内墙和地面温度升高，空气温度决定建筑保温隔热设计计算和室内采暖、通风与空调设计计算结果，同时还影响人的温热感觉。空气流速决定着建筑布局和室内通风效果。

8.2.1.1 影响建筑主要气候要素

(1)太阳辐射

太阳辐射是大气最主要热源，来自太阳电磁波辐射，主要由紫外线、可见光和红外线组成，包括直接辐射和间接辐射两部分。太阳辐射对建筑的影响包括：光效应——太阳辐射中可见光部分，可影响建筑采光和室内照明；热效应——太阳辐射是建筑物外部主要热源，太阳辐射通过窗口直射室内和使墙体增温而加热室内空气。太阳辐射资源在建筑设计中应给予充分重视。

(2)气温

气温对建筑物影响甚大，通过热传导影响建筑外围护结构温度和室内温度的变化，直接决定着建筑物热工性能计算、采暖和空调负荷计算中使用的各项气候参数，从而决定建筑物外围护结构保温和隔热设计，决定建筑物室内通风和空调设计等。

(3)相对湿度

相对湿度对建筑材料性能和材料变质的速率有明显影响，相对湿度一般以30%～70%为宜。

(4)风

风对建筑物影响表现在：风荷载是建筑设计中主要荷载之一，直接影响到建筑的经济、安全和适用；室外风速大小对房间换气量及建筑物外围护结构换热能力都有很大影响，从而直接影响室内热环境。

(5)降水

对建筑而言，降水量和降水强度关系到屋面、地面和地下排水系统的设计。如果雨水通过墙壁上的缝隙向室内渗透，则会导致墙体内部受潮，从而降低建筑的热工性能，还有可能使屋面油毡鼓泡、变形、裂缝、渗漏，造成面层剥落，破坏墙面美观。

通常来说，建筑物受这些气候要素叠加影响，因此，在进行建筑物设计时，应综合考虑到各气候要素，设计出高水平、高效益的建筑作品。

8.2.1.2 气候与建筑结构荷载

任何一个地面建筑物都必须抵御来自气候的作用力，其中包括风压和雪压。

(1)风压与建筑结构荷载

在建筑结构设计中，风压是基本的设计参数之一。风压荷载表示自然界中风对建筑物结构的各个部分或整个建筑物所造成的平均压力或瞬间压力。风压是建筑设计中必须考虑的重要因素，其取值是否正确直接影响到各种建筑物、构筑物、架空线路、广播电视高塔、各种桥梁等大中型工程的经济造价和使用安全(徐祥德 等，2002)。

在建筑学中，把风对建筑物的作用力分为空气静力作用和动力作用两种，即稳定风压和脉动风压。稳定风压又称为基本风压，是指在一定的时间间隔内风对建筑物的作用力不随时间变化的静压力。脉动风压也称为风振，是指空气的不规则乱流运动所形成的压力。风振通常用“风振系数”表示。在一般的房屋设计中，只考虑基本风压；只有在设计柔性构筑物和高层建筑物时才考虑脉动风压。

根据《GB 50009－2012 建筑结构荷载规范》的要求，基本风压 w_0 应根据基本风速按下式计算：

$$w_0 = \frac{1}{2}\rho v_0^2 \tag{8.1}$$

式中，w_0 为基本风压，单位：kN/m^2，v_0 为基本风速，单位：m/s，即 50 a 重现期 10 min 平均最大风速；ρ 为空气密度，单位：kg/m^3。

基本风压分布：甘肃省河东大部分地区在 0.3 kN/m^2 以下；河西地区由南向北，风压逐渐增大，酒泉部分地区可达到 0.6 kN/m^2 以上。玉门镇基本风压为全省最大，达到 0.67 kN/m^2；两当和康乐基本风压为全省最小，仅为 0.10 kN/m^2(图 8.1)。但是根据《GB 50009－2012 建筑结构荷载规范》规定，基本风压不得<0.3 kN/m^2，对于高层建筑、高耸结构以及对风荷载比较敏感的其他结构，基本风压的取值应适当提高。

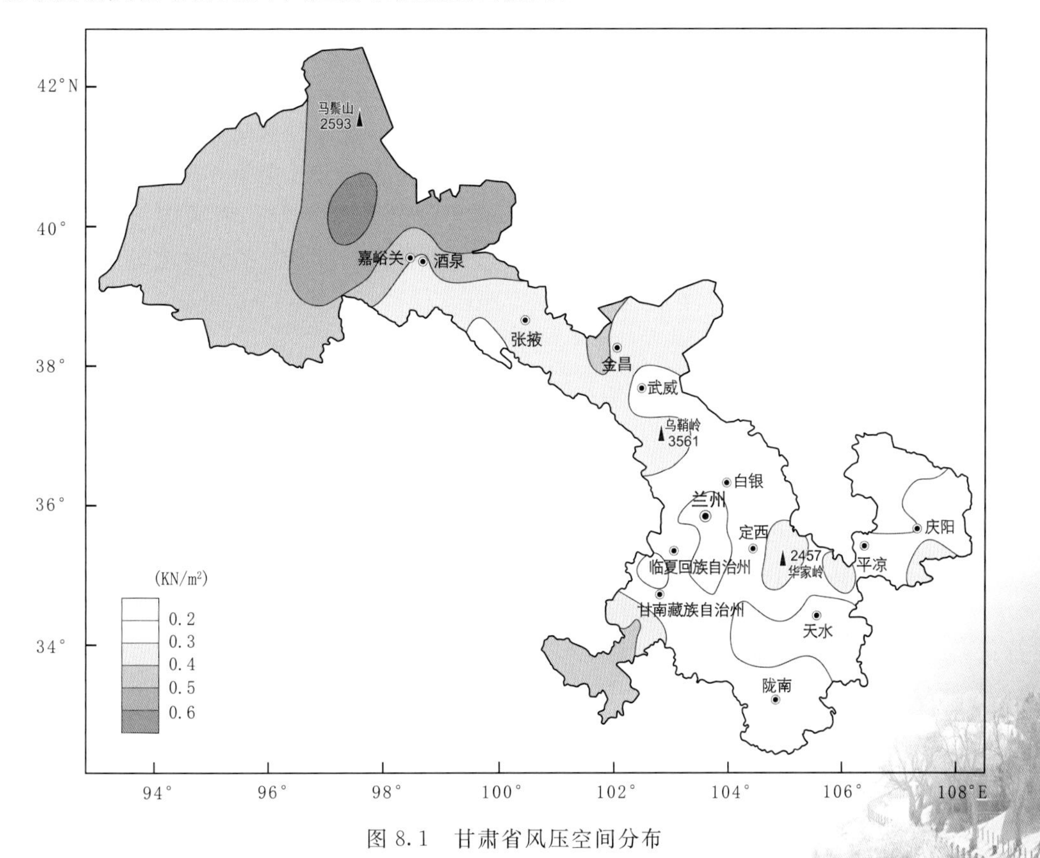

图 8.1　甘肃省风压空间分布

(2)雪压与建筑结构荷载

雪压指建筑物单位水平面上所受到积雪的重量，常常用作建筑工程上计算雪荷载设计的依据。雪压的大小与积雪深度和密度有关。

基本雪压是雪荷载的基准压力，一般按当地空旷平坦地面上积雪自重观测数据，经概率统计得出 50 a 重现期的最大值(对雪荷载敏感的结构，应采用 100 a 重现期的雪压)。

当气象台站有雪压记录时，应直接采用雪压数据计算基本雪压；当无雪压记录时，可采用积雪深度和密度按下式计算

$$S=h\rho g \tag{8.2}$$

式中，S 为基本雪压，单位：kN/m^2，h 为积雪深度，指从积雪表面到地面的垂直深度，单位：m；ρ 为积雪密度，单位：t/m^3；g 为重力加速度，为 $9.8\ m/s^2$。

基本雪压分布：甘肃省雪压地域分布基本上是南北低中间高。陇南大部分地方基本雪压在 $0.2\ kN/m^2$ 以下；陇东在 $0.3\ kN/m^2$ 左右；陇中至甘南高原在 $0.3\sim0.4\ kN/m^2$；兰州以北及河西大部分地区在 $0.2\ kN/m^2$ 左右。山地较高，例如乌鞘岭雪压达到 $0.55\ kN/m^2$，华家岭为 $0.4\ kN/m^2$。

8.2.2 建筑气候分析与设计策略

8.2.2.1 建筑区划

建筑区划主要有建筑气候区划和热工设计区划两种。

《建筑气候区划》(GB 50178－93)依据气温、相对湿度和降水量 3 个主要气候参数，将我国分为 7 个一级区和 20 个二级区。

《民用建筑热工设计规范》(GB 50176－93)规定的热工设计分区从建筑热工设计角度出发，主要是针对建筑保温和防热设计问题的气候分区。采用累年 1 月和 7 月的平均气温作为分区主导指标，累年日平均气温≤5 ℃和≥25 ℃的天数作为辅助指标，将我国分为 5 个区，分别是严寒、寒冷、夏热冬冷、夏热冬暖和温和地区。甘肃省武威以西大部分地方处于严寒地区，陇南南部处于夏热冬冷地区，其余地方属于寒冷地区(杨柳，2010)。

8.2.2.2 建筑气候设计策略

建筑气候设计以特定地区气象数据分析为基础，依据建筑气候学原理，建立各城市气候分析图，对各城市室外气候进行系统分析，得出有效调节室外气候建筑控制手段的时间利用率，包括太阳能设计、自然通风、建筑物蓄热降温等，根据分析结果给出各城市建筑气候设计策略。

从建筑热环境和气候设计角度考虑，气象参数包括：气温(月平均最高、月平均最低、标准偏差)，相对湿度(月平均最高、月平均最低)，月平均降雨量，月平均日总辐射。

本书采用 1981—2010 年 30 a 气候平均资料，以酒泉、兰州、陇南 3 市建筑为例，给出建筑设计策略。

(1)酒泉市

酒泉市位于甘肃省西北部河西走廊西端。地势南高北低，自西南向东北倾斜。其中部属冷温带干旱区，西部为暖温带干旱区，南部为祁连山高寒带半干旱半湿润区。其气候特点为降水量特少，蒸发量特大，日照时间长，昼夜温差大，风能、太阳能资源丰富。年平均气温为 4.8～9.9 ℃，平均为 8.0 ℃。7 月最热为 23.0 ℃；1 月最冷为－9.0 ℃。属我国建筑气候区划第Ⅶ

建筑气候区，建筑热工气候分区为严寒气候区。

该区域建筑物必须充分满足防寒、保温、防冻要求，夏季部分地区应兼顾防热。总体规划、单体设计和构造处理应以防寒风与风沙，争取冬季日照为主；建筑物应采取减少外露面积，加强密闭性，充分利用太阳能等节能措施；房屋外围护结构宜厚重；结构上应考虑气温年较差和日较差大以及大风等不利作用；施工应注意冬季低温、干燥、多风沙以及温差大等特点。

(2)兰州市

兰州市是甘肃省省会，地处甘肃省中部。地势东北低西南高，黄河自西南流向东北，横穿全境，切穿山岭，形成峡谷与盆地相间的串珠形河谷。属冷温带半干旱区，夏无酷暑，冬无严寒，是著名的避暑胜地。年平均气温在5.8～10.4 ℃，平均为7.7 ℃。7月最热为20.1 ℃；1月最冷为－7.2 ℃。处于我国建筑气候区划第Ⅱ建筑气候区，建筑热工气候分区为寒冷气候区。

该区建筑物应满足冬季防寒、保温、防冻等要求，夏季部分地区应兼顾防热。总体规划、单体设计和构造处理应满足冬季多日照并防御寒风要求，主要房间宜避西晒，注意防暴雨；建筑物应采取减少外露面积，加强冬季密闭性且兼顾夏季通风和利用太阳能等节能措施；结构上应考虑气温年较差大、多大风不利影响；建筑物宜有防冰雹和防雷措施；施工应考虑冬季寒冷期较长和夏季多暴雨特点。

(3)陇南市

陇南市位于甘肃省南部，是全省唯一属于长江水系并拥有亚热带气候特点的地区。境内高山、河谷、丘陵、盆地交错，气候垂直分布显著，地域差异明显。陇南市是甘肃省气温最高地区。年平均气温在9.1～15.1 ℃，平均为11.8 ℃。7月最热为22.7 ℃；1月最冷为0 ℃。处于我国建筑气候区划第Ⅲ建筑气候区，建筑热工气候分区的冬冷夏热气候区。

该区建筑物必须满足夏季防热、通风降温要求，冬季应适当兼顾防寒。总体规划、单体设计和构造处理应有利于良好的自然通风，建筑物应避西晒，并满足防雨、防潮、防洪、防雷击要求；夏季施工应有防高温和防雨的措施。

8.2.3　城市规划与气候

城市规划和工业布局需要保护生态环境和大气环境不受或少受污染，满足工业生产和居民生活需要，应充分考虑气候因素的影响。在进行工业、商贸、金融、科教文化和居民生活等功能区布局时，风、气温、日照等气候要素尤为重要。

8.2.3.1　地面风与城市规划

大气污染物扩散与风向、风速密切相关。风向决定了污染物传输方向，风速大小决定了污染物扩散能力。因此，应根据当地多年平均风向和风速变化特点制订规划和设计布局，进行正确的功能分区。一般可根据当地1月、7月和年风向频率玫瑰图，按其相似的形状进行分类，大致可分为季节变化型、主导风向型、无主导风向型和准静止风型4大类型(孙卫国，2008)。

(1)季节变化型

盛行风向随着季节变化而转变，1月、7月风向变化＞135°、≤180°者称为季节变化型。省内属于季节变化型的地区有平凉、庆阳。平凉市冬季盛行风向为WNW，频率为21.23％，夏季为ESE，频率为15.24％；庆阳市冬季盛行风向为NW，频率为11.13％，夏季盛行风向为S，频率为16％。

(2)主导风向型

一年中各种季节盛行同样的风向，属于此种风向分布的有合作、定西、临夏、天水等。天水一年四季盛行风向均为E，1月和7月的盛行风向频率分别为14.52%和16.42%；合作一年四季盛行风向均为NNW，1月和7月的盛行风向频率分别为7.66%和13.47%。

(3)无主导风向型

全年风向不定，没有一个较突出的盛行风，属于此型的主要分布在河西走廊和白银、武都等。这些地方各风向频率都比较小，一般都在10%左右或以下。

此区域应综合考虑风向、风速的共同影响，分析污染系数的分布特征。污染系数代表了某方位下风向空气污染程度，是厂址选择和企业内部布局中一项重要依据，计算公式如下：

$$P_i = f_i / \overline{u}_i \tag{8.3}$$

其中，P_i 为某 i 方位污染系数，f_i 为该方向风向出现的频率，$\overline{u}_i$为该方向平均风速。

在该区域城市规划时，工业区应布置在污染系数最小方位，或最大风速的下风向上，居民区应在污染系数最大的方位上。

(4)准静止风型

该地区平均风速在1.0 m/s以下。属于此型的主要有兰州，位于青藏高原东北边坡黄河河谷盆地内，气流闭塞、不易流通。年平均风速只有0.9 m/s，1月静风频率达到58%，7月为34%。静风天气不利于污染物稀释扩散，极易造成污染物累积，严重影响大气质量。

8.2.3.2 气温与城市规划

近几年，随着城市人口不断增加，规模不断扩大，高大建筑群日益密集。人工热源排放、大面积混凝土路面和建筑群放出大量的热量，改变了局地环流和热量收支，使城市温度高于郊区，称为城市热岛。城市中热空气产生上升运动，四周郊区较冷空气流向城市中心，称为城郊风。城郊风成为市区受城郊污染源污染的一个原因。因此，城市规划设计应采取相应措施，比如通过植树形成防护林带、增加城市绿化面积和适当引入水系等，降低城市热岛效应，改善和美化居住环境。城市规划不仅要了解地面温度，而且要考虑气温垂直与水平分布，及其与污染物扩散密切的关系。逆温天气大气处于极端稳定状态，风垂直切变小，不利于污染物扩散，在城市规划时，应充分考虑逆温层影响。

兰州市是一个逆温现象很严重的城市，在强逆温天气中，厚厚的逆温层笼罩着城市上空，使得上空出现了比近地面更高的温度。在兰州，全年约有80%天数会出现这样的逆温现象，大气相对稳定严重阻挡了污染物的稀释与扩散。在正常的条件下，污染物从气温较高的近地面向气温较低的高空扩散，而在逆温现象下，这种相对静止的空气导致污染物停留在近空，无法排放，静风和逆温是造成兰州市大气污染严重的罪魁祸首(雍赟，2010)。

8.2.3.3 日照与城市规划

室内日照能杀死细菌或抑制细菌发育，满足人体心理需要，改善居室微小气候。为了保证室内必要的日照时间，应使建筑物群内每一栋建筑保持适宜的朝向和间距。房屋多为坐北朝南，楼间距至少应该满足楼底层的日照要求。建筑日照间距是由建筑用地地形、建筑朝向、建筑高度以及当地的地理纬度和日照标准等因素确定。平坦地面日照间距计算公式为：

$$\begin{aligned} D_0 &= H_0 \cot(h) \cdot \cos(\gamma) \\ H_0 &= H - H_1 \end{aligned} \tag{8.4}$$

式中，D_0 为日照间距(两栋建筑物之间距离)，H_0 为前栋建筑物计算高度，H 为前栋建筑物高

度 H_1 为后栋建筑物底层窗台离地高度，h 为太阳高度角，γ 为后栋建筑物墙体法线与太阳方位的夹角。当建筑物为南北向平行布局时，可用上式计算。按照《城市居住区规划设计规范》要求，城市房屋间距应以冬至日底层窗台面（房子最底层窗户，指距室内地坪 0.9 m 高的外墙位置）日照时间不得低于 2 h 为最低标准。

8.3　重大建设项目气候论证

8.3.1　气候论证的法律依据

气候可行性论证是对与气候条件密切相关的规划和建设项目进行气候适宜性、极端气候的可接受性以及可能对局地气候产生影响的分析、评估活动，是科学应对气候变化、做好防灾减灾工作的具体行动和措施。2000 年 1 月 1 日起实施的《中华人民共和国气象法》明确指出"各级气象主管机构应当组织对城市规划、国家重点建设工程、重大区域性经济开发项目和大型太阳能、风能等气候资源开发利用项目进行气候可行性论证"。2009 年 1 月 1 日实施的《气候可行性论证管理办法》对气候可行性论证工作的实施主体、工作范围、基本内容等作出了规定。2010 年 4 月 1 日开始实施的《气象灾害防御条例》指出"县级以上人民政府有关部门在国家重大建设工程、重大区域性经济开发项目和大型太阳能、风能等气候资源开发利用项目以及城乡规划编制中，应当统筹考虑气候可行性和气象灾害的风险性，避免、减轻气象灾害的影响"。2016 年国务院颁发 29 号文件（国发〔2016〕29 号）《关于印发清理规范投资项目报建审批事项实施方案的通知》，将重大规划、重点工程项目气候可行性论证作为 5 个强制性评估项目之一。

8.3.2　气候论证项目和论证内容

根据《气候可行性论证管理办法》第四条规定，与气候条件密切相关的规划和建设项目应当进行气候可行性论证，包括：（一）城乡规划、重点领域或者区域发展建设规划；（二）重大基础设施、公共工程和大型工程建设项目；（三）重大区域性经济开发、区域农（牧）业结构调整建设项目；（四）大型太阳能、风能等气候资源开发利用建设项目；（五）其他依法应当进行气候可行性论证的规划和建设项目。

根据《气候可行性论证管理办法》第八条指出，气候可行性论证报告应当包括的内容：（一）规划或者建设项目概况；（二）基础资料来源及其代表性、可靠性说明，通过现场探测所取得的资料，还应当对探测仪器、探测方法和探测环境进行说明；（三）气候可行性论证所依据的标准、规范、规程和方法；（四）规划或者建设项目所在区域的气候背景分析；（五）气候适宜性、风险性以及可能对局地气候产生影响的评估，极端天气气候事件出现概率；（六）预防或者减轻影响的对策和建议；（七）论证结论和适用性说明；（八）其他有关内容。

8.3.3　工作流程和技术指南

8.3.3.1　风电场测风塔选址和资源评估

（1）风电场选址

根据国家标准（GB/T 18709—2002）《风电场风能资源测量方法》，风电场观测选址测量位置应具有代表性的要求，所选测量位置的风况应基本代表该风场的风况，测量位置附近应无高大建筑物、树木等障碍物，测量位置应选择在风场主风向的上风向位置。对于地形较为平坦的风场，可选择一处安装测量设备，对于地形较为复杂的风场，应选择两处及以上安装测风设备。

(2)风资源观测

观测项目主要为逐时 10 m 平均风速、风向资料。必要时可进行温度、湿度、大气压等项目的观测，以便和当地气象站资料进行对比分析。风观测高度应选在离地 10 m 处，还应包括风力发电机机头预期安装高度，一般分 2～5 层，高度一般在 10 m、30 m、50 m、70 m、100 m。一般拟建风电场场址处都应设立观测站进行 1～3 a 的连续风速、风向观测。

(3)资源评估

风电场风资源分析评估，一般除收集当地气象站近 30 a 常规气象资料外，还应收集风电场场址处至少连续 1 年 10 m 高处的风速、风向整编资料，且有效数据不少于收集期的 90%。风资源评估一般需对观测资料进行以下分析计算：风的日、月变化规律，年风速风向频率统计分析，年有效小时数，各等级风速频率，风功率密度和风电场年发电量等。

8.3.3.2 太阳能电站选址和资源评估

(1)太阳能电站选址

对各备选站址进行现场踏勘，广泛搜集多选站址区域的相关气象资料，通过初步对比分析土地、交通和电网条件，推荐出相对有利的站址，如有丰富的太阳法向直接辐射量，有水源，风速较小，一定的用地面积，远离自然保护区、名胜古迹，有较好电网接入条件等。

(2)太阳辐射观测

选定站址建立太阳能辐射观测站(不少于一完整年，具有代表性)，定量分析计算太阳能资源。大型光伏电站观测内容：水平面总辐射量、直接辐射量和散射量与最大瞬间辐射强度；最佳倾角面上的总辐射量；受光面上逐分钟总辐射量；气象参证站同步进行辐射观测项目。集热电站还需要观测法向直接辐射。

(3)太阳能资源评估

主要进行观测年、代表年和长序列年代太阳辐射(总辐射或法向直接辐射)和日照(日照时数、日照百分率)分析；综合评估场址辐射总量等级、稳定度等级和年际保证率；计算太阳能电站工程气象参数(倾斜面总辐射、最佳倾角计算、太阳电池阵列行间距计算)。

8.3.3.3 火电厂空冷气象条件分析论证

火电厂空冷机组气象条件论证项目分为 3 个阶段。

(1)可行性研究。新建电厂或改扩建电厂装机容量、地理环境等不相同，电力勘测设计部门需要的空冷气象条件有差别，在空冷项目实际工作开展前，要了解电力设计部门对拟建电厂周边环境气象场的具体要求，通过现场探勘，编制空冷气象条件分析论证工作大纲，并进行空冷气象站的规划论证和建设工作。

(2)空冷气象梯度气象观测。在已初步确定的厂址附近建立空冷气象观测塔，进行为期一年气象观测，提供基础资料。

(3)科学论证。空冷气象塔观测满一年后，开展厂址空冷气象参数专题统计分析研究，详细论证厂址区域的温、风特征和空冷气象参数设计值。

8.3.3.4 输电线路抗冰设计气候可行性论证

输电线路抗冰设计气候可行性论证主要工作分为3个阶段。

(1)现场踏勘、收集资料、覆冰观测站点选址。对输电线路拟经过覆冰区域地形、气候类似区域进行踏勘，勘察覆冰区域地形特点、气候特点、中重冰区的分级、分界与各级冰区的长度，历史覆冰灾害调查等；收集相关气象资料、地理信息资料、覆冰灾害资料和沿线覆冰设计资料；确定临时观冰站点的选址，建站方案、观测内容和观测时间等。

(2)各种气象资料和覆冰调查、观测资料分析处理。由于电线覆冰与天气条件、地形因素和线路特征等三者密切相关，对收集到的覆冰观测资料，需要进行必要分析订正处理，提高其有效性。按照工程地点或与工程地点的地理、气候类似区域，分为具有10年以上覆冰观测资料、仅有1～5年短期资料和无覆冰观测资料，3种情况分别采用不同方法推算设计冰厚。输电线路工程覆冰设计应将设计冰厚分段概化，给出冰区划分结果。根据覆冰设计冰厚划分为重冰区、中冰区、轻冰区和无冰区。

(3)气候可行性论证报告修改完善，进行专家论证及评审，提交报告。

8.3.3.5 城市总体规划气候可行性论证

城市规划是研究城市未来发展、城市合理布局和管理各项资源、安排城市各项工程的综合部署。通常而言，我国城市总体规划主要关注城市规模、城市定位、城市布局(诸如工业区、居住区、商业区、文教区的选址、扩张)，气候论证的内容主要包括：

(1)城市热岛。在时间序列上，分析年平均气温年际变化特征；在空间上，分析规划地气温分布特点，找出高温区，分析当地“城市热岛”的变化规律和空间分布特征，提供城市绿地布局、水体布局、功能布局等相关建议。

(2)城市风况。分析年平均风向变化情况，绘制多年平均和各季风向玫瑰图、绘制污染系数分布图。提供主要产业选址布局、功能区选址布局建议。

(3)城市边界层特征。分析规划城市大气温度垂直方向上的特征，统计逆温出现概率。

(4)城市暴雨和干旱。统计分析30 a或近10 a暴雨、干旱气象灾害发生的频率，绘制空间分布图。为城市排水管网设计、立交桥、地下设施、产业布局规划提供建议。

(5)城市雾和霾。统计分析水平能见度(1000 m的雾日数和霾发生频率)为城市高速公路规划、机场选址、产业布局提供建议。

(6)城市雷电。分析规划地多年雷电发生的频率，为电信、供电线路规划提供参考。

(7)城市大风和沙尘。分析大风、浮尘、扬沙、沙尘暴发生频率，为城市街道设计、建筑物设计、城市绿地、产业规划等提供建议。

(8)城市太阳能和风能。结合风能、太阳能详查研究结果，绘制规划地风能、太阳能空间分布图。为城市新型能源产业规划、选址、利用提供建议。

8.3.3.6 机场工程选址气候可行性论证

机场工程选址气候可行性论证主要工作分为3个阶段：

(1)调研阶段。与委托方充分沟通，勘察机场拟建区域地形地貌、气候特征等，通过对机场建设敏感气象条件、净空条件对比分析，推荐出相对有利的场址。

(2)可行性研究阶段。在初选场址附近建立地面气象观测专用站，进行为期至少一年的气象观测；收集附近气象站历史气象资料(重点是对机场建设设计、飞机起飞和降落有影响的相关气象要素)、地理信息资料等;选择中尺度数值模式对机场拟建区域极端天气事件及高影响天气事件进行模拟。

地面气象站观测要素主要包括:气温、气压、相对湿度、风速、风向、降水、云、能见度、天气现象等;低空风切变观测选择边界层风廓线雷达,根据当地气候特征进行阶段性观测,重点关注 1000 m 以下风场参数观测;气象参数分析现场观测及参证站(近 30 a)能见度、低云、能见度和云高联合频率、风、低空风切变(风廓线雷达观测)、高影响天气,及灾害性天气气候事件(雷暴、闪电、冰雹、强降水、雾霾、沙尘、结冰、积雪、冻雨、龙卷和热带气旋)等。

(3)评估阶段。气候可行性论证报告编写、修改完善,专家评审,给出论证场址气候特征和高影响天气气候事件对机场建设运营的影响。

8.4 人体健康与气候

8.4.1 人体舒适度

8.4.1.1 舒适指数

在人居环境、旅游资源评价等方面,人体舒适度已逐渐成为一项最重要的指标。人类生活和工作最佳有效温度为 17～25 ℃,对人体健康最有利的相对湿度在 60%～70%;而对人体最适宜风速为 2 m/s。当气温发生变化时,人体热调节系统保证人体对热作出有效的适应性反应,但气温超过一定限度时,就会增加发病和死亡危险。

中国气象局制定统一标准将舒适度指数划分为 9 个级别(表 8.9),我国大多气象台站通常使用有两种经验公式,即人体舒适度指数(*ssd*)和改进的人体舒适度指数(*kssd*),本书选用 *kssd*,计算方法如下:

$$kssd = 1.8t - 0.55(1.8t-26)(1-r/100)-3.2v/2+32 \tag{8.5}$$

式中,t、r、v 分别为气温、湿度、风速。

表 8.9 人体舒适度气象指数等级描述

指数	级别	说明
1	$kssd \leq 25$	很冷,感觉很不舒服,有冻伤危险
2	$25 < kssd \leq 38$	冷,大部分人感觉不舒服
3	$38 < kssd \leq 50$	微冷,少部分人感觉不舒服
4	$50 < kssd \leq 55$	较舒服,大部分人感觉舒服
5	$55 < kssd \leq 70$	舒服,绝大部分人感觉很舒服
6	$70 < kssd \leq 75$	较舒服,大部分人感觉舒服
7	$75 < kssd \leq 80$	微热,少数人感觉很不舒服
8	$80 < kssd \leq 85$	热,大部分人感觉很不舒服
9	$85 < kssd$	酷热,感觉很不舒服

8.4.1.2 舒适指数地域分布特征

甘肃省人体舒适度平均指数各级分布日数所占比例中,大部分时间表现为舒适到偏凉(指数3～5)，占65％。一年中，以舒适(指数5)日数占的比例最大，达28％，其次，为冷和凉，分别为26％和25％，表现暖和(指数6)的日数仅占1％，没有热(指数7～9)以上的天气，见表8.10。

表8.10 甘肃省各地人体舒适度等级年均日数(单位:d)及所占比例(单位:％)

项目		寒冷	冷	凉	凉爽	舒适	温暖	热	炎热	酷热
酒泉	年均日数	51.7	79.8	79.3	39.5	113.5	1.5	0.0	0.0	0.0
	比例	4.2	21.9	21.7	0.8	31.1	0.4	0.0	0.0	0.0
张掖	年均日数	53.1	89.6	84.8	45.3	91.9	0.5	0.0	0.0	0.0
	比例	14.6	24.5	3.2	12.4	25.2	0.1	0.0	0.0	0.0
武威	年均日数	45.5	95.2	84.4	46.9	92.7	0.6	0.0	0.0	0.0
	比例	12.5	26.1	23.1	12.9	25.4	0.2	0.0	0.0	0.0
甘南	年均日数	33.8	119.3	127.6	45.6	38.3	0.7	0.0	0.0	0.0
	比例	9.3	32.7	35.0	12.5	10.5	0.2	0.0	0.0	0.0
临夏	年均日数	34.2	99.6	91.5	50.5	88.9	0.6	0.0	0.0	0.0
	比例	9.4	27.3	25.1	13.8	24.4	0.2	0.0	0.0	0.0
白银	年均日数	27.0	95.4	84.6	41.4	115.6	1.3	0.0	0.0	0.0
	比例	7.4	26.1	23.2	11.3	31.7	0.4	0.0	0.0	0.0
兰州	年均日数	34.7	93.2	84.9	45.1	106.4	1.1	0.0	0.0	0.0
	比例	9.5	25.5	23.3	12.3	29.2	0.3	0.0	0.0	0.0
定西	年均日数	32.0	103.5	92.3	49.1	88.3	0.1	0.0	0.0	0.0
	比例	8.8	28.4	25.3	13.5	24.2	0.0	0.0	0.0	0.0
平凉	年均日数	23.8	100.0	81.5	38.8	118.6	2.5	0.0	0.0	0.0
	比例	6.5	27.4	22.3	10.6	32.5	0.7	0.0	0.0	0.0
庆阳	年均日数	23.1	94.9	84.8	36.7	123.1	2.6	0.0	0.0	0.0
	比例	6.3	26.0	23.2	10.1	33.7	0.7	0.0	0.0	0.0
天水	年均日数	12.2	96.4	85.7	39.7	126.8	4.3	0.0	0.0	0.0
	比例	3.3	26.4	23.5	10.9	34.7	1.2	0.0	0.0	0.0
陇南	年均日数	3.4	70.9	95.4	40.7	142.5	11.9	0.4	0.0	0.0
	比例	0.9	19.4	26.1	11.2	39.0	3.3	0.1	0.0	0.0
平均	年均日数	30.5	96.4	92.8	43.8	106.8	2.8	0.1	0.0	0.0
	比例	8.4	26.4	25.4	12.0	29.3	0.8	0.0	0.0	0.0

人体舒适度计算结果，除甘南高原外，甘肃省各地人体舒适度都比较高，大部分地方适宜居住时间接近6个月，其中舒适度较高城市为陇东南的武都、文县及天水、麦积，其次为陇东、陇中中部及河西走廊(贾海源 等，2010)。

8.4.2 流行病分布特征

近年来，全球变暖已成为不争的事实，由此加剧了天气、气候变化及其他的环境问题，而天气、气候及环境变化又对人类健康造成了多方面直接或间接影响。其中，最重要的一个方面就是对传染病暴发和传播的影响。马玉霞、王式功(2007)整理分析了甘肃省6种传染病(细菌性痢疾、甲型肝炎、麻疹、流行性乙型脑炎、流行性脑脊髓膜炎、流行性出血热)时空分布特征,研究了气象条件和气候变化对疾病发病率的影响,得出如下结论:

(1)传染病时空分布特征。细菌性痢疾、甲肝、麻疹在全省范围内均有发病,而流行性乙型脑炎、流行性出血热、流行性脑脊髓膜炎属于地方性传染病。不同疾病发病率有明显地域差异,细菌性痢疾发病率最高在阿克塞县,为569.62/10万人;甲型肝炎发病率最高在舟曲县,为198.9/10万人;麻疹发病率最高在嘉峪关,为121.94/10万人;流行性乙型脑炎发病率最高在成县,为2.108/10万人;流行性出血热发病率最高在合作,为9.021/10万人;流行性脑脊髓膜炎发病的22个地区中,发病率最高在夏河县,发病率为6.321/10万人。

(2)传染病季节变化及其与气象要素的关系。主要传染病都有明显季节变化,其中,细菌性痢疾和流行性乙型脑炎发病主要在7—9月;甲肝在8月、10月;出血热在10月、12月和2月;麻疹在3月、5月;流行性脑脊髓膜炎在2—4月。各种传染病与气象要素都存在一定的同期和滞后相关性,气象条件对传染病发病和传播有很重要的作用。

(3)传染病与其他要素的关系。城市不断发展,人口密度增大,会影响某些疾病传播。其中,麻疹发病率随城市化水平有逐年增加的趋势,而在郊区呈下降趋势;细菌性痢疾和甲型肝炎发病率在城市和郊县均呈逐年下降趋势。

8.5 旅游与气候

甘肃省地处黄河上游,是中华民族和华夏文化发祥地之一。在甘肃省42.58万km^2的土地上,大漠戈壁、森林草原、冰川雪峰、丹霞砂林、峡谷溶洞等各类景观千姿百态。河西走廊戈壁、绿洲相间分布,雪山巍峨,瀚海茫茫,边塞风光壮美神奇;甘南草原牧场广袤,牛羊肥壮;陇中高原千沟万壑,雄浑壮观;陇南山地峰峦叠翠,幽谷密布,大熊猫、金丝猴隐匿其间。同时这里汇聚了始祖文化、丝路文化、黄河文化、长城文化和红色革命等多元文化,莫高壁画、嘉峪雄关、魏晋砖画,武威天马、西夏古碑、麦积雕塑,无一不是顶尖级国宝,代表着一个个特殊时代的艺术顶峰。走进河西走廊,就是融入丝绸之路,就是踏进一条充满传奇色彩的历史长河。

甘肃省旅游旺季时间始于5月,结束时段基本在“十一”假期。由于近10 a甘肃省区域气温升高使大部分地方旅游舒适月份延长1～2月,与多年适宜旅游季节5—9月相比,我省大部分地方年平均旅游适宜期可提前到4月下旬并推迟至10月上旬末结束。

8.5.1 不同类型旅游区基本气候特征

旅游区根据地理位置、气候特点和旅游区特色大致分为4大类:河西大漠绿洲丝绸之路旅游区;甘南草原藏族风情旅游区;陇中和陇东黄土高原特色与红色革命旅游区;陇上江南——陇南和天水山水与古文化旅游区。

8.5.1.1 河西大漠绿洲丝绸之路旅游区

河西走廊位于北山以南,北屏马鬃山、龙首山和合黎诸山,南依祁连山,东起乌鞘岭,西迄甘新边界,长约900 km,宽50～120 km,是一狭长地带,海拔1000～3200 m。河西走廊年平均气温在5.4～9.9 ℃,年降水量不足200 mm,大部分地方全年仅有几十毫米,属于典型干旱气候区。

古丝绸之路从西安出发,穿过河西走廊,分别从阳关与玉门关进入新疆。河西走廊因此成为古丝绸之路枢纽路段,连接着亚、非、欧3大洲的物质贸易与文化交流。东西方文化在这里相互激荡,积淀下蔚为壮观的历史文明。河西走廊的文物品类极其丰富,艺术成就很高,文物价值突出。简牍、彩陶、壁画、岩画、雕塑、古城遗址等各具特色,交相辉映,简直就是一条灿烂夺目的"文化长廊"。因是佛教东传的要道,这里还留存了大量石窟群:武威天梯山石窟、张掖马蹄寺石窟、瓜州榆林窟,敦煌莫高窟……大小石窟星罗棋布地点缀于走廊沿线,于是,河西走廊又被人们称为"石窟艺术走廊"。

8.5.1.2 甘南草原藏族风情旅游区

主要位于甘南藏族自治州,地处青藏高原东北边缘,平均海拔2960 m,境内草原广阔,年平均气温1.8～13.4 ℃,年平均降水量在420.6～593.4 mm,属甘南高寒带半湿润湿润区。

这里旅游资源独具特色,是离内地最近的雪域高原,自然风光秀丽,文物古迹众多,民族特色浓郁,风土人情独特;有尕海—则岔国家级自然保护区、莲花山和冶力关国家森林公园以及桑科草原、黄河首曲、大峪沟、沙滩森林公园等几十处优美的自然景区;有全国文物保护单位夏河拉卜楞寺、卓尼禅定寺和碌曲郎木寺等121座藏传佛教寺院;有天险腊子口、俄界会议遗址和甘加八角城等20多处历史遗址;有香浪节、晒佛节、采花节、花儿会、插箭节等几十种民俗节庆活动。

8.5.1.3 陇中和陇东黄土高原、黄河三峡特色与红色革命旅游区

陇东、陇中黄土高原位于甘肃省中部和东部,东起甘、陕省界,西至乌鞘岭。年平均气温4.0～10.4 ℃,年平均降水量在200～600 mm。

这里历史上孕育了华夏民族的祖先,建立过炎黄子孙的家园,亿万年地壳变迁和历代战乱,灾害侵蚀,使黄土高原支离破碎,但陇东、中黄土高原蕴含有丰富旅游资源。有神奇的黄河三峡——炳灵峡、刘家峡、盐锅峡,母亲河——黄河,在这片土地上呈独特的"S"形穿流而过,流经永靖县域107 km,勾画出集山水形胜、人文景观为一体的太极山川;有风景秀美、别有洞天,充满着奇、险、壮、绝、清、秀、幽、静、古、野之情趣的5A景区——首阳山和道教圣地崆峒山;有记载着中国革命波澜壮阔历程的红军会师纪念地会宁,陕、甘边区苏维埃政府旧址等红色旅游区。

8.5.1.4 陇上江南——陇南和天水山水与古文化旅游区

主要位于陇南和天水两市区。气候温和,降水充沛、风光秀美,被誉为陇上江南。年平均气温9.0～15.0 ℃,年平均降水量在450～750 mm。

陇南是甘肃省境内唯一的长江流域地区,气候属北亚热带向暖温带过渡区,境内高山、河谷、丘陵、盆地交错,气候垂直分布,地域差异明显,区内有全国三大天池之一的阴平天池,西北最大溶洞武都万象洞,国家级重点保护、甘肃省唯一具有北亚热带生物群落和自然景观的白水江自然保护区——被赞誉为"甘肃的西双版纳",分布于全市各县的大河坝、三滩、红土河、梅园沟、云屏山等自然景点,被人们称作"陇上小九寨沟"。

天水是中国古代文化重要的发祥地,享有"羲皇故里"的殊荣,是海内外龙的传人寻根问祖的圣地。天水境内文化古迹甚多,有国家和省、市级重点保护文物169处,其中大地湾遗址保

存有大量新石器时代早期及仰韶文化珍品。国内唯一有伏羲塑像的天水伏羲庙，雕梁画栋，古柏森森。中国四大石窟之一、被誉为“东方雕塑馆”的麦积山石窟，荟萃了从公元4世纪末到20世纪，约1600年间7730余尊塑像，并与大像山、水帘洞、拉梢寺、木梯寺等共同组成了古丝绸之路东段的“石窟艺术走廊”。同时，环绕麦积山方圆数十里分布的植物园、仙人崖、石门、净土寺、曲溪、香积山、桃花沟和街子温泉度假村，共同组成了国家级森林公园——麦积山风景名胜区。人文景观与自然美景交相辉映，巧夺天工，吸引着无数海内外游客。

8.5.2 最具代表性景点

8.5.2.1 敦煌莫高窟

世界文化遗产敦煌莫高窟，位于敦煌市城东南25 km的鸣沙山下，保存着4世纪到14世纪的700多个洞窟，有壁画4.5万 m^2，彩塑雕像2415尊，唐宋窟檐木构建筑5座，珍贵文物5.6万件。在我国四大石窟中，莫高窟是开凿最早、延续时间最长、规模最大、内容最丰富的石窟群，有“人类文化珍藏”、“形象历史博物馆”、“世界画廊”之称，是世界上现存规模最庞大的“世界艺术宝库”。1987年，敦煌莫高窟作为中国首批候选者获得“世界文化遗产”认定。在收入《世界遗产名录》的981项遗产中，完全符合“世界文化遗产”6条标准的遗存仅有2个，敦煌莫高窟是其中之一。

8.5.2.2 敦煌鸣沙山、月牙泉

敦煌鸣沙山与月牙泉均为国家AAAAA级旅游景区。鸣沙山因沙动成响而得名，汉代称沙角山，又名神沙山，晋代始称鸣沙山。其山东西绵亘40 km以上，南北宽约20 km以上，主峰海拔1715 m，沙垄相衔，盘亘回环。沙随足落，经宿复初，此种景观实属世界所罕见。月牙泉处于鸣沙山环抱之中，因其形酷似一弯新月而得名。古称沙井，又名药泉，一度讹传渥洼池，清代正名月牙泉。面积13.2亩，平均水深4.2 m。水质甘洌，澄清如镜。流沙与泉水之间仅数十米。但虽遇烈风而泉不被流沙所淹没，地处戈壁而泉水不浊不涸。这种沙泉共生，泉沙共存的独特地貌，为“天下奇观”。

8.5.2.3 嘉峪关

嘉峪关文物景区是世界文化遗产，国家AAAAA级旅游景区，全国重点文物保护单位，全国爱国主义教育示范基地。嘉峪关位于甘肃省嘉峪关市西5 km处最狭窄的山谷中部，城墙横穿沙漠戈壁，北连黑山悬壁长城，南接天下第一墩，是明代万里长城最西端的关口，历史上曾被称为河西咽喉。因地势险要，建筑雄伟，有“天下第一雄关”、“连陲锁钥”之称。嘉峪关是明代长城西端第一重关，也是古代“丝绸之路”的交通要塞，素有“中国长城三大奇观之一”（东有山海关、中有镇北台、西有嘉峪关）的美称。

8.5.2.4 张掖丹霞地貌景区

国家AAAA级旅游景区。地处祁连山北麓，临泽、肃南县境内。分布面积约510 km^2，为省级地质公园、省级风景名胜区，东距张掖市区30 km，北距临泽县城20 km。张掖丹霞地貌是国内唯一的丹霞地貌与彩色丘陵景观复合区。2005年11月在中国地理杂志社与全国34家大型媒体联合举办的“中国最美的地方”评选活动中，被评选为“中国最美的七大丹霞”之一；2009年被极具权威和导向性的《中国国家地理》杂志《图说天下》编委会评为“奇险灵秀美如画

中国最美的6处奇异地貌”之一，2011年又被美国《国家地理》杂志评为“世界十大神奇地理奇观”之一，2011年11月被国土资源部批准“张掖国家地质公园”。

8.5.2.5 张掖大佛寺景区

国家AAAA级旅游景区。始建于西夏崇宗永安元年（公元1098年），因寺内供奉释迦牟尼涅槃像，所以又名“卧佛寺”，为历代皇室敕建的寺院。是全国重点文物保护单位，总面积3万m^2以上。这里保存有全国最大的西夏佛教殿堂——大佛殿、最大的室内木胎泥塑卧佛和最完整的初刻初印本《永乐北藏》，是集建筑、雕塑、壁画、雕刻、经籍和文物为一体的佛教艺术博物馆。大佛寺现存古建筑包括山门、牌坊、钟楼、鼓楼、大佛殿、大成殿、藏经殿、土塔及金塔殿。大佛殿、佛教艺术陈列厅、佛教经籍陈列厅、土塔、山西会馆和金塔殿等，可供游客参观游览。

8.5.2.6 武威市雷台公园

国家AAAA级旅游景区。雷台是举世闻名的稀世珍宝、中国旅游标志“马踏飞燕”的出土地，位于甘肃省武威城区北关中路，占地面积12.4万m^2。观赏游览点有：1号、2号汉墓、雷台观、雷台湖、九天灵泉瀑布、西凉伎乐馆、把盏听涛阁、醉听堂、仙泉亭、双孔石桥、群马玉雕等，2001年6月25日雷台汉墓被国务院公布为全国第五批重点文物保护单位。

8.5.2.7 武威沙漠公园

国家AAAA级旅游景区。武威沙漠公园是一座融大漠风光、草原风情、园林特色为一体的游览胜地，位于武威城东22 km处的腾格里沙漠前缘，是国内最早在沙漠中建立的公园，被誉为“沙海第一园”。公园开有跑马场、游泳池以及“大漠亭”、“陶心阁”、“鸳鸯亭”、“桃花亭”等游乐设施。园内沙丘起伏，百草丛生，有梭梭、桦木、红柳、沙米、蓬棵等沙生植物，并提供沙浴、水浴、滑沙、骑骆驼、游泳等独特活动。

8.5.2.8 榆中兴隆山

国家AAAA级旅游景区。兴隆山国家级自然保护区位于兰州市榆中县城西南5 km处，距兰州市60 km。古因“常有白云浩渺无际”而取名“栖云山”。早在西周时已成为道人凿洞修行之地，清康熙年间取复兴之意，改名“兴隆山”。20世纪50年代，全山亭台楼阁以及庙宇达70多处，景点24处，成为佛、道胜地。境内风景秀丽，动、植物资源丰富，有“陇上名胜”、“西北道教名山”之称，被誉为“陇原第一名山”

8.5.2.9 夏河拉卜楞寺

国家AAAA级旅游景区。位于甘南州夏河县城西1 km处。大夏河将龙山、凤山之间冲积成一块盆地，藏族人民称之为聚宝盆，拉卜楞寺就坐落在聚宝盆上。它与西藏的哲蚌寺、色拉寺、甘丹寺、扎什伦布寺、青海的塔尔寺合称我国藏传佛教格鲁派（黄教）6大寺院。拉卜楞寺是藏传佛教的高等学府，被世界誉为“世界藏学府”。1982年，拉卜楞寺被列入全国重点文物保护单位。整个寺庙现存最古老也是唯一的第一世嘉木样活佛时期所建的佛殿，是位于大经堂旁的下续部学院的佛殿。

8.5.2.10 黄河三峡风景名胜区

国家AAAA级旅游景区。黄河三峡风景名胜区位于甘肃省中部西南，临夏回族自治州北部永靖县境内，距省会兰州市44 km，以刘家峡水电站、炳灵寺石窟闻名于世。黄河呈“S”形流经县域 107 km,形成了炳灵峡、刘家峡、盐锅峡三大峡谷景观,构成了黄河三峡风景名胜区,总面积 214 km^2。境内自然风光俊奇秀美,名胜古迹星罗棋布,古今文化交相辉映,是一处内涵丰富、特色鲜明的旅游胜地。

8.5.2.11　漳县贵清山、遮阳山旅游景区

国家 AAAA 级旅游景区。为石灰岩地带,群峰林立,怪石如云,森林公园林地面积 3.2 万亩,原始森林遍布,有药用植物和观赏植物 500 余种,被誉为天然植物园。山顶海拔 2340 m,有建于明隆庆年间的中峰寺遗址。有贵清仙境、西方胜景、断涧仙桥、灵岩古洞、禅林挂月、古刹钟声、万壑松涛、洗脸清池 8 景。遮阳山由西溪、东溪和夷门山 3 个景区组成。西溪由金家沟和若干贫峡组成,全长 7.5 km,为全山的旅游精华所在。境内主要有临溪巨石、芸叟洞、三醉石、题诗崖、仙人祠、青羊洞、八音井、常家洞、锡庆寺、蛤蟆石等历史胜迹和风景 50 余处。

8.5.2.12　麦积山石窟景区

国家 AAAAA 级旅游景区。天水麦积山石窟是中国大型石窟群之一,位于秦岭西端北侧,距城区 28 km。峰顶呈圆锥状,红色砂砾岩层略近水平,因岩体形如农村麦垛而得名,为陇原上麦垛式丹霞地貌。凿于十六国后秦时期,经北魏、西魏、北周、隋唐、五代、宋、元、明、清等 10 多个朝代的不断开凿、重修,成为仅次于敦煌莫高窟的我国第二大艺术宝窟。现存 194 个洞窟,泥塑、石雕 7800 多件,壁画逾 1000 m^2,崖阁 8 座,以其精美的泥塑艺术闻名中外,被誉为"东方艺术雕塑馆"。是古丝绸之路上的一朵艺术奇葩,与敦煌莫高窟、山西云冈石窟、河南龙门石窟并称为中国四大石窟,而麦积山石窟则以其独特的泥塑艺术独树一帜。

8.5.2.13　天水伏羲庙

国家 AAAA 级旅游景区。位于天水市区西关伏羲路,是人文始祖伏羲诞生地,华夏祭祖圣地,全国重点文物保护单位。始建于明代成化年间,后经 9 次重修,形成规模宏大的古建筑群,是目前全国保存最完整的明代祭祀伏羲庙宇。被誉为"华夏第一庙",吸引了无数海内外游客前来寻根祭祖、旅游观光。每年农历正月十六,民间在这里举行隆重的祭祀活动;公历 7 月,甘肃省人民政府举办规模盛大的公祭活动,一年一度的伏羲文化旅游节,已成为中国最具发展潜力的十大节庆活动之一。公祭仪式已被列为中国首批非物质文化遗产。

8.5.2.14　平凉崆峒山

国家 AAAAA 级旅游景区。景区位于平凉市城西 12 km 处,主峰海拔 2123 m,是古丝绸之路西出关中的要塞。崆峒山风景名胜区属于丹霞地貌,受差异风化、水冲蚀、崩塌等外动力作用,形成了孤山峰岭。峰丛广布、怪石突兀、山势险峻,形成了气势雄伟奇特的丹霞地貌景观。崆峒山自古就有"西来第一山"、"西镇奇观"、"崆峒山色天下秀"、"雄秀甲于关塞"、"道源所在"等美誉。被宗教界誉为"十二仙山"、"七十二境地"之一。

8.5.2.15　陇南官鹅沟风景区

国家 AAAA 级旅游景区。位于青藏高原东部边缘与西秦岭、岷山两大山系支脉交错地带,包括大河坝沟、马圈沟、官鹅沟、缸沟、八峡沟、大庙滩 6 大景区。东西长 39 km,南北宽 41 km,总面积 500 km^2,森林覆盖率达 65.1%。景区集森林景观、草原景观、地貌景观、水体景观、天象景观等自然景观和人文景观于一体,景观资源整体品位高,空间布局特点突出,动、植物分布多样,生态环境优美,自然景观奇特。

8.5.2.16 康县阳坝生态旅游风景区

国家AAAA级旅游景区。位于康县东南部，景区总面积504.93 km^2，境内气候温润、景色秀丽，有红豆杉、香樟、白皮松等国家珍稀树种近40种；有金丝猴、金猫、大鲵等国家珍稀动物36种，自然景观200余处，森林覆盖率高达70%以上，居全省之首。景区内大部分为原生态森林。独特的生态资源优势，秀丽的人文景观以及丰富的绿色山野产品把阳坝巧妙地打造成了一个名副其实的“陇上江南”。风景区内无山不青，无水不秀，气候湿润，山川秀美，风光旖旎。自然、人文资源非常丰富。

第9章 甘肃省各市州气候特征

9.1 兰州市

9.1.1 地理位置

兰州市是甘肃省省会。位于102°45′～104°34′E,35°37′～36°53′N,地处甘肃省中部,位于黄河上游,是中国陆地的几何中心。北部毗邻武威市和白银市;南部与定西市和临夏回族自治州相邻;西部与青海省相连。地势东北低西南高,黄河自西南流向东北,横穿全境,切穿山岭,形成峡谷与盆地相间的串珠形河谷,海拔1500～2500 m。

兰州市辖5区3县,分别是城关区、七里河区、西固区、安宁区、红古区和永登县、榆中县、皋兰县。总面积1.31万 km^2。

9.1.2 气候特征

兰州市属冷温带半干旱气候类型,夏无酷暑,冬无严寒,是著名的避暑胜地,是全国唯一黄河穿城而过的省会城市。

年平均气温5.8～10.4 ℃,平均为7.7 ℃。7月最热,为20.1 ℃;1月最冷,为－7.2 ℃。气温年较差为26～29 ℃。平均最高气温11.7 ℃,极端最高气温39.8 ℃(2000年7月24日兰州);平均最低气温8.1 ℃,极端最低气温－27.7 ℃(2008年1月30日皋兰)。

年平均降水量在245.8～372.4 mm,平均为308.7 mm。降水量由南向北递减,降水最多是榆中为372.4 mm,最少是皋兰为245.8 mm。年平均降水日数83.7 d。最大日降水量108 mm,出现在永登1993年7月20日。年平均相对湿度为53%～63%。年平均蒸发量在1377.2～1849.1 mm,榆中最小,永登最大。

年日照总时数为2374～2651 h,平均为2541 h。平均风速为0.9～2.3 m/s。年大风日数3.5～4.6 d,沙尘暴日数0.1～1.3 d,扬沙和浮尘日数分别为4.4～12.3 d、10.3～22.6 d,霾日数0.2～12.8 d。

无霜期为161～211 d,最大冻土深度为86～126 cm,雷暴日数为19.2～35.7 d,冰雹日数为0.7～3.7 d。

主要气象灾害有干旱、大风、沙尘暴等。

主要农作物有小麦、玉米、马铃薯、蔬菜等。兰州是瓜果之城,盛产百合、白兰瓜、大板瓜子、永登玫瑰、水蜜桃、冬果梨等。

9.2　酒泉市

9.2.1　地理位置

酒泉市位于92°19′～100°12′E，38°6′～42°48′N，地处甘肃省西北部，河西走廊西端的阿尔金山、祁连山与马鬃山（北山）之间。东接张掖市和内蒙古自治区，南接青海省，西接新疆维吾尔自治区，北接蒙古国。地势南高北低，自西南向东北倾斜。南部祁连山地是一系列3000～5000 m的高山群，海拔4000 m以上冻土区，终年积雪冰封，有现代冰川分布，是本区河流发源地。山间有盆地，海拔在1000～1700 m。北部马鬃山（北山）由数列低山残丘组成，海拔多在1400～2400 m。

酒泉市辖1区2市4县，分别是肃州区、玉门市、敦煌市、金塔县、瓜州县、肃北县和阿克塞县。总面积19.2万 km^2。

9.2.2　气候特征

酒泉市大多属冷温带干旱气候类型。其中，西部属暖温带干旱区，南部祁连山属高寒带半干旱半湿润区。其特点是热量资源充足，昼夜温差大，降水量少，蒸发量大，日照时间长，太阳能资源丰富。

酒泉市风能资源丰富，瓜州、玉门素有“世界风库”和“世界风口”之称。风能资源总储量约占全省的87%，可利用面积近3.6万 km^2，被国家批准为首个“千万千瓦级风电基地”。

年平均气温4.8～9.9 ℃，平均为8.0 ℃。7月最热，为23.0 ℃；1月最冷，为−9.0 ℃。气温年较差为27～34 ℃。平均最高气温为15.8 ℃，极端最高气温为42.6 ℃（1952年7月16日敦煌）；平均最低气温为1.2 ℃，极端最低气温为−37.1 ℃（2002年12月25日马鬃山）。

酒泉市是甘肃省降水量最少的地区。年平均降水量在39.8～152.5 mm，平均为72.7 mm。降水量由南向北递减，南北相差近4倍。降水量最多是肃北，为152.5 mm，最少是敦煌，仅39.8 mm，是全省降水量最少地方。年平均降水日数32.8 d。最大日降水量93.8 mm，出现在肃北2012年6月5日。年平均相对湿度为34%～48%。年平均蒸发量在2002.0～3311.0 mm，是全省蒸发量最大地区。

年日照总时数3048～3336 h，平均为3215 h。平均风速1.9～4.4 m/s。是全省沙尘天气多发地区，年大风日数为9.3～46.0 d，沙尘暴日数为1.0～9.7 d，扬沙和浮尘日数分别为2.9～36.3 d、1.4～45.3 d。

无霜期为129～177 d，最大冻土深度为98～188 cm。雷暴日数为4.8～10.6 d，冰雹日数为0.1～1.2 d。

主要气象灾害有干旱、大风、沙尘暴、霜冻等。

主要农作物有棉花、小麦、玉米等，是全国、全省商品粮棉基地；另外还有西瓜、甜瓜、李广杏、葡萄等瓜果。出名的野生药材有锁阳、甘草、枸杞、罗布麻等。

9.3 嘉峪关市

9.3.1 地理位置

嘉峪关市位于97°52′～98°31′E,39°38′～39°59′N。地处甘肃省西北部,河西走廊西部,东临酒泉市肃州区,西连玉门市,南倚祁连山与张掖市肃南裕固族自治县接壤,北与酒泉市金塔县相连接,中部为酒泉绿洲西缘。境内地势平坦,土地类型多样,讨赖河横穿境内。城市中西部多为戈壁,东南、东北为绿洲,是农业区。绿洲被戈壁分割为点、块、条、带状分布,占总土地面积的1.9%。全市海拔在1412～2722 m,绿洲分布于海拔1450～1700 m。

嘉峪关市管辖3个区,分别为雄关区、长城区、镜铁区,总面积2935 km^2。

9.3.2 气候特征

嘉峪关市属冷温带干旱气候类型。太阳辐射强、日照时间长、昼夜温差大、气候干燥(由于建站时间较晚,以下数据统计时段为2009年6月至2016年12月)。

年平均气温为8.2 ℃,7月最热,为22.5 ℃;1月最冷,为−8.0 ℃。平均最高气温为22.1 ℃,极端最高气温38.9 ℃(2016年7月30日);平均最低气温为−4.3 ℃,极端最低气温为−28.3 ℃(2012年1月22日)。

年平均降水量127.9 mm,7月最多,为28.3 mm;2月最少,仅1.1 mm。一年中降水多集中在6—8月,占全年降水量的59%。最大日降水量40.8 mm,出现在2009年9月5日。年平均相对湿度47.4%,最低为34%,出现在4月;最高为57%,出现在11月。年平均蒸发量2002.0 mm,是降水量的15.7倍。

年日照总时数3048.3 h。平均风速2.1 m/s。冬春季多风沙,年大风日数为17 d,沙尘暴日数10 d,扬沙和浮尘日数分别为6 d和9 d。

平均无霜期162 d,平均初霜冻出现在10月8—9日,最早初霜冻出现在9月13日;平均晚霜冻出现在4月26—27日,最迟晚霜冻为5月12日。最大冻土深度177 cm,冰冻期在10月至次年4月。雷暴日数为12天,一般出现在4—9月。

主要气象灾害有干旱、大风、沙尘暴、霜冻等。

主要农作物有小麦、玉米等,另外还有野麻湾西瓜、薄皮核桃、发菜、甘蓝菜等特产。

9.4 张掖市

9.4.1 地理位置

张掖市位于97°24′～102°12′E,37°35′～39°53′N。地处甘肃省西北部,河西走廊中段,处在青藏高原与内蒙古高原的过渡地带。南枕祁连山,北依合黎山、龙首山。境内地势平坦,黑河贯穿全境,形成了特有的荒漠绿洲景观。中部为海拔1410～2230 m的倾斜平原,形成张掖盆地。平原地形呈冲积扇形，由东南向西北敞开，是河西走廊的重要组成部分。

张掖市辖1区5县，分别为甘州区、临泽县、高台县、山丹县、民乐县、肃南裕固族自治县。总面积4.19万km^2。

9.4.2 气候特征

张掖市属冷温带干旱和祁连山高寒带半干旱半湿润两种气候类型。其特点是夏季短而酷热，冬季长而严寒，干旱少雨，且降水分布不均，昼夜温差大，风能、太阳能资源丰富。

年平均气温4.1～8.3 ℃，平均为6.6 ℃。7月最热，为20.4 ℃；1月最冷，为－9.1 ℃。气温年较差26～32 ℃。平均最高气温为14.3 ℃，极端最高气温为40.0 ℃(2010年7月27日高台)；平均最低气温为0.3 ℃，极端最低气温为－33.3 ℃(1955年1月8日山丹)。

年平均降水量在112.3～354.0 mm，平均为197.2 mm。降水量最多是民乐，为354.0 mm，最少是高台为112.3 mm，两地相差达3倍多。年平均降水日数67.1 d。最大日降水量为65.5 mm，出现在1974年7月30日高台。年平均相对湿度为46%～54%。年平均蒸发量在1672.1～2358.4 mm，民乐最小，山丹最大。

年日照总时数为2789～3103 h，平均为2975 h。平均风速为1.7～2.7 m/s。年大风日数为3.4～11.0 d，沙尘暴日数0.5～6.2 d，扬沙和浮尘日数分别为2.0～25.2 d和12.2～33.3 d。

无霜期为140～174 d。最大冻土深度为102～238 cm。雷暴日数为8.0～21.6 d，冰雹日数为0.1～1.7 d。

主要气象灾害有干旱、大风、沙尘暴、干热风、霜冻等。

张掖素有“桑麻之地”、“鱼米之乡”之美称。盛产小麦、玉米、豆类、油料、瓜果、蔬菜，土特产品有临泽红枣、乌江大米、民乐苹果梨、“金花寨”小米、山丹发菜、民乐紫皮大蒜等。由于光资源丰富，热量适中，又有黑河灌溉，使张掖成为甘肃省重要商品粮油基地。

9.5 金昌市

9.5.1 地理位置

金昌市位于101°25′～102°45′E，38°1′～39°0′N。地处河西走廊东部，祁连山脉北麓，阿拉善台地南缘。地势南高北低，山地平川交错，戈壁绿洲相间。北和东与民勤县相连，东南与武威市相靠，南与肃南裕固族自治县相接，西与民乐、山丹县接壤，西北与内蒙古自治区阿拉善右旗毗邻。

金昌市辖1区1县，分别为金昌区和永昌县。总面积9600 km^2。

9.5.2 气候特征

金昌市大部分地区属冷温带干旱气候类型，西南部属祁连山高寒带半干旱半湿润气候类型。

年平均气温9.5 ℃，7月最热，为24.3 ℃；1月最冷，为－7.2 ℃。平均最高气温为16.2 ℃，极端最高气温为 42.4 ℃(1997 年 7 月 22 日);平均最低气温为 2.8 ℃,极端最低气温为 −28.3 ℃(2002 年 12 月 26 日)。

年平均降水量为 122.3 mm,7 月最多,为 29.4 mm;12 月和 2 月最少,仅 0.7 mm。一年中降水多集中在 6—8 月,占全年降水量的 66%。最大日降水量为 37.1 mm,出现在 2000 年 6 月 24 日。年平均相对湿度为 42%,最低为 28%,出现在 4 月;最高为 53%,出现在 9 月。年平均蒸发量为 2381.8 mm,是降水量的 19.5 倍。

年日照总时数为 2955 h。平均风速为 2.1 m/s。冬春季多风沙,年大风日数为 23 d,沙尘暴日数 6 d,扬沙和浮尘日数分别为 16 d 和 11 d。

平均无霜期 187 d,平均初霜冻出现在 10 月 8 日,最早初霜冻出现在 9 月 13 日;平均晚霜冻出现在 3 月 26 日,最迟晚霜冻出现在 5 月 5 日。最大冻土深度 82 cm,冰冻期在 10 月至次年 4 月。雷暴日数为 13 d,一般出现在 4—9 月。

主要气象灾害有干旱、沙尘暴、大风等。

主要农作物有小麦、玉米、大麦、油料等;经济作物有甜菜、西瓜、葵花子、黑瓜子等,品质优良。由于光资源丰富,热量资源适中,又有石羊河灌溉,是甘肃省重要商品粮油基地。

9.6 武威市

9.6.1 地理位置

武威市位于 101°49′~104°16′E,36°29′~39°27′N,河西走廊东端。东靠白银市、兰州市,南部隔祁连山与青海省为邻,西与张掖市、金昌市接壤,北与内蒙古自治区相连,位于腾格里和巴丹吉林沙漠之间。地处黄土、青藏、蒙新三大高原交汇地带,地势南高北低,由西南向东北倾斜,依次形成南部祁连山山地、中部走廊绿洲平原和北部荒漠 3 种地貌类型。海拔介于 1020~4874 m。

武威市辖 1 区 3 县,分别为凉州区、民勤县、古浪县和天祝藏族自治县。总面积为 3.32 万 km^2。

9.6.2 气候特征

武威市属冷温带干旱和祁连山高寒带半干旱半湿润两种气候类型。其特点是四季分明,冬寒夏暑,昼夜温差大,降水较少、分布不均,蒸发量大,风能、太阳能资源丰富。

年平均气温为 0.3~8.8 ℃,平均为 5.9 ℃。7 月最热,为 19.0 ℃;1 月最冷,为 −8.7 ℃。气温年较差 23~32 ℃。平均最高气温为 12.6 ℃,极端最高气温为 41.7 ℃(2010 年 7 月 30 日民勤);平均最低气温为 0.2 ℃,极端最低气温为 −32.0 ℃(1991 年 12 月 27 日凉州)。

年平均降水量在 113.2~407.4 mm,平均为 261.0 mm。降水量由南向北递减,南北相差近 4 倍。降水量最多是南部的乌鞘岭,为 407.4 mm,最少是北部的民勤,为 113.2 mm。年平均降水日数 83.6 d。最大日降水量 62.7 mm,出现在 1985 年 6 月 3 日凉州。年平均相对湿度为 44%~58%。年平均蒸发量在 1510.7~2662.7 mm,乌鞘岭最小,民勤最大。

年日照总时数 2608~3138 h,平均为 2811 h。平均风速为 1.7~5.0 m/s。年大风日数

4.4～68.5 d,沙尘暴日数 0.4～18.1 d,扬沙和浮尘日数分别为 2.2～27.8 d 和 4.1～33.8 d。

无霜期为 104～170 d。最大冻土深度为 116～128 cm,乌鞘岭最大冻土深度深于 200 cm。雷暴日数为 8.7～33.8 d,冰雹日数为 0～5.0 d,雷暴和冰雹都是乌鞘岭最多。

主要气象灾害有干旱、大风、沙尘暴、干热风、霜冻、冰雹等。

主要农作物有小麦、玉米、谷子、棉花、油料等,名优特作物有酿酒葡萄、白兰瓜、甘草、红枣、枸杞、人参果、小茴香、葵花子、大板瓜子等。由于光资源丰富,热量资源适中,又有石羊河灌溉,使武威市成为甘肃省重要商品粮油基地。

9.7 白银市

9.7.1 地理位置

白银市位于 103°27′～105°31′E,35°26′～37°39′N,地处黄河上游甘肃省中部。东与宁夏回族自治区接壤,东南与平凉市相连,南部及西南部以定西市为界,西与兰州市毗邻,西北与武威市接壤,北部与内蒙古自治区连接。属腾格里沙漠和祁连山余脉向黄土高原过渡地带,地势由东南向西北倾斜,黄河呈“S”形贯穿全境,将境内地形分为西北与东南两部分。全市海拔 1275～3321 m。

白银市辖 2 区 3 县,分别为白银区、平川区和靖远县、景泰县、会宁县。总面积 2.12 万 km^2。

9.7.2 气候特征

白银市属冷温带半干旱气候类型。

年平均气温为 8.1～9.4 ℃,平均为 8.9 ℃。7 月最热,为 22.0 ℃;1 月最冷,为−6.4 ℃。气温年较差为 27～29 ℃。平均最高气温为 9.6 ℃,极端最高气温为 39.5 ℃(2000 年 7 月 23 日靖远);平均最低气温为 6.6 ℃,极端最低气温为−27.3 ℃(1958 年 1 月 15 日景泰)。

年平均降水量在 179.7～342.9 mm,由南向北递减,平均为 234.6 mm。降水量最多是会宁,为 342.9 mm,最少是景泰,为 179.7 mm,南北相差近 1 倍。年平均降水日数为 65.5 d。最大日降水量出现在 1959 年 7 月 13 日白银,为 82.2 mm。年平均相对湿度为 48%～63%。年平均蒸发量在 1646.1～2251.3 mm,会宁最小,景泰最大。

年日照总时数为 2437～2732 h,平均为 2631 h。平均风速为 1.2～2.2 m/s。年大风日数为 3.4～31.0 d,沙尘暴日数 0.5～4.4 d,扬沙和浮尘日数分别为 4.3～18.3 d、8.4～21.6 d。

无霜期为 170～187 d,最大冻土深度为 88～120 cm,雷暴日数为 12.7～18.7 d,冰雹日数为 0.2～1.0 d。

主要气象灾害有干旱、大风、冰雹、暴雨、霜冻等。

粮食作物有小麦、玉米、马铃薯、糜子、谷子、豆类等;经济作物有油料、啤酒大麦、甜籽瓜等;特色作物有靖远枸杞、小口大枣、会宁砂田西瓜等。

9.8 定西市

9.8.1 地理位置

定西市位于103°52′～105°13′E、34°26′～35°35′N。北与兰州、白银市相连，东与平凉、天水市毗邻，南与陇南市接壤、西与甘南州、临夏州交界。地处黄土高原、甘南高原、陇南山地的交汇地带，属黄土高原丘陵沟壑区。地势自西南向东北倾斜，西南高，东北低，海拔1930～3941 m。

定西市辖1区6县，分别是安定区和通渭县、陇西县、渭源县、临洮县、漳县、岷县。总面积2.03万 km^2。

9.8.2 气候特征

定西市北部属冷温带半干旱气候，南部属冷温带半湿润气候，大致以渭河为界。前者包括安定区以及通渭、陇西、临洮3县和渭源县北部，占全市面积的60%，全年降水较少，日照充足，温差较大；后者包括漳县、岷县和渭源县南部，占全市面积的40%，海拔较高、气温较低。

年平均气温为3.9～8.2 ℃，平均为6.7 ℃。7月最热，为20.2 ℃；1月最冷，为－8.1 ℃。气温年较差为23～26 ℃。平均最高气温为9.6 ℃，极端最高气温为36.1 ℃(2000年7月24日临洮)；平均最低气温为6.6 ℃，极端最低气温为－29.7 ℃(1991年12月28日安定)。

年平均降水量在377.0～556.3 mm，平均为452.7 mm。降水量由南向北递减，降水最多的是岷县556.3 mm，最少的是安定377.0 mm。年平均降水日数106.8 d。最大日降水量为143.8 mm，出现在1979年8月11日的临洮。年平均相对湿度为63%～70%。年平均蒸发量在1229.1～1649.2 mm，岷县最小，安定最大。

年日照总时数为2093～2478 h，平均为2309 h。平均风速为1.2～4.7 m/s。年大风日数为1.2～44.0 d，沙尘暴日数为0.1～0.4 d，扬沙和浮尘日数分别为0.7～5.5 d和4.2～15.9 d。

无霜期为149～183 d，最大冻土深度为79～126 cm，雷暴日数为20.9～44.8 d，冰雹日数为1.3～2.0 d。

主要气象灾害有干旱、冰雹、暴雨洪涝、霜冻等。

定西市农作物有马铃薯、小麦、玉米、豌豆等，因盛产马铃薯，被中国特产之乡组委会审定命名为“中国马铃薯之乡”。南部是全国中药材重要生产基地之一，主要有岷县当归、陇西黄芪、白条党参等。

9.9 临夏回族自治州

9.9.1 地理位置

临夏回族自治州位于102°41′～103°40′E，34°57′～36°12′N。地处黄土高原向青藏高原的过渡地带，州境东至洮河，南屏白石山、太子山，西倚积石山，北临黄河、湟水，平均海拔2000 m。

山地面积占全州总面积的 90%，地势高而切割深邃，属高原浅山丘陵区。临夏州西接青海，南临甘南，北与兰州毗邻，东部与定西相连。

临夏州辖 1 市 7 县，分别是临夏市、临夏县、永靖县、广河县、和政县、康乐县、东乡族自治县、积石山保安族东乡族撒拉族自治县。总面积 8169 km^2。

9.9.2　气候特征

临夏州东北部属冷温带半干旱气候，西南部属冷温带半湿润气候。其特点是西南部山区高寒阴湿，东北部干旱，河谷平川区气候温和。冬无严寒，夏无酷暑，四季分明。

年平均气温 5.6～9.7 ℃，平均为 7.0 ℃。7 月最热，为 18.3 ℃，1 月最冷，为 −6.6 ℃。气温年较差为 23～26 ℃。平均最高气温为 16.8 ℃，极端最高为 40.7 ℃（2000 年 7 月 24 日永靖）；平均最低气温 2.0 ℃，极端最低气温为 −32.2 ℃（1991 年 12 月 28 日康乐）。

年平均降水量在 273.7～592.7 mm，平均为 481.3 mm。降水量呈南多北少分布，降水最多的是和政，为 592.7 mm，最少的是永靖，为 273.7 mm。年平均降水日数为 107.2 d。最大日降水量为 137.7 mm，出现在 2005 年 7 月 1 日康乐。年平均相对湿度为 59%～70%。年平均蒸发量在 1190.8～1551.7 mm，和政最小，永靖最大。

年日照总时数为 2361～2572 h，平均为 2468 h。平均风速为 0.9～2.5 m/s。年大风日数为 0.7～8.7 d，沙尘暴日数＜0.4 d，扬沙和浮尘日数分别为 1.1～5.8 d 和 10.9～25.2 d，主要发生在春季。

无霜期为 122～199 d，最大冻土深度为 85～121 cm，雷暴日数为 24.2～35 d，冰雹日数为 0.7～3.7 d。

主要气象灾害有暴雨洪涝、霜冻、冰雹等。

粮食作物有小麦、玉米、马铃薯、蚕豆、青稞、糜子、谷子等，经济作物有胡麻、油菜、甜菜、瓜果、花椒、核桃、中药材等。蚕豆是传统优势作物，是外贸出口主要品种之一。

9.10　甘南藏族自治州

9.10.1　地理位置

甘南藏族自治州是中国 10 个藏族自治州之一，位于 100°46′～104°44′E，33°06′～36°10′N。地处甘肃省西南部，青藏高原东北边缘与黄土高原西部过渡地带。南部为重峦叠嶂的山地，东部为连绵起伏的丘陵山区，西部为广袤无垠的平坦草原，地势西北高、东南低，由西北向东南呈倾斜状。全州最高海拔为 4920 m，最低海拔为 1172 m，平均海拔为 2960 m。其南部与四川阿坝州相连，西南与青海黄南州、果洛州接壤，东部和北部与陇南市、定西市、临夏州毗邻。

甘南州辖 1 市 7 县，分别是合作市和临潭县、卓尼县、迭部县、舟曲县、夏河县、玛曲县和碌曲县。总面积约 4.5 万 km^2。

9.10.2　气候特征

全州分为 3 种气候类区。南部为岷迭山区，属冷温带半湿润气候类型，气候温和，是全国

"六大绿色宝库"之一;东部为丘陵山地,属冷温带半干旱半湿润气候类型,农牧兼营;西北部属高寒半湿润和湿润气候类型,冬季严寒,夏季凉爽。为广阔的草甸草原,是全国的"五大牧区"之一。

年平均气温为 1.8～13.4 ℃,平均为 5.1 ℃。7 月最热,为 15.2 ℃;1 月最冷,为－6.3 ℃。平均最高气温为 12.2 ℃,极端最高气温为 38.2 ℃(1998 年 6 月 29 日舟曲);平均最低气温为－2.6 ℃,极端最低气温为－29.6 ℃(1971 年 1 月 31 日玛曲)。

年平均降水量在 420.6～593.4 mm,南多北少,平均为 524.4 mm。降水量最多的是玛曲,为 593.4 mm,最少的是舟曲,为 420.6 mm。年平均降水日数 135 d。最大日降水量为 93.5 mm,出现在 2009 年 7 月 21 日玛曲。年平均相对湿度为 60%～65%。年平均蒸发量在 1220.6～2030.8 mm,碌曲最小,舟曲最大。

年日照总时数为 1770～2585 h,平均为 2326 h。平均风速为 1.4～2.5 m/s。年大风日数 1.1～22.4 d,沙尘暴日数除玛曲为 1.4 d,其余地方仅 0.1 d。

无霜期差异很大,舟曲最长,为 261 d,玛曲最短,为 66 d。最大冻土深度为 17～158 cm。雷暴日数为 28.6～56.4 d,主要发生在仲春到初秋。冰雹日数为 0.8～9.0 d。

主要气象灾害有冰雹、暴雨洪涝、泥石流等。

甘南州是甘肃省主要畜牧业基地,也是主要中药材产区之一,境内蕴藏丰富的纯天然野生中、藏药材。农作物有青稞、白菜型油菜等。特产有冬虫夏草、蕨麻、卓尼县蕨菜、甘南狼肚菜、舟曲花椒、舟曲核桃、临潭猴头菇等。

9.11 天水市

9.11.1 地理位置

天水市位于 104°35′～106°44′E、34°05′～35°10′N。地处甘肃省东南部,全市横跨长江、黄河两大流域。境内山脉纵横,地势西北高东南低,海拔在 1000～2100 m。东部和南部为山地地貌,北部为黄土丘陵沟壑地貌,中部小部分地区形成渭河河谷地貌。

天水市辖 2 区 5 县,分别是秦州区、麦积区、甘谷县、武山县、秦安县、清水县和张家川回族自治县。总面积 1.439 万 km^2。

9.11.2 气候特征

天水市南部属冷温带半湿润气候,北部属暖温带半干旱半湿润气候。其特点是冬无严寒,夏无酷暑,春季升温快,秋季多连阴雨。气候温和,四季分明,日照充足,降水适中。

年平均气温为 8.1～11.4 ℃,平均为 10.2 ℃。7 月最热,为 22.2 ℃;1 月最冷,为－2.9 ℃。气温年较差为 25 ℃左右。平均最高气温为 16.5 ℃,极端最高气温为 38.3 ℃(1966 年 6 月 20 日麦积);平均最低气温为 5.3 ℃,极端最低气温为－25.5 ℃(1991 年 12 月 28 日张家川)。

年平均降水量在 424.8～553.2 mm,平均为 482.1 mm。降水量由东南向西北递减,降水最多是清水,为 553.2 mm,最少是武山,为 424.8 mm。年平均降水日数 100.4 d。最大日降水量 140.4 mm,出现在 2013 年 6 月 20 日麦积。年平均相对湿度为 66%～72%。年平均蒸发量在 1287.3～1628.4 mm，张家川最小，武山最大。

年日照总时数为 1877～2263 h，平均为 2042 h。平均风速为 1.0～2.9 m/s。年大风日数 0.5～4.7 d。该市基本无沙尘暴天气，是甘肃省沙尘天气影响较小的地方。

无霜期 170～221 d，最大冻土深度为 34～77 cm。年雾日数为 0.6～6.8 d，雷暴日数为 13.4～24.1 d，主要发生在春末到夏季。冰雹日数为 0.5～1.0 d。

主要气象灾害有冰雹、暴雨洪涝、泥石流。

天水市主要农作物有冬小麦、玉米、油菜、马铃薯、辣椒、花椒等。是我国西部航天育种基地和北方最佳果蔬生产基地之一，也是我国北方落叶果树栽培最适宜区。特产有麦积苹果、秦安蜜桃、下曲葡萄、秦州大樱桃等，还有生漆、木耳、板栗、猕猴桃等。

9.12　平凉市

9.12.1　地理位置

平凉市位于 107°45′～108°30′E，34°54′～35°43′N，地处甘肃省东部，东邻陕西省咸阳市，西连甘肃省定西、白银市，南接陕西省宝鸡市和甘肃省天水市，北与宁夏固原市、甘肃庆阳市毗邻。位于六盘山东麓，泾河上游，横跨陇山。处在陕、甘、宁三省（区）交汇处，素有“陇上旱码头”之称。是古“丝绸之路”必经重镇，史称“西出长安第一城”。海拔在 890～2857 m。

平凉市辖 1 区 6 县，分别是崆峒区、静宁县、庄浪县、华亭县、崇信县、泾川县、灵台县。总面积 1.13 万 km^2。

9.12.2　气候特征

平凉市属冷温带半湿润气候类型。其特点是东南湿、西北干，东暖、西凉，降水量分布不均匀，冬春季少雨，降水主要集中在 7—9 月。

年平均气温为 7.8～10.4 ℃，平均为 9.1 ℃。7 月最热，为 21.5 ℃；1 月最冷，为－4.6 ℃。气温年较差为 25～27 ℃。平均最高气温为 15.9 ℃，极端最高气温为 40.0 ℃（1997 年 7 月 21 日泾川）；平均最低气温为 4.2 ℃，极端最低气温为－30.2 ℃（1991 年 12 月 28 日华亭）。

年平均降水量在 414.1～579.7 mm，平均为 506.3 mm。降水量由东向西递减，降水最多的是华亭 579.7 mm，最少的是静宁 414.1 mm。年平均降水日数为 99 d。最大日降水量为 184.6 mm，出现在 2013 年 7 月 22 日灵台。年平均相对湿度为 64%～72%。年平均蒸发量在 1264.9～1477.6 mm，泾川最小，崇信最大。

年日照总时数为 2076～2351 h，平均为 2199 h。平均风速为 1.5～2.5 m/s。年大风日数为 0～9.4 d。平凉市是甘肃省沙尘天气影响较小的地区，沙尘暴日数为 0～0.6 d，扬沙和浮尘日数分别为 0.9～7.0 d 和 2.4～19.2 d。

无霜期为 171～204 d，最大冻土深度为 41～95 cm。年雾日数为 2.9～38.7 d，每个季节都有可能出现雾天，夏末到秋季发生频率最高。雷暴日数为 17.8～25.8 天，冰雹日数为 0.8～1.6 d。

主要气象灾害有干旱、霜冻、大风、冰雹、暴雨洪涝等。

平凉是甘肃省主要农林产品生产基地和经济作物的主产区。主产小麦、玉米、糜子、谷子、荞麦、油菜、胡麻、烤烟、葵花子、马铃薯、莜麦和豆类等；也是中药材重要产地，主要有党参、黄芪、甘草、大黄、贝母、冬花等150多种中药材。主要特产有静宁苹果、泾川梨、平凉红牛和金果、华亭大黄、崇信核桃等。

9.13 庆阳市

9.13.1 地理位置

庆阳市位于106°45′～108°45′E，35°10′～37°20′N，黄土高原的西端。北部和西部与宁夏回族自治区吴忠、固原市，东部与陕西省榆林、延安市接壤，南部与陕西省咸阳、铜川市和甘肃省平凉市接界。东倚子午岭，北靠羊圈山，西接六盘山，东、西、北三面隆起，中南部低缓，全境呈簸箕形状，故有“陇东盆地”之称。覆积厚度达百余米的黄土地表，被洪水、河流剥蚀和切割，形成现存的高原、沟壑、梁峁、河谷、平川、山峦、斜坡兼有的地形地貌，分为中南部黄土高原沟壑区、北部黄土丘陵沟壑区、东部黄土低山丘陵区。地势北高南低，海拔979～1481 m，中南部分布着数十条塬面，最大的塬是董志塬，约130 km^2。

庆阳市辖1区7县，分别是西峰区、庆城县、镇原县、宁县、正宁县、合水县、华池县、环县。总面积2.71万 km^2。

9.13.2 气候特征

庆阳市北部属冷温带半干旱气候，南部属冷温带半湿润气候。其特点是冬冷常晴、夏热雨丰，降雨量南多北少，气温南高北低。

年平均气温为8.7～10.0 ℃，平均为9.4 ℃。7月最热，为22.2 ℃；1月最冷，为－4.9 ℃。气温年较差为25～29 ℃。平均最高气温为18.5 ℃，极端最高气温为39.0 ℃(2006年6月17日宁县)；平均最低气温为3.7 ℃，极端最低气温为－27.1 ℃(1991年12月28日宁县)。

年平均降水量在409.5～609.8 mm，平均为514.7 mm。降水量分布为东南多西北少，降水最多是正宁，为609.8 mm，最少是环县，为409.5 mm。年平均降水日数92 d。最大日降水量190.2 mm，出现在1966年7月26日庆城。年平均相对湿度为59%～69%。年平均蒸发量在1340.7～1702.4 mm，宁县最小，环县最大。

年日照总时数为2263～2530 h，平均为2406 h。平均风速为1.4～2.2 m/s，春季最大，秋季最小。年大风日数为0.4～6.9 d，沙尘暴日数为0.2～1.2 d，扬沙和浮尘日数分别为1.6～12.5 d和2.7～14.8 d，主要出现在北部的环县，以春季最多。

无霜期为173～202 d，最大冻土深度为63～110 cm，雷暴日数为19.9～24.7 d，以春夏季为主。冰雹日数为1～2 d，主要出现在春末和夏季。

主要气象灾害有干旱、霜冻、大风、冰雹、暴雨洪涝等。

庆阳素有“陇东粮仓”之称，主产冬小麦、玉米、冬油菜、荞麦、糜子、燕麦、黄豆等，尤以特色小杂粮久负盛名。名特优作物有黄花菜、白瓜子、红富士苹果、曹杏、黄柑桃、金枣等。中草药材有甘草、黄芪、麻黄、穿地龙、柴胡等300多种。这里是全国最大杏制品加工基地，是国家特产经济开发中心确定的全国白瓜子、黄花菜示范基地。

9.14 陇南市

9.14.1 地理位置

陇南市位于104°01′～106°35′E,32°35′～34°32′N。北与天水市秦州区、麦积区、武山县、甘谷县接壤;南抵四川盆地,与广元市、青川县、平武县和阿坝州九寨沟县毗连;西依甘南高原,与迭部县、舟曲县和岷县连接;东接秦巴山地,与陕西省汉中市宁强县、略阳县、勉县和宝鸡市凤县为邻。位于甘肃省南部,境内高山、河谷、丘陵、盆地交错,地域差异明显。是全省唯一属于长江水系并拥有北亚热带气候的地区,被誉为"陇上江南"。

陇南市辖1区8县,分别是武都区、宕昌县、文县、康县、成县、徽县、礼县、西和县、两当县。全市总面积2.79万 km^2。

9.14.2 气候特征

陇南市北部属暖温带湿润气候,南部河谷属北亚热带半湿润气候。是甘肃省气温最高、降水量最多地区。其特点是气候宜人,雨量充沛,气候垂直分布显著。

年平均气温为9.1～15.1 ℃,平均为11.8 ℃。7月最热,为22.7 ℃;1月最冷,为0 ℃。气温年较差为21～24 ℃。平均最高气温为17.7 ℃,极端最高气温为39.9 ℃(1951年6月30日武都);平均最低气温为7.4 ℃,极端最低气温为-24.6 ℃(1975年12月14日西和)。

年平均降水量在440.4～750.8 mm,平均为571.9 mm。降水量由东南向西北递减,降水最多是康县,为750.8 mm,最少是文县,为440.4 mm。年平均降水日数117 d。最大日降水量为162.0 mm,出现在2009年7月17日康县。年平均相对湿度为57%～76%。年平均蒸发量在1025.8～1976.9 mm,成县最小,文县最大。

年日照总时数为1563～1953 h,平均为1737 h,是全省日照时数最少地区。平均风速为0.7～2.2 m/s。年大风日数为0.2～7.9 d。是全省沙尘天气最少地区。雾日数0～26.3 d,是全省相对多发区域。

无霜期为197～291 d,最大冻土深度为13～46 cm。雷暴日数为15.7～35.1 d,主要发生在春末到初秋,最多在盛夏7—8月。冰雹日数为0.1～2.3 d,特点与雷暴相似,但发生频率远低于雷暴。

主要气象灾害有暴雨洪涝、泥石流、霜冻、连阴雨等。

主要农作物有小麦、玉米、黄豆等,特产有油橄榄、武都花椒、柑橘、徽县银杏、紫皮大蒜、成县核桃、康县龙神茶、文县绿茶、中药材等。陇南市是中国油橄榄产地之一。也是我国主要中药材产地之一,素有"天然药库"之称,尤以米仓红芪、文县纹党参、宕昌当归、铨水大黄为甚。

参考文献

〔澳〕L. A. 费雷克斯,1984. 地质时代的气候[M]. 北京:海洋出版社.

白彬人,胡泽勇,2016. 高原热力作用对高原夏季风爆发的指示意义[J]. 高原气象,**35**(2):329-336.

白肇烨,1988. 中国西北天气[M]. 北京:气象出版社.

蔡文华,陈慧,李文,等,2007. 相对湿度与地理因子相关统计及其在农业生产上的应用[J]. 见:中国农学会农业气象分会. 农业环境科学峰会论文摘要集.

陈昌毓,1993. 甘肃省林业气候区划[J]. 干旱气象,**11**(1):17-20.

陈辉,李忠勤,王璞玉,2013,近年来祁连山中段冰川变化[J]. 干旱区研究,**30**(4):588-593.

陈少勇,林纾,王劲松,等,2011. 中国西部雨季特征及高原季风对其影响的研究[J]. 中国沙漠,**31**(3):765-773.

陈添宇,陈乾,付双喜,等,2009. 西北地区东部一次持续性暴雨的成因分析[J]. 气象科学,**29**(3):115-120.

陈星,雷鸣,汤剑华,2006. 地表植被改变对气候变化影响的模拟研究[J]. 地球科学进展,**21**(10):1075-1082.

戴声佩,张勃,王海军,2010. 中国西北地区植被覆盖变化驱动因子分析[J]. 干旱区地理,**33**(4):636-643.

邓振镛,2005. 高原干旱气候作物生态适应性研究[M]. 北京:气象出版社.

邓振镛,王鹤龄,李国昌,等,2008a. 气候变暖对河西走廊棉花生产影响的成因与对策研究[J]. 地球科学进展,**23**(2):160-166.

邓振镛,张强,蒲金涌,等,2008b. 气候变暖对中国西北地区农作物种植的影响[J]. 生态学报,**28**(8):3760-3768.

邓振镛,张强,徐金芳,等,2008c. 西北地区农林牧业生产及农业结构调整对全球气候变暖响应的研究进展[J]. 冰川冻土,**30**(5):835-842.

邓振镛,张强,徐金芳,等,2008d. 全球气候增暖对甘肃农作物生长影响的研究进展[J]. 地球科学进展,**23**(10):1070-1078.

邓振镛,张强,徐金芳,等,2009a,高温热浪与干热风的危害特征比较研究[J]. 北京:地球科学进展,**24**(8):865-870.

邓振镛,倾继祖,黄蕾诺,等. 2009b,干旱对农业危害的特点及其减灾技术[J]. 安徽农业科学,**37**(32):16177-16179.

邓振镛,张强,王润元,等,2010a. 西北地区气候暖干化对作物气候生态适应性的影响[J]. 中国沙漠,**30**(3):633-639.

邓振镛,张强,王强,等,2010b. 黄土高原旱作区土壤贮水力和农田耗水量对冬小麦水分利用率的影响[J]. 生态学报,**30**(14):3672-3678.

邓振镛,张强,王强,等,2010c. 中国北方气候暖干化对粮食作物的影响及应对措施[J]. 生态学报,**30**(22):6278-6288.

邓振镛,张强,王强,等,2012a. 高原地区农作物水热指标与特点的研究进展[J]. 冰川冻土,**34**(1):177-185.

邓振镛,张强,赵红岩,等,2012b. 气候暖干化对西北四省(区)农业种植结构的影响及调整方案[J]. 高原气象,**31**(2):498-503.

邓振镛,张强,王润元,等,2012c. 农作物主要病虫害对甘肃气候暖干化的响应及应对技术的研究进展[J]. 地球科学进展,**27**(11):1281-1287.

邓振镛,张强,王润元,等,2012d. 西北地区特色作物对气候变化响应及应对技术的研究进展[J]. 冰川冻土,**34**

(4):855-862.

邓振镛,张强,王润元,等,2013.河西内陆河径流对气候变化的响应及其流域适应性水资源管理研究[J].冰川冻土,**35**(5):1267-1275.

丁瑞津,尹宪志,李宝梓,等,2007.甘肃省冬春季人工增雨雪作业指挥系统[J].自然灾害学报,**16**(6):42-46.

丁一汇,王绍武,郑景云,等,2013.中国气候[M].北京:科学出版社.

丁永全,2015.坡向和坡位对大兴安岭干旱阳坡蒙古栎林温湿度的影响[J].东北林业大学学报,(4):46-51.

董安祥,1992a.甘肃省地质气候初探[J].干旱气象,**4**:8-11.

董安祥,1992b.甘肃省第四纪气候初步分析[J].干旱气象,**3**:8-12.

董安祥,1993.甘肃省近五千年气候变迁的初步研究[J].高原气象,**3**:243-250.

范广洲,程国栋,2003.青藏高原隆升对西北地区降水量变化的影响[J].高原气象,**22**(增刊):27-36.

方建刚,白爱娟,陶建玲,等,2005.秋季连阴雨降水特点及环流条件分析[J].应用气象学报,**16**(4):509-517.

风电场风能资源评估方法,中华人民共和国国家标准,GB/T 18710—2002.

伏润之,张晓蓉,2015-06-03.甘肃省公共机构节能提前完成"十二五"目标[N].甘肃日报.

伏润之,屈雯,2015-05-16.甘肃提前完成"十二五"节能目标任务[N].甘肃日报.

符淙斌,袁慧玲,2001.恢复自然植被对东亚夏季气候和环境影响的一个虚拟试验[J].科学通报,**46**(8):691-695.

干旱灾害等级标准 SL 663—2014(中华人民共和国水利行业标准),2014.北京:中国水利水电出版社.

甘肃省地质矿产局,1989.甘肃省区域地质志[M].北京:地质出版社.

甘肃省计划委员会编,1992.甘肃省国土资源[M].兰州:甘肃科学技术出版社.

《甘肃省近500年气候历史资料》中国气象局气候变化中心,中国地区气候变化预估数据集3.0.

甘肃气象局,2017.甘肃省气候图集[M].北京:气象出版社.

甘肃省气象灾害防御规划,2011.甘肃省气象局.

甘肃省人民政府新闻办公室.2014-12-02 15:34.甘肃省第二次湿地资源调查新闻发布会.兰州:中国甘肃网(www.gscn.com.cn).

甘肃省政府办公厅,2017.甘肃省"十三五"能源发展规划.

高绍凤,陈万隆,朱超群,等,2001.应用气候学[M].北京:气象出版社.

葛秉钧,1995.甘肃省畜牧气候区划[J].干旱气象,**13**(2):22-24.

龚道溢,王绍武,1998.ENSO对中国四季降水的影响[J].自然灾害学报,**7**(4):44-52.

龚道溢,王绍武,1999.近百年ENSO对全球陆地及中国降水的影响[J].科学通报,**44**(3):315-320.

郭方忠,张克复,吕靖华,2000.甘肃大辞典[M].兰州:甘肃文化出版社:24-43.

郭雨华,2009.中国西北地区退耕还林工程效益监测与评价[D].北京林业大学,博士论文.

国家标准化管理委员会,2014. GB/T 31155—2014.太阳能资源等级总辐射.中华人民共和国国家标准[S].北京:中国标准出版社.

韩海涛,祝小妮,2007.气候变化与人类活动对玛曲地区生态环境的影响[J].中国沙漠,**27**(4):608-613.

胡毅,李萍,杨建功,等,2004.应用气象学[M].北京:气象出版社,199-243.

贾海源,陆登荣,2010.甘肃省人体舒适度地域分布特征研究[J].干旱气象,**28**(4):449-453.

蓝永超,丁永建,沈永平,等,2003.河西内陆河流域出山径流对气候转型的响应[J].冰川冻土,**25**(2):181-185.

李栋梁,2000a.中国西北地区年平均气温的气候特征及异常研究,谢金南主编,中国西北干旱气候变化与预测研究(一)[M].北京:气象出版社,43-48.

李栋梁,刘德祥,2000b.甘肃气候[M].北京:气象出版社.

李栋梁,季国良,吕兰芝,2001.青藏高原地面加热场强度对北半球大气环流和中国天气气候异常的影响研究[J].中国科学D辑,**31**(S1):312-319.

李林,王振宇,秦宁生,等,2004.长江上游径流量变化及其与影响因子关系分析[J].自然资源学报,**19**(6):694-700.

李巧萍,丁一汇,2004.植被覆盖变化对区域气候影响的研究进展[J].南京气象学院学报,**27**(1):131-140.

李琼,杨梅学,万国宁,等,2016. TRMM 3B43 降水数据在黄河源区的适用性评价[J].冰川冻土,**38**(3):620-633.

李文漪,1985.中国晚第三纪到早第四纪时期植被和古地理[J].第四纪研究,**6**(2):77-82.

李岩瑛,张强,许霞,等,2010.祁连山及周边地区降水与地形的关系[J].冰川冻土,**32**(1):52-61.

李玉龙,邢成起,1988.河西走廊地质构造基本特征以及榆木山北麓与黑河口上龙王活断层研究[J].西北地震学报,1988(2).

林婧婧,申恩青,刘德祥,2010.甘肃省近 58 年春旱的气候特征及其对农业的影响[J].干旱地区农业研究第,**28**(1):233-236.

林婧婧,申恩青,刘德祥,2012.甘肃省近 58a 春末夏初旱变化特征及其对夏粮的影响[J].干旱气象,**30**(1):77-80.

林婧婧,赵冠男,2017. 1961—2015 年甘肃省伏旱时空分布特征及影响分析[J].干旱地区农业研究第,**25**(6):272-276,306.

刘德祥,白虎志,董安祥,2004.中国西北地区冰雹的气候特征及异常研究[J].高原气象,**23**(6):795-803.

刘德祥,邓振镛,2000.甘肃省农业与农业气候资源综合开发利用区划[J].中国农业资源与区划,**21**(5):35-38.

刘德祥,权天平,1991.甘肃近 520 年旱涝变化特征[J].干旱气象,**4**:18-21.

刘德祥,孙兰东,宁惠芳,2008.甘肃省干热风的气候特征及其对气候变化的响应[J].冰川冻土,**30**(1):81-86.

刘宏谊,马鹏里,杨兴国,等,2005.甘肃省主要农作物需水量时空变化特征分析[J].干旱地区农业研究,**23**(1):39-44.

刘全根,1982.平凉地区的冰雹及其与环境场要素的关系[J].高原气象,**1**(1):53-62.

刘宪锋,任志远,2012.西北地区植被覆盖变化及其与气候因子的关系[J].中国农业科学,**45**(10):1954-1963.

刘新伟,2013.甘肃暴雨天气气候特征及其成因研究[D].兰州大学,17-19.

刘艳红,汤红官,冯虎元,等,2003.甘肃湿地植物资源研究[J].兰州大学学报(自然科学版),**39**(6):78-79.

刘永强,丁一汇,1995. ENSO 事件对我国季节降水和温度的影响[J].大气科学,**19**(2):201-208.

柳艳菊,孙冷,孙承虎,等,2012. 2011 年秋季华西秋雨异常及成因分析[J].气象,**38**(4):456-463.

罗哲贤,2005.中国西北干旱气候动力学引论[M].北京:气象出版社.

罗哲贤,1985.植被覆盖度对干旱气候影响的数值试验[J].地理研究,**4**(2):1-8.

马玉霞,2007.甘肃省几种主要传染病的时空分布特征及其对气候变化的响应和预测研究[J].兰州:兰州大学大气科学,23-106.

蒲金涌,姚小英,邓振镛,等,2006.气候变化对甘肃黄土高原土壤贮水量的影响[J].土壤通报,**37**(6):1086-1090.

《气候变化国家评估报告》编写委员会,2007.气候变化国家评估报告[R].北京:科学出版社,**9**,94-95.

钱林清,1991.黄土高原气候[M].北京:气象出版社.

钱拴,吴门新,程路,等,2014. 2001 年以来中国主要草原生态环境质量评估研究[J].中国农学通报,**30**(增刊):81-86.

钱正安,吴统文,梁潇云,2001.青藏高原及周围地区的平均垂直运动场特征[J].大气科学,**25**(4):444-454.

盛裴轩,毛节泰,李建国,等,2003.大气物理学[M].北京:北京大学出版社,84-86.

孙卫国,2008.气候资源学[M].北京:气象出版社.

孙治安,施俊荣,翁笃鸣,1992.中国太阳总辐射气候计算方法的进一步研究[J].南京气象学院学报,**15**(2),21-29.

屠妮妮,何光碧,2010. 两次高原切变线诱发低涡活动的个例分析[J]. 高原气象,**29**(1):90-98.

汪宁渤,2012. 大规模风电送出与消纳[M]. 北京:中国电力出版社,3-15.

王金花,康玲玲,余晖,等,2005. 气候变化对黄河上游天然径流量影响分析[J]. 干旱区地理,**28**(3):288-291.

王绍武,赵宗慈,1987. 长期天气预报基础[M]. 上海:上海科学技术出版社,17-33.

王素萍,宋连春,韩永翔,2006. 玛曲气候变化对生态环境的影响[J]. 冰川冻土,**28**(4):556-561.

王兴,马鹏里,张铁军,等,2012. MM5 模式及 CALMET 模型对甘肃酒泉地区风能资源的数值模拟[J]. 高原气象,**31**(2):428-435.

王毅荣,张存杰,2006. 河西走廊风速变化及风能资源研究[J]. 高原气象,**25**(6):1196-1202.

翁笃鸣,1964. 试论总辐射的气候学计算方法[J]. 气象学报,**34**(3):304-315.

吴统文,钱正安,1996. 西北干旱区干、湿年夏季环流和高原动力影响差异的对比分析[J]. 高原气象,**15**(4):558-568.

伍光和,江存远,1998. 甘肃省综合自然区划[M]. 兰州:甘肃科学技术出版社,3-24,138-156.

肖创英,汪宁渤,丁坤,等,2010. 甘肃酒泉风电功率调节方式的研究[J]. 中国电机工程学报,(10):1-7.

徐国昌,张志银,1983. 青藏高原对西北干旱气候形成作用[J]. 高原气象,**2**(2):7-15.

徐祥德,汤绪,2002. 城市化环境气象学因论[M]. 北京:气象出版社,11-55.

许武成,马劲松,王文,2005. 关于 ENSO 事件及其对中国气候影响研究的综述[J]. 气象科学,**25**(2):212-219.

薛桁,朱瑞兆,杨振斌,等,2001. 中国风能资源贮量估算[J]. 太阳能学报,**22**(2):167-170.

严文学,2006. 甘肃省水资源及水能资源开发利用对策[J]. 甘肃水利水电技术,**42**(4),362-363.

杨柳,2010. 建筑气候学[M]. 北京:中国建筑工业出版社.

姚小英,2009. 天水市大樱桃种植中影响产量的生态气候因素分析[J]. 干旱地区农业研究,**24**(5):261-264.

姚晓红,2006. 气候变暖对甘肃陇东南地区苹果适生区落花落果的影响及对策研究[J]. 干旱地区农业研究,**24**(6):142-146.

姚玉璧,张存杰,邓振镛,等,2007. 气象农业干旱指标综述[J]. 干旱地区农业研究,**25**(1):185-189.

叶笃正,高由禧,1979a. 青藏高原气象学[M]. 北京:科学出版社,1-278.

叶笃正,杨广基,王兴东,1979b. 东亚和太平洋上空平均垂直环流(一):夏季[J]. 大气科学,**3**(1):1-11.

雍赟,2010. 兰州市大气污染现状、成因及治理法律对策[J]. 兰州大学环境与资源保护法专业,10-35.

曾庆存,2005. 帝舜《南风》歌考[J]. 气候与环境研究,**10**(3):283-284.

张存杰,郭妮,2002. 祁连山区近 40 年气候变化特征[J]. 气象,**28**(12):33-39.

张广军,1996. 沙漠学[M]. 北京:中国林业出版社.

张慧雅,甘云飞. 2014-02-27 17:11. 甘肃省第七次森林资源清查情况公布. 兰州:中国甘肃网(www. gscn. com. cn).

张佳宁,史永良,2010. 甘肃省建筑节能现状及“十二五”科技需求[J]. 甘肃科技,**26**(19):8-10.

张家诚,林之光,1985. 中国气候[M]. 北京:气象出版社,246,253,264.

张平军,2013. 甘肃生态资源建设与畜牧业发展[J]. 甘肃畜牧兽医,**12**:23-25.

张强,王润元,邓振镛,等,2012. 中国西北干旱气候变化对农业与生态影响及对策[M]. 北京:气象出版社.

张琼,钱正安,陈敏连,1997. 夏季南亚高压与西北地区降水关系的进一步分析[J]. 高原气象,**16**(1):21-30.

张廷龙,郄秀书,言穆弘,等,2009. 中国内陆高原不同海拔地区雷暴电学特征成因的初步分析[J]. 高原气象,**28**(5):1006-1017.

张文化,魏晓妹,李彦刚,2009. 气候变化与人类活动对石羊河流域地下水动态变化的影响[J]. 水土保持研究,**16**(1):183-189.

张镱锂,李炳元,郑度,2002. 论青藏高原范围与面积[J]. 地理研究,**21**(1):1-8.

张志红,成林,李书岭,等,2013. 我国小麦干热风灾害研究进展[J]. 气象与环境科学,**36**(2):72-76.

赵红岩,张旭东,王有恒,等,2011. 陇东黄土高原气候变化及其对水资源的影响[J]. 干旱地区农业研究,**29**

(6):262-268.
赵首彩,张松林,2004. 甘肃省沙尘暴的形成原因与治理初探[J]. 地质灾害与环境保护,**15**(4):23-25.
郑益群,钱永甫,苗曼倩,等,2002. 植被变化对中国区域气候的影响Ⅱ:机理分析[J]. 气象学报,**60**(1):17-29.
中国科学院大气物理研究所二室模拟组,1977. 夏季青藏高原流场三维结构的模拟实验[J]. 大气科学,**1**(4):247-255.
中国气象局,2014. 全国风能资源详查和评价报告[M]. 北京:气象出版社.
中国气象局风能太阳能资源评估中心,2010. 中国风能资源评估(2009)[M]. 北京:气象出版社.
《中国气象灾害大典》编委会,2005. 中国气象灾害大典:甘肃卷[M]. 北京:气象出版社.
周淑贞,张如一,张超,1997. 气象学与气候学[M]. 北京:气象出版社.
周秀骥,赵平,陈军明,等,2009. 青藏高原热力作用对北半球气候影响的研究[J]. 中国科学:地球科学,**39**(11):1473-1486.
朱飙,李春华,方锋,2010. 甘肃省太阳能资源评估[J]. 干旱气象,**28**(2):217-221.
朱飙,李春华,陆登荣,2009. 甘肃酒泉区域风能资源评估[J]. 干旱气象,**27**(2):152-156.
朱飙,李春华,马鹏里,等,2012. 甘肃省风速变化趋势分析[J]. 干旱区资源与环境,**26**(12):90-96.
朱瑞兆,薛桁,1981. 我国风能资源[J]. 太阳能学报,**2**(2):117-124.
朱志辉,张福春,1985. 我国陆地生态系统的植物太阳能利用率[J]. 生态学报,**5**(4):343-356.
朱震达,陈广庭,1989. 中国的沙漠化及其治理[M]. 北京:科学出版社,11-16.
祝昌汉,1982. 再论总辐射的气候学计算方法(一)[J]. 南京气象学院学报,(1):15-24.
祝昌汉,1982. 再论总辐射的气候学计算方法(二)[J]. 南京气象学院学报,(2):196-206.
Wilhite D A, Glantz M H. Understanding the drought phenomenon: The role of definitions [J]. Water International, 1985, **10**(3):111-120.